MANAGEMENT
管理學

Ranjay Gulati · Anthony J. Mayo · Nitin Nohria　原著

袁正綱・張文賢・楊舒蜜　編譯

Australia • Brazil • Mexico • Singapore • United Kingdom • United States

管理學 / Ranjay Gulati, Anthony J. Mayo, Nitin Nohria原著；袁正綱，張文賢，楊舒蜜編譯. -- 二版. -- 臺北市：新加坡商聖智學習, 2019.03 面； 公分 譯自 : Management : An Integrated Approach, 2nd ed. ISBN 978-957-9282-45-1 (平裝) 1. 管理科學	
494	108004466

管理學

© 2019 年，新加坡商聖智學習亞洲私人有限公司台灣分公司著作權所有。本書所有內容，未經本公司事前書面授權，不得以任何方式（包括儲存於資料庫或任何存取系統內）作全部或局部之翻印、仿製或轉載。

© 2019 Cengage Learning Asia Pte. Ltd.
Original: Management, 2e
　　By Ranjay Gulati・Anthony J. Mayo・Nitin Nohria
　　ISBN: 9781305502086
　　©2017 Cengage Learning
　　All rights reserved.

　　1 2 3 4 5 6 7 8 9 2 0 1 9

出 版 商	新加坡商聖智學習亞洲私人有限公司台灣分公司 10448 臺北市中山區中山北路二段 129 號 3 樓之 1 http://cengageasia.com 電話：(02) 2581-6588　　傳眞：(02) 2581-9118
原　　著	Ranjay Gulati・Anthony J. Mayo・Nitin Nohria
編　　譯	袁正綱・張文賢・楊舒蜜
總 經 銷	台灣東華書局股份有限公司 地址：100 台北市重慶南路 1 段 147 號 3 樓 http://www.tunghua.com.tw 郵撥：00064813 電話：(02) 2311-4027 傳眞：(02) 2311-6615
出版日期	西元 2019 年 3 月　二版一刷

ISBN 978-957-9282-45-1

(19CMS0)

前言

變動中的管理典範

　　領導者在鼓舞他人時，以及在模糊且互相衝突的資訊下為組織制定重大決策時，都會面臨相當大的挑戰。領導者的成功或失敗，端賴其精確解讀與處理資訊的能力。現今的領導者所面對的挑戰與機會，比過去更具動態性與複雜性，領導者必須瞭解如何利用科技發展、管理與領導分散且多樣的團隊、預測和反應不斷變動的競爭與政治變動及不確定性、在全球化浪潮中競爭，以及用承擔社會責任的方式經營。依據這些管理的原則、目的及觀點來撰寫一本新的教科書，我們試著說明三個相互連結的面向：(1) 策略定位；(2) 組織設計；(3) 個人領導。

　　組織的策略因競爭與環境的本質及管理團隊在這些脈絡中的領導能力而定，因此策略形成、組織設計及公司的領導團隊之間有強烈的關係存在，在不斷變化的商業環境中要能成功，必須明確地瞭解管理的互動並非線性過程，而是一種動態且交互作用的過程。

　　本書試圖呈現策略與組織行為共同進化的本質，透過強調策略影響領導的方法及領導者如何影響策略及績效，以整體與整合的方法來處理這些面向，雖然這些領域在其他管理學教科書通常分開處理。本書採用績效優勢，來呈現策略性決策、組織結盟及個人領導的影響與結果。我們的目的是幫助學生透過處理許多整合的面向，例如，回答在 21 世紀中領導者如何成功地管理具有競爭力的公司？為將來擔任領導者預做準備。

本書架構

　　此管理學教科書採取三大主軸的方式，以表達策略定位、組織設計及個人領導相互影響的觀點。在現實中，企業的策略性決策與領導方法，必須調整與改變以維持其關聯性。

- 策略觀點提供對企業競爭環境的深入理解。
- 組織觀點定義企業在變動的競爭環境中如何整合與架構的方法。
- 領導觀點聚焦於領導者在建立有效團隊與流程中所扮演的角色。

透過此一整體性的方法，學生將能瞭解企業的策略如何影響成功的領導模式，以及企業的領導與資源如何影響可能的策略性決策。

「吸引、連結、實作、引導」透過互動式學習建立課程所需之能力

《管理學》試圖有效地吸引學生從管理者的角度思考，並將理論應用到真實世界。本書透過各種學習活動達成這些結果及其他重要的課程目標，包括：吸引(吸引學生進入內容並建立相關性)、連結(掌握知識的架構，連結名詞與概念)、實作(概念與理論在真實世界的應用)，以及引導(讓學生從管理者的角度進行高層次的思考與應用)。

本書特色

本書透過即時的案例，將焦點放在關聯性與績效，思考性的習題展現商業世界的驅力，以及個人的評價有助於學生發現導致組織及個人成敗的重要因素。特別是：

- 章首的「自我省思」讓學生可以「實際檢視」該章的內容。
- 「領導發展之旅」是綜合性的技能，讓學生以身為管理者或將是管理者的角度思考，透過每章的說明，將能把理論轉換為行動，即把「什麼」轉變為「如何」。
- 「不同的觀點」展現了該章內容的獨特應用。
- 「個案討論」要求學生進一步探究個案，並提供以個案的脈絡為基礎的研究機會。

簡明目錄

總論

Chapter 1　管理概論　3

Chapter 2　企業經營環境　25

Chapter 3　企業倫理與社會責任　57

策略觀點

Chapter 4　策略概論　85

Chapter 5　事業層級策略　115

Chapter 6　公司層級策略　153

組織觀點

Chapter 7　組織設計　187

Chapter 8　組織文化　211

Chapter 9　管理人力資本　233

Chapter 10　績效管理　265

Chapter 11　組織變革　285

PART 4　領導觀點

Chapter 12　組織中的領導　311

Chapter 13　準備當領導者：瞭解自己　335

Chapter 14　權力與影響力　359

Chapter 15　決策　381

Chapter 16　衝突與談判　405

Chapter 17　領導團隊　431

Chapter 18　激勵　455

Chapter 19　溝通　481

Chapter 20　人際網絡　509

目錄

PART 1　總論　1

Chapter 1　管理概論　3

緒論　4
管理與領導　8
管理觀點的演進　12
企業目標觀點的改變　13
利害關係人觀點　17
問題與討論　24

Chapter 2　企業經營環境　25

緒論　26
外部環境　33
內部環境　46
全球化　50
問題與討論　55

Chapter 3　企業倫理與社會責任　57

緒論　58
倫理架構　61
道德兩難　68
企業社會責任　74
企業社會責任是好的嗎？　77
問題與討論　81

viii 管理學

PART 2 策略觀點　83

Chapter 4　策略概論　85

緒論　86
策略的演進　90
策略與組織：架構　92
定義策略：事業觀點　99
事業層級與公司層級的策略　104
市場進入策略　109
問題與討論　113

Chapter 5　事業層級策略　115

緒論　116
外部環境對產業吸引力的影響　122
內部環境對策略的影響　134
SWOT 分析　137
競爭優勢　139
價值鏈　148
問題與討論　150

Chapter 6　公司層級策略　153

緒論　154
多角化策略　158
國際多角化　173
垂直整合　176
問題與討論　183

PART 3　組織觀點　185

Chapter 7　組織設計　187

緒論　188
從策略到組織設計　192
組織設計：正式的結構　195
組織設計層級　203
組織設計與企業的生命週期　205
組織設計的趨勢　207
問題與討論　209

Chapter 8　組織文化　211

緒論　212
什麼是文化？　215
組織文化的層級　217
發展組織文化　220
文化對績效的影響　226
組織文化與重要時刻　228
問題與討論　232

Chapter 9　管理人力資本　233

緒論　234
獲得人力資本　238
管理人力資本　244
影響人力資本的環境因素　257
管理自己　262
問題與討論　264

Chapter 10　績效管理　265

緒論　266
確認衡量工具　270
設定績效目標　277
監督與衡量績效　279
修正行動　282
問題與討論　284

Chapter 11　組織變革　285

緒論　286
組織變革的原因　290
組織變革的取向　296
變革流程　300
降低變革的阻礙　306
問題與討論　308

PART 4　領導觀點　309

Chapter 12　組織中的領導　311

緒論　312
領導者　315
領導者與追隨者　323
領導者、追隨者與情境　329
問題與討論　334

Chapter 13　準備當領導者：瞭解自己　335

緒論　336
智能的形式　339
瞭解自己的個性　348
自我監控　355
問題與討論　357

Chapter 14　權力與影響力　359

緒論　360
人際權力　361
對權力的反應　370
權力與衝突　372
運用影響力　376
問題與討論　380

Chapter 15　決策　381

緒論　382
理性決策　385
管理者如何做決策？　388
偏差如何影響決策？　391
情感與社會情境對決策的影響　395
組織中的決策　398
提升決策技能　401
問題與討論　404

Chapter 16　衝突與談判　405

緒論　406
衝突的層次　409
衝突的來源　412
管理衝突　414
談判的類型　416
有效的談判　420
跨文化談判　427
問題與討論　429

Chapter 17　領導團隊　431

緒論　432
團隊適用時機　434

　　　　團隊特性　435
　　　　團隊發展　441
　　　　團隊程序　444
　　　　團隊有效性　449
　　　　問題與討論　453

Chapter 18　激勵　455

　　　　緒論　456
　　　　激勵的內容理論　459
　　　　激勵的過程理論　468
　　　　增強激勵　474
　　　　問題與討論　480

Chapter 19　溝通　481

　　　　緒論　482
　　　　人際溝通　485
　　　　利用溝通來說服　495
　　　　組織的溝通　498
　　　　跨文化溝通　506
　　　　問題與討論　507

Chapter 20　人際網絡　509

　　　　緒論　510
　　　　人際網絡　513
　　　　網絡特性　517
　　　　關係強度　522
　　　　建構有用的網絡　524
　　　　問題與討論　530

索引　531

PART 1 總論

第 1 章　管理概論
第 2 章　企業經營環境
第 3 章　企業倫理與社會責任

Chapter 1 管理概論

學習目標

1. 瞭解管理的三大基石：策略定位、組織設計、個人領導。
2. 瞭解管理與領導之間的互補關係，以及在不同管理層級中概念化能力、人際關係能力與專業技能的相對重要性。
3. 說明管理實務的演進。
4. 探討事業目標觀點的改變，以及公司與企業環境之間關係的改變。
5. 瞭解利害關係人的管理理論，以及需要管理哪些利害關係人來增進公司績效。

聯華電子 ▶▶ 維護利害關係人的權益

隨著時代變遷，企業經營變得愈來愈複雜，不但要顧及股東利益，也要維護其他利害關係人的權益，包括顧客、員工、供應商、政府等。有愈來愈多的企業發現，如果能夠有效地維持和管理與利害關係人之間的關係，不但可以提高對外部環境變化的預測能力與企業形象，甚至可提升企業的整體獲利。因此，在台灣，有愈來愈多的企業開始關注除股東以外的利害關係人之權益。2015 年獲選為《遠見》雜誌所舉辦的第 11 屆企業社會責任獎「CSR 年度大調查」科技與傳產組楷模獎的聯華電子，就是一家相當重視利害關係人權益的企業。

聯華電子為有效管理與利害關係人的關係和瞭解其個別的需求，特地發展出一組利害關係人管理流程。首先，聯華電子依據公司的營運屬性找出主要的利害關係人，包括員工、客戶、投資者、供應商、承攬商、當地社區、政府機構、社會團體、媒體、合作夥伴等，並蒐集與調查這些利害關係人所關切的議題，以及如何與他們互動的管道。隨後，由相關單位彙整與統計所蒐集的資料。聯華電子會將利害關係人所關切的議題，以及這些議題對公司營運的衝擊進行分析與評估，並加以排序。最後，聯華電子會針對個別利害關係人所關切的前三項議題提出因應與改善措施，並將改善措施與利害關係人進行溝通和協商。例如，當地社區居民最重視的前三項議題分別為生態保育、化學品使用，以及環境管理。聯華電子每年派遣專責單位與社區居民溝通，定期參與里民大會以解答居民的疑惑、年節拜訪里鄰長與社區居民，以及邀請社區居民參加公司家庭日活動等，以維護當地居民的權益與建立感情。聯華電子多年來秉持著誠懇踏實、透明公開、永續共進之原則，以維護利害關係人權益，不但成功地與利害關係人建立良好關係，也促使公司不斷成長與茁壯。

資料來源：
1. 新竹科學工業園區創新資訊平台 (聯華電子榮獲遠見雜誌 2015 年企業社會責任楷模獎) (http://saturn.sipa.gov.tw/InnovationWeb/eventDetailAction.do?serno=201507200015)。
2. 聯華電子網頁 (利害關係人專區) (http://www.umc.com/chinese/news/2015/20150430.asp)。

自我省思

你的管理與領導優勢

請以「是」或「否」回答下列問題,以瞭解你所擁有的領導與管理優勢。

1. 我善於規劃方案。
2. 在團隊工作中,我會以遠景 (vision) 作為思考依據,並設定達成遠景的目標以實現遠景。
3. 我善於編列預算與財務規劃。
4. 我會對現狀提出異議以鼓勵變革。
5. 我會藉由建立結構與授權任務來組織人力以完成工作。
6. 我知道如何激勵人員。
7. 我喜歡解決複雜的問題。
8. 我能夠與一群多元背景的人一起完成工作。
9. 我是一個負責任的人,可以井然有序地處理任何事情。
10. 我會利用熱情與情感來影響他人。

如果你在奇數題中,回答「是」超過一半以上,表示你較具有管理方面的優勢與能力;如果你在偶數題中,回答「是」超過一半以上,表示你較具有領導方面的優勢與能力;如果全部皆回答「是」,則表示你能夠勝任且平衡管理與領導的角色。

緒論

現今的領導者每天都要面臨許多的挑戰與困難的決策問題。例如,要擴大產品線以符合顧客的需求,還是應該聚焦於少數產品以降低成本?要與競爭對手直接對抗嗎?是否要投入經費於發展全新的產品或服務?如何激勵員工?如何獲取員工的信任與承諾?要投入學習與發展,還是要守住公司底限?

領導者必須瞭解如何控制技術發展、管理與領導具多元背景的員工、預測和回應持續改變與不確定性的競爭環境、迎戰全球化的競爭,以及履行社會責任等。因此,在這新的競爭環境中,領導者必須擁有足夠的策略定位 (strategic positioning)、組織設計 (organizational design),以及個人領導 (individual leadership) 之知識,如圖 1.1 所示。

策略規劃、組織設計與領導之間並非單純的線性函數,而是彼此脈

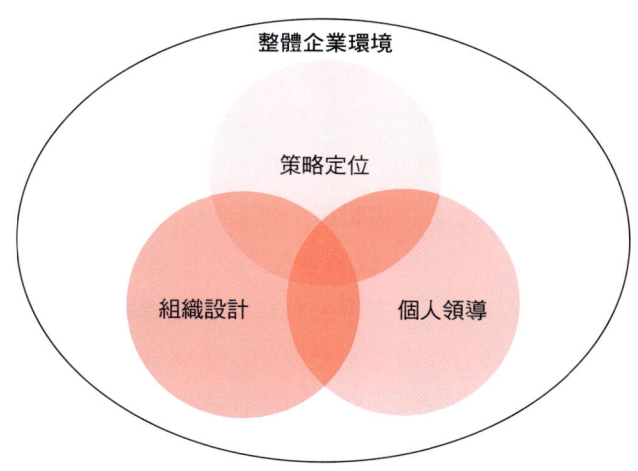

圖 1.1　管理的三大基石

絡相互關聯的動態性課題。本書將透過介紹管理的起源、目的與觀點，說明策略、組織設計與領導之間的相互依賴關係和關聯性。一家公司(或組織)的策略取決於外部環境與競爭的本質與狀況，以及管理團隊的技術與能力；而對於外部環境的瞭解，則取決公司的管理當局辨別外部機會與威脅的能力，以及領導與組織內部的資源使公司能夠有效地在市場上競爭。

公司的策略選擇與領導取向必須相互調整和改變，以維持兩者之間的關聯性。策略通常引導著組織設計與領導取向，而領導者的型態與組織設計也會影響策略的選擇。因此，領導者必須同時思考策略、組織設計及領導之間的關係與連結性。

本書將依據管理的三大基石——策略、組織與領導，作為章節順序與內容安排的準則。策略層級或觀點將著重在說明與介紹公司所處的環境和策略要素，用以幫助公司調整資源以回應持續改變的環境。因此，在策略的部分，本書將介紹的策略課題包括公司要如何競爭？目前的競爭情勢對於公司的利或弊？當情勢改變時，公司應該採用何種策略？全球化對於公司事業的競爭定位有何影響？

瞭解什麼是策略只是管理其中一部分，接下來就是要發展與調整組織要素以達成公司的策略性目標。在組織的部分，本書將說明公司要如何調整與組織事業部才能幫助公司於持續改變的環境中競爭。因此，在組織的部分，本書將介紹的組織課題包括何種組織結構能使公司有效地運用資源？何種組織文化有助於公司塑造特定的價值觀，以及提升

組織績效？如何測量績效？公司要如何在持續改變的競爭環境中維持競爭力？

最後，一家公司最重要的就是聚集一群個體一起工作，以達成相同的目標，但要如何溝通與激勵一群多元化的員工一起工作？答案是必須透過有效的領導。因此，本書最後一部分將介紹領導的關鍵要素與活動。管理者必須先瞭解自己，以及什麼可以激勵自己，如此才能有效地激勵他人。在領導的部分，本書將介紹的領導課題包括管理者如何使用權力與影響力？管理者如何制定重要的決策與管理衝突？如何激勵他人，以及如何建立有效的團隊？管理者如何有效地與他人溝通？

在廣泛的企業環境中，策略、組織設計與領導彼此相互影響，這是因為環境會直接影響公司的策略選擇與管理活動的取向。因此，本書將三大管理基石框在整體企業環境中，如圖 1.1 所示。雖然環境有時會創造一些有利與可行的機會，但管理者亦可透過某些行動來影響環境，包括商品化的能力、支持或反對政府政策，以及操弄社會運動等。近年來，全球化與社會責任之相關議題逐漸衝擊到公司的運作。因此，在本書第 2 章與第 3 章中將會概述全球化和社會責任的相關議題，以及其對公司事業的影響。

本章將先討論管理的基本原理，以及說明在不同的管理思想與觀點中公司角色的演進。如同我們所知，早期公司只需對股東負責，但現今公司必須對不同的利害關係人負責，而公司的目標也隨著市場的複雜度與變動性增加而改變。本章將從公司的內部與外部環境來說明公司在營運的過程中可能面對的利害關係人，以及管理利害關係人與環境的困難。一般而言，相較於低績效的競爭者，高績效的公司在管理環境時考量會較為周延。因此，管理者欲提高組織績效與創造競爭優勢，必須有效地管理利害關係人並回應環境。底下將以沃爾瑪 (Walmart) 進入加州的英格爾伍德 (Inglewood) 市場為例，說明不瞭解關係利害人的複雜性對公司所產生的嚴重後果。

從沃爾瑪的案例中，我們可以清楚瞭解在今日的企業環境中，管理與領導變得相當困難和複雜。管理者不僅要對公司的獲利負責，亦需要瞭解不同利害關係團體的需求。因此，管理者若想在複雜的企業環境中成功地營運，則需要有效的管理與精練的領導。

 ## 沃爾瑪的企業環境

沃爾瑪是全球最大的零售商，自 1960 年代就依循著固定的成長與擴展軌道經營。在山姆·沃爾頓 (Sam Walton) 創立沃爾瑪後，沃爾瑪的一貫策略就是在小市鎮中展店，並提供多樣性與低價產品給習慣在小型商店購物的顧客。從 1970 年代至 1980 年代，沃爾瑪便以低價策略快速地在全美國展店。其他的大型零售商，如凱瑪 (K-Mart) 與西爾斯 (Sears) 皆面臨前所未有的經營威脅，而沃爾瑪繼續以驚人的速度展店。

進入到千禧年後，沃爾瑪依舊維持著全球最大零售商的市場地位。在 2004 年，公司的年營業額為 2,563 億美元，淨利超過 90 億美元。2004 年後，沃爾瑪計畫再擴展 500 家新店，其中有一半預計發展成購物中心 (Supercenter)，一半維持原本的營運模式 (折扣商店)，如圖 1.2 所示。在 2004 年後，沃爾瑪看好加州廣大的零售市場，預估可增加 710 億美元的營收。

沃爾瑪在加州的第一間購物中心是位於棕櫚泉 (Palm Springs) 的郊區。在加州成功地擴展第一家購物中心後，沃爾瑪預計在洛杉磯附近擴展另一家購物中心。然而，當沃爾瑪準備在英格爾伍德開設購物中心時，卻遭到當地市議會嚴重的抗議，並企圖修法以阻止像沃爾瑪這種大型零售商在當地開設據點。沃爾瑪的經營團隊對此事感到相當困惑，為什麼會有城鎮不想讓購物中心進駐，這不但可以創造大量的就業機會 (約有 1,200 個工作機會)，且可以增加當地的稅收 (估計每年至少 500 萬美元)。

在進入新市場時，沃爾瑪也面臨到一般典型的競爭壓力。就像美國許多大城市一樣，零售業在加州競爭相當激烈，而加州市場又被早期進駐的零售業者所控制，包括 Safeway、Albertson's 與 Kroger。因此，沃爾瑪除了受到英格爾伍德市議會的阻撓之外，加州的其他零售業者也祭出一些激烈的競爭手段阻止連鎖零售業者的進駐。這是因為一旦沃爾瑪進駐後，某些產品的價格就會跌落 3%～5%，使得其他大型的零售連鎖業者必須調降員工的薪資與福利，以維持與沃爾瑪的成本競爭。隨著競爭對手員工的薪資與福利遭到調降和刪減後，美國聯合食品與商業工會 (United Food and Commercial Workers, UFCW) 持續向英格爾伍德市議會施加壓力，阻止沃爾瑪購物中心進駐。許多美國

Andrew Nelles/Reuters

民眾都認為，只要沃爾瑪進駐就會導致薪資不斷地降低，尤其是那些高失業率與低薪資的城鎮居民。

隨著沃爾瑪經營團隊看到負面事件一一浮現時，開始思考可能的解決方法。他們決定在英格爾伍德展開一場公民投票。一些反對者指出，沃爾瑪的薪資與福利政策對當地居民相當不利，會使他們的所得低於貧窮線。洛杉磯政府委託當地研究機構所做的一份研究指出，沃爾瑪購物中心會破壞工作公平，迫使競爭對手降低薪資。然而，洛杉磯經濟發展協會 (Los Angeles County Economic Development Corporation) 與沃爾瑪卻駁斥此論點，認為在沃爾瑪可以節省許多家庭用品的開銷，使民眾能夠有額外的錢花費在其他產品上，如此可以造就許多的工作機會。投票的結果出爐，反對

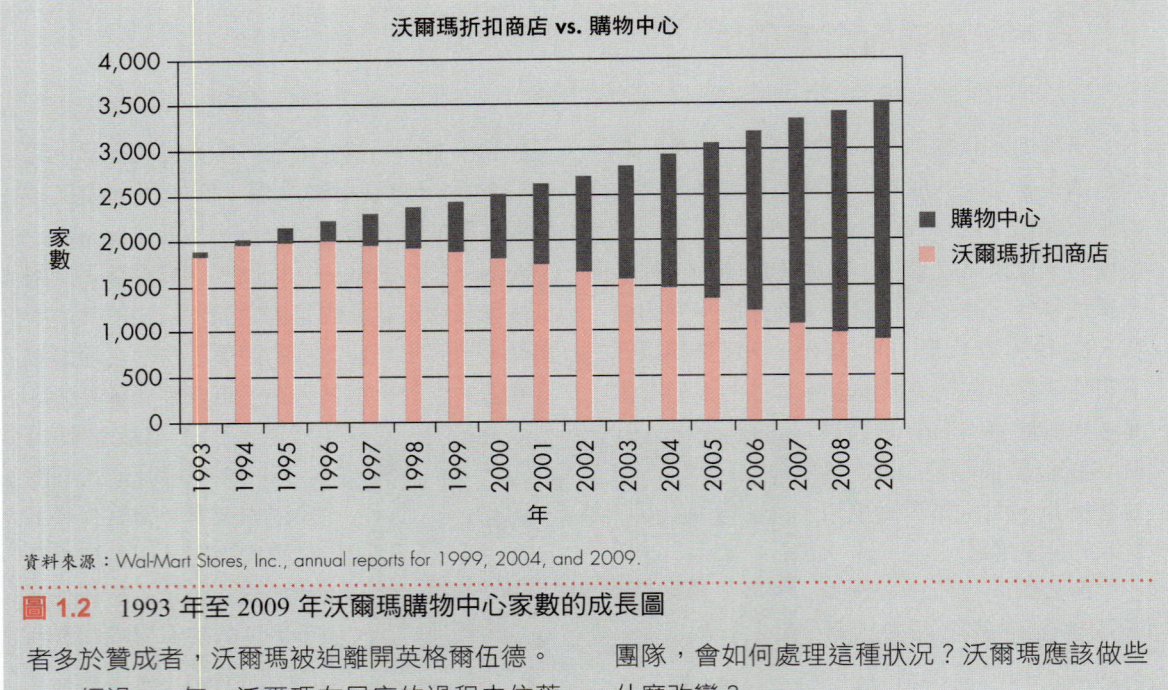

圖 1.2 1993 年至 2009 年沃爾瑪購物中心家數的成長圖

者多於贊成者,沃爾瑪被迫離開英格爾伍德。

經過 10 年,沃爾瑪在展店的過程中依舊遭遇一些反對的聲浪。如果你是沃爾瑪的管理團隊,會如何處理這種狀況?沃爾瑪應該做些什麼改變?

管理與領導

管理 以有效率與有效果的方法促使員工完成特定的目標。

領導 能夠驅動變革及透過鼓舞與激勵以提升組織創新的能量。

要區分**管理 (management)** 與**領導 (leadership)** 的差異並不是一件簡單的事,絕大多數的企業主都將管理與領導混為一談。約翰‧科特 (John Kotter) 指出,領導者的主要任務是設定公司的方向、促使員工可以依循公司的遠景,以及激勵與鼓舞員工,如圖 1.3 所示;而管理者的主要任務則是規劃與編列預算、組織和配置資源,以及控制與問題解決。

一般而言,管理是指以有效率與有效果的方法促使員工完成特定的目標;領導則必須要能夠驅動變革,以及透過鼓舞與激勵來促使創新。然而,策略的發展與執行需要領導者及管理者的技能和專業知識,因此兩者對於組織的成功都非常重要。就好比說,有遠景或方向,若缺乏實際的執行計畫,遠景就只是夢而已;同樣地,在執行計畫時若缺乏遠景,將可能失去策略與競爭優勢。

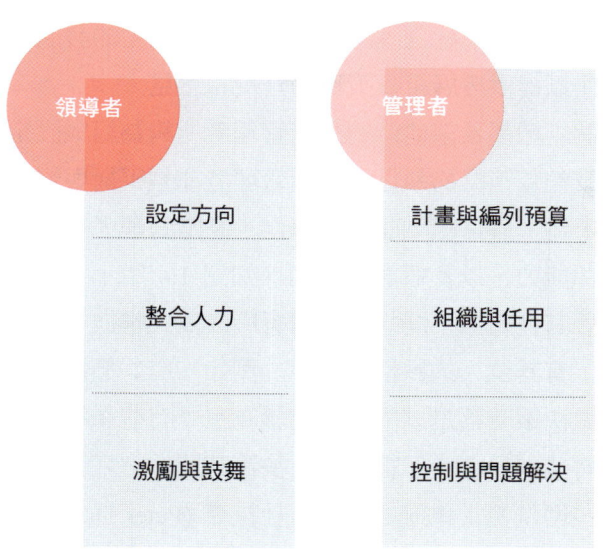

圖 1.3　領導者與管理者的角色

以西南航空 (Southwest Airlines) 為例，公司的遠景是前任執行長賀伯‧凱勒赫 (Herb Kelleher) 所設定。凱勒赫發現加州某家航空公司在短途航線上的表現優於大型航空公司；此外，他亦發覺許多人寧可長途疲勞的駕駛 (約 500 英里至 1,000 英里) 也不搭乘短程飛機，最主要的原因是機票太貴且航班不多。因此，凱勒赫將公司的遠景設定為：讓短程旅客選擇搭乘飛機，而非開車或搭車。由此遠景可知，公司的主要競爭對手將是客運公司，而不是以長途航線為主的大型航空公司。在凱勒赫設定公司遠景後，公司的經營團隊以效率、一致、速度、成本效應等原則來組織公司資源，以精確與確實地達成公司遠景。

組織要能順利與成功地運作，必須在各組織層級中培養並發展管理者與領導者，而不只是在高階層級中。然而，管理者需要具備什麼技能才能使組織順利運作，則取決於個人所在的組織層級與需負的責任。例如，前線的管理者需具備技術或排程能力，才能確保現場能夠順利地運作，而新進的基層員工通常需具備一定程度的專業知識與技能。當你升遷時，領導技能就變得格外重要；然而，在今日，除了高階管理者需具備領導技能之外，許多組織亦希望中低階管理者能有像領導者一樣的思維與行為。

高階管理者的主要任務包括財務報告、規劃、招募優秀人才，以及團隊發展等。中階管理者除需具備技術能力之外，亦須著重於人際關係

技能的培養，如激勵與建立團隊，以及概念化能力的發展，包括與高階主管一起工作以提供發展組織策略的分析和意見。

任何一個組織都希望他們的高階管理者能夠為組織設定正確的遠景與方向，以及監督策略的執行。高階管理者亦須平衡與規劃短期和長期策略。此外，為了確保組織能順利運作，高階管理者亦須擁有良好的溝通與人際關係能力，以及概念化能力，如圖 1.4 所示。雖然每位員工的能力必須隨著其在組織不同的層級而有所改變與轉換，然而必須注意的是，每位員工有其個人的風格與特色。例如，有些領導者非常外向，有些領導者在做決策時都是以內部的建議為主；有些領導者非常急性子且容易衝動，有些則是非常仔細謹慎，決策時間非常冗長；有些領導者非常自負，有些則是相當謙遜。彼得·杜拉克 (Peter Drucker) 曾說道，一位好的領導者並不是一定要具備某些特定的領導風格，而是他 (她) 的領導風格能夠使他 (她) 完成組織目標。

專業技術、人際關係、概念化能力都非常重要，但其相對重要性取決於個體在組織中的位置與角色。高階管理者必須花時間培養概念化能力，而新進員工與前線管理者最重要的是專業技術能力。就拿足球隊為例，每位足球隊員都必須專注於鍛鍊足球的專業技術與動作，如此一來才能在比賽的過程中有優秀的表現。此外，足球隊員還要能共同合作，成為足球隊的一份子，且必須清楚球隊的策略。換言之，足球隊員首重於足球專業技術的鍛鍊。足球隊教練最重要的技能是提供指導與訓練，

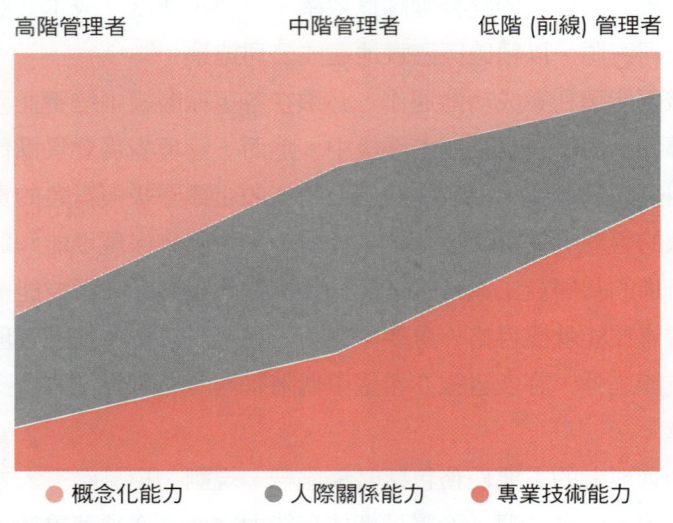

圖 1.4 各階層管理者之重要與相關的技能

且必須確保每位足球隊員都能相互合作。教練也要能設定策略與發展提升團隊能力的計畫。最後，球隊的所有人則要能確認與支持有才能的球員，以及花時間思考球隊的策略議題，如增加收入與長期的投資計畫。

底下將配合本書所介紹的管理三大主軸——策略定位、組織設計、個人領導，說明管理者與領導者的主要技能 (概念化、人際關係、專業技術)，如圖 1.5 所示。在策略觀點中，本書將以說明企業的領導者如何發展策略與有別於競爭對手的定位為主。然而，欲瞭解外部環境與競爭者的定位則須要有良好的概念化能力。就組織觀點來說，概念化、人際關係與專業技術能力在組織議題中皆非常重要。例如，要設計何種組織結構才能使員工的才能發揮到最大？在領導的部分，本書將說明個人要用什麼方法來建立技能 (概念化、人際關係、專業技術) 以成為一位優秀的領導者，以及為組織制定合適的策略。

本書一開始會以宏觀策略觀點來說明公司在一般企業環境中的定位。一旦公司發展出事業策略後，接下來便是實際的執行與傳遞。此時，組織結構、流程設計及績效評估也必須配合企業策略進行調整。什麼是最適合策略執行的組織結構與流程？哪些是必要的資源？要取得與發展什麼資源？要如何在多變的環境中維持事業運作？這些問題與答案都和本書第二部分的組織觀點有關。然而，具競爭優勢的策略與有效的組織結構都源於個人行動和領導。

最後，管理者必須擁有回應環境的決策能力、社會技能以瞭解在什麼情況下應該要有什麼作為及行為技能，以落實公司政策。有些領導者

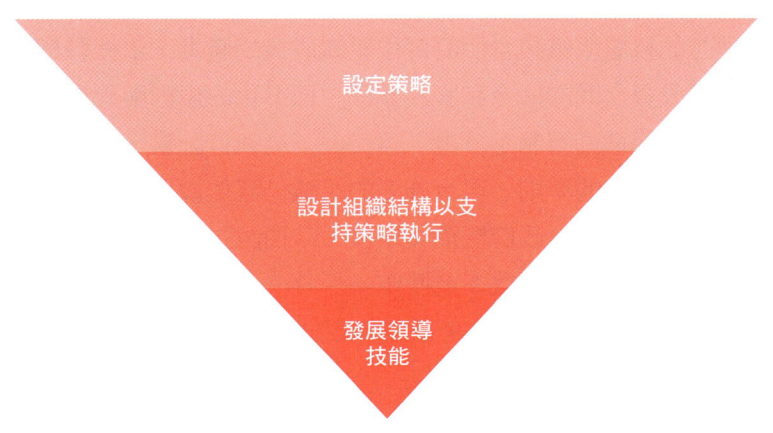

圖 1.5　從宏觀策略到個人活動

知道要做什麼，但卻無法落實，有些領導者則無法有效辨識環境中細微的差異與複雜性。另外，也有些領導者不管環境的變化與差異都用相同的管理方式。有效的管理是需要廣泛的技能與能力以回應環境的變化，這就是本書要特別探討個人領導技能發展的原因。

領導發展之旅

在離開學校後要開始展開職業生涯時，大家會期望你可以展現出領導與管理所必要的專業技術、概念化、人際關係技能。確認你的理想職業，並思考下列問題：

- 你知道這份工作所需具備的專業技術技能為何？
- 在指導與引導員工時，應具備什麼人際關係技能？
- 高階管理者如何應用概念化能力來設定遠景與策略？

根據你對自己理想職業的技能分析後，設定三個有助於你發展職涯路徑 (career path) 的目標。

管理觀點的演進

最早提出要如何管理與運作大型和複雜組織的正式理論是 1900 年代早期的德國社會科學家馬克斯‧韋伯 (Max Weber)。韋伯的主要貢獻在於提出**科層組織結構 (bureaucratic organization structure)** 的概念。韋伯認為，理想的科層組織包含明訂每位組織成員的職責、依據職權與決策層級來界定成員之間的命令和服從關係、標準化的規則與程序、規劃和執行分開，由組織高層制定計畫，再交由下級執行計畫，以及以技術作為員工升遷與僱用的準則。現今許多的組織仍舊依據科層組織結構的基本法則來運作，例如，政府機構與學校。韋伯認為，科層組織最主要的貢獻是能使組織理性與有效率地運作。

科層組織結構 明訂每位組織成員的職責、依據職權與決策層級來界定成員之間的命令與服從關係、標準化的規則與程序、規劃和執行分開，由組織高層制定計畫，再交由下級執行。

之後，有許多社會科學家依循韋伯的觀點，依據科學原則來探討組織結構，其中最為著名就是在 1910 年代提出**科學管理 (scientific management)** 的腓德烈‧泰勒 (Frederick Taylor)。科學管理著重於如何利用工業工程方法 (如時間與行動研究) 來設計並制定有助於改善生產力的工作與薪酬制度。經過一段時間的研究，泰勒制定出有效管理法

科學管理 著重於如何利用工業工程方法來設計與制定有助於改善生產力的工作與薪酬制度。

則，他認為組織好比是一部機器，而管理者就像是機器的操作員。管理者應依據科學研究制定出可生產特定產量的行動。泰勒認為，每位員工都可以理性且不浪費資源的方式執行工作。

在 1930 年代，管理理論的發展不再將組織視為一部機器。在這段期間，人群關係運動 (human relations movement) 崛起，強調非正式的社會關係在工作中的重要性。不同於科學管理學派將組織視為機械一般，人群關係的學者認為，應該將組織視為人與人之間相互依賴的系統，在組織有效地運作下共享共同的利益。經歷人群關係運動後，管理的重心從組織的產出面轉換成組織的社會與非正式面，並將組織的收益視為員工互動與學習的產物。

在 1950 年代，管理學者開始轉而解釋組織結構之間的差異，認為如果能夠找到組織結構差異的原因，將可指引組織如何適應新的環境。當時有學者根據社會、心理、技術與經濟等條件來區分組織的差異；有另一派學者則持不同的看法，認為組織結構之所以有差異，主要根據組織所執行的是固定任務還是不確定的創新任務而定。換言之，環境與任務的本質會影響組織結構。按照此邏輯，如果公司重視的是效率，則較適合能維持穩定與機械式的組織結構；相反地，如果公司重視的是創新，則較適合採用非正式的組織結構。

在 1960 年代，權變觀點 (contingent view) 崛起，認為有效的組織結構取決於能否校準或適合多樣的環境面向，其中社會、政治與企業環境皆扮演著重要的角色。根據權變觀點，組織結構要能配合外部環境，如圖 1.6 所示。

近期學者在探討組織的角色時，都是結合多種理論與觀點。這是因為沒有一個取向或理論可以完整地解釋組織結構的設計。在設計組織結構時，管理者必須評估符合環境的策略目標與內部的資源能力。因此，對於一家公司或組織而言，瞭解所處的環境是非常重要的。

企業目標觀點的改變

今日的企業環境 (business environment) 較早期複雜許多，包含影響或形塑廠商的內部與外部環境。因此，不同時期對於如何應付企業環境與提升績效之思維也不盡相同，如圖 1.7 所示。

Bettmann/CORBIS

人群關係運動 將組織視為人與人之間相互依賴的系統，在組織有效地運作下共享共同的利益。

權變觀點 有效的組織結構取決於能否校準或適合多樣的環境面向。

企業環境 所有的影響或形塑廠商的內部與外部環境的結合。

14　管理學

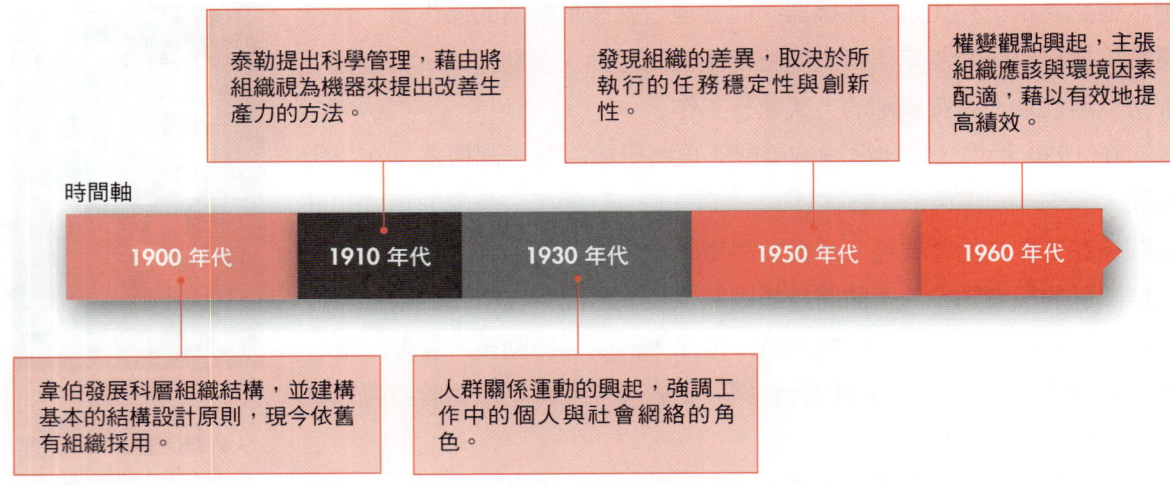

圖 1.6 管理觀點的演進

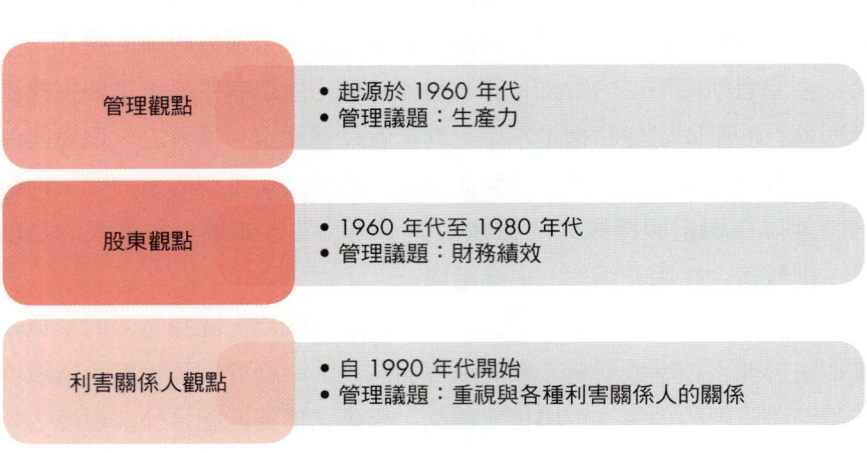

圖 1.7 企業環境觀點的演變

Highsmith, Carol M., 1946/Library of Congress

　　在 20 世紀的輝煌時期，管理者主要依循組織的 **管理觀點 (managerial view)**，將組織視為一部機器，把原物料轉換成產品，賣給最終顧客。在此觀點下，管理者將焦點放在公司與供應商、顧客、公司所有人及員工身上，並未考量外部其他的利害關係團體，如當地政府與非政府組織。在 1960 年代，股東權力並沒有今日大，因為當時並沒有共同基金，且購股併購並不常見。因此，管理者未遭受來自於股東改善績效或展開其他事業的威脅。

　　然而，到了 1960 年代晚期，管理者開始重視股東的利益。在 1970 年代，美國公司面臨兩股壓力：(1) 緩慢的經濟成長與

高通膨；(2) 外國企業的競爭。許多公司因此無法繼續成長，獲利開始停滯。也由於成長與獲利的停滯，幾家大型公司在資產負債表上的資產與現金，開始像股票價格一樣不斷地下滑。財務評論家指責公司的領導者忽視股東利益，使得許多管理團隊面臨重組。

有了上述的經歷後，公司開始只重視股東利益。根據廠商的**股東觀點 (shareholder view)**，高階管理者的工作強調提高公司的股票市場價值。在此時間，一連串的因素促成此時期的股東觀點。1980 年代早期，反托拉斯 (antitrust) 鬆綁對於併購的相關限制，促使許多公司開始藉由併購與垂直整合以尋求新的成長機會，導致併購與購股併購的活動激增。因此，沒有公司可以脫離市場壓力與私人控股公司併購的威脅。

福特汽車公司 (Ford Motor Company) 即是從此鬆綁政策中獲利的公司之一。為了能夠提供股東更多的價值，福特在 1980 年代晚期分別併購 Jaguar 與 Aston Martin 兩家汽車製造公司。這兩家公司所在的市場是福特一直難以進入的；Jaguar 主打豪華房車市場，而 Aston Martin 則是主攻高檔的跑車市場。併購 Jaguar 後，福特發現可以提高西歐汽車市場銷售量的方法。

1980 年代是股東觀點的全盛時期，導致事業目標的轉變。許多管理者都以提高股東利益為主要事業目標，而將員工、社區居民及顧客利益當作次要目標。也由於過度強調股東利益，導致美國許多企業在競爭力上不如國外企業。例如，有些公司為提高股東利益，不斷地減少新產品的投資，以及降低品質標準。因此，許多企業開始搖搖欲墜，取而代之的是重視新產品創新、顧客需求、產品品質的公司。

就在股東觀點受到重視的年代之時，愈來愈多公司開始感覺到內部與外部環境的壓力和複雜性。許多美國傳統的企業開始面臨到國外公司的競爭。在 1980 年代之前，由於受到貿易政策保護，因此絕大多數美國的公司，如美國三大汽車製造公司 [通用 (General Motors)、福特、克萊斯勒 (Chrysler)]，鮮少遭遇到國外公司的直接競爭與攻擊。此外，當時許多新興國家的汽車製造公司皆尚未成熟，因此都不是三大汽車製造公司的對手。直到日本汽車製造公司開始進軍美國市場後，三大汽車製造公司才開始重視並著手處理其企業環境。

然而，美國公司尚未遭遇到其他國外公司的競爭與攻擊之前，就必須先面臨到國內一些團體給予公司的壓力，包括環境行動主義者、動物權利團體及當地的社區團體等。當時許多環境與社會團體或組織猶如雨

管理觀點 將組織視為一部機器，把原物料轉換成產品，賣給最終顧客的事業觀點。

股東觀點 高階管理者的工作就是提高公司的股票市場價值的事業觀點。

後春筍般地出現，參見表 1.1。

雖然現今已有許多公司開始關注公司的環境足跡 (environmental footprint) 或碳排放量，但在當時並非如此。高競爭壓力的產業，如採礦、石油、天然氣、廢棄物管理等，較少關注環保的問題。然而，當民眾開始清楚這些企業所生產的產品對環境的破壞後，如酸雨與排放有毒氣體，民眾開始抗議，使得公司不得不關注環保問題。

表 1.1　各種環保團體成立的時間 (美國)

環保團體	成立時間
野生動物保育協會 (Defenders of Wildlife)	1947
能源與環境研究中心 (Energy and Environmental Research Center)	1951
大自然保護協會 (The Nature Conservancy)	1951
美國野生動物基金會 (American Wildlife Foundation)	1961
世界自然基金會 (World Wide Fund for Nature)	1961
環境保護基金 (Environmental Defense Fund)	1967
地球之友 (Friends of the Earth)	1969
美國國家資源保護委員會 (National Resources Defense Council)	1970
地球正義 (Earth Justice)	1971
地球觀察研究所 (EarthWatch Institute)	1971
綠色和平 (Greenpeace)	1971
國家海洋資源保護聯盟 (National Coalition for Marine Conservation)	1973
正義聯盟 (Alliance for Justice)	1979
《地球萬歲》雜誌 (*Earth First!*)	1979
美國能源效率經濟委員會 (American Council for an Energy-Efficient Economy)	1980
核能控制機構 (Nuclear Control Institute)	1981
地球島嶼協會 (Earth Island Institute)	1982
世界資源研究中心 (World Resources Institute)	1982
雨林行動網絡 (Rainforest Action Network)	1986
雨林聯盟 (Rainforest Alliance)	1986
國際保育協會 (Conservation International)	1987
地球共享聯盟 (Earth Share)	1988
美國環境新聞記者協會 (Society of Environmental Journalist)	1990
環境工作團隊 (Environmental Working Group)	1993
再生能源政策計畫中心 (Center of Renewable Energy Policy Project)	1995
環境素養 (Environmental Literacy)	1997

資料來源：Compiled from historical information on respective websites, accessed October 6, 2009.

因此，公司的外部環境愈變愈複雜，許多公司開始處理外部環境的壓力，如群眾的抗議。在股東觀點的盛行下，股東持續施加壓力給管理者，希望管理者能達成組織既定的目標。因此，管理者必須關注並處理內外部的複雜與壓力。在內外部壓力夾擊下，產生另一個新的觀點與典範。

在經營環境日漸複雜與動盪下，興起**利害關係人觀點 (stakeholder view)**。在 1984 年，愛德華・傅利曼 (Edward Freeman) 所撰寫的《策略管理：利害關係人觀點》(*Strategic Management: A Stakeholder Approach*) 一書中，將利害關係人定義為，公司致力於組織與分析和公司有互動的團體，如圖 1.8 所示。一般而言，公司在營運過程中多少都會與政府、當地社區組織、公司所有人、擁護團體、顧客、競爭者、媒體、員工、環境保護團體，以及供應商互動，也因此必須對這些團體負責。當然，還有許多與公司有互動的團體並未列在圖 1.8 中。利害關係人觀點幫助管理者更加瞭解公司內外部環境的複雜性。

一般而言，每一家公司或組織都有一組會影響公司運作與績效的利害關係人，而在不同的組織生命週期中，利害關係人的重要程度也會不同。例如，當廠商要建造一座新的工廠，當地社區居民可能就是具有影響力的利害關係人。在當地社區順利運作後，當地居民對公司的影響力可能會隨之降低。緊接著，我們要談論的是，管理者如何利用利害關係人之觀點來使公司運作得更有效率，以提升公司的績效。

> **利害關係人觀點** 公司致力於組織與分析和公司有互動的團體的事業觀點。

利害關係人觀點

根據利害關係人理論，「任何一個有可能影響或受到組織目標影響的團體或個人，都可稱為組織的利害關係人。」利害關係人理論主要關注的議題是，誰可能會影響組織制定決策，以及誰可從這些決策中獲利。管理利害關係人的首要步驟是確認公司所有重要的利害關係人。圖 1.8 僅列出部分的利害關係人，而不是所有的公司都包含圖 1.8 所列出的利害關係人。管理利害關係人的第二個步驟則是，設計正式的流程與系統來處理並管理公司的所有利害關係人。

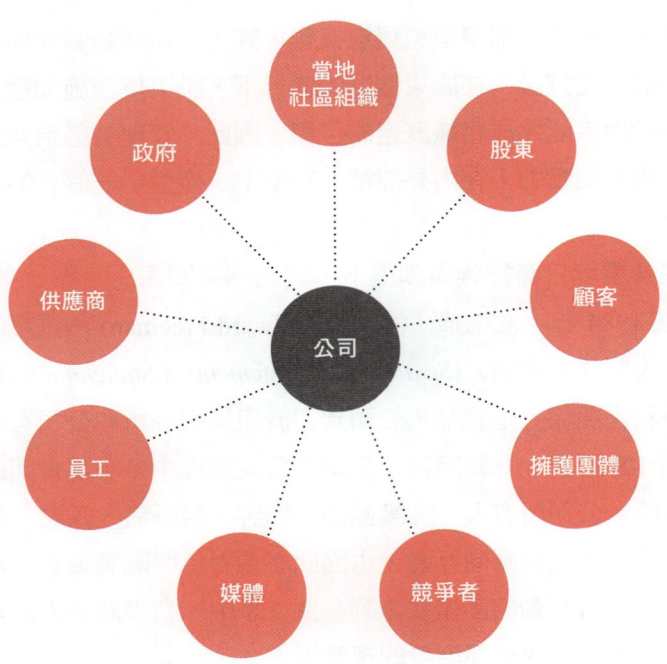

圖 1.8　公司的利害關係人觀點

確認利害關係人

　　管理利害關係人的第一個步驟是列出影響公司運作的所有利害關係人，如圖 1.9 所示。管理者必須先確認哪些群體或個人會影響或受到公司的影響。管理者可以參考圖 1.8 所列的利害關係人進行思考，並刪除或加入其他的利害關係人。有些利害關係人可能會比其他利害關係人重要。例如，控制公司資源的利害關係人就是較重要的利害關係人。建構與列出利害關係人後，管理者必須確認每一群利害關係人底下的子群體。例如，將「政府」視為一個重要的利害關係人並不夠具體，管理者應該要在底下再列出影響或會受到組織影響的政府機構。

　　接下來，管理者要確認每一群或子群體中的利害關係人與組織的利害關係和涉入程度。例如，管理者可能將政府列為其中一個重要的利害關係人，而環境保護署 (Environmental Protection Authority, EPA) 可能就是此類別中的一個子項目。環境保護署與公司之間的關係可能在於生產流程中降低碳排放量的問題。在確認此關係後，公司可能會更加瞭解為什麼環境保護署會影響公司的運作，以及該如何管理此利害關係人。

　　一般而言，有些重要的管理課題可能是衍生自組織與利害關係人的連結。首先，公司及與利害關係人之間的利益關係並非固定不變。例

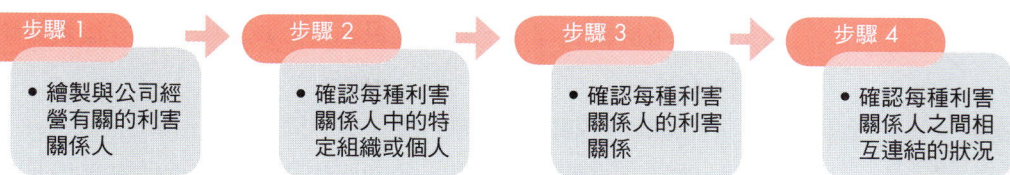

圖 1.9 確認利害關係人的步驟

如,環境保護署現在關心的是碳排放量的問題,但不代表未來不會關心其他的環保問題,如廢棄物回收的問題。第二,許多在連結圖中的利害關係人可能會相互連結。例如,先前曾提到的沃爾瑪案例中,沃爾瑪之所以會遭受到如此大的阻力,主要是因為當地的市議會與當地工會聯合對抗沃爾瑪所致。這兩個群體並非同一個組織,也沒有一同工作,但卻可以集結起來共同阻止沃爾瑪進入英格爾伍德。因此,管理者必須確認利害關係人之間是否有互動或相互連結的可能性。近年來,沃爾瑪投入相當多的經費於員工的健康福利 (工會關注的問題),以及減少公司的營運對環境所造成的衝擊 (環保團體與社區組織關注的問題),希望能藉此提高公司的聲譽。

利害關係人管理流程

一旦建構利害關係人的連結圖後,管理者必須發展有助於確認並回應新的利害關係人與環境複雜性的機制。管理者可以用下列兩種方式來發展利害關係人之管理機制,包括策略檢視流程與環境偵測。

在**策略檢視流程** (strategic review process) 中,公司的高階管理者必須與各事業部的管理者以正式的會議進行討論。在開會時,事業部的管理者必須先檢視事業部或單位的績效,以及指出未來事業部或單位的目標。一般而言,策略檢視流程包括財務績效和指標的資訊、新事業的前景、研究與發展的最新資料、製造能力、人才管理,以及競爭威脅。策略檢視流程的主要目標是策略形成與目標設定,公司的高階管理者可藉由上述正式會議以合併公司現在與新策略專案的利害關係人之連結圖。例如,沃爾瑪決定在加州擴展購物中心的據點時,管理者可以在會議中使用此策略檢視流程來討論運作、財務與組織策略。在會議中,管理者也必須討論在執行此擴展據點的策略時,可能會影響哪些利害關係人,或哪些利害關係人可能會影響此策略。根據會議中的討論,沃爾瑪應該可以發展出多個策略來處理當地市議會的抗議與阻礙。將利害關係人分

> **策略檢視流程** 公司的高階管理者必須與各事業部的管理者以正式的會議針對特定目標進行討論。

析加入策略檢視流程中，可以確保執行人員能瞭解與評估新策略目標的價值。

第二種利害關係人管理的機制是環境偵測 (environmental scanning)，有助於確認並瞭解利害關係人的回應與活動。環境偵測是指，搜尋企業環境中未來可能會影響事業運作的重要事件與趨勢。研究發現，相較於未投入環境偵測的公司，有投入環境偵測的公司會有較佳的財務績效。

管理者可透過下列兩種管道來進行環境偵測，包括情境建構與趨勢分析。在情境建構 (scenario building) 中，當有數個事件或利害關係人連結在一起，管理者必須預測可能會發生的結果。例如，沃爾瑪的管理者可應用情境建構來推測在擴展購物中心時可能產生的各種問題，以幫助公司做決策。例如，購物中心的擴展將使得零售價格降低，促使其他零售連鎖業者為了競爭，而必須降低成本結構。一旦有成本壓力，其他零售業者可能會降低薪資與健康福利支出，因此引起食品職業工會的抗議，並向英格爾伍德市議會施壓，以阻止沃爾瑪的進駐。情境建構可能會產生多種不同的路徑與情境，但卻有助於公司確認可能遭遇到的問題與損害。

在確認多種可能的情境後，管理者可以開始著手進行情境規劃 (contingency planning)，為公司發展出可能的解決方法。在情境規劃中，管理者必須將可能產生的問題進行歸納，並為公司擬定一組可能的行動步驟。

另一種有助於預測利害關係人的反應與行動的技術是趨勢分析 (trend analysis)。在趨勢分析中，管理者必須監視與塑造環境中數個關鍵變數，用以預測環境中可能發生的改變。趨勢分析是一種不精確科學 (inexact science)，可以幫助管理者瞭解可能影響公司運作與利害關係人的環境變數。成功的環境偵測與趨勢分析取決於，管理者評估公司可能遭遇的風險與機會之能力。

知道何時與如何組織策略變革，並不是一件容易的事情。管理者必須跨越公司的營運疆界以迎戰可能面臨的競爭威脅，並且利用新的市場機會。因此，管理者必須有更寬廣的視野，亦即具有跨越公司目前營運範疇的資訊搜尋與偵測能力。在疆界偵察活動上表現不錯的管理者即具有情境因應智力 (contextual intelligence)，其瞭解環境因子對於公司或事業運作的衝擊，以及知道如何影響或對相同的環境因子做出回應。

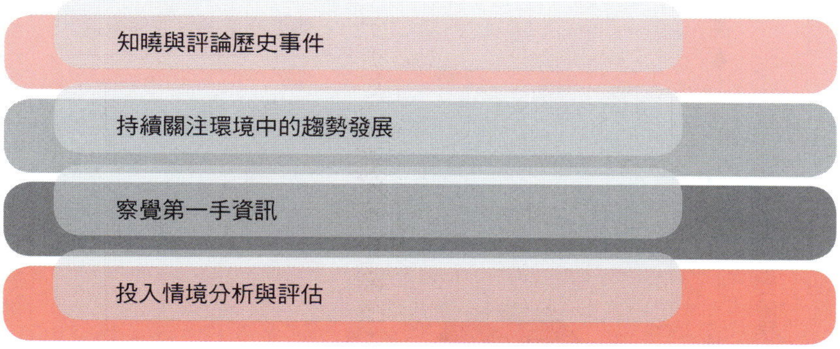

```
知曉與評論歷史事件

持續關注環境中的趨勢發展

察覺第一手資訊

投入情境分析與評估
```

圖 1.10 建立情境因應智力

　　管理者可以藉由瞭解歷史案例與對產業的衝擊來增進本身的情境因應智力。瞭解並分析產業中的歷史趨勢與事件，可以幫助管理者更知道如何處理未來類似事件的發生。管理者可藉由評估機會來發掘可能影響事業運作的新情境因素，以增進本身的環境偵測能力，如圖 1.10 所示。例如，如果公司希望能在中國或印度找到新的供應商，則相關人員應該至當地進行拜訪，以瞭解可能的機會及可能會面臨的文化課題。

管理不確定性

　　許多企業環境中所發生或產生的事件或因素是很難解釋的，因此很難預測各式各樣的情境因素會對產業的發展與事業運作有何影響。管理者投入於發展情境因應智力，例如環境偵測，將可減緩或降低這些情境因素所產生的不確定性與風險。

　　儘管管理者非常努力與投入，亦可能對於環境事業方向存在某種程度的不確定性。因此，管理者必須慎重地評估此不確定的程度。如果管理者低估產業中不確定性的程度與本質，可能會對於競爭威脅毫無招架之力，以及無法有效利用潛在的新機會；相反地，如果管理者高估不確定性的程度，可能會覺得無力與錯失行動，並認為自己無法採取任何行動來改變或影響事業回應。一般而言，當產業中存在或產生許多環境因素或這些環境因素時常改變時，管理者面臨的不確定性較高，如圖 1.11 所示。因此，環境因素的改變速度與程度將會決定管理者要投入多少心力於環境偵測活動，以及公司要修改與調整營運模式的程度。

　　本章已探討過利害關係人管理與概念，以及如何將利害關係人管理的概念應用於實務中，接下來將藉由個案來說明，當公司擁有一組多樣

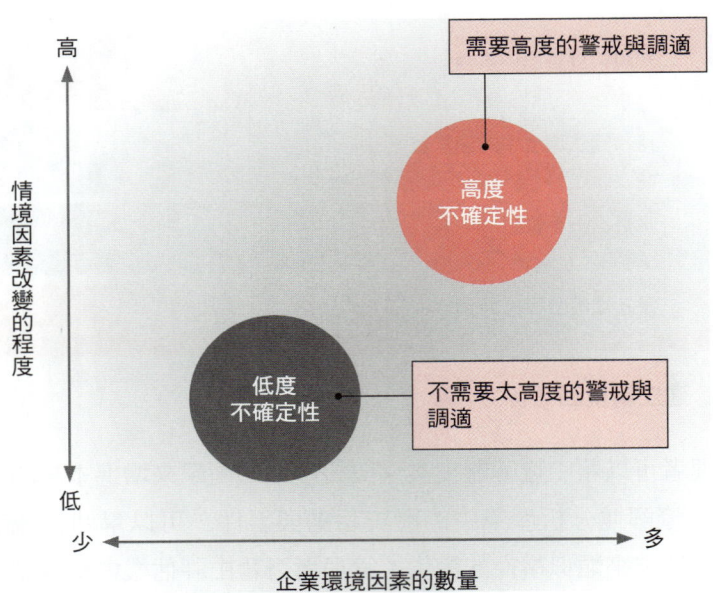

圖 1.11 情境因素與不確定性

性的利害關係人時，公司如何在複雜的環境中處理與回應這些利害關係人的行動。

 ## 必和必拓的 Tintaya 銅礦

也許你可能從未聽過必和必拓集團 (BHP Billiton)，但你隨時都有可能會使用到該公司物料所生產的產品或建材。近年來，隨著中國與印度經濟的成長，必和必拓的權力與地位也水漲船高。必和必拓是全球礦產業的龍頭，其主要事業包含鋁礦、鐵礦、煤礦、鉛礦、銅礦、錫礦等之開採，經營觸角遍及 25 個國家。截至 2007 年年底，必和必拓總營收為 480 億美元，淨收益為 140 億美元。在 1996 年，必和必拓已取得祕魯 Tintaya 銅礦的開採權。

雖然祕魯是拉丁美洲經濟狀況較好的國家之一，但國民平均收入也不過 2,000 美元左右，且祕魯農村地區的居民相當貧窮，不太容易找到工作。雖然開採銅礦能為祕魯政府帶來相當的稅收，但對當地居民而言卻得不到任何利益。此外，Tintaya 的銅礦開採問題，長久以來一直是採礦業者與當地居民之間的爭論點。祕魯政府於 1985 年成立一家採礦的國有企業，並向當地 125 戶居民徵收 2,368 公頃的土地，而當地居民多以務農的原住民為主。當時祕魯總統以每 2.45 公畝 3 美元的價格向當地居

民收購土地,並承諾提供當地居民採礦的相關工作。然而,工作數量相當少,當地居民也因為失去土地而變得更貧窮。

在 21 世紀早期,金屬價格不斷飆高,帶動祕魯銅礦價格高漲,如圖 1.12 所示,也使得祕魯的礦業受到許多非政府組織的關注,然而這也讓祕魯社會底層的人民感到不安。大規模的開採行動,以及這些開採行動對於社會與環境的影響,導致國內抗議聲浪四起。必和必拓認為公司已為當地居民提供超過 600 個工作機會,也提供 200 萬美元作為當地發展基金。然而,當地許多民眾卻非常厭惡必和必拓,因為必和必拓持續以低價收購 Tintaya 礦區周圍的土地。除了對必和必拓土地收購有意見之外,當地居民也關注必和必拓所造成的環境問題。居住在必和必拓礦區附近的居民指出,必和必拓所排放的廢水嚴重污染當地牧場與飲用水。

2003 年春天,約 1,000 位民眾衝進 Tintaya 礦區,並強行押走必和必拓當地的總經理。這些民眾主要是來自 Ccañipia 流域的居民,他們指出必和必拓的礦渣污染當地的水資源與農地。於是必和必拓與當地居民展開協調,同意設置一個發展基金,每年固定提撥礦區部分的營業收入作為當地的發展基金。然而,同一時間,必和必拓卻與當地其他採礦的居民達成開鑿協議,因而又再度引起當地居民的憤慨。2005 年 5 月 23 日,500 多位左派政黨人士與學生聚集在礦區抗議協議內容,最後公司決定關閉礦區並遣散所有員工。

在整個過程中,必和必拓忽略各方利害關係人的需求與利益。必和必拓在 1990 年代從祕魯政府取得銅礦的開採權後,沒有針對相關的利害關係人提出因應對策。之後,雖然必和必拓在 2000 年代早期積極地制定因應對策,但仍舊無法挽回局勢,導致危機發生。

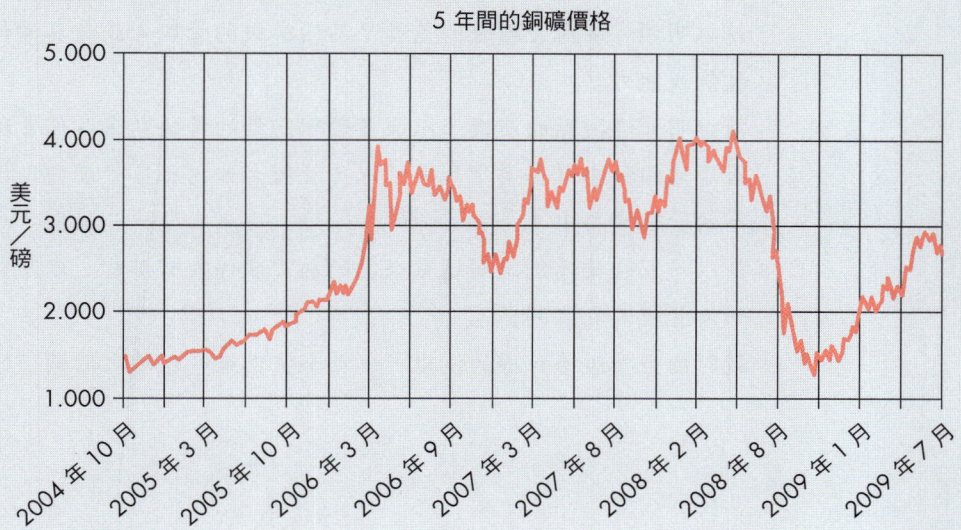

資源來源:Kitco—Spot copper historical charts and graphs, kitcometals.com, www.kitcometals.com/charts/copper_historical_large.html, accessed October 7, 2009. Used by permission.

圖 1.12　5 年間的銅礦價格

個案討論

1. 管理者必須針對危機做出回應，其中一個危機處理策略是預先防止危機的發生。必和必拓的管理者一開始可以採取哪些行動以阻止上述危機的產生？
2. 情境因應智力是重要的管理能力之一。必和必拓 Tintaya 礦區的管理者應如何藉由環境分析或事業運作來影響或處理上述的危機事件？
3. 對 Tintaya 礦區的管理者來說，為什麼管理不確定性是一項困難的任務？如何利用情境規劃來管理不確定性？
4. 根據利害關係人觀點，公司的利害關係人會影響公司的經營。必和必拓 Tintaya 礦區的主要利害關係人有哪些？如果你是公司的管理者，會與哪些利害關係人共同解決上述的危機？
5. 你從必和必拓 Tintaya 礦區的個案中學習到什麼？你如何將所學應用到其他公司的管理實務中？

問題與討論

1. 請討論管理三大基石 (策略定位、組織設計、領導) 之間的關聯性，並以一家企業為例說明管理三大基石的重要性。
2. 請說明領導者與管理者的差異？不同層級的管理者應該具備何種管理技能或能力？
3. 請說明管理觀點的演進，以及各管理觀點的優缺點，各個管理觀點是否皆適用於今日企業？如果可以，管理者如何將各管理觀點應用至現今的管理實務中。
4. 請以一家企業為例說明這家企業的利害關係人有哪些，以及這家企業如何管理其利害關係人。
5. 請討論企業經營目標的演進，以及企業與經營環境之間關係的改變。

Chapter 2 企業經營環境

學習目標

1. 說明內外部環境改變對企業競爭地位的影響。
2. 瞭解全球化對企業經營範疇的影響。
3. 說明企業外部環境的主要構面,包括一般與任務環境構面。
4. 說明內部環境四構面之間的差異,包括所有人、董事會、員工與文化。

捷安特 ▶▶ 全球品牌之路

巨大集團的自有品牌「捷安特」(Giant),一直是台灣人感到驕傲的全球品牌。成立於1972年的巨大集團一開始是以OEM起家。在代工這段期間,巨大藉由代工機會累積實力與提升生產與產品品質,其中最大客戶是美國的Schwinn。然而,隨著台灣經濟起飛,生活水準提高,人力成本愈來愈昂貴的情況下,代工成本也愈來愈高,因此Schwinn頻頻抽單,將訂單轉至生產成本更低的國家。當時,巨大體認到,公司的獲利與生存不能再依賴代工生產,唯有創造自己的品牌,路才能走得長遠,於是巨大在1981年創造「捷安特」這個品牌。

巨大以「Global Giant, Local Roots」(全球品牌,當地深根) 全球發展策略,開始進行全球布局的三部曲。首先,建立堡壘,快速拓展全球市場。巨大全球營運據點的布局首選歐洲,其次是美國,再來是日本與澳、紐。巨大堅持每家海外子公司百分百獨資,善用最瞭解在地市場的當地人才,以及設立IA生產線,滿足歐洲消費者高品質的要求。再者,厚植實力,建立兩岸分工模式。巨大建立兩岸分工模式強化製造實力與商品化能力,並維持ODM與OBM之間的平衡。巨大在中國不只是設廠製造以外銷至國外,也設法在中國銷售產品,並自行建構銷售通路。此外,巨大在中國也採取深耕策略,不論是人才、原物料、財務、管理都是當地取才。最後,發揮綜效,深化全球運籌管理。巨大於2000年在台灣設置全球營運總部,提供各地子公司研發、品牌、稽核、資訊、財務、經營管理know-how、智慧財產權等管理支援。

巨大集團靠著一步步的全球布局策略,成功地替自己贏得自行車王國的美名。

資料來源:
林靜宜,《捷安特傳奇》,天下文化,2008年11月。

自我省思

你與企業環境

審視與取得企業環境的相關資訊,並從中學習是一項重要的管理能力。請以「是」或「否」回答下列問題,以評估你在這方面的能力。

1. 我會閱讀經營管理相關的文章與報導,並瀏覽相關的網站,以瞭解最近的時事新聞。
2. 我瞭解技術的發展與應用對外部環境的影響。
3. 我會追蹤經濟資料,以評估全球企業環境。
4. 我能確認影響競爭環境的社會文化趨勢。
5. 我能瞭解人口統計資料對企業決策的影響。
6. 我知道企業是在全球環境中運作,因此必須關注世界各地所發生的事件。
7. 在分析一家企業時,我會找出這家企業的競爭者,以及這些競爭者對於該企業的影響。
8. 我瞭解顧客與供應商對企業經營的影響。
9. 我瞭解所有權結構與董事會治理角色之差異。
10. 我知道公司員工與文化是影響企業能否成功的重要因素。

如果你在上述的問題中,回答「是」超過一半以上,表示你對於公司的經營環境有一定程度的瞭解。

緒論

由於企業是生態系統的一部分,因此沒有任何一家企業可以隔離外界而獨自運作。成功的企業領導者不僅能快速地回應持續變動的全球經營環境,且會試圖影響環境。例如,有些領導者會透過遊說的方式來影響政府決策;有些領導者則會積極尋找正在成長的利基或目標市場,並發展產品或服務以滿足需求。另外,有些企業會投資於研發,並商品化技術性的創新產品。從上述可知,企業的領導者不僅會積極主動地回應環境,且會制定相關的策略來管理環境。

我們只需要回顧 20 年的時間就能夠明顯看出企業經營環境的變化。在 1990 年代晚期,隨著網際網路與電子商務的崛起,經濟快速的成長。在此期間中,許多管理者與投資人都看好網際網路能創造出龐大的商機,造就許多知名的網際網路與電子商務公司,包括 eBay、亞馬

遜（Amazon）及 Google。雖然此期間興起許多像 Google 這樣的明星企業，但也有一些失敗的公司，如表 2.1 所示。

你是否還記得表 2.1 所列的這些網路商店？許多初創的網路商店都因為缺乏事業基礎而以失敗收場。這些網路商店皆將注意力放在電子商務所能提供的利益上，卻忽略對實際的事業基礎進行評估。隨著股市投資人對這些企業的獲利能力逐漸失去信心後，電子商務相關公司也開始走下坡。

在 2001 年 9 月 11 日美國遭受恐怖攻擊後，各國開始關注科技性的危機。美國 911 恐怖攻擊對全球企業環境帶來許多負面衝擊，包括經濟成長趨緩與消費者憂慮，導致經濟衰退。在 2002 年至 2003 年經濟衰退之後，由於中國與印度經濟快速地成長，帶動美國與其他國家經濟復甦。中國與印度經濟的成長也意味著全球商業範疇的擴大，以及降低對美國與日本經濟領導的依賴。

之後，各產業的管理者又面臨由銀行與其他貸款給家庭和次級顧

表 2.1　網際網路投資失敗的公司

公司	創意	問題	投入資金
Webvan.com (1999 年至 2001 年)	線上食品雜貨店	擴展速度太快	3.75 億美元
Pets.com (1998 年至 2000 年)	線上寵物用品店	基礎設施差，缺乏明確的市場定位	8,300 萬美元
Kozmo.com (1998 年至 2001 年)	1 小時快送服務，包括食品與 DVD 等	快送服務的支出高於產品利潤	2.8 億美元
Flooz.com (1998 年至 2001 年)	代替信用卡的線上貨幣	顧客比較喜歡使用信用卡	3,500 萬美元
eToys.com (1997 年至 2001 年)	線上玩具店	廣告與行銷費用過高	1.66 億美元
Boo.com (1998 年至 2000 年)	線上時尚店	速度慢、網站複雜、免費運送支出過高	1.6 億美元
MVP.com (1999 年至 2000 年)	線上體育用品店	無法吸引足夠的顧客	8,500 萬美元
Go.com (1998 年至 2001 年)	迪士尼 (Disney) 商品搜尋引擎	內容受限、訪客流量不足	7.9 億美元
Kibu.com (1999 年至 2000 年)	年輕女孩的線上社群	缺乏主要的收入項目，營運時間不到 50 天	2,200 萬美元

資料來源：Information for this table was derived from Kent German, "Top 10 dot-com flops," available at CNET.com www.cnet.com/1990-11136_16278387-1.html, accessed August 27, 2009; Nate Lanxon, "The Greatest Defunct Web Sites and Dotcom Disasters," available at CNET.com.uk http://crave.cnet.co.uk/gadgets/0,39029552,49296926-1,00.htm, accessed August 27, 2009; and "Top 10 Internet Startup Failures," available at Marketing Minefield www.marketingminefield.co.uk/articles/top-10-internet-startup-failures.html, accessed August 27, 2009.

客之機構所造成的信貸危機。在 21 世紀的前 10 年，美國房地產飆漲，當時政府並未察覺可能引發的問題。隨著購屋率的增加也帶動其他產業蓬勃發展，包括汽車、居家裝潢、家用設備、景觀設計等。然而，到了 2007 年年底，許多貸款人未按時支付房貸，因為太多人無力還款造成前所未有的金融危機。2008 年年底，金融業龍頭雷曼兄弟 (Lehman Brothers)、美國國際集團 (American International Group)，以及美林 (Merrill Lynch) 相繼破產。此外，許多老字號的企業也紛紛破產，包括 86 年歷史的 KB Toys、60 年的 Circuit City，以及 34 年的 Linens 'n Things。短短幾年間，整個企業環境改變許多，消費者多疑、資金吃緊、員工緊張不安，管理者必須在這樣的環境中謀求新出路。

儘管過去十幾年來發生許多看似混亂的事件，但這些事件卻反映出商業環境不斷變化的本質。這些事件對管理者來說既是挑戰也是機會。表 2.2 是過去 100 年來道瓊工業指數 (Dow Jones Industrial Average, DJIA) 中的企業，我們可從表中看出環境的改變對於企業排名之影響。

1956 年，在道瓊工業指數中的 30 家企業僅有 7 家仍排行於 2012 年的道瓊工業指數，其中有 2 家企業 [雪佛龍 (Chevron) 與 AT&T] 在這 56 年間多次未上榜，而奇異公司 (General Electric Company, GE) 則是道瓊工業指數中唯一一家從 1896 年至今始終存在的企業。奇異之所以能永續生存是因為公司會持續地調整與提升策略和事業流程，以因應環境的變化。例如，如果你檢視奇異 25 年前的事業組合，會發現有 75% 的事業以製造業為主，25% 的事業以服務業為主。而到了 21 世紀，這些數據卻完全顛倒，奇異的事業組合中有 75% 以服務業為主，25% 則是製造業。

事業範疇的改變是不可避免的，有些改變帶來機會，有些改變則帶來無法克服的阻礙。今日的管理者除了要處理員工、顧客與供應商的相關事務，還必須面對廣大企業環境中的利害關係人，包括公益團體、社區利益團體及媒體等。事實上，管理者所面對的環境是其能否在市場上獲得優越績效的挑戰之一。為達成並維持優越績效，管理者需要評估與操縱企業環境的工具，包括企業內部的流程和能力，以及外部的影響力量 (如政府法規與消費者情緒)。企業若欲獲致長期性的成功與優越績效，則必須有效平衡這些內外部相互競爭或牴觸的力量。

隨著全球化的來臨，加劇企業改變的速度與頻率。為持續競爭，企業不能只在國內市場銷售產品或服務，像麥當勞 (McDonald's)、星巴

克 (Starbucks) 與戴爾電腦 (Dell) 等企業在美國的成長已相當有限，而為因應全球化的趨勢，這些企業 (麥當勞於 1967 年、星巴克於 1996 年、戴爾電腦於 1995 年) 紛紛至海外投資，以尋求企業的持續成長。截至 2011 年，這些企業的海外市場收入占總收入的比率逐年增加 (例如，麥

表 2.2　1896 年、1956 年、2012 年道瓊工業指數中的企業

1896 年 5 月 26 日	1956 年 7 月 3 日	2012 年 7 月 3 日
American Cotton Oil	Allied Chemical	3M 公司
American Sugar	American Can	Alcoa
American Tobacco	American Smelting	美國運通 (American Express)
Chicago Gas	AT&T	AT&T
Distilling & Cattle Feeding	American Tobacco	美國銀行 (Bank of America)
奇異	Bethlehem Steel	波音 (Boeing)
Laclede Gas	克萊斯勒	卡特彼勒 (Caterpillar)
National Lead	Corn Products Refining	雪佛龍
North American	杜邦 (DuPont)	思科系統 (Cisco Systems)
Tennessee Coal & Iron	伊士曼柯達 (Eastman Kodak)	可口可樂
U.S. Leather	奇異	杜邦
美國橡膠 (U.S. Rubber)	General Foods	艾克森美孚 (Exxon Mobil)
	通用汽車	奇異
	固特異 (Goodyear)	惠普 (Hewlett-Packard)
	國際收割 (International Harvester)	家得寶 (Home Depot)
	International Nickel	英特爾 (Intel)
	國際紙業 (International Paper)	IBM
	Johns-Manville	嬌生 (Johnson & Johnson)
	National Distillers	摩根大通 (JPMorgan Chase)
	National Steel	卡夫食品 (Kraft Foods)
	寶鹼 (Procter & Gamble)	麥當勞
	西爾斯	默克 (Merck)
	加州標準石油 (Standard Oil of CA)	微軟 (Microsoft)
	紐澤西標準石油 (Standard Oil of NJ)	輝瑞 (Pfizer)
	Texas Company	寶僑 (Procter & Gamble)
	Union Carbide	Travelers
	United Aircraft	聯合科技 (United Technologies)
	美國鋼鐵 (U.S. Steel)	威訊 (Verizon)
	西屋電器 (Westinghouse Electric)	沃爾瑪
	Woolworth	華特迪士尼 (Walt Disney)

資料來源："Dow Jones Industrial Average: Components," available at Dow Jones website at http://www.djaverages.com/, accessed July 17, 2012.

當勞的總收入有 66% 來自海外市場、星巴克的總收入有 24% 來自海外市場，而戴爾電腦的總收入有 51% 來自海外市場)。在新興經濟體中，如中國與印度，存在更多的機會。在 2012 年，中國的中產階級約有 3 億人，幾乎等於美國的總人口數。

全球化存在許多的挑戰，例如在許多產業中出現更多新的且更強勁的競爭者。例如，在電腦產業，戴爾要面對的強勁競爭對手是剛買下 IBM 個人電腦事業部的中國聯想 (Lenovo) 企業。在汽車產業，像通用汽車這種全球汽車製造商必須與中國的奇瑞 (Chery) 與印度的塔塔集團 (Tata) 競爭；塔塔集團於 2008 年推出一款價格只要 2,500 美元的汽車。瞭解全球企業環境是企業致勝的關鍵因素。許多公司在海外擴張時遭致失敗。底下以可口可樂 (Coca-Cola) 企業為例，說明企業如何在持續改變的全球環境中獲得成功。

本章將探討影響企業經營的環境因素，包括外部的總體環境與任務環境，以及內部環境與全球環境。對企業長期生存而言，瞭解競爭範疇且知道如何因應環境所帶來的威脅與機會是非常重要的。

可口可樂公司

在 2011 年，可口可樂風光慶祝 125 歲生日，以及連續 12 次獲得全球最佳品牌。可口可樂與奇異一樣，是一家成立超過一世紀的企業，然而與奇異不同之處是，可口可樂將重心放在核心產品線的經營與擴展上。自 1925 年至 2011 年以來，可口可樂核心產品的祕密配方一直存放在亞特蘭大太陽信託銀行 (SunTrust Bank) 的保險箱中。在 125 週年慶祝活動中，可口可樂將存放在銀行保險箱中的祕密配方封存在一個特殊的金屬容器中，並放在亞特蘭大總部的可口可樂博物館中供民眾參觀。

1886 年，喬治亞州的亞特蘭大市有一位名叫約翰·潘伯頓 (John S. Pemberton) 的製藥師，他將自己所調配特殊糖漿與二氧化碳水混合在一起，創造出舉世聞名的可口可樂，並在傑柯藥局 (Jacobs' Pharmacy) 開始販售。某天，艾薩·坎德勒 (Asa Candler) 的同事推薦他可以喝可口可樂來治療頭痛與胃不舒服的問題。混合咖啡因與二氧化碳的可口可樂似乎能減輕坎德勒的疼痛問題，從此他愛上喝可口可樂。5 年後，坎德勒向潘伯頓買下可口可樂的配方，並開始拓展可口可樂的市場。在 1895 年，可口可樂已遍及全美各大州與城市。

1906 年，坎德勒開始開闢海外市場，將瓶裝的可樂販售至加拿大、古巴與巴拿馬。同一年，坎德勒與 D'Arcy 廣告公司簽約；D'Arcy 成為可口可樂的廣告代理公司，雙方的廣告代理關係維持 50 年之久，成功地為可口可樂創造許多經典的廣告與行銷活動，包括將聖誕老公公與可樂連結在一起。從可口可樂過去到現在的廣告標語可知，可口可樂不斷強調美國在地文化，以及與美國民眾之間的連結關係，因

而成為美國文化的象徵，這也是可口可樂歷久彌新的原因之一，參見表 2.3。

雖然一開始是坎德勒帶領可口可樂邁向全球化，但真正使可口可樂變成全球知名品牌的是羅伯特‧伍德夫 (Robert Woodruff)。伍德夫在 1923 年擔任可口可樂總裁，一做就是 60 年之久。伍德夫上任後就投入大量資金於廣告上，並在 1926 年成立可口可樂海外部門，負責將瓶裝的可樂銷售至世界各地。在這段期間，可口可樂分別銷售至比利時、中國、哥倫比亞、德國、墨西哥、西班牙等國家。

伍德夫上任時正值第二次世界大戰，也是推動可口可樂邁向全球化的一個重要時期。當時伍德夫對外宣布，凡美軍所到之處都能以 5 美分買到可口可樂。由於第二次世界大戰時，在政府嚴格管控的物資中，糖就是其中一項，伍德夫透過這個表面上看似偉大的宣言，得以安全地取得大量的糖。在當時，如果企業能夠證明其所生產的商品是維持軍隊戰鬥力與生存的必需品，就可以獲得相關物資。雖然很難說服政府可樂是軍隊的必需品，但是可口可樂確實可以提高軍隊的士氣，伍德夫並趁機將可樂與美國文化連結在一起，進而加強可樂是軍隊必需品的理由。經過多次遊說之後，可口可樂終於獲得政府認可與補助，在海外 64 個地方設置製瓶工廠，年銷量超過 50 億瓶。美國大兵暢飲可口可樂的畫面無意間成為可口可樂的最佳廣告。在第二次世界大戰快結束時，可口可樂已於海外多處地點建置好基礎的生產設備。在 1950 年代晚期，可口可樂海外銷售額占全部銷售額的三分之一，並逐年提升。

在可口可樂公司大半的歷史中，它僅銷售與行銷單一種產品，那就是可口可樂。直到 1955 年，可口可樂才在義大利那不勒斯推出新產品──芬達橘子汽水 (Fanta Orange)。芬達橘子汽水在義大利大賣之後，才在美國當地銷售。從此時開始，可口可樂開發出一連串的新產品，包括 1961 年的雪碧 (Sprite)、1963 年的 TAB、1966 年的 Fresca、

表 2.3　可口可樂的標語

年份	標語	歷史背景
1900	頭痛與精疲力盡就喝可口可樂	在當時將可口可樂定位為藥品，在藥局銷售
1906	全國最優質的飲料	在美國禁酒運動時，可口可樂將自己定位為替代酒精的飲料
1929	停下來，清涼一下	在 1920 年代美國股市狂飆時期，可口可樂強調找機會休息一下
1937	容易購買，價格便宜	在經濟大蕭條時期，可口可樂將自己定位為價廉物美的飲料
1949	順著公路到處走	可口可樂擴展至次級都市
1960	輕鬆一下，來罐可樂	可口可樂能夠打開彼此的心房
1971	我想要購買世界級的可樂	在冷戰時期，可口可樂被認為可以促進世界和平
1990	擋不住的誘惑	可口可樂與百事可樂 (Pepsi) 和其他可樂競爭激烈

資料來源：Coca-Cola Company, "Coke Lore: Slogans for Coca-Cola," available at http://www.thecoca-colacompany.com/heritage/cokelore.html, accessed July 18, 2012.

1972 年的 Mr. PIBB、1979 年的 Mello Yello，以及 1982 年的健怡可樂 (Diet Coke)。

然而，可口可樂在擴展全球化的過程並非一帆風順。例如，雖然可口可樂早在 1920 年代時就已在中國設廠，但卻在 1949 年中國共產黨掌權時被迫離開中國。在往後的 30 年間，可口可樂只能在中國黑市中買到。在 1979 年，可口可樂重返中國，且是第一家進入中國的美國企業。20 世紀末，可口可樂在中國已有 28 座製瓶工廠。在 2008 年中國舉辦北京奧運時，可口可樂與當地企業合作共同針對中國消費者市場開發並配銷多項產品，包括天與地 (水果茶) 和藍風 (蜂蜜綠茶)。

可口可樂全球化最成功的是在墨西哥，墨西哥是全球可口可樂消費量最多的國家。雖然可口可樂很早就在墨西哥營運，但直到 1990 年代墨西哥政府解除蘇打飲料銷售、包裝與配送等相關禁令後，可口可樂才開始在墨西哥熱賣。在墨西哥的新法上路之後，可口可樂就快速地擴展墨西哥市場與應用配銷網絡。在墨西哥配送是很重要的一個環節，因為民眾喝完蘇打相關飲料後會將空瓶回收換取回收金。因此，可口可樂在墨西哥擁有龐大的配銷網絡是一項重要優勢，能夠幫助可口可樂即時與有系統地將可樂配送至各地的小型零售商。可口可樂在墨西哥逐漸增加營運範疇，尤其在併購當地主要果汁製造商之後更是如此。由於可口可樂公司的努力經營，使得可口可樂成為墨西哥每人平均購買量最高的飲料；在 1991 年平均每人喝 290 罐 8 盎司的可樂，2011 年平均每人喝 728 罐 8 盎司的可樂。

在 2011 年，可口可樂已於全世界 200 多個國家販售，營收高達 465 億美元，其中有 48% 的營收來自於北美以外的國家。可口可樂在美國國內維持穩定的銷售量，平均每人每年喝掉 400 罐 8 盎司的可樂，但在其他國家卻還有相當大的成長空間，包括俄羅斯、中國及印度，每人每年平均消費分別為 73 罐、38 罐與 12 罐。雖然這些國家的消費量遠低於美國與墨西哥，但近 10 年，可口可樂在這些國家的銷售量暴增，在俄羅斯成長 265%、在中國成長 322%，在印度成長 200%。可口可樂為持續增加在這些國家的市場占有率與銷售量，除積極地促銷產品之外，亦積極和當地廠商合作推出顧客喜愛的口味。可口可樂在 2012 年至 2015 年間投資 90 億美元來擴展這三個市場。

個案討論

1. 什麼因素造就可口可樂成為全球性的知名品牌？
2. 可口可樂如何能持續經營 125 年之久？
3. 為什麼可口可樂在創立 50 年後才改變產品策略？
4. 可口可樂在墨西哥的行銷策略與美國有何差異？
5. 可口可樂如何在新興市場 (如中國、印度與俄羅斯) 提高銷售量？是要將焦點放在當地產品的經營上，還是以增加核心產品的銷售量為主？

外部環境

如同第 1 章的沃爾瑪案例，企業的經營環境變得愈來愈複雜。為能永續經營與成功，管理者必須瞭解企業所處的外部環境。企業的**外部環境 (external environment)** 是指所有影響企業經營的外部力量 (因素)。

一般而言，外部環境分成**總體環境 (general environment)** 與**任務環境 (task environment)** 兩大部分。如圖 2.1 所示，最外層是全球環境，其會影響總體環境與任務環境中的所有因素；第二層是企業的總體環境，其為影響企業的主要外部力量，其中有些力量會對企業產生重大的影響。例如，在健康照護產業中政治/法律對其影響最大，尤其是醫療保險業者與製藥公司；社會文化與科技對社群網站業者影響最大，例如，Facebook、Twitter 及 LinkedIn；政治對於依賴石油、天然氣與木材這類天然資源來生產和運作的企業影響最大。

第三層是企業的任務環境，是指對企業經營有直接且持續影響的組織或個體，包括競爭者、供應商與顧客等。蘋果 (Apple) 在 2010 年所推出的 iPad，不僅創造一個新的計算平台，也造成後續要推出類似產品的競爭者莫大壓力，例如，摩托羅拉 (Motorola)、戴爾與東芝

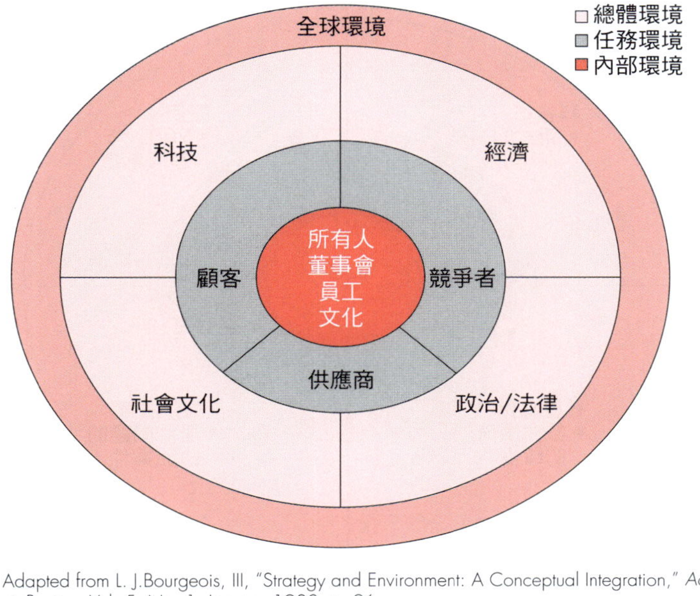

> **外部環境** 所有影響企業經營的外部力量 (因素)。
>
> **總體環境** 包括科技、經濟、政治/法律和社會文化影響企業的外部環境構面。
>
> **任務環境** 對企業經營有直接且持續影響的組織或個體，包括競爭者、供應商與顧客等。

資料來源：Adapted from L. J. Bourgeois, III, "Strategy and Environment: A Conceptual Integration," *Academy of Management Review*, Vol. 5, No. 1, January 1980, p. 26.

圖 2.1 公司的經營環境

(Toshiba)。在 iPad 推出 1 年後，市場上就出現多款類似的產品。相較於總體環境，任務環境中的因素與力量對企業的影響更大且立即。

總體環境

瞭解總體環境的各項構面對企業與產業而言非常重要，因為總體環境的各項構面都可能會影響企業與產業的運作。總體環境的各項構面構成策略情境的基礎，所有的企業都在某特定產業的策略情境中競爭。

管理者所要做的第一件事情是確認與企業經營有關的外部環境構面，並發展出適當的策略以因應外部環境。在本節中將以麥當勞為例，說明總體環境的各項構面如何影響麥當勞的運作，參見圖 2.2。

➥ 科技構面

> **科技構面** 企業用以製造產品的流程、技術或系統。

總體環境的科技構面 (technological dimension) 是指，企業用以製造產品的流程、技術或系統。科技構面通常包含生產線背後的技術，或是配銷系統中的硬體或軟體。科技構面近 20 年來歷經過多次劇烈的變革。

麥當勞的經營環境圖示：

- 總體環境
- 任務環境
- 內部環境

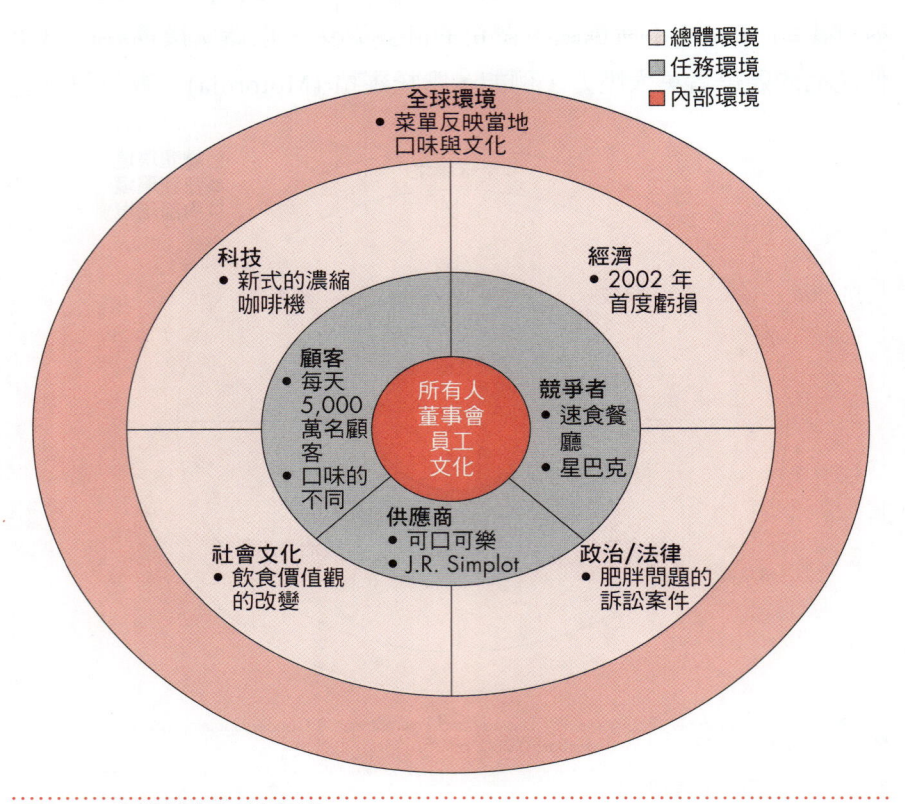

全球環境
- 菜單反映當地口味與文化

科技
- 新式的濃縮咖啡機

經濟
- 2002 年首度虧損

顧客
- 每天 5,000 萬名顧客
- 口味的不同

競爭者
- 速食餐廳
- 星巴克

供應商
- 可口可樂
- J.R. Simplot

社會文化
- 飲食價值觀的改變

政治/法律
- 肥胖問題的訴訟案件

內部環境（中心）：所有人、董事會、員工、文化

圖 2.2 麥當勞的經營環境

儘管科技以多種形式對企業與產業造成影響，但成功的企業卻能有效利用科技來創新或發展新的技術。有時候成功的企業並不是那些將科技商品化或創新的企業，例如，Napster 是最早發展網路數位音樂的公司，並受到廣大消費者歡迎，但 Napster 卻忽略其他利害關係人的重要性，包括政府機構、音樂人、唱片公司等，並無意間幫蘋果開闢一個可以滿足所有利害關係人的新事業模式。

雖然麥當勞並不像其他企業會密切地受到科技層面的影響，但也需要科技來驅動新的事業機會，以及讓運作更有效率。近年來，麥當勞開始販售早餐與咖啡相關飲品，這在連鎖速食業是一個創舉，也是宣告要與星巴克這樣的專賣店競食市場。早餐三明治市場變成麥當勞一個重要且有利可圖的產品線。

麥當勞為導入一系列特殊的咖啡飲品，例如，義式濃縮與卡布奇諾咖啡，而非常依賴新的技術。在 2007 年年底，麥當勞開始針對特定的分店裝設自動咖啡機，不像星巴克的咖啡機需要手動操作，麥當勞的咖啡機從烹煮到調味都自動完成。這些機器設備符合麥當勞有效生產的核心理念，且能維持麥當勞嚴格的服務時間與出餐標準。預計在不久的未來，這些自動化的咖啡機能為麥當勞帶來約 10 億美元的額外收益。

➡ 經濟構面

企業環境的**經濟構面 (economic dimension)** 通常包含國內生產毛額 (gross domestic product, GDP)、通貨膨脹、失業、消費者信心指數，以及利率等，這些經濟構面通常與企業的產品或服務銷售有直接的關聯性。對有意擴展海外業務或經營範疇的管理者來說，瞭解全球經濟環境的相關構面是很重要的事。為了取得主要經濟體的經濟數據與資料，管理者應該努力瞭解組成經濟環境的相關因素，包括結構、資源位置、貨幣與勞動問題等，參見表 2.4。

加拿大、澳大利亞、日本與德國之類的已開發國家，都像美國一樣有著高度的市場自由度。這些國家的經濟都相當穩定，且通貨膨脹與利率都較其他開發中國家穩定。在許多低度開發國家中，由於經濟正在發展，所以相當脆弱，通貨膨脹與利率變動相當頻繁且劇烈。因此，在進入一個新市場前，管理者必須思考這些經濟因素，因為它們會影響消費者的需求狀況與企業日常的運作。

管理者亦必須考量全球各地資源的位置與產量，大多數的國家並不

> **經濟構面** 包含國內生產毛額、通貨膨脹、失業、消費者信心指數，以及利率等。

表 2.4　主要經濟體的特色

地區	經濟條件
北美	北美經濟體是由美國、加拿大與墨西哥所組成，在美國的帶領之下，北美經濟體 2011 年的 GDP 達到 15 兆美元，其中墨西哥的 GDP 為 1.7 兆美元，加拿大的 GDP 為 1.4 兆美元。由於 1990 年代後美國製造業陸續移至海外，因此現階段對美國 GDP 貢獻最大的是服務業，約占 76%。雖然美國每年出口量皆達到 1 兆美元，但貿易逆差很大，2011 年貿易逆差高達 8,000 億美元。
歐盟 (EU)	歐盟是由 27 個國家組成，是當前世界最大的經濟體，2011 年總體 GDP 達 15.4 兆美元。歐盟擁有開放內部交易市場，並與其他國家有相對的貿易往來，近年來一直保持溫和的貿易逆差。歐盟因為工會相當強勢、政府嚴格監督，以及較完善的工作制度，因此企業運作成本相對較高。
中國	自 1970 年代以來，中國在不斷改革之下，已從封閉的計畫經濟轉變成市場經濟。這些改革獲得不錯的成效，中國經濟大幅成長，2011 年 GDP 是 1978 年以來最高的。在 2011 年，中國的 GDP 排名世界第三，達到 11.3 兆美元，並以每年 10% 速度增長。然而，要在中國做生意並不容易，有許多障礙需要克服，例如，貪污與智慧財產權的問題。中國未來將要面臨的挑戰包括人口老化、通貨膨脹，以及低收入所導致的內需不足等問題。
印度	印度是世界上發展最快的經濟體之一，從 1997 年開始每年平均以 7% 的速度成長中，且印度的 GDP 排名世界第四，達到 4.5 兆美元。雖然印度有一半以上的勞動人口是從事農業，但全球知識型服務業卻是印度經濟成長的主要來源，約占印度總產出一半以上。在 1990 年代早期，印度政府開始陸續解禁，包括產業相關禁令、公有企業私有化，以及減少對海外貿易的限制，因而幫助印度走向開放市場經濟。印度未來將要面臨的挑戰包括貧窮的人口增加、基礎建設不足，以及高等教育經費有限等問題。
日本	日本是 20 世紀後半葉發展最快速的經濟體，在 1960 年代每年平均成長 10%，1970 年代每年平均成長 5%，1980 年代每年平均成長 4%。日本在汽車、電子、機械工具、金屬、造船、化工與紡織產業上都相當傑出。在 2011 年，日本是世界第五大經濟體，GDP 達到 4.4 兆美元。然而，近年來日本政府負債高達 GDP 的 200%，以及人口老化嚴重，將會影響日本未來的經濟發展。

像美國有較豐沛的資源。在美國，絕大多數的企業都能取得並享受像是通訊網路與高速公路這樣的資源。然而，大多數的開發中國家並沒有完善的高速公路系統，造成許多到這些國家開發的企業之煩惱。世界各國資源與基礎建設之程度不同，因此對全球企業的管理者來說，要在不同市場或經濟體中運作或開創新事業必須保持一定的彈性。

在不同國家或國際市場運作時，管理者亦必須仔細檢視近期的相關議題。一般而言，大多數已開發國家都有穩定且可預期的貨幣波動狀況。然而，在低度開發國家中，當地貨幣每天都可能會有劇烈的波動，因而影響消費者的購買力，這對於運用全球區位 (global location) 來配送產品給這些國家的公司來說無疑是一個棘手問題。如果當地貨幣大幅貶值，而企業沒有做任何的調整，就必須承擔損失。

最後，管理者還必須考量世界各地的勞動人口狀況。全球各地的勞動人口在教育與技術水準上有很大的差異。對於高科技產業與技術性的

產業來說，高技術性勞動人口的穩定供給非常重要。一般而言，企業從地主國外派員工至海外是相當耗費成本的事。雖然許多企業會外派主管級的員工至海外，但外派大量基層員工至海外並不是合乎成本效益的解決方式。許多全球化企業會以協助當地員工發展所需技能的方式來填補不足的基層員工。

建築業是一個容易受到經濟影響的產業。例如，Toll Brothers 是美國最大的住宅與社區規劃的營建公司之一，在 2003 年至 2006 年每年成長 30%，低利率與融資取得容易造就這一波驚人的成長。然而，2007 年，隨著住宅需求下滑，Toll Brothers 面臨營運困難。房市的衰退是許多經濟因素所造成，包括 GDP 成長疲乏、失業率增加、信貸市場緊縮，以及利率提高。房市通常是經濟趨勢的風向球。

Bloomberg/Getty Images

麥當勞自 1948 年創立以來，在全球各地共有 3 萬多家分店。在 2011 年麥當勞營業額為 270 億美元，淨利為 55 億美元。儘管麥當勞在全球速食市場擁有不錯的業績，但在 21 世紀早期卻陷入營運困境。在 2002 年第四季，麥當勞面臨創立以來第一次虧損，虧損約 3.43 億美元。麥當勞的營運虧損是許多因素所造成的結果，包括大環境不景氣，以及美國核心市場的主要顧客消費力不足。自 2000 年技術泡沫化與 2001 年 911 恐怖攻擊事件，導致許多公司的業績大幅下滑，損失慘重。然而，還有其他總體環境因素造成麥當勞的嚴重虧損，本章後面將會一一探討與說明。

➥ 政治與法律構面

總體環境的**政治構面 (political dimension)** 是指對企業經營造成影響的政治事件與活動。對所有到海外經營的企業來說，政治環境是不可忽視的一環。例如，當地政府可能會設定相當法規來限制國外企業取得當地資源或原物料的機會，或提高許可證的費用。事實上，當地政府具有改變競爭範疇的力量。

在許多國家中，幾乎每天都會發生動亂與暴動事件，這些事件可能會直接或間接地影響在國際市場運作的企業。政治的暴動可能會對企業造成直接的影響，因為民眾的暴動可能會使企業的財產遭受損失。在第

> **政治構面** 對企業經營造成影響的政治事件與活動。

1 章必和必拓礦業公司的案例中，一個敏感的政治局勢演變成完全失控的暴動，迫使管理者不得不放棄並撤離當地業務。政治暴動也會間接影響公司的運作，因為政治暴動可能會導致消費者信心下滑。最後，管理者必須知道在某些國家或市場，可能還會遭到當地政府無預警的沒收公司資產。例如，在過去幾十年中，許多國際石油公司就紛紛遭遇當地政府沒收公司設備或資產的問題。

2010 年 11 月，斐濟政府撤銷加州斐濟水公司 (FIJI Water) 當地經理大衛·羅斯 (David Roth) 的簽證。這家占斐濟全國出口量 20% 的美國瓶裝水公司遭到斐濟政府指控，該公司為規避斐濟的稅租，而以低價在美國銷售產品。斐濟政府還威脅斐濟水公司如果不趕快解決稅租問題，就要取消斐濟公司抽取地下泉水的權利。

法律構面 在營運過程中企業需要遵守的相關法規與政策。

總體環境的**法律構面 (legal dimension)** 是指在營運過程中企業需要遵守的相關法規與政策。在某些產業，法律與法規決定企業生產方式 (如食品產業)，或市場銷售方式 (如製藥產業)。例如，美國國會就曾針對是否要提高汽車燃油效率標準而引發爭議，並提議在 2016 年時將燃油效率標準從每加侖 27 英里提高至每加侖 35.5 英里。設置此法的目的是為減緩與改善因二氧化碳的排放而引起的溫室效應。如果此法通過，整個美國汽車銷售市場都會受到影響，汽車製造商必須重新修改引擎與燃油系統。在 2012 年，歐巴馬政府宣布不排除在 2025 年時全面提升標準至每加侖 54.5 英里。

在近 10 年中，麥當勞因為所販售的食品而受到嚴格的監督。麥當勞販售的大多數食品屬於高熱量與脂肪的食物，如大麥克與麥脆雞。在 1990 年代晚期，許多人開始批評麥當勞這類的速食業者，認為它們必須對愈來愈多的肥胖兒童與成人負責。在 2001 年，某位律師對麥當勞提告，指出他的委託人因為吃麥當勞而肥胖。雖然這個訴訟案後來遭到撤銷，但麥當勞還是在社會大眾輿論下不斷地調整與修改菜單。在 2012 年，麥當勞連同其他連鎖速食業者開始針對菜單上的每一項食品標示卡路里。如此一來，消費者就能對所選擇的食物有更多瞭解。歐巴馬總統上任後便下令，凡是超過 20 家分店的連鎖餐廳都必須在菜單上標示卡路里，而麥當勞希望在政府開始抽查前就可以完成所有食品的卡路里標示。

社會文化構面

總體環境的 社會文化構面 (sociocultural dimension) 是指人口特徵與社會的價值觀與風俗民情，例如，人口老化或人口結構的改變都可能會對企業的經營造成影響。因此，管理者在聘僱員工與運作公司時必須考量這些因素。在 21 世紀中期，由於嬰兒潮的關係，美國將有超過 20% 的人口超過 65 歲；在 2000 年時，美國僅有 12% 的人口超過 65 歲。嬰兒潮是指，第二次世界大戰結束後，1946 年年初至 1964 年年底出生的人，人數大約有 7,800 萬。在 2011 年，第一波嬰兒潮的人來到 65 歲。日本與德國 65 歲以上的人口增加速度更快，而印度與奈及利亞的人口則相對年輕，參見圖 2.3。由於人口的老化將會衝擊國家的經濟，日本與德國提供生育補助鼓勵國民可以多生小孩。生育率高意味著國家有較大的人才庫，以及可支付照護老年人的成本支出。

社會文化構面 人口特徵與社會的價值觀與風俗民情。

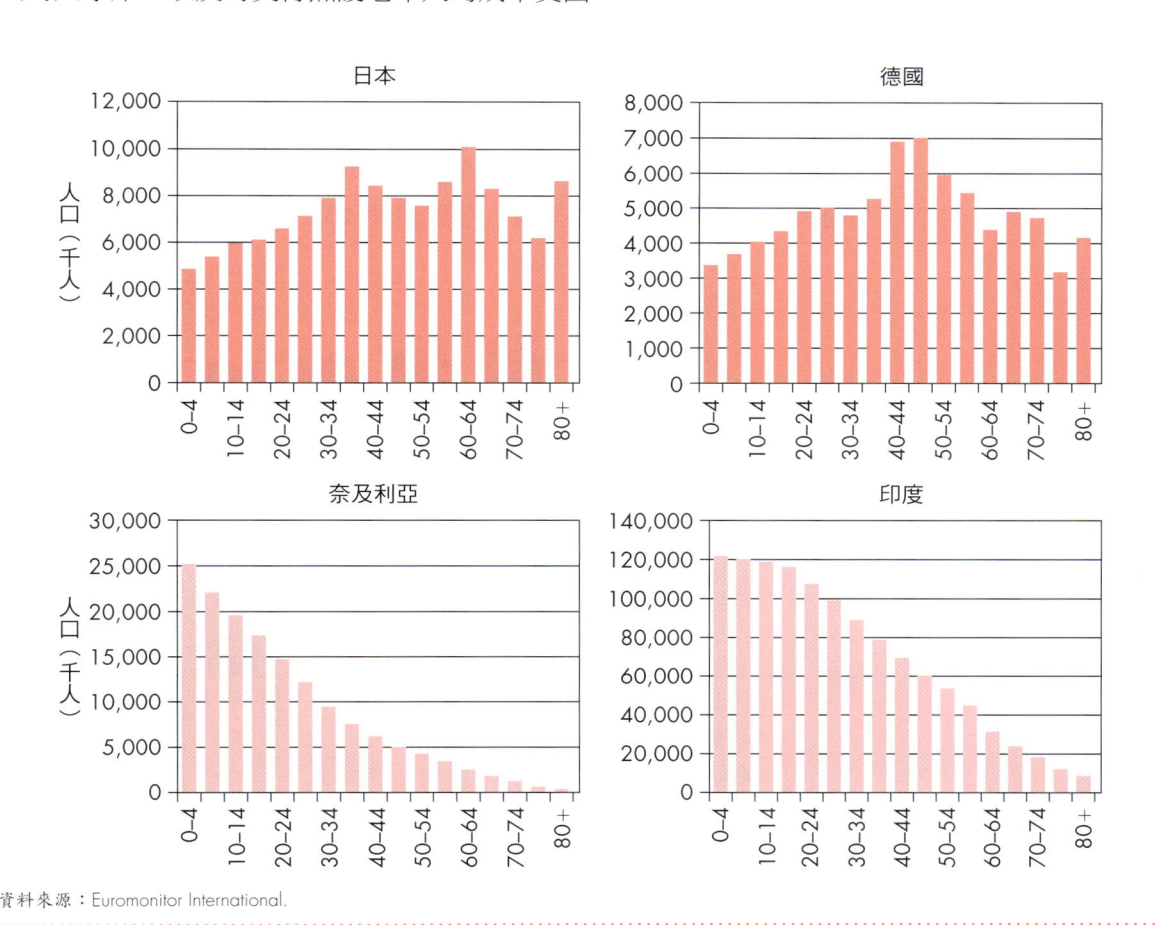

資料來源：Euromonitor International.

圖 2.3 2010 年日本、德國、奈及利亞、印度的人口數據

隨著美國人口年齡的增長,參見圖 2.4,大型企業都將面臨高階管理者汰換的問題,由年輕員工替換年長的管理當局。許多企業僅能在有限的人才庫中找尋年輕的接棒者。為完成此任務,公司可能要從外部找尋人才來填補未來管理層級的職缺。在過去,大型企業大多是透過內部升遷與聘用來填補重要職缺。另外,有些企業的做法是延長這些資深員工的退休年齡,提供他們第三階段或第四階段的職涯。在這種情況下,這些企業必須藉由靈活的工作安排與輪班制度來延長這些資深管理者的退休年齡。

人口老化對企業經營還有另一個意涵,尤其是那些針對老年人口設計與生產產品或服務的企業。由於年長者擁有較多的可支配所得與閒暇時間,因此對於許多產業而言,年長者是一個相當具有吸引力的目標市場。在 1996 年,美國職業高爾夫球協會 (Professional Golfers' Association, PGA) 進行一項研究後發現,由於嬰兒潮世代的人口參與,使得高爾夫球產業蓬勃發展,因為這群人有將近 40% 組成高爾夫球球隊。隨著男性與女性年齡的增長,他們將邁入打高爾夫球的黃金時期。美國職業高爾夫球協會表示,培養這些年長者參與高爾夫球運動,將是高爾夫球運動日後發展的關鍵。嬰兒潮世代的人也非常重視外表,這對

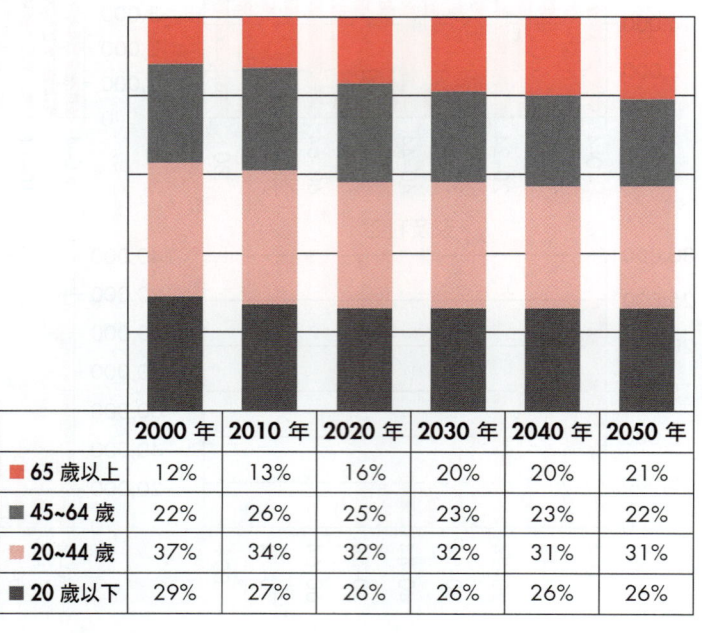

	2000 年	2010 年	2020 年	2030 年	2040 年	2050 年
65 歲以上	12%	13%	16%	20%	20%	21%
45~64 歲	22%	26%	25%	23%	23%	22%
20~44 歲	37%	34%	32%	32%	31%	31%
20 歲以下	29%	27%	26%	26%	26%	26%

資料來源:U.S. Census Bureau, 2004.

圖 2.4 美國人口年齡層分布預測

於某些產業會有很大的影響，如醫美產業。2002 年某項研究指出，從 1997 年至 2001 年，醫美產業成長 352%，其中 65 歲以上隆乳的人口增加 300%。由於嬰兒潮世代的人非常重視外表，因此醫生對於醫美產業未來的發展相當具有信心。

除了老年化的問題，企業也必須因應人口結構快速改變的問題，參見圖 2.5。美國西班牙裔的人口快速成長，預計在 2050 年西班牙裔將占美國總人口 20% 以上。與那些將年長者當作目標市場的公司一樣，有些公司會選擇其他族群作為目標市場並設計與發展相關的產品與服務。例如，家得寶在 2005 年舉辦名為 Colores Origenes 的活動，是公司首度以西班牙文化為背景開發出 70 多款油漆顏色。家得寶希望能為西班牙裔的美國人設計並開發出可營造拉丁美洲風情的飾品與油漆塗料。此外，這些油漆塗料的顏色都是以西班牙文命名，如 *Azul Cielito Lindo* (可愛的藍天) 與 *Chayote* (佛手瓜)，因為家得寶認為這些西班牙裔會喜歡購買以西班牙文命名的顏色。

雖然全球化已融合許多不同的文化，但對於在全球運作的企業來

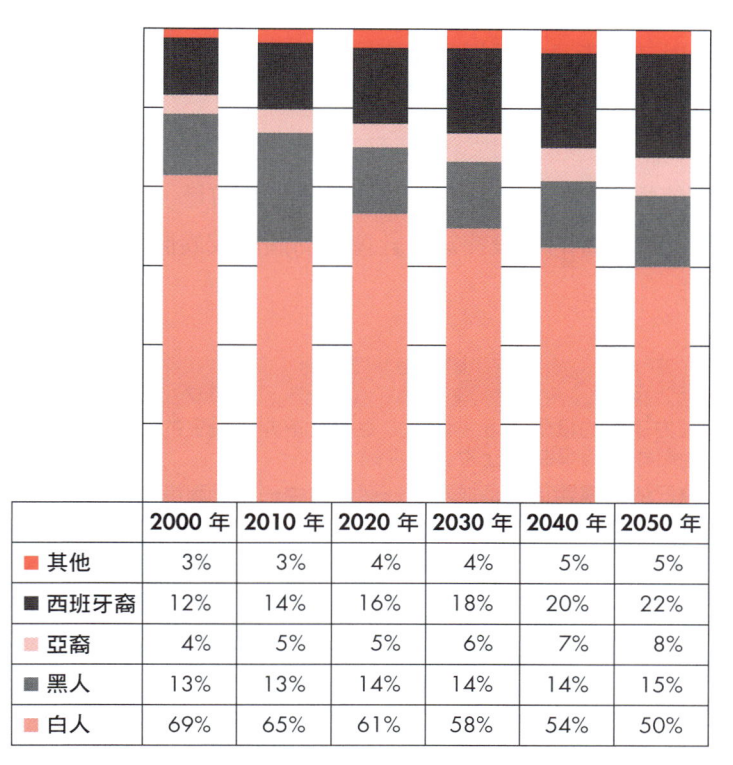

	2000 年	2010 年	2020 年	2030 年	2040 年	2050 年
其他	3%	3%	4%	4%	5%	5%
西班牙裔	12%	14%	16%	18%	20%	22%
亞裔	4%	5%	5%	6%	7%	8%
黑人	13%	13%	14%	14%	14%	15%
白人	69%	65%	61%	58%	54%	50%

資料來源：U.S. Census Bureau, 2004.

圖 2.5 美國人口種族分布預測

說，不可忽視文化的影響力。若管理者有意在海外擴展事業，則其首要任務是瞭解與感受新文化。不同的國家在宗教信仰、種族、社會規範、語言上難免會有所差異。例如，語言可能會影響不同國家之間企業的交易。根據統計，相同語言國家之間的貿易量是不同語言國家的三倍。

瑞典宜家家居 (IKEA) 在進入泰國市場時，就曾因為語言與社會規範的差異而鬧出笑話。宜家家居有許多傢俱都是用有趣的北歐語命名，然而有時候這些品名在其他國家的語言中卻有不同的意涵。例如，宜家家居一款以挪威小鎮 Redalen 命名的床組，在北歐相當受到歡迎，但這個品名在泰國卻與泰文中性暗示的俗語讀音相似。因此，當企業有意至其他國家擴展業務時，必須對當地的語言與當地顧客有所瞭解，以免引起不必要的誤會和唐突。

> **社會價值觀** 鑲嵌於社會之中用來引導個體生活與互動的原則系統。

語言的障礙也許容易克服，但**社會價值觀** (social value) 往往是有意至其他國家擴展據點與業務的企業所要面臨的較大挑戰。社會價值觀是指鑲嵌於社會之中用來引導個體生活與互動的原則系統。社會價值觀會以兩種方式影響企業運作：首先，一個國家的社會價值觀可能會影響企業當地員工的表現與行為；其次，一個國家的社會價值觀可能會影響當地消費者對某些產品的偏好和態度。表 2.5 列出其他值得注意且重要的國家社會構面。

表 2.5 所列出的五個文化構面可以幫助管理者瞭解與解釋某個國家的社會價值觀，參見圖 2.6。然而，值得注意的是，這些社會文化構面只是呈現某個社會的一般特徵，社會中的個體或族群之間仍存在很大的

表 2.5 文化構面

文化構面	描述
權力距離	基層員工對於權力差異的接受程度。低權力距離是指非常民主的社會，如澳大利亞與丹麥；高權力距離則是指專制的社會，如中國。
個人主義 vs. 集體主義	人們期望選擇自己的歸屬關係或是成為某一個團體中一員之程度；例如，美國較偏向個人主義，而拉丁美洲則偏向集體主義。
男性作風 vs. 女性作風	以傳統的男性與女性特色來描述一個國家或社會的價值觀。有些國家推崇傳統的男性或女性特質。男性特質 (如日本)：競爭、果斷、野心、財富累積；女性特質 (如瑞典)：關係與生活品質。
不確定性的規避	一個社會的成員處理與因應不確定所造成的焦慮程度。在高度不確定性規避的國家，人民偏好規則與結構，且較無法適應快速的改變，例如，大部分的拉丁美洲國家；而像愛爾蘭、瑞典、丹麥及新加坡，就屬於低度不確定性規避的國家。
長期導向 vs. 短期導向	在制定決策時會考慮未來的程度。亞洲國家通常偏向於長期導向，而西方國家則通常偏向於短期導向。

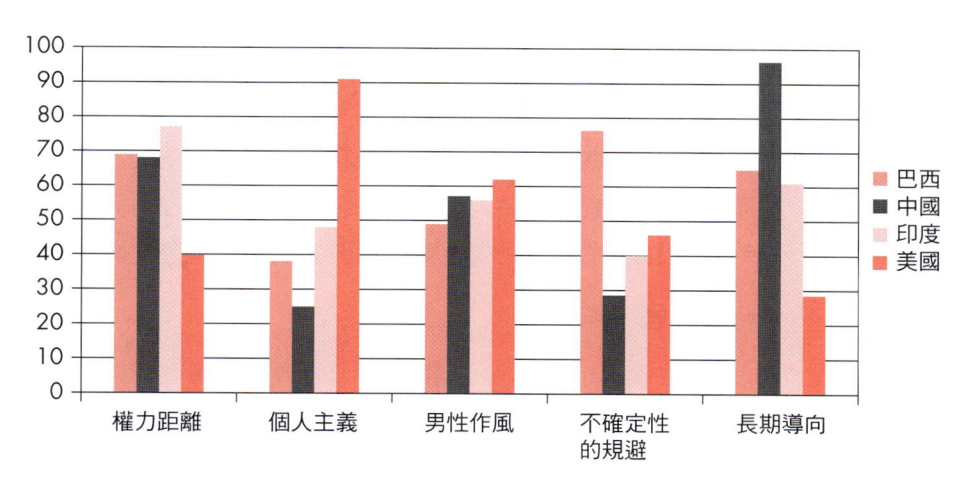

資料來源：Adapted from Geert Hofstede and Michael H. Band, "The Confucius Connection: From Cultural Roots to Economic Growth." *Organizational Dynamics*, Vol. 16, Autumn 1988, pp. 4–21.

圖 2.6 巴西、中國、印度與美國的國家文化價值觀

差異。與公司合作的其他國家之企業或個人，可能在這些文化構面上有所差異。為能更有效地競爭或提升競爭優勢，管理者必須瞭解即將進入的海外市場具有哪些文化特性。

如前所述，在過去 10 年中，麥當勞因為所提供的產品與顧客價值觀的改變而受到社會大眾嚴格的監督。兒童與成人肥胖和糖尿病的比例已提高到警戒線，不得不重視。隨著這些趨勢的出現，許多消費者開始改變他們在飲食與健康上的信念和觀點。此外，許多民眾開始批評像麥當勞這類的連鎖速食店，並影射肥胖比率與營業額增長有關。

《麥胖報告》(*Super-Size Me*) 是一部廣受歡迎的美國紀錄片，在片中身兼演員的導演連續 1 個月每天三餐都吃麥當勞，看看會對他的體重與健康有什麼影響。這樣的宣傳方式確實會對企業造成毀滅性的影響。這部紀錄片與一些批評書籍，如《速食帝國》(*Fast Food Nation*)，迫使麥當勞開始正視與接受社會大眾對於健康和飲食觀念的改變。麥當勞開始停售超大包裝的薯條與飲料，並在菜單中加入一些有益健康的食品，如沙拉與新鮮水果。

麥當勞之所以能位居速食業的龍頭，是因為公司把握住全球化的優勢。麥當勞分店遍及 118 個國家，每天服務約 6,400 萬人，且在墨西哥與科威特也都設有據點。對許多人來說，麥當勞提供品嘗美國味道的機會。然而，對麥當勞的批評聲浪不斷，麥當勞會降低人們對自己國家或當地的認同感。無論如何，全球化確實為麥當勞創造高收益與品牌知名度。

任務環境

企業的任務環境是指對企業經營有直接與快速影響的組織或實體，包括競爭者、供應商與顧客等。任務環境與總體環境不同之處在於，任務環境會對企業造成更大且持續的影響。接下來在討論任務環境各面向時，亦會以麥當勞為例來說明這些面向對企業經營之影響。

➥ 競爭者

競爭者 (competitor) 是指任何一家與某企業有相同的目標市場，並製造產品或提供服務滿足該市場需求的企業。技術革新、全球化席捲、創新速度等皆改變企業競爭的範疇。例如，全球化與技術革新的速度皆加劇電子、汽車及電腦等產業的競爭。

從全球角度來看，美國汽車製造商在全球汽車製造產業中經歷劇烈的轉變。當美國、歐洲與其他傳統汽車市場陷入蕭條時，中國與印度市場卻屢創新高。中國與印度的汽車產量在 2003 年至 2007 年以兩倍速度成長，給予這些國家的汽車製造商有龐大的財力挺進全球市場。例如，印度的塔塔汽車在 2008 年 6 月向福特企業買下 Jaguar 與 Land Rover，中國的奇瑞與吉利 (Geely) 汽車也陸續在全球市場中強化自己的競爭地位。奇瑞在 2005 年至 2007 年的汽車出口量從 1.8 萬輛增加至 12 萬輛，而吉利在 2006 年成為首家在美國底特律車展中參展的中國汽車製造商。另有些汽車製造商藉由併購其他西方國家的汽車製造商來擴展美國市場，並在美國發表新車。

美國的半導體產業正面臨來自中國半導體公司的競爭壓力。隨著中國晶片製造商，如 SMIC、Actions 與 Vimicro，在 2004 年於美國紐約證券交易市場陸續上市，顯示中國即將占領整個半導體產業。在 2009 年 5 月，中國占據 53.6% 的半導體市場，象徵著半導體產業的新紀元即將來臨。

麥當勞的競爭對手非常多，理所當然要與當地市場的所有餐廳業者競爭。例如，中國、墨西哥、印度當地的餐廳都是麥當勞的競爭對手。然而，麥當勞卻認為其他的速食業者才是直接競爭對手，例如，溫蒂漢堡 (Wendy's)、漢堡王 (Burger King)、塔克貝爾 (Taco Bell) 及哈帝漢堡 (Hardee's) 等皆提供與麥當勞相似的產品。如果沿著美國任何一條商業街道開車，你會發現這些連鎖速食店彼此緊鄰。這些連鎖速食業者都是麥當勞傳統的競爭對手，而麥當勞也將其他餐飲業者如星巴克視為競爭

競爭者　任何一家與某企業有相同的目標市場，並製造產品或提供服務滿足該市場需求的企業。

對手。先前曾提及，在 2005 年時星巴克各分店開始販售三明治，這對麥當勞來說無疑是一個很大的威脅，因為消費者可以在星巴克購買一份完整的早餐，而不是在星巴克買咖啡後再到麥當勞買三明治。

➥ 供應商

供應商 (supplier) 為企業提供資源或服務以幫助企業製造產品或服務。在許多情況下，企業要自行生產全部所需資源並不符合經濟效益，因此企業需仰賴各種供應商來提供其生產所需的各種資源。所以，企業除了擁有各式各樣的供應商外，還會同時向多個供應商購買相同的物料，以免太過依賴某個供應商。

> **供應商** 為企業提供資源或服務以幫助企業製造產品或服務。

麥當勞與多數企業一樣擁有大批的供應商，並仰賴這些公司供應原物料，如馬鈴薯、碎牛肉及飲料 (如可口可樂)。在 2010 年，麥當勞共購買 8 億磅的牛肉、2.31 億磅的起司、7.5 億磅的雞肉，以及 6,000 萬磅的蘋果。這些年來，從供應商角度來看，麥當勞是有信譽的好顧客。麥當勞傾向與少數幾家供應商發展長期且緊密的合作關係。在談判過程中，麥當勞始終關注產品的品質與規格。例如，麥當勞漢堡中的牛肉必須有 83% 是草飼牛的肩胛肉，以及 17% 是穀飼牛下肋骨的肉。這種詳細的規格要求能幫助麥當勞維持其全球各分店產品品質的一致性。

➥ 顧客

企業的**顧客 (customer)** 是指購買企業產品或服務的人或其他機構。對管理者來說，顧客是企業經營環境中最重要的部分。如果沒有顧客或銷售，企業將無法生存。在許多企業中，你可能會聽到或看到「以客為尊」與「顧客永遠都是對的」這樣的標語。這些標語都反映出顧客的重要性。許多企業都有很多不同類型的顧客，例如，像 3M 這樣的公司就同時擁有零售與商業顧客。事實上，當你購買 3M 的文具用品，就是 3M 的零售顧客；此外，有些企業會購買 3M 的辦公設備，它們就是 3M 的商業顧客。雖然這兩種顧客對企業來說都很重要，但企業與這兩種顧客的關係和銷售流程卻有很大的差異。

> **顧客** 購買企業產品或服務的人或其他機構。

儘管麥當勞在提供便利性與一致性服務已是產業的先驅者，但仍是不斷導入新產品與設備以吸引新顧客，例如，快樂兒童餐、室內遊樂場及得來速服務等。透過這些努力，使麥當勞可以吸引講求速度與便利的顧客，以及重視用餐氣氛的顧客。雖然麥當勞的成功有部分來自於用餐氣氛，但在擴張海外市場時亦需針對不同地區調整菜單。

2003 年，麥當勞在中東地區開發 McArabia 雞肉三明治，企圖在中東打造品牌。這款三明治比美國菜單上任何一款漢堡都來得辣，並加入蒜味芝麻醬。為了迎合摩洛哥當地消費者的特殊口味，麥當勞特別針對當地消費者調製這款雞肉三明治，加入小茴香、胡荽、辣味番茄醬、辣椒，並且改用圓麵餅；麥當勞在香港販售蝦堡、在日本販售檸檬胡椒搖搖炸雞，以及在新加坡販售紅番椒風味的早餐等，上述這些都是麥當勞為迎合當地顧客所推出的特殊餐點。

內部環境

企業**內部環境 (internal environment)** 是由數個會影響企業經營的內部構面所組成。企業內部環境的組成構面一般包含所有人、董事會、員工及企業文化。每一個內部環境構面都會直接影響企業的績效與競爭地位。

所有人

公司的**所有人 (owner)** 是指擁有公司法律控制權的個人或組織。一般來說，公司通常為一個或少數幾個人所持有，參見圖 2.7。事實上，美國企業絕大多數都屬於獨資企業，有 75% 以上的美國企業員工人數少於 10 人，如洗衣店或披薩店；此外，也有許多規模較大的企業維持私有制。這些企業不會在紐約證券交易所公開讓投資人購買企業股票，它們以股票數量代表每位所有人的權益。有些企業為逃脫華爾街對每股

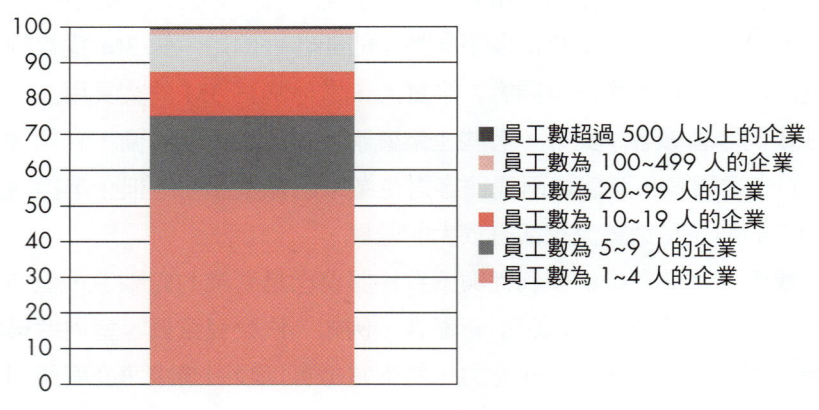

> **內部環境** 由數個會影響企業經營的內部構面所組成，包括所有人、董事會、員工及企業文化。

> **所有人** 擁有公司法律控制權的個人或組織。

資料來源：U.S. Census Bureau, 2004.

圖 2.7 2004 年美國企業員工人數

每季盈餘能力之預期的壓力與監督,而避免讓大眾持股;但也有許多大型企業公開發行股票,並讓大眾於股票市場買賣交易自家股票。

像麥當勞這類的企業,個人與法人都可以購買這家企業的股票,因此共同擁有這家企業。你現在就可以立即上線購買麥當勞的股票,雖然你持有的股份相當少,但也是麥當勞的所有人之一,並具有投票選舉代理人的機會。麥當勞這類的企業也有法人股東,如富達 (Fidelity) 投資集團或加州公務人員退休基金 (CalPERS);通常法人股東會持有該家企業幾千張甚至數百萬張股票。因此,法人股東對於企業的影響力更大,有時甚至會對企業施壓,促使企業改變策略與管理方式。

董事會

董事會 (board of directors) 是指由股東選舉產生的一群人,負責監督企業的整體運作與方向。雖然董事會成員有部分是公司所有人,但是也難以有效監督管理者的自利行為。董事會猶如一個中介團體,負責監督管理者,以確保管理者能以股東利益為主來制定相關決策。董事會的形式相當多元,規模大小也不一。有些公司的董事會是由公司的管理當局所組成,有些公司的董事會則由非管理當局的成員所組成。近年來,由於企業醜聞不斷,如安隆 (Enron) 與世界通訊 (WorldCom),促使企業開始調整董事會的成員結構,企圖讓董事會成員多元化。董事會的其中一項功能是監督公司策略與管理實務。許多批評者指出,當安隆的高層管理涉入財務舞弊時,安隆的董事會在做什麼?由於企業的財務舞弊案件不斷發生,許多企業開始決定讓董事會獨立運作,並降低高層管理者加入董事會的人數。

董事會 由股東選舉產生的一群人,負責監督企業的整體運作與方向。

在安隆宣布破產與世界通訊謊報年度收益後,企業的財務醜聞相繼曝光,政府才開始展開相關的立法行動。2002 年 7 月,美國國會通過沙賓法案 (Sarbanes-Oxley Act) 後,徹底改變董事會成員在公司所扮演的角色。董事會成員開始編制財務報表以確保內容的正確性,而不再只是監督公司的整體運作狀況。沙賓法案賦予公司管理當局、董事會、律師、會計師新的責任,並由獨立的上市公司監管委員會來監管上市公司。雖然沙賓法案為上市公司建立許多嚴格的法規,但也增加許多成本,例如,審核費、訴訟費、董事會薪酬,以及保險費等。因此,在沙賓法案通過後,大型企業平均多支出 780 萬美元。儘管如此,沙賓法案

仍被認為是一個有效的法案。美國企業也紛紛發展出一套嚴格的會計法則，往後如果再發生任何財務舞弊的事件，股東就可以向董事會求償。

麥當勞的董事會是由高層管理者、非主管職成員，以及對麥當勞經營與顧客有所瞭解的其他內部成員所組成，其中高層管理者包括麥當勞執行長詹姆斯‧斯基納 (James Skinner) (擔任董事會的副主席) 與總裁暨營運長唐納德‧湯普森 (Donald Thompson)；至於其他成員尚有美泰兒 (Mattel) 的執行長羅伯特‧埃克特 (Robert Eckert)，以及耐吉 (Nike) 的顧客管理部門最高主管珍妮‧傑克森 (Jeanne Jackson)。

員工

企業**員工 (employee)** 是企業內部環境中最重要的部分。企業的員工是指企業內部製造產品或提供服務，而使得企業能夠生存的成員。如果一家企業缺乏有能力且積極的員工，則該企業將無法在市場上取得競爭優勢。大多數企業會同時擁有固定與臨時的員工。固定員工是指僱用契約上沒有標示任期的員工，而臨時員工則可能是公司在繁忙的聖誕節慶中所僱用的人員。例如，亞馬遜為提供臨時員工住宿以因應各種節慶的銷售尖峰，因而與靠近公司倉庫的露營車停車場業者 Recreational Vehicle Parks 建立長期的合作關係。一些退休人員為賺取額外收入與尋求新的體驗，會聚集到這個「Amazon towns」搭帳棚數個月。亞馬遜會到這個露營區僱用這些新員工，並幫他們支付露營場地的租借費用。亞馬遜以這種獨特的方式省去一些僱用臨時員工的相關問題。

與企業外部環境一樣，企業內部環境也因員工愈來愈多元而變得複雜。今日各種工作場所充斥著各種性別、種族、信仰與國籍的人。

麥當勞的員工可分成兩大類。麥當勞位於伊利諾州的總部，有數千名的員工執行重要的功能性工作，以支援全球各地的分公司與分店，包括行銷、財務與行政等。這些員工所進行的工作都是一些傳統的企業活動。就像許多企業一樣，麥當勞利用漢堡大學 (Hamburger University) 提供員工訓練的機會。在各零售店中，麥當勞僱用計時員工在櫃檯後面負責準備與遞送食物。雖然長久以來，麥當勞一直因為這些計時員工的待遇問題而備受指責，但麥當勞也為這群員工提供升遷與到總部工作的機會。事實上，總公司有 40% 的員工來自於這些第一線的計時人員。

> **員工** 企業內部製造產品或提供服務，而使得企業能夠生存的成員。

文化

　　文化一詞對你來說可能有其特別的涵義。人們有時候會討論某家公司、學校、班級或球隊的文化，例如，你可能曾與他人談論大學班級的文化。事實上，大學校園文化或許就是你選擇就讀該所大學的原因之一。儘管文化時常被用來描述某個組織，但卻難以定義何謂文化。就文化的核心來說，文化展現出一個組織的輪廓。

　　有些人根據企業的某些有形因素來定義企業文化，像是企業的實體環境。這些有形的因素可從成員的穿著、實體空間、工作時程的安排或成員的整體行為等來觀察。根據這些觀察，許多人會將企業文化貼上正面或非正面的標籤。然而，這些可觀察的特徵並無法呈現出企業文化的全貌。

　　從文化的核心來說，文化是一個組織應如何運作與組織成員應如何互動的基本假設模式。一旦有新成員加入組織，其他的組織成員會指導或暗示他們什麼是這個組織期望或能接受的行為。

　　企業文化是歷經長時間的發展而形成。對許多企業來說，企業文化是創辦人個性的副產品。在許多情況下，企業是依據某個人或少數人的價值觀、信念與假設而運作。例如，史蒂夫‧賈伯斯 (Steve Jobs) 對蘋果文化的影響，以及理查‧布蘭森 (Richard Branson) 對維京 (Virgin) 文化的影響。在一些企業中，企業文化是企業所在區域的產物。

　　就像許多企業一樣，麥當勞的文化可以追溯至創辦人雷‧克羅克 (Ray Kroc)。在 1950 年代，克羅克從加州麥當勞兄弟那邊取得麥當勞的特許加盟權。克羅克看到這家連鎖速食店在美國市場的潛力，以及意識到準備並遞送餐點的嚴格規則與作業流程所帶來的驚人獲利。這種對細節的關注造就麥當勞的文化，並可在世界各地的麥當勞分店中隱約地看出。雖然高流動率是連鎖速食業常見的現象，但麥當勞卻可以將注重細節的組織文化傳遞到上千家分店中，使得世界各地消費者都可以獲得同樣的服務，品嚐到同樣口味的大麥克。

　　企業文化對於吸引、發掘、留住具有能力的員工，以及創造市場競爭力都有一定的影響力。在第 8 章組織文化中將會仔細談論此議題，以及說明管理者如何透過文化的發展與成長來引導企業的變革。

領導發展之旅

敏銳的領導者要對公司所處的環境有所瞭解。如果家鄉的某位政府官員要求你準備一張評估事業環境的備忘錄，你要思考哪些環境因素？例如，你在備忘錄中是否有考慮到下述議題：

- 經濟指標，如 GDP、通貨膨脹率、就業率等？
- 最近的政治活動？
- 法規與法律條例？
- 人口結構與人口普查資料？
- 社會文化趨勢？

在你的備忘錄中，會討論哪些環境因素？根據你對環境因素的分析，會給這位政府官員什麼建議？

全球化

全球化 不同地理區域的經濟、科技、社會文化及政治體系的整合與相互依賴。

全球化 (globalization) 是指不同地理區域的經濟、科技、社會文化及政治體系的整合與相互依賴。全球化的來臨意味著，企業將面臨來自世界各地的競爭者。全球化的理想可追溯至數千年前，羅馬帝國時代不斷地向外占領土地，凡被占領的地區就會自然地吸收羅馬帝國的文化與產品，而羅馬帝國也會從這些地區獲取原物料與珍貴物品，這就是全球化最早的形式。在接下來的數個世紀，鮮少出現羅馬帝國這種大規模的整合現象，一直到 16 世紀與 17 世紀的葡萄牙和西班牙帝國崛起，才再次出現這種整併的現象，這兩個帝國不斷地向外擴張並進行商業活動。

同一時間，荷蘭東印度公司 (Dutch East India Company) 開始從事歐洲與亞洲之間的貿易。荷蘭東印度公司成立於 1602 年，是全世界第一家跨國公司，其由當時一個商業協會所創辦，目的在於減少競爭、實現規模經濟，並增進世界各地貿易往來。此外，荷蘭東印度公司也是第一家發行股票的公司。1670 年，荷蘭東印度公司是全世界最富有的公司，員工人數超過 50,000 人。荷蘭東印度公司對荷蘭來說不只是財物資產，也是政治資產。荷蘭政府給予這家公司極高的自由，公司不但可以建立要塞堡壘、成立軍隊，且可以與當地君王簽訂條約。在強而有力的指揮官領導之下，荷蘭東印度公司擊退英國艦隊，取代葡萄牙在東印

度洋的地位，鞏固荷蘭在此地區的地位。荷蘭東印度公司在 18 世紀至 19 世紀相當活躍，並於獨立戰爭中幫助荷蘭擊退西班牙。

　　國際之間的貿易隨著歐洲帝國的壯大而興盛，直到第一次世界大戰時才又逐漸沒落。在戰爭的摧殘下，許多國家只能自力更生。第二次世界大戰之後，許多重要的經濟體與政治家大力鼓吹全球化和降低貿易保護，因此催生出許多國際貿易協定與機構，包括關稅暨貿易總協定 (General Agreement on Tariffs and Trade, GATT)、世界貿易組織 (World Trade Organization, WTO)、東南亞國家協會 (Association of South East Asian Nations, ASEAN)、歐盟 (European Union, EU)、北美自由貿易區 (North American Free Trade Agreement, NAFTA) 等。這些機構都致力於促進國家之間的貿易開放與資本投資環境。

全球貿易協定

　　在第二次世界大戰之後，美國、英國與加拿大政府會談商討設立一些國際聯盟與機構，以促進全球經濟發展。經過這些協商會議後，幾個重要的國際機構紛紛成立，包括世界銀行 (World Bank) 與國際貨幣基金組織 (International Monetary Fund, IMF)。同一時間，一些強權國家試圖建立一個國際貿易組織以規範各國的關稅。雖然此一國際貿易組織始終無法成形，但卻制定一個臨時性的協定——GATT 以規範各國關稅。GATT 以三大原則來規範各國之間的貿易，包括最惠國待遇、國民待遇、共識決。最惠國待遇原則是指締約國的一方若給予第三國某種優惠待遇，締約國的另一方即獲得相同的優惠待遇；國民待遇原則是指外國企業應該與某國家的國內企業一樣服從該國的規定與規則；共識決原則是指貿易爭端的解決辦法必須獲得全體會員同意才能進行處理。

　　經過 GATT 多方協商後，進口商品的平均關稅從 1940 年的 40% 降低至 1980 年的 5%。從 1986 年至 1994 年，GATT 多次進行烏拉圭回合談判，最後達成降低服務、資本、智慧財產權、紡織品與農作物等貨物的關稅。在烏拉圭回合談判中最值得一提的就是締約國達成訂定新國際貿易規範的共識，因而催生出 WTO。WTO 成立的目的是要監督並維護

國際貿易自由。WTO 負責處理國家之間的貿易規則，協商與執行新的貿易協定，以及監督成員國是否遵守世界貿易組織的相關協定。

世界貿易與自由貿易協會

在 2008 年全球金融危機發生後，全球貿易量驟降，到 2010 年全球貿易才又開始熱絡，全球 GDP 平均增加 3.6%。然而，全球各區域 GDP 的成長並不一致，已開發的國家 GDP 成長 2%～6%，而開發中的國家在中國與印度主導下 GDP 平均成長 7%，其中中國成長 10%，印度成長 9.7%，可參見表 2.6。

由於各國之間一連串的自由貿易協商與 WTO 監督下促使全球貿易量不斷攀升。在 2012 年，WTO 監督歐盟、北美自由貿易區、東南亞國家協會，以及南方共同市場 (MERCOSUR) 等超過 300 區域的貿易協定，參見表 2.7。相較於非洲、中東及中南美洲，北美、歐洲與亞洲的貿易量相對較大。歐盟的貿易集中度最高 (亦即成員國之間的貿易往來最頻繁)，而非洲的貿易集中度最低。在 2010 年，歐盟有 65% 的商品出口至其他歐盟成員國，而非洲僅有 12%。非洲的主要出口國家是歐盟國家，參見圖 2.8。

整體來說，這些貿易聯盟的激增不僅加速國與國之間的貿易，也為全世界的國家與企業提供經濟發展機會。雖然有許多人批評這些貿易協會所產生的負面現象，但它們確實可產生整體的經濟效益。然而，貿易的議題有時無法用簡單的對或錯來回答，但貿易上的限制確實對許多企業產生影響，例如 Chiquita 公司。

表 2.6 2009 年至 2010 年全球各區域 GDP 與進出口貿易成長狀況

地區	GDP	出口	進口
全世界	3.6	14.5	13.5
北美洲	3.0	15.0	15.7
中南美洲	5.8	6.2	22.7
歐洲	1.9	10.8	9.4
獨立國家國協	4.3	10.1	20.6
非洲	4.7	6.5	7.0
中東	3.8	9.5	7.5
亞洲	6.3	23.1	17.6

資料來源：World Trade Organization, "World Trade in 2010," available at WTO website, http://www.wto.org/english/res_e/reser_e/wtr_e.htm, accessed July 24, 2012.

香蕉是世界上最重要且受歡迎的農產品之一，年產量超過 7,000 萬噸。在 20 世紀時，Chiquita 支配全球香蕉產業，1994 年的年產值達 51 億美元。在 1993 年，歐盟對香蕉進口採取新的管制條例與政策，限制拉丁美洲進口至歐盟國家的香蕉配額，而拉丁美洲是 Chiquita 香蕉的主

表 2.7　特定區域的貿易協定

貿易協定	成員國
東南亞國家協會 (ASEAN)	汶萊、柬埔寨、印尼、寮國、馬來西亞、緬甸、菲律賓、新加坡、泰國、越南
中美洲共同市場 (Central American Common Market, CACM)	哥斯大黎加、瓜地馬拉、宏都拉斯、尼加拉瓜、薩爾瓦多
西非經濟共同體 (Economic Community of West African States, ECOWAS)	貝南、布吉納法索、維德角、象牙海岸、甘比亞、迦納、幾內亞、幾內亞比索、賴比瑞亞、馬利、尼日、奈及利亞、塞內加爾、獅子山、多哥
歐盟 (EU)	法國、德國、義大利、荷蘭、比利時、盧森堡、丹麥、愛爾蘭、英國、希臘、葡萄牙、西班牙、芬蘭、瑞典、奧地利、愛沙尼亞、拉脫維亞、立陶宛、波蘭、捷克、匈牙利、斯洛伐克、斯洛維尼亞、馬爾他、賽普勒斯、羅馬尼亞、保加利亞
海灣阿拉伯國家合作委員會 (Gulf Cooperation Council, GCC)	巴林、科威特、阿曼、卡達、沙烏地阿拉伯、阿拉伯聯合大公國
南方共同市場 (South Common Market, MERCOSUR)	阿根廷、巴西、烏拉圭、巴拉圭、委內瑞拉
北美自由貿易區 (NAFTA)	美國、加拿大、墨西哥
南非發展共同體 (Southern African Development Council, SADC)	安哥拉、波札那、剛果、賴索托、馬達加斯加、馬拉威、模里西斯、莫三比克、奈米比亞、南非、史瓦濟蘭、坦尚尼亞、尚比亞、辛巴威

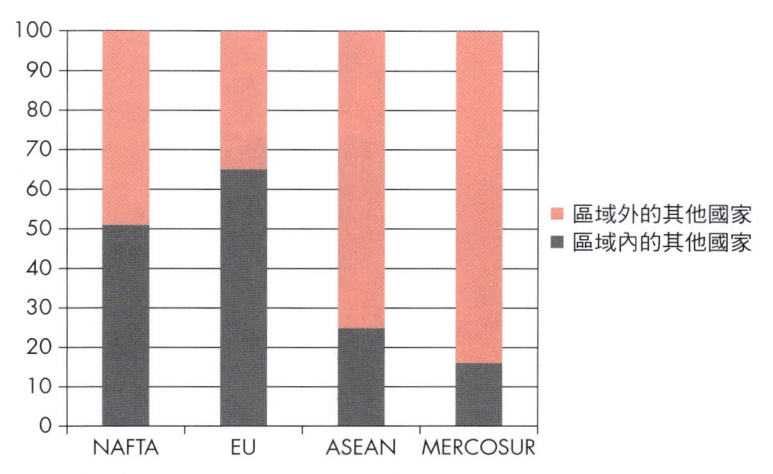

資料來源：World Trade Organization, "International Trade Statistics, 2011," available at the WTO website, http://www.wto.org/english/res_e/statis_e/its2011_e/its11_toc_e.htm, accessed July 24, 2012.

圖 2.8　2010 年四個貿易協定區域的商品出口分析

要產地,並開放其他國家以免關稅的形式進口香蕉至歐盟國家,包括:多明尼加、聖露西亞、聖文森、格瑞納達等。這項新政策的主要目的是給予這些貧窮國家經濟上的援助。然而,這卻使 Chiquita 損失 20% ~ 50% 的市占率,股價也從 1991 年的 40 美元跌至 1994 年的 13.63 美元。1996 年,WTO 以貿易限制與保護為由,要求歐盟廢除拉丁美洲的香蕉配額限制。

由此可知,貿易限制對於某些公司的財務影響甚大。在 Chiquita 的案例中,貿易政策可能會阻礙企業進入重要市場。雖然有許多人支持歐盟這項貿易政策,但該政策確實傷害香蕉產業中最有效率的生產者。

全球化與自由貿易的支持者認為,降低關稅壁壘可以促進所有國家的經濟發展,並將**比較優勢 (comparative advantage)** 理論作為支持全球化的後盾。比較優勢理論指出,各個國家應該致力於生產機會成本最低的產品。當一個國家持續地專注在某特定產品或商品的生產,則能夠有效地提高生產效率。比較優勢的經濟理論也指出,自由貿易能夠提高資源分配的效率,因為自由貿易可鼓勵國家專注於製造生產成本最低的產品。如此一來,參與貿易的所有國家都能以較低的價格購買到商品。

> **比較優勢** 是指各個國家應該致力於生產機會成本最低的產品。

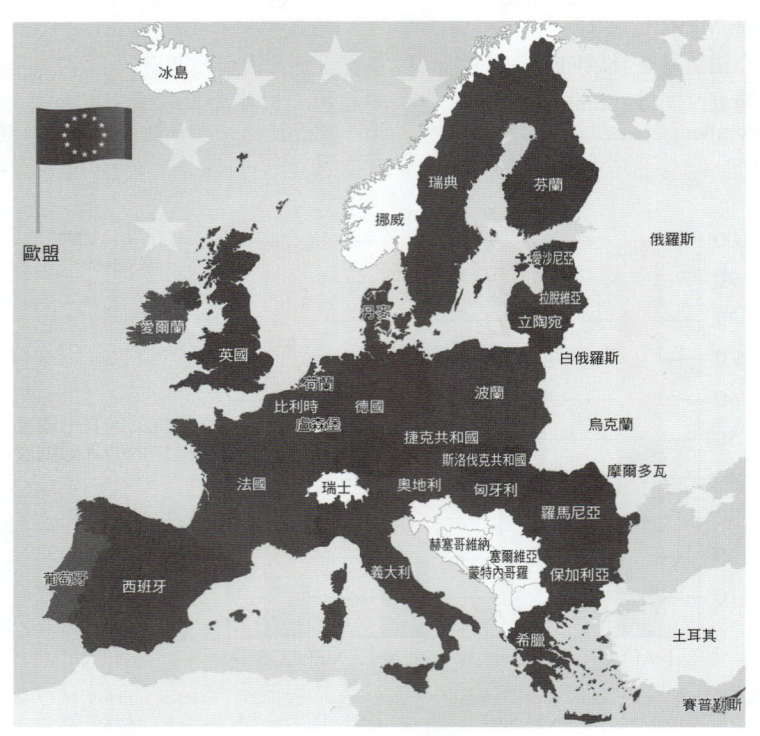

Alex and Anna /Shutterstock.com

一般而言，國與國之間的自由貿易可創造出更低的價格，較多的就業機會、更高的產出，以及提高開發中國家的生活水準。

問題與討論

1. 請說明影響企業競爭與經營的一般環境與任務環境之主要構面有哪些？請以一家企業為例，說明影響這家企業經營的一般環境與任務環境因素。
2. 請說明影響企業經營的內部環境之主要構面有哪些？請以一家企業為例，說明影響這家企業經營的內部環境因素。
3. 請說明全球化對於台灣中小企業的影響。
4. 請列出未來 5 年至 10 年中可能會衝擊或影響企業經營的重大趨勢，或內部與外部環境因素。

Chapter 3 企業倫理與社會責任

學習目標

1. 區別不同倫理架構的差異，以及說明其對於管理者在制定倫理決策的影響。
2. 說明管理者在公司內部與外部可能面臨的道德兩難類型。
3. 說明公司的倫理、法律與財務目標，以及其對於公司可能採取的社會責任取向之影響。
4. 說明企業社會責任與績效之間的關聯性。

日月光 ▶▶ 染紅後勁溪

在齊柏林導演所拍攝的《看見台灣》紀錄片中，意外揭露日月光集團違法偷排放廢污水的惡行。1984 年成立的日月光集團位於高雄楠梓區，是全球最大的半導體封測公司，提供顧客完整的封裝與測試服務，包括晶片前段測試、晶圓針測，以及後段的封裝、材料與成品測試等。近年來，日月光集團每年的合併營收皆高達新台幣 2,000 多億元，2014 年的合併營收為新台幣 2,565.91 億元，每年每股盈餘也都在新台幣 2 元至 4 元間。日月光集團年年繳出漂亮的財務成績，像這樣的大企業是絕對有能力建置完善的環保設備與污水處理設備。

諷刺的是，正當日月光準備包場讓員工欣賞熱門的《看見台灣》紀錄片，片中卻意外揭露日月光的 K7 廠違法排放完全沒有處理過的廢污水至後勁溪。廢污水不但酸度高且含有重金屬鎳，污染下游約 940 公頃農地，嚴重的話會導致長期休耕。此外，有毒物科醫師表示，鎳是世界衛生組織認定的致癌物，人體若食用過量含有鎳的食物，可能引發攝護腺癌。隨後，高雄市環保局開罰日月光新台幣 60 萬元，並勒令停工。事實上，日月光偷排放污水也不是頭一次，高雄市環保局也是屢查屢罰，但罰款不高，日月光依舊沒改進。

無獨有偶，同年位於北市士林區後港街的偉瀚實業股份有限公司，也未經許可偷排放廢污水，染紅劍潭抽水站，堪稱是日月光事件的翻版。企業在追求獲利的同時，是否也應該善盡社會責任，為台灣的環保與下一代把關？

資料來源：
1. 歐陽良盈、劉星君、林保光，諷刺！日月光原定今包場觀賞「看見台灣」，《聯合晚報》，2013 年 12 月 14 日。
2. 郭石城，大廠沒良心，考驗政府決心，中時電子報，2013 年 12 月 12 日。

自我省思

瞭解你的倫理信念

倫理是道德研究的重要課題之一，而道德是人們評斷是非對錯的標準。個人的倫理信念會受到生活經驗、社會文化與個人價值觀所影響。請以「是」或「否」回答下列問題，以瞭解你的倫理信念。

1. 公司生產最優質的產品給廣大的群眾，可視為一種符合道德的行為。
2. 人們可僅以結果來評斷個人行為的對或錯，而不考慮意圖。
3. 人們應該力求最佳化的結果，即使違反倫理規範也在所不惜。
4. 人們應以是否能產生好的結果為基準來制定規範。
5. 在評斷是否符合倫理時，動機是一個重要的考量。
6. 在制定倫理決策時，人們應該使用標準化的流程。
7. 人們在面臨一個困難的決策時，其價值觀與道德會引導他們的行為。
8. 合乎倫理的行為是社會規範與遵守社會期望的結果。
9. 倫理實務的評估應該考量個體在價值觀、主張、信念的差異。
10. 管理者應該考量企業的決策對於社會的影響。

根據你的回答，就可以瞭解你對倫理的看法，以及你的倫理信念對於管理行為可能造成的影響。

緒論

如果你是一位管理者，可能會碰到許多模糊的情況，諸如決策沒有清楚或正確的答案；仔細安排的計畫可能會有預料之外的阻礙；衝突與意見不合，導致重要的關係面臨到強大壓力。此時，無疑地，你會依賴個人的價值觀、信念及**倫理 (ethics)** 來處理這些困難與複雜的決策。在孩童時代，父母或監護人、老師、朋友與角色模範等，都會教導我們是非觀念。我們都知道殺人與偷竊是不對的事情，且應以「你想要別人怎麼對待你，你就怎麼對待別人」之黃金法則處事。我們常會以厭惡的心態來看待企業或政府的醜聞，並在心裡想著「當然，我不會行賄」或「我不會讓我的員工在危險的條件下工作」。雖然這也許是一個再簡單不過的觀念，但在企業研究中，倫理卻是一個非常複雜的課題。倫理是道德標準的研究範疇之一，會影響個人的行為與品行。**道德 (morality)**

倫理 道德標準的研究範疇之一，會影響行為與品行。

道德 人們用於評判是非對錯的準則。

是人們用於評判是非對錯的準則。

　　倫理就像一支手錶，錶面上只看到長短針繞圓轉動，但錶面下卻是由齒輪、彈簧及計時儀器等零件所組成的複雜機械裝置，以確保錶面上的時針能準確地報時。倫理與手錶的原理非常相似，但最主要的差異在於，我們不知道，也許永遠不會知道，倫理底下的所有活動會如何相互影響。更進一步地說，除非我們有方法證明時間的正確性，否則我們永遠不知道真實的正確時間。以時間來說，我們可以查詢格林威治標準時間 (Greenwich Mean Time) 來確定正確的時間；但就倫理來說，卻沒有可供查證的標準，管理者必須拋棄個人的信念與經驗，依循著社會上可接受的規範，以及尋找環境中的線索。

　　身為一位管理者，你可能會面臨來自於老闆、股東、顧客及下屬等的經濟、法律與倫理之壓力。競爭領先和績效壓力常常使得管理者忽略內心的聲音，尤其是在害怕懲罰、困窘及擔心失去升遷機會時。此外，隨著全球化的來臨，在某一社會中所發展的道德，可能會與其他社會相互牴觸。例如，在西方國家中不允許行賄 (bribery)，但在某些國家中卻默許此行為。因此，管理者有些狹隘的思維，也許在世界的某些地方是可行的。雖然絕大多數的人都知道如何做對的事情，但並非總是做對的事情。為什麼？在本章中將提供多個與倫理決策有關的觀點，以幫助管理者瞭解如何在道德的灰色地帶中運作。

　　在制定倫理決策時，必須先衡量公司所有利害關係人之利益的相對重要性。股東希望公司能極大化公司的獲利；員工希望公司能提供安全的工作環境與公平的薪酬；顧客希望公司能夠誠實和透明化所提供的產品與服務之品質；一般社會大眾都期望公司能當一個「好公民」(good citizen)。第 1 章曾談論到事業目標如何從股東觀點轉變成多元的利害關係人觀點。今日，在評斷一家公司是屬於本土企業或全球企業，取決於其是否為企業公民 (corporate citizen)。在 2010 年，75% 的美國企業與約 100% 的歐洲企業在其官網上公布企業社會責任 (corporate social responsibility, CSR) 資訊。為履行企業社會責任，公司必須以有意義的方式推動並執行一些有利於社會的活動。

　　企業社會責任可以改善與提升公司的品牌形象，使公司能從所生產的產品中索取更高的報酬、吸引更好的員工，以及提高公司的股價。企業社會責任有兩個關鍵的要素：永續性 (sustainability) 與能源效

率 (energy efficiency)；這也是近年來政治與企業界時常討論的議題。然而，並不是所有的企業都必須執行社會責任。每個企業都應該謹慎地思考企業社會責任的適切性、成本效益，以及是否符合整體的企業目標。如果與企業的整體目標不符合，則投入企業社會責任不但無效率，且將會增加企業的成本。

本章將討論數個與倫理和企業社會責任有關的理論，可幫助公司與管理者在達成經濟目標和股東需求之同時，也能兼顧並維持高的倫理與法律標準。管理者要知道確認公司內外部倫理議題，以及執行倫理的決策有一定的困難度，必須具有一定的經驗與訓練才能建構並培養此技能。底下將以默克為例，說明默克如何在充滿壓力與不確定性的情境下制定倫理決策。

默克與河盲症

河盲症 (river blindness) 是一種疾病，曾經有近 1,800 萬名居住在拉丁美洲與非洲偏遠村莊的河川沿岸居民感染此疾病。河盲症是由黑蠅 (black fly) 身上的寄生蟲所引起，透過黑蠅的叮咬進入人體中，並形成人傳人的疾病。黑蠅主要產卵的地方是當地居民生活用水的河川。這種寄生蟲會移動到人體的皮下組織，形成突起的結節 (nodules)，並慢慢長成 2 英尺左右的成蟲。成蟲會從結節處蠕動至其他皮下組織中進行繁殖，並產下數百萬的幼蟲。受到感染的人會奇癢無比，甚至痛苦到想要自殺。這些幼蟲最終會侵入眼睛的皮下組織，導致失明。河川沿岸居民之所以沒有搬離，繼續居住在河岸邊，是因為他們找不到其他可以維生的肥沃土地，因此被迫接受此疾病。

在當時，唯一能夠在人體中對抗此寄生蟲的藥不但昂貴，且會產生嚴重的副作用，服藥的患者需要長期留院治療與觀察。此藥的治療效果不佳。直到 1979 年，任職於默克藥廠的科學家威廉‧坎貝爾 (William Campbell) 博士發現，公司內部一款熱銷的動物用藥──伊維菌素 (ivermectin)，可能足以殺死這種人體中的寄生蟲。經過進一步分析後，坎貝爾發現伊維菌素是一種可有效治療河盲症的低成本、安全與單純的藥物。於是坎貝爾向當時默克藥廠的董事長羅伊‧瓦格洛斯 (P. Roy Vagelos) 博士申請將此藥發展成人體用藥。然而，發展成人體用藥需要花費近 1,000 萬美元，即使發展成功，這些貧窮的居民 (感染者) 也無法負擔此藥的費用。此外，要在這些偏遠村莊發放藥物也是一件相當困難的事。再者，這些居民可能會因為錯誤的用藥方式而導致副作用，使得默克藥廠得承受這種莫

名的壓力。

　　默克管理者一時之間也不知道該如何是好。當時健康照護成本不斷攀升，醫療保險及醫療費用的補助有限，且美國國會即將通過一項法案，使競爭者能夠更輕易地複製與銷售非專利性的藥品。在這種持續惡化的經濟條件與產業壓力下，默克的管理者並沒有意願發展昂貴且利潤不高的藥品。於是瓦格洛斯便與管理團隊召開幾次嚴肅的會議，討論是否要將動物用的伊維菌素發展成人體用藥。最後，瓦格洛斯與管理團隊皆認為，此藥對於這些患有河盲症的居民是有幫助的，因此公司有發展此藥的道德責任，即使成本很高且可能無法獲利下亦當為之。最後，瓦格洛斯同意編列預算來發展人體可以使用的伊維菌素。

　　經過 7 年的臨床測試與研究，默克成功研發出人體可以使用的伊維菌素。這是單一顆藥丸，在服用 1 年後就可以完全消除體內的寄生蟲，並且防止再次感染。然而，當初默克藥廠擔心的事情果然發生了。沒有人要買藥，包括疫區的政府、美國政府及世界衛生組織 (World Health Organization, WHO)。最後，默克藥廠決定免費發送藥物給當地的感染者。無奈地，默克面臨另一個障礙——沒有一個可以有效發放藥物的管道。默克透過與世界衛生組織合作，並資助某個國際委員會，以提供一個可在第三世界 (Third World) 發放藥物的管道，同時避免藥物流入黑市販賣的基礎建設。在 1996 年，有數百萬居民拿到藥物，透過藥物治療，這些居民得以改善他們的生活，並擺脫失明的恐懼與危機。

　　在一場訪問中，主持人詢問瓦格洛斯：「在明知無法獲利的情況下，為什麼要投入這麼多的金錢在開發、製造及發送藥物上？」瓦格洛斯回答：「一旦公司知道內部有某款動物性用藥可以治癒多數人的疾病，基於倫理的考量，公司就有理由發展此藥，將來人們也會記住默克如何幫助他們的。」瓦格洛斯要求公司人員學習與瞭解，這些活動對於公司長期競爭優勢有何策略性的影響。瓦格洛斯說道：「15 年前我第一次到日本，我告訴日本分公司的員工，在第二次世界大戰後將治療肺結核的鏈黴素 (Streptomycin) 帶進日本的是默克。當時，我們並沒有賺到什麼錢，但毫無意外地，默克現已成為日本最大的美國製藥公司。」

個案討論

1. 為什麼默克會對於發展人體可用的伊維菌素有所遲疑？
2. 發展人體可用的伊維菌素之利與弊各為何？
3. 為什麼瓦格洛斯博士與他的團隊最後還是決定發展人體可用的伊維菌素？
4. 默克投資人體可用的伊維菌素可為利害關係人創造價值，以及提高公司聲望，你認為呢？

倫理架構

　　管理者在制定事業策略時，只要考量法律就好，不用顧慮倫理，是嗎？大多數的人都會從倫理的角度提出對此問題的看法，是因為法律是一組適用於每一個人的強制性規定，且許多人都認為法律應該應用在公

眾生活 (public life) 中，而倫理則是用於私人生活 (private life) 中。有些人甚至認為法律已經鑲嵌在倫理之中，因此沒有必要再多思考倫理的問題。

然而，法律並無法完全指引人們做出正確的選擇。以建築業的石棉 (asbestos) 為例來說明此概念。自 1950 年代開始，石棉就廣泛用於建築材料中，因為石棉具有良好的抗拉性、耐用性及隔熱效果。建築業者明知道石棉可能導致嚴重的疾病，如癌症，卻依然使用石棉製作的建築材料，也因此使得人們暴露在石棉威脅的建築中。儘管建築業者是合法使用石棉作為建築材料，但他們的行為明顯違反倫理。因此，符合法律規定的行為，不一定就符合倫理。例如，在美國內戰過後，約有近一世紀之久，種族隔離 (racial segregation) 是合法的制度。法律雖然提供企業一個道德基礎，但要注意的是，法律是一個社會的最低標準。

投資人期望公司可以致力於獲利極大化，而顧客期望公司可以投入社會責任活動，例如：減少污染與浪費、抑制內部交易、增進公民或人類權益等。欲有效管理這些複雜的決策，管理者不僅要滿足競爭利益與責任，處事也要符合自己的價值觀，因此管理者要有強烈的道德界線 (moral compass)。道德界線是一組引導法則，是對於本身價值觀有深刻瞭解後所導引出來的法則，可幫助人們面對複雜的倫理挑戰，以及在道德模糊的情況下，發掘「正確的道路方向」。本節將解釋與說明一些倫理法則與概念，可幫助管理者發展出自己的道德界線，使其在面臨倫理模糊時能夠釐清方向。

功利主義

湯瑪斯・傑佛遜 (Thomas Jefferson) 在獨立宣言 (Declaration of Independence) 中提及：「人生而平等，秉造物者之賜，擁有無可轉讓之權利，包含生命權、自由權，以及追尋幸福之權利。」傑佛遜認為一個國家可以此作為倫理建構的基礎。然而，要在三種權利中選擇一個作為倫理基礎，傑佛遜認為他會選擇幸福。無疑地，**功利主義 (utilitarianism)** 對於許多國家的開國元勳與建國者有很大的影響力，因此也是最常被用於建構倫理基礎的觀點。功利主義是提倡「最大幸福原則」(greatest happiness principle) 的倫理理論，代表人物包括大衛・休謨 (David Hume)、傑瑞米・邊沁 (Jeremy Bentham)，以及將功利主義發揚光大的約翰・史都華・米爾 (John Stuart Mill)，其著有《功利主義》

> **功利主義** 是一個倫理哲學，認為行為是否符合道德，取決於行為的結果是否能為最多的人創造最大利益或效用。

(*Utilitarianism*) 為題的長文。

功利主義是一個倫理哲學，認為行為是否符合道德，取決於行為的結果是否能為最多的人創造最大利益或效用。當人們面臨抉擇時，應該針對所有可能決策進行成本—效益分析 (cost-benefit analysis)，並選擇能產生最大效益的決策。在公司中，管理者應該針對受影響的一方尋找合適的解決方案，以客觀的角度來審視他人的利益，以及公司的行動可能產生的結果，並且應該公正地評估他人與公司的利益。在功利主義中，「好的」(good) 事物應該是能使人幸福的、有效用的，以及使人高興的；相反地，「壞的」(bad) 事物則是使人感到痛苦與悲傷。因此，所謂對的行為就是要能夠促進幸福，以及消除痛苦與錯誤。

儘管功利主義有優點與廣泛的影響力，但也存在一些缺點。例如，功利主義倡導為最多的人創造最大利益之法則可能導致多數暴政 (tyranny of the majority)，未注意到少數人的利益，如弱勢團體。一家公司有可能同時為股東、員工，以及公眾創造最大的利益嗎？如果答案是否定的，何種利害關係人可作為最大利益的代表？在多元性的利害關係人之世界中，公司很難做出對的選擇。換言之，決策通常意味著做取捨 (trade-offs)。因此，有其他倫理理論來補足功利主義的缺點，底下將一一介紹與討論。

康德哲學

康德哲學 (Kantianism) 是另一個重要的倫理理論，其與功利主義有不同的論點和主張。伊曼努爾·康德 (Immanuel Kant) 認為，在評斷何謂符合道德的行為時，應該著眼於動機 (motives)，而非行為的正面或負面結果。換句話說，人們應該在正當的理由 (right reasons) 下做出正確的決策 (right decisions)。例如，有些公司僅在對公司有利的條件或期望能獲得良好的聲望下，才做出正確的事。依照康德的標準，只能說這些決策是審慎的 (prudent)，而非有道德的。曾經有人問道，如果行為合乎道德，為什麼要在乎其背後的意圖 (intention)？康德的回答是，在不良意圖下的行為是無法建立信任的。例如，如果某個人的良善行為背後是不良或中性的意圖，我們能相信他未來還能有好的行為嗎？日本京瓷 (Kyocera) 的創辦人稻盛和夫是追隨康德哲學的代表人物之一，他將康德哲學應用至內部的績效管理流程中，如下所述：

> **康德哲學** 在評斷何謂符合道德的行為時，應以著眼於動機，而非行為的正面或負面結果。

我將員工的績效分成四個等級：第一層級是員工以正確的態度與具挑戰的精神來達成目標；第二層級是員工雖然沒有達成目標，但卻秉持正確的態度；如果沒有努力付出或缺乏真誠，卻因為僥倖或其他因素而成功者，則是屬於第三層級；如果是缺乏正面意圖，且亦未達成目標者，則歸於第四層級。公司看的不只是結果，過程也是評估績效的重要因素。

因此，在京瓷中，員工獲得獎賞的不只是因為行為與結果，還包含他們背後的意圖。

在康德的觀點中，正面動機不只是一個標準，且其亦可引導出合乎道德的行為。康德認為，普世原則或規則應該是可以引導人們做出理性的行為。根據康德的想法，一個可影響個體行為的基本原則應該是：「我應當依照我想要成為所有人共同遵守的行為準則來行動。」(I ought never to act except in such a way that my maxim should become a universal law.) 換句話說，人們的行為應該建立在想要讓此作為變成普世原則上。因此，僅有在普世原則下的行為，才能稱得上是合乎道德。

康德認為，如果僅以結果來看待他人，而不在乎過程，這如同是把人視為機械一般，忽略他人所重視的事物。根據康德的觀點，尊重他人不只是必要的，且亦是一種義務 (obligation)，組織可以從這種態度中獲利。以西南航空為例，公司的其中一個重要使命是「尊重每個人」。因此，每個員工可以自由表達自己的想法與意見，也因此對於公司有非常高的忠誠度。在 911 恐怖攻擊後重創美國的航空業，當時西南航空的員工在沒有支領加班費的情況下自願超時加班，幫助公司節省經費，讓公司得以持續地運作。

➥ 委託責任

在公司中，其中一項重要的道德義務 (moral obligations) 是存在委託關係中。委託關係是指，一方將財產、資訊，以及決策權委託給另一方所形成的關係。例如，投資顧問 (investment adviser) 是委託人的**受託人 (fiduciary)**；夥伴關係中的成員都是另一位成員的受託人；公司的經理人與主管則是公司和股東的受託人。

在委託關係中，受託人所擔負的責任超過一般的專業關係，包括真誠與公開、勤奮與關懷、忠誠與自制 (self-restraint) 等。在一般協商會議中，每個人都可以隨心所欲地自由揭露自己的資訊，不管多或少。然

受託人 在委託關係中，被委託財產、資訊或決策權的一方，以代表委託人。

而，在委託關係中，受託人有義務對委託人揭露所有的資訊。此外，受託人負有對委託人忠誠的責任，亦即受託人不僅要保護並增進委託人的利益，且要避免將自己的利益置於委託人利益之前。例如，醫師必須奉行希波克拉提斯宣言 (Hippocratic Oath)，保證守護病人的健康，絕不傷害與虐待病人。總而言之，在委託關係中，受託人必須盡最大的努力於保護並增進委託人的利益，且絕不將私人利益置於委託人之前。

善與德

上述的倫理理論主要著重在人們的義務與基本權利上，然而崇善觀點的倫理學家認為，這些倫理理論尚有許多不足之處。崇善觀點的倫理學家認為，遵循義務規則來處事的人並不意味這些人就值得信任，也不代表這些人就是高品德與正直。這些倫理學家指出，擁有良善品德的人應該是：(1) 能確認情境中的道德元素；(2) 能做出具道德的判斷；(3) 能行使與判斷一致的行為；(4) 能教導他人展現高品德的行為。

有些人認為，公司員工會聽從有品德的人所做出的決策，而非順從權力與義務的人。然而，什麼才是有品德的管理者與員工？是正直、勇氣、同理心，還是其他？在 20 世紀，大多數的人都認為有品德的企業才能獲利與競爭。因此，如果管理者能依照品德來制定決策與處事，公司將能獲利且提高競爭力。然而，品德可能會使管理者步入 Sunbeam 執行長艾爾・鄧拉普 (Al Dunlap) 一樣的行徑。鄧拉普常常開除員工與關閉工廠，即便員工與工廠還有些許的生產力；鄧拉普因此獲得一個稱號——「殺手鄧拉普」。對鄧拉普而言，只有股價與獲利才是有價值的公司目標，導致許多員工因此失業並陷入生計問題。這個例子導引出一個問題：鄧拉普的想法對所有公司而言都是必要的，且都符合道德嗎？

源於亞里斯多德 (Aristotle) 與柏拉圖 (Plato) 的**品德倫理 (virtue ethics)** 認為，道德的主要功能是培養好品德，就好像人們發展技能 (如創造力與衝突管理) 的方式一樣。勞倫斯・柯爾伯格 (Lawrence Kohlberg) 是研究道德發展的重要學者之一，他提出三個道德發展層級與六個階段 (如表 3.1 所示)。道德成規前 (preconventional morality) 通常是發生在兒童時期，但成人也可能會有此層級的特性與反應；道德循規期 (conventional morality) 主要是發生於從兒童轉變成青少年時期，然而許多成年也會有此層級的特性與反應；最後一個層級則是道德自律期 (postconventional morality)，此時個體對於道德價值觀 (moral values) 有

品德倫理 道德的主要功能是培養好品德的理念。

表 3.1　道德發展

層級	階段	說明
道德成規前	服從 (obedience) 與懲罰 (punishment)	通常發生在兒童時期，認為規定 (rule) 是固定的或不容置疑的。服從規定是為了避免懲罰。
	個人主義 (individualism) 與交換 (exchange)	兒童在解釋個人觀點與評斷行為時，建立在是否符合本身的需求。
道德循規期	人際關係 (interpersonal relationships)	重視與遵守社會的期望與應有的角色，強調遵守、從善如流，以及思考會影響關係的選擇。
	維持社會秩序 (maintaining social order)	人們開始將社會視為一個整體，因此會遵守規定、盡義務，以及尊重權威 (authority)，以維持社會秩序。
道德自律期	社會契約 (social contracts) 與個人權利 (individual rights)	人們開始解釋與瞭解個體之間在價值觀、意見與信念上的差異。因此，瞭解法律對於維持社會秩序的重要性，社會成員應該遵守法律規範。
	普遍原則 (universal principles)	基於普遍原則與抽象推論 (abstract reasoning)，即使與法律和規定有所衝突，人們依舊會以這些內化的原則來處事。

資料來源：Adapted from Lawrence Kohlberg and Richard H. Hersh, "Moral Development: A Review of the Theory," *Theory Into Practice*, Vol. 16, No. 2, 1977.

更多的理解，能瞭解價值觀的起源，並且比較不同文化的價值觀。一般而言，有些人可能永遠無法達到道德自律層級。

正義

先前所介紹的三個倫理理論皆從個人觀點來闡釋道德，亦即就個人而言，要如何做出對的倫理決策。然而，每個人都是社會的一份子，所有的人要一起制定倫理決策是相當複雜的。我們知道要如何制定一個符合倫理的好決策，但要如何評斷行為的好壞？假設你抓到鄰居偷了你的存摺，你認為他是好人還是壞人？假設有人偷東西是因為這是唯一能夠讓自己的小孩免於挨餓的方法，你的看法為何？再者，當我們要評斷的是一家公司而非個人，以及決定如何懲罰公司時，思考的層面將會比上述兩個問題更複雜與困難。**正義 (justice)** 提供社會大眾一個評斷對錯、公平與否的架構，並建立評斷與懲罰哪些行為在道德上是錯誤之方法。正義是一個概念，亦即道德行為應該建立在平等、公正及公平的基礎上，以維護社會秩序。

分配正義 (distributive justice) 是著重於社會大眾的財產分配，主要的追隨者是平等主義者 (egalitarians)。平等主義者認為，若社會大眾在財產所得上有所差異是不道德的。例如，平等主義者支持採用累進稅率

> **正義** 提供社會大眾一個評斷對錯、公平與否的架構，並建立評斷與懲罰哪些行為在道德上是錯誤之方法。
>
> **分配正義** 著重於社會大眾的財產分配。

(progressive taxes) 以達到財產平均分配之目標。然而，如果有能力的人可以提供更好的服務給他人，那麼這些有能力的人應該獲得更多的所得嗎？思考一下由億萬富翁比爾‧蓋茲 (Bill Gates) 所成立的蓋茲基金會 (Gates Foundation)，該基金會每年捐助許多錢在教育與社會公益中。顯然地，對社會大眾而言，激進派平等主義 (radical egalitarianism) 並不是最佳的思維，因此產生了另一派思維。

哲學家約翰‧羅爾斯 (John Rawls) 認為公平即是正義，強調出生、家庭背景、天賦的不平等都是非所願的 (undeserved)。社會大眾應該促使這些先天不平等變為較平等，並提供弱勢團體相關支援。政府與企業應該致力於平衡基本權力與財富的不平等。例如，在同一家公司中，擁有相同職位的兩個人，其中一位因為經驗較豐富、執行工作的能力較佳，所以應該獲得較高的薪酬。這雖然是一個非常簡單的例子，但管理者因受到多方利害關係人的壓力，因此常常使決策變得相當複雜。

程序正義 (procedural justice) 是指，應該清楚地說明規則，之後根據規則為之，並強制實施。程序正義提供社會一個發展公平與正義的法律和程序之架構。例如，在美國、加拿大及澳洲等國家，皆透過行政立

> **程序正義** 清楚地說明規則，之後根據規則為之，並強制實施。

領導發展之旅

領導者有責任在組織內部創造一個良好的倫理氣候。首先，領導者的處事應合乎倫理、制定公平的決策，以及建構一個信任的文化。此外，領導者要負責懲處違反倫理標準的員工，並確保員工在制定決策時，不僅要重視結果，也能致力於「做對的事」(do the right thing)。下列活動為領導者應從事的倫理實務與行為：

- 招募與甄選員工
- 制定政策與規則
- 維護管理會計系統
- 管理決策制定程序
- 引導與訓練員工
- 獎勵與懲處行為
- 監督績效管理系統

想一想，當你觀察一位領導者在建立組織的倫理氣候時，你認為這位領導者應如何鼓舞與激勵員工的倫理行為？應該使用何種支援系統來強化這位領導者的倫理標準？你從這位領導者身上學習到什麼倫理行為？你要如何應用本章所學在未來的領導發展之旅？

法來制定規則，以及藉由正當程序與法院系統來強制執行這些制定的規則。

💡 道德兩難

即使是做一個好人且擁有健全的個人倫理 (personal ethics)，在企業倫理中仍舊不夠。道德選擇有時比瞭解對或錯還要困難。許多時候，管理者必須在兩個錯誤中選擇其一，例如，在流程再造後應該要開除誰。這是因為管理者必須解釋公司政策、執行公司規定、僱用、解聘、懲罰、監督員工等，在公司扮演重要的角色模範。

大家都知道，與人相處時必須假定絕大多數的人都是好人且心懷好意，然而有時因為某些不得已的因素，可能會做出違反道德的決定。例如，在 2002 年之前，肝臟移植的優先順序是按照病人的病情，通常重症加護病房的病人會優先移植。有些醫師會幫病情不嚴重但需要肝臟移植的病人製作假病歷，讓病人可以住進重症加護病房。針對這件事情來說，在考量希波克拉提斯宣言下，你對於這些醫生的道德有什麼看法？他們的出發點是好意，但其行為是有問題的。在此體制下，如果病人遇到誠實的醫生，不可能幫忙製作假病歷，這些病人就不太可能獲得移植肝臟的機會。

人們都認為自己在職場上的行為合乎道德，但大多數人所表現出來的行為遠不如他們所認知的。因此，管理者必須時時注意自己的缺點，以免落入倫理陷阱。一般最常見的缺點包括嘉惠自己的團隊、邀功、推論錯誤的因果關係等。此外，在制定決策時，管理者常常會受到組織文化與次文化的影響，而做出不符合道德的決策。例如，重視員工的安全，在某間工廠裡可能會受到稱讚，但在另一間工廠裡卻可能會被揶揄。

公司常面臨的道德兩難問題

公司與管理者常常會在與環境、消費者及員工的關係中面臨道德的兩難問題。在美國工業化時期，公司開始重視與環境、消費者及員工之間的關係。公司不僅開始擔負環境責任，而且

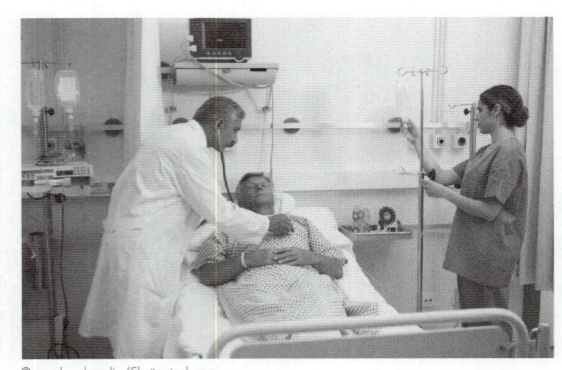

更誠實地對待消費者與員工。公司之所以會重視這三種關係，除了本身的自發性行為之外，也受到外部一些利害關係團體，如消費者聯盟 (Consumers Union)，以及法律的約束，例如，消費者保護法、食品與藥物檢驗法、平等就業機會法，以及環境保護法等，迫使公司必須遵守新的績效標準。

隨著資訊時代的來臨，管理者更需要注意道德的問題，尤其在傳遞資訊時。資訊就是力量，因此有心人士會用資訊來操弄、控制，以及提高自己的權力。例如，公司在進行個人化行銷 (personalize marketing) 時，會蒐集消費者的相關資料，進而提出符合消費者需求的行銷方案。雖然此做法可以改善或增加消費者好感，但這些資料有可能被不當地分享與流傳而落入有心人的手中。在美國，身分盜用 (identity theft) 的問題非常嚴重，估計每年約有 900 萬人的身分被盜用。例如，盜用他人的社會安全碼、姓名、信用卡資訊等從事不法的行為。被盜用身分的人還要花時間與金錢來證明自己的身分，並且辦理新的證件與信用卡。

➥ 環境兩難

污染 (pollution) 是企業倫理中常被討論的課題之一，也是多年來政策辯論的核心議題。隨著全世界對於永續生存與全球暖化的重視，環境污染問題格外受到關注。因此，管理者要思考的問題是，為了下一世代，企業在維護環境上應該善盡什麼責任？在 19 世紀與 20 世紀期間，由於工業化的快速發展，導致空氣污染的社會成本日益加重，許多產業因此受到嚴重的影響，如農林業。有些地區因污染嚴重，空氣中瀰漫高濃度的硫氧化物 (sulfur oxides)，造成嚴重的酸雨問題，也因此引起長期的健康問題。此外，一些會造成溫室效應的氣體，如二氧化碳，也嚴重影響地球的氣候與溫度。

水污染是企業與社會大眾所面臨的另一個問題，包括水質鹽化、含重金屬及有毒生物物質等，都會威脅水中生物的生存與人類的健康。例如，2010 年英國石油 (British Petroleum, BP) 於墨西哥灣的漏油事件，引發一場嚴重的環境災難，不但威脅許多海洋生物的生存，且重創當地沿海的經濟。當時英國石油公司的工程師在規劃鑽油計畫與設計安全系統時，就已經知道在鑽油槽時壓力可能會不穩定，有爆炸的危機。這些不穩定的高壓數據警告著英國石油的管理當局應該改變鑽油槽的計畫，但管理當局依舊決定執行鑽油計畫。隨後在某篇針對此事件的報導中提

到,英國石油公司的安全機制設計與維持歷史地位的考量是造成漏油的主要原因。從此事件中可知,管理當局應在環境責任與企業成本中維持平衡。

除了污染問題之外,管理者還要面對自然資源消耗的兩難問題。雖然自然資源消耗的問題對於這一世代的人並不會影響,但卻深深地影響下一世代。由於倫理決策所思考的是長期利益,但人們通常僅關注眼前的利益,因此導致嚴重的環境問題。有些人認為自由市場經濟是企業永續生存的最佳工具,但卻也導致企業只考量這一世代的需求。因此,對於管理者而言,所要思考的一個困難決策是:如果一定要保護這些資源,要保護多少?

➥ 隱私兩難

> **隱私** 個人有權力決定是否揭露個人資料,以及內容與型態。

隱私 (privacy) 是另一個難以處理的道德議題,它會影響消費者與員工的相關權益。雖然隱私權並沒有在權利法案 (Bill of Rights) 的保護範圍內,但人們對於個人隱私權卻愈來愈重視,認為個人有權利決定是否揭露個人資料,以及內容與型態。近年來,像是 Google 與 Facebook 這類的公司雖然打破人際之間的分享限制和障礙,但卻也因為鬆散的政策而飽受批評。美國消費者報導 (Consumer Reports) 組織日前公布一項針對 Facebook 隱私政策的調查,並揭發一些令人擔心的問題。例如,只要有人瀏覽 Facebook「按讚」的任何網頁,不管此人是否按讚,都會回覆至 Facebook。此外,即使 Facebook 的使用者設定只有朋友才可以看到其個人資訊,但如果這些朋友使用某些與 Facebook 相關的 app,則可能會不經意地移轉有關他們朋友的個人資料與內容給第三方。

在企業經營環境中,管理者不可能完全不侵犯員工的隱私,尤其是在管理者有責任監督部屬的工作情況。雖然管理者瞭解部屬的技能與職涯規劃有助於改善團隊績效,但有時涉入太深就不恰當,包括偷聽部屬講電話、裝置隱藏式錄影機,或裝設可追蹤部屬講電話時間或電腦中鍵入數字的監督系統等。

管理者必須在尊重部屬隱私與瞭解部屬之間取得平衡。管理者在搜查部屬資訊時可依據下列三個簡單法則:資訊必須是與部屬工作有關;部屬必須有機會表達贊同;管理者取得資訊的方法必須具有正當性且合理性。例如,調查員工的政治傾向,以及使用設備,如隱藏式攝影機、隱藏式麥克風、測謊儀器等,都是侵犯個人隱私的行為。然而,當員工

要晉升至組織高層時，就有必要針對該員工進行隱私調查，如副總的酗酒問題可能會影響其執行工作的能力。

個人在面臨道德兩難時的角色

雖然公司可以制定政策並提出說明其是如何處理環境、消費者與員工的問題，但大家都知道制定這些決策的是公司內部的某些人。當面臨某些常見或共同的道德或倫理課題時，大多數的人都會做出正確的決策，但有些人卻會背道而馳，做出一些違法與危險的決策。個人可能面臨的倫理或道德兩難問題，如利益衝突、商業機密、行賄等，底下將依序說明。

➥ 利益衝突

當員工或管理者所從事的活動與公司利益有關，而這些活動的產出或結果也隱含著個人利益時，則從事這些活動的人就可能陷入所謂的**利益衝突 (conflict of interest)**。尤其當個人利益與公司利益相違背時，或者個人的決策或判決與其職責相左時，就容易產生利益衝突。例如，某位管理者的媳婦是某家公司的銷售人員，而這家公司所生產的工具機是公司所需的設備之一，這位管理者極有可能提供其媳婦任職公司內部採購的相關資料或報價。此外，有些員工為了個人利益而做出帶有偏見的判斷、對抗自己的雇主、濫用自己的權力，以及違反保密規範等。在 2002 年，知名女鞋製造與設計師史蒂夫・馬登 (Steve Madden)，在公司首次公開募股時，因涉及內線交易與操縱股價，而造成投資人損失約 1,000 萬美元，因此被判處 41 個月有期徒刑與高額罰金。

➥ 商業機密

商業機密 (trade secret) 是公司的重要資產之一，意指不為公眾所知，能為公司創造經濟利益的任何與營運有關之資訊。在所有的商業機密中以研發的相關資訊最為重要，因其是公司競爭優勢的來源。例如，Google 的搜尋引擎與可口可樂的配方是該公司非常重要的商業機密。舉凡竊取專利、著作權、商標等法律規範的智慧財產，皆如同有形財產一樣，所有人有販售、授權、讓渡商業機密之所有權給他人。智慧財產通常為公司所有，而非個別員工，因此個別員工不能在未經公司的允許或授權下揭露公司的商業機密。如果違反此規定，不但會使個人吃上官

Owen Hoffmann/PatrickMcMullan.com/Sipa USA/Newscom

利益衝突 當個人利益與公司利益相違背，或者個人的決策或判決與其職責相左時，所發生的衝突。

商業機密 不為公眾所知，能為公司創造經濟利益的任何與營運有關之資訊。

司且會損害公司的競爭優勢,如宏達電的內賊案。在 2013 年,宏達電即將離職的簡姓副總、吳姓處長、黃姓資深經理等人,不但勾結外部公司開立假發票、虛報設計費、詐騙公司新台幣 1,000 多萬元,還竊取公司尚未發表的手機介面程式並帶至中國,計畫與當地官員合開公司以對抗宏達電。偵辦此案的檢調人員表示,如果此計畫得逞,將可能造成宏達電倒閉。

製藥產業更依賴智慧財產權法來保護其智慧資產。由於研發新藥的時間、食品藥物管理局的相關規定、臨床測試等,使得製藥公司的成本高於其他產業,因此製藥產業特別重視智慧資產的保護問題與法規。例如,美國製藥公司不斷遊說議員希望能延長專利的保護年限,以及要求政府保護製藥公司海外的智慧財產權,尤其是針對那些對於智慧財產權保護較不嚴格,且常發生醫藥詐騙的國家。

↪ 行賄

行賄是人類歷史上最古老與最普遍的道德問題,早在西元前 1 世紀的羅馬共和國就曾制裁行賄。行賄是指,提供某些有價值的財貨給他人以取得私人利益或優勢,行賄常常會破壞人際之間的信任。行賄以往是公家部門最常見的道德問題,然而今日在私人企業也常常發生行賄的問題,並導致嚴重的後果,包括無效率地使用資源、增加企業的營運成本,以及投資人的信心降低等。在 2011 年,美國證券交易委員會 (Securities and Exchange Commission, SEC) 控告 IBM 在 2004 年至 2009 年期間行賄亞洲 (中國) 官員以取得合約,且有超過 100 多名員工涉案。為了避免訴訟,IBM 同意與美國證券交易委員會和解並支付 1,000 萬美元。在 2014 年時,鴻海集團旗下富士康爆發前高層集體收受回扣,台灣檢調控訴這些前高層人員長期利用發包機會向供應商索取 2.5%～3% 回扣,不法所得超過數億元,涉嫌違反證交法的背信罪。另外,在政府機構中,行賄會破壞經濟發展,是因為行賄會降低行政效率、遭到其他國家的制裁,並且損害國家競爭力。

由於行賄結果的成本太高,大多數的國家都會譴責行賄的行為,以及制定相關法規以禁止政府機構的官員行賄,甚至在國際上也祭出相關的法令。儘管國內與國際都有制裁行賄的相關法令,然而行賄依舊是全球常見的問題。回顧 IBM 的案例,雖然 IBM 付出 1,000 萬美元以避免後續的訴訟,然而這 1,000 萬美元僅占當年度淨利的 0.06%。此外,有

些廠商甚至會進行成本—效益分析來決定行賄的利與弊。

國際透明組織 (Transparency International) 是一個專門監察貪污的國際非政府組織，每年都會公布全球的「清廉指數」(Corruption Perceptions Index)。根據 2010 年所公布的指數與排名，在 178 個國家中有近 75% 的國家清廉指數低於 5 分 (最高是 10 分)，顯示許多國家都有貪污的問題。因此，許多多國籍企業的母公司與管理者皆必須監督並處理當地子公司的資源使用與銷售貨品狀況。假設你是一個正面臨巨大財務目標壓力的管理者，會為了取得合約而行賄嗎？如果你與同事正在角逐和競爭同一個職位，此時你發現同事為了超越你而行賄，又會怎麼辦？

➥ 揭弊

雖然員工對利害關係人有道德義務，但對公司也有責任。事實上，員工最主要的工作是達成公司的目標，以及避免做出有損公司目標的行為。然而，員工有時卻會做出違反道德標準的事情，而其他員工可能會出手干預或告密。伯納德‧馬多夫 (Bernie Madoff) 必須為美國史上著名的詐騙案「龐氏騙局」(Ponzi scheme) 負責。在許多年前，馬多夫精心策劃一樁財務詐欺，投資人損失金額高達 500 億美元。揭露此詐欺案的是一位獨立投資人，他欲仿效馬多夫的投資策略，卻意外發現這場世紀大騙局，並向美國證券交易委員會檢舉。後來，馬多夫被判處 150 年監禁。

揭弊 (whistle-blowing) 是指，組織的現職或離職員工向外部相關機構揭發組織內部的非法或違反道德的事情。例如，員工向美國證券交易委員會揭發公司會計欺詐 (accounting fraud) 的不法行為。雖然揭弊者的行為合乎道德規範，但他們可能要為揭弊行為付出許多代價，例如，可能會被公司列入黑名單、開除、威脅、遭受不公平的對待，甚至陷入財務困境等。此外，這些揭弊者可能會被外界視為不忠誠的，因此還可能面臨找不到其他工作的窘境。儘管揭弊者可能會面臨上述這些下場，但許多揭弊者表示，如果再重來一次他們還是會選擇揭弊，因為如果發現公司違法的行法而仍視若無睹、毫無作為，將無法原諒自己。

揭弊 組織的現職或離職員工向外部相關機構揭發組織內部的非法或違反道德的事情。

企業社會責任

現今，企業為達成廣泛的營運目標而倍感壓力，而這些營運目標已不再侷限於財務績效。此外，管理者面臨許多來自於外部組織的壓力，如人權觀察組織 (Human Rights Watch) 與動物保護聯盟 (Animal Defense League)。另外，如果公司內部有員工參加企業社會責任的相關活動，管理者亦會十分困擾。過去 20 年來，企業漸漸擔負並投入社會責任。《財星》(*Fortune*) 500 大企業中約有 80% 的公司重視企業社會責任的議題，且對於社會責任投入的金額從 1995 年的 6,390 億美元提高至 2005 年的 2.71 兆美元。例如，金吉達品牌國際公司 (Chiquita Brands International) 提供與其合作的農夫生活工資 (living wage standards)，以及在供應鏈中履行環保措施。

企業社會責任 (corporate social responsibility, CSR) 一詞最早出現在 1953 年，是指企業的義務在於推動所有符合社會價值觀並滿足社會目標的政策。企業社會責任背後的基本假設是，企業與社會之間是相互影響的，企業依賴社會大眾購買他們所生產的產品，而社會大眾依賴企業提供財貨來維持他們的生活。換言之，企業與社會大眾之間有一紙社會契約，即一組權利與義務。社會契約中的內容會隨著社會的變化而改變，它亦是企業合法性的來源。換句話說，如果企業沒有履行社會契約，社會大眾會採取行動來制裁企業。例如，消費者不會購買不喜歡的企業所製造之產品，而員工如果認為公司是不值得尊重的，則可能會選擇離開公司。

以往企業只要為股東創造利益，然而今日企業的共同任務是為所有的利害關係人創造與分配價值。因此，管理者有責任公平地分配價值給消費者、股東、政府機關、員工等。但要注意的是，利害關係人之利益可能是衝突的，而解決這些衝突則需要訴請倫理判決。

經濟、法律、倫理責任

在社會上，企業扮演著經濟成長及服務與產品生產和創造之角色。從企業扮演的角色來看，學者指出企業必須擔負經濟、法律與倫理之責任。大多數的人都認為，如果企業同時投入於經濟、法律、倫理中，有

企業社會責任 企業的義務是推動所有符合社會價值觀並滿足社會目標的政策。

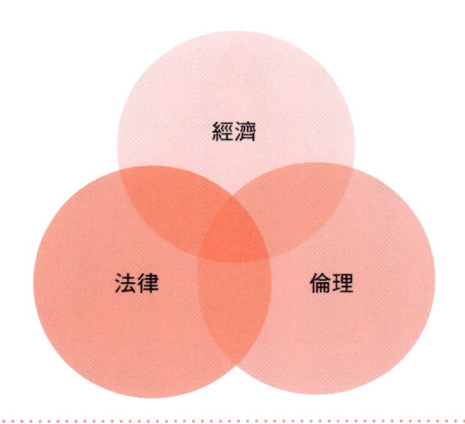

圖 3.1　企業社會責任的核心

助於企業將資源公平地分配給各利害關係人。這三種責任看似有所區分與不同，但企業卻可以同時達成，如圖 3.1 所示。

經濟責任 (economic responsibility) 是指，企業有義務創造利潤並增加股東價值。在每個社會體系中，企業是基本的經濟單位，因此有義務生產與提供社會大眾所需要的產品和服務，進而獲取應得的報酬。每家企業皆應該依從此基本假設來運作。企業進行與投入各式各樣的活動以提高獲利，包含直接和間接的活動。直接活動包括降低生產成本與改善效率；間接活動則是指無形的事務，如改善經濟績效，包括加強員工的道德觀念、提升品牌知名度，以及強化領導能力等。

經濟責任 企業有義務創造利潤並增加股東價值。

法律責任 (legal responsibility) 是指，企業所有的活動必須遵守相關的法令規定。即便社會大眾同意企業擔任生產者的角色，但必須在合理的範圍內運作。換句話說，社會大眾期望企業必須在法律範疇中行使經濟責任。有幾種方式可幫助企業履行法律責任，包括遵守法律規定、預期未來可能會發生的法律問題，以及避免民事訴訟。例如，在媒體報導豐田汽車 (Toyota) 油門卡住的事件後，豐田汽車主動召回全世界 500 萬輛汽車進行維修，以避免高額的訴訟費。一般而言，法律所規範的是企業必須遵守的最低標準，如圖 3.2 所示。在美國由於爆發多項的企業醜聞，在社會輿論下迫使立法者提高企業的標準界線，因此才有後來的沙賓法案。在安隆財務詐欺事件後，美國國會通過沙賓法案，禁止企業高層影響內部的財務稽核人員或修改財務項目，以及嚴禁毀壞任何文件阻礙美國聯邦調查局調查。此外，在 2008 年全球金融危機後，美國國會在 2009 年通過一項法案，提高政府管制金融市場的權力，反映出對美國企業的不信任感。在此法案中設置一個新的監督委員會，目的是要監

法律責任 企業所有的活動必須遵守相關的法令規定。

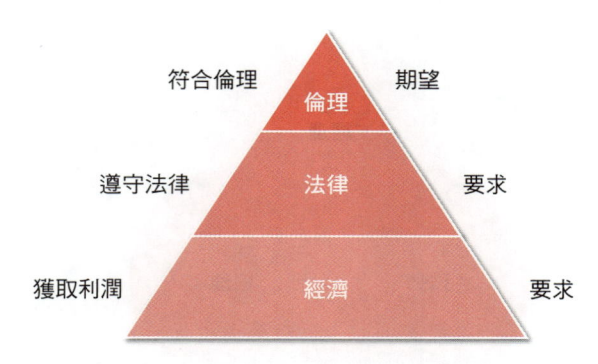

```
符合倫理      倫理    期望

遵守法律      法律    要求

獲取利潤      經濟    要求
```

資料來源：Adapted from Archie B. Carroll, "The Pyramid of Corporate Social Responsibility: Toward the Moral Management of Organizational Stakeholders," *Business Horizons*, 1991, pp.39–48.

圖 3.2　企業社會責任的義務

視金融系統中的風險，以及保護消費者購買金融商品或金融服務。

除了經濟與法律責任之外，企業也必須對社會大眾負起**倫理責任** (ethical responsibility)，亦即企業的行為必須符合大眾的期望。倫理責任較難以定義，管理者可以採用先前所介紹的倫理架構，以瞭解如何制定符合利害關係人期望的倫理決策。此外，在倫理兩難中亦提供數個實務案例用以說明如何應用此倫理架構。例如，以企業來說，最好的實務就是保障公平就業，以及提供安全的工作環境。在今日的倫理氣候下亦要求企業重視永續性與污染的議題。Ritz Camera 這家知名的相機與攝影器材零售商，加入「Call2Recycle」活動，提供顧客一個免費且容易的方式來處理他們使用過後的可充電電池。Call2Recycle 活動主要是響應回收再利用，以達永續性與降低浪費。

> **倫理責任**　除經濟與法律責任，企業的行為也必須符合大眾的期望。

企業社會回應

許多研究者認為企業除經濟、法律與倫理責任之外，也應該主動回應社會大眾的需求，如企業如何發展方案與政策以生產優良產品給社會大眾？**企業社會回應** (corporate social responsiveness) 是指，面對社會壓力時，企業的回應方式是比大眾所期望的做得更多。英國石油公司在 2010 年墨西哥灣的漏油事件後，設立一個 200 億美元的基金會以補償漏油後續所造成的影響，以回應公眾輿論的壓力。在回應社會壓力時，管理者可能會採取的方法，包括抗拒 (react)、和解 (accommodate)、防禦 (defend)、領導 (lead)、使用公共關係、採取法律行動、談判，或解決問題。履行社會回應的企業具有三種行為特性：(1) 持續地監督與評估

> **企業社會回應**　面對社會壓力時，企業的回應方式是比社會大眾所期望的做得更多。

環境條件；(2) 試圖確認與瞭解利害關係人的需求；(3) 擬定計畫與政策以回應改變中的環境條件。底下將說明企業如何將這些主動的社會回應行為納入策略，藉以創造競爭優勢。

企業社會責任是好的嗎？

長久以來，企業社會責任有助於企業獲利，是因為如果企業賺取夠多的利潤後，就有較多的錢可以投入社會責任。雖然社會責任與企業獲利相違背，然而最近的研究發現社會責任與獲利是可以同時達成的。

企業社會責任與財務績效

有些學者認為，在資本主義社會中，企業社會責任不但會降低企業的財務績效，且會有礙企業目標的達成。反對企業承擔社會責任最著名的是經濟學家米爾頓‧傅利德曼 (Milton Friedman) 在 1970 年指出：「企業的社會責任就是增進利潤。」其強調社會福利雖然很重要，但應該由政府來推動與執行，而企業最重要的事就是在法律規範中獲利極大化。

隨後有許多研究支持傅利德曼的觀點，認為企業社會責任活動會降低經濟績效。學者使用多種財務性指標來檢視社會責任對企業財務績效之影響，包括獲利率、投資報酬率或股票價格，並以社會責任指數來代表社會責任活動，結果顯示高程度的社會責任活動會導致較低的財務績效。他們的解釋是，社會責任活動是企業的成本，它會降低企業的盈餘。近來，有另一派學者開始反駁這些說法，且透過研究發現，社會責任活動對於財務績效有正向的影響。這些學者認為，應該將企業社會責任視為一種可改善效率、提高創新，以及長期獲利的投資。

儘管並非所有的人都同意此論點，然而企業社會責任與獲利之間的正向關係儼然成為普遍認知，且存在許多相關的企業案例。消費者在此觀點中扮演重要角色，主要是因為消費者對於履行社會責任的企業持有較正面的態度，且在做購買決策時會將企業社會責任納入考量。此外，企業履行社會責任還有其他利益，包括減稅、吸引有潛力的員工、避免訴訟，以及節省成本等。例如，像 Arco 與寶僑這類的公司，因為投入環境保護活動而獲得不錯的企業聲譽。

企業社會責任與策略：透過企業社會責任創造競爭優勢

雖然健全的社會需要成功的企業，然而成功的企業也需要有健全的社會來維持穩定的需求量。因此，積極的企業社會責任是企業機會、創新及競爭優勢的來源，應是企業一項重要的投資。換言之，企業應當將社會責任視為一項重要策略，必須擬定計畫、執行，以及評估社會責任的目標，進而提高企業獲利。在 2010 年，美國最大的麵包店 Panera Bread 營業狀況不佳，執行長隆納‧沙赫 (Ron Shaich) 重新檢視公司的慈善活動。沙赫發現公司每年捐贈約 1 億美元的現金與麵包給社福機構，但公司的投入與付出太過分散，不夠集中。因此，沙赫決定向位於丹佛的餐廳學習，採取與丹佛同樣的策略「自由付費的咖啡」(pay-what-you-can cafe)。沙赫決定成立 Panera Cares 慈善餐館，其陳設與餐點和傳統 Panera 一樣，但是 Panera Cares 主要是設置在經濟較落後的社區。在 Panera Cares 內的所有餐點只有建議價格，沒有收銀機；餐館的經營方式是以捐助為主，每位顧客自由捐獻。為了讓 Panera Cares 能順利運作，公司會仔細挑選地點，期望能接觸多樣化的顧客，有些顧客可以支付較多的錢來補貼那些拿不出足額款項的用餐顧客。

➥ 支持企業的核心活動

若企業社會責任活動可支持企業的核心活動，則可視為策略性的社會責任活動，尤其是勞動市場。企業在執行社會責任活動後，有助於企業吸引與留住具有技術、創造力、可滿足顧客需求、幫助企業差異化之能力的員工。先前曾提及，企業可藉由流程技術、金融市場、專利，以及產業吸引力等來獲取利益。雖然這些競爭優勢的來源很重要，然而新進人才的招募更為重要。為推行「全球第一家零垃圾推填的自動汽車裝配廠」之政策，速霸陸 (Subaru) 在美國印第安那州的汽車裝配廠實施員工獎勵方案，員工只要提出減少包裝與裝配線流程之建議，即可獲得獎金。此方案推行後，不但可降低生產成本，還可將省下成本投入事業活動提高公司獲利，而獲利的公司正是吸引與留住員工的利器。

研究發現，當企業投入社會責任活動愈多，愈會被視為一個具吸引力的工作場所，亦即有才能的員工會願意協助這些雇主，以及願意留在這間公司。透過吸引優質的員工，廠商可獲得競爭優勢。此外，員工投入社會責任活動不但可形塑自我形象，並可提高他們的道德感，以及增

加公司的獲利。例如，家得寶允許員工利用上班時間參與社區的志工活動，而參與志工活動的員工也因此感覺更快樂，且可獲得有助於工作的技能。

公司可藉由投入社會責任活動來改善企業環境的品質，例如，投資教育、降低污染、協助第三世界發展等；公司更可以改善本身的生產力，以及創造新的事業機會，進而增進社會福利。例如，思科設計一個名為「思科網絡學會」(Cisco Networking Academy) 的教育方案，藉以培養電腦網路維護人員。此方案不僅提供高中畢業生一個具吸引力的工作機會，以及教導未來會在工作中使用到思科產品的網路維護者。此外，艾克森美孚捐助大量物資來改善與提升基礎設施，像是道路，以及在其所運作的開發中國家建立法令，藉此可以同時改善企業在開發中國家的經營環境與消費者需求。

➥ 創造一個策略性企業社會責任平台

對於企業而言，企業社會責任可能是一份非常困難的工作，尤其當企業第一次投入或參與社會責任活動時。公司應該致力於**策略性企業社會責任 (strategic CSR)**，亦即應確認社會責任活動是否與公司的營運活動有關，如此將可同時達成社會責任績效與財務績效。管理者可根據圖3.3 的四個步驟來制定策略性企業社會責任活動。在評估公司所有利害關係人的利益交叉點之後，管理者即可將分析結果納入策略規劃中。

首先，公司應該確認由內而外的連結，以及由外而內的連結。由內而外的連結是由所有對社會大眾有影響的價值鏈活動所構成，包括僱用

策略性企業社會責任
確認社會責任活動是否與公司的營運活動有關，如此將可同時達成社會責任績效與財務績效。

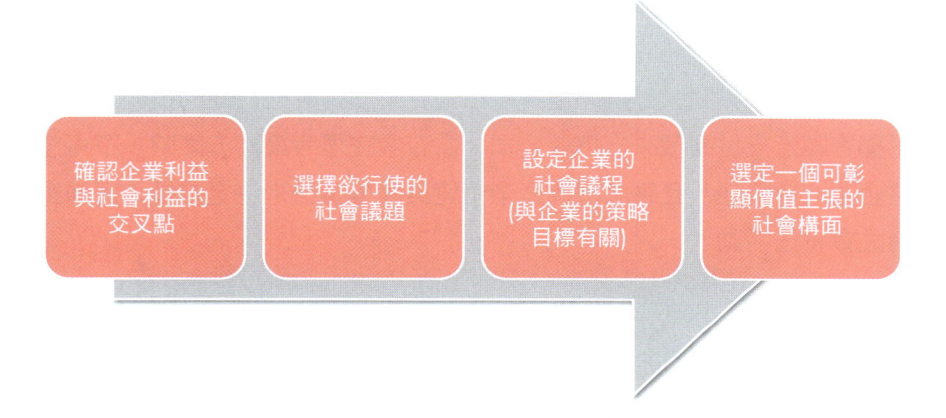

確認企業利益與社會利益的交叉點 → 選擇欲行使的社會議題 → 設定企業的社會議程（與企業的策略目標有關）→ 選定一個可彰顯價值主張的社會構面

圖 3.3 執行企業社會責任的四個步驟

或解僱政策、引起溫室效應之氣體的排放，以及供應鏈活動。由外而內的連結是由所有會影響企業改善生產力或執行策略的社會構面所構成，包括產業規則、自然資源的可接近性、人力資源的可獲取性，以及競爭者的競爭策略等。

　　當企業在選定要投入何種社會責任活動時，不應該以結果的價值來做選擇，而應該確認何種社會責任能同時為社會大眾與企業創造利益。因此，企業應該選擇並支持與價值鏈活動或可改善競爭情境的社會責任議題或活動，而不是那些與企業經營無任何連結的社會責任活動或議題。例如，資助當地舞蹈公司對於像是 Southern California Edison 這類公司可能是無助益的社會責任活動，然而對於像是美國運通這類公司就有助益，因為這類的公司需要高品質的娛樂與觀光業者之支援。

　　在選定特定的社會責任活動後，公司應該設定一個社會議程以執行由內而外與由外而內的活動。例如，全食超市 (Whole Foods Market) 的營運模式是建立在顧客願意以超出一般的價格來購買健康、美味及保護環境食品上。全食超市運用購買力 (buying power) 來改變現代農業工廠化的經營方式，目的是要確保動物在屠宰前可以被友善對待。此外，全食超市有特殊的海鮮處理計畫，不但會標示出產地，且確保食用這些海鮮不會影響海底其他同類生態物種的生存。在 2006 年 1 月，全食超市以鉅額購買足夠抵消公司全年總用電的再生能源額度 (renewable energy credits) 來補助風力發電。

　　最後，企業可以在社會議程中加入一個能彰顯公司價值主張的社會構面。例如，全食超市的價值主張是販售有機、天然及健康的食物給所有關心飲食健康與環境的顧客。此價值主張允許全食超市能夠以高於市場價格來訂定各產品的價格。然而，並非所有的公司都能夠以全食超市的訂價方式來獲利，是因為全食超市對企業社會責任活動的投入，而使得顧客願意支付高價來支持該公司。當企業在思考策略方案時，不可忽略企業社會責任，且應該根據產業情境與競爭情勢來決定要投入何種企業社會責任活動。

問題與討論

1. 請舉例說明管理者在公司內部與外部可能會面臨的道德兩難問題。
2. 請討論社會責任與企業經濟績效之間的關聯性。
3. 請以一家企業為例,說明這家企業採取何種社會責任取向,以及進行與完成哪些社會責任,對於這家企業有何影響?
4. 請討論企業的倫理、法律與財務目標之間是否會相互牴觸?並試著思考,如果你是管理者,又會怎麼做?

PART 2 策略觀點

第 4 章　策略概論
第 5 章　事業層級策略
第 6 章　公司層級策略

Chapter 4 策略概論

學習目標

1. 說明策略的演變。
2. 說明公司的策略性架構,包括設定目標、分析內部與外部環境、定義遠景、使命與操作性目標等,以及說明公司的策略形成流程。
3. 說明公司如何藉由定義策略活動、選擇策略活動,以及創造策略活動之間的配適,以獲取競爭優勢。
4. 探討事業層級策略與公司層級策略之間的差異。
5. 探討不同全球化策略的優勢與劣勢。
6. 說明公司進入全球市場的方式。

誠品 >> 文化創意產業的領導品牌

每一家企業或組織都應該要有明確的遠景與使命,遠景與使命是一家企業存在的價值與原因。彼得・杜拉克曾說,領導者在訂立企業遠景與使命時,應先思考下列問題,包括誰是我們的顧客?顧客需要什麼?我們的企業是什麼?我們從事何種性質的業務?此外,杜拉克強調,企業經營所要達成的使命一定要落在企業以外的社會中。誠品就是如此。

誠品的企業遠景為「成為全球華人世界最具影響力且獨具一格之文化創意產業領導品牌,並對提升人文氣質積極貢獻」。誠品以文化創意產業為根基,持續在華人社會中耕耘,希望能扶持華人的文化創意產業,並作為華人文化創意產業的領導品牌。因此,誠品明確勾勒出企業的三大使命,對華人當代的人民與土地具有實質的貢獻,對華人社會的未來發展注入創新的啟發,對華人未來願景的實現孕育新價值的典範。根據遠景與使命,誠品提出公司的策略定位「文化創意的商業平台提供者」。

走進誠品,你會感受到一股濃濃的人文氣息,簡約的實木書櫃與地板、溫馨的陳設、豐富的中外文書籍、特殊的文創作品,以及繚繞在耳的輕音樂,塑造出「人文、藝術、創意、生活」的誠品文化,完完全全與誠品的遠景、使命及定位相呼應。

資料來源:
誠品全球官方網站 (http://www.eslitecorp.com)。

自我省思

策略性思考者

策略思考是一個流程，可以幫助領導者分析資訊與制定策略，進而幫助組織建立持續性的競爭優勢。請以「是」或「否」回答下列問題，以評估與瞭解你是否擁有策略性的思考技能。

1. 在團隊中，我可以設定一個遠景以指引後續的策略。
2. 遇到事情時，我可以理解整個事情的來龍去脈，並以全新或不同的觀點來解讀這件事情。
3. 在分析一家公司時，我會將該公司的競爭者納入思考，並分析其對公司策略活動的反應。
4. 我善於蒐集與使用資料來理解事情的因果關係。
5. 我瞭解環境趨勢與公司策略之間的關係。
6. 我瞭解顧客導向對於公司策略的重要性。
7. 在研究一家公司時，我會先瞭解這家公司在產業中的策略定位。
8. 我能夠分析與釐清公司的內部環境對其策略的支援程度。
9. 我非常熟悉可幫助自己評估一家公司的策略模式。
10. 我非常善於詢問符合邏輯的問題。

如果你在上述的問題中，回答「是」超過一半以上，表示你的思考模式就像是一位策略思考者。

資料來源：Richard L. Hughes and Katherine M. Beatty, *Becoming a Strategic Leader: Your Role in Your Organization's Enduring Success* (San Francisco, CA: John Wiley & Sons, 2005).

緒論

策略 設定一組能提供價值給顧客的特定活動、選擇要推動哪些事業活動、要生產什麼產品、要服務什麼顧客，以及配置資源以達到組織目標。

競爭優勢 公司是否能執行困難且競爭者難以模仿的策略，以創造高於競爭者的經濟利益。

從本書第 1 章至第 3 章，我們可以瞭解企業環境如何持續改變，以及愈變愈複雜。為能順利地在持續改變中的環境經營與運作，公司必須發展並執行一些防禦性策略。策略 (strategy) 是設定一組能提供價值給顧客的特定活動、選擇要推動哪些事業活動、要生產什麼產品、要服務什麼顧客，以及配置資源來達到組織目標。換句話說，策略猶如管理者為組織設計的「遊戲計畫」(game plan)，具體說明公司如何達成既定的目標。在採取一個明確的目標之前，需要從一組目標之中做選擇，並以公司要做什麼與如何做來選擇目標。一家公司能否達到競爭優勢

(competitive advantage)，取決於公司是否能執行困難且競爭者難以模仿的策略，以創造高於競爭者的經濟利益。為了維持競爭優勢，公司的策略還必須搭配外部環境、內部能力，以及環境的動態性。

本章將提出一個可以幫助你瞭解策略內涵的架構。策略不僅是一般企業的重要管理活動，也是非營利組織、運動團隊、國家，以及其他組織試圖在其所處的環境中建立競爭與防禦定位的重要活動。由美國職棒大聯盟 (Major League Baseball, MLB) 的奧克蘭運動家隊與巴爾的摩金鶯隊在季後賽的表現就可以知道，在高張力的球賽中善用策略選擇是贏得比賽的關鍵。

美國職棒大聯盟的交易競賽

在 1990 年代晚期，美國職棒大聯盟球員薪資達到歷史新高，主要是因為有些球隊之間競爭愈來愈激烈，如紐約洋基隊與波士頓紅襪隊，進而演變成搶球星大作戰，像是艾力士‧羅德里奎茲 (Alex Rodriguez) 年薪高達 1.5 億美元至 2 億美元。主要市場的球隊可以從售票與高額轉播合約來支付龐大的球員薪資。然而，一些中小市場的球隊，如巴爾的摩金鶯隊與奧克蘭運動家隊，每年的售票收益與轉播合約支付不起主要市場球隊的龐大薪資。

因此，一些主要市場的球隊，如紐約洋基隊與波士頓紅襪隊，主宰著球員交易市場，許多球評開始對球員交易的制度與結構產生質疑和批評，認為此種交易制度與結構會阻礙中小型市場球隊對抗大型市場球隊。大多數的批評都指出，美國職棒大聯盟並不是一個公平的賽場。

奧克蘭運動家隊曾經是一支主要市場的球隊。在 1980 年代，奧克蘭運動家隊是一家集團企業所有，該集團花費鉅資簽下頂尖的明星球員，像是馬克‧麥奎爾 (Mark McGwire) 與荷西‧坎塞柯 (Jose Canseco)。當時球隊的老闆並沒有將球隊視為一個賺錢的事業，而是將球隊視為能夠讓奧克蘭居民自豪的工具。在 1990 年代早期，奧克蘭運動家隊被轉手賣掉，但新東家不像舊東家有大量的資源可以經營球隊，隨著運動場設備逐漸老舊，球迷愈來愈少的情況下，新東家必須以新的方式來迎戰美國職棒大聯盟各球隊。

在 1997 年，新東家僱用前美國職棒大聯盟球員比利‧比恩 (Billy Beane) 為球團經理，比恩曾是紐約大都會隊的選秀狀元，曾被譽為「無可取代的球員」，因為球探相信他將成為棒球場上的明日之星。儘管比恩擁有不錯的球技，但始終未能在大聯盟獲得佳績。在比恩還沒有擔任球團經理之前，他帶著平凡的球涯成績加入奧

John G. Mabanglo/epa/Corbis.

克蘭運動家的決策小組。比恩知道不能採用像其他球隊經理的僱用戰術，他需要一個新的策略來網羅高品質且低薪資的天才球員，以符合新東家對他的期望。

比恩認為大多數美國職棒大聯盟的球隊在評估球員時都不是很正確，就他過往經驗來說，大多數的球探都是從觀看球賽來評估新秀，他們偏好年輕與體格強健的高中球員。此外，大多數的球探不會用電腦或統計來評估球員，只想知道球員可以跑多快、球速多快，可以把球打多遠。

透過研究與統計分析，比恩發現傳統球探的評估方式並無法作為贏球的預測因子，他們所在意球員的三種特性並不是影響上壘率 (on-base percentage, OBP) 的重要因素。上壘率是指一個球員透過安打、四壞球或失誤而上到壘包的數據。上壘率不同於一般的打擊率，不僅要關注球員的打擊，還考量打擊者藉由四壞球與野手失誤上壘的能力。有些球員除了擁有傳統球探想要的屬性之外，也有不錯的上壘率，但是有些知名度較低的球員卻擁有極佳的上壘率。

在 1997 年，比恩開始進行具有高上壘率的大學球員之甄選，被挑選出來的球員都未獲得其他球團注意，因此薪資相較於其他明星球員來得低，年紀大約在 21 歲至 23 歲左右，依序為班·格里夫 (Ben Grieve) 與米格爾·特哈達 (Miguel Tejada)，並於 1997 年完成簽約加盟進入奧克蘭運動家隊。格里夫在 1998 年獲得美聯年度最佳新人獎；米格爾則入選六次美國職棒大聯盟全明星賽，並在 2002 年獲得美聯最有價值球員 (Most Valuable Player, MVP)。當比恩的選才策略在其他球團經理蔓延時，大家的反應都覺得非常可笑，然而結果證明比恩是對的。在 1999 年，比恩正式成為奧克蘭運動家隊的球團經理，奧克蘭運動家隊的平均勝率是 58%，薪資總額是全美國職棒大聯盟倒數第三低。然而，在比恩擔任球團經理期間，奧克蘭運動家隊雖然未拿過世界大賽冠軍，但 10 年內有五次進入世界大賽。

對照巴爾的摩金鶯隊，金鶯隊是當時美國職棒大聯盟相當成功的球隊之一，曾經拿過三次世界大賽冠軍。事實上，1960 年代至 1970 年代巴爾的摩金鶯隊在整個美國職棒大聯盟也是相當具有支配力的球團之一，幾乎每年都打進季後賽。然而，好景不常，在贏得 1983 年的世界冠軍之後，球隊戰績一路下滑，此後就未再拿過世界大賽冠軍。球隊戰績之所以不佳的主要原因是，球團拒絕拋售年輕球員來交易有經驗的球員。球隊在新東家的經營下戰績非常糟，在 1988 年球季開始時就連輸 21 場比賽。

就在比恩加入奧克蘭運動家隊的同時，巴爾的摩金鶯隊也展開新策略。1993 年，巴爾的摩金鶯隊遭舊東家釋出，新東家接手後願意花費鉅資來取得高薪資的自由球員。金鶯隊追隨洋基隊與紅襪隊的策略，不斷地提高球團的薪資總額，甚至達到不穩定的狀態。然而，金鶯隊並沒有足夠的資金來與這些球隊競逐明星球員，常常無法爭取到頂尖的球員加盟，甚至花費鉅資只換得一或兩位一流球員。儘管此策略幫助金鶯隊在 1996 年與 1997 年都打進季後賽，但卻不敵主要市場的球隊，無緣進入世界大賽。在 1997 年賽季結束後，金鶯隊依舊持續爭取高薪資的自由球員加盟，然而加盟的自由球員並不多，因為球隊的票房不佳，收益銳減。由於資金不多，再加上球團採取無差異策略 (undifferentiated strategy)，導致整個球隊戰績無止盡地下滑。從 1998 年至 2006 年，球隊平均勝率為 44%，沒有達到所謂的勝利球季 (winning season) (即勝場數多於敗場數)，而球團總薪資卻比奧克蘭運動家隊高出 59%，如圖 4.1 所示。

奧克蘭運動家隊的成功使比恩的事蹟被撰寫成《魔球：逆境中致勝的智慧》(Moneyball: The Art of Winning an Unfair Game)，並被改

編成電影,由好萊塢巨星布萊德・彼特 (Brad Pitt) 領銜主演。有了奧克蘭運動家隊成功的案例後,大多數的美國職棒大聯盟球隊開始投入複雜的統計分析,以選擇理想的球員,而比恩創造球隊競爭優勢的策略也在美國職棒大聯盟各球隊之間擴散開來。有趣的是,自從 2006 年後,奧克蘭運動家隊連連締造佳績。

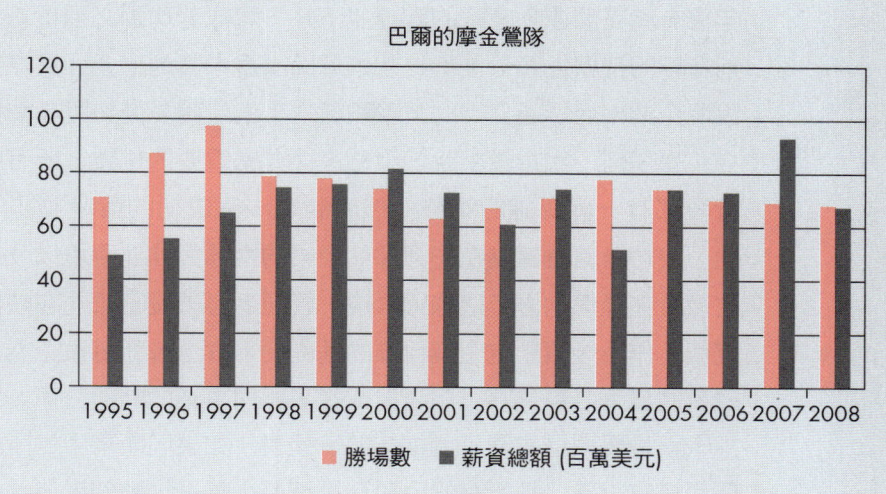

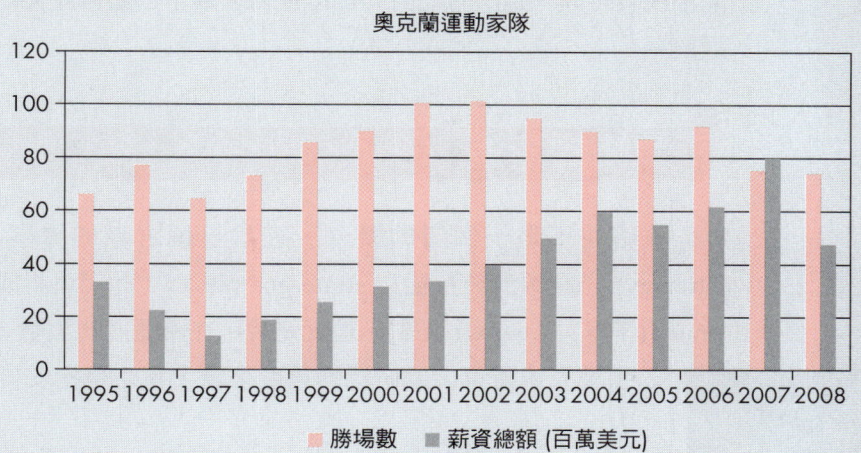

巴爾的摩金鶯隊

奧克蘭運動家隊

資料來源:Data adapted from Baseball Almanac, www.baseball-almanac.com/yearmenu.shtml, accessed November 18, 2009.

圖 4.1 巴爾的摩金鶯隊與奧克蘭運動家隊的勝場數和薪資

個案討論

1. 什麼環境與競爭因素導致美國職棒大聯盟球員的薪資年年增高?
2. 球團經理在制定與執行球隊策略時扮演什麼樣的角色?
3. 請比較並對照奧克蘭運動家隊與巴爾的摩金鶯隊的策略。
4. 一般公司可以從美國職棒大聯盟球隊的策略中學習到什麼?

從上述美國職棒大聯盟的案例可知，在應用資源執行策略時通常有兩種不同的結果，即贏或輸，這也證明策略與績效在競爭中扮演的重要角色。奧克蘭運動家隊與巴爾的摩金鶯隊資源相似，然而奧克蘭運動家隊應用差異化策略 (differentiated strategy) 而獲得優越的戰績。然而，近年來，奧克蘭運動家隊的戰績並不好，意味著球團必須重新檢視策略以創造新的持續性競爭優勢。在本章與本書中將列舉多個實際企業個案，說明企業如何透過良好的策略和績效來創造競爭優勢與高額獲利。

對任何一家企業來說，策略占據非常重要的位置，所有成功企業的背後都有一個明確的策略，然而制定一個成功的策略並非偶然。相反地，成功策略是建立在仔細評估企業的內部與外部環境以及本身的資源之後。在謹慎地思考這些因素後，管理者必須設定公司在整個市場中的定位，作為後續制定企業目標的基礎。事實上，對每家企業來說，最具威脅的競爭者都是同一個產業或從事相同事業的其他公司，因此最大的挑戰就是要與這些競爭者維持競爭差異。如果同產業中的所有競爭者之間都沒有差異，且所有的公司都以價格來競爭，整個產業的利潤將會趨近於零。

策略的演進

策略並不是一個新的概念，它是一個古老的軍事用語。策略 (strategy) 一詞源自於希臘文 strate-gos (將軍)，此字可拆成兩個字，即 stratos (軍隊) 與 e-gos (領導)。也就是說，在希臘文的策略一詞是指軍隊的領導人或將軍。以廣泛的角度來看，策略是指安排資源的領導能力。

《孫子兵法》是詳盡說明戰爭中策略概念之最早的軍事書籍，其為孫子於西元前 480 年至 221 年所撰寫。孫子認為：「是故百戰百勝，非善之善也；不戰而屈人之兵，善之善者也。」他進一步指出：「故善用兵者，屈人之兵而非戰也，拔人之城而非攻也，毀人之國而非久也。」孫子認為，應以精良的策略來擊敗敵人，而不是武力，亦即用智取比武力更重要。對孫子而言，善用策略來避免戰爭是成功之道，此與地緣政治家在爭辯使用外交或使用武力來解決國家之間紛爭的觀點一樣。

以往軍隊的策略發展與使用會影響國家的興衰。例如，羅馬帝國成功地運用軍事策略擊敗敵國。羅馬帝國的軍事戰略家會根據國內軍力(內部環境)，以及敵國軍力與條件 (外部環境) 之評估結果來設計戰術計畫。羅馬帝國的軍事策略並非一成不變，其會根據敵軍的不同而設計不同的戰術。由此可知，策略可視為一組達成特定目標的活動計畫。軍事戰略家，如孫子，會清楚地區分策略 (strategy) 與戰術 (tactics) 之間的差異。對軍隊領導者來說，戰術代表著軍隊在戰場上所執行的特定行動或活動 (如正面攻擊或側翼攻擊)，策略則代表針對戰爭的整體計畫，而主要目標是建立軍隊優勢。

企業策略的研究與應用是奠基在軍事策略的基礎上。在應用軍事策略的概念至企業時，大多數的人都認為「企業如同戰爭」。在戰術的層級上，戰爭與企業有其共同之處，皆渴望擊敗對手，亦即在競爭中取得勝利。換言之，不管你是在戰場或在小鎮大街上打仗，最終都是要攻占堡壘。因此，企業與戰爭皆需要：

- 獲取比競爭者更佳的資訊。
- 分析資訊以制定方案。
- 選擇合適的方案。
- 將策略方案轉變成實際的行動。

根據孫子的說法，資訊蒐集流程是發展策略不可或缺的步驟。在《孫子兵法》中提到：「夫未戰而廟算勝者，得算多也；未戰而廟算不勝者，得算少也。」在戰爭時，蒐集與分析重要的資訊是非常重要的步驟，經營事業也是如此。在戰爭中，要試圖瞭解你的敵人，在經營事業時亦同，領導者必須對敵人與競爭局勢有所瞭解。

領導者在進行策略規劃與分析之前應先瞭解競爭局勢。在第二次世界大戰之後，隨著企業規模擴大、員工人數變多、複雜性增加，企業開始重視公司的整體規劃。尤其是當公司的成長採取多元**集團化 (conglomeration)** 的經營模式，亦即透過取得其他產業的公司來發展非相關多角化時，管理者必須從不同的事業範疇來思考公司的整體規劃。規劃流程包括進行詳細的預測與發展事業層級的目標，並透過一連串的特定活動計畫步驟將這些目標制度化，目的是希望目標能如期完成。一般而言，公司會發展 3 年或 5 年的事業計畫，並定期更新。

集團化 透過取得其他產業的公司來發展非相關多角化時，管理者必須從不同的事業範疇來思考公司整體規劃。

雖然規劃流程提供總經理與其他管理者一個可資依循的路徑，然而有時既定的計畫可能會趕不上競爭環境的變化。有些公司並不會針對競爭環境的變化來修改原先的計畫，反而一成不變地執行原先計畫，結果其執行成效並不會太理想，因此規劃的重要性與有效性就開始遭到質疑。1970 年代和 1980 年代的美國公司之所以會喪失競爭優勢，將競爭優勢拱手讓給有彈性與靈敏度的外國競爭對手，就因為大多數公司皆一成不變地執行原先的計畫。當時，許多人開始認為，奉行企業規劃就是美國公司喪失競爭優勢的主要元兇。有些學者甚至指出，規劃會降低企業的創新能力，因為管理者固執地執行原先的計畫。

規劃有其缺點，尤其是在執行規劃時是處於與外界隔離的狀態。公司如同傻瓜般地制定重要投資與資源分配決策，卻不知道可能產生的結果。因此，重要的決策若缺乏一個可供依循的正式規劃或依據，則該決策將無助於目標的達成。由此可知，規劃不僅要能確保詳盡計畫的形成，且也要能順應環境的變化進行調整。公司計畫不應該是放在抽屜裡的行政公文，且不應該一字不變地執行；相反地，計畫應是一份活的文件，可幫助管理者應對潛在的機會與威脅。為提升計畫的有效性，應該持續更新與監控計畫。在競爭愈來愈激烈的環境中，更新計畫是策略發展非常重要的一個環節。福特汽車的執行長艾倫・穆拉利 (Alan Mulally)，每個星期會花 2.5 小時與重要部門的主管一同檢視各事業的計畫，以確保所有的計畫都按部就班地執行。福特汽車使用色碼系統 (color coded system) 來檢視計畫，紅色表示有問題，綠色表示順利執行中。透過密集的會議，福特汽車可確保公司計畫的適當性與即時性。

現今許多企業視策略為可幫助管理者分配資源與評估活動的架構或工具，而非一個複雜的計畫。策略必須兼具想像力 (imagination) 與判斷力 (judgment)，亦即要能「想像」(imagine) 未來，如此才有利於管理者分析與規劃。研究發現，相較於用直覺來制定策略的公司，善用策略規劃的大型與小型公司可產生較佳的長期財務績效。

策略與組織：架構

如第 1 章所述，管理者必須對內部與外部環境有所瞭解，如此才能確保公司可以有效地滿足利害關係人的需求，亦即瞭解誰是影響公司生存的利害關係人，以及瞭解什麼是公司希望達成的目標，並藉此作為發

展公司策略的依據。在發展公司的策略時，管理者必須制定一組決策，包括：

- 公司的經營宗旨 (purpose) 是什麼？
- 環境因素對企業的運作有何影響？
- 誰是重要的利害關係人？
- 公司要在哪些事業或領域競爭？
- 公司要服務誰？
- 公司要如何辨識與區分競爭對手？

雖然上述的問題皆對於策略發展有重要的影響，然而最重要的是第一個問題，因為其決定公司存在的理由。

事業的宗旨

要發展什麼事業 (business)？要服務誰以達成什麼目標？這些問題已經爭辯數十年，都是與公司的**標的 (goal)** 有關。就一般觀點來說，公司的標的可被視為公司渴望的結果、產物或最終成果。根據諾貝爾經濟學得主傅利德曼的說法，事業目標應該是獲取利益。換句話說，一家企業應該以收益大於成本為目標。傅利德曼認為，企業應該專注在獲取利益的任務上，以及在法律規範內為股東與公司所有人創造價值。

> **標的** 可被視為公司渴望的結果、產物或最終成果。

然而，近年來學術界與實務界卻抱持不同的立場，認為公司不應該只專注於獲利，對於其他利害關係人也都負有責任。儘管利害關係人的理論逐漸受到重視，然而大多數的人依舊認為公司的唯一目標是為股東創造利益。隨著近年來一些美國公司醜聞，加劇對公司目標的爭辯，包括安隆與世界通訊。儘管有愈來愈多的管理者採取較寬廣的利害關係人政策來經營公司，但公司的主要目標是在符合倫理與責任的範圍內，追求利益極大化。

分析內部與外部環境

如前所述，策略形成始於公司內部與外部環境的分析 (如圖 4.2 所示)。如果公司在制定策略時沒有評估內外部環境，則可能會因此輸給謹慎評估環境因素之後才制定決策的競爭者。第 2 章曾提及，每一家公司都會受到許多內外部環境力量所影響。因此，管理者必須確認所有內部與外部環境的影響力，包括公司本身的目標、資源、能耐

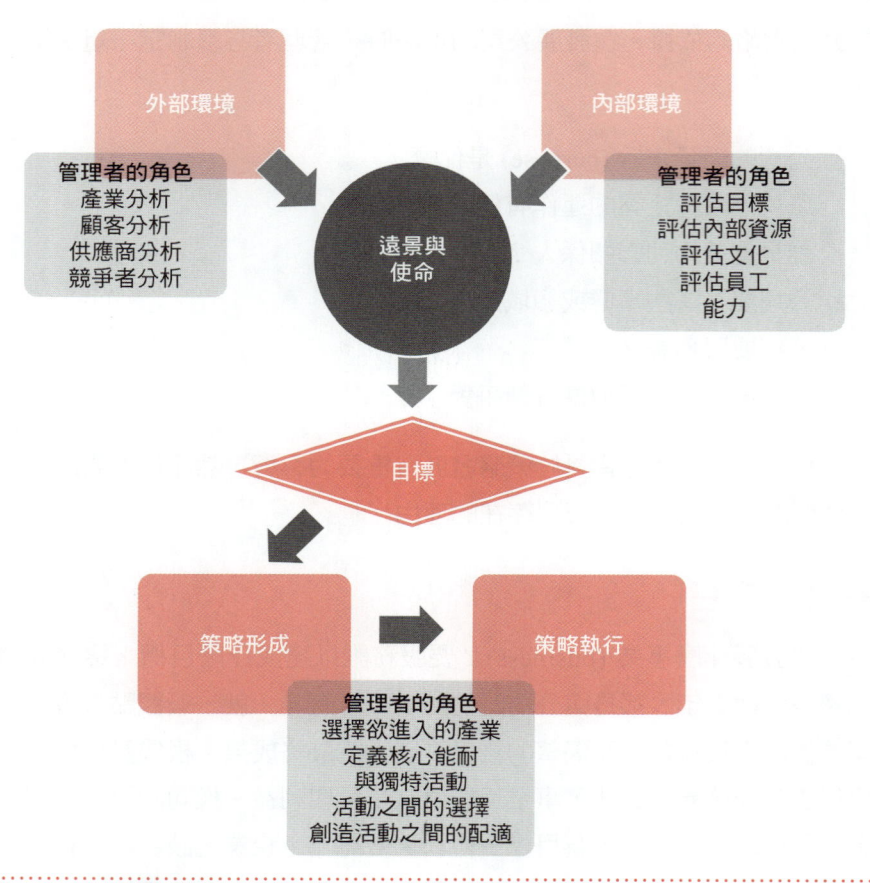

```
        ┌─────────┐              ┌─────────┐
        │ 外部環境 │              │ 內部環境 │
        └─────────┘              └─────────┘
   管理者的角色                         管理者的角色
   產業分析                              評估目標
   顧客分析       ──→  遠景與  ←──      評估內部資源
   供應商分析          使命                評估文化
   競爭者分析                            評估員工
                         │                能力
                         ↓
                       ◇ 目標 ◇
                         │
                         ↓
              ┌─────────┐    ┌─────────┐
              │ 策略形成 │ ──→ │ 策略執行 │
              └─────────┘    └─────────┘
                      管理者的角色
                      選擇欲進入的產業
                      定義核心能耐
                      與獨特活動
                      活動之間的選擇
                      創造活動之間的配適
```

圖 4.2 策略架構

(competencies)，以評估員工的能力與潛力。此外，管理者必須探測外部環境可能會影響公司成敗的因素。在分析內部與外部環境時，管理者必須全方位瞭解公司利害關係人的需求與影響力；不同的事業或產業，利害關係人的影響力不同，且有些利害關係人對某些利害關係人有很大的影響力。管理者必須確認哪些利害關係人有較大的影響力，並發展滿足其需求的特定方法。

一旦管理者細查這些環境因素之後，則可明確說明公司存在的理由，並開始制定一系列的決策與發展活動，以促進公司目標的實現。上述流程的目的是要創造一個策略性的活動網絡，藉以建構公司的**核心能耐 (core competencies)**，進而創造公司的競爭優勢。例如，線上 DVD 出租公司 Netflix 的核心能耐如下：

- 容易上手與訂購的網站。

核心能耐 創造一個策略性的活動網絡，進而創造公司的競爭優勢。

- 根據 20 億次的借閱率提供個人化的電影推薦。
- 持續地超越顧客期望。
- 以無數次訂閱的營運模式來建構公司的核心能耐。

Netflix 希望能藉由這些核心能耐來區分與競爭者之間的差異。

遠景、使命、目標

一家成功的企業必須有一個明確的遠景 (vision)，亦即公司想要提供顧客什麼價值，以及如何滿足各種利害關係人。沃倫‧班尼斯 (Warren Bennis) 與伯特‧那努斯 (Burt Nanus) 說道：「遠景是說明公司實際可行、可靠且具吸引力的未來展望，一個比現在更好的境界。」遠景是公司想要達成的情境，以及如何達成此情境。例如，誠品的遠景是致力成為一個獨具一格的文化創意產業領導品牌，並對提升華人社會的人文氣質做出積極貢獻。發展公司遠景是領導者的重要任務之一。遠景可以激勵組織成員投入組織中，並表現出超越組織預期的績效。

遠景是公司欲達成的崇高理想，使命 (mission) 則是公司對顧客所進行的活動。許多公司會透過對使命聲明 (mission statement) 來說明公司的崇高理想。使命聲明是闡釋公司存在的理由，通常指出公司欲執行什麼活動，或公司要提供什麼給顧客，以及要如何與競爭者有所區分。大多數的公司會花很多時間發展使命聲明來與顧客進行溝通並激勵旗下的員工。使命聲明可讓員工瞭解公司未來的走向，且可作為公司資源分配的指導原則。某些研究者甚至指出，擁有廣泛使命的公司通常會有較佳的績效表現。有效的使命聲明可提供如下的利益：

- 界定公司的經營宗旨。
- 建立員工之間的承諾與動機。
- 提供方向與靈感。
- 作為公司未來發展之基礎。
- 作為策略選擇的依據。

表 4.1 列出不同公司的使命，從表中可知大部分高科技公司的使命都是陳述公司的經營宗旨。有趣的是，這些公司的使命好像可以相互交換，亦即如果在表 4.1 中沒有列出公司的名稱，只有列出四個使命，你可以清楚地指出英特爾的使命是哪一個？微軟又是哪一個？公司的使命

> **遠景** 公司想要提供顧客什麼價值，以及如何滿足各種利害關係人。

> **使命** 是公司對顧客所進行的活動。

> **使命聲明** 闡釋公司存在的理由。

表 4.1　使命聲明的實例

公司	使命聲明
facebook	給予每個人分享的權力，以及使世界更開放與連結。
intel	透過傳遞平台使我們的顧客、員工與股東欣喜，以及先進的技術使公司能永續生存。
Microsoft	使全世界的人與企業能完全瞭解自身的潛力。
SAP	我們的使命是幫助所有類型的企業與產業順利地運作。

資料來源：Intel, "General Company Information," Intel website available at http://www.intel.com/intel/company/corp1.htm, accessed September 11, 2011; Microsoft, "Our Mission," Microsoft website available at http://www.microsoft.com/about/en/us/default.aspx, accessed September 11, 2011; SAP, "About SAP AG," SAP website available at http://www.sap.com/corporate-en/index.aspx accessed September 11, 2011; and Facebook, "About," Facebook website available at http://www.facebook.com/facebook, accessed September 11, 2011.

要具有鼓舞與激勵人心之效果，但使命的陳述通常缺乏詳細的執行方式或步驟，唯有當公司在制定決策時，使命詳細的達成方式才會開始明朗化。

在設定遠景與使命後，使命與遠景就成為指引公司未來營運方向的方針，而**目標 (objective)** 則提供公司一系列量化的里程碑 (quantifiable milestone) 或標竿 (benchmark)，如此公司可以確定未來要執行的方案 (progress)。目標主要是概述公司在特定時間內希望達成的事，包括財務績效、市場占有率、新產品導入等。

> **目標** 提供公司量化的里程碑或標竿，如此公司可以確定未來要執行的方案。

管理者為公司發展遠景、使命及目標之後，再來就是要擬定事業策略，亦即分析公司的內部與外部環境，以及發展公司的遠景與使命是**策略形成 (strategy formulation)** 的前置活動。在形成公司的策略時，管理者必須有效地應用資源以形塑公司在市場中的定位。目標是陳述想要達成什麼 (what)，而策略則是陳述公司要如何 (how) 達成其所設定的目標。換句話說，目標是結果 (ends)，而策略則是手段或工具 (means)。

> **策略形成** 管理者有效應用資源以形塑公司在市場中的定位過程。

策略形成

策略發展必須包含計畫性 (planned) 與浮現性 (emergent) 流程。策略發展的計畫性流程包含系統性的評估內部與外部環境、發展計畫 (plans) 以回應或影響環境因素，以及設定公司希望達成的目標。計畫性策略發展流程一般是由公司內部的部分成員所發起，而部門主管 (line managers) 因為較瞭解公司每天的運作情況與競爭狀態，因此常是此流程的重要成員。計畫性策略發展流程是一個由上而下的流程 (top-down process)，先由執行長及其管理團隊共同發展公司的遠景與使命之後，再發展出計畫性的策略。

即使有發展完善的策略，公司也無法預測所有競爭市場上可能的突發狀況。公司通常難以預測競爭者對公司策略活動的回應或持續變動的環境因素。因此，公司的策略發展也應該包含浮現性的部分，亦即公司要能彈性且調適性的改變環境條件。前線管理者通常位於產業變動的最前方，因此較瞭解潛在的新機會或威脅。將前線管理者納入策略發展流程中可提高策略變動 (moves) 的共識，且較能成功執行。不同於計畫性策略發展流程，浮現性策略發展流程是由下而上的流程 (bottom-up)，係由個人層級到組織層級。

策略發展流程並非總是依循著圖 4.2 的路徑，而是會隨著時間改變而變動。由於外在環境不斷地變動，因此管理者必須持續地進行環境偵測，如此才能瞭解各種環境因素可能對公司造成的影響。有些策略能夠長期保持不變，但有些策略卻必須常常修正或改變。

在成熟或嚴格管制的產業中，事業經營相對穩定，因此公司的策略也較固定，且較能預先決定策略類型。相反地，在變動快速的產業中，公司的策略與選擇其變動會較大。因此，管理者必須發展出能夠確認外部環境中的哪些面向或因素會影響公司的運作，以及影響的程度之能力。如前所述，確認外部環境因素的影響是策略規劃中一個非常重要的步驟，要注意的是任何計畫都必須能夠調整且具有調適性。倘若公司能操控持續變動中的環境，則愈有能力取得長期的競爭優勢。

底下將以酷朋 (Groupon) 為例，說明該公司如何在計畫性與浮現性策略之間取得平衡，以及處理未知的市場因素。酷朋是全球最大的團購平台，每天提供在地各種娛樂、休閒與美食的折扣優惠，包括博物館、餐廳、觀光勝地等。擁有芝加哥碩士學位的酷朋創辦人安德魯・梅森 (Andrew Mason) 架設一個網站 (www.ThePoint.com)，目的是要提供網友一個討論政治與政策議題的平台。該網站成立不久後立即遭受到全國性的壓力，主要是因為該網站對大眾日常生活具有影響力，以及該網站的網友常常發起一些無聊且愚昧的運動。例如，該網站的網友發起在芝加哥市區上方蓋一個圓弧狀的防護罩以阻止暖化的危機。沒多久該網站因缺乏資金而無法繼續經營。

儘管 www.ThePoint.com 網站經營失敗，但梅森卻發現一個重要的趨勢，成功的團購活動需要有大量的買家才能提高購買力。有了這個想法，梅森改變原先的策略，與 7 名員工開始與當地商家簽署相關的產品與服務契約。這些當地的商家通常行銷預算不高，藉由與梅森合作而有機會獲得更多新顧客的注意，因此紛紛樂意與梅森締約。商家為提高曝光度，願意將一半的銷貨收入分給酷朋。例如，2010 年年初，酷朋在自家網站幫兩家芝加哥遊船公司賣出將近 20,000 張 12 美元的船票 (原價為 25 美元，折價後為 12 美元)，兩家船公司總共獲利 238,000 美元。梅森因為調整原本的策略而創造成功的營運模式；在 2010 年，酷朋共跨足 85 個城市，也成為史上營業額最快突破 10 億美元的公司 (速度超越蘋果、Google 與亞馬遜)。

在 2010 年，Google 試圖以 60 多億美元收購酷朋，但遭到梅森的拒絕。然而，2 年後，酷朋的市值卻暴跌近 75%，遠低於 Google 的 60 億美元收購價。酷朋的成功，引來很多競爭者加入這個市場，侵蝕酷朋的市場占有率與股市地位，使酷朋的市場占有率下降近 70%，梅森也因此遭到公司裁撤。酷朋重新徹底思考公司的策略，試圖找回失去的市場地位。於是，酷朋成立一個新的事業部 Groupon Goods，利用公司既有的 4,000 萬個電子信箱銷售折扣商品。這個新事業到目前還算成功，也許是酷朋重新站起來的一個重要途徑。

策略形成是創造價值給顧客與獲取利潤的第一個步驟。雖然公司所處的產業對於公司的獲利有重要的影響力，但產業也是公司創造績效的來源。公司所有的活動都是起源於策略發展，好的策略可使公司獲得高於競爭者的績效。因此，在制定與選擇策略時，公司的領導者可參照下列思考方式謹慎地選擇：

- 欲提供的產品與服務的範圍與種類。
- 公司要如何在市場上找到自己的定位。
- 公司的運作範圍與規模。
- 公司的組織結構。
- 如何衡量成功。

第 4 章　策略概論　　99

讀完本章，你會發現上述的思考方式彼此之間會相互影響且強化，亦即公司組織的方式取決於公司計畫要生產什麼或如何生產。如果公司能將上述這些思考方式整合在一起，其將能成功地運作與獲利。

公司要在何處競爭與要如何競爭的選擇皆非常重要。相同地，策略的執行也很重要。策略執行對於公司能否達成既定目標占有非常重要的角色。如果沒有徹底地執行策略，公司的策略就只是一個腦力運動而已。概言之，公司嚴謹的策略制定與執行力是取得優越績效之基礎。

領導發展之旅

成功的領導者要具備發展與執行策略的能力。此外，成功的領導者還要能夠清楚地陳述策略，使他人可以接受，並瞭解自己要貢獻什麼才能幫助策略成功地執行。因此，領導者要發展策略溝通技能，發展 3 分鐘的電梯演講 (elevator pitch)，亦即用很短的時間向大家說明公司未來的發展方向。電梯演講內容必須包含下列要素：

- 使命與遠景。
- 價值陳述。
- 顧客服務哲學。
- 競爭者，以及公司與競爭者之間的差異。
- 如何衡量成功。

電梯演講的聽眾即是公司的在職員工。

定義策略：事業觀點

對許多人來說，策略僅是解釋活動執行的較佳方式。例如，一家製造電話的公司發現一個以較便宜的材料來製造電話的新方法，或發現一個可提高電話產量的新流程。這些活動雖然可以降低公司的生產成本或提升產量，但如果無法說明這些活動是公司長期競爭優勢的來源，就不能稱作策略。像上述這類的活動，可以稱為增加**運作效率 (operational effectiveness)** 的活動，因為這些活動可以使公司運作的比競爭者有效率。這些活動可幫助公司降低成本或提升效率，對於公司的獲利非常重

> **運作效率**　執行某些活動可以使公司運作的比競爭者有效率。

要。然而,公司要能勝過競爭者僅有一種方法,亦即發展一個持續性的差異化策略。

當管理者在發展策略時,必須考量三大步驟,如圖 4.3 所示。第一,管理者必須瞭解競爭策略最主要的是能夠差異化,而非運作效率。策略包含選擇一組可傳遞價值給顧客的差異化活動。公司所提供的產品或服務,如果沒有包含可協助傳遞價值給顧客的活動,則可能無法長期獲利。

第二,選擇一組獨特的活動是非常重要的,管理者也必須決定哪些是不必要的活動。換句話說,管理者必須在可行的策略中做選擇。如果未進行策略選擇,公司可能會因為在太多不具競爭優勢的市場中競爭而導致失敗。

最後,管理者必須考量活動之間的配適 (fit),如此公司所提供的產品或服務才不容易被競爭者所模仿。換言之,活動必須能夠相互支持與連結,藉以創造顧客想要的產品或服務。

當管理者在發展上述的三個策略步驟時,也必須重視與強調績效。整個活動系統必須建立在績效的基礎上,否則公司將敗給競爭者。因此,整個活動系統必須包含績效與執行。雖然上述的說明看起來有點像是理論,但許多管理者常因未能掌握每個步驟的重點,而發展出一個不完整的策略,最終導致失敗。為了更瞭解策略形成的流程,底下將詳細說明這三大步驟的要點,以及透過一些實例輔助說明。

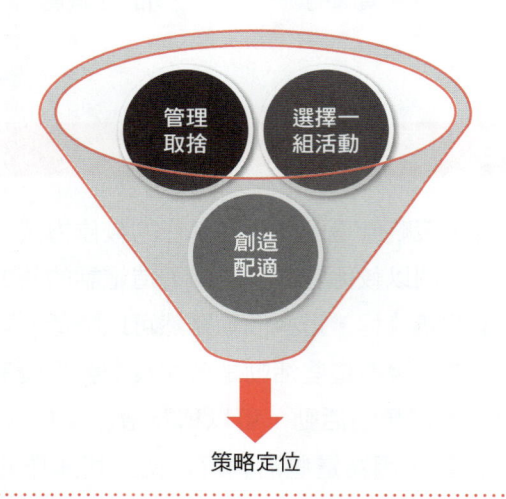

圖 4.3　策略三要素

選擇活動

　　一項策略必須說明什麼是公司欲達成的目標 (如公司要服務什麼市場，或生產什麼產品等)，以及用什麼方式達成這些目標。例如，西南航空採取一套不同於競爭者的活動，使公司可以維持低成本的運作模式。西南航空只有波音 737 單一種機型，航線主要集中在接近大都市的航站，且以短程為主，不同於其他航空公司採取傳統的軸幅式系統 (hub-and-spoke system) 之經營模式。此外，西南航空並未提供機上餐點，也沒有提供劃位服務。每當西南航空開闢另一個新市場時，公司的票價皆比其他航空公司的平均票價少了近 70%。西南航空所有的策略活動都是依循著提供給考量其他交通工具的顧客 (如汽車或火車) 之低成本的服務。

　　有此低成本的策略後，西南航空開始鼓勵旗下員工要多關注顧客，並能開心地為顧客提供服務。西南航空的前執行長凱勒赫指出：「開心是一種興奮劑，員工愈投入工作，工作的生產力就愈高。」每位西南航空的主管皆努力推廣這種開心的文化。有這種開心的文化，西南航空不但可以維持低的員工離職率 (每年平均只有 5% 的離職率)，且相對於其他航空公司來說，西南航空給付員工的薪資不算高，但員工依舊樂意留在公司。在西南航空，「快樂的要素」(Fun Factor) 幫助企業維持低成本與高獲利。

　　相反地，其他美國大型的航空公司提供所有西南航空所沒有的服務。例如，達美 (Delta) 航空採取傳統的軸幅式系統經營模式，有機上餐點，也提供劃位服務，所有主要航線都有飛航，且有不同大小的機型。在某些航線中，達美航空採取低成本競爭策略與西南航空這類的公司競爭，但兩家航空公司的獲利卻是天壤之別。西南航空這一套獨特的活動，創造公司 35 年的持續高獲利。

Sjoerd van der Wal/Sjo/iStockphoto.com

　　在消費品產業中，吉列 (Gillette) 採取某些特定的活動，使公司的產品能與競爭者產品有所區隔。這些活動包括大量的研發，使公司可以快速導入新產品，像是 Mach 3 與 Fusion-style razors。由於這些活動的執行，使吉列的產品在消費者心中擁有較高的知覺價值。從吉列在廣告與研發活動上大量的支出可知，公司在活動決策上並不是採取低成本模

式。相較於吉列，競爭者 Bic 主要採取的是成本領導策略。Bic 投入於廣告與研發的費用沒有吉列來得高，因此在產品的訂價上主要採低價策略。然而，吉列的策略可使公司在 Mach 3 與 Fusion 系列產品上採取高價策略，因為這些產品在消費者心中有較高的知覺價值。在 2011 年，吉列的 Fusion 刮鬍刀售價為 10 美元另加 3 美元的替換刀片，而 Bic 刮鬍刀比吉列少 40 美分。

西南航空與吉列皆採取一套獨特的活動來傳遞價值給顧客，而這些活動都幫助公司占據產業重要的策略定位。**策略定位 (strategic position)** 是指公司在產業中所占據的位置，並藉此來提供產品或服務，以及選擇傳遞價值給顧客的方法。當公司選定一組活動的同時，也代表著公司已選定好在產業中所欲占據的策略定位。公司的策略定位大多為成本領導 (cost leadership)、差異化 (differentiation)，以及集中化 (focus)。例如，西南航空採取的是成本領導，而吉列採取的則是差異化策略。

集中化策略是指，公司聚焦在產業中的利基市場 (niche market)，公司採取集中化策略來滿足被大公司所忽略的特定區隔市場之顧客需求。因此，一般而言，會採取集中化策略的大多是小規模的公司。

取捨

公司不可能提供所有的產品或服務給所有的人，如果公司試著這麼做，可說是沒有聚焦。如果公司的策略沒有聚焦，不但會讓潛在的消費者困惑，就連員工也都不知道要為公司做些什麼。在企業經營或日常生活中，人們常常誤解或誤用取捨 (trade-off) 的概念。取捨是普遍存在於人們的日常生活中。事實上，人們每天都要做取捨，但大多數的人都不知道自己是怎麼取捨的。例如，你決定在兩堂課之間吃一下快餐，如此可以復習下一堂課的筆記，並投入課堂討論中。從這個例子可知，你在「為下一堂課做準備」以及「悠閒地與朋友坐下來吃飯」之間做了取捨。

Edward Jones 是美國最大且獲利最高的個人投資顧問公司，全美有 10,000 個據點，平均稅前的**股東權益報酬率 (return on equity, ROE)** 接近 30%。如同西南航空一樣，美國中西部的一些投資公司選擇以不同的活動來為顧客服務。Edward Jones 的策略是：「透過所有的據點，提供值得信賴與面對面的財務投資建議給保守的個體投資戶。」Edward Jones

---

策略定位 公司在產業中所占據的位置，並以此來提供產品或服務，以及選擇傳遞價值給顧客的方法。

股東權益報酬率 衡量對擁有普通股的所有者權益（或股東權益）回報率。

在許多選擇上做了明確取捨,其中最重要的取捨是顧客的類型,公司選擇提供服務給鄉村的散戶,因為這些顧客的特性是財務資產不多。Edward Jones 所採取的活動是能同時維持低成本與滿足鄉村顧客較保守的投資需求。

　　Edward Jones 也限制旗下經紀人提供給顧客的服務類型。相較於其他投資顧問公司,Edward Jones 所提供的金融產品與服務並不多。Edward Jones 相信唯有在這些活動 (如顧客與提供產品) 做取捨,才能提供較好的服務給他們的顧客。此外,Edward Jones 也會詳細地研究市場,以瞭解該公司的顧客價值是什麼、顧客願意支付的金額是多少,如此才能提供滿足顧客需求的服務與商品建議。

活動之間的配適

　　一個策略是否有效且具有防禦性,取決於活動之間的配適,以及管理者是否能校準 (align) 所選擇的活動。有不錯的策略與執行能力之公司,通常能利用一組可相互強化且有系統性的活動來達成公司目標。活動之間「配適」的目的是要降低成本,或提高與競爭公司之間的差異性。活動之間的配適是非常重要的,不僅會影響公司的競爭優勢,也會影響競爭優勢的持續性。事實上,競爭者容易模仿公司的廣告活動或產品特色,但難以模仿一組相互連結性高的活動。

　　例如,豐田汽車設計一組連結性高的活動系統,使得公司可以順利營運與獲利。此系統即為豐田生產系統 (Toyota Production System),是一組相互連結的活動可促進學習與生產線的持續改善。就像是成串的 DNA 一樣,豐田汽車這些內部的常規 (rule) 指引著員工如何執行工作、如何互動、如何生產與服務,以及如何確認並處理流程問題。此外,這些常規詳細地引導員工如何執行每項活動,例如,從生產現場到行政部門,以及從裝置安全帶到重新裝置生產設備都有詳細的指引說明。當有活動背離原本設定的軌道時,員工不但可以立即察覺且能快速地解決問題。

　　豐田生產系統最重要的特色是結構性,像是安燈繩 (andon cords),一旦員工發現自己的生產站有異常情況,可立即拉下安燈繩。許多豐田汽車的競

PHILIPPE HUGUEN/AFP/Getty Images

表 4.2　評估公司策略品質的準則

準則	評估
外部配適	該策略與外部環境配適嗎？
內部配適	該策略能有效地槓桿應用內部的資源嗎？
差異性	該策略能提供公司一個有區別、有差異，以及持續性的市場定位嗎？
執行	公司可以有效地執行該策略嗎？

資料來源：Adapted from Donald C. Hambrick and James W. Fredrickson, "Are You Sure You Have a Strategy?" *Academy of Management Executive*, Vol. 15, No. 4, November 2001.

爭者都想要模仿與建構這套生產系統，希望能藉此提高生產力。雖然這些競爭者對於豐田汽車的這些活動都有一定程度的瞭解，但鮮少有公司能夠全部複製或建置此系統，因為豐田汽車在這些活動之間創造獨特的配適。

雖然界定與形成一個策略的步驟看似簡單，但在創造與執行上卻相當困難，尤其是要創造一組具配適的活動。從先前所舉的實例可知，能夠創造一組獨特活動系統的公司通常可以獲得比競爭者更高的績效。管理者可根據表 4.2 所提出的一些重要準則來評估公司的策略。

事業層級與公司層級的策略

本章以較廣泛的角度來討論公司的策略，亦即什麼是公司想要達到的目標，以及如何達成。一般而言，公司要在產業或策略群組中創造或維持競爭優勢，必須仰賴兩種不同類型的策略：**事業層級策略 (business-level strategy)** 與 **公司層級策略 (corporate-level strategy)**，如圖 4.4 所示。底下將扼要說明此兩種策略的內容，而第 5 章與第 6 章將再詳述此兩種策略的內涵。

> **事業層級策略**　在特定的事業或定位中，公司如何與競爭者競爭。
>
> **公司層級策略**　關注於公司如何組織與溝通多重市場的活動來創造價值。

事業層級策略

事業層級策略主要思考的策略問題是：「在特定的事業或市場定位中，公司要如何與競爭者競爭？」在制定事業層級策略時，管理者必須評估產業結構的吸引力與公司內部的資源，以決定公司要如何競爭。根據外部產業與內部資源的評估結果，管理者可以在三種基本策略取向中做選擇：低成本、差異化，以及集中化。如同本章先前討論的實例，在

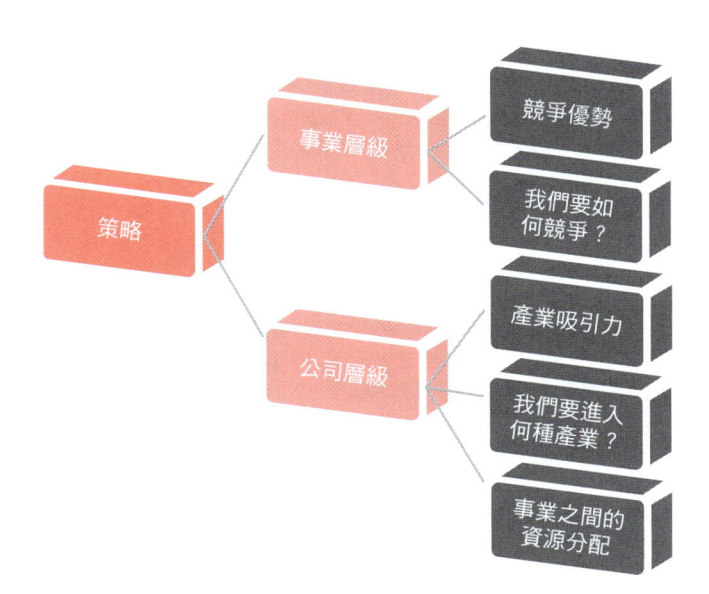

資料來源：Adapted from Robert M. Grant, *Contemporary Strategy Analysis: Concepts, Techniques, Applications* (Cambridge, MA: Blackwell Publishers, 1991), p. 20.

圖 4.4　事業層級與公司層級策略

男性消費者商品產業中吉列選擇差異化策略，而在投資產業中 Edward Jones 則採取集中化策略。第 5 章將詳細說明事業策略與產業動態和演變之間的相互影響關係。

公司層級策略

　　公司層級策略主要思考的策略問題是：公司要跨足多少產業、是否要採取垂直整合、是否要購買或出售公司，以及如何於各事業部間分配資源。此外，公司層級策略亦須考量是否要發展策略聯盟與其他公司建立夥伴關係。簡言之，公司層級策略主要關注於公司「如何組織與溝通多重市場的活動」來創造價值。因此，公司層級策略是決定事業組合與組織取向。

　　不同的產業有不同的獲利程度，而這會影響管理者制定事業層級與公司層級的策略，如圖 4.5 所示。一家公司的獲利取決於其為顧客創造長期價值的能力。雖然有許多公司可為顧客創造短期價值，但鮮少有公司可以持續地為顧客創造價值。第 5 章將介紹五力架構 (5-Forces Framework) 有助於瞭解造成產業變動的因素，以及這些動態因素的交互作用對產業內部公司獲利的影響。公司除了需要關注所處產業之外，也會面臨到全球化的挑戰，以及何時要擴展至其他國家等之決策。

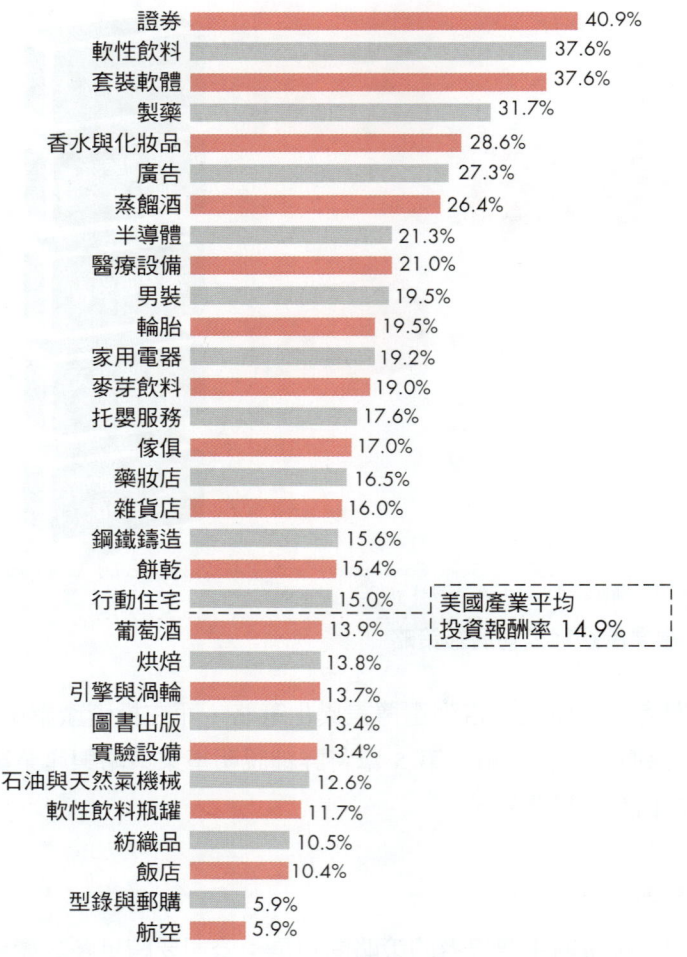

產業	報酬率
證券	40.9%
軟性飲料	37.6%
套裝軟體	37.6%
製藥	31.7%
香水與化妝品	28.6%
廣告	27.3%
蒸餾酒	26.4%
半導體	21.3%
醫療設備	21.0%
男裝	19.5%
輪胎	19.5%
家用電器	19.2%
麥芽飲料	19.0%
托嬰服務	17.6%
傢俱	17.0%
藥妝店	16.5%
雜貨店	16.0%
鋼鐵鑄造	15.6%
餅乾	15.4%
行動住宅	15.0%
葡萄酒	13.9%
烘焙	13.8%
引擎與渦輪	13.7%
圖書出版	13.4%
實驗設備	13.4%
石油與天然氣機械	12.6%
軟性飲料瓶罐	11.7%
紡織品	10.5%
飯店	10.4%
型錄與郵購	5.9%
航空	5.9%

美國產業平均投資報酬率 14.9%

資料來源：Michael E. Porter, "The Five Competitive Forces That Shape Strategy," *Harvard Business Review* 86 (Jan 2008): 78–93. Copyright © 2008 by the President and Fellows of Harvard College; All rights reserved. Reprinted by permission of HBS Publishing.

圖 4.5　1992 年至 2006 年美國產業的平均資本投資報酬率

全球化策略

　　全球化策略考驗管理者在規模 (scale) 與在地回應 (local responsiveness) 兩者之間取得平衡。儘管有多種全球化策略看似相同且常常交替使用，但這些策略之間確實有明顯差異，主要的差異在於欲達成目標之類型，即運作效率 (operational efficiency) 與客製化 (customization)。有些公司的全球化策略是銷售相同的 (既有的) 產品到有潛力的市場，因此這些公司主要關注於生產效率與成本效益。有些公司則是採取客製化，目的是要確保公司的產品能符合當地消費者的習慣

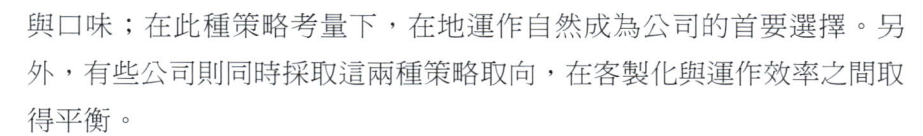

與口味；在此種策略考量下，在地運作自然成為公司的首要選擇。另外，有些公司則同時採取這兩種策略取向，在客製化與運作效率之間取得平衡。

全球化策略可分成四種：多國策略 (multinational strategy)、全球策略 (global strategy)、國際化策略 (international strategy)，以及跨國策略 (transnational strategy)。當回應在地的需求與口味非常重要時，公司就會採取多國策略，多國策略是以客製化產品為主的策略取向。全球策略著重於發展規模經濟與全球效率，而非迎合在地需求與口味，因此全球策略是以成本管理為主的策略取向。國際化策略是跨越在全球與多國策略之間，一方面與全球策略一樣，控制所有國外的子公司；另一方面亦與多國策略一樣，允許國外子公司發展新產品或服務來滿足當地需求與口味。至於跨國策略則著重於效率 (efficiency)、在地回應，以及組織學習。根據不同的環境條件，公司可以選擇上述其中一種策略來擴展全球運作範疇。

多國策略

在多國策略取向中，母公司會成立當地子公司，並給予它們開發可迎合當地需求與口味的產品之自主權。當地的子公司可能組織與執行所有公司具備的功能，例如，子公司通常會在當地執行銷售與行銷功能以強化當地的績效。當地子公司如果都執行銷售與行銷功能可能會導致較高的成本和花費，此取決於母公司要如何組織多國策略。如果母公司允許所有的子公司各自開發在地化的產品，則表示公司內部會有多個行銷功能，如此一來，不但會增加額外的系統成本，且會造成單位間溝通上的問題。例如，麥當勞就是以開發當地口味來建構全球帝國。

全球策略

對照多國策略，全球策略是以提供標準化的產品給全部的市場。全球策略的主要目標是創造規模經濟，藉由在某地區集中且大量生產，公司可以獲取成本效益的優勢。在電子業中大多數的公司都是採取全球策略。在 1950 年代至 1960 年代間，由於電晶體與積體電路的導入，不但降低製造成本，也提高最小有效規模 (minimum efficient scale)，使得公司能夠有效率地生產彩色電視；彩色電視的產量也從 1960 年代的 50,000 台提升至 1980 年代的 500,000 台。同一時間，研發與行銷費用的

多國策略 母公司在當地成立子公司，並給予子公司開發可迎合當地需求與口味的產品之自主權的策略。

全球策略 著重於發展規模經濟與全球效率，而非迎合在地需求與口味。

國際化策略 跨越在全球與多國策略之間，透過海外子公司生產和銷售的產品。

跨國策略 平衡三個策略因素，即效率、在地回應，以及組織學習。

提高，以阻止當地製造商的競爭。消費性電子零售商，像是百思買 (Best Buy)，給製造商許多壓力，期望製造商可以壓低成本結構。

由於技術不斷地提升與消費者偏好趨於同質化，促使消費性電子產業追求全球化的規模經濟。在 1970 年代，許多日本製造商，如松下 (Matsushita)，就是採用全球策略來支配整個消費性電子市場。在 Panasonic 的品牌名稱之下，松下於特定的工廠集中生產標準化的消費性電子商品，創造高獲利與高市場占有率。近年來，蘋果旗下的 iPod 與 iPad 也是採取全球策略。雖然此策略有助於標準化的產品，但並不是所有的產品都可以採用標準化的生產。不同的市場有不同的消費者偏好、習慣與口味。在思考全球策略時，管理者也必須考量當地的偏好，以及可獲利的最小有效規模。

國際化策略

國際化策略是結合多國與全球策略，就像多國策略一樣，國際化策略也是藉由國外子公司來生產與配送產品；另外，就像全球策略一樣，重要的流程 (如研發) 是由母公司在母國組織與執行。在某些情況下，採取國際化策略的公司並不需要高程度的客製化或透過規模經濟低成本的生產。在國際化策略中，當地子公司依賴母公司的核心流程、技術擴散，以及其他創新活動。因此，採取國際化策略使母公司可以管控產品與創新之發展。然而，國際化策略不是一個以調整產品來符合當地需求，以及創造規模經濟的策略取向。

跨國策略

跨國公司最重要的特性是能平衡三個策略因素：效率、在地回應，以及組織學習。有些市場非常需要在地回應，有些市場則未必，所以跨國策略有助於公司彈性地回應變動的環境因素。因此，採取跨國策略的公司主要是透過在規模與在地回應兩者之間取得平衡，以創造策略彈性。例如，有些產品適合在某些地區集中生產，以創造低成本與規模經濟之優勢；而有些產品則必須依據當地的偏好與習慣適度地調整。跨國策略的特色是將某些資源集中於國內，另分配部分資源於其他國外子公司，因此發展出較複雜的資產與能力組合。

跨國公司必須具備一項重要的能力，亦即分享並擴散資訊給所有國外子公司。例如，英特爾倚賴國外子公司來瞭解全世界各地市場的創新

趨勢。從英特爾的發展歷史來看，在 1980 年代至 1990 年代早期英特爾是以生產處理器為主，每年成長率為 20%。然而，在 1990 年代晚期，公司成長日趨緩慢，英特爾決定將經營範疇延伸至網路設備、無線電話、資訊裝置，以及其他與電子商務有關的產品。為了成功達成公司目標，在 1999 年英特爾斥資 60 億美元併購 12 家公司。英特爾之許多重要的技術與產品都是在國外市場研發，如快閃記憶體，隨後再擴散至其他的國外子公司。

管理者在思考全球化策略時有多種選擇。在許多國外市場中，競爭的程度與創新的步調皆驅使著公司採取跨國策略。然而，儘管跨國策略有許多優點，但卻可能使得公司的活動變得太過分散。另外，在某些國外市場可能需要的是其他全球化策略。因此，管理者必須瞭解國外市場環境，以選擇最適合的競爭策略。

Weber 是一家知名的烤肉爐製造公司，決定開拓印度市場，並在班加羅爾 (Bangalore) 建置 Weber 體驗中心 (Weber Experience Center)，教導印度人如何使用公司的產品。然而，對 Weber 而言，印度市場充滿許多挑戰，包括印度素食人口眾多，且印度家庭鮮少有廣大的後院，不像美國家庭可以將烤肉爐放置在後院。儘管面臨多種挑戰，但印度市場依舊存在許多機會，像是燒烤蔬菜、魚與披薩。此外，藉由 Weber 體驗中心教導印度人燒烤的優點，並大規模行銷公司最小的烤爐 Smokey Joe，而這款輕便的烤爐也是 Weber 得以成功進入中國市場的重要產品。

市場進入策略

公司在決定要進入哪一個國家，取決於該國的市場與學習的潛力。市場潛力 (market potential) 是指，某特定區域的整體市場規模與成長前景。對許多公司而言，新興市場 (如中國) 是相當具有吸引力的，因為新興市場的最大特色是中產階級大幅成長、消費者所得逐年增加，因此需要更多的產品。

在選定欲進入的國家或市場後，管理者必須決定進入該國家或市場的模式。在考量進入模式時，管理者必須謹慎地思考兩個面向：首先，管理者必須決定出口產品或當地生產；其次，管理者必須決定要握有所有的生產資產，還是釋出部分的所有權。公司可以選擇低所有權結構 (low ownership structure)，像是聯盟或合資；相反地，公司也可以選擇

握有全部的所有權,亦即直接於當地設置子公司。底下將介紹四種主要的市場進入模式,可以幫助管理者選擇最適合的進入模式。

出口

出口 (exporting) 是指,將公司在國內所製造的產品運送至全球市場。例如,中國製造的玩具運送至美國。為了順利完成出口,公司通常會與國際組織締結契約以運輸並配送產品至全球市場。然而,出口可能會產生正或負面的結果。就出口的正面結果來說,公司可以較低費用與風險來拓展全球市場。

就負面結果來說,出口策略的最大挑戰與缺點是,公司會喪失控制國際市場的銷售與行銷活動之權力。出口公司必須將控制權交給海外公司,然而海外公司可能會因為不夠瞭解公司的產品或銷售流程,導致產品銷售不佳。此外,當地政治與經濟的不穩定都會影響公司的出口關稅。

> **出口** 將公司在國內所製造的產品運送至全球市場。

授權與加盟

公司也可以另一種較低成本的方式進入國外市場,此即授權與加盟。**授權 (licensing)** 是一種契約形式,「授權者 (licensor) (賣方) 同意被授權者 (licensee) (買方) 使用其技術、專利、商標、設計、流程、技術、智慧財產,或其他具優勢的資產。」最常見的國際授權是工業國家之間的技術移轉。一般而言,較常採用國際授權的產業,包括消費性產品、食品與娛樂業等。在 2005 年,MTV 音樂頻道 (MTV Networks) 與華納音樂集團 (Warner Music Group) 簽訂一份授權合約,華納音樂同意 MTV 音樂頻道在其行動手機網路節目中播放華納的音樂錄影帶。

授權可協助公司在採行高涉入程度的進入策略之前先測試國外市場。然而,授權隱藏著許多風險,其中最大的風險與挑戰是潛在優勢的喪失。安琪拉‧阿倫茲 (Angela Ahrendts) 在 2006 年接掌 Burberry 時,非常擔憂公司的授權問題。她認為公司為創造全球地位而過度授權 Burberry 品牌,導致品牌缺乏一致性與聚焦。因此,她上任第一件事就是買回授權,並以公司的定位 (受年輕人和高資產淨值人士喜愛的高檔品牌) 來設計與生產產品。

加盟 (franchising) 也是市場進入模式的一種,加盟與授權有許多相似之處。加盟是一種組織形式,「加盟主 (franchisor) (母公司/所有人)

> **授權** 是一種契約形式,授權者 (賣方) 同意被授權者 (買方) 使用其技術、專利、商標、設計、流程、技術、智慧財產,或其他具優勢的資產。

> **加盟** 是一種組織形式,加盟主 (母公司/所有人) 允許加盟者支付授權金或權利金以使用其服務、商標產品、品牌名稱等,並要求加盟者遵照加盟主所要求的服務或品質標準。

允許加盟者支付授權金或權利金以使用其服務、商標產品、品牌名稱等，並要求加盟者遵照加盟主所要求的服務或品質標準。」授權與加盟最大的不同點是，授權通常是製造業所採用之市場進入模式，而加盟通常是服務業所採用的市場進入模式，像是飯店與連鎖速食業者。例如，肯德基 (Kentucky Fried Chicken, KFC) 有超過 11,000 家國外分店。肯德基近期積極擴展非洲市場，並以都市化程度較高與消費主義高漲的非洲大都市為主要進駐地點，在 2012 年於非洲總共開設 130 家分店。

　　如同授權一樣，加盟是屬於較低成本的市場進入模式。加盟主提供加盟者品牌名稱及其管理流程，而加盟者需承擔大部分或全部的資本風險。在加盟地區，公司無法控制所有的運作或服務品質。例如，在海外市場的飯店加盟者可能會延遲翻新房間的設備，儘管當初在簽訂合約時規定加盟者必須每 5 年翻修房間設備一次。在實務上，母公司很難有時間監督所有的加盟者，且撤回加盟協議通常是既費時又費力的流程。

合資與聯盟

　　合資 (joint venture) 是指，兩家公司在市場上共同組織另一家新公司。在 1980 年代，合資是許多試圖擴展與進入中國市場之公司最常採取的市場進入模式，當時的中國並沒有像今日開放。對某些公司來說，如通用汽車，採取合資是進入國際市場的唯一方式。在合資企業中，外國公司可獲得當地公司的市場與國家知識。此外，由於兩家公司都必須投入資源於新公司中，因此可分擔風險。

　　儘管合資有上述優點，然而隨著不同的合作期間會產生不同的問題。全球整體合資成功的比率約有 50%，低成功比率代表有許多風險存在合資中。一般而言，合資存在的挑戰與風險包含策略、統治 (governance) 或組織等議題。就策略來說，合資夥伴可能有不同的策略意圖，進而影響夥伴之間的合作能力。就統治來說，合資夥伴共同擁有新公司的控制權，然而合資夥伴之間通常有意見不合的情況。最後，許多合資夥伴會發現自己難以克服文化差異。

　　對照合資，契約式聯盟 (contractual alliances) 就無須創造另外一家新公司。在**聯盟 (alliance)** 中，夥伴之間透過合約共同投入市場活動。聯盟是指，夥伴公司之間共同分享與投入資源或能力，以創造彼此的利益。公司可藉由聯盟獲取市場上的競爭優勢或競爭平衡。許多公司會藉

合資 兩家公司在市場上共同組織另一家新公司。

聯盟 夥伴公司之間共同分享與投入資源或能力以創造彼此的利益。

由投入聯盟來改善其在市場上的地位。當進入國外市場或發展能力的成本高於建構策略聯盟的成本，公司就會選擇與其他海外公司形成策略聯盟。雖然建立聯盟的成本不高，但卻需要花費相當多的時間與努力於發展和培養關係上。

　　一般來說，公司要選擇聯盟或合資取決於國外市場的環境條件，如當地市場與本國市場差異大，或有語言與文化的隔閡。雖然公司可藉由併購公司來獲取當地的市場知識，但由於文化的差異使得公司卻步。當福特汽車欲進入印度市場時，考量許多進入模式，最後選擇採取合資的方式與當地的公司 Mahindra & Mahindra 合作，以順利適應當地事業環境。

　　當全球運作整合的可能性不高時，公司也會考慮選擇合資或聯盟。全球營運整合的最主要利益是學習。然而，要能夠有效的學習，不同單位必須有意願整合成企業中心 (corporate center)。如果全球整合是窒礙難行或不可能時，公司會選擇與當地夥伴合作以進入當地市場。此外，有時公司之所以會選擇與當地公司組成聯盟或合資，是因為當地政府規定國外企業投資額度中有一定的比例必須為當地股權。例如，中國或巴西政府皆有此規定，因此外國公司若欲進入這類國家的市場時必須與當地企業合作。

　　2011 年迪士尼預計在上海興建一座占地 963 英畝的迪士尼樂園，並與上海申迪集團共同出資興建，申迪集團擁有上海迪士尼 57% 股權，迪士尼則擁有 43% 股權。這是因為中國政府要求迪士尼必須與當地企業合作才能進入中國市場，而迪士尼也能從當地夥伴獲得當地的知識與資訊。例如，申迪集團給予迪士尼上海園區內食物類型的建議 (如點心與麵食)，以及主題型態的建議 (結合迪士尼電影主題與中國文化)，像是來到上海迪士尼的遊客可能會看到穿著中國傳統服飾的米老鼠，迪士尼希望能藉由重視文化與價值觀的差異，吸引更多的中國遊客入園遊玩。

獨資子公司

　　公司也可以選擇成立獨資公司以進入國外市場，亦即公司於海外市場設立一家可完全自我掌握的**獨資子公司** (wholly owned subsidiary)。許

獨資子公司　公司於海外市場設立一家可完全自我掌握獨資的子公司。

多公司之所以會選擇此種進入模式，是因為公司的技術或流程具獨特與機密的特性。對於高技術或製藥公司來說，無形資產代表公司的整體價值。另外，公司可能無法信任授權或聯盟結構，因此會選擇獨資進入模式。獨資進入模式有助於母公司掌握與控制新成立的子公司。當公司的產品或服務之背後有一組聯盟或合資夥伴難以瞭解的複雜活動時，控制就變得相當重要。

然而，建立獨資子公司不但高成本且高風險，公司必須在新的市場設置生產場所與設備，以及訓練員工。此外，獨資子公司的管理者必須同時維持創造力與彈性，適時調整公司的流程以符合當地基礎設施與整體環境。

問題與討論

1. 請討論企業在發展策略時，應該思考哪些策略問題？
2. 請以一家企業為例，並試著討論與繪製這家企業的策略架構與策略形成流程。
3. 請以一家企業為例，說明這家企業的使命、遠景與目標，並討論這家企業的遠景與使命是否與目標一致？
4. 請討論事業層級策略與公司層級策略之間的差異，並以一家企業為例，說明這家企業的事業層級策略與公司層級策略。
5. 請試以一家企業為例，說明這家企業如何藉由定義策略活動、選擇策略活動，以及創造策略活動之間的配適而獲得成功。
6. 請討論全球化策略有哪些，各自的優劣勢為何？

Chapter 5 事業層級策略

學習目標

1. 說明公司在產業中競爭的方式。
2. 說明在外部環境的各種力量如何影響產業的吸引力。
3. 說明公司內部環境對其策略方向的影響。
4. 分析公司內部的優勢與劣勢,以及確認市場上所面臨的機會與威脅,以進行 SWOT 分析。
5. 說明公司如何藉由三種基本策略來獲取競爭優勢:成本領導、差異化,以及集中化。
6. 說明公司的價值鏈。

台積電 ≫ 用服務創造差異化

近年來,「服務創新」這個名詞在製造業慢慢發酵。產官學紛紛表示,台灣製造業未來應將營運重心以產品製造為中心轉變成以服務為中心導向的思考模式,並藉由服務創新以突顯產品差異化,增加客戶的黏密度,以及提升台灣製造業的附加價值。台積電董事長張忠謀早在 1997 年就開始思索如何將台積電由製造業轉型成高附加價值的服務業,並隨即展開一系列以服務為導向的差異化策略。

首先,張忠謀在 1997 年提出「虛擬晶圓廠」(Virtual Fab) 的服務概念,讓客戶可以透過「TSMC-Online」平台隨時追蹤晶片的生產進度與良率分析。客戶只要有任何問題,台積電能立即提供專業的協助。在 2008 年,台積電再提出「開放創新平台」(Open Innovation Platform) 的服務概念,主要是結合上游的 IC 設計公司、矽智財與設計生態系統合作夥伴,以及下游的封裝測試廠商,共同發展出這個以服務為導向的平台,讓台積電與客戶能從一開始的 IC 設計就可全程的緊密合作,藉此縮短設計到量產的時間。台積電一系列的服務創新不但改變半導體產業的遊戲規則,也為台灣製造業立下最佳典範。

如果問張忠謀,台積電是製造業還是服務業,他應該會不假思索地回答,台積電是服務業,是半導體晶圓專業製造服務產業。台積電持續用服務來創造差異化,不但為自己打造出世界級的競爭力,並連續 20 年登上台灣「半導體產業」的龍頭寶座。

資料來源:
1. 熊毅晰,台積電,打造完整的設計生態系統,《天下雜誌》,382 期,2008 年 4 月。
2. 熊毅晰、王曉玟,開放創新,打造不敗企業,《天下雜誌》,396 期,2011 年 4 月。

自我省思

塑造競爭優勢

塑造環境的能力是一項重要的管理技能。塑造環境必須觀察與理解環境，以及執行符合該環境的行動。當管理者針對公司的事業層級策略發展出一個參考架構，公司就可以聚焦於能創造競爭優勢的重要活動上。請以 1 至 5 的評分回答下列問題，以評估你的策略制定能力。

1＝從不　2＝很少　3＝有時　4＝通常　5＝總是

1. 我可以詳細說明公司如何為其顧客創造價值。　　　　　　　　　　　　　　_____
2. 在評估一項產品時，我考量的是它的品質。　　　　　　　　　　　　　　　_____
3. 在研究一家公司時，我會試著確認能降低支出的方法。　　　　　　　　　　_____
4. 我知道一家公司要如何定位，才能區別其與競爭者產品或服務的差異。　　　_____
5. 我瞭解缺乏明確的策略將使得公司無法獲取競爭優勢。　　　　　　　　　　_____
6. 我瞭解產業結構如何影響公司的策略。　　　　　　　　　　　　　　　　　_____
7. 我知道為什麼有些公司會選擇在產業中一個非常小的區隔經營與競爭。　　　_____
8. 我知道公司的有形與無形資源是競爭優勢的重要決定因素。　　　　　　　　_____
9. 在研究公司的策略時，我能瞭解必須執行的主要與支援活動。　　　　　　　_____
10. 在思考公司的策略時，我會思考在價值創造上員工要如何貢獻？　　　　　_____

根據你的回答，你的策略形成的強項是什麼？什麼是你要改善的？

緒論

本章將說明公司要如何在其所處的產業中競爭，以及定義其競爭優勢。底下有兩個管理者在進行策略選擇時必須思考的問題。管理者必須回答的第一個問題是：「產業有何吸引力？」每個產業都有其不同的結構與特性，也因此形塑產業內廠商的競爭程度與方式，以及獲利潛力。有些產業具有高度的成長與持續變動的特性，有些產業則相對穩定。就航空業來說，可獲利性較低，主要是因為高的燃料成本、高殘留成本結構 (legacy cost structures)，以及競爭激烈。然而，即使是在這種不佳的產業結構條件下，有些公司依舊能夠獲取超額利潤，第 4 章所介紹的西南航空就是一個經典的案例。評估完產業的特性之後，管理者還必須回答第二個問題：「公司要如何在產業中競爭？」此問題即是事業層級策

略的精髓。

在制定事業層級策略時,管理者必須評估產業的吸引力、外部環境的機會與威脅,以及公司內部的資源,才能決定公司要如何競爭。在發展事業層級的策略時,管理者必須回答下列三個基本的問題:(1) 我們要服務誰 (廣大或狹小的市場區隔)？(2) 我們要提供什麼 (大範圍或小範圍的產品或服務)？(3) 我們要如何提供產品或服務 (獨特的生產方式或傳遞流程)？圖 5.1 圖示這三個重要的策略問題。回答這三個策略問題,等同於公司所採取的策略取向:低成本策略、差異化策略、集中化策略,或混合策略。

在探討事業層級策略之前,先以兩家知名的公司為例來說明事業層級策略的重要性,以及事業層級策略對於公司能否獲致成功的影響。這兩家知名公司,其中一家能成功地建立與維持競爭優勢,另外一家則是競爭失敗的案例。

許多人的一天是從一杯星巴克咖啡開始。你可以在城市的各個角落發現星巴克,如街角、書店、辦公大樓、購物中心、自助餐館等。在美國,星巴克非常受歡迎,你甚至可以在一個街角同時看到兩到三家的星巴克。雖然,這家知名的連鎖咖啡店到處都是,但你可能不知道,其實專業咖啡市場距今也不過 20 年。

咖啡市場興起於西元 500 年至 1000 年間,是阿拉伯商人從衣索匹亞引入小果咖啡 (Coffea arabica) 樹到中東開始。在中東人普遍飲用咖啡

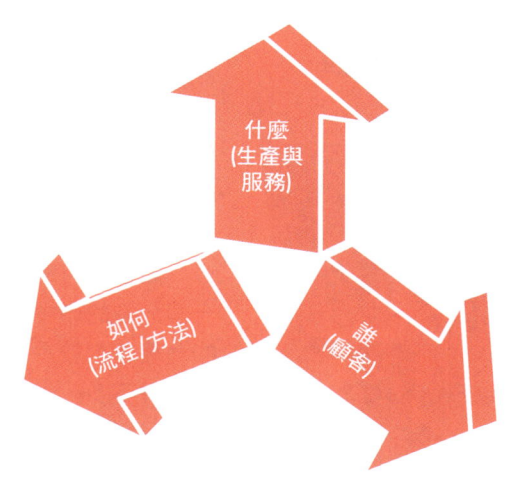

資料來源:Adapted from Constantinos Markides, "Strategic Innovation," *Sloan Management Review*, Spring 1997, p. 12.

圖 5.1 策略三要素

數個世紀之後，咖啡才在 16 世紀時引入歐洲。世界各地對於咖啡都有極高的接受度，在許多國家中咖啡是早餐不可或缺的飲品。在 1940 年代，美國每位成年人每年平均消費約 20 磅的咖啡。

在第二次世界大戰後，咖啡被少數的大型製造商控制與壟斷，包括 General Food 與 Folgers。這些製造商透過雜貨店來銷售咖啡，並將注意力放在種植與處理咖啡上。在這期間，各種咖啡品牌並沒有什麼差異。為提高市場占有率與超市上架空間，這些大型的製造商開始掀起價格戰，大量使用折價券、折扣，以及其他促銷方案。當這些市場領導者專注於競爭的同時，卻忽略消費者需求的改變與替代品的威脅。在這段期間，平均每人使用咖啡的量已逐漸下滑，從 1963 年每人每天平均 3.1 杯下降至 1980 年代中期的 2 杯。

在這段咖啡銷售量大幅下滑的期間，專業咖啡製造商慢慢地崛起。它們通常會另外經營小型的咖啡廳，提供高品質的咖啡豆與多種的咖啡飲品。因此，在 1980 年代晚期，咖啡市場不再僅由少數大型公司所控制，取而代之的是分裂的市場結構。

星巴克的誕生

霍華德‧蕭茲 (Howard Schultz) 從他擔任一家家用商品公司的銷售人員開始，就一手催生星巴克。蕭茲第一次接觸到專業咖啡，是在拜訪一家位於西雅圖時常向他公司購買錐形濾紙的星巴克。在參觀與品嘗這家當地公司的產品之後，蕭茲非常有信心地認為可在全國各地販售這樣的咖啡。之後，蕭茲離開紐約與原本的公司，來到西雅圖並任職於這家小型的咖啡公司。然而，蕭茲因為無法說服公司的管理者另外經營咖啡門市，他毅然決然離開星巴克。

在離開星巴克之後，蕭茲與同事在西雅圖一起經營幾家專業的咖啡館。在得知星巴克的老闆要結束經營星巴克時，蕭茲籌措資金買下星巴克。在 1987 年蕭茲取得星巴克後，他計畫在 5 年內以星巴克為名開設 125 家咖啡館。

儘管當時的專業咖啡市場是一個分裂的市場結構，且大多數的消費者對於星巴克的產品與利益瞭解不多，但蕭茲依舊相信，對消費者而言，在氣氛宜人的咖啡館所販售的優質咖啡是相當具有吸引力的。他希望建構一個與

優質咖啡連結在一起的品牌與顧客經驗。

在主要的大都會區，星巴克很快地獲得許多死忠咖啡迷的喜愛，並開始跨入鄉村地區。蕭茲藉由獨特的策略與明確的活動為股東和消費者創造價值，也創造驚人的獲利；從 1988 年的 1,000 萬美元至 1993 年的 1.73 億美元，而星巴克的店數也從 33 家增加至 272 家。2011 年，星巴克的海內外分店已達 17,000 家，年收益高達 117 億美元 (如圖 5.2 所示)。

從蕭茲催生星巴克的實例中可知，績效與策略能夠為公司創造驚人的收益。在 1980 年代晚期，咖啡產業呈現低成長與低獲利的狀態。當時的市場領導者，如 Folgers 與 General Foods 採取價格競爭，並以販售家用咖啡為主。蕭茲的策略是創造一個氣氛宜人的咖啡環境，使消費者願意支付較高的價格在外享受喝咖啡的樂趣。星巴克除了與其他的咖啡館競爭之外，同時也與 Folgers 與 General Foods 這類的大公司競爭。

蕭茲採取差異化策略來與其他的咖啡館和大型咖啡公司競爭，並且建構一組內部與外部活動系統來保護公司免於遭受多種威脅。事後來看，蕭茲證實消費者會願意支付較高的價格來體驗與品嘗高品質的咖啡。蕭茲利用策略減少許多營運風險，並透過核心能耐之發展 (如人力資源) 使星巴克與其他競爭者有明顯的區別。

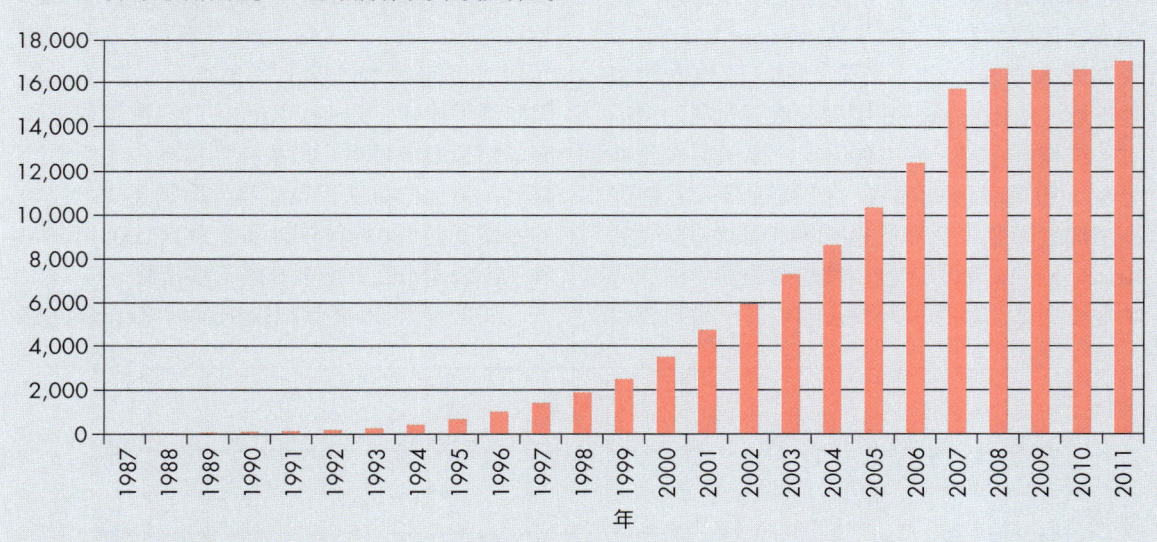

資料來源：Adapted from Starbucks Corporation, 10-K (Seattle, WA: Starbucks Corporation, 2000–2011); and Nancy F. Koehn, "Howard Schultz and Starbucks Coffee Company," Harvard Business School Case No. 9-801-361, rev. September 30, 2005 (Boston, MA: HBS Publishing, 2001), p. 29.

圖 5.2 1987 年至 2011 年星巴克分店成長圖

Krispy Kreme

　　在美國到處都可以見到 Krispy Kreme 甜甜圈店。儘管 Krispy Kreme 在 2000 年首次成功地公開發行 (initial public offering, IPO)，並成為美國證券交易所的重要投資標的，但好景也不過 3 年 (如圖 5.3 所示)。雖然美國證券交易所對 Krispy Kreme 的調查方向是以會計違法為主，但公司的許多核心問題在於過度擴張與忽視飲食習慣的改變。

　　Krispy Kreme 是在 1937 年由弗農‧魯道夫 (Vernon Rudolf) 所創立。魯道夫向一位紐奧良的法裔廚師買下一份甜甜圈製作祕方，開始展開他的甜甜圈人生。在 Krispy Kreme 深受美國人喜愛之後，公司就開始積極擴展海外市場。Krispy Kreme 主要採取直營與加盟的方式來擴展市場。在 2000 年，公司首次公開發行，股價就隨即飆漲，因為投資人看到許多消費者願意花費漫長的排隊時間就是要購買 Krispy Kreme 新分店剛出爐的甜甜圈。由於成功地首次公開發行與投資人的委託，公司開始積極在美國與加拿大擴展分店。在 5 年內，公司透過加盟的方式從原先的 200 家擴展至 433 家 (如圖 5.4 所示)。

　　在 Krispy Kreme 擴展事業版圖的同時，美國卻吹起一股低碳水化合物減重 (Atkins and South Beach diets) 的潮流。儘管媒體大肆報導此種新的減肥方式，但 Krispy Kreme 似乎沒有察覺這股風氣可能對公司造成的負面影響——消費者可能不再購買 Krispy Kreme 的甜甜圈。此外，Krispy Kreme 也沒有再開發新產品。2004 年 Krispy Kreme 持續地擴展新分店，收益卻開始持續下滑，從 2004 年虧損 5,000 萬美元到 2005 年虧損高達 1.57 億美元。在 2003 年開始走下坡時，Krispy Kreme 的高層管理當局開始竄改會計帳目，以維持並提高公司假象的獲利。當這些違法行為被發現與拆穿後，公司的股價就從 2003 年的 44 美元跌到 2005 年的 6 美元，公司也因此撤換高層管理當局。

　　如果查看 2000 年以來 Krispy Kreme 的相

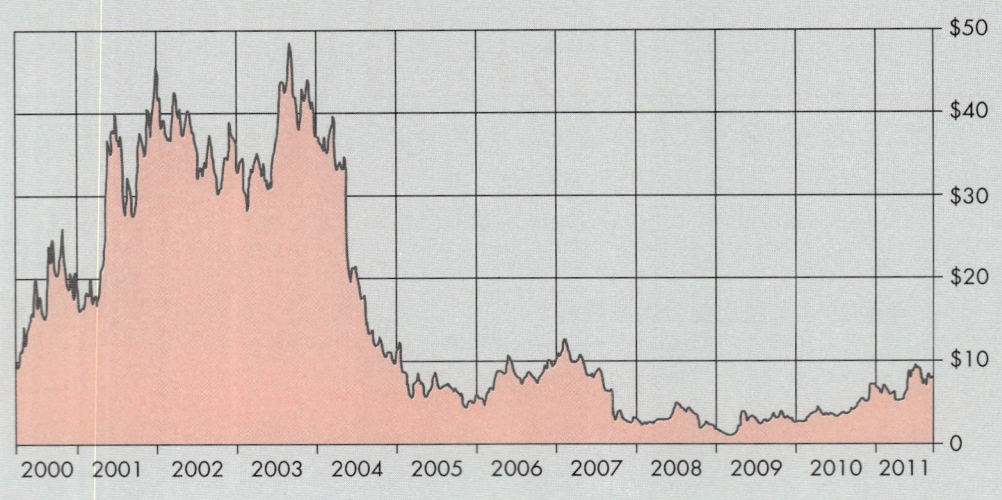

資料來源：Datastream.

圖 5.3 2000 年至 2011 年 Krispy Kreme 的股價

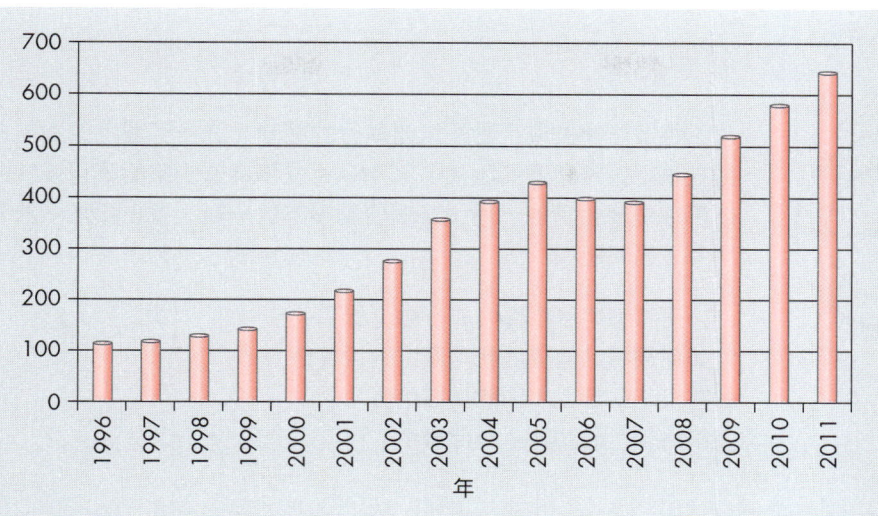

資料來源：Adapted from Krispy Kreme Doughnuts Inc., 10-K (Winston-Salem, NC: Krispy Kreme Doughnuts Inc., 2001–2011), www.onesource.com, accessed August 16, 2011.

圖 5.4 1996 年至 2011 年 Krispy Kreme 的總店數

關新聞與分析報告，會發現許多對於 Krispy Kreme 衰敗的不同看法與觀點。許多分析者初期都非常看好 Krispy Kreme 未來的成長與獲利，然而 Krispy Kreme 卻忽視外部市場的改變與內部運作程序的控制。公司是否能長期的生存，最主要的關鍵點在於瞭解並適應市場上可預期與無法預期的改變。明顯地，Krispy Kreme 未能即時調整以因應美國飲食習慣的改變。

相反地，星巴克能夠善用 20 世紀末的隨興消費 (free spending) 與放縱之潮流，亦即當時的美國人願意多支付 3 美元購買專業咖啡店的咖啡，使得公司能夠有驚人的成長與獲利。

在全球金融危機的 2008 年，星巴克重新評估公司的事業定位，即合理化公司的產品與減緩擴張計畫。在過去，星巴克藉由國內外據點之快速擴張，以達到成長的目標。然而，在經濟衰退時星巴克會即時調整與修改公司的策略方向。例如，在 2011 年，星巴克宣布開闢一些零售通路販售公司的果汁與茶飲。在 2012 年年初，星巴克宣布新的服務政策——顧客可以用智慧型手機來付費。在短時間內，星巴克成為提供此便利服務的最大與最受歡迎的公司。透過種種的努力，星巴克更進一步地提高在市場的差異化與競爭力。

　　本章會陸續討論與介紹其他能夠善用策略來創造競爭優勢的公司。底下將說明三種基本策略，包括差異化、低成本及集中策略，如何為公司創造競爭優勢，並舉例說明錯誤使用策略而導致失敗的公司案例。

領導發展之旅

將策略轉換成行動是策略執行的範疇。許多管理者致力於發展策略，但卻在執行策略時遇到困難。策略執行是事業層級策略不可或缺的部分。假如你現在是學生會的一員、某個運動團隊的一員，或自願加入非營利組織，請思考下列問題：

1. 如何將策略目標轉換成行動步驟？
2. 如何領導其他成員朝向既定的目標努力？
3. 在策略執行上，你能貢獻什麼？
4. 策略執行成功嗎？為什麼？

外部環境對產業吸引力的影響

如第 1 章所述，每一家公司都會受到外部環境影響。大部分的公司都會受到一組共同的外部環境力量所影響，包括科技、經濟、政治與法律、社會與文化、全球化等力量。一個有效的策略必須能有效地順應外部環境的機會，以創造公司的競爭優勢。從第 1 章所列出的實務案例可知，外部環境的變動可能會為公司帶來許多的挑戰，如沃爾瑪在擴張加州市場時，就面臨相當棘手的挑戰。雖然利害關係人的分析工具可幫助管理者瞭解可能影響公司運作的因素，但該分析工具並沒有提供管理者評估公司競爭環境的詳細方法。麥可·波特 (Michael Porter) 所提出的五力模型 (5-Forces Model)，應可幫助管理者詳細地分析外部競爭環境。

波特的五力模型

五力模型是一個可供管理者分析產業長期獲利潛力之架構，任何一個產業都可藉由探討五個基本的競爭力量來加以評估。五力模型，如圖 5.5 所示，包括新進入者的威脅、顧客的議價能力、替代品的威脅、供應商的議價能力，以及現有競爭者之間的競爭。透過分析與解釋這五個因素，管理者可瞭解某特定產業的長期獲利潛力，以及必須採用的策略。任何一位優秀的策略家在確認產業的優勢與劣勢時都會先使用此種分析工具。

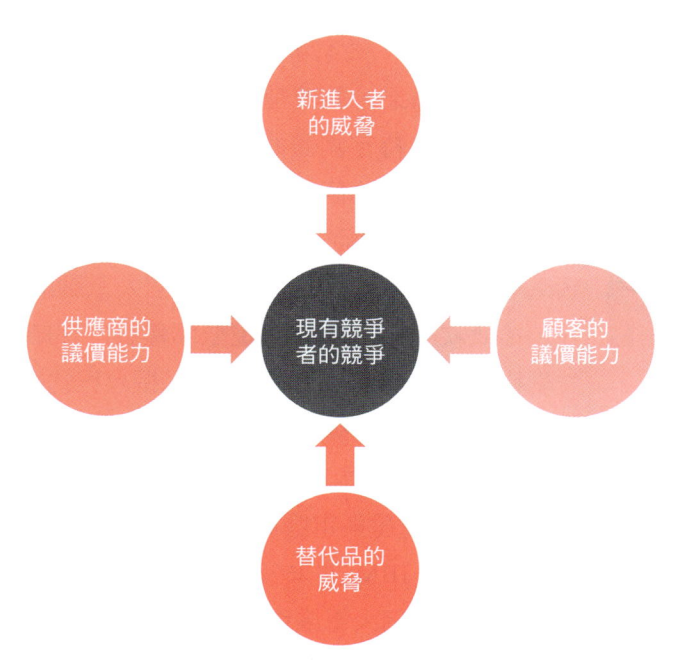

資料來源：Michael E. Porter, "The Five Competitive Forces That Shape Strategy," *Harvard Business Review*, January 2008. Copyright © 2008 by the President and Fellows of Harvard College; All rights reserved. Reprinted by permission of HBS Publishing.

圖 5.5 波特的五力模型

新進入者的威脅

大多數的公司都會面臨新進入者的威脅。當有新競爭者進入產業時，意味著將有相似的產品提供給一群相同的顧客，因此可能會影響產業內所有成員的獲利。雖然所有的產業(除受管制或國有產業之外)皆存在新進入者的威脅，但威脅的程度會隨著產業不同而有異。根據五力模型，新進入者威脅之程度取決於產業的**進入障礙 (barriers to entry)**。不同產業有不同的進入障礙，會影響公司是否要進入該產業或市場。常見的產業進入障礙包括進入該產業需要大量的資本投資，以及該產業顧客的轉換成本很高；底下會陸續說明其他形式的進入障礙。接下來將以個人電腦 (personal computer, PC) 產業為例，說明一種重要的進入障礙。

今日，個人電腦已非常普及，因此很容易讓人忘記，其實個人電腦是一個相當年輕的產業。在還沒有個人電腦之前，少數的大型公司支配整個電腦市場，如 IBM，當時的電腦市場主要是生產大型電腦 (mainframe) 與迷你電腦 (minicomputers) 給工業和政府部門使用。直到

進入障礙 公司在試圖進入一個市場或一個產業時可能面臨的問題。

1980 年代早期，幾家新成立的公司開始發展與製造個人電腦，如蘋果，並清楚地界定出個人電腦市場的範疇，獲得某些特定團體的支持與喜愛。在 1981 年，IBM 發表該公司的個人電腦，短短 2 年內就獲得 42% 的市場占有率。然而，不像大型電腦，IBM 將個人電腦處理器外包給英特爾，以及將個人電腦的處理系統外包給微軟。此外，IBM 還公開電腦內部結構，藉以鼓勵軟體開發商為它們的個人電腦撰寫程式。

在初期的個人電腦市場中，IBM 取得相當大的競爭優勢，因為它的品牌名稱、銷售力，以及與其他具獲利性公司之間的關係。然而，由於 IBM 將電腦內構造公開給軟體與電腦周邊製造商，因此也等同於開了一扇門給競爭者。在過去，IBM 並未公開大型電腦的內部構造，所有的系統都是自行開發，但在個人電腦產業中，IBM 是屬於較晚進入市場的公司，因此為加快競爭腳步與爭取時間，才將某些零組件與系統外包給其他公司製造。在種種策略布局之下，IBM 無疑在個人電腦產業中建構巨大的進入障礙。

由於 IBM 個人電腦的龐大需求量，因此促使其他公司開始朝向「IBM 相容性」(IBM clones) 運作。事實上，康柏 (Compaq) 在提供 IBM 相容產品的第一年就獲利近 1,000 萬美元；開發 IBM 相容產品的製造商尚包括戴爾與惠普。在 1986 年，IBM 深知其他競爭者會相繼模仿它的運作模式。在 1989 年，IBM 的個人電腦市場占有率下滑近 17%，顧客開始購買其他較便宜的相容性個人電腦，參見圖 5.6。在 2007 年，IBM 退出全球前 10 大個人電腦製造商的行列。

從 IBM 以突擊的方式進入個人電腦產業的實例可知，低的進入障礙會鼓勵新的競爭者相繼加入，進而壓縮產業中各家公司的獲利空間；相反地，當進入障礙高時，如同 IBM 的大型電腦事業，潛在競爭者瞭解欲進入該產業是十分困難的，使得 IBM 與其他現有公司皆能享有大型電腦產業高額的收益。

由上述可知，低進入障礙的產業成員會面臨到高競爭與低收益的狀態；其他的主要進入障礙來源尚包括供應面的規模經濟、需求面的規模利益 (benefits of scale)、顧客的轉換成本、資本的投入、現存者優勢、配銷通路的掌控，以及政府政策限制等。從這些進入障礙來源可知，有些障礙來源彼此之間會相互影響，進而提高進入產業的挑戰。此外，進

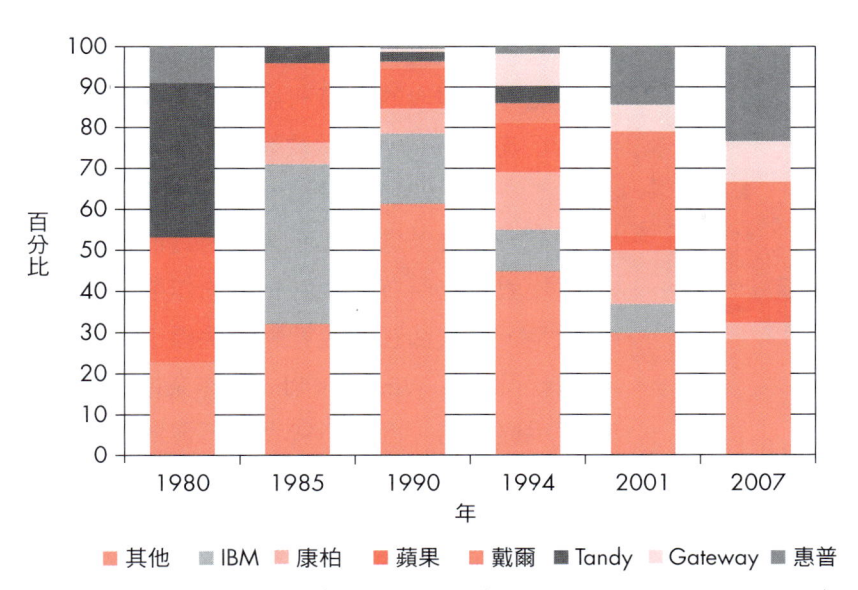

■ 其他　■ IBM　■ 康柏　■ 蘋果　■ 戴爾　■ Tandy　■ Gateway　■ 惠普

資料來源：John Steffens, *Computer Industry Forecasts and Newgames: Strategic Competition in the PC Revolution* (New York, NY: Pergamon Press, 1994); V. Kasturi Rangan and Marie Bell, "Dell—New Horizons," Harvard Business School Case No. 9-502-022, rev. October 10, 2002 (Boston, MA: HBS Publishing, 2002); and "Home Personal Computers - US - December 2008," December 2008, Mintel www.mintel.com, accessed December 14, 2009.

圖 5.6 1980 年至 2007 年個人電腦的市場占有率趨勢圖

入障礙也許跟產業的生命週期有關係。一般而言，新興發展的產業或市場之進入障礙通常較低，許多公司會爭相進入並建立支配性地位；相反地，發展許久或較成熟的產業，新公司通常較難以相似的規模進入該產業。

➥ 供應面的規模經濟

當公司採取大量製造產品時，就可能形成供應面的規模經濟。大量的生產與製造可降低生產成本，而低的生產成本可阻止新公司的進入。由於新公司不太可能創造相同的生產規模，因此它們進入該產業的意願較低。具有規模形式的進入障礙之產業包括電腦微處理器、鋼鐵，以及汽車製造產業等。這些產業具有高的固定成本，像是建置廠房與購買設備的成本，所以需要藉由大量生產的方式來創造利潤，也因此造成新公司的進入障礙。

➥ 需求面的規模利益

當買方購買產品的意願隨著其他買方購買該產品增加而提升時，就會產生需求面的規模利益，是因為有良好口碑的產品會提高其他尚未購買者的購買意願。當產業具有需求面的規模利益時，新公司亦難以

進入,是因為消費者不太喜歡向新進入者購買產品。最經典的規模利益之實例就是微軟的作業系統 Windows。微軟幾乎支配整個作業系統的市場,在 2012 年擁有 90% 的市場占有率,潛在進入者難以進入此產業是因為消費者偏好購買能與自己所持有軟體相容的作業系統。有趣的是,微軟卻在進入智慧型手機市場時受阻,微軟很難將 Windows Phone 作業系統打入智慧型手機市場,因為消費者早已習慣使用蘋果或 Android 的作業系統。

➣ 顧客的轉換成本

當買方改變供應商時,就可能會產生轉換成本。轉換成本是一種固定成本,像是當消費者想更換或使用其他品牌的產品或操作程序時,就有可能產生轉換成本。例如,投資顧問產業的投資人通常會面臨高的轉換成本,因為大多數的投資人都只會向一家投資顧問公司諮詢與進行投資活動,如購買股票、基金投資,以及開立退休存款帳戶等。因此,當投資人想要將資金移轉至另外一家投資顧問公司時,就可能產生所謂的轉換成本,投資人需要花費許多時間與心力才能移轉至另外一家投資顧問公司。此外,當消費者欲更換網路銀行時,也可能會產生轉換成本;一旦設定好網路帳戶、支付程序,以及帳號資訊後,想要轉換至其他網路銀行的動機就會降低,因為可能無法再享有該銀行所提供的優惠利率。

➣ 資本需求

在某些產業中,新進者初期需要投入大量的資本,如此才能順利地運作。資本不只是代表固定設備,也代表著公司的信用、財產項目,以及初創損失。需要新進者投入大量資本的產業包括採礦業、製藥業及鋼鐵業等。就以製藥業來說,該產業的研發費用相當驚人,開發一項新藥品的平均費用約為 8,000 萬美元,因此潛在進入者難以進入該產業。

➣ 現有公司的優勢

在許多產業中,現有公司掌握成本或品質優勢,使得潛在進入者難

以進入產業。現有公司的優勢包括優越的技術、掌控少數資源，或政府補助。如同上述的 IBM 個案，獨特或私有的技術是構成產業進入障礙的重要因素。在 IBM 外包數個個人電腦的零組件給其他公司製造之後，即破壞這個重要的進入障礙。

➥ 掌控配銷通路

任何一家公司都需要配送它們的產品或服務給消費者。然而，許多產業 (如飲料業) 需要密集式配銷通路。例如，當你進入便利商店時，會看到各式各樣的汽水、包裝飲用水、飲品，以及許多大品牌，如百事可樂與可口可樂。對於新進者來說，如 VitaminWater，要取得配銷通路來販售其產品是一件非常困難的任務。為了解決配銷通路的問題，VitaminWater 透過大量的促銷與行銷活動以尋求獨立通路商的合作。VitaminWater 的創辦人達流士·畢可夫 (Darius Bikoff) 為了讓產品能夠在各大零售店販售，在曼哈頓拜訪一家又一家的零售商，以爭取上架的機會與空間。透過持續的努力，VitaminWater 才慢慢地在難以進入的飲料業中占有一席之地。

➥ 政府政策限制

政府可能會透過政策與法案限制或阻止進入某些產業，像是證照取得、專利保護、外國公司投資之限制，以及禁止接觸當地稀少原物料的市場等。紐約計程車產業就是一個受政府政策限制的產業。在紐約，政府將計程車的總牌照數控制在 14,000 張，計程車牌照像是一個有價值的商品被少數車行所掌控，因此阻止許多想自行買車來從事計程車服務的人。

供應商的議價能力

供應商提供公司製造或生產流程中必要的原物料。對大多數的公司而言，「供應商」是一個廣泛的群體，包括：電力公司、員工 (提供勞力)，以及原物料生產者 (如鋼鐵公司)。每一家公司都有一長串的供應商名冊，不同的供應商對於公司有不同程度的權力。一般而言，當供應商的產品沒有其他替代品、供應商限制產量，或該產業並非供應商的主要顧客時，供應商即握有較高的權力。底下先以微軟為例說明供應商的

權力，之後再詳述一些造成供應商議價能力較高的原因。

近 20 年來，微軟給予個人電腦製造商相當大的壓力。微軟在作業系統軟體產業具有相當大的支配權，在過去 20 年始終維持 90% 的市場占有率。微軟之所以能維持如此高的市場占有率，主要因為作業系統軟體是一個高進入障礙的產業。如前所述，微軟享有需求面的規模利益。在 1981 年，IBM 將作業系統外包給微軟生產時，便造就微軟的**先占者優勢 (first-mover advantage)**。當公司是市場上第一家提供渴望的產品或服務而獲致顧客忠誠度者，即稱為先占者優勢。某研究指出，先占者通常享有近 10 年的產業優勢。

> **先占者優勢**　當公司是市場上第一家提供渴望的產品或服務而獲致顧客忠誠度者。

由於微軟所生產的 Windows 是 IBM 個人電腦的基本配備且具有相容性，因此 Windows 變成每台個人電腦的必要配備。隨著時間的經過與 Windows 使用者日益增加，微軟的供應商權力也隨之提升，使得競爭者難以進入此產業。雖然微軟 Windows 的目標族群是個人電腦使用者，但主要是透過個人電腦代工商 (original equipment manufacturer, OEM) 銷售給最終使用者。大多數的電腦代工商無從選擇，必須將 Windows 系統植入所生產的個人電腦中，也因此必須支付給微軟所訂定的金額。

如前所述，每家公司都有一長串的供應商，而每一家供應商對於公司有不同的影響力與權力。微軟展現出比代工廠商更高的供應商權力，而其他供應商對代工廠商可能就沒有這麼高的議價權，如磁碟製造商。值得注意的是，隨著產業與市場的不同，公司與供應商之間的議價能力也會有差異。

↳ 高權力供應商的特徵

在公司的供應商清單中，下列特徵決定誰的權力高於公司，包括：

- **供應商產業具有高集中之特性**。微軟的案例是此種供應商權力最佳的實例，亦即單一公司 (即微軟) 支配整個作業系統產業，而下游卻有數家的個人電腦製造商。
- **買方具有高的供應商轉換成本**。許多公共事業單位會集中購買某些特定種類的煤，因為這些單位所委託製造的鍋爐只能使用這種含有特殊化學成分的煤。如果欲更換其他種類的煤，這些單位必須停產一段時間以翻新設備來處理新的煤。在這種情況下，這些單位會面臨到極大的轉換成本。

- **供應商所提供的產品沒有替代品**。在製藥產業中，個人藥品製造商生產不同的產品給顧客，如醫院與教學醫療機構。相較於製造公司來說，它們的顧客 (如醫院與教學醫療機構) 的議價能力較低。這是因為某些獨特的藥品掌握在少數的供應商手上，且有些人所患的疾病沒有其他可替代的處方箋。例如，Genzyme 會針對少數疾病開處方箋，因此可完全掌控藥品的價格。
- **供應商具有向前整合的能力**。當產業具有高獲利潛力，進入障礙不高，且供應商擁有足夠的資源與能力時，供應商就有可能向前整合。例如，高級服飾製造商 Diesel 向前整合零售產業來擴展個人品牌據點。
- **供應商依賴程度不高**。如果供應商認為某下游產業並非他們的主要顧客時，就會在該下游產業訂定較高的價格以獲取超額利潤。

替代品的威脅

在過去，百科全書幾乎是所有家庭在尋找常見問題的答案時常會翻閱的書籍。例如，美國馬里蘭州的人種為何？是誰發明冷氣機？1850 年代法國的領導者是誰？百科全書是許多有效資訊的來源，但如果沒有每年購買新的百科全書，將無法獲得即時的新資訊。隨著個人電腦與 CD-ROM 的普及，這些精裝的百科全書逐漸遭到淘汰。在 1990 年代早期，微軟開發一本用於個人電腦的數位百科全書，名為 Encarta，它將百科全書從一套叢書轉變成線上互動光碟。之後，隨著網際網路與搜尋引擎 [如 Google 與雅虎 (Yahoo)] 的發達，消費者就更少使用精裝版的百科全書。這些搜尋引擎完全取代百科全書，允許使用者可快速且立即搜尋最新的資訊。隨著 Encarta 的導入與搜尋引擎的激增，傳統百科全書的供應商面臨前所未有的經營困境，如 Britannica。雖然 Britannica 在 1990 年總銷售額達到 6.5 億美元，獲利 4,000 萬美元，但往後的幾年就開始每況愈下，1993 年總銷售額下跌至 4.5 億美元。

在 2012 年 3 月，Britannica 宣布停止所有百科全書的印製，並開關全數位化的平台。對一家從 1768 年就開始印製書籍的公司來說，必須有很大的決心才能做出這樣的決定。然而，在 Britannica 決心走向全數位化平台時，卻面臨維基百科 (Wikipedia) 嚴峻的挑戰與競爭；在 Google 搜尋引擎中很容易搜尋到維基百科所提供的資料。因此，Britannica 必須證明自己的價值以確保永續生存。

雖然鮮少有替代品可以對競爭者造成如此大的威脅與影響，但所有的公司都難以避免替代品的威脅。替代品可能是競爭者的產品，或一些能夠滿足同一群消費者需求的其他產品。根據五力模型，替代的產品或服務可能會影響一個產業的獲利潛力，主要因為替代品會限制公司在產業中能夠索取或訂定的價格之上限。以百科全書的案例來說，從價格效用 (price-performance) 的差異也可以瞭解傳統百科全書為何逐漸遭到淘汰。對消費者而言，支付 1 個月的上網費用即可透過網際網路搜尋到最新、最即時的資訊。儘管一台電腦的成本與每月上網費用可能超過一次購買一整套百科全書的費用，但在價格效用上的極大差距是導致 Britannica 這類公司無法再以舊的經營模式來贏得競爭優勢之主因。

有些替代品可能不明顯。例如，當西南航空導入低價的點對點航線時，其目標客群是以自用車來進行短程旅遊的消費者為主，這與傳統的航空公司之目標客群不同，因此當初推出此項服務時並不是要與傳統的航空公司競爭。然而，西南航空在推出此項服務後，卻成功地替代自用車旅遊與其他航空公司的服務。

顧客的議價能力

隨著產業的不同，公司的顧客也會有所差異。在零售業，像是服飾業，公司的顧客是以一般消費大眾為主。然而，有許多公司的主要顧客為商業顧客，或稱企業顧客。例如，鋼鐵公司的主要顧客是大型公司，如汽車製造商或個人家電製造商。顯然地，鋼鐵公司的顧客與零售公司的顧客有很大的差異。由於不同類型的顧客有不同程度的**議價能力 (bargaining power)**，因此對公司所施加的壓力程度也會不同。當買方的購買數量很大，或當供應商所提供的商品沒有差異性時，相對於賣方，買方握有較大的權力。在此種情況下，買方或顧客有權力調整或壓低價格。底下將以實務案例說明買方的議價能力。

在 20 世紀時，美國的鋼鐵業為少數幾家大型公司所支配與控制。在 1950 年，三大鋼鐵公司——美國鋼鐵、Bethlehem 鋼鐵，以及 Republic 鋼鐵，占了美國近 60% 的市場占有率。在這段期間，成功的鋼鐵公司都是資本雄厚的公司，對買方施加強大的壓力。大多數的買家也沒有什麼選擇，只能向臨近工廠的鋼鐵業者購買鋼鐵，是因為鋼鐵的運送成本相當高。然而，在 1950 代晚期至 1960 年代早期，隨著國外競

議價能力 供應商或買家對公司所施加的壓力。

爭者的進入，議價能力也隨之移轉。在這段期間中，擁有穩定產能的日本大型鋼鐵公司成為美國鋼鐵市場強大的進口商。不同於美國的鋼鐵公司，日本鋼鐵公司能成功克服鋼鐵的高運輸成本。此外，日本鋼鐵公司之所以能擔任價格領導角色，是因為在第二次世界大戰後日本鋼鐵業重新建構新的技術，促進整個產業的升級。在新技術帶動，以及政府輔助與有利的僱用成本結構之下，允許日本鋼鐵公司即使在高運輸成本下依舊能夠與美國的鋼鐵公司進行價格競爭。

隨著進口鋼鐵湧入美國市場，買方也開始對產品沒有差異性的鋼鐵公司施加壓力。在權力由賣方移轉至買方後，美國許多鋼鐵公司的市場占有率與獲利開始下滑。由於議價能力的移轉與較高的殘留成本結構，使得美國鋼鐵公司的業績與營運狀況不斷地下滑。在 2002 年，美國第二大、第三大及第五大的鋼鐵公司紛紛宣告破產。

➥ **高權力顧客的特徵**

從上述美國鋼鐵業的實例可知，擁有較高權力的顧客可能會對製造商施加價格與品質壓力。一般而言，高權力的顧客通常具有下列特徵：

- **顧客具有高集中性或購買量大**。沃爾瑪因為本身的規模，而擁有非常大的買方權力。沃爾瑪是全世界最大的零售商，因此對許多公司來說，沃爾瑪通常是它們的最大顧客。由於沃爾瑪龐大的購買量與經營範疇，使得它能夠向供應商施加價格壓力，如寶僑與卡夫 (Kraft)。沃爾瑪與亞馬遜皆對出版業有非常大的影響力，都能要求出版業者降低價格，即使是銷量不錯的書籍也不例外。
- **產品沒有差異性**。從上述美國鋼鐵業的實例，即可瞭解此種議價能力的影響力。大多數鋼鐵公司所生產的產品不具有差異性，因此不易與訂價較低的競爭者競爭。由於日本鋼鐵公司的加入，鋼鐵供應商的選擇愈來愈多，買方轉而要求賣方降低鋼鐵價格。
- **買方的轉換成本不高**。有些產業的轉換成本不高，如紙張與辦公用品產業。紙張與辦公用品通常是較便宜的商品，且供應商眾多。因此，大多數的公司都不會與特定的辦公用品供應商簽約，通常會根據商品價格來選擇合適的供應商。
- **買方具有向後整合的能力**。對汽水瓶製造商來說，此種威脅早已存在多年。可口可樂與百事可樂早已準備好向後整合汽水瓶製造

事業。在 2010 年時，兩家公司皆紛紛出手購買汽水瓶製造商的公司股份，百事可樂已購得北美汽水瓶製造商近 80% 的股份；可口可樂則買下它們最大的汽水瓶供應商。

現有競爭者的競爭

產業結構會影響公司之間的競爭密度。有些產業競爭密度非常高，產業內的公司以價格、服務、產品等相互競爭。相較於在產業中專注於利基市場或採取獨特活動的公司，一般現有的競爭者如果競爭太過激烈，將會削減彼此的利潤。

可口可樂與百事可樂是全球兩大知名的消費品牌。雖然兩家公司皆擁有驚人的獲利，但雙方依舊彼此激烈競爭。在 1950 年代，百事可樂以一則非正式的標語「擊敗可口可樂」(Beat Coke)，以及推出產品，直接襲擊可口可樂的市場領導地位。在這段時間，百事可樂針對家庭市場導入 26 盎司容量的可樂。在 1960 年代，兩家可樂公司紛紛延伸產品線，持續推出多款汽水，例如，可口可樂推出芬達、雪碧與 Tab，而百事可樂則推出 Teem、Mountain Dew 與 Diet Pepsi。此外，兩家公司皆投入大量的廣告費用，試圖獲取對方的市場占有率。

兩家公司在競爭的過程中，最經典的競爭廣告是：「百事可樂的挑戰」(Pepsi Challenge)。百事可樂在好幾個市場中請街頭的路人試喝沒有標示可口可樂與百事可樂的瓶裝可樂，並請路人指出何者為可口可樂，何者為百事可樂，以及說出比較偏好哪一瓶可樂。百事可樂的高階主管都認為，可口可樂的高市場占有率不是一個真實的數據，因為消費者根本不知道他們其實偏好的是百事可樂，而不是可口可樂。在這次挑戰之後，百事可樂提高許多都會區的市場占有率。可口可樂隨即以折扣、競爭性的標語、零售商折扣，以及一系列的口味質疑廣告進行反擊。一般而言，在這種激烈競爭的情況下，兩家公司的獲利應該會下降，但可口可樂與百事可樂卻仍能維持驚人的獲利。

↪ 形成高度競爭與價格競爭的條件

一般而言，當產業中的公司都以價格來進行競爭時，則競爭通常會非常激烈，且會壓縮整個產業的利潤。在下述的情況下，競爭會非常激烈：

- *產品或服務缺乏差異性或轉換成本*。大多數的商品市場都呈現出

此種競爭型態，因為這些商品市場的產品通常缺乏差異性。

- **固定成本高與邊際成本低**。邊際成本是指，每多生產一單位的產品，需要額外支付的成本。航空業的邊際成本就相當低，一旦航班確定，每增加一位旅客的邊際成本就會降低。因此，在航空業中，如果既定航班的旅客不足，航空公司通常會調降機票價格，有的甚至訂出比成本還低的票價，目的就是要填補一部分的固定成本。其他的旅遊產業亦同，業者常會訂出非常優惠的價格來吸引消費者。此外，電影放映也是屬於低邊際成本的事業。

- **產量增加**。對於少量生產的公司來說，成本效益並不是唯一的考量，然而由於初期的高生產成本，因此仍需要大量生產。在某些化學產業中，公司必須透過大量生產來做價格競爭。

- **產品淘汰速度快**。許多以技術為主的產品，像微處理器，即是此種競爭型態典型的例子。隨著創新速度的加快，公司容易陷入最新一代 (last-generation) 的經營模式中，也因此必須調降價格以促銷上一代 (舊款式) 的產品。

- **競爭者眾多或競爭者規模與權力相等**。此種競爭型態最常發生於在地的服務產業 (如洗衣店)，是因為在低成長市場中的競爭者之間通常不具有差異性。

- **產業成長緩慢**。近 10 年來，穀類早餐市場成長速度相當緩慢，使得競爭者間 [如通用磨坊 (General Mills) 與家樂氏 (Kellogg)] 就不得不以價格來做競爭。

- **退出障礙太高**。有時候結束營運的成本太高，導致公司不得不繼續經營。在鋼鐵業中，退出障礙非常高，鋼鐵製造公司面臨許多殘留與環境成本，因此通常會不顧一切地繼續經營。例如，美國有許多鋼鐵公司即使年年虧損卻依舊持續經營。

五力模型的限制

過去幾年來，五力模型的有效性受到許多質疑，因為五力模型僅在某特定的時間點分析某特定產業。然而，產業競爭是動態而非靜態的，不同程度的競爭狀況都會影響整體產業的吸引性。對 IBM 來說，在決定將個人電腦的主要零組件委外製造後，個人電腦產業在一夕之間就成為困境產業。

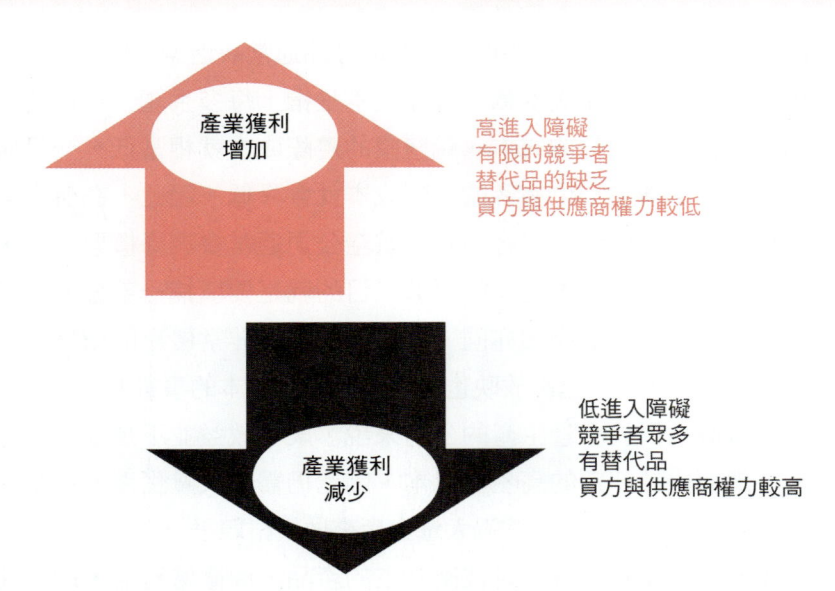

```
         產業獲利
           增加           高進入障礙
                         有限的競爭者
                         替代品的缺乏
                         買方與供應商權力較低


                         低進入障礙
                         競爭者眾多
         產業獲利          有替代品
           減少           買方與供應商權力較高
```

資料來源：Adapted from Michael E. Porter, "Understanding Industry Structure," Harvard Business School Note No. 9-707-493, rev. August 13, 2007 (Boston, MA: HBS Publishing, 2006), pp. 3–4.

圖 5.7　五力模型對產業獲利的影響

儘管有不同的批評聲浪，但五力模型依舊是分析產業吸引力與發展事業層級策略的重要工具之一。不同產業有不同的五力特徵，而不同的五力特徵會影響整體產業的獲利潛力，如圖 5.7 所示。

管理者在進入產業前與進入產業或市場後都要持續使用五力模型，如此才能更瞭解與掌握整個產業結構特性與改變。五力模型有助於管理者瞭解並決定必須投入的重點。此外，五力模型提供管理者在策略選擇上的指引，包括如何與在哪裡競爭。然而，值得注意的是，在不同的產業中，五種力量的影響力與重要性也會有所不同。五力分析可幫助管理者確認何種力量對於產業與公司的獲利潛力最為重要。

內部環境對策略的影響

到目前為止，本章都在討論公司外部環境或產業結構的分析與評估，包括討論不同產業的獲利潛力，並介紹評估某特定產業吸引力的分析工具，即五力模型。本章尚未完整說明公司的內部環境對策略發展與公司獲利的影響。公司內部的資源與外部產業結構同樣重要。為創造競爭優勢，管理者必須倚賴優越的內部資源與有利的產業結構。

內部資源之所以被視為公司取得競爭優勢的重要來源之一，是因為過去有學者在分析為什麼有些高吸引力產業的公司績效不佳，而有些在低吸引力產業的公司卻有極佳的獲利時發現，公司本身也是影響其績效表現的因素之一。因此，學者開始從公司的活動、流程與資源來探討同產業中勝利者與失敗者的差異。

資源基礎觀點

資源基礎觀點 (resource-based view) 指出，公司是由一組資源所組成的實體。資源基礎觀點起源於 1990 年代，強調資源是公司能夠發展與執行策略之基石。根據資源基礎觀點，公司可以藉由取得並匯集資源來創造競爭優勢。資源基礎觀點認為，同產業中的公司或競爭者所擁有的資源與能力不盡相同，因此也決定誰能夠獲取競爭優勢。

> **資源基礎觀點** 公司可以藉由取得並匯集資源來創造競爭優勢。

從資源基礎觀點也能夠瞭解公司與外部環境之間的關係。外部環境不斷改變，包括政府管制、消費者偏好、競爭者，以及人口統計等，即使目前市場接受與喜愛公司所生產的產品，不代表未來的市場會持續接受與喜愛該產品。隨著環境的改變，公司必須重新評估內部的資源，以確保這些資源能持續提供公司核心能耐；倘若無法再提供核心能耐，公司就必須發展另一組新的資源與能力。一般而言，長期成功取決於管理當局願意且能夠持續地學習，持續性的學習有助於管理者理解與發掘環境的改變與影響。

在瞭解公司資源與核心能耐的重要性之後，底下將說明幾種公司必須擁有的重要資源。

公司資源

所有的公司皆擁有一組資源或資產。大多數的人所認為或知道的公司資源都屬於事業面向的資源。某些資源是容易評價且可立即變現的，如工廠或設備，而某些資源則難以評價且不容易變現，如員工或專利。對豐田汽車這類公司來說，所有的資源都很重要，因為它們皆是豐田汽車能夠在產業中維持競爭優勢的來源。一般而言，公司資源可以分成三種類型：有形資源 (tangible resource)、無形資源 (intangible resource)，以及人力資源 (human resource)。

➡ 有形資源

公司的有形資源通常是可看見的實質資源，包括：工廠與設備、土地、存貨、原物料，以及電腦系統等。以豐田汽車來說，有形資源眾多且重要，例如豐田汽車在全球有 64 家分公司，其中有 13 家位於北美。在豐田汽車的資產負債表中，汽車製造設備與工具是最大宗的資產；此外，豐田汽車在全球有大量的土地。

豐田汽車的有形資產配置策略主要是在美國低所得的農村地區設置汽車製造工廠。在 1980 年代，美國政府制定多項外國汽車輸入美國之限制與規定時，豐田汽車就開始施行此項策略。在面對這些嚴峻的限制與規定時，豐田汽車的解決策略就是直接在美國當地設置工廠。為了克服美國市場的高勞動成本，豐田汽車選擇在農村地區設置工廠，遠離傳統的汽車製造地區，如底特律。由於採取此策略使豐田汽車能夠降低汽車製造的勞動成本，以及取得欲吸引大企業來當地投資的州政府許可證。

➡ 無形資產

不同於有形資源，無形資源是不易觀察且難以計價的公司資產，包括公司內部的流程或系統、品牌名稱、技術、文化，以及智慧資產等。

以豐田汽車來說，很難明確說明與指出豐田汽車的無形資產，但可以確定的是這些無形資產都非常重要。如同第 4 章所述，豐田生產系統是其取得產業領先地位的關鍵因素。豐田生產系統是由生產線與裝配汽車的流程所組成。豐田汽車的生產線看起來似乎與其他汽車工廠的生產線沒什麼不同，但最大的差異點在於豐田汽車的生產哲學，以及管理生產線的流程。例如，每位員工的頭頂上都有一個稱為「安燈繩」的裝置。當員工遇到問題時只要拉下此繩，前線主管就會立即出現在該工作站，並排除與解決員工的問題。如果問題一時無法解決，員工與前線主管就會再拉一次安燈繩，此時整條生產線就會停止運作，直到問題解決後才會重新運作。安燈繩背後的生產哲學是避免錯誤不斷地重複出現，而提高重做的成本。豐田汽車鼓勵每位生產線上的員工找尋能夠使流程順利運作的方法。雖然安燈繩的裝置聽起來相當簡單，然而競爭者卻很難複製此系統，因為該系統與豐田汽車整個製造環境緊密結合在一起。

➡ 人力資源

公司的人力資源是指所有層級的員工,從基層員工到執行長皆是公司的人力資源。例如,在顧問或會計公司有許多為顧客解決問題的特殊流程、模式或架構,但對這些公司來說,最重要的資產是設計這些流程與模式的員工。當有傑出員工或顧客開發經理離職時,對公司而言都是非常大的損失。

豐田汽車的人力資源與有形資源及無形資源一樣重要。如前所述,豐田生產系統是很多汽車製造公司所羨慕的系統。全世界有許多管理者與學者研究和詳細檢視此生產系統,期望能徹底瞭解與運用整個系統。雖然豐田生產系統有許多重要的裝置,像是安燈繩,但生產線上的員工才是最重要的因素。豐田汽車在僱用員工時,應徵者除需擁有某些技能之外,還需具備某些重要屬性,例如,排除疑難的能力、創意思考,以及能融入工作團隊等。

如上所述,豐田汽車之所以能發展出其著名的生產系統,最主要是因為公司所擁有的資源。豐田汽車的成功,不論是顧客與競爭者都給予高度的認同。事實上,經過數十年的努力,豐田汽車近來已經超越通用汽車成為全世界最大與獲利最高的汽車製造公司。許多公司都試圖複製豐田生產系統,而豐田汽車也非常大方地開放工廠讓這些公司參觀。

你也許會想問:「為什麼豐田汽車會允許競爭者來參觀它們所自豪的生產系統?」這樣不就是允許競爭者模仿它們的生產活動與取得相似的資源,如此一來,不就會侵蝕豐田汽車的競爭優勢嗎?豐田汽車允許競爭者參觀工廠的理由,在第 4 章中已談論。

最主要的原因是,一家公司的活動與資源都非常重要,但個別活動與單一資源無法創造持續性的競爭優勢。公司必須創造一個系統將所有的活動連結在一起,如此才有助於核心能耐的建構,進而創造持續性的競爭優勢。豐田汽車深知其他汽車製造公司能夠複製豐田生產流程中的某些活動,但沒有任何一家公司可以複製整個系統。

💡 SWOT 分析

SWOT 分析是另一項可幫助管理者瞭解內外部環境的重要工具。
SWOT 分析 (SWOT analysis) 可幫助管理者快速瞭解並檢視公司內部的

SWOT 分析 幫助管理者快速瞭解並檢視公司內部的優勢與劣勢,以及存在於外部環境中的機會和威脅的重要工具。

優勢與劣勢，以及存在於外部環境中的機會和威脅，如圖 5.8 所示。內部的優勢包括特殊的人力資源技能、科技及技術等，這些優勢使公司有效地運作，且通常鑲嵌在公司的價值鏈中。劣勢是公司在運作上的潛在問題，包括：老舊的廠房與設備、老化的員工，或過度依賴某特定供應商所提供的重要原物料等。第 1 章曾介紹外部環境的機會與威脅之分析方法，包括環境偵測與情境規劃。內外部環境之分析可使公司與管理者更瞭解整個環境的狀態。在使用 SWOT 進行分析時，管理者必須回答下列幾個重要的問題：

- 公司可獲取競爭優勢的核心內部能耐為何？
- 公司的獨特銷售定位或核心競爭優勢為何？
- 以公司內部來說，何者是比較不足或缺乏的一塊？
- 公司應該要發展何種能力？
- 外部環境以什麼方式改變？
- 外部環境改變後，會產生什麼機會或威脅？

SWOT 分析是一個可幫助管理者瞭解與公司能力及競爭優勢有關的內部環境狀態。就像五力模型一樣，SWOT 也是某個特定時間點的靜態分析。因此，為了使 SWOT 分析能發揮效用，管理者必須以策略思考為主，定期地檢視內部與外部環境。相較於維持固定策略的公司，能夠根據內外部環境的狀況適時調整策略方向之公司，將會有較佳的績效表現。因此，公司必須維持高度的**策略彈性 (strategic flexibility)**，亦即公司必須具備能確認與回應外在環境，並調配內部資源以回應外部環境變化之能力。

> **策略彈性** 公司必須具備能確認與回應外在環境，並調配內部資源以回應外部變化之能力。

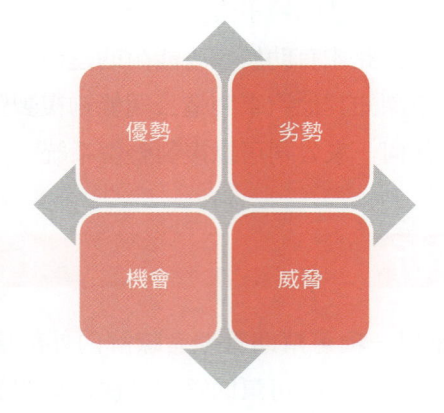

圖 5.8 SWOT 分析

競爭優勢

在瞭解外部環境的影響力與公司內部環境的資源之後，管理者還必須能夠確認並評估公司應發展何種策略才能獲取市場上的競爭優勢。西南航空因創立低成本活動之系統 (即短程旅客可負擔的航空票價) 而獲得競爭優勢。西南航空藉由降低產業較不具吸引力的特色，以及應用產業中具吸引力的因素，並在競爭激烈的產業中創造出低成本活動之系統。在第 4 章說明的案例中，奧克蘭運動家隊的比恩發現評估職棒球員的新技術，因而幫助球隊創造競爭優勢。這些組織之所以能夠維持競爭優勢，是因為它們透過核心能耐之發展來為顧客創造價值。

競爭優勢源於公司能為其顧客創造高於生產產品或服務成本之價值。**價值 (value)** 是指，消費者願意支付產品或服務之價格，而價值的產生源於公司能提供比競爭者更低的價格，或提供利益超過潛在成本的獨特產品給消費者。在某特定產業的競爭優勢意指能夠幫助公司贏過競爭者之策略性的成果。

競爭優勢來自三種基本策略：成本領導、差異化及集中策略，其中集中策略是管理者選擇在某個較小的市場區隔中採取成本領導或差異化來創造競爭優勢，如圖 5.9 所示。

> **價值** 消費者願意支付產品或服務之價格，而價值的產生源於公司能提供比競爭者更低的價格，或提供利益超過潛在成本的獨特產品給消費者。

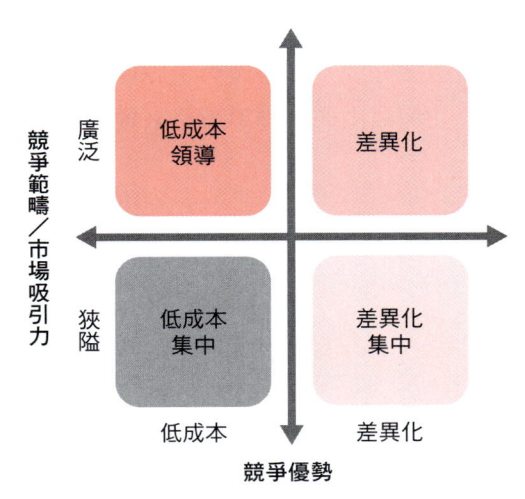

資料來源：Adapted from Michael E. Porter, "The Five Competitive Forces That Shape Strategy," *Harvard Business Review,* January 2008.

圖 5.9　三種基本策略

成本領導

> **成本領導** 公司提供低價的產品或服務給廣泛的消費者。

當公司選擇採取**成本領導 (cost leadership)** 策略時，意指提供低價的產品或服務給廣泛的消費者。採取成本領導策略的公司在設計活動必須考量幾個重要的取捨問題，包括價格與產品特色，或價格與品質之間的取捨。此外，採取成本領導策略的公司皆試圖提供比競爭者成本還要低的產品或服務。成本優勢的來源包括：**規模經濟 (economies of scale)**、獨特技術，或取得稀有原物料。規模經濟之產生是隨著某特定產品的產量增加，每單位生產成本下降。

> **規模經濟** 隨著某特定產品的產量增加，使得每單位生產成本下降。

在成本領導策略中，管理者必須思考並推動能創造低成本優勢的活動與來源，藉以增進競爭力。在推動多種低成本優勢的來源時，管理者必須思考目前市場上競爭者之間的差異性。例如，公司所生產的產品不能與競爭者有太大的差異，亦即顧客無法察覺產品之間的差異性。如果買方無從比較產品之間的差異，公司就能藉由降低產品的價格來與競爭者競爭。

在產業中，如果有數家公司都採取成本領導策略，則競爭會相當激烈，因為公司之間可能會以低於成本的價格來販售產品以獲取或維持市場占有率。欲成為產業中最低成本的公司或生產者，其可能會說服或促使其他競爭者放棄低成本策略，如此該公司才能獲取競爭優勢。例如，全世界最大的零售公司沃爾瑪運用有效的配送系統來創造低營運成本。沃爾瑪的低營運成本活動促使公司可以提供其他競爭者所無法提供之低價產品。在瞭解一些重要的成本領導優勢來源後，底下將以美國先鋒集團為例，說明該公司如何藉由成本領導策略來獲取競爭優勢。

先鋒集團

先鋒集團 (Vanguard Group) 是美國最大的資產管理公司，至 2011 年底為止總共管理超過 1.7 兆美元的資產，擁有 13,000 名員工。先鋒集團提供個別或機構投資者共同基金 (mutual funds)、指數股票型證券投資信託基金 (exchange-traded funds)、債券 (bonds)、可轉讓定期存單 (certificates of deposits)、年金、529 大學儲蓄計畫 (529 college savings plans)、仲介服務，以及投資顧問服務等。先鋒集團有一半以上的資產是投資於共同基金，也因此讓該集團成為美國最大的共同基金公司，其主要競爭者為富達投資與 T. Rowe Price。不像其他的共同基金公司，先鋒集團是直接為顧客管理基金，而非透過外面的仲介機構。

先鋒集團的所有營運活動都是以能為顧客帶來低成本與高品質的服務為主。先鋒集團的平均收費是產業最低，因為公司的所有共同基金都是免收費基金 (no-load funds)，因此投資人在購買基金時不需要付費。

此外，先鋒集團另一個重要的低成本營運策略是推行指數基金 (index funds)。指數基金是一種擬合市場的主要指數之基金，像是標準普爾 500 (S&P 500) 指數，讓投資者可以同時擁有一批股票。指數基金的優點是可分散投資風險與降低交易成本，除非有股票從對應指數中剔除，否則指數基金管理人所建構的股票組合通常不會有異動。不同於指數基金管理人，非指數型的共同基金管理人可能需要每週或每天買賣不同股票，因此會增加投資人的整體投資成本。雖然先鋒集團主要的營運範疇是以指數基金為主，但也提供積極管理型基金與其他競爭者抗衡，然而先鋒集團依舊維持著低成本領導的策略思維。

先鋒集團也積極執行其他活動，使公司得以在產業中維持成本領導地位。先鋒集團鮮少在傳統的媒體上刊登廣告，而是以口碑行銷為主。此外，相較於其他競爭公司以電話交易，先鋒集團大部分的交易都是透過網路完成，這也使得公司每筆交易成本都低於同業。

先鋒集團的每項營運活動都是以能為顧客創造低交易成本為主，如圖 5.10 所示。雖然競爭者也相繼模仿先鋒集團推行指數基金，然而先鋒集團依舊能維持產業中的成本領導地位，是因為先鋒集團的所有營運活動都是以能促進低成本為主。

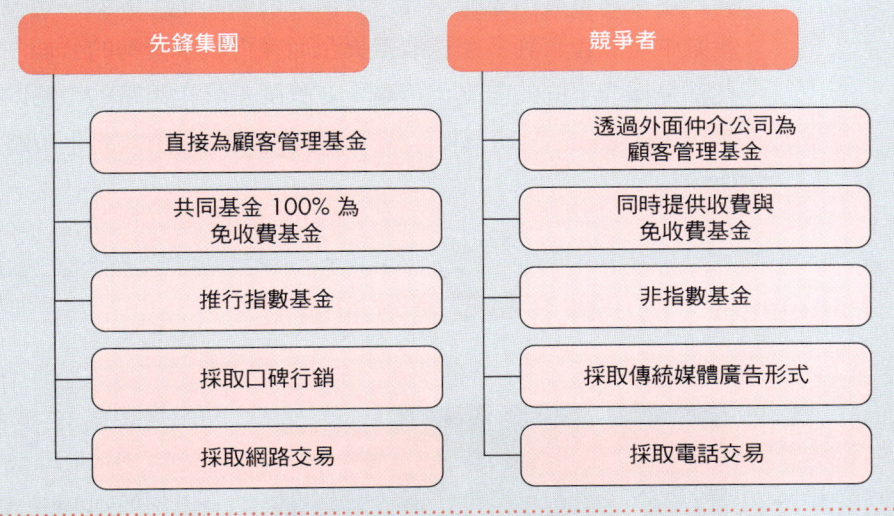

先鋒集團	競爭者
直接為顧客管理基金	透過外面仲介公司為顧客管理基金
共同基金 100% 為免收費基金	同時提供收費與免收費基金
推行指數基金	非指數基金
採取口碑行銷	採取傳統媒體廣告形式
採取網路交易	採取電話交易

圖 5.10　先鋒集團的低成本策略

個案討論

1. 先鋒集團如何為自己定位？
2. 請說明有助於先鋒集團行使低成本策略的營運活動。
3. 低成本策略如何為先鋒集團的顧客創造價值？
4. 請詳細說明為什麼競爭者無法成功地模仿先鋒集團的策略。

差異化

> **差異化** 公司試圖在產業中尋求可提供消費者價值的獨特性。

　　差異化 (differentiation) 策略意指，公司試圖在產業中尋求可提供消費者價值的獨特性，亦即公司必須將自己定位為能提供某些消費者認為有價值，或競爭者所無法輕易模仿的產品屬性或服務之公司。不同於成本領導策略，如果採取差異化策略之公司所提供的產品真的具有差異性價值，顧客必須願意支付高價來購買該公司所提供的產品。差異化的優勢來源相當廣泛，包括產品特性、配銷系統、以及行銷方式等。

　　如果公司可以達到或維持差異化，即能夠持續獲利，即使公司所提供的特殊產品或服務之價格遠高於成本。雖然有些公司試圖以差異化策略來索取高價，然而如果顧客認為其所提供的產品或服務與低價競爭者所提供的沒有差異或一樣，就不會支付高價來購買。為了達成差異化的目標，公司必須聚焦於能夠增加差異化，以及從買方索取高價的定位上。之後，公司應該試圖找出並排除對差異化沒有貢獻的活動。

　　差異化策略的基本前提是，公司必須選擇一個與競爭者有區別或差異，以及消費者所重視或覺得有價值的構面。不像成本領導策略，同一產業中可能會有許多家採取差異化而獲得競爭優勢的公司，只要每家公司都是採取不同的差異化策略。在瞭解差異化策略的策略內涵後，底下將以 Patagonia 公司為例，說明該公司如何藉由差異化策略來獲取競爭優勢。

Patagonia：提供顧客與環境附加價值

　　Patagonia 是由傳奇的攀岩愛好者伊馮・喬伊納德 (Yvon Chouinard) 於 1973 年所創立，專門販售優質登山衣物與設備給喜愛戶外運動的顧客，如攀岩與滑雪玩家。在美國戶外用品產業中，Patagonia 是最知名與最成功的公司，主要的競爭者包括：高階市場的競爭者 North Face、Marmot Mountain Inc.，以及 Mountain Hardwear，還有中階市場的競爭者 Columbia Sportswear 與其他運動相關品牌，如耐吉和銳步 (Reebok)。這些戶外用品製造公司通常是透過下述幾種不同的通路來販售產

Ed Endicott/WYSIWYG Foto, LLC/Alamy

品，包括一般的戶外用品零售商，如 Dick's、Eastern Mountain Sports，以及 REI 等；網際網路；型錄；與公司直營店。

Patagonia 最主要的差異化來源是產品品質，為了生產出高品質的產品，Patagonia 與供應商密切合作。Patagonia 並不會直接向外面的紡織公司採購布料，而是與供應商共同研發新材質來生產旗下產品。與其他競爭者相比，大部分的公司都是直接採買布料與低成本的材料來製造相同和類似產品。雖然 Patagonia 致力於高品質與創新的材質，但公司也試圖壓低製造成本以維持與其他低價競爭者的競爭力。

Patagonia 亦透過關懷環境來創造差異化的競爭優勢，它是全球最具環保意識的公司之一。Patagonia 堅持使用有機材質來製造產品，每年捐獻銷貨收入的 1% 給環保組織，且在每一項決策的制定過程中都會將環保納入考量。為了推行再利用與減少浪費，Patagonia 鼓勵顧客穿破損的滑雪外套取代買新的外套，公司甚至願意幫顧客縫補破損的外套。

透過上述差異化策略，Patagonia 得以高於其他競爭者所提供的價格來販售自家的產品，Patagonia 的產品價格高於其他高階市場競爭者 15% ~ 20%，並高於其他中階市場競爭者 50%（參見圖 5.11）。

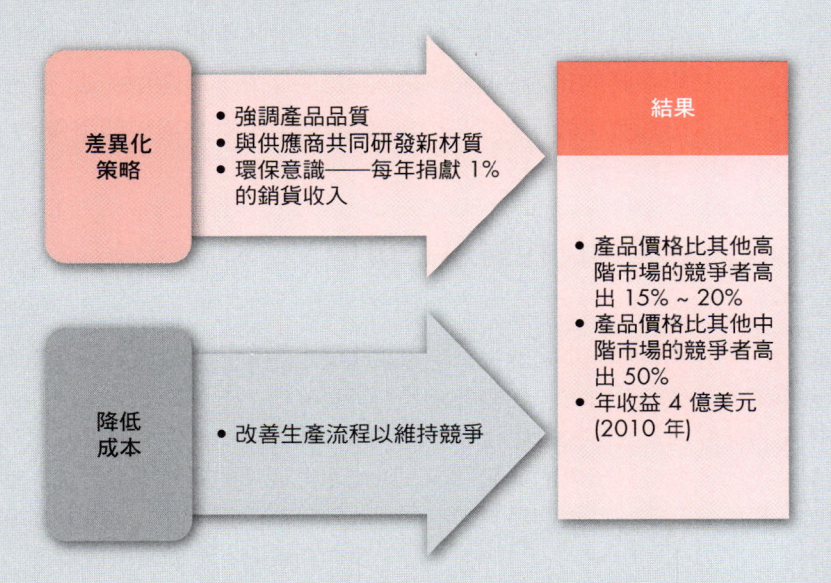

差異化策略
- 強調產品品質
- 與供應商共同研發新材質
- 環保意識——每年捐獻 1% 的銷貨收入

降低成本
- 改善生產流程以維持競爭

結果
- 產品價格比其他高階市場的競爭者高出 15% ~ 20%
- 產品價格比其他中階市場的競爭者高出 50%
- 年收益 4 億美元（2010 年）

資料來源：Adapted from Forest Reinhardt, Ramon Casadesus-Masanell, and Hyun Jin Kim, "Patagonia," Harvard Business School Case No. 9-711-020, rev. October 19, 2010 (Boston, MA: HBS Publishing, 2010); and Patagonia, Inc. Company Profile," 2009, www.onesource.com, accessed December 10, 2009.

圖 5.11 Patagonia 的差異化策略

個案討論

1. 為什麼 Patagonia 的差異化策略可以為公司創造驚人的收益？
2. 你是否能舉出並略述其他有規劃與執行差異化策略的成衣製造商之做法？
3. 請至 Patagonia 的網站，並閱讀公司社會責任的實務活動。Patagonia 如何將企業社會責任之實務整合至策略？社會責任之實務如何成為公司的差異化策略？

集中

> **集中** 公司「聚焦」投入於某特定地理區域、特定的購買族群或特定的產品型態。

集中 (focus) 策略意指，公司「聚焦」投入於某特定地理區域、特定的購買族群或特定的產品型態。公司可以採取低成本策略，提供低成本的產品給某特定區域或購買族群；或是採取差異化策略，提供具差異性的產品給特定區域或購買族群。

上述這兩種型態的集中策略之目的在於應用存在市場中某些區隔之差異性。在低成本集中策略裡，公司的目標客群是尚未被服務且具成本意識的顧客；在差異化集中策略裡，公司的目標客群是尚未被服務且擁有特殊需求的顧客。從上述例子可知，採取集中化公司欲獲得競爭優勢，必須集中投入於傳統競爭者所忽視或拋棄的市場區隔。

如果公司能夠在某市場區隔維持成本領導 (成本集中) 或差異化，則應可在產業中獲得不錯的績效。如同先前提到的差異化策略，在同一個產業可能會有數家公司都是採取集中化策略，只要每家公司都是聚焦於不同的市場區隔。在瞭解集中策略的內涵後，底下將以 Genzyme 公司為例，說明該公司如何藉由集中策略來獲取競爭優勢。

Genzyme 與罕見疾病用藥市場

Genzyme 是一家知名與獲利良好的生物科技公司。不像傳統的藥品開發方式，生物科技是使用工具來創造類似於人體蛋白的綜合或人工蛋白。目前生物科技所發展出來的藥品可成功地治療貧血、糖尿病及類風濕性關節炎等疾病。

由於成本限制與美國食品暨藥物管理局審查嚴格，因此大多數公司在研發新藥品都是以最常見或較多人罹患的疾病為主，少有公司會投入大量的費用於罕見疾病藥品之研發、製造及銷售。許多製藥與生物科技公司皆汲汲營營地投入每年可創造 10 億美元營收的「暢銷藥」(blockbuster drugs)。由上述的資料可知，為什麼大型製藥公司不願意投入某些市場區隔。Genzyme 不去評估所有疾病的病患數量或市場，並決定投資於尚未有治療藥物的特殊或罕見疾病之市場區隔。Genzyme 的管理當局認為，如果公司能順利發展出專門治療某些特殊或罕見疾病的藥物或處方箋，就能向這些病患收取較高的用藥費，尤其是當索取的價格低於照顧病患的社會與醫療成本時。

Genzyme 決定投入罕見疾病用藥 (orphan drug) 的市場區隔中，亦即以少於 20 萬人以下的罕見疾病為主要市場 (如表 5.1 所示)，如多發性骨髓瘤 (multiple myeloma) 與帕金森氏症 (Parkinson's disease)。罕見疾病用藥的製造者受到 1983 年美國罕見疾病用藥法 (Orphan Drug Act of 1983) 的保護。美國政府為鼓勵罕見疾病用藥之開發，凡新開發的罕見疾病用藥享有 7 年的市場獨占權、可向聯邦政府申請臨

床測試費用補助金，以及 50% 稅務減免等。在罕見疾病用藥法的保護下，Genzyme 獲得政府的相關補助，可補貼罕見疾病用藥的研發費用，且因為享有市場的獨占權，使公司能夠創造驚人的獲利。

Genzyme 藉由差異化集中策略而能獲得與維持競爭優勢，參見圖 5.12。Genzyme 看準罕見疾病用藥的市場機會，透過生物科技技術成功開發出數種平均毛利率 80% 的新罕見疾病用藥。

表 5.1　美國相關的罕見疾病用藥

年份	藥品名稱	治療疾病	公司	美國患者人數
2005	Retisert	慢性非感染性葡萄膜炎	Bausch & Lomb	175,000
2004	Acetadote	乙醯胺酚服用過量	Cumberland Pharmaceuticals	100,000[a]
2003	Serostim	愛滋病毒消耗性症候群	Serono Laboratories, Inc.	100,000
2002	Xyrem	猝倒症/突發性肌無力	Orphan Medical, Inc.	100,000
2002	Zevalin	非霍奇金氏淋巴瘤	IDEC Pharmaceuticals	90,000
2007	Doxil	多發性骨髓瘤	Johnson & Johnson Pharmaceuticals	80,000
2006	Revlimid	多發性骨髓瘤	Celgene Corporation	80,000
2007	Nutropin Depot	生長激素缺乏症	Genentech, Inc.	80,000
2007	Saizen	生長激素缺乏症	Serono Laboratories, Inc.	80,000
2004	Apokyn	巴金森氏症	Mylan Bertek Pharmaceuticals	50,000[a]
2008	Banzel	嚴重癲癇症	Novartis Pharmaceuticals Corporation	45,000
2004	Vidaza	骨髓增生不良症候群 (MDS)	Pharmion Corporation	40,000
2007	Norditropin	努南氏症	Novo Nordisk Pharmaceuticals	40,000
2006	Prograf	移植器官時的器官排斥	Astellas Pharma, Inc.	35,000
2007	ReFacto	A 型血友病	Wyeth Pharmaceuticals, Inc.	23,000
2006	Remicade	克隆氏症	Centocor, Inc.	21,000
2006	Sprycel	骨髓性白血病	Bristol-Myers Squibb Company	20,000
2008	Xenazine	亨丁頓舞蹈症	Cambridge Laboratories Group	16,000
2005	Arranon	T 淋巴母細胞急性白血病	GlaxoSmithKline US	10,000
2006	Myozyme	龐貝氏症	Genzyme Corporation	10,000[b]
2002	Gleevac	胃腸道間質腫瘤 (GIST)	Novartis	6,000[a]
2003	Fabrazyme	法布瑞氏症	Genzyme Corporation	5,000
2004	Clolar	急性淋巴性白血病 (ALL)	Genzyme Oncology	4,000[a]
2004	Alimta	間皮瘤	Eli Lilly and Company	3,000[a]
2006	Elaprase	黏多醣症第二型 (MPS II)	Shire Plc	2,300

[a] 美國每年新增患者數量。
[b] 全球患者數量。

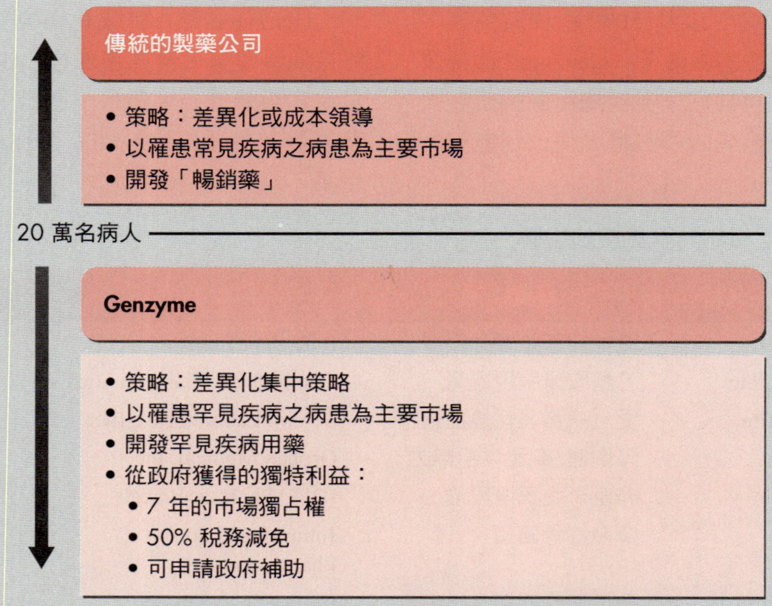

```
┌─────────────────────────────────────┐
│         傳統的製藥公司                │
└─────────────────────────────────────┘
  • 策略：差異化或成本領導
  • 以罹患常見疾病之病患為主要市場
  • 開發「暢銷藥」

20 萬名病人

┌─────────────────────────────────────┐
│         Genzyme                     │
└─────────────────────────────────────┘
  • 策略：差異化集中策略
  • 以罹患罕見疾病之病患為主要市場
  • 開發罕見疾病用藥
  • 從政府獲得的獨特利益：
    • 7 年的市場獨占權
    • 50% 稅務減免
    • 可申請政府補助
```

圖 5.12 Genzyme 的差異化集中策略

個案討論

1. 請說明 Genzyme 如何在生物科技產業中創造利基 (niche)。
2. 外部環境對 Genzyme 的差異化集中策略之助益為何？
3. 在執行集中策略時，為什麼公司的創新能力很重要？

卡在中間

之前章節舉例說明數家執行三種基本策略而成功的公司，每家公司都能根據所選定的策略來發展相關的活動以創造競爭優勢。然而，有許多公司並沒有清楚地確認其策略與活動，導致策略與活動之間缺乏一致性。事實上，許多公司沒有明確選定其中一種基本策略來具體化其競爭定位。如果一家公司同時投入多種策略，卻無法有效地執行任何一項策略，則稱為「卡在中間」(stuck in middle)。一家公司如果「卡在中間」是不可能獲得任何的競爭優勢，因為其他能有效定位的競爭者已取得產業的競爭優勢。雖然卡在中間的公司也許能在短期間創造收益，但其他已聚焦於某一項策略的競爭者較有可能在長期下獲利。在許多產業中，有很多的公司之所以會卡在中間，是因為這些公司希望能夠滿足所有顧客的所有需求。倘若公司所執行的活動與其核心事業不符合，則很難獲

利。此外，如果公司以獲利為主要的目標，則往往會因為喪失焦點而變得無效率。

達美航空為回應西南航空之低成本策略的威脅，設立另一家低成本子公司——達美快捷 (Delta Express)。達美快捷成立初期有不錯的收益，但其他低成本的航空公司最終還是侵蝕了達美快捷的市場占有率。在達美航空的佛羅里達州市場中，西南航空與捷藍航空 (JetBlue Airways) 皆以提供低成本的航線，而獲得比達美航空更佳的市場定位。不像這兩家低成本的航空公司，達美航空的整體成本結構阻礙公司推行較具優勢的成本活動。此外，達美航空推行的某些策略活動與捷藍航空所維持的差異化策略雷同，包括：完善的娛樂選擇與皮製座椅。最終，達美航空卡在中間，導致子公司的低成本策略徹底失敗。

然而，在數位經濟時代，有許多同時進行低成本領導與差異化策略的公司，因為能成功整合這兩種策略而獲致競爭優勢。網際網路科技與社群媒體 (social media) 使公司能夠以相當低的成本鎖住某特定族群。網路公司能夠推動低成本集中差異化策略 (low-cost focused differentiation strategy)。在尚未有網際網路技術之前，目標行銷 (target marketing) 是成本非常高且花時間的行銷方式，可能會讓公司「卡在中間」，然而網際網路卻可降低目標行銷的困難度與費用。以低成本的方式與顧客接觸是電子商務的基石，成功的公司能夠有效地結合網際網路的低成本優勢與目標市場顧客或消費者接觸。

管理者應該先評估整個產業結構，再來決定要採取什麼策略才能使公司長期獲利。表 5.2 列出在不同條件的五力模型下，公司可以採取何種基本策略。值得注意的是，三種基本策略能夠降低但並無法排除五種力量對公司的影響。

一般策略、公司文化與員工

如同先前介紹的個案，公司必須以截然不同的方式來運作或執行三種基本策略。三種基本策略也會影響公司的人力資源管理。

一般而言，成本領導策略涉及嚴格的控制系統與成本極小化。然而，要創造嚴格的控制系統與成本極小化必須仰賴特定的公司文化，亦即公司文化必須具有幾個特性，包括節約 (frugality)、紀律 (discipline) 與注重細節等，如西南航空的公司文化。西南航空之公司的文化與策略緊密結合在一起。西南航空給予員工的薪水低於其他航空司，且在其他

表 5.2　一般策略與五力模型

	潛在進入者的威脅	供應商的議價能力	顧客的議價能力	替代品的威脅	現有競爭者的競爭
低成本	提供成本優勢，對於潛在進入者而言，難以有相同的成本優勢	通常對成本領導公司不會有影響，因為公司通常有大批的買方	由於公司已採取低成本營運方式，因此不太會受到權力較大的顧客所影響	不會受到同是以成本為基礎的替代品之影響，但有可能受到新替代產品所影響	強化成本優勢，但容易受到創新產品的影響
差異化	特殊的能耐，但必須維持價格/價值的平衡	通常對於執行差異化策略的公司不會有影響，因為公司可以提高買方的價格	目標市場之買方通常價格敏感性較低，因為買方想要的是具差異性的產品或服務	通常需要大量的投資來建立顧客忠誠度	難以克服品牌忠誠度
集中化	顧客忠誠度，聚焦於某個特定的利基，但若過度擴張與成長可能會引起競爭者的注意	通常對於採取集中策略的公司不會有影響，因為公司可以提高買方的價格，但對於較大規模的買方則無法提高價格	不會有影響，因為買方的選擇性不多，但公司也要持續地維持價格/價值的平衡	在有限的市場中服務特定的顧客群，有助於建立顧客忠誠度	不會有影響，因為競爭有限

資料來源：Based on data from Arthur A. Thompson, Jr. and A. J. Strickland III, *Strategy Formulation and Implementation: Tasks of the General Manager*, 5th edition (Homewood, IL: Irwin, 1992), pp. 106–112.

的補貼上也不是很優厚，如優質的住宿設施。然而，公司為員工創造正面且愉快的工作環境。如果薪資或補貼對你而言是非常重要的，則西南航空或其他的成本領導公司肯定不適合你。

價值鏈

在分析完外部與內部環境，以及決定可獲取競爭優勢的最佳策略之後，管理者接下來必須強化某些公司面向，如此才能有效地執行與完成策略目標。成功的公司通常是持有某些能幫助公司創造競爭者難以模仿的核心能耐之特殊資源與能力，但管理者要如何瞭解公司應發展什麼核心能耐，又該如何發展？管理者可以採取能幫助他們更瞭解公司內部資源的分析方法，稱為**價值鏈分析** (value chain analysis)。價值鏈分析法可有系統地檢視所有公司執行的活動，以及這些活動如何相互連結而形成競爭優勢的來源。價值鏈分析將公司運作拆解成多種活動，以瞭解公司的總成本與差異化的來源。如同本章先前介紹的多則企業個案一樣，公司之所以能夠成功，是因為它們執行與擁有一組能順利將產品或服務推入市場的特殊活動。換言之，對於成功的公司來說，這些特殊的活動幫助它們完成成本領導或差異化策略。

價值鏈分析　有系統地檢視所有公司執行的活動，以及這些活動是如何相互連結以形成競爭優勢的來源。

主要與支援活動

一家公司的價值鏈可區分成兩種活動：**主要活動 (primary activity)** 與**支援活動 (support activity)**，如圖 5.13 所示。主要活動是指涉及實體產品的生產、銷售和配送給買主的活動。主要活動又可區分成五種類別：進料物流 (inbound logistic)、生產 (operation)、出貨物流 (outbound logistic)、行銷與銷售 (marketing and sale)，以及服務 (service)。支援活動則是指支援主要活動的其他活動。支援活動亦可區分成四種類別：公司的基礎建設 (firm infrastructure)、人力資源管理 (human resource management)、技術發展 (technology development)，以及採購 (procurement)。表 5.3 與表 5.4 詳細說明主要活動和支援活動之內涵。

> **主要活動** 涉及實體產品的生產、銷售和配送給買主的活動。
>
> **支援活動** 支援主要活動的其他活動。

價值系統

透過價值鏈分析，管理者可以從三個面向來分析公司整體的價值系統。首先，管理者可以檢視並研究公司要如何應用資源與能力來發展核心能耐。值得注意的是，能創造競爭優勢的能力是指可以幫助公司比競爭者更有效執行主要活動或支援活動之能力。例如，藉由上述檢視流程，管理者也許可以發現公司主要具有附加價值的活動是存在於行銷

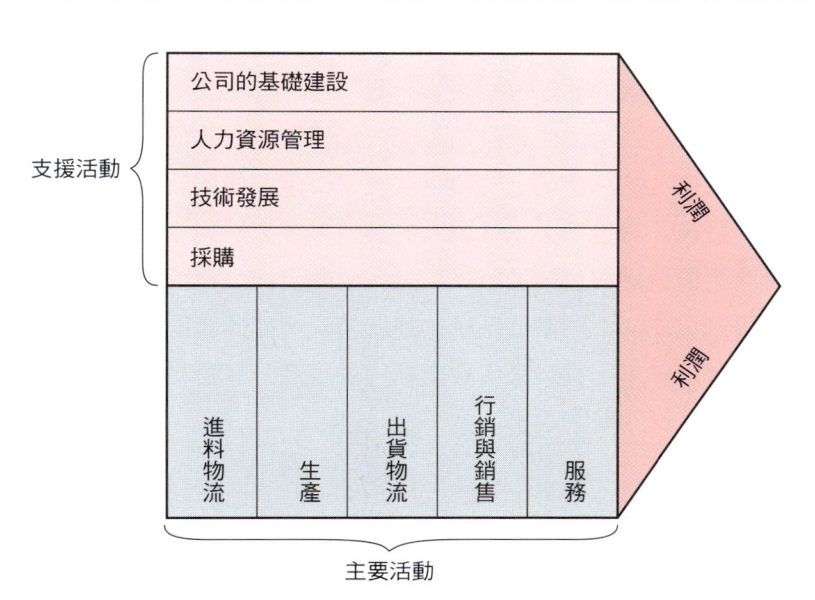

資料來源：Adapted from Adelaide Wilcox King, Sally W. Fowler, and Carl P. Zeithaml, "Managing Organizational Compe-tencies for Competitive Advantage: The Middle-Management Edge," *Academy of Management Executive*, Vol. 15, No. 2, 2001, pp. 96–97.

圖 5.13 基本的價值鏈

表 5.3　主要活動

進料物流	與進料有關的所有活動，包括原物料的運輸、倉儲，以及存貨控制等活動。
生產	將原物料轉化成最終產品的相關活動，包括機械製造、包裝、設備維護等活動。
出貨物流	將最終產品配送至買方的所有相關活動，包括集中、儲存與運送等活動。
行銷與銷售	將產品訊息傳遞給買方的所有相關活動，亦即為有效行銷與銷售產品。公司提供廣告與促銷活動、選擇合適的配銷通路，以及僱用、發展與支援銷售人員等。
服務	為了增加或維持產品價值，公司所投入的所有相關活動，包括安裝、維修、訓練等活動。

資料來源：Adapted from Michael E. Porter, *Competitive Advantage: Creating and Sustaining Superior Performance* (New York, NY: The Free Press, 1985).

表 5.4　支援活動

公司的基礎建設	包括一般管理、規劃、財務、會計、法律，以及其他支援整個價值鏈管理運作的行政活動等。
人力資源管理	包括招募、僱用、訓練、發展與薪資給付等相關的人事活動。
技術發展	與改善和提升公司的產品及流程有關的所有活動，包括流程設備設計、基礎研究與產品設計，以及服務程序設計等。
採購	購買製造產品時所需的各種物品，包括原物料與補給品，以及實體資產，如機器、實驗設備、辦公設備，以及建築設施等。

資料來源：Adapted from Michael E. Porter, *Competitive Advantage: Creating and Sustaining Superior Performance* (New York, NY: The Free Press, 1985).

與銷售功能中。此外，管理者亦可能發現出貨物流有需要立即處理的問題。藉由這些體認，管理者就可以增強並投入可創造價值的活動，以及改善無法創造價值的活動。

其次，管理者必須比較公司的價值鏈與競爭者的價值鏈，如此將有助於管理者更加瞭解市場上的競爭狀況與決定要如何改善公司的價值創造活動。最後，管理者必須從更大的價值系統來檢視公司的價值鏈，包括供應商的價值鏈與配銷通路等。透過檢視合作公司或通路的價值鏈，管理者可以更瞭解不同價值系統的連結情況，如此有助於提高公司的競爭優勢。豐田汽車一直以來都會定期與供應商分享資料與流程，藉以創造公司間價值鏈的緊密連結。

問題與討論

1. 請分別找出以成本領導、差異化與集中化而獲得競爭優勢的企業，並分別列出支持其策略的企業活動。
2. 請以一家企業為例，試著分析這家企業內部的優勢與劣勢，以及確認

外部環境的機會與威脅，並根據分析的結果，建議這家企業可以採取哪些企業活動。
3. 請以五力模型分析某一個產業，並根據分析結果，說明這個產業是否還具有吸引力。
4. 請以一家企業為例，試著分析與繪製這家企業的價值鏈，並根據分析結果，說明這家企業的競爭優勢來源。
5. 請說明企業的重要資源有哪些？請以一家成功的企業為例，試著列出為這家企業創造競爭優勢的重要資源有哪些？

Chapter 6 公司層級策略

學習目標

1. 瞭解公司層級的相關策略,包括多角化、國際擴展,以及垂直整合。
2. 瞭解相關與非相關多角化,以及說明兩者的優缺點。
3. 說明為什麼公司會藉由國際擴展策略來發展多角化。
4. 說明垂直整合的流程,以及解釋為什麼公司會進行垂直整合策略。

鴻海集團 ▶▶ 策略布局建造 10 兆元帝國

在代工事業的腳步站穩後,鴻海集團接下來就是要發展相關新事業以建造 10 兆元帝國。鴻海集團長久以來都是蘋果的重要合作夥伴,鴻海有一半以上的營收是來自蘋果訂單。然而,2011 年,提姆・庫克 (Timothy Cook) 接任蘋果執行長後,委外代工策略有重大的改變,希望合作夥伴能多元化,這對鴻海的獲利無疑是一大打擊。鴻海集團深知,不能再依賴蘋果的訂單,因此除接受其他大廠委託代工製造之外,也積極地展開新的策略布局。鴻海集團董事長郭台銘受訪時表示,鴻海未來的成長與獲利必須倚賴新事業,目前鴻海鎖定三大產業,包括機器人、汽車電子,以及雲端電信產業。

在機器人事業的布局中,鴻海集團早已在中國與台中精密機械園區設廠研發工業用的機械人。在自家機械人尚未亮相之前,鴻海集團先幫日本軟體銀行代工製造用於居家照護的機械人「Pepper」。鴻海集團非常重視這次的代工機會,不但可以從中學習,也能對外證明自己具有製造精密機械人的能力,為未來生產工業用機械人鋪路。

在汽車電子事業的布局中,鴻海集團不但投入傳統汽車電子零組件的研發,也積極投資電動汽車與無人駕駛車的領域。鴻海集團積極爭取與特斯拉 (Tesla) 合作,除幫助特斯拉代工製造相關的零組件之外,也積極爭取整機組裝的機會,並以代工進行學習,為未來推出自有的電動車做準備。

在雲端電信產業的布局中,鴻海集團為進軍國內的 4G 市場而收購亞太電信,並祭出超低的 4G 資費與電信三雄爭奪 4G 市場,並將目標放在國際電信服務市場與 5G 的發展。

鴻海集團目前積極投資上述三大產業,一步一步地創造 10 兆產值的鴻海帝國。

資料來源:
1. 林宏文,鴻海營收三級跳的三大成長引擎,《今周刊》,917 期,2014 年 7 月 17 日。
2. 江言野,5 大風險應對策略鴻海集團中長期的危機與轉機,《非凡商業周刊》,935 期,2014 年 5 月 18 日。

自我省思

成長策略

　　公司層級策略涉及事業單位經營計畫的發展，以及公司疆界擴展的決策。此外，公司層級策略亦涉及組織設計與所有權的選擇，目的是要使公司資源能有效地分配至所有的事業單位。請以「是」或「否」回答下列問題，以明瞭你對公司成長策略的瞭解程度。

1. 我能夠說明事業層級與公司層級策略之間的差別。
2. 我知道為什麼公司的多角化策略是一種成長策略。
3. 我能夠說明相關與非相關多角化之間的差別。
4. 在分析公司的成長計畫時，我會將進入新事業的成本納入考量。
5. 我知道在推動一個有效的公司層級策略時必須具備的領導技能。
6. 我認為應該將產業的吸引力納入公司的多角化決策流程中。
7. 我知道公司如何在不同的事業間創造綜效。
8. 我可以解釋為什麼公司要進行國際多角化策略。
9. 我瞭解公司進行垂直整合的原因。
10. 我清楚不同類型的垂直整合。

如果你在上述的問題中，回答「是」超過一半以上，表示你對於公司層級策略有一定程度的瞭解。

緒論

　　第4章曾提及，公司策略包含兩個主要的層級：事業層級策略與公司層級策略。在事業層級策略中，管理者必須決定公司要如何在某特定產業中競爭，以及如何在該產業中定位公司。然而，大多數的公司不會只在一個產業中競爭；換言之，有許多公司是在多個產業中競爭，如奇異、寶僑、京瓷、西屋等，不同的產業都有不同的獲利潛力與競爭威脅。

　　為了能成功且順利地運作多個事業，管理者必須發展所謂的公司層級策略。公司層級策略是指，公司「藉由多市場活動的配置與溝通」以創造價值。公司層級策略包含如下決策：要在幾個產業中競爭、是否要進行垂直整合、是否要併購或賣掉公司，以及如何分配資源於各事

業單位等。這些公司層級策略決策可分成三大類：(1) 範疇 (scope)，公司要在哪些市場或產業中競爭並經營事業；(2) 組織設計 (organizational design)，公司要如何分配資源；(3) 所有權 (ownership)，事業單位之間的關係，亦即公司是要採取併購或與外部公司合作 (如夥伴、聯盟、合資等) 來經營或獲取事業單位之策略考量。公司層級策略的主要目標在於建構所謂的 公司優勢 (corporate advantage)，亦即當公司能夠極大化且有效地分配資源於多個事業單位而建立競爭優勢。換句話說，公司欲創造優勢，唯有當公司能夠聚集各事業單位的利益，而不是讓事業單位各自運作。

> **公司優勢** 指公司能夠極大化且有效地分配資源於多個事業單位而建立競爭優勢。

本章將討論管理者必須決定的三個公司層級策略：首先，討論公司推動多角化策略的動機；第二，討論跨越地理疆界的國際擴展策略；第三，討論公司是否要進行垂直整合。這些主要的策略或組織決策一般又稱作「大膽下注」(big bets)，因為公司必須決定要在何處競爭。在探討公司層級的三個策略之前，先介紹奇異與西屋如何成功地推動與運作公司層級策略。

公司欲成功地執行多角化策略有其困難度，西屋就是一個真實的個案。西屋過於積極併購其他公司，卻沒有一個整合所有事業的謹慎計畫。許多學者認為，企業應該將核心能耐槓桿應用至一或兩個明確的產業中，而不是跨足多種且大量的產業。然而，也有執行多角化策略相當成功的企業案例，如底下所提及的奇異。奇異透過組織流程的發展，以及分享最佳實務至所有的事業單位中，成功地執行公司層級策略。

此外，奇異的人才發展計畫是一個培育管理廣大事業群的領導者之非常重要管道。奇異會輪調具有潛力的高階主管至不同產業或不同地理區域的事業部，並藉由「合力促進」的會議來散布公司的理念。

奇異成功地執行公司層級策略是一個特例嗎？其他公司也能藉由執行相似的策略而成功嗎？底下將會陸續介紹其他執行公司層級策略相當成功的公司。

領導發展之旅

跨組織的合作或與其他公司聯盟，有助於管理者制定與執行公司層級策略。夥伴關係一旦形成，有能力的領導者就能夠為合作關係設定一個「共享大局」(big picture)。假設你要與他人合作以完成共同的目標，請試著回答下列問題：

1. 你與他人合作的策略性動機為何？
2. 與他人合作的優缺點是什麼？
3. 合作能使個人成長與聚集資源嗎？
4. 合作還有其他的利益或好處嗎？
5. 從與他人的合作過程中，你學到什麼可以應用至公司層級策略管理？

奇異公司與傑克‧威爾許

奇異在 20 世紀成立初期是一家以製造與配送電力為主的公司。在 20 世紀末，公司不斷地擴展電力事業，事業觸角伸入燈泡與照明設備。之後，奇異不斷地藉由建立與併購和電器相關的事業來擴張企業版圖，並透過直接投資與併購方式跨足其他產業，包括飛機引擎、火車頭，以及醫療系統。

在 1981 年，傑克‧威爾許 (Jack Welch) 接管奇異時，公司已經透過成功的公司層級策略為顧客與股東創造價值。在往後的 20 年中，威爾許持續地藉由成功的相關與非相關多角化管理，帶領著奇異創造另一個顛峰。

在 1981 年，45 歲的威爾許成為奇異的執行長，當時正好是美國經濟的衰退時期。威爾許相信奇異應該能夠在產業中站穩數一數二的地位，因為他所看好的事業皆展現出不錯的獲利能力。在 1981 年至 1990 年，奇異出售 110 億美元以上的資產，關閉並售出 200 多個事業部。在同一時間，奇異進行 370 多件併購案，投資金額超過 210 億美元，結果使股價不斷地飆高 (參見圖 6.1)。

在威爾許時代，奇異的優越績效不僅是由於關閉與併購事業單位，還包括公司活動的全面性檢視，以及發展能夠槓桿應用於各事業單位之間的有形與無形資源。在關閉與售出大量的事業單位後，威爾許開始關注於公司的「軟體面」(software) 或內部運作 (inner-working)。威爾許透過開放式組織文化的推動，逐步消除公司的層級結構，在這個過程中催生一個稱為「合力促進」(Work-Out) 的會議。在合力促進的會議中，每位參與的員工可自由地表達他們認為應該改進的事業。員工提出的建議通常含括公司所有的事業範疇。

同時，威爾許開始由外而內地檢視奇異，

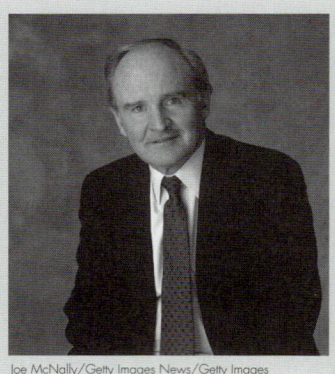

Joe McNally/Getty Images News/Getty Images

圖 6.1 奇異公司 1981 年至 2000 年股價

資料來源：Thomson Datastream, accessed January 2010. © Reuters. Used with permission. https://www.thomsonone.com

以找出改善公司活動的方法。奇異向福特、惠普、全錄 (Xerox)、東芝等公司學習最佳實務 (best practices)，並應用於各事業部。威爾許亦推動由摩托羅拉所發展與提倡的 6 個標準差 (Six Sigma) 品質管理，藉以將產品的不良率降低到千萬分之 34。

雖然威爾許的營運改善活動是促使公司績效提升的重要因素，但公司的人力資源在公司績效的提升上亦扮演重要的角色。在完成許多重要的改革活動後，威爾許開始培養接班人。

威爾許知道公司規模太大，需要由一群管理團隊來管理。因此，威爾許花費很多精力於確認並獎勵高階主管，以及推動人才發展 (talent development)；後來人才發展變成公司的傳統，以及公司策略層級的關鍵要素。

經過長期間的運作效率與資源改善，奇異變成世界上知名且令人讚賞的公司。如第 2 章所述，奇異是唯一一家存在道瓊工業指數超過 100 年的公司。奇異能維持這樣的地位，是因為它能夠有效地執行公司層級策略。

西屋電器公司：從 135 個事業部到 3 個事業部

從局外人的角度來看，奇異與西屋在 20 世紀早期的發展路徑相當類似。自西屋創立以來，奇異一直是西屋許多事業部的主要競爭對手。在進入 20 世紀時，兩家公司都被認為執行多角化策略相當成功的企業。事實上，西屋在幾項重要的工程突破中扮演相當重要的角色，包括：電流標準 (electricity standards)、商業廣播電台、雷達、核能發展，以及無霜冰箱

等。然而，在 20 世紀晚期，兩家公司的表現卻截然不同，奇異持續成功地執行多角化策略，而西屋卻成為多角化失敗的案例。

西屋電器公司是喬治‧威斯汀豪斯 (George Westinghouse) 於 1886 年成功地以交流電 (alternating current, AC) 照亮某個新英格蘭小鎮兩星期後所創立的公司。當時威斯汀豪斯是一名優秀的工程師，但他的管理能力顯然沒

有像工程能力一樣亮眼，在 1900 年代，公司曾面臨兩次破產。事實上，公司之所以會兩度破產，是因為缺乏管理監督。

在 1960 年代，西屋共擴展 135 個部門，營收成長三倍。在 1970 年代早期，公司將事業觸角伸入核能發電廠的建置，持續地進行多角化。為了取得更多的核電廠訂單，西屋除協助建置與提供核能發電廠相關的服務，還供應核電廠必要的燃料。然而，就在西屋接到大筆的核電廠建置訂單時，產生核能反應之重要元素「鈾」的價格卻不斷高漲。「當初與政府單位簽訂契約時，西屋同意提供 20 年 6,500 萬噸的鈾，在契約簽訂後，鈾的每磅市場價格卻比當初簽訂的契約高出 30 美元，使西屋面臨高達 20 億美元的負債。」雖然西屋後續與許多單位達成和解，將鈾的提供數量降至可負擔的範圍內，但這次的危機卻帶給西屋重重的一擊。

西屋雖然一直是新技術的先驅者，但公司的擴張策略卻鮮少成功。例如，在西屋成立節能事業部之際，節能產業的成長早已趨於平緩。與奇異相比，西屋公司的成長計畫並未聚焦也不嚴謹。此外，西屋的持續改善與學習投入也不足。在 1980 年代中期，西屋關注的是公司的股價，而非改善現有的事業。

在 1990 年代早期，西屋步入衰退階段。西屋再度進入廣播產業，1995 年以 54 億美元買下哥倫比亞廣播公司 (CBS)，1996 年以 47 億美元買下 Infinity 廣播公司。為了支付購買廣播公司的費用，西屋以 30 億美元賣掉電器事業部，以 4,300 萬美元賣掉土地開發事業部，以 5,600 萬美元賣掉 Knoll 辦公設備事業部，以 4,300 萬美元賣掉居家安全事業部，以 25.6 億美元賣掉 Thermo King 事業部，以 15.3 億美元賣掉電力事業部。「在短短 25 年間，西屋從原有的 135 個事業部減少至 3 個事業部，包括核能、流程控制，以及政府運作 (government operations)。」在 1997 年，西屋賣掉剩下的製造事業部門，並將公司名稱更改為哥倫比亞廣播公司。在西屋成立 111 年後，所有核心事業完全消失不見。

多角化策略

多角化 公司為創造更多的價值而同時經營數個相關或不相關的事業。

多角化 (diversification) 是公司層級策略的基石之一。多角化是公司為創造更多的價值而同時經營數個相關或不相關的事業，如圖 6.2 所示。多角化策略的最終目標是創造公司整體性的利益，而非個別事業部的利益。在詳細介紹多角化策略之前，先簡要描述多角化策略的演進歷史，如此將可更瞭解此策略的實務意涵。

多角化的歷史

在美國，多角化策略曾經是企業界相當喜愛採用的策略，但也一度是企業界最不想採用的策略之一。20 世紀中期，企業開始瘋狂投入多角化策略。在 1950 年代，多數的《財星》500 大企業的收益來自於單

(奇異)	(3M)	(丹納赫)	(波克夏)
GE	3M	DANAHER	BERKSHIRE HATHAWAY INC.
航空太空 家用電器 娛樂 金融服務 健康照護 媒體 發電 感測器 運輸 水利技術	汽車用品 清潔產品 通訊 個人與辦公用品 電子顯示器 食品與飲料 健康照護 居家裝潢 軍事用品 個人防護	航空太空 分析儀器 通訊 消費性電子產品 口腔清潔產品 醫療監測器 軍事用品 網路管理 電動工具 半導體 淨水產品	服裝 汽車用品 建築 電線 配電 餐飲 設備 保險 天然氣 鐵路 房地產

資料來源："Business Description," *Reuters*, via the OneSource ® Business Browser, an online business information product of OneSource Information Services, Inc. ("OneSource"), accessed January, 2010.

圖 6.2　多角化策略實例

一核心事業。然而，在 1960 年代期間，企業的經營模式開始從單一核心事業轉變成多角化。為了創造更高的收益，許多公司開始併購競爭者或／與建構內部能力來取代現有的供應商。然而，在 1950 年通過塞勒－凱佛維爾法案 (Celler-Kefauver Act) 後，美國聯邦貿易委員會 (Federal Trade Commission, FTC) 開始管制反壟斷的企業併購活動。之後，公司開始以跨足其他產業來擴張公司版圖，因此在 1960 年代至 1970 年代期間多角化策略相當流行與普及。

　　許多公司以「公司是一個投資組合 (portfolio)」的思維投入與跨足其他產業，因此對所有的事業單位來說，公司猶如一家分散風險的內部銀行。許多推廣「公司是一個投資組合」的管理顧問將此經營思維比喻成多元化股票投資組合 (diverse stock portfolio)。多數的投資人與機構在購買股票時都會採取多股票組合的方式，因為多元化股票組合可以幫助投資人平衡高績效與低績效股票的整體風險。在 1979 年，約有 45% 的《財星》500 大企業利用投資組合規劃技術來進行多角化策略。在 1980 年代早期，美國前 100 大的企業皆採取多角化策略，且多以投資組合管理模式來發展多角化策略。

然而，在 1980 年代早期美國雷根總統在位期間，放寬反托拉斯的管制。美國聯邦貿易委員會以不同的角度重新評估企業的併購活動，這使得公司在併購小型公司時更加容易，明顯地與塞勒－凱佛維爾法案相違背。因此，隨著法規的鬆綁，資金取得容易，投資公司的惡性接管與併購風氣再度湧現。這些投資公司就如同公司的入侵者，它們試圖購買或惡意接管從事多角化的公司，隨後再將這些公司分解並轉賣給其他公司或買者，藉此來賺取超額報酬。這些投資公司認為個別事業單位的價值超過全部事業單位加總的價值。

在 1980 年代晚期，多角化趨勢經歷非常大的轉變，從管理者失去對投資組合經營模式的信心到公司入侵者分解公司。有些公司甚至開始拋售旗下的事業部，並專注於核心事業之經營；有些公司則是拋售績效較差的事業單位，以及重新組織旗下的事業單位。由上述可知，多角化策略曾經蔚為風潮，但也一度大量衰減。雖然如此，多角化策略依舊是公司重要的策略之一。

多角化策略的類型

多角化策略可分成三種形式，包括**單一產品策略 (single-product strategy)**、**相關多角化 (related diversification)**，以及**非相關多角化 (unrelated diversification)**，參見圖 6.3。

單一產品策略是指，公司只在某特定市場販售某特定產品，亦即公司運用資源與能力，試圖在某一個特定的市場發展核心能耐。雖然專注於單一產品能使公司發展卓越的核心能耐，但如果市場對於產品或服務的需求遞減時，公司將陷入產品生命週期的風險，如同第 5 章所介紹的大英百科全書之案例。

採取相關或非相關多角化策略的公司就可以避免單一產品策略可能發生的週期性風險。有些公司雖然不會對外宣稱自己採取的是多角化策略，但大多數的管理者會採取某種方式來進行多角化，藉以避免單一產品所隱藏的風險。事實上，在 2005 年，「美國《財星》500 大企業平均營運於四個不同的產業，甚至有些企業跨足 10 個以上的產

單一產品策略 公司只在某特定市場中販售某特定產品。

相關多角化 是指在同一公司中兩個或多個事業單位共同使用一組相似的有形與無形的資源。

非相關多角化 公司所擁有的事業單位彼此之間沒有關聯。

單一產品策略	• 公司僅在某特定市場販售與製造某特定產品。 • 發展核心能耐，會遭受較多的產品生命週期的風險。
相關多角化	• 公司擁有多個事業單位，並使用與共享一組有形與無形資源。 • 利用資源優勢創造規模經濟。
非相關多角化	• 公司擁有多個彼此之間沒有連結或無關的事業單位。 • 利用財務經濟與事業單位之間的資源分配來創造價值。

圖 6.3　多角化策略的類型與定義

業。」當公司擁有數個相關或具關聯性的事業時，則可稱這家公司所採取的是相關多角化策略。相關多角化又稱作**水平多角化 (horizontal diversification)**，意即在同一家公司中兩個或多個事業單位共同使用一組相似的有形與無形資源，例如，耐吉跨足高爾夫服飾與設備市場就是一個水平多角化的實例；相反地，公司所擁有的事業單位彼此之間沒有關聯，則可稱這家公司所採取的是非相關多角化策略，如奇異。

公司應採取相關多角化還是非相關多角化策略，完全取決於其對公司資源的評估結果。一般而言，公司若有剩餘能力，抑或在實體資產 (如生產能力) 或無形資產 (如品牌名稱或研發能力) 具有一定的潛力時，則往往傾向於採用相關多角化策略。採取相關多角化策略有助於公司在多個相關產業中槓桿應用其資產。

在實務上，管理者通常難以確認事業單位之間的相關性。管理者試圖透過相關多角化來創造**範疇經濟 (economies of scope)**，亦即當同時運作兩個或多個事業單位的成本低於分別運作各事業時，抑或同時生產兩個或多個產品的成本低於分別生產各產品時，即產生所謂的範疇經濟。然而，想要知道事業單位之間是否能創造出範疇經濟，可能不是一件容易的事。有些專家認為，應該從事業層級來決定與瞭解事業單位之間的相關性 (relatedness)，而非從公司層級，因為相關性導源於不同營運活動之間的連結性，像是製造與/或物流。近年來，有些專家則從共享策略資產 (shared strategic assets) 的角度來詮釋相關性，像是能力或技術訣

> **水平多角化**　又稱作相關多角化，是指在同一家公司中，公司採用兩個或多個事業單位共同使用一組相似的有形與無形的資源。

> **範疇經濟**　當同時運作兩個或多個事業單位的成本低於分別運作各事業時，或同時生產兩個或多個產品的成本低於分別生產各產品。

竅 (know-how)，而非事業單位之間營運活動或設備上的連結性。此相關性的詮釋與區別非常重要，因為範疇經濟的產生導源於資源與能力的共享，而這正是公司創造競爭優勢的重要途徑。因此，如何找出這些連結以驅動競爭優勢，將是管理者所要面對的重要挑戰之一。例如，奇異利用合力促進會議與品質控制來發掘和創造事業單位之間的範疇經濟。

執行多角化策略的原因

管理者之所以會執行多角化策略，有下列幾個理由：(1) 有機會將核心資產或技術槓桿應用於不同事業單位之間；(2) 增加公司成長的機會；(3) 管理或降低風險；(4) 提升個人利益。管理者藉由整合相關或非相關事業來創造綜效 (synergy)。當公司能整合事業單位之間重複性的活動，或布署尚未充分使用的資產，藉以節省或降低營運成本時，即可創造出所謂的綜效。因此，公司選擇在同一產業中經營多個事業，其最主要的目的是要創造綜效。簡言之，公司若能有效地整合旗下的事業單位，將可獲得更多的利益。

> **綜效** 當公司能整合事業單位之間重複性的活動，或布署尚未充分使用的資產，藉以節省或降低營運成本時所創造出來的效能。

如前所述，許多管理者為擴張公司而進行多角化策略，尤其是在事業成熟及內部成長機會受限時。例如，Google 跨出其擅長的網路搜尋能力，投入手機產業，藉以擴張事業版圖。在許多案例中，公司之所以會採取多角化策略，目的是要回應改變中的內部與外部環境因素。多角化策略成功與否，取決於公司所採取的多角化策略能否為公司創造難以模仿的持續性競爭優勢。

公司進行多角化策略的另外一個原因是為了降低公司層級的風險。根據投資組合管理之觀點，同時運作與投入數個不同的事業，公司可以將運作於單一事業的風險分散至數個事業中。在這種情況下，當有一個或少數事業單位表現較差時，其他運作良好的事業單位即可支撐公司整體的績效。

在現實生活中，股東可以藉由持有多種不同的股票來分散投資組合的風險。事實上，相較於公司，股東可輕易地進行投資組合管理，因為股東不像公司要承擔在併購或販售事業時的各種交易成本，如銀行服務

費與控制權溢價。股東僅需要在調整投資組合時支付一些小額費用。按照這個邏輯來看，問題就變成「為什麼管理者依舊認為多角化策略可降低風險？」答案是，管理者相信多角化策略能為公司帶來多元的與穩定的現金流，因此可降低公司對外部資本來源的依賴。

公司進行多角化策略的最後一個原因是，因為高階管理者的自利與偏好。高階管理者的薪酬通常與公司的規模和複雜程度相關。因此，有些管理者會利用多角化策略來降低風險，並同時建立他們的控制領域。如果公司進行多角化策略是因為管理者的自利，則通常不會有好的公司績效，除非管理者能夠像關注併購一樣重視公司的整合。

相關多角化

如前所述，進行相關多角化策略的公司擁有許多相關或關聯的事業。雖然在許多情況下難以界定或確認相關性，但相關性通常顯現在公司藉由資源或能力的共享而創造出的範疇經濟上。在多數的相關多角化策略中，管理者藉由事業單位之間的資源與技術之分享和移轉來創造價值，包括：

- 相似的產品共享廣告支出、配銷通路與銷售人員。
- 充分應用緊密相關的技術或研發活動。
- 移轉操作知識或流程。
- 槓桿應用公司的強勢品牌名稱與聲譽於多個產品線中。

寶僑多年來都是藉由併購其他消費性產品公司 (如吉列) 來進行相關多角化策略。雖然寶僑內部發展出許多知名的消費性品牌 [如汰漬 (Tide) 洗衣粉]，但也透過併購其他消費性產品公司來為其顧客創造價值。寶僑相信透過相關多角化策略可以創造出更多的價值，因為多年來公司已經發展出驚人的行銷與品牌能力。在過去半世紀中，寶僑的管理者已成功地將這些核心能耐移轉至新併購的事業中。自 1979 年以來，寶僑已從多個國家與不同產業中併購 120 多家公司 (參見表 6.1)。

有些公司為提高**市場支配力 (market power)** 而採取相關多角化策略，試圖以高於市場水準的價格來販售產品。為了獲取市場支配力，有

市場支配力 當公司試圖增加其產品銷量，以高於市場水準的價格來販售產品。

表 6.1　1982 年至 2009 年寶僑公司的併購案

年份	產業類別	公司名稱	併購金額	國家
1982	食品與相關產品	Coca-Cola Bottling Midwest Inc.	未公開	美國
1985	藥品	Richardson-Vicks Inc.	1,674	美國
1987	個人照護產品	Blendax Group	400	德國
1989	食品與相關產品	Sundor Group Inc.	300	美國
1989	個人照護產品	Noxell Corp	1,340	美國
1990	食品與相關產品	Del Monte Corp-Hawaiian Punch	150	美國
1990	個人照護產品	Shulton-Toiletries, Fragrances	370	美國
1991	紙張與相關產品	Canadian Pac Forest-Facelle	161	加拿大
1991	個人照護產品	Revlon Inc.-Max Factor, Betrix	1,060	美國
1993	紙張與相關產品	VP Schickedanz AG	580	德國
1994	個人照護產品	Giorgio Beverly Hill (Avon)	150	美國
1996	紙張與相關產品	Kimberly-Clark (4 businesses)	220	美國
1997	紙張與相關產品	Tambrands Inc.	2,003	美國
1997	紙張與相關產品	Loreta y Pena Pobre	170	墨西哥
1999	食品與相關產品	IAMs Co	2,300	美國
1999	機械	Recovery Engineering Inc.	276	美國
1999	紙張與相關產品	Prosan	375	阿根廷
2001	個人照護產品	Bristol-Myers Squibb-Clairol	4,950	美國
2003	個人照護產品	Wella AG	6,121	德國
2004	藥品	Laboratorios Vita-Commercial	207	西班牙
2004	個人照護產品	Procter & Gamble-Hutchison Ltd	2,000	中國
2005	金屬與金屬製品	Gillette Co	54,906	美國
2005	個人照護產品	Colgate-Palmolive Co-Southeast	未公開	馬來西亞
2009	個人照護產品	Sara Lee Corp	467	英國

資料來源：SDC Platinum, a Thomson Financial product, accessed January 2010. © Reuters. Used with permission. http://thomsonreuters.com

些公司會增加本身的規模將競爭對手擠出市場，例如微軟就是利用市場支配力將其他競爭公司擠出產業。在 1990 年代中期，網景 (Netscape) 以旗下所發展的 Navigator 網路瀏覽器而聞名，是當時相當成功的一家上市公司。由於是網路瀏覽器市場上的先占者 (first-mover)，網景迅速地占有絕大部分的市場占有率。隨後，微軟立即推出 Internet Explorer (IE) 網路瀏覽器，並與 Windows 作業系統包套銷售。微軟利用包套銷售策略，而將 IE 瀏覽器軟體免費提供給大眾使用。儘管微軟並未表明，但其最終目的是要將網景擠出網路瀏覽器的市場。微軟之所以會有此市場支配力是源自於其在作業系統軟體的支配性地位。微軟利用在作

業系統的市場支配力，使網景迅速地失去其在網路瀏覽器市場的領先地位。

➥ 進行相關多角化的原因

如前所述，許多公司進行相關多角化的目的是為了創造綜效。為更深入瞭解公司要如何發展綜效，可以回顧第 5 章所探討的價值鏈。每家公司都是由相互連結的價值活動所組成，這些價值活動可分成兩大類：基本活動與支援活動，協助公司為顧客創造價值。價值鏈界定出兩種能創造綜效的相互影響關係，公司在相似價值鏈之間移轉技能，或共享專業知識及活動的能力。

當母公司成立或取得新的事業單位時，某些技能可移轉至新事業單位的價值鏈。回顧第 5 章所提及的 Vitamin Water 的案例，這家公司在進入飲料市場時面臨巨大的進入障礙，但在執行長的努力之下獲得廣大的通路。在 2007 年，這家公司被可口可樂併購，使可口可樂能以極少的成本將行銷技能移轉至此新事業單位。當被併購者的背景、價值活動或價值鏈的型態與事業單位相似時，則容易移轉相關的技能。

許多進行相關多角化策略的公司是基於事業單位之間的相似性。如果事業單位之間的相似性符合下列三項條件，則能為公司創造競爭優勢，包括：

1. 事業單位之間所從事的活動相似性愈高，愈有助於專業知識的分享。
2. 與活動有關的技能移轉對競爭優勢而言是非常重要的。
3. 所移轉的技能對接收單位而言是競爭優勢的來源。

3M 就是一家成功地移轉技能於不同事業單位而獲得競爭優勢的公司。3M 是一家跨足不同市場且擁有多樣化技術的公司，包括醫療與道路安全產業。長久以來，3M 之所以能開發出許多世界知名的產品，都因為本身卓越的技術與研發能力所致。這些知名的產品包括可黏貼便條紙 (Post-It Super Sticky Notes)、透明防水膠帶 (Scotch Transparent Duct Tape)、用於 LCD 電視的光學膜片，以及百利系列的家庭清潔產品 (Scotch-Brite

AP Photo/Jim Mone

Cleaning Products)。透過知識的分享，3M 的研究社群創造一個穩健的新產品發展程序。事實上，3M 的公司規範是「產品屬於事業，技術屬於公司」。此企業文化早在 3M 成立之際就已形成並沿襲至今，幫助公司創造持久性的市場競爭優勢。

促使相關多角化策略成功的另一個驅動因子，就是事業單位之間的資源共享。資源共享是發展範疇經濟與提升公司競爭優勢的重要因素之一。共享資源的能力是公司層級策略的重要因素，因為它可藉由降低成本或提高差異化來增加公司的競爭優勢。範疇經濟的另一種思維是公司降低成本的方法，亦即公司藉由管理不同的事業單位來降低經營成本。

資源共享是發展範疇經濟的途徑，主要透過有形資源、管理與支援功能、內部實務，以及無形資源的槓桿應用，作為發展範疇經濟的基礎。就有形資源來說，公司通常藉由多角化策略，讓數個事業單位共同分擔一些固定成本。當公司取得一個新的事業單位時，總公司可以整合一些重複性的功能，如配銷網絡，藉以降低經營成本，像是許多消費性產品的公司就是應用這種策略，如寶僑。在 2005 年寶僑併購吉列時，寶僑的管理者即認定公司可以藉由合併一些內部的功能 (如配銷) 來達成範疇經濟，且認為像沃爾瑪這類的顧客應該會非常樂意向同一家公司採購多種產品，如牙膏與刮鬍膏等。寶僑深信它們的配銷網絡可以有效且低成本地配送一系列產品給買方。

此外，事業單位之間可以共享管理或支援功能 (如技術與研發) 來幫助公司達成範疇經濟。事業單位的增加可使公司在相同成本下提高營收，因為事業單位之間得以共享公司的行政資源。

除了共享資源之外，公司也可以藉由分享內部實務與流程來創造綜效。京瓷是一家非常卓越的陶器與整合性技術開發者，在獲取或成立新事業單位後，就會立即將財務報告系統與經營理念導入新的事業單位。京瓷開發一套緊密的整合性事業報告流程，使公司可以迅速掌握各事業單位的部門與工作團隊之獲利情況，此流程的詳細程度甚至可幫助公司瞭解獲利較佳的產品與服務，因此有助於公司快速地調整。這種報告能力儼然成為京瓷內部價值鏈的核心能耐之一。

最後，公司也藉由無形資源的分享來創造範疇經濟。當母公司取得其他相關的事業單位時，它可以提供許多無形資源給新的事業單位，如品牌與信譽。藉由此移轉流程，母公司可以傳遞內部主要的價值來源給

新事業單位，而新事業單位也能夠應用母公司的品牌優勢來提高市場的知名度。

非相關多角化

一家公司若同時經營數個無關聯的事業單位，則該公司即是進行非相關多角化策略，如法國集團公司威望迪 (Vivendi)。威望迪公司的成立過程可追溯至 19 世紀中期，該公司的前身是一家名為 Compagnie Generale des Eaux 法國自來水公司。在 20 世紀時，該公司利用自來水事業所賺取的現金流來發展其他事業，包括房地產、醫療與電信。多年來，威望迪成功地執行非相關多角化策略，但卻在 1990 年代中期面臨嚴重的財務危機，迫使執行長不得不出面處理。在 1990 年代晚期，威望迪專注於重組與解散某些事業單位，藉以降低公司的負債。在 2000 年初，威望迪開始進行下一波的多角化，大量併購其他產業的公司，像是娛樂業、出版業 [環球唱片 (Universal Music)]，以及電腦遊戲開發業 (Activision Games)，並釋出旗下的自來水事業單位。雖然威望迪在 20 年內多次的重組成功，但卻無法有效地維持穩定的公司績效。

非相關多角化的最終目的是要創造某些型態的財務經濟 (financial economies)，亦即公司藉由事業單位之間的資本分配而降低成本。一般而言，公司可藉由下述兩種方式來達成財務經濟：(1) 有效地將資本分配於各事業單位之間；(2) 併購新事業，以及重整資產並用高價賣出。非相關多角化最大的問題在於，可能會使公司暴露於更高的風險與不確定性之中。

財務經濟 公司藉由事業單位之間的資本分配而降低成本。

➜ 執行非相關多角化的資源

公司執行非相關多角化的基本理由是，希望能有效地分配資源於不同的事業單位藉以降低公司的整體風險。如前所述，公司欲透過非相關多角化來降低風險有其困難。然而，在某些情況中，非相關多角化策略確實可以達成財務經濟。執行非相關多角化策略的其中一項好處是，一家面臨倒閉的公司可藉由某個獲利單位的盈餘來支撐一段時間。如果沒有這些內部資金，公司可能會破產。

非相關多角化策略亦可透過重組事業單位來創造財務經濟。在這種情況下，管理者通常會先試圖瞭解哪些是屬於低價值的資產，並透過特定的重組活動來提高這些資產的價值。這些活動包括解僱員工與出售資

產。然而，欲執行上述策略可能有其困難度，因為重組通常需要事業單位層級的專業知識。

多角化的測試

多角化可以提高公司層級的價值，但也可能破壞公司層級的價值，從本章一開始的案例中即可得知。因此，管理者應該在何時執行多角化策略呢？更進一步地問，管理者應該在何時執行相關或非相關多角化策略？一般而言，管理者應該要試圖判斷，在何種情況下何種多角化策略 (相關或非相關) 能夠創造股東價值。這些情況可以用圖 6.4 中的三階段測試來說明。

➜ 產業的吸引力

從長期來看，產業的基本結構決定公司投入產業的報酬率。如同前幾章所述，有吸引力的產業具有特定的結構元素，能使投入該產業的公司獲得較高的報酬。具吸引力的產業通常具有高度的進入障礙、缺乏替代品、競爭密集度低，以及供應商與買者議價能力低等特性。然而，具吸引力的產業通常進入障礙較高，因此對許多公司來說，很難將其多角化的觸角伸進這些產業中。

時代華納 (Time Warner) 在 2001 年以 1,060 億美元收購美國線上 (AOL)，此即一個在不具吸引力的產業結構進行多角化的實務案例。雖然時代華納透過這項併購案確實擴大多角化的範疇，但在併購成功的同時，由於許多原因，網際網路服務業在產業結構上開始變得不具吸引力。美國線上雖然主導整個早期的網際網路服務業，但在 1990 年代晚期，有線電視與電信公司挾帶著分配

吸引力測試	進入成本測試	能更好 (Better-Off) 測試
• 此產業有利可圖嗎？	• 進入這個新的產業需要多少成本？	• 這個新產業能提供公司新的競爭優勢嗎？

資料來源：Adapted from Michael E. Porter, "From Competitive Advantage to Corporate Strategy," *Harvard Business Review*, May–June 1987.

圖 6.4 多角化測試

和技術優勢進入此產業。消費者開始紛紛從撥接上網轉向高速寬頻與有線電視之服務，美國線上的市場占有率也因此快速下降。當時代華納併購美國線上時，整個產業已成為資本雄厚公司的競爭之地。

➡ 進入成本

管理者可能會因為某產業的進入成本低，而將多角化的觸角伸入到不具吸引力的產業中。進入某個產業的成本不能超過管理當局期望在這產業競爭中所獲取的利潤。許多併購案之所以沒有通過進入成本的測試，是因為管理當局無法準確地評估進入新產業的成本，或從新產業中所能獲取的利潤。雖然市場上確實有低成本的併購機會，但這些併購機會通常是管理者所不願進入的低進入成本產業。

相反地，在多角化策略中，高進入成本可能會損害公司的價值，如同期初的發行價格會影響日後的投資報酬潛力。當然，還有許多因素會阻礙公司用低價取得事業來進入新的產業。私募股權公司、投資銀行，以及其他投資者皆積極地找尋市場上被低估的資產。因此，欲找尋被市場低估的公司是非常困難的，因為在出售的過程中常常會吸引許多競標者前來，因而讓投標物的價格攀升。

➡ 事業能更好嗎？

根據波特的觀點，當公司欲進行併購時，必須確定新事業單位能與公司相互連結而獲得競爭優勢，反之亦然。然而，米可拉伊‧皮斯科斯基 (Mikolaj Piskorski) 卻有不同的想法；他認為公司要思考的問題是：新事業單位能否改善或提升事業單位的整體競爭優勢，以及超越事業單位各自為政的成果。如果答案是否定的，公司應該避免進入市場或退出市場；如果答案是肯定的，管理者則須思考另一個問題，亦即相較於其他方式，「取得此事業單位的所有權是否能創造更多的競爭優勢？」換句話說，如果兩個事業單位所共同創造的價值無法超過各自運作時所創造的價值之總和，公司就不應該進行多角化。

如果在能更好的測試中獲得肯定的答案，且在所有權的測試中卻獲得否定的答案時，則管理者應該進入此產業，但必須採取其他的進入方式 (如策略聯盟)，而非獨資。

從上述的一連串測試中可知，欲藉由取得其他事業來延伸多角化策略時，必須非常謹慎地分析。上述這些嚴格的測試能夠幫助管理者確保所增加的新事業單位確實具有創造價值之潛力。

多角化的結果

多角化策略是否由於集中策略,有待證明。根據某項重要的研究發現,當公司從單一事業策略轉變成相關多角化時,公司績效會提升;但當公司從相關多角化轉變成非相關多角化時,公司績效會下降。此研究指出,如果公司的多角化策略太過於多元化或非相關,則公司的績效可能會呈現倒 U 形,如圖 6.5 所示。

從事相關或非相關多角化策略而成功的公司,皆是花費相當多的時間於執行流程上。被併購的公司與併購他人公司的管理者,皆是決定多角化策略能否成功的關鍵人物。這些管理者必須共同合作以確保資源能充分地共享,以及有效地槓桿應用資產。不幸的是,許多公司太關注在綜效的「潛在利益」,卻忽略實現此潛在利益所必須付出的努力。

雖然非相關多角化的結果在美國尚未獲得一致性的答案,但在新興經濟體中,企業卻廣為採用非相關多角化策略,如印度、中國、韓國與智利。在新興經濟體中,許多家族事業或集團企業皆成功地執行非相關多角化策略。新興經濟體通常具有如下特性:金融市場管制嚴格、政治不穩定、資訊流動受限,以及各式的人力資源技能。在這種環境下,事業單位群通常都藉由公司內部來取得必需的資金與資源,進而降低外在環境的威脅。

成立於 1868 年的印度塔塔集團因採取非相關多角化策略,而成為印度最大且最成功的公司。塔塔集團採用強烈的倫理與價值觀來引導公司發展;塔塔集團旗下共有 98 家公司,遍布七個產業,包括:鋼鐵、茶葉、飯店等。2008 年塔塔集團的營業收入高達 630 億美元,其中有

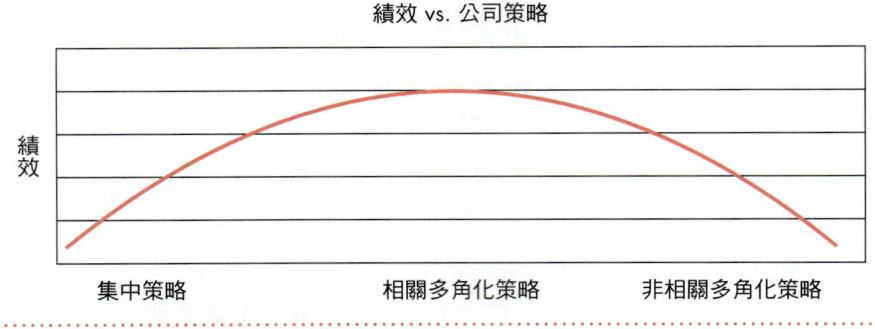

圖 6.5　多角化策略對公司績效的影響

380 億美元來自國外事業。塔塔在 2008 年 1 月推出一款價格僅 2,500 美元的小型汽車 Nano 之後，《商業週刊》(Business Week) 將之評為全世界最具創新的企業第六名。

對多角化企業來說，總公司與事業單位的互動也是影響多角化結果的另一個關鍵因素。成功的多角化公司能夠在集權控制 (如集中採購與資訊科技) 與分權自治間取得平衡，集中控制有助於槓桿應用與降低公司整體的成本，而分權自治則有助於事業單位貼近顧客，進而能即時制定適切的營運與市場策略。對於實施非相關多角化的公司來說，集權控制與分權自治的平衡尤其重要，因為總公司往往無法全面性地瞭解與掌握各事業單位的營運狀況。

華特迪士尼公司

過去半個世紀以來，迪士尼一直是全世界最知名且最成功的娛樂公司之一。迪士尼雖然歷經多次起伏，但卻是一個探討公司如何藉由公司層級策略來創造競爭優勢與長期獲利的經典實務案例。

華特‧迪士尼 (Walt Disney) 與他的兄弟羅伊‧迪士尼 (Roy Disney) 於 1923 年在加州好萊塢成立華特迪士尼公司。一開始公司的經營並不順利，直到創造出米老鼠 (Mickey Mouse) 這號卡通人物之後，公司才逐漸打開知名度並成功。在 1930 年代晚期，華特將事業從卡通短片轉向長篇的動畫電影，包括 1937 年發行的《白雪公主與七個小矮人》(Snow White and the Seven Dwarfs)，這是迪士尼第一部長篇動畫電影。

在第二次世界大戰期間，由於民眾對於動畫電影的需求量大減，使得公司面臨嚴重的財務危機。然而，迪士尼透過與政府單位合作推出具教育性的卡通影片，以及多角化經營，順利度過財務危機。在這次多角化的初期，迪士尼創立迪士尼音樂公司 (Walt Disney Music Company)，藉以控制迪士尼的音樂版權與聘請頂尖的藝術家。在 1950 年代早期，迪士尼開始製作實境電影，像是《金銀島》(Treasure Island) 與《老黃狗》(Old Yeller)，並成立博偉電影發行公司 (Buena Vista Distribution) 來發行電影，為每部電影省下近三分之一的發行費。此外，公司將事業伸入電視產業，在 1950 年代製作一系列《迪士尼樂園》(Disneyland) 的電視節目，藉以行銷與宣傳公司在加州開設的同名主題樂園。

在加州迪士尼樂園成功之際，公司緊接著在佛羅里達州奧蘭多開設另一個主題樂園——迪士尼世界 (Disney World)。新主題樂園同樣相當成功，第一年的遊客量為 1,100 萬人，總收入高達 1.39 億美元。為了提高樂園的遊客流量，公司還創設一家旅遊公司，負責接洽旅行社、航空公司，以及遊覽公司。然而，在 1966 年華特去世之後，隨著公司將事業重心從原先的電影製作轉向主題樂園的經營，公司便逐漸走下坡。在 1984 年，公司差點被收購，但最後靠著一家私人投資公司的資金注入而存活下

來，並恢復羅伊的董事職位。在迪士尼最困難的時刻，麥可‧艾斯納 (Michael Eisner) 成為公司的執行長。

艾斯納的首要任務是為公司的電視與電影事業注入新的生命。在 1980 年代早期，迪士尼停止製作網路電視節目，主要是擔心旗下的有線電視節目受到影響。然而，艾斯納卻製作許多網路電視節目，希望能藉以提高公司的品牌形象。隨後，艾斯納開始關注營運不佳的電影事業，公司的電影票房在 1984 年市場占有率僅有 4%。新的管理團隊徹底改變公司電影製作的類型與方式。在這段時間中，公司製作許多電影，從每年的 4 部電影激增至 16 部電影，並開始為成人製作喜劇和實境電影，且為節省電影的製作費，開始聘僱低薪的演員，以及嚴格地控制每部電影的預算。在當時電影業中，平均僅有 40% 的電影可獲利，而在艾斯納時期製作的前 33 部電影中就有 27 部獲利。

在接下來 10 年中，迪士尼開始擴展新事業，並藉由高額投資來強化公司的核心事業。在 1987 年成立迪士尼商店 (Disney Stores) 的同時，公司倡導「零售如同娛樂」(retail-as-entertainment) 的概念，使得迪士尼商店每坪的營業額是零售產業平均水準的兩倍。迪士尼亦積極擴展主題樂園事業，陸續建造歐洲迪士尼樂園、水上迪士尼樂園 (Typhoon Lagoon)，以及迪士尼米高梅影城 (Disney-MGM Studios) 等。迪士尼透過旗下的博偉家庭影視事業單位，直接將影片販售給消費者，因而為公司創造龐大的利潤。在此階段，迪士尼還有其他多角化行動，包括製作百老匯劇場、買下美國冰上曲棍球聯盟的巨鴨隊 (Mighty Miramax)，以及成立 Miramax 與 Touchstone 電影公司專門製作成人市場的電影。

雖然上述的這些擴展行動皆有助於迪士尼擴大經營範疇，但直到 1995 年收購美國廣播公司 (ABC) 之後，迪士尼才認定自己為一家多角化與垂直整合的公司，並成為全世界最大的娛樂公司。此外，在以 190 億美元併購美國廣播公司之後，迪士尼掌控電視台、有線電視網、廣播電台、報紙及期刊等媒體。艾斯納認為，迪士尼之所以能夠槓桿應用品牌與創造價值皆取決於公司的綜效。例如，在電影上映的前一年，迪士尼動畫團隊的創作人員會先向消費性產品、家庭影視，以及主題樂園等事業部負責人進行報告與解說。之後，創作人員與相關事業部負責人會定期召開會議以更新資訊，並討論產品的選擇問題。簡言之，艾斯納認為，迪士尼藉由水平、垂直與地理綜效創造價值，使得不同事業單位間可以有效地分享資源與移轉技能 (如圖 6.6 所示)。

圖 6.6 迪士尼的多角化

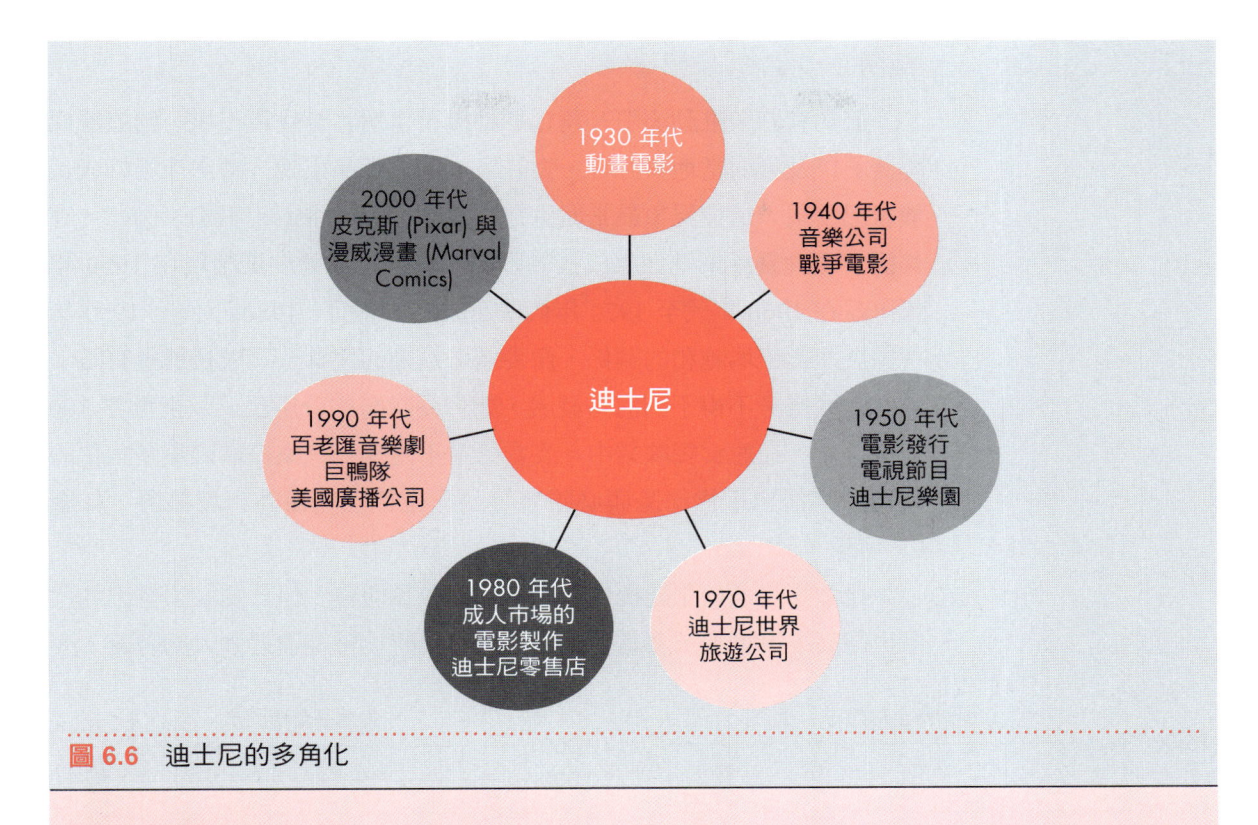

- 迪士尼
  - 1930 年代：動畫電影
  - 1940 年代：音樂公司、戰爭電影
  - 1950 年代：電影發行、電視節目、迪士尼樂園
  - 1970 年代：迪士尼世界、旅遊公司
  - 1980 年代：成人市場的電影製作、迪士尼零售店
  - 1990 年代：百老匯音樂劇、巨鴨隊、美國廣播公司
  - 2000 年代：皮克斯 (Pixar) 與漫威漫畫 (Marval Comics)

個案討論

1. 迪士尼的核心能耐為何？迪士尼如何將其核心能耐與不同的事業單位做連結？
2. 近幾年來，迪士尼擴展公司優勢的關鍵性投資有哪些？
3. 在接下來的 5 年中，你建議迪士尼應該進行哪些投資以強化迪士尼的事業組合？

國際多角化

在今日全球化的經營環境中，大多數的企業都會在公司策略中加入一些國際化的成分，而國際多角化即是擴展公司全球化版圖的一種方式。事實上，全球化擴展並不等同於多角化，亦即公司可以採取或執行國際策略 (如出口、授權、加盟等) 而不需要倚賴多角化。在此主要探討公司如何使用國際策略來推動多角化。公司採取國際多角化的目的多半是為了擴展產品市場，或取得某些運作價值鏈所需的資源。然而，公司在制定或執行國際多角化並非是一件容易的事，如同推動相關或非相關多角化策略一樣，管理者必須考量許多因素。

國際多角化的動機

公司有許多推動國際多角化的動機，包括：尋找新市場、創造規模經濟，以及獲取當地資源等。對許多成熟的產品來說，國內市場的成長機會已受限，這種現象最常發生在成熟的經濟體中 (如美國)。例如，在美國，速食餐飲業就面臨成長的限制。美國速食餐飲業出現在 1950 年代，並在 1960 年代至 1970 年代快速成長。然而，1980 年代至 1990 年代由於速食市場飽和的關係，像麥當勞這類的速食公司成長機會有限。因此，麥當勞不得不到海外發展，如今麥當勞的分店已遍及全世界 100 多個國家。在速食餐飲業中，麥當勞並不是唯一一家採取國際多角化的公司，其他包括肯德基與必勝客等公司也都已向海外市場擴展，如圖 6.7 所示。

雖然國際多角化能提供公司不錯的成長機會，但公司必須付出的代價也很高。事實上，麥當勞擴展某些市場時也曾經遭遇強大的阻礙。麥

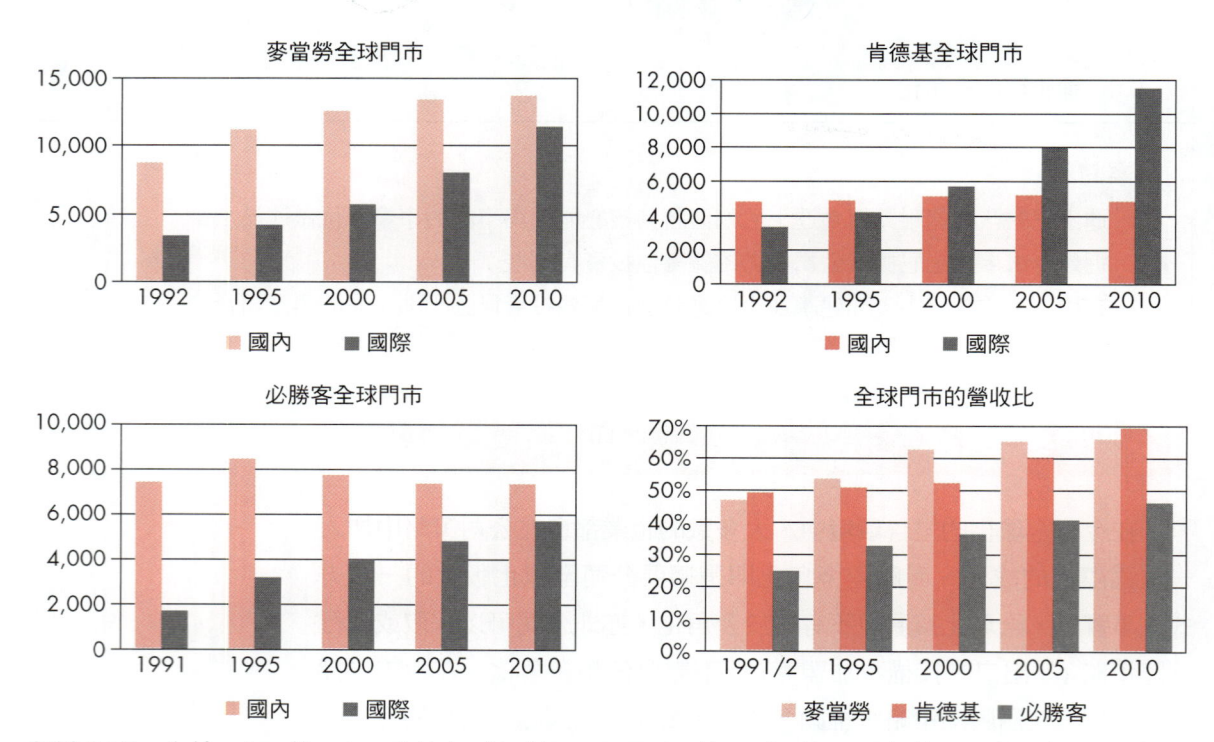

資料來源：Compiled from Annual Reports, available from http://www.aboutmcdonalds.com/mcd/investors/publications/annual_report_archives.html and http://www.yum.com/investors/annualreport.asp, accessed September 2011.

圖 6.7 三大連鎖速食店全球門市數量與總營收

當勞在進入法國市場時就面臨文化上的衝擊；當時有許多社會評論家認為，美國的連鎖速食餐飲會摧毀法國的傳統文化。此外，麥當勞在進入印度市場時也遭受嚴重的抵制，因為在麥當勞傳統的菜單上有多款牛肉漢堡，而印度人因宗教信仰的關係不吃牛肉。麥當勞為了彌補過失，引入多款羊肉漢堡來取代牛肉漢堡。由麥當勞的案例可知，公司在擴展國際市場時可能會面臨許多問題。

公司可藉由國際多角化來創造規模經濟。第 5 章曾提及，公司可藉由擴大產能來創造規模經濟，亦即公司可將製造產品的固定成本分攤至各事業單位以提高公司的利潤。最後，許多公司會採取國際多角化來取得當地資源，包括較便宜的勞動力與天然資源。

耐吉將製造球鞋與衣服的工廠設置在勞動成本相對較低的海外國家。從 1970 年代開始，耐吉就將生產活動外包至多個低勞動成本的亞洲國家，公司也因此成為一家沒有實體資產的製造商；也由於生產成本大幅降低的關係，耐吉有更多的資金可以用於行銷上。雖然上述的策略確實幫助耐吉成為運動鞋產業中最大與獲利最多的公司，但它在勞動力實務上卻飽受批評。在 1990 年代晚期，耐吉因為勞工問題遭受社會與學生團體的抨擊，認為耐吉給工人的待遇是「奴隸等級的薪水」(slave wages)，工廠環境也非常差。儘管耐吉積極改善外包廠商的工廠環境，但由耐吉的案例再次證明，公司在進行國際多角化時將面臨各式各樣的問題。

國際化規模測試

管理者可以使用國際化規模測試 (international scope test) 來瞭解國際多角化成功的可能性，此測試與瞭解多角化成功的可能性之測試相當雷同。國際化規模測試包含兩部分：「能更好」(better-off) 的測試與「所有權」(ownership) 的測試，如圖 6.8 所示。

公司可利用三種方式來進行「能更好」的測試。首先，如果國際多角化策略可幫助公司享有**要素成本差異化 (factor cost differences)**，則通過測試。要素成本差異化包括取得原物料與其他要素，如低成本的勞動力。雖然許多公司採取國際多角化的最初目的是為了取得某些國家的豐富天然資源，但現今公司的目的已轉變成當地低成本的勞動力，如同先前所提及的耐吉案例。

要素成本差異化 取得原物料與其他要素，如低成本的勞動力以降低成本。

能更好測試	所有權測試
• 與公司原本規模相比較，國際化是否能提升公司的競爭優勢？	• 國際事業單位是維持或創造競爭優勢的最佳方式嗎？

資料來源：Adapted from Michael E. Porter, "From Competitive Advantage to Corporate Strategy," *Harvard Business Review*, May–June 1987; and Mikolaj Jan Piskorski, "Choosing Corporate and Global Scope," Harvard Business School Note No. 9-707-496 (Boston, MA: HBS Publishing, 2007), p. 2.

圖 6.8　國際化規模測試

　　再者，如果國際多角化策略可幫助公司創造規模經濟，也算是通過國際化規模的測試。對於以製造為主的公司來說，如汽車製造商，如果能在全世界各地市場販售標準化的產品，即可藉由規模經濟來創造競爭優勢，亦即製造商可將生產標準化產品的固定成本分攤至多個市場中。最後，如果公司可以在不同的國家銷售現有的產品，亦算是通過測試。例如，在消費性產品的產業中，大多數的跨國企業都採取此途徑來進行國際多角化策略。大多數的跨國企業都是先從出口產品開始、建立配銷系統，以及在當地設置子公司來生產與銷售產品。

　　另一個國際化規模測試是所有權測試。當公司欲至國際市場競爭時皆必須自問：是否要採取銷售或授權給外國公司。例如，某些低效率市場會阻礙公司與當地官員簽訂生產與配銷產品之契約。此外，如果公司想在不同國家之間移轉無形資產時，則契約成本將會非常高。公司在推動國際多角化時可能會面臨另一個阻礙是當地的法律，尤其是在開發中國家或經濟體。因為相較於已開發國家，開發中國家的法律系統與契約可能較不健全。

　　從上述可知，公司欲通過「國際化」的測試有一定的困難度。在執行國際多角化策略時，管理者必須確定公司可以獲得新的競爭優勢，且沒有其他更有效的替代方案。

垂直整合

　　一般而言，公司在擴展經營範疇時不是採取水平擴展，就是垂直擴展。公司執行水平擴展 (horizontal expansion) 策略通常是以推動相關

CEMEX：利用國際多角化以降低風險

將水泥當作黏合劑已有相當久遠的歷史，直到 19 世紀，英國人才將水泥改良成現今的形式。水泥產業是一個資本密集的產業，每家水泥公司必須生產 100 萬公噸的水泥才能獲利。然而，由於水泥本身的特性，不適合長途運輸，使得水泥產業只能是本土產業，直到近期才有所改變。隨著時間經過，許多水泥公司陷入財務困境，因為水泥具有需求週期性，會受到國內生產毛額 (GDP) 與建設支出而變動。為克服此問題，許多大型水泥公司開始投入國際多角化，例如 CEMEX。

CEMEX 是全球第三大水泥公司，總公司位於墨西哥，產能為 9,300 萬公噸。2008 年，CEMEX 在 15 個國家設置工廠，且在 30 個國家擁有生產或配送設備 (參見圖 6.9)。在進行國際多角化之前，CEMEX 主要是在母國墨西哥營運。然而，為了克服墨西哥市場的需求週期影響，CEMEX 在 1980 年代早期開始推動多角化，包括石化業、礦業、旅遊業等，以降低對核心水泥事業的依賴。然而，CEMEX 的投資報酬率不甚理想，因此決定以核心水泥事業為主來進行國際多角化。CEMEX 主要以併購當地產能作為海外進入模式。CEMEX 之所以會採取此種進入模式，是因為建造一座水泥工廠通常需要非常多的資金。CEMEX 的管理者對於特定國家的產能需求很敏感，深知建造水泥廠可能導致當地的產能高於需求。

在 CEMEX 進行國際多角化的同時，其他大型的水泥公司也進行類似的策略，包括 Lafarge 與 Holderbank，並試圖降低專注於單一市場的風險。雖然這些公司都能維持不錯的獲利，但 CEMEX 卻能因進行新市場的效率與專

美洲	歐洲	其他
• 阿根廷 • 哥倫比亞 • 哥斯大黎加 • 多明尼加 • 瓜地馬拉 • 墨西哥 • 尼加拉瓜 • 巴拿馬 • 波多黎各 • 美國 • 委內瑞拉	• 奧地利 • 克羅埃西亞 • 捷克 • 芬蘭 • 法國 • 德國 • 匈牙利 • 愛爾蘭 • 拉脫維亞 • 立陶宛 • 挪威 • 波蘭 • 西班牙 • 瑞典 • 英國	• 澳大利亞 • 孟加拉 • 中國 • 埃及 • 以色列 • 馬來西亞 • 菲律賓 • 台灣 • 泰國 • 阿拉伯聯合大公國

資料來源：Pankaj Ghemawat and Jamie L. Matthews, "The Globalization of CEMEX," Harvard Business School Case No. 9-701-017, rev. November 24, 2004 (Boston, MA: HBS Publishing, 2000), p. 5; and Cemex SAB de CV, 2008 Annual Report (Mexico: San Pedro Garza Garcia, 2008), pp. 17, 21, 75, available at OneSource® Business Browser, www.onesource.com, accessed January 2010.

圖 6.9　CEMEX 的全球營運範疇

注而聞名。CEMEX 之所以能獲得此聲望，是因為它會針對潛在的市場進行嚴謹分析，並制定詳細的併購整合計畫。CEMEX 在決定是否要進入新國家時會考量許多因素，包括：該國的人口數、人口成長率，以及消費水準等。

透過國際多角化策略與嚴謹的併購流程，CEMEX 成功地克服現金流量的週期性問題，並能維持市場的競爭優勢。由於對不同國家的產能需求十分敏感，因此其國際多角策略能幫助 CEMEX 避免因產能過剩所帶來的降價危機。如果當時 CEMEX 選擇在新市場中增加產能，而不是併購已有的產能，則市場力量將會促使價格與獲利下滑。

個案討論

1. 對於水泥產業的公司來說，為什麼國際多角化是一個可行的策略？
2. CEMEX 採用國際多角化策略的原因為何？
3. CEMEX 如何執行國際多角化策略？
4. 對 CEMEX 來說，國際多角化所創造的競爭優勢為何？

垂直整合 公司中有某些事業單位製造其他事業單位所需的投入資源。

向後整合 公司擁有或控制其所需的投入資源。

向前整合 公司擁有或控制主要產品的顧客或配銷通路。

多角化為目的，而執行垂直擴展 (vertical expansion) 策略則是為了在上下游價值鏈中有效地分享資源與分攤管理成本。一般而言，**垂直整合 (vertical integration)** 是指一家公司有某些事業單位製造其他事業單位所需的投入資源。垂直整合可分成兩大類：**向後整合 (backward integration)** 與**向前整合 (forward integration)** (如圖 6.10 所示)。向後整合是指，公司擁有或控制其所需的投入資源；向前整合則是指，公司擁有或控制主要產品的顧客或配銷通路。底下將仔細說明兩種整合型態與案例。

Hershey 公司於 20 世紀早期的經歷就是一個向後整合的案例。在第一次世界大戰後，這家知名糖果公司向後整合至糖原料的生產與製造，以確保日後有穩定的糖原料供給。然而，由於 Hershey 在古巴購買太多的糖原料，使得公司變成其他公司的糖原料供應商。由於 Hershey 對於糖原料市場瞭解不足，加上糖原料的價格大幅下跌，導致公司於

向後整合
(控制生產流程所需的原物料)

向前整合
(控制產量或主要產品的配銷通路)

圖 6.10 向後整合與向前整合

1920 年代關門大吉。此外，也有許多大型的石油公司會藉由購買油槽與探勘服務來進行向後整合。

　　迪士尼併購美國廣播公司就是一個向前整合的案例。迪士尼併購美國廣播公司，目的是要控制其所製作影片或電視節目的發行方式。其他相當成功的向前整合案例尚包括擁有經銷網絡的汽車製造商與進入零售產業的蘋果公司。蘋果設置零售店不但有助於顧客關係管理，且可以降低對那些缺乏專業知識的大型電子商場銷售員之依賴，轉而依賴擁有專業知識的自家員工。

與垂直整合相關的成本

　　為了更進一步瞭解公司為什麼要進行垂直整合，就必須先瞭解交易與管理成本。**管理成本 (administrative costs)** 是指，公司協調各事業單位活動所產生的成本。**交易成本 (transaction costs)** 是指，公司從承包商或供應商那邊獲取產品或服務時所產生的成本，以及在簽訂與管理這些產品或服務契約時所產生的成本。長久以來，如同多角化一樣，實務界與學術界對於垂直整合的觀點與看法也是一直改變。在 1960 年代至 1970 年代是以集團企業為主的年代，許多管理者認為垂直整合是公司獲取競爭優勢的管道之一，因為主要事業單位可以獲得穩定且成本較低的物料供給。在此時期，由於科技的進步，使得公司的管理成本下降，因此許多公司得以擴大垂直整合的經營範疇。然而，近期管理者較少採取垂直整合方式來控制公司整體的價值鏈。

　　在某些情況下，垂直整合的利益大於成本 (如圖 6.11 所示)。例如，公司供應鏈的交易活動可能過高，因此垂直整合是一個合理的選擇。一般而言，若價值鏈活動之間的連結所需的技術愈高，則交易成本愈高，也就愈有理由採取垂直整合。例如，成衣製造商 Zara 垂直整合某些較複雜且對時間較具敏感性的價值鏈活動。

　　垂直整合雖然可以避免某些類型的交易成本，但卻會創造某些額外的管理成本，因此會抵消部分的效益。有項管理成本是公司採取垂直整合後所不能避免的成本，此即公司可能因而降低在整體價值鏈活動中發展核心能耐的能力。因為公司的活動遍及整個價值鏈，所以公司很難針

管理成本　公司協調各事業單位活動所產生的成本。

交易成本　公司從承包商或供應商那邊獲取產品或服務時所產生的成本，以及在簽訂與管理這些產品或服務契約時所產生的成本。

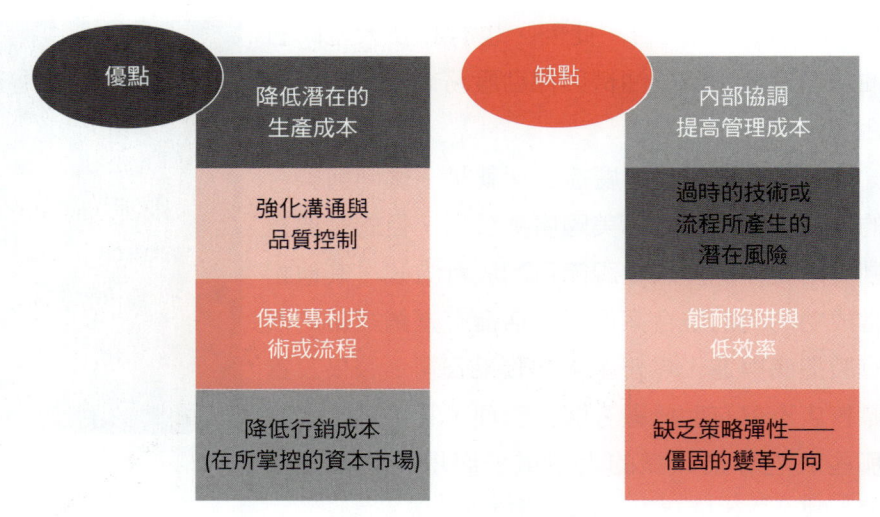

優點	缺點
降低潛在的生產成本	內部協調提高管理成本
強化溝通與品質控制	過時的技術或流程所產生的潛在風險
保護專利技術或流程	能耐陷阱與低效率
降低行銷成本(在所掌控的資本市場)	缺乏策略彈性——僵固的變革方向

資料來源：Charles W. L. Hill and Gareth R. Jones, *Strategic Management: An Integrated Approach,* 2nd edition (Boston, MA: Houghton Mifflin Company, 1992), pp. 208–212; and Kathryn Rudie Harrigan, "Formulating Vertical Integration Strategies," *Academy of Management Review*, Vol. 9, No. 4, 1984, pp. 638–652.

圖 6.11　垂直整合的優缺點

對某特定領域 (如配送或行銷) 發展特定的核心能耐。在許多情況下，對於垂直整合的公司來說，很難針對不同的價值鏈活動發展差異化。

最後，垂直整合的公司不易激勵管理者。對垂直整合的公司來說，管理者可能不會盡全力生產大量物料，因為部門的獲利已受到保障，亦即部門所生產的物料可以全部「販售」到另一家關係企業或部門。在此情境下，相對於其他非集團的獨立公司，內部單位比較不會面臨相同的市場壓力。

如上所述，公司決定進行垂直整合後會面臨許多成本，而這些成本可能會超過從垂直整合中所獲得的利益。在此情況下，公司應該尋求其他替代垂直整合的方案。

垂直整合的替代方案

當公司在制定有關內部成本的決策時，即是面臨「內部生產」(make) 或「外部購買」(buy) 的決策，亦即公司應該自行生產產品或服務，還是向其他公司購買產品或服務？此外，在衡量生產產品或服務的實際成本時，管理者亦須考量在生產流程時所花費的時間與心力。換言之，管理者必須思考，如果將這些成本、心力與時間花費在其他領域上，是否能為公司創造更多的價值？

公司可以採取其他可替代垂直整合的方案，如策略聯盟與授權加盟，其中最常見的替代方案是與提供產品或服務的供應商締結契約。管理者可藉由簽訂長期或短期契約來確保公司可以取得所需的服務或產品。短期契約有時又稱作**現貨契約** (spot contracts)，能保證公司可以某特定價格來購買某些特定產品。當食品加工廠需要大量的小麥時，管理者可以根據所簽訂的現貨契約來購買小麥；相反地，在交易較為複雜的情況下，公司會傾向簽訂長期契約來獲取某些特定的資源或服務。

外包 (outsourcing) 是指，公司與外部公司簽訂合約，由後者執行原本公司自行執行的任務或功能。例如，有許多公司將客服部門或業務外包給其他外部的承包商來執行，而不是透過垂直整合的方式來執行客服業務。這些專業的客服公司能夠以較低的價格為公司提供更優質的服務。當公司將某些內部業務外包時，通常會簽訂長期契約，以規定在某特定期間內所必須執行的特定活動。

> **現貨契約** 保證公司可以某特定價格來購買某些特定產品的契約。
>
> **外包** 公司與外部公司簽訂合約，由這家外部公司執行原本公司自行執行的任務或功能。

例如，位於聖安東尼奧的 Rackspace 公司就將外包視為主要事業。Rackspace 成立於 1998 年，主要提供中小型企業網頁寄存 (web-hosting) 服務，充當這些中小企業的技術部門。

有許多人認為，外包非核心活動或業務不但可為公司節省成本，且可讓公司專注於核心業務上。管理者在進行外包決策時必須考量交易成本，因為當公司決定外包某項活動時就會產生某種程度的交易成本。如果交易成本低於公司自行執行此項活動時所產生的管理成本，則公司可以考慮將此活動外包。然而，管理者也必須針對公司的「核心」功能或能耐，來進行外包的成本利益分析。例如，資訊科技目前雖然並不是公司的核心功能，但公司所在的產業可能會演變成以資訊系統為主的競爭。管理者必須知道，外包太多活動將會損害公司的核心能耐。因此，管理者應該謹慎地思考與找出垂直整合與策略外包之間的平衡點，以幫助公司創造更強大與穩固的競爭地位。如果太關注並依賴垂直整合，將可能使公司與外部市場隔離；相反地，如果太依賴外包，將可能削減公司的內部能力。

Bloomberg/Getty Images

Zara：垂直整合的服飾製造商

從零售與行銷的角度來看，服飾業可能是最顯而易見的產業。消費者可從多樣的通路來選購服裝，例如，可從百貨公司或服飾專賣店來購得。在服飾業中經營相當成功的公司，大多是能善用公司層級策略來創造價值鏈藝術的公司。

雖然有許多大型的服飾製造商選擇專心投入在價值鏈的某個活動上，但西班牙服飾製造商 Inditex 集團卻選擇整合多個價值鏈活動，進而以差異化策略來創造優越績效。Inditex 集團下有六大服飾連鎖店，包括 Zara、Massimo Dutti、Pull & Bear、Bershka、Stradivarius 及 Oysho。Zara 是 Inditex 集團中最知名的品牌，在全球有超過 1,000 家門市，是公司主要的營收來源。Zara 主要是針對歐洲和北美的男性與女性市場設計及生產流行服飾。

Zara 大部分的流行服飾都是內部自行生產，且透過每兩星期就推出新服飾來吸引顧客再次上門。由於各門市的存貨不斷地改變，因此非常依賴門市經理提供每日的銷貨數量給公司。根據這些銷貨數據，「Zara 的設計師可以持續掌握消費者的偏好，以及向內部與外部供應商訂購近 11,000 種用來製造服飾的材料，而 Zara 主要競爭對手的材料僅有 2,000 至 4,000 種。」為了達成客製化與小批量生產的目標，公司透過垂直整合方式來生產具時效性的材料。公司每兩週就從生產中心將成批的服飾運送至歐洲各地的門市，如此不但可以省去對倉庫的需求，且可以保持低庫存。

由於內部緊密的活動連結系統，使 Zara 能夠在全球競爭激烈的服飾業中獲得競爭優勢。傳統的服飾零售商會將大部分的服飾生產活動外包，藉以降低生產成本。雖然外包可以降低成本，但可能無法在設計與運送上提供足夠的彈性。傳統的零售商傾向於生產大量且多樣的服飾並放置倉庫內，一旦有門市需要時才會運送給門市，因此需要非常長的前置時間 (lead time)；相反地，Zara 則是以即時與持續的方式來配送高流行度的服飾。如果沒有這套垂直整合結構，公司可能無法迅速地提供服飾給流行敏感度高的顧客。

個案討論

1. Zara 的策略與傳統的零售商有何不同？
2. Zara 採取哪些關鍵活動來支持垂直整合策略？
3. 對 Zara 來說，垂直整合策略如何創造出競爭優勢？
4. 其他競爭對手能夠輕易模仿 Zara 的策略嗎？

問題與討論

1. 請討論多角化策略的類型與優缺點，以及企業進行多角化的原因為何？
2. 請以一家執行多角化策略的企業為例，列出這家企業的所有事業所涉及的產業，並運用三階段的多角化測試來檢視這家企業是否應該在這些產業中繼續競爭。
3. 請討論企業進行垂直整合策略的原因為何？請以一家執行垂直整合策略的企業為例，列出這家企業垂直整合所涉及的價值鏈活動，並運用成本效益法則來檢視這家企業是否應該繼續進行這些價值鏈活動。
4. 請討論企業進行國際多角化的原因為何？請以一家執行國際多角化的企業為例，列出這家企業所涉及的地區，並運用國際化規模測試來檢視這家企業國際多角化的效益。

PART 3 組織觀點

第 7 章　組織設計
第 8 章　組織文化
第 9 章　管理人力資本
第 10 章　績效管理
第 11 章　組織變革

Chapter 7 組織設計

學習目標

1. 瞭解組織結構在協助公司達成策略目標時所扮演的角色。
2. 說明各種有助於連結組織結構與公司策略目標的組織設計決策。
3. 說明各類的組織結構形式,包括功能、事業型、矩陣、網絡、混合等形式,並指出各類組織結構形式的優缺點。
4. 瞭解組織結構、領導取向,以及組織生命週期之間的關聯性。
5. 說明公司應該如何重新定義組織,以符合顧客的需求與改善運作效率。

華碩電腦 ▶▶ 邁向精實

華碩電腦股份有限公司創立於 1989 年,為全球最大的主機板製造商,並躋身全球前三大消費性筆記型電腦品牌。華碩的成功並非偶然,而是歷經多次挫敗與組織重整,才有今日輝煌的成績。

2005 年 10 月,董事長施崇棠注視著事業版圖,思考華碩未來的策略方向,並隨手寫下「再造華碩」這四個字,認為當時的組織結構無法因應未來國際級競爭,必須有效重整組織結構,朝向「準、穩、精、速」的目標。於是在 2006 年 3 月,華碩開始進行創設以來最大規模的組織再造工程,將過往按照「產、銷、人、發、財」區分的功能性組織結構打散,改為以產品區分的 15 個事業處。這 15 個事業處各自擁有研發、行銷、製造等團隊,相當於 15 個利潤中心,可讓資源應用將更具彈性。華碩希望藉由這次的組織再造,能為自身的全球競爭力奠定基礎。

2007 年,華碩推出轟動一時的 7 吋小筆電 Eee PC,在全球筆記型電腦市場中開創出一塊嶄新的市場。然而,小筆電的成功並沒有讓華碩獲得龐大營收,反而面臨創立以來首次虧損。2008 年,全球金融危機,消費低迷,龐大的組織讓華碩吃不消。於是,施崇棠決定再次調整組織結構,大刀一砍將原本數十個事業處精簡成只剩 3 個,並將公司一分為二,一家是專責於電腦代工製造的和碩聯合科技,原本的華碩則專心經營品牌。之後,華碩推出一系列大獲市場好評的三合一變形平版「Transformer Pad」與變形手機「PadFone Infinity」。華碩電腦憑藉著一次次的企業重整,不斷地創新求勝,才能在競爭激烈的全球筆電市場占有穩固地位。

資料來源:
1. 吳琬瑜、王曉玟,施崇棠:大不一定美,精實靈活最重要,《天下雜誌》,387 期,2011 年 4 月。
2. 林貞美,華碩再造,後年營收衝刺 8 千億,《經濟日報》,2006 年 3 月 1 日。

自我省思

組織的敏銳度

敏銳度 (acumen) 是指，個體因為擁有高度的知覺或洞察力，故能夠快速地做出正確的判斷與決策之能力。在討論管理者對於公司事業的敏銳度時，多指涉他們對於公司財務、會計與行銷情境的瞭解程度。然而，管理者亦必須具備瞭解如何設計組織結構以達成策略目標之敏銳度。請以「是」或「否」回答下列問題，以評估你對組織設計的瞭解程度。

1. 我可以列出與定義三種組織的功能。
2. 我瞭解如何應用不同的組織機制以控制員工的行為。
3. 我可以區分分權式 (decentralized) 組織與集權式 (centralized) 組織的差異。
4. 我知道組織設計的目的之一是分工 (division of labor)。
5. 我瞭解為什麼工作專業化 (job specialization) 是組織結構設計所必須考量的因素之一。
6. 我可以舉例說明公司內部所採用的溝通機制。
7. 我瞭解為什麼公司要採取非正式的組織結構，以提升工作的效能。
8. 我知道不同組織結構形式的優缺點。
9. 我瞭解組織設計如何隨著組織生命週期而改變。
10. 我知道如何設計具彈性的組織結構，以提供更好的服務給顧客。

如果你在上述的問題中，回答「是」超過一半以上，表示你對於如何設計組織結構以達成公司的策略目標具有一定的敏銳度。

緒論

本書的前一部分主要探討企業策略層面的觀點與問題，說明管理者應該如何評估公司所處的產業環境，並制定一個能贏過競爭者以獲取市場占有率或利益的策略。換言之，管理者必須仔細地分析公司所處的內外部環境，並決定競爭的最佳方式 (成本領導、差異化或集中策略) 與目標，以及瞭解全面性的競爭態勢。在決定公司的競爭方向之後，接下來要面臨的挑戰就是策略執行，亦即如何將策略轉換成每天的行動，以及公司要如何達成目標。

組織是一種將個體 (員工或合作廠商) 集結起來，以共同完成目標

的機制。雖然制定策略非常重要，但對於公司長期成功而言，確實地執行策略尤其重要。事實上，公司的策略常常會被其他競爭者所「模仿」或採用，但這些競爭者卻很難模仿能有效執行策略與獲取卓越績效的組織構型。回顧先前章節所提及的西南航空案例，許多航空公司試圖模仿西南航空的快樂心、低票價、低成本，以及點對點航班等策略，卻多以失敗收場。因為這些航空公司沒有辦法模仿西南航空成功的基礎，亦即獨特的組織設計與文化。另一個經典實務案例則是豐田汽車。許多汽車製造商都想要學習或複製豐田的生產系統，即使豐田主動邀請與開放這些汽車製造商參觀他們的生產流程，卻難以成功，這都歸功於 豐田特殊的組織設計與文化。

　　本書的第三篇主要探討達成公司策略目標的機制——組織，說明公司要如何藉由組織設計、文化、人力資源、績效管理等相關決策，以有效地執行公司策略。本章將先介紹與探討多種組織設計的選擇，以及相關的組織結構。下一章組織文化中，將探討組織文化的發展與培養，以及說明整體員工對於公司的認知與價值觀，其中價值觀是指引員工完成工作的方針，以及員工在公司內的互動方式。

　　公司在制定策略目標之後，緊接著要監督策略執行的過程與評估策略執行的結果。因此，第 10 章將討論另一個重要的組織議題——績效管理。績效管理可幫助管理者瞭解和評估用以執行特定策略目標之流程與程序是否適當及有效。績效評估的結果將是發展工作規範與驅動策略變革的基礎。

　　組織觀點的其中一部分就是變革管理 (第 9 章)。組織的結構設計與選擇可為公司創造競爭優勢，因為組織結構可幫助公司匯集與調整達成目標所需的資源。成功的公司應能夠隨時調整與修正組織結構和文化，以因應變動中的環境。換言之，公司執行組織變革的目的是為了提高策略執行的效率與效能，進而獲取持續性的競爭優勢且長期生存。

　　就本質來說，策略是建立在公司想要達成或希望完成的目標上，而組織則是執行、評估與調整策略的基礎。本章將探討組織設計的目的，以及管理者在進行組織設計時所要考量的重要因素。底下將介紹美國聯邦調查局 (Federal Bureau of Investigation, FBI) 組織結構的變化，藉以說明組織結構設計的重要性。

美國聯邦調查局

美國聯邦調查局 (Federal Bureau of Investigation, FBI) 是設立在美國司法部下的一個機構。美國聯邦調查局成立於 1908 年，當時美國司法部派任 34 位情報人員進行犯罪調查工作，直到 1930 年在埃德加‧胡佛 (J. Edgar Hoover) 的領導下，才正式命名為美國聯邦調查局，並於美國 30 個地區成立 FBI 分局。在 1972 年胡佛任內，美國聯邦調查局發展成全國性的組織。在電影與公開檔案的協助之下，FBI 獲得廣大民眾的支持與認同，被認為是打擊犯罪的英雄。一開始，FBI 主要分成兩大部門：偵查部門與情報部門。偵查部門負責處理已經發生的案件；情報部門則是負責預測與蒐集情資。在 1970 年代，FBI 主要的工作包括反間諜活動及打擊集團犯罪與白領犯罪；1980 年代加入反毒品交易，1990 年代則加入反恐怖攻擊。然而，在這段期間，兩個部門在組織中所受到的關注卻不盡相同。

FBI 的基層幹員對於組織文化之塑造有很大的影響力。FBI 幹員信奉正義，並從打擊犯罪中獲得成就感，誠如某位幹員所述：「我是為打擊犯罪而來，不是來建立檔案的。」FBI 幹員也非常重視自主性，某位幹員說：「真正的男人不是來打字的，真正的幹員只需要一本筆記本、一枝筆，以及一把槍，就可以征服世界。」因此，基層幹員紛紛投入偵查部門，如此才能真正的打擊犯罪。相反地，情報部門則相當冷門與弱勢，因為部門的主要工作是預測尚未發生的事情，且情報部門的幹員需要得到上級的許可才能執行工作。因此，具有明確行動準則、結案期限，以及較多自主性的偵察工作較受基層幹員喜愛。

2001 年 9 月 11 日世貿中心與五角大廈遭受恐怖攻擊，震驚 FBI。隨後的偵查發現，FBI 與中央情報局 (Central Intelligence Agency, CIA) 在恐怖攻擊之前就已掌握足夠的線索和訊息，但因為沒有即時傳遞與分享相關訊息，所以未能阻止此次攻擊事件的發生。因此，司法部長與 FBI 局長羅伯特‧穆勒 (Robert Mueller) 立即調整 FBI 相關工作的優先順序，以反恐怖攻擊為首要任務，打擊犯罪為次要任務。也因此，FBI 必須重新調整內部的組織結構、分配資源，以及修訂目標。

在 911 事件發生後，FBI 立即進行第一次變革。穆勒重新組織 FBI，整個 FBI 的重心將以反間諜部門與反恐怖攻擊部門為主。穆勒合併兩部門的領導權，直接聽從 FBI 總部的命令，所有的訊息將直接彙整至 FBI 的執行助理局長。此外，為了改善溝通與促進資訊傳遞，各分局都必須設置情報組，即時將情報傳至 FBI 總部。隨著對於情報部門的重視，FBI 招募大量的情資分析人員、購買新的科技設備，以及對所有的幹員進行情報訓練。然而，就像一般公司一樣，這些變革受到許多阻礙。

穆勒瞭解重新組織 FBI 並不夠，也必須改變 FBI 的使命與目標。FBI 的傳統運作系統是以各分局為主，根據不同的案情各自進行偵查工作，進而打擊犯罪，然而這套系統並沒有

辦法偵查與打擊跨國或跨地區的犯罪案件。因此，從 2007 年起，穆勒開始著手建立「以情報為主，以威脅為基礎」(intelligence-led, threat-based) 的 FBI，並將 FBI「定位為國家安全組織」。在新系統下，所有的任務或工作都以情報為主，FBI 幹員必須學習新的威脅型態，瞭解資訊的缺口，並蒐集相關資料以填補資訊缺口，如此將能更有效地打擊犯罪與恐怖份子。換言之，這套新的系統是以情報為主來組織並引導後續的執法行動。

為了貫徹這次策略面與組織面的變革，穆勒採取三項措施，包含策略管理系統 (strategy management system, SMS)、策略執行團隊 (strategic execution team, SET)，以及策略績效會議 (strategy performance session, SPS)，如此將使得策略更明確、清楚劃分任務的優先順序、建立目標，以及監督目標的執行。

策略管理系統是負責確認能幫助 FBI 轉型成新組織的關鍵指標與目標。FBI 採用一套修改後的平衡計分卡，有助於 FBI 將策略轉換成實際的行動。此外，策略管理系統能夠確認策略執行過程中所要監督與評估的地方，增進 FBI 對於國家安全威脅的分析能力。策略執行團隊則是負責落實並執行長期的變革。為克服 911 事件發生以來 FBI 在組織變革上的停滯，策略執行團隊必須連結執法部門與情報部門以實現 FBI 的使命：保護國家的安全。為了塑造與鞏固 FBI 新的組織文化，策略執行團隊必須讓各分局瞭解，威脅是遍及國家與國際間，而不是只發生在各分局所負責的地區。策略績效會議則是負責傳遞並溝通整體策略，使各分局與所有幹員都能瞭解 FBI 的整體策略，並評估策略執行方案。策略績效會議的成員是由總部所指派，負責評估各分局的績效，要求各分局自行評估如何蒐集與分析資訊、設定工作的優先順序、分配資源，以及追蹤目標的執行結果。

穆勒執行這三項措施的目的是希望能徹底改變 FBI 的組織結構與文化。FBI 變革的其中一個目標是提高溝通協調的效率，以及整合各部門與各分局的工作。如同其他一般企業，FBI 在執行變革時面臨許多內部的阻礙與挑戰。儘管如此，經過這次的變革，發掘出許多需要改進的地方，幫助穆勒瞭解所面臨的挑戰與成功之處。在 2009 年，穆勒發現各分局已不需要嚴格地管理與監督，並對資訊科技的需求提升，同時他也瞭解必須將新招募的情報分析人員整合至各分局，以提高情報傳遞效率。雖然這次變革已獲得一定的成果，但穆勒知道還需要克服更多的挑戰，FBI 才能真正實現變革。

如同 FBI 的案例一樣，組織結構會一直變動。當外部環境改變或內部任務改變，企業就必須調整組織結構以因應外部或內部的改變。

個案討論

1. 為什麼 FBI 的組織設計會隨著時間不斷地改變？
2. 在變革流程中，FBI 為了達成組織策略目標，其如何重新建構組織結構？
3. 穆勒認為哪一種組織設計因素是聚焦反間諜部門與反恐部門的關鍵因素？
4. 穆勒導入三項措施的目的為何？這三項措施又如何能達成這些目的？

從策略到組織設計

隨著競爭環境愈來愈複雜、環境改變愈來愈快速、全球化的來臨，以及對資源的迫切需求等因素，皆需要企業隨時調整組織結構以配合策略之執行。雖然有些人認為，策略與組織設計 (organizational design) 之間具有先後關係，即組織設計追隨策略，然而亦有研究指出，策略與組織設計之間是共同演化與相互影響。例如，公司欲執行成本領導策略，則必須採取具運作效率、節省成本與內部整合的組織結構。相反地，如果公司以追求差異化策略為主時，則應採用可提高創新、創造力、彈性及速度的組織結構。組織設計是指公司用以達成特定策略的正式系統、手段與決策。

> **組織設計** 公司用以達成特定策略的正式系統、手段與決策。

由上述可知，一個完善與建構良好的組織結構對於公司發展並維持競爭優勢的重要性。有幾項公司在設計組織結構時必須考量的問題，因為這些問題會影響公司策略的執行與達成，包括要如何分化工作，以及分配職權？工作是否要正式化、結構化及標準化？部門的劃分是要根據顧客類型、地理區域、產品類別，還是功能？管理者必須謹慎的思考上述這些問題，因為在這些範圍所做出的選擇將會影響到公司整體的組織構形與氛圍。

分工

分工 (division of labor) 是指公司如何將內部工作分配給員工。在進行分工時，管理者必須思考下列幾項重要的決策與問題。首先，管理者必須決定工作的垂直與水平專業化之程度。垂直專業化 (vertical specialization) 是指員工在公司某個特定領域中負責創造、執行與管理活動的程度。例如，相較於僅需負責設計新手機電路的工程師來說，必須承擔與負責編製預算，以及將研究成果轉變成可大量製造的產品之工程師，其工作垂直專業化程度相對較高。水平專業化 (horizontal specialization) 是指一項工作所涉及的活動範圍。例如，相較於只設計手機電路的工程師來說，必須同時設計手機外殼、電池及電路的工程師，其工作水平專業化程度相對較高。

> **分工** 公司如何將內部工作分配給員工。

管理者在思考與決定分工的程度時，亦必須瞭解分工所存在的問

題。首先，高度的專業化分工可幫助公司培養或發展某特定技術或功能的專家與能力。然而，高度專業化分工可能會降低員工的工作滿意度，尤其是當專業分工使得工作變得煩悶、無聊，以及重複性高時。此外，當工作專業化程度高時，公司可能會面臨到高離職率與流動率的問題。然而，有趣的是，高度專業化與重複性高的工作，又具有可快速且有效訓練新人力資源之特性。

協調機制

在分工決策之後，管理者必須決定如何協調公司內部員工的活動。底下有多種協調方式供管理者選擇與運用，包括：直接監督、正式規範、計畫與預算，以及訓練與社會化 (socialization)。

對於公司欲達成目標應採取多高的控制程度之問題，有兩種相反的論點。有一派的**學者 (organizers)** 認為，在設計組織結構時應以高控制為考量，包括提高工作標準化的程度、明確與詳細的界定角色與責任，以及制度性的領導等，因為高控制可以提升工作效率與成果。許多連鎖速食店採用嚴厲的控制系統，以確保產品品質、一致性，以及供餐速度。效率是連鎖速食業者最重視的面向，包括烤土司的時間、煎雞肉餅的時間，或做一個三明治的時間等，都是以秒計算。

> **學者** 認為設計組織結構時應以高控制為考量，以確保工作效率與成果。

極端控制形式的最佳例子就是韋伯所提出的**科層式 (bureaucratic approach)** 管理思維。科層式系統是一個高度正式化的組織結構，具有大量且詳細的規則、程序、政策及命令等特性。職位以階級制安排，由高階管理者制定組織的方向與活動，而低階的管理者與員工則是遵照命令執行活動。監督的基本機制是上級對下級嚴密的監督。科層式組織要能順利運作，則員工必須能接受正式的職權命令，以及學習正式的規章與制度。

> **科層式** 一個高度正式化的組織結構，具有大量且詳細的規則、程序、政策及命令等特性。

隨著公司規模與複雜性的增加，公司可藉由科層式結構來建構活動與創造正式的溝通和控制機制，進而提高公司的運作效率。此外，科層式組織可以有效處理並降低多元化員工與高流動率所衍生的問題。雖然科層式組織常被視為最公平與有效率的控制方式，但其正式化的規章制度與監督也有可能會阻礙公司的運作。在某些環境中科層式組織與正式化的約束能提高公司的運作效率，然而在某些環境中不見得有效。例如，在需要大量創造力與創新的環境中，或公司必須回應快速變動的市

行為主義者 建議公司應該採用開放的組織設計，放寬員工在公司內的角色與職責範疇。

派閥式 以自我監督團隊來負責執行特定任務的一種組織控制形式。

場環境時，科層式組織可能就不是一個理想的組織結構。

相反地，**行為主義者 (behaviorist)** 認為太多控制會降低員工的工作滿意度與創造力，同時養成員工的惰性。因此，行為主義者認為公司應該採用開放的組織設計，放寬員工在公司內的角色與職責範疇。Sun Hydraulics 就是一家採取行為主義者所建議的組織結構設計之公司，它是一家為工業液壓設備廠商生產液壓插裝閥與管線的製造商。當鮑伯‧科斯奇 (Bob Koski) 在 1970 年於佛羅里達州創立 Sun Hydraulics 時，就希望創造出有別於以往的新組織結構。因此，這家公司並沒有正式的職務名稱、組織圖、部門、嚴格的監督機制，或工作規則。Koski 說道：「我們公司唯一的規則就是沒有規則，我們希望員工能夠根據共享的資訊來做決策，以及不斷地思考怎麼做才能有助於公司目標的達成。」此外，所有新進員工皆必須輪調工作，從某個工作領域轉移至另一個工作領域，並從中評估在哪個工作領域最能發揮與應用自己的技能。然而，此種組織結構並不適用所有的員工，例如，對那些必須根據組織結構與規則才能順利執行工作的員工來說，在 Sun Hydraulics 就會感到失落與不適應。

實際上，Sun Hydraulics 採取一種**派閥式 (clan approach)** 的組織控制形式。派閥式控制的主要特徵是以自我監督團隊來負責執行特定的任務。在派閥式的組織中，每位成員都必須接受各種訓練，目的是要使每位成員能夠執行各式各樣的任務，且個人的目標及價值觀與組織的價值觀一致。派閥式控制的一項重要優勢是員工能夠自我管理；員工以專案為基礎進行合作，且必須根據組織的使命和價值觀共同協商出適當的團隊行為。

對處在穩定環境中的大企業而言，科層式組織是相當有效的組織結構。然而，當環境充斥著不確定性或任務活動難以衡量時，則派閥式組織往往是較佳的選擇。當公司在高不確定性的環境營運時，員工必須根據環境條件持續地調適與改變，此時派閥式組織結構是較適合的選擇，因為派閥式組織結構能夠因應多樣化的工作形式與績效。低流動率與僱用保障是建構並維持派閥式系統非常重要的因素，因此對於處在價格競爭與成本敏感產業的公司來說，採用派閥式組織結構將會面臨許多挑戰 (如圖 7.1 所示)。

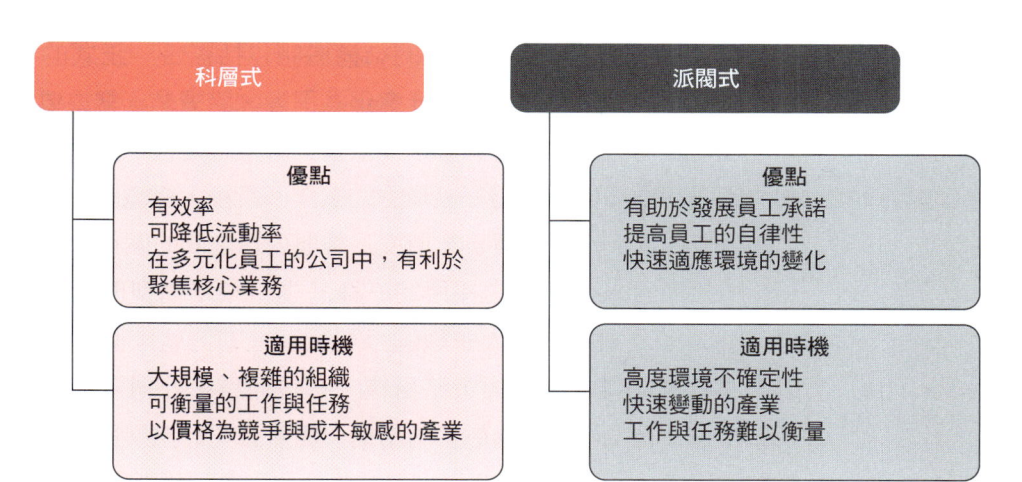

```
┌─────────────┐              ┌─────────────┐
│   科層式     │              │   派閥式     │
└──────┬──────┘              └──────┬──────┘
       │                            │
  ┌────┴────┐                  ┌────┴────┐
  │  優點    │                  │  優點    │
  │ 有效率   │                  │ 有助於發展員工承諾 │
  │ 可降低流動率 │              │ 提高員工的自律性 │
  │ 在多元化員工的公司中，有利於 │ 快速適應環境的變化 │
  │ 聚焦核心業務 │              │          │
  └─────────┘                  └─────────┘
  
  ┌─────────┐                  ┌─────────┐
  │ 適用時機 │                  │ 適用時機 │
  │ 大規模、複雜的組織 │        │ 高度環境不確定性 │
  │ 可衡量的工作與任務 │        │ 快速變動的產業 │
  │ 以價格為競爭與成本敏感的產業 │ 工作與任務難以衡量 │
  └─────────┘                  └─────────┘
```

資料來源：Adapted from B. R. Baliga and Alfred M. Jaeger, "Multinational Corporations: Control Systems and Delegation Issues," *Journal of International Business Studies*, Vol. 15, Fall 1984, pp. 25–40.

圖 7.1 控制的科層式與派閥式

組織設計：正式的結構

組織設計決策直接影響**組織結構 (organizational structure)**，進而影響組織策略之執行。組織結構是指有助於員工之間相互協調的組織角色、關係，以及程序的配置形式。大多數的人都認為組織結構只是根據部門功能、產品或地理區域所製作而成的一張圖表；實際上建置一個合適的組織結構是需要針對公司的能力、競爭環境，以及整體條件進行詳盡的分析。一個良好而有效的組織結構能夠使公司充分地應用內部資源以因應變革。

> **組織結構** 有助於員工間相互協調的組織角色、關係，以及程序的配置形式。

一般而言，組織結構在公司內可發揮三個主要的功能，參見圖 7.2。首先，建構組織結構可幫助管理者依據任務與部門之特性來分派勞動力，以利於各種組織活動的執行。第二，組織結構有助於組織成員

```
        ┌──────────────────┐
        │    組織的功能     │
        └─────────┬────────┘
     ┌───────────┼───────────┐
┌────┴────┐ ┌───┴────┐ ┌────┴────┐
│ 界定員工 │ │協調成員之間的│ │ 確認企業的│
│  的角色 │ │   活動  │ │   疆界  │
└─────────┘ └────────┘ └─────────┘
```

圖 7.2 三種組織的功能

協調彼此的工作或活動，採取的結構機制包括監督、正式的規章與程序、計畫與預算、訓練，以及社會化過程等。協調是非常重要的組織活動，因為公司內部的活動具有相互依賴與影響之特性，亦即任一個團體的決策與活動都會影響另一個團體的工作。最後，組織結構界定一家公司的疆界，且決定公司與事業環境及其他公司之間的關係。

一般而言，公司最常採用的三種基本組織結構型態包括功能型、事業型，以及矩陣型。大多數的公司採漸進的方式來調整組織結構，以因應日漸複雜的事業與策略目標。一般而言，公司多以**功能型結構** (functional structure) 作為最初的結構，隨著公司的擴展與成長而改採**事業型結構** (divisional structure)，而有些公司則會採用**矩陣型結構** (matrix structure)。

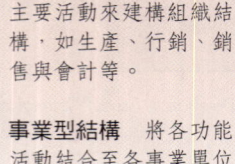

> **功能型結構** 公司依據主要活動來建構組織結構，如生產、行銷、銷售與會計等。
>
> **事業型結構** 將各功能活動結合至各事業單位中。
>
> **矩陣型結構** 企業採用同時結合事業型和功能型的組織結構。

功能型結構

當人們想到一家公司的組織結構時，通常腦海裡出現的都是傳統的功能型結構 (如圖 7.3 所示)。在功能型結構中，公司依據主要活動來建構組織結構，如生產、行銷、銷售及會計等。例如，銷售部門的銷售經理必須接受銷售副總裁的命令與領導。也就是說，銷售副總裁管理公司所有的銷售經理，以完成部門目標 (如銷售目標)，進而達成公司的目標 (如總營收成長)。雖然每位員工皆必須完成部門內多項的目標，但其升遷也都與部門的績效和成功有關。在功能型組織中，每個部門皆自行管理其預算和規劃。

功能型結構非常適合小型企業，或是產品或服務項目較少的企業。功能型結構為公司提供一個簡易且流暢的溝通方式，有利於直接管理與監督，以及降低冗員的問題。功能型結構最重要的優勢之一是，可提高專業性與效率。許多公司採用功能型結構來提高各功能的專業程度，進

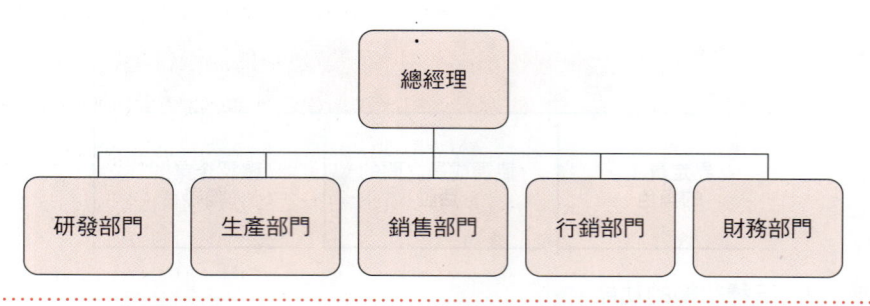

圖 7.3 功能型結構

而發展核心能耐與創造競爭優勢。各功能部門可能會發展出各自的獨特文化與價值系統。

這種部門的凝聚力雖然有助於部門核心能耐之發展，但亦可能會阻礙公司內部各功能部門之間的協調。以提高公司競爭優勢來說，各功能部門應發展出一致性的協調模式，而最重要的協調模式就是溝通。例如，生產部門與銷售部門之間必須定期的溝通，如此才能使銷售部門瞭解產品特性，而產品部門可從銷售人員獲得顧客的回饋訊息。在功能型組織結構中，管理者可藉由正式機制來進行部門之間的溝通與協調，例如規劃與預算系統。

功能型組織結構特別適合用在強調生產效率或專業性的競爭環境中。在這些環境中，發展規模經濟是企業創造競爭優勢的關鍵因素之一，而功能型組織結構有助規模經濟之發展，因為相較於其他競爭激烈的環境，強調效率或專業性的經營環境相對來說會較為穩定。

然而，功能型組織結構的主要缺點之一是，難以處理或因應經營環境的改變。當公司處於快速改變的經營環境時，採用功能型組織結構的公司可能會難以協調各功能部門來回應環境的變化。因為許多功能部門僅會按照公司規定方式與其他部門互動與溝通。功能型組織結構的另一個缺點是，可能會使員工對部門目標的重視程度超過對公司的整體目標，因而容易做出次佳決策。

事業型結構

不同於功能型結構，事業型結構是將各功能活動結合至各事業部中，參見圖 7.4。在此結構中，公司可根據產品、地理區域或顧客來建構組織結構並劃分事業；各事業部必須自負盈虧，並統一接受總經理的監督與管理。若以產品類別來劃分事業部時，各事業部必須自行發展與銷售特定產品；若以地理區隔來劃分事業部時，各事業部必須專注於營運特定的地理區域；若以顧客來劃分事業部時，各事業部必須關注於被指派的特定顧客。各事業部都擁有各自的功能活動，包括人力資源、行銷及財務等。事實上，事業型結構是以公司的產出 (產品或服務) 替代功能活動 (如銷售與生產)，作為劃分部門與建構組織結構之依據。

事業型結構與功能型結構有如下幾項差異：第一，相較於在功能部門，在事業部門的員工對於部門有較高的忠誠度；第二，相較於功能部門，事業部門擁有較高的自主性，因此所承擔的責任也較多；第三，在

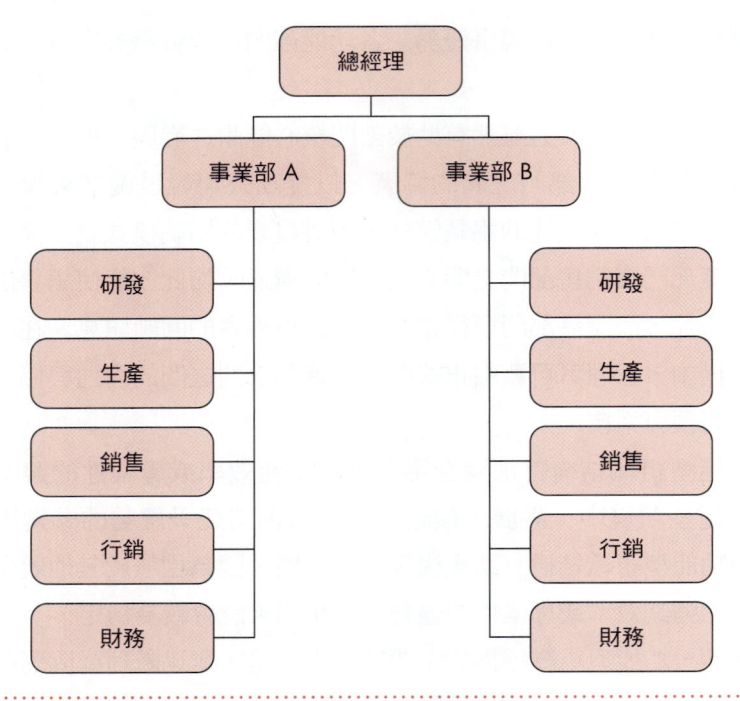

```
              ┌──────────┐
              │  總經理   │
              └─────┬────┘
           ┌────────┴────────┐
      ┌────┴────┐       ┌────┴────┐
      │ 事業部 A │       │ 事業部 B │
      └────┬────┘       └────┬────┘
           │                  │
      ┌────┴─┐            ┌───┴──┐
      │ 研發 │            │ 研發 │
      └──────┘            └──────┘
      ┌──────┐            ┌──────┐
      │ 生產 │            │ 生產 │
      └──────┘            └──────┘
      ┌──────┐            ┌──────┐
      │ 銷售 │            │ 銷售 │
      └──────┘            └──────┘
      ┌──────┐            ┌──────┐
      │ 行銷 │            │ 行銷 │
      └──────┘            └──────┘
      ┌──────┐            ┌──────┐
      │ 財務 │            │ 財務 │
      └──────┘            └──────┘
```

圖 7.4　事業型結構

事業型結構中，升遷是以跨部門的管理能力為主，而非專業技能；第四，在事業型結構中跨功能之間的溝通會更順暢，因為在此結構中，各事業部只需要專注於特定產品類別或顧客上。

相較於功能型結構，事業型結構相當倚賴總經理進行跨部門之間活動的協調，且需要承擔更多的責任；除了促進跨部門之間的溝通外，還要與總公司共同制定公司層級的策略與目標。

事業型結構最適合在高度不確定環境中需要快速回應市場的企業。此外，事業型結構也相當適合應用在需要不斷創新或回應顧客需求的企業。事業型結構之所以會適合上述這些環境，是因為各事業部都有完整的功能部門，因此可以針對顧客需求或持續改變的經營環境快速調整。

相較於功能型結構，事業型結構有下述幾個缺點：第一，各事業部因為擁有各自的功能部門，所以功能部門重複設置，較難達成規模經濟。例如，對有強烈研發需求的公司來說，如果各事業部的研發需求差別相當大時，各事業部可能會各自設置自己的研發部門，因而分散公司的研發資源，使得公司無法有效地發展規模經濟；第二，在事業型結構存在一個共同的問題，亦即各事業部之間可能會有競爭的行為，尤其是

當事業部之間擁有相同的顧客時。在這種情況下，各事業部可能會在自利的驅使下，忽視或犧牲公司的整體利益。最後，各事業部之間可能難以發展出相同水準的功能部門，無法像功能型結構一樣，功能部門可各自發展出高專業能力。整體來說，事業型結構特別適合運作於多種經營環境的企業，亦即生產多種產品、營運於不同地理區域，或服務多種顧客的企業。

矩陣型結構

今日，大多數的企業不會單純只採用功能型或事業型結構，而會採用結合兩者元素的組織結構。一種常見的結構形式是將產品團隊加入至功能型結構上，藉以強化功能部門之間的溝通。在此種組織結構中，許多員工會同時有兩個主管，且必須同時向產品團隊的主管與功能部門主管報告和負責。另一種常見的結構形式則是集中各事業部的核心功能，如製造或銷售，藉以發展規模經濟。綜上所述，矩陣型結構的目的即在於結合不同組織形式的優點。

在許多組織中，「管理者發現，他們需要功能部門的專業技能，又需要跨功能的協調。」在這種情況下，公司通常會採用矩陣型結構。例如，前面所提 FBI 案例，FBI 從原先的事業型結構轉變成矩陣型結構，以強化偵查部門與情報部門之間的溝通。

在矩陣型結構中，事業部的經理與功能部門經理擁有同等的職權，員工必須同時向兩位經理報告，如圖 7.5 所示。例如，被指派至跨部門專案中的行銷人員也必須執行行銷部門內的工作，因此該名行銷人員必須同時向專案經理與部門經理報告。

在某些特定環境中，矩陣型結構的雙重報告形式特別適合。首先，當企業同時面臨功能與產品壓力時，就應該採用矩陣型結構，以平衡此兩股壓力；第二，當企業內部環境相當複雜時，亦即部門之間具有高度的依賴關係，就應該考慮採用矩陣型結構；第三，當事業群與功能群之間必須共同分享企業資源時，則非常適合採用矩陣型結構。換言之，當企業必須彈性地分配資源於功能群與事業群，以因應各種環境條件時，最適合採用矩陣型結構。

矩陣型結構的主要缺點是時常造成功能群與事業群的管理者困擾和無效率。在許多情況下，員工會同時感受到來自兩邊的壓力，且由於雙

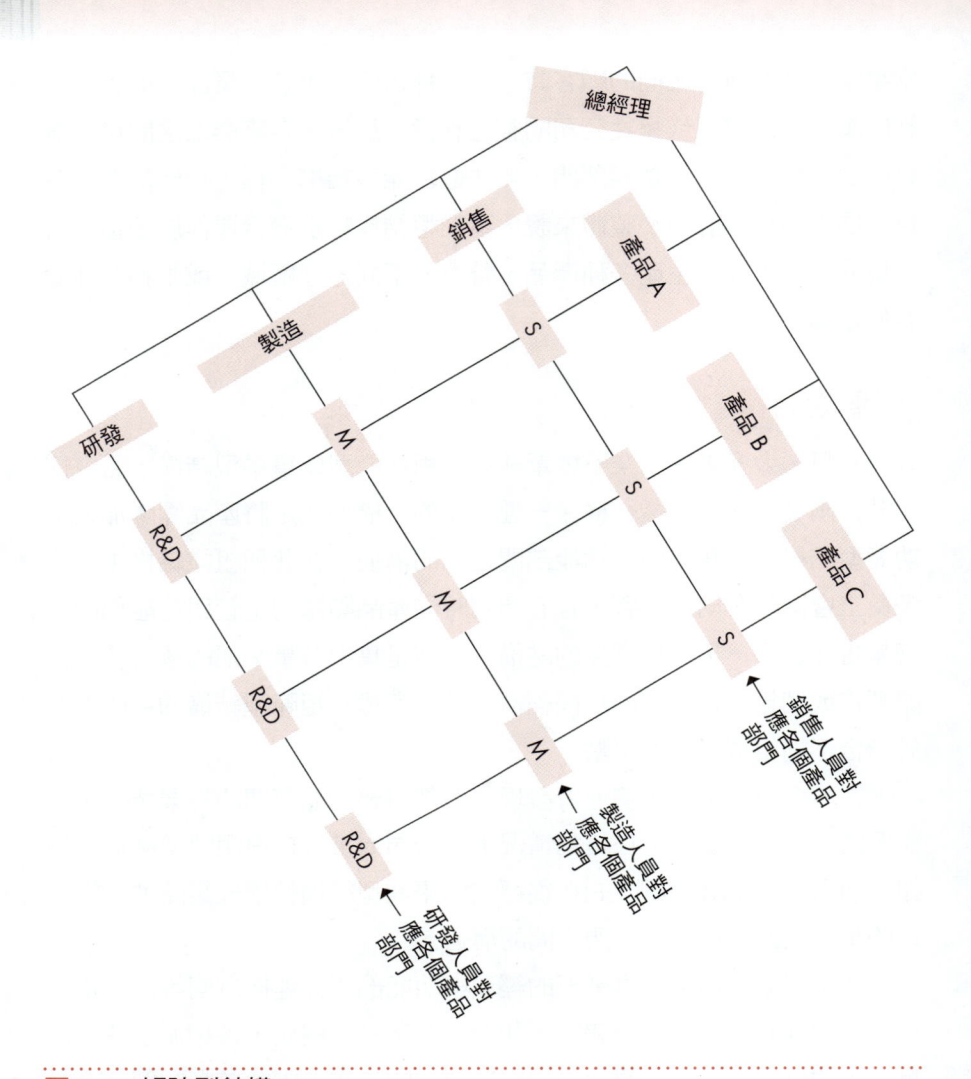

圖 7.5　矩陣型結構

重報告的職責，員工有時會難以分辨兩邊工作的重要性，因此無法有效分配兩邊的工作時間。由此可知，採取矩陣型結構的公司中，功能群與事業群之間必須充分地協調和溝通，以確保資源的有效分配，並避免不必要的衝突。為了增進雙邊的協調與溝通，功能群與事業群必須時常開會，但也可能因此降低公司整體的運作效率。在矩陣型結構中，管理者不能依賴垂直的職權與命令，而必須建構一個可跨部門群和事業群的溝通與資訊分享機制。

網絡結構

　　現今的經營環境愈來愈複雜且變化快速，促使企業尋求更多樣化的組織結構以滿足產業的創新需求，其中一種新型的組織結構就是網絡結構。網絡結構 (network structure) 在分工上與先前所介紹的結構形式有很大的差異。在網絡結構中，「知識工作者」被視為個別貢獻者，或作為某工作群的一份子來提供企業某種專業能力，而這些個別貢獻者或工作群即是網絡結構的基本組成，如圖 7.6 所示。

　　在網絡結構中，知識工作者之間的溝通必須透過組成跨功能團隊來達成；這些跨功能團隊有些在企業內，有些則在企業外。形成跨功能團隊的目的是要集結不同部門的員工，並藉由相互溝通以完成特定任務。企業可利用組織跨功能團隊來開發新產品，而這些團隊成員可能來自於工程、銷售、行銷與生產部門。此外，由不同地區的員工所組成的虛擬團隊也很常見。

　　緯創力 (Flextronics) 是一家代工製造公司，2001 年時曾組織虛擬團隊來負責監督微軟 Xbox 的組裝與配送過程。當時微軟邀請緯創力在加州的公司負責組裝與配送 Xbox，並要求必須同

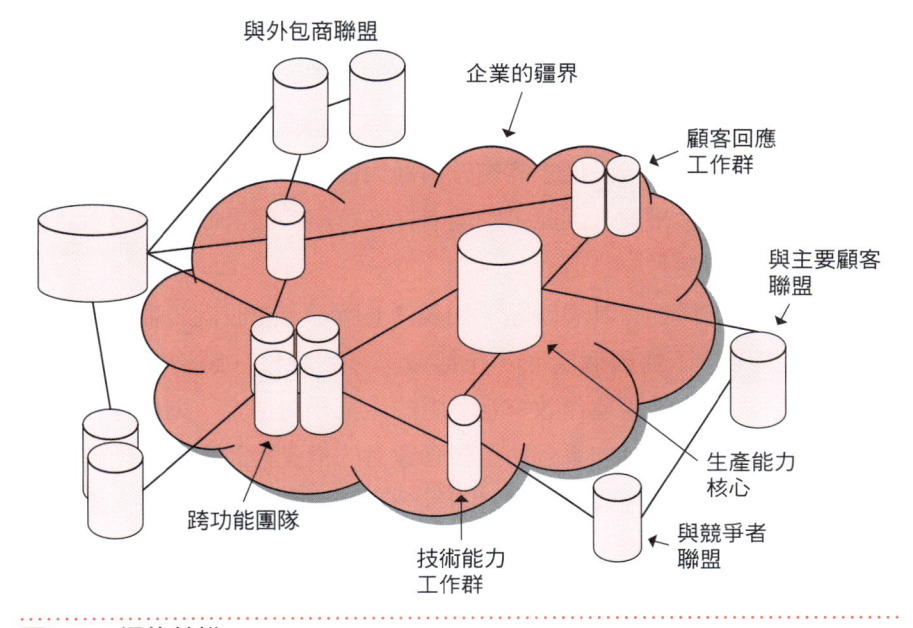

> **網絡結構**　「知識工作者」被視為個別貢獻者，或為某工作群的一份子提供企業某種專業能力，即是網絡結構的基本組成。

2003 David McIntyre/Black Star/Newscom

圖 7.6　網絡結構

時在北美和歐洲上市與鋪貨。為了能同時在北美和歐洲上市，緯創力編制一個虛擬團隊，成員包括加州聖荷西市分公司的員工，以及在墨西哥與匈牙利的製造部門。虛擬團隊會定期開會討論與分享一些最佳實務，目的是要達成同時在北美和歐洲上市與鋪貨的目標。緯創力也會邀請微軟來參加會議，讓微軟能夠瞭解組裝進度與鋪貨流程。

在網絡結構中，跨功能團隊可能是暫時編制，也可能是永久編制。雖然管理當局對這些跨功能團隊負有監督之權力，但在網絡結構中這些單位擁有一定的決策權。網絡結構是一種扁平式結構，鮮少或甚至不需要中階管理者來負責高層和基層之間的溝通與資源分配。在這種扁平式組織中，為了使資源能夠快速地在跨功能團隊或工作群中流動，資訊與科技設備是不可或缺的元素。

重視非正式結構 (informal structure) 是網絡組織的一項特色，這與其他組織結構以正式結構 (formal structure) 為主是不同的。設計網絡組織的主要目的在於強化工作群與跨功能團隊之間的非正式關係，以確保工作能順利執行。此外，由於網絡結構的非正式本質，因此不同於傳統的組織結構，在網絡結構中高職位並不代表高權力與高支配能力。

網絡結構能夠幫助公司快速地回應競爭者的行動，以及調適持續變動的市場，而此能力在高度變動與強調創新的產業中是競爭優勢的來源。然而，值得注意的是，這種高調適能力亦代表著資源的重複配置，以及弱化管理層級的權責 (accountability)。例如，在網絡結構中，採用跨功能團隊會降低管理者的權責，因為管理者可能無法完全瞭解跨功能團隊所執行的專案內容，而難以有效地管理與監督。此外，虛擬團隊成員必須藉由資訊與科技設備才能充分溝通與協調，以順利執行任務，然而這些設備卻相當昂貴。因此，管理者在進行組織設計時必須考量各種組織結構的優缺點。

每種組織結構都有其優缺點，如表 7.1 所示。在設計組織結構時，管理者必須考量下述幾個構面，包括效率、回應性、調適性，以及權責。如果公司非常重視運作效率且所處的產業相對穩定，則最適合採用功能型結構；相反地，如果公司重視管理者的權責與調適性，則較適合採用事業型結構，而權責的配置必須以公司的策略與目標為主。然而，不論採用何種組織結構，企業都必須隨著競爭環境的改變而適度調整組織結構。

表 7.1　各種組織結構的優缺點

	功能型	事業型	矩陣型	網絡
資源效率	極佳	低	中等	佳
回應性	低	中等	佳	極佳
調適性	低	佳	中等	極佳
權責	佳	極佳	低	中等
適合的環境	穩定	異質	複雜	不穩定

資料來源：Adapted from Exhibit 7 in Nitin Nohria, "Note on Organization Structure," Harvard Business School Note No. 9-491-083, rev. June 30, 1995 (Boston, MA: HBS Publishing, 1991), p. 19.

領導發展之旅

領導者在公司的營運與生產過程中扮演許多重要的角色，而管理者需要在穩定、有效率、可控制，以及能同時促進集體行動、調適與創新的組織結構中才能扮演好這些角色。請回顧一下，你曾經任職或曾擔任會員的組織，並根據你對這些組織的觀察，回答下列問題：

1. 組織結構與領導目標一致嗎？
2. 領導者是否曾調整組織結構以因應外部環境的變化？
3. 領導者所設計的組織結構具有促進集體行動與共同承擔責任的效果嗎？
4. 領導者如何設計組織結構以作為控制系統？
5. 組織結構與績效之間有明確的關聯嗎？
6. 根據你對該組織的觀察，你對於領導與組織結構之間的關係學習到什麼？你如何將所學習的經驗應用在自己的領導實務上？

組織設計層級

不管企業採行何種組織結構，皆必須考量組織層級的問題，因為組織層級的編制攸關企業決策的制定。因此，組織設計的一個重要環節是決定資訊要如何在組織內部流動，以及誰需要使用這些資訊來做決策。

決策權

決策權 (decision rights) 包括制定、批准、執行及控制各種策略或戰術的決策。決策權可根據垂直與水平面向來分類；就垂直面向來說，

決策權　包括制定、批准、執行與控制各種策略或戰術的決策。

管理者必須決定在制定策略時要採用集權或分權的形式；就水平面向來說，管理者則須決定在同一個組織層級中誰擁有決策權。例如，管理者必須決定是行銷還是製造部門有權力決定產品是否要加入其他屬性或功能。

一般而言，企業應該對擁有與制定決策相關資訊的人員賦予其決策權。管理者將決策權交由員工的過程稱作授權 (delegation)。在許多製造業中，線上員工比管理者更瞭解公司的生產能力與運作流程，因此這些員工應是制定生產相關決策的最佳人選。

由於集權的科層組織能幫助企業快速地制定決策而廣為企業所採用，但分權式組織因為授權員工與給予員工更多的決策參與機會而愈來愈普及。集權式組織 (centralized organization) 是將決策權集中在管理當局，以由上而下的階級制度來控制員工行為，這在功能型組織結構中常見。在分權式組織 (decentralized organization) 中，決策是由組織各層級所制定，而非僅有上層的管理層級；至於網絡組織則是一個非常強調分權的組織結構。

採集權式的企業通常歷史較久且規模較大，這在成熟產業中的企業更是常見。集權式組織是利用嚴格且僵固的結構來約束員工的行動，非常適合應用於穩定環境中運作的大型企業。集權式組織由於決策權集中，因此可縮短策略調整的時間，以及促進部門之間的溝通。

當環境不確定的程度提升，企業必須不斷地調整以因應環境，因此會將職責與決策權授予基層單位。一般而言，由於採分權式的企業較容易吸引高技能的員工、標準化的協調溝通系統，以及允許個人決策，因此能夠彈性與快速地回應環境的威脅和機會。在分權式組織中，明確的角色與責任定位會大幅降低主管監督的必要性，能夠提升公司調整的能力，以因應環境的變化與不確定性。

本章雖然介紹數種組織結構，但鮮少有企業只採用某種組織結構。換言之，我們很難找到一家極端集權式或極端分權式的企業，也很難發現完全採用科層式或派閥式組織的企業。相反地，我們時常看到採用混合形式的企業。在現實環境中，企業通常會採用各種組織結構的某些元素，且根據本身的能力與適應狀況，而採用不同的組織結構。

管理者在分配決策權時必須知曉潛在的利益衝突。例如，許多製造部門的員工根據他們所生產的數量作為薪資給付之準則，此時如果製造

授權 管理者將決策權交由員工的過程。

集權式組織 將決策權集中在管理當局，以上而下的階級制度來控制員工行為，在功能型的組織結構中常見到。

分權式組織 決策是由組織各層級所制定，而非僅有上層的管理層級。

部門的員工擁有改變生產速度的決策權，則他們很有可能將生產速度提高到一個不安全水準以增加自己的薪資。此外，企業應該適度地控制決策權的授予，因為相較於管理層級，基層員工比較缺乏充分的資訊，也因此難以做出適當的決策。例如，銷售人員可能想藉由降低某項產品的售價來完成交易，但他們可能對於此產品的生產或公司想要賺取的利潤不甚瞭解，進而做出錯誤的決策。

非正式結構

除了正式結構外，組織內部亦普遍存在著非正式結構。例如，隨著時間的經過，許多員工會在公司內部發展出非正式的行為模式，像是在某個特定時間一同出去吃午餐，或是非明文規定由資深的銷售人員服務特定顧客。雖然這些非正式的實務不是公司內部正式制定的規章制度或工作實務，但卻是公司內部不可缺乏的元素。

當管理者接管一個新的部門時，必須瞭解什麼樣的改變可能會影響此部門非正式結構。工作實務或非正式結構的改變可能會提高工作效率，但也可能會降低士氣，即使是非常微小的改變都可能會影響非正式的工作流程。新上任管理者的首要工作是瞭解部門或組織內部的非正式結構，以及可能的改變對此結構之影響。

組織設計與企業的生命週期

企業會隨著外部環境 (如法規改變) 與內部環境 (如重要資源或能力的獲得與流失) 的變動而演化和改變。企業不是單純地回應環境，企業也會影響環境。企業對自己具有支配力的產業環境產生影響，同時又必須不斷地調整以因應環境的變化，而此過程稱作**相互調適 (mutual adaptation)**。在需要不斷創新和改變的產業中，如科技產業與流行產業，相互調適的過程尤其重要。

相互調適 企業對自己具有支配力的產業環境產生影響，同時又必須不斷地調整以因應環境的變化之過程。

管理者在設計組織結構時應與公司目前所處的生命週期階段──導入期、成長期、成熟期、衰退期相互配適。例如，在導入期的公司，組織結構通常具有低專業化、強調溝通協調、廣泛的決策權，以及開放的疆界等特色。隨著公司成長與規模擴大，公司會更強調內部的分工，設計特定的協調機制，以提高效率與控制。一旦公司進入成熟期則會降低

溝通、協調的需求，因為工作規範與操作程序已鑲嵌在組織文化中，不太需要密切的溝通協調。此時，公司內部的非正式結構將更為重要。

當公司隨著時間演化時，領導的本質也會隨著企業的生命週期而改變，如圖 7.7 所示。領導活動在公司創立初期非常重要，但隨著公司邁入成長或成熟階段時，領導活動的重要性也會隨之改變。因此，管理者必須學著改變自己的領導風格與方式，以迎合公司改變的需求及環境的變動。

組織彈性

為了維持持續性的競爭優勢，企業在執行能落實近期策略目標之組織結構時，應該保持足夠的彈性以因應市場的變化。如第 9 章所介紹與討論的，能夠雙面兼具 (ambidextrous) 的公司不僅會努力地強化目前策略執行的效率，且能夠準備好因應未來環境的改變。達成雙面兼具最常見的方法就是調整組織結構，例如公司可編制一個獨立的組織或工作團隊，以因應外部環境的機會，而原本的部門單位則著重於公司的主要業務上。在背離原有的組織或科層式結構後，這些小規模的單位或團隊可以採取更自主的發展流程，且可相互分享並討論創新的想法與成果。然而，管理者必須確保這些各自運作的團隊不要過於孤立，否則可能會難以將團隊的活動或建議與公司整合在一起。

最近，企業開始以個人而非團隊的方式來發展雙面兼具。在一些實

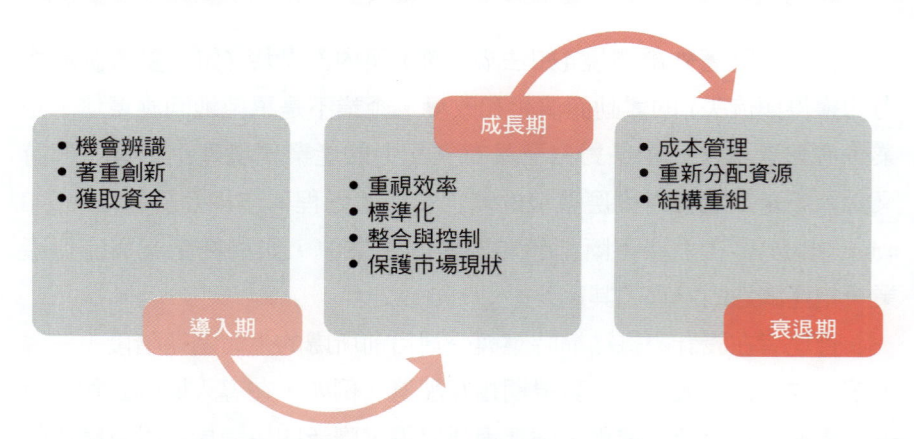

導入期
- 機會辨識
- 著重創新
- 獲取資金

成長期
- 重視效率
- 標準化
- 整合與控制
- 保護市場現狀

衰退期
- 成本管理
- 重新分配資源
- 結構重組

資料來源：Adapted from Anthony J. Mayo, Nitin Nohria, and Mark Rennella, *Entrepreneurs, Managers, and Leaders: What the Airline Industry Can Teach Us About Leadership* (New York, NY: Palgrave MacMillan, 2009), pp. 1–20.

圖 7.7 領導在生命週期中的角色

務案例中,企業會期望員工能安排一定的時間來構想或執行具前瞻性的活動,以及鼓勵員工提出能夠幫助企業因應未來環境的建議。換言之,這些企業不但鼓勵員工隨時提出建議,也支持員工的創新構想。

組織設計的趨勢

在過去,有許多企業是根據現有產品來評估顧客的需求,而不是從顧客本身的觀點或想法來思考顧客的需求。隨著市場競爭的加劇,企業開始以顧客為中心來思考策略方向。然而,欲改變公司的觀點並不是一件容易的事,公司若欲採取顧客為中心的導向,則必須創造並採取新的組織結構。

近年來,一些大型企業 (如思科) 皆在組織結構中融入四項重要活動,包括協調、合作、能力發展、連結 (connection),而成功地將企業轉變成以顧客為中心的公司。協調是指在企業內部創造結構機制與流程,幫助員工協調和溝通能為顧客創造價值的工作與活動。合作是指利用非正式機制 (如組織文化) 與激勵方式,鼓勵員工發揮服務顧客的精神。能力發展是指幫助與培養員工發展服務顧客所需的優越技能。連結則是指發展外部夥伴關係,以提升公司產品或服務的價值。

在以顧客為中心的導向中,有些公司曾考慮拆解內部傳統的組織結構或功能與事業單位,重新建構一個符合顧客需求的組織結構。有許多公司雖然積極地推展以顧客為中心之實務,但最後仍未能成功地落實,因為現有的組織結構已發展出規模經濟。當公司不想拋棄這些既有的優勢與能力 (如規模經濟),而又想要轉變成以顧客為中心時,正式的協調機制就可以作為一個重要的橋樑,藉以消除各單位或部門之間的藩籬與隔閡。公司若想要提高正式溝通之效果,而又不用拆解現有的結構藩籬,其中一個方法就是設置擴大疆界的角色或部門,負責將公司內部分散的活動與顧客需求加以連結,如此即可提高公司的張力。

思科在 2001 年的「技術解構」(tech meltdown) 計畫中,針對客服團隊與技術團隊進行重組,主要目的在於減少公司內部多餘的工作與人力。例如,不同的客服團隊卻為不同的顧客開發出幾乎相同的產品,造成資源上的浪費。經重新組織後,思科將行銷部門與研發部門合併在一起。剛開始,有些人還擔心這樣做會不會擴大公司與顧客之間的距離。

為了消除內部員工的憂慮，思科管理當局建立多種的協調機制來持續推動以顧客為中心的目標。在重組的行銷團隊之間設置一個跨功能的工程小組，負責蒐集並分享公司內部的資訊。

公司發展以顧客為中心的第二個關鍵是建立合作的環境，如此員工就可以打破組織藩籬，以傳遞顧客問題解決方案。此合作環境應包含正式或非正式元素。就正式元素來說，公司應該將顧客為中心之業務活動融入激勵與績效測量系統中；就非正式元素來說，管理當局應該積極地創造一個以顧客為中心的環境與文化。在思科，由於創辦人對顧客的需求非常重視，因此早已發展出良好的合作環境。思科雖然非常重視創新技術的發展，但會告知並教導員工，凡是顧客不需要的技術就是無用的技術。思科藉由正式與非正式之結構來發展以顧客為中心的文化，除了為員工打造一個平等的環境之外，還注入應該如何對待顧客的思維。

發展以顧客為中心的第三個關鍵要素是能力發展。若公司欲建立跨越組織藩籬的協調機制時，員工需要一組新的技能以處理新的業務活動。在以顧客為中心的公司中，員工必須有能力跨越組織藩籬，同時間處理多種產品與服務。當公司走向以顧客為中心時，應藉由相關的獎勵制度以幫助員工發展相關的技能，並為員工建立一個新的職涯發展路徑。

最後一個發展以顧客中心的關鍵因素是與外部夥伴發展良好的關係。公司可藉由重新定義組織疆界來為顧客提供更好的產品與服務，包括將非核心功能外包，或是與另外一家公司合作以提供更高價值的產品或服務給顧客。例如，星巴克藉由與其他公司合作以提供消費者更多的產品選擇，進而達成以顧客為中心的目標。星巴克發現，消費者希望能隨時隨地喝到星巴克咖啡，為了滿足消費者的需求，星巴克與百事可樂合作銷售星冰樂 (Frappuccino) 以提供更多價值給顧客，因為百事可樂在瓶裝飲料與配銷上經驗豐富。

綜上所述，隨著經營環境的改變與全球競爭激烈，許多企業紛紛重新構思與檢視它們的組織設計，希望能轉變成以顧客為中心的企業。然而，值得注意的是，組織設計的關鍵概念就是其變動的本質。

問題與討論

1. 請討論內外部環境、企業策略與組織結構之間的關聯性。
2. 請以一家企業為例，找出或繪製出這家企業的組織圖，並從組織圖中判斷其屬於何種形式的組織結構。
3. 請討論各種組織結構之特性，包括功能別、事業部、矩陣型、網絡型、混合型之特性，以及列出各種組織結構形式之優缺點。
4. 請找出一家營運時間長達 10 年以上的企業，觀察這家企業的策略目標與組織結構之間的變化，並探討造成這些變化的原因。
5. 請討論在設計組織結構時必須思考的問題或因素有哪些？這些因素會影響組織結構的整體構型。

Chapter 8 組織文化

學習目標

1. 說明組織文化提供指引工作完成之架構與原則,以及什麼是有價值的活動與實務。
2. 說明組織文化的三個層級:表徵、價值觀與信念,以及基本假設。
3. 討論發展與影響組織文化的方法,以及社會化的方式。
4. 說明為何組織文化會影響企業績效。
5. 解釋在進行企業併購與適應新環境時,組織文化所扮演的角色。

遊戲橘子 ▶▶ 我們是一家人

走進遊戲橘子,你可能會看到有員工滑著滑板車在辦公室裡穿梭,有員工在樓下的「普橘島」喝咖啡、健身與玩遊戲。遊戲橘子採取彈性上下班制,員工上下班不必打卡,上班時間隨時都可以離開,所以你會看到有員工 11 點才進辦公室,有員工正背著包包要離開。你不要感到訝異,這就是遊戲橘子,一個充滿歡樂的企業。

遊戲橘子的執行長受訪時曾經說道:「遊戲橘子的宗旨是帶給大家快樂,如果連自己的員工都不快樂,那要如何設計出能夠帶給人們快樂的遊戲?」因此,遊戲橘子致力於打造一個歡樂的辦公環境,讓歡樂存在每位員工的工作之中,一起 Have a good GAME!

這樣就夠了吧!對橘子來說,還不夠!照顧員工,也要照顧他們的家人,這樣員工才會更快樂。因此,遊戲橘子制定許多「快樂的決策」,包括在 2011 年設立遊戲橘子幼兒園。這些「快樂的決策」,目標都是要實踐遊戲橘子創造歡樂 (Fun)、勇於嘗試 (Adventure)、啟發心智 (Mind-Inspiring)、創新創意 (Innovation)、追求榮耀 (Laurel) 與保持年輕 (Youth) 的 FAMILY 企業文化。

資料來源:
1. 遊戲橘子官方網站 (http://corp.gamania.com/cht)。
2. 蕭文康,生日當天不准上班!幸福企業已羨慕,《蘋果日報》,2015 年 8 月 22 日。

> ## 自我省思
>
> ### 你是一位組織文化學家嗎？
>
> 　　組織文化學者並不像人文歷史學者整日挖掘土石以找尋古文明的蹤跡，而是有系統地觀察組織成員如何共同思考、行動與感受以達成目標的組織行為。現在請你想像自己是一位組織文化學者，請以「是」或「否」回答下列問題。
>
> 1. 我能夠辨識組織中引導組織成員展現出適當行為的共識，並指引成員完成工作或活動。
> 2. 我能夠瞭解信念與價值觀如何幫助組織成員理解其在組織中所扮演的角色。
> 3. 我能夠瞭解故事與傳說在傳遞組織價值觀時所發揮的功能。
> 4. 我知道每個組織都有代表組織文化的英雄人物。
> 5. 我能夠瞭解組織中的例行常規為何可以強化組織文化。
> 6. 我熟悉能夠幫助組織成員融入組織文化的儀式。
> 7. 在分析組織文化時，我會找尋一些實體物件來幫助自己瞭解此組織文化。
> 8. 我能夠瞭解組織創辦人對於組織文化的影響。
> 9. 我知道領導者在組織中扮演文化示範者的角色。
> 10. 我知道組織文化與組織績效之間的關係。
>
> 如果你在上述問題中，回答「是」超過一半以上，表示你已經具有成為組織文化學者的基本知識。

緒論

　　某一企業，從總經理到警衛都是以「先生」或「女士」相稱，而每位員工對於顧客的問題總是回答「好，請問還有問題嗎？」這是一家知名的企業，不僅歷史悠久且不斷地成長。在 1980 年代，當大多數的企業都減少與顧客及員工相關的支出時，這家企業卻積極投入於員工訓練，並且提升人員與流程品質，以提供顧客更高品質的服務，這家企業就是麗池卡登 (Ritz-Carlton) 飯店。麗池卡登是如何持續地成長與維持高品質的服務？當然，答案不只有一個，但要說麗池卡登成功的基礎或所有成功原因的根基，應該歸功於麗池卡登的組織文化。在組織文化的影響之下，每位員工都知道他們被賦予的角色與期望，因此皆能抱持良好的服務精神，提供顧客更高品質的服務。服務與品質是麗池卡登的品

牌特色，也是組織文化的本質。事實上，麗池卡登的員工能夠為解決顧客的問題而自行決定 2,000 美元相關的開支，而不用任何的報備。

麗池卡登曾經有一名員工成功地幫助顧客求婚。這位顧客計畫在晚上向女友求婚，因此請飯店員工幫他在海灘上放兩張椅子。當這位顧客抵達飯店時，他發現花棚下有兩張椅子，此時身穿燕尾服的員工引領他與女友來到花棚下餐桌旁，點亮桌上的蠟燭，並送上香檳祝賀。這一切安排都不需要經過管理當局的批准或同意，全由該名飯店員工主動設計與安排，為這兩位顧客創造難忘的經驗，而為顧客創造難忘的經驗正是麗池卡登組織文化的核心。

就像麗池卡登一樣，大部分的企業都想創造更高的績效與成長。因此，大部分的企業會不斷地引進尖端科技、執行新的策略，以及推行其他可提高利潤、降低成本、改善生產力，以及提高價值的措施與方法。然而，企業卻常面臨採用錯誤的措施與方法、併購不順利、長期績效改善沒有起色等，這些種種的失敗往往是因為企業沒有正視組織文化所致。

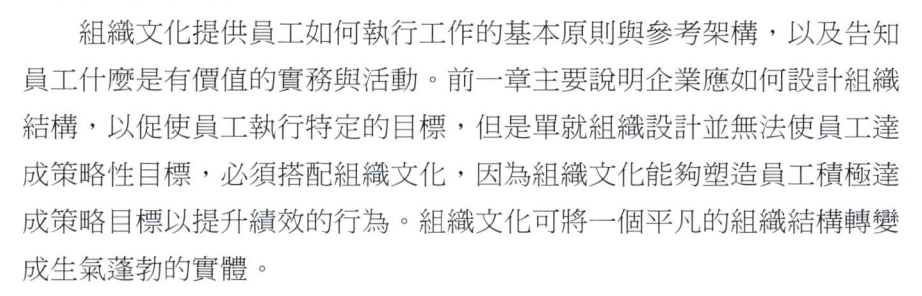

組織文化提供員工如何執行工作的基本原則與參考架構，以及告知員工什麼是有價值的實務與活動。前一章主要說明企業應如何設計組織結構，以促使員工執行特定的目標，但是單就組織設計並無法使員工達成策略性目標，必須搭配組織文化，因為組織文化能夠塑造員工積極達成策略目標以提升績效的行為。組織文化可將一個平凡的組織結構轉變成生氣蓬勃的實體。

許多公司表面上很重視組織文化，但要它們實際投入資源來塑造組織文化時卻又猶豫與退縮，然而許多高績效的公司都是將其成功歸因於組織文化。例如，以便利貼聞名的 3M 之所以能在產業中獨占鰲頭，都要歸功於能激發員工創造力與創新的組織文化。在 3M，「員工相信需要藉由團隊合作、相互質疑及冒險精神，才能發展並改善產品與流程。」

從核心來看，組織文化是指引組織成員思想、感受及行為的無形常規，並在員工的潛意識中產生影響。隨著組織的演化與環境的改變，企業需要適時地調整組織文化，如塑造新的常規或活動。換言之，組織文化是動態取向的，企業應適時地檢視與調整。成功的企業都是能適時地

調整組織文化，以維持長期的競爭優勢。

本章將討論組織文化的本質，亦即如何發展組織文化，以及組織文化如何影響企業的競爭優勢。此外，本章也會說明領導者在塑造組織文化時所扮演的角色。最後，將舉例說明在何種情境下組織文化尤其重要，如併購其他公司與外部環境改變。為了能更進一步理解組織文化的概念，底下將先介紹思科的案例。

思科公司

思科是全世界網路設備產業的領導公司之一，在1990年代網路產業蓬勃發展時，思科的營業收入贏過眾多的競爭者，且安然度過2001年的經濟蕭條期。2000年是思科的全盛時期，思科的營業收入比主要競爭對手3Com公司高出200億美元。根據當時外界對思科的評價，「在網路產業的思科就好比是在軟體產業的微軟。」雖然造就思科成功的因素很多，但大部分的功勞歸功於以顧客為中心與上進的組織文化。

在思科成立之初就非常重視顧客的需求。創辦人桑迪・勒納 (Sandy Lerner) 與倫納德・伯思克 (Leonard Bosack) 在舊金山附近結婚，不久後就在自家廚房後面製作出第一個路由器 (router) 並開始銷售，當時他們就意識到傾聽顧客的需求非常重要。勒納很早就注意到最佳的行銷策略不是找尋新顧客，而是為現有的顧客解決問題。勒納於是在這家剛成立的公司中編制一個「顧客權益」(Customer Advocacy) 部門，負責瞭解與滿足顧客的需求。在公司經歷三次管理層級的變更與一次重組後，顧客權益部門成為公司的主要部門。誠如思科的前策略長，目前擔任思科路由器業務的資深副總邁克・沃爾皮 (Mike Volpi) 所言，許多思科的競爭者都將自己定位成「科技公司」，但思科的管理當局與員工所抱持的基本信念是，思科是一家利用技術來解決顧客問題的公司。邁克指出：「我們必須確保產品團隊所進行的所有創新都是以解決顧客問題為基礎。」

思科在約翰・錢伯斯 (John Chambers) 的領導下也更重視以顧客為中心的文化。錢伯斯在1995年開始擔任思科的執行長，他認為以顧客為中心的組織文化意味著顧客的事並不是單一部門的事，而是全公司所有人員的責任。於是，思科開始根據顧客滿意度調查結果作為員工獎金的依據，並將價值思想印在員工證後面，其中一句話是「沒有技術信條」，藉以強調公司對於顧客需求的重視。

此外，錢伯斯在思科形塑一個影響組織文化與績效甚遠的價值觀。錢伯斯在來到思科之前任職於IBM，他非常不滿IBM過度謹慎與裹足不前而造成市場占有率下滑。因此，來到思科之後，錢伯斯為了不讓思科犯下與IBM相同的錯誤，在制定相關決策時都非常大膽且具侵略性，他認為唯有這樣才能讓思科在網路產業中屹立不搖。

在錢伯斯的領導下，思科的大部分策略都以快速成長為主。因此在1993年至2001年間，思科併購71家公司。思科併購的大多是處於新創時期的小型科技公司，這些公司的創新成果有助於思科提供更完整的服務給顧客。思科在併購過程中並不總是一帆風順，但絕大部分都算是成功的併購。思科之所以能成功併購這些公司，是因為它在併購之前會試圖瞭解

這些公司的組織文化是否與思科的組織文化相符、是否是以顧客為中心的文化。雖然思科所併購的公司都與它本身的組織文化相符,但思科在併購後仍會採取一些同化措施,以幫助這些被併購公司的員工快速地接受思科的文化與價值觀。

隨著思科的員工人數與顧客數量不斷增加,以及 2001 年的經濟蕭條,公司面臨如何維持以顧客為中心的組織文化。在 2002 年經歷營業收入衰退後,思科進行重組以因應外部環境的改變。重新組織的結構是以八大類技術為主,而不是以顧客類型為主。思科希望新的組織結構有助於長期目標的達成,但後來卻發現這新的組織結構無法體現顧客導向的組織文化。管理當局為強化以顧客為中心的組織文化而推出「顧客聚焦行動」(Customer Focus Initiative)。在此行動方案中,思科追蹤大量顧客,以確認當前的趨勢與推斷需求。思科蒐集每位顧客的資料,並利用這些資料來找尋能滿足顧客需求的方案。這個行動方案的格言是「傾聽—分享—傳遞」。在持續地傾聽、分享及傳遞下,思科不但拉近與顧客之間的距離,也提高顧客對公司的忠誠度。

雖然思科不斷地自我調整以因應市場環境的變化,但卻始終堅守著核心的價值觀——顧客服務、追求創新、勇於承擔風險。這些價值觀深植於思科的每一個角落,思科期望每位員工能於日常工作中落實這些價值觀,以確保公司的永續成長。

個案討論

1. 思科的創辦人對組織文化有何影響?
2. 顧客權益部門在思科的組織文化扮演什麼角色?這一個組織文化要素與競爭者又有何不同?
3. 錢伯斯擔任思科的執行長後,其對於以顧客為中心的組織文化有何貢獻?
4. 為什麼思科能成功地併購這麼多家公司?

什麼是文化?

對於**文化 (culture)** 最簡單的說法是,一個組織中的成員獨特且共同的想法、感受,以及行動。文化是指組織成員在解決問題時所學習到的一組有效運作之共享基本假設,可傳授給新成員在面對相同問題時應有的解讀、思考與感受。換句話說,組織文化提供公司成員如何完成工作與如何互動的路徑圖及法則。文化反映出人類對於穩定性、一致性,以及存在意義的需求。底下的說明將有助於我們對組織文化的本質有更深入的瞭解:

文化 一個組織中的成員獨特且共同的想法、感受,以及行動。

- **鑑識公司的價值觀、哲學及目標。**一組廣泛的政策與法則指引企

業在處理股東、員工、顧客或其他利害關係人之事務時所應展現的行為模式。這家企業公開宣稱想要達成的價值觀是什麼？這家企業的目標又是什麼？以麗池卡登與思科為例，它們的核心價值觀是服務顧客。

- **瞭解組織的疆界**。瞭解組織處理事務的原則，可以幫助新的組織成員瞭解什麼對組織是有價值的，以及組織對成員有何期許，如此有助於成員將注意力放在對組織有助益的事務上。傑夫・沙爾尼 (Jeff Charney) 擔任 Progressive Insurance 行銷長時的第一次會議，他拿起一個貼有「自滿、八卦、我我我」的空瓶，並用球棒將這空瓶打碎。傑夫的激烈行為成功地塑造出一個重視團隊合作的全新氛圍。

- **瞭解組織的權力結構**。瞭解一個組織中權力的取得、維持及喪失之原則，有助於我們瞭解這個組織對於什麼是適當的，以及什麼是不適當的行為假設。

- **瞭解組織的工作原則與規範**。組織中的成員如何互動？在組織中隱藏的標準與價值觀，例如「合理的工作才能有合理的報酬」(A fair day's work for a fair day's pay)，透過故事與對錯誤行為的獎懲等方式來告知組織成員：什麼才是組織所重視的價值觀。嚴格的規範有助於組織成員瞭解工作的優先順序與組織的期望，進而幫助他們順利執行工作，以提高工作效率。

- **檢視組織的獎懲制度**。在檢視一個組織的獎懲制度時，可從觀察組織會特別慶祝的事情來探索，因為它可以反映出該組織的重要價值觀。例如，升遷、重要專案的完成，以及里程碑的達成等。相反地，觀察那些被懲罰與被忽視的行為，也是瞭解組織文化的重要線索。

回想當初你在選擇大學時，可能會有人給予一個關鍵性的建議，選擇一所「適合」你的大學。你的親朋好友可能還會說，當你走入一所「對的校園」時，會感覺到就是這一所大學，你會想要在這所大學築夢。從本質上來看，選擇大學的過程就好像是在選擇一個與你的價值觀、個性，以及未來志向相近的組織文化。校園氛圍、學習方式、教育理念、課外活動等都是構成一所大學組織文化的要素。有些要素是顯而易見的，如學校的建築與構造，而有些要素卻是無法用肉眼看到的，需

要你對自己的價值與志向有深入的瞭解後，才能找到適合你的大學。簡言之，在選擇大學時最重要的是要找到適合你的大學文化。在選擇工作也是一樣，你必須以本身的價值觀與志向為依據，選擇適合你的組織文化之企業。

組織文化的層級

我們可以從企業的某些面向來瞭解組織文化，有些面向是顯而易見的，有些面向是難以看見的。為了能深入瞭解組織文化，就必須瞭解文化的不同層級與表現形式。

當你走入任何一家諾斯壯 (Nordstrom) 百貨，可以立即感受到諾斯壯的組織文化。諾斯壯採用比其他百貨公司更明亮的燈具與地板材質，賣場相當乾淨且貨品擺放整齊。諾斯壯除了有高品質的店內裝潢外，服務人員也相當熱情且主動提供顧客服務。如果你常到諾斯壯購物，你將發現服務人員會主動上前提供你所需的服務。曾經發生過這樣的案例，一名外國人在前來美國的途中買了一條長褲，然後拿到公司旁邊的諾斯壯百貨詢問是否可退貨。令他驚訝的是，那名年輕的店員只問他花多少錢買這條長褲，然後就直接從收銀機退錢給他。

這位店員為什麼可以這樣做？這個問題的答案在於他非常瞭解諾斯壯的組織文化。就像麗池卡登一樣，諾斯壯樹立一個以顧客為中心的組織文化，允許員工可以不用經過上司的同意而自行提供顧客所需的服務。因此，諾斯壯不用告知員工需要做什麼，員工只需要理解組織文化期望他們做什麼事即可。

瞭解一個組織文化可從不同層級著手，包括表徵 (可觀察到的日常行為)、信念與價值觀 (組織成員認為重要的事情)，以及基本假設 (組織成員行為的本質)。管理者若欲瞭解並評估一個組織文化時，必須從容易觀察到的組織表徵著手，再慢慢回溯到產生這些表徵的流程中，亦即要去發掘隱藏在這些表徵背後的基本假設，以及瞭解形成這些基本假設時所涉及的問題與情境。

AP Photo/Elaine Thompson

表徵

> **表徵** 是指顯而易見的組織結構、流程與語言等。

表徵 (artifact) 是顯而易見的組織結構、流程及語言等。表徵是最容易觀察的組織文化層級，但不要以為表徵就是文化的表面形式。表徵包括「當一個人初次來到一個新的團體或組織時，所看到、聽到、感受到的所有事物，例如：可看見的產出……工作語言、技術、藝品、風格、印在紙上的價值觀，以及儀式與典禮等。」如上所述，表徵是組織文化中較容易看到的層級。雖然欲找尋一家企業內部的表徵，以及如何於實務中融入這些表徵並不困難，但要瞭解為什麼這家企業會有這些表徵則是另一回事。

信念與價值觀

> **信念與價值觀** 組織成員所重視存在於表徵內的意涵。

除了表徵之外，組織成員共同擁有或共同學習所發展出來的信念與價值觀 (beliefs and values) 也是組織文化的一個重要層級。一般而言，信念與價值觀是存在於表徵內的意涵，決定何者對組織是重要的、何者是不重要的。底下會說明一個組織的價值觀通常是由創辦人所塑造出來，並會隨著組織成員的加入而精練。

基本假設

> **基本假設** 是一個組織或團體基於某種信仰而形成的行為模式，深深地鑲嵌在組織中。

基本假設是隱藏在信念與價值觀下，是一個組織創造內部表徵的真正原因，以及塑造組織文化的真實本質。基本假設 (assumption) 是一個組織或團體基於某種信仰而形成的行為模式，這些行為模式成功地幫助組織或團體解決問題而受到重視，進而理所當然的存在組織或團體中。一旦某種行為成為組織的基本假設時，就不可能像信念與價值觀一樣可以被觀察到，因為基本假設是固有的、直覺的，以及無意識的，只有組織成員能夠瞭解與體會。換言之，基本假設深深地鑲嵌在組織中。

對新進成員來說，當進入一家新的公司時，一開始都會將注意力放在公司的表徵上 (如成員的態度與處事風格)，隨後就會立即評論：這是一個好的組織文化或不好的組織文化。然而，值得注意的是，企業的表徵容易誤導他人錯判組織文化。因此，在評價組織文化時不能單看企業表徵，而是要連產生這些表徵的源頭一起評價，否則就會像惠普的卡特・菲奧莉娜 (Carly Fiorina) 一樣，表面上宣稱奉行「惠普之道」(HP Way)，但卻不瞭解惠普之道的真正內涵。

領導發展之旅

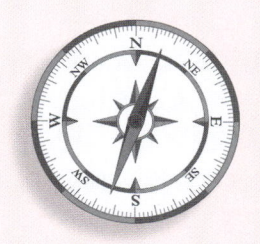

領導者常會將故事作為強化組織文化共識的工具之一。講故事是一個非常有用的領導實務，領導者可以藉由講故事的方式清楚地陳述組織的價值觀，以及這些價值觀如何幫助組織成員達成目標。請你回想過去，是否曾經聽過某位領導者用講故事的方式來串聯價值觀與目標？

1. 該故事是如何鋪陳該位領導者所欲傳達的觀點？
2. 故事中是否出現英雄人物？
3. 故事中引用哪些案例來傳遞價值觀？
4. 故事中提倡哪些行為？
5. 故事的寓意是什麼？

惠普

很少公司像惠普一樣有如此明確的組織文化。惠普的創辦人將公司的營運模式聚焦在人與利潤上，並塑造出著名的「惠普之道」組織文化。惠普組織文化的內容包含「重視營利勝過收入成長、團隊合作、開放式管理、穩定工作、公平的薪資政策，以及彈性的工作時間等。」在 2000 年，惠普已經成為全球頂尖的科技公司，而「惠普之道」也幫助惠普入選美國《財星》「100 大最值得任職公司」。

在 1990 年代中期，惠普已經成為印表機與 UNIX 作業系統電腦的龍頭，且在個人電腦市場的市場占有率也不斷攀升。然而持續成長也為惠普帶來許多新的挑戰，尤其是在 1993 年兩位創辦人退休，由盧‧普拉特 (Lew Platt) 接班時。普拉特是「惠普之道」的擁護者，但有些人認為普拉特缺乏兩位創辦人所擁有的經營天賦。普拉特認為惠普需要改變，且在麥肯錫 (McKinsey & Company) 的策略建議下，惠普裁撤儀器與相關事業，將事業中心放在印表機與電腦上，並把裁撤的事業重新成立安捷倫科技 (Agilent Technologies) 公司。

惠普雖然歷經上述的變革，但在 1990 年代晚期卻沒有達成預定的目標，於是董事會開始為惠普尋找新的領導者，希望公司能持續地發展。董事會所要尋找的領導者需具有「魅力、能夠提升公司的利潤、要有行銷的背景，以及勇於挑戰惠普的組織文化等特性」，而曾經幫助朗訊科技 (Lucent Technologies) 公司創造良好商譽的菲奧莉娜雀屏中選，成為惠普新任的領導者。菲奧莉娜到任後立即對惠普的文化進行改造，並重新詮釋「惠普之道」。在上任 1 個月後的某次會議中，菲奧莉娜打斷一位部門經理的報告，並說道：

「我在此清楚說明一點，你必須想辦法完成你部門的績效指標，不要有任何的藉口，如果你無法達成，我會找能達成的人來做。」

菲奧莉娜也因為購買一架商務飛機，而打破惠普所樹立的平等文化。在當時，對許多執行長來說購買商務飛機是很平常的事情，但相較於前任領導者普拉特的簡樸，菲奧莉娜購買商務飛機的舉動顯得太過於鋪張，普拉特每年差旅 20 萬公里都是乘坐經濟艙。雖然進行這些變革，但菲奧莉娜卻不斷地聲明「惠普之道」的重要性，以及「惠普之道」對公司的影響。菲奧莉娜隨後著手進行重大的策略變革，將策略重心放在銷售，而非原先的產品上。惠普內部開始出現反對的聲浪，一些員工與董事會成員對菲奧莉娜的變革相當不滿。在菲奧莉娜所主導的變革中，以康柏公司併購案對惠普的影響最大。

惠普鮮少採取併購方式作為事業策略，但菲奧莉娜相信結合康柏的力量就能幫助惠普打敗競爭對手 IBM。當時董事會成員大衛‧普克德 (David Packard) 極力反對這件併購案，普克德的父親是惠普創辦人之一。在併購康柏後，普克德向法院提告，認為菲奧莉娜所主導的康柏併購案有欺騙股東之嫌，後來遭到法院駁回，因為法官無法認定此併購案的結果。合併後的新公司減少 35 億美元的成本與近 2 萬個工作，但是惠普除了保有影印機市場的競爭優勢之外，在個人電腦市場的銷售狀況並不如預期。

在康柏併購案後，惠普最大的改變是在組織文化上。在 2003 年後，約有一半以上的員工工作未滿 5 年就離開惠普，且惠普也未入選《財星》2003 年「100 大最值得任職公司」中。此外，根據惠普內部一份備忘錄的記載：「員工對於管理當局的信任、尊重、公平性的評價都不高。」

發展組織文化

組織文化是由組織成員自發性地互動與行為規範的建立而形成。在正式組織中，通常都由創辦人樹立組織文化的核心部分。創辦人通常會根據自身經歷發展出一組基本假設來打造組織，並影響著組織成員，也就是這些想法讓創辦人產生渴望創造新的事物。

例如，家得寶的創辦人之所以創立公司就是想提供比其他公司更好的服務給顧客，也因為此想法而影響家得寶的資源分配、店面裝潢，以及與顧客之間的互動方式。在鮑勃‧納德利 (Bob Nardelli) 擔任執行長時，雖然試圖徹底改變公司的企業家精神，並想要將以顧客為中心的組織文化改變成由上而下皆重視績效與效率的組織文化，但納德利的做法顯然背離現有的組織文化，因此很快地被公司撤換。

創辦人的角色

創辦人可以透過下列方式將特定的文化融入公司中,並且發揮他們的影響力,包括:

- **創辦人能承受因風險而產生的緊張感。** 由於創辦人承擔公司大部分的風險,所以他們對於公司的狀況特別瞭解,在艱困的時期能夠幫助員工減輕所感受的壓力。
- **創辦人能夠制定基本假設。** 創辦人可以堅持那些無法創造公司財務績效,但卻可以維護價值觀的決策。創辦人藉由這種維護價值觀勝過追求財務績效的決策,可以幫助組織成員瞭解什麼對公司是有價值的,以及強化公司的組織文化。例如,在蘋果公司前執行長賈伯斯的任內就施行許多對財務提升沒有助益的決策,但卻可以提升個人電腦使用者的使用效率。
- **創辦人對於創新的鼓勵。** 唯有創辦人可以制定高風險的決策,而不用對其他人解釋。因此,創辦人可以積極地創新,並且作為員工創新的楷模。

例如,思科的組織文化起源於創辦人勒納與伯思克對顧客的重視。從創立公司開始,兩人就將他們的信念融入在工作中,尤其是勒納,她根據自身的經驗,堅信顧客是公司邁向成功的關鍵。

西南航空前執行長凱勒赫將快樂與幽默注入組織文化中。西南航空的經營策略是在輕鬆愉快、幽默,以及興奮的組織文化下,提供低成本的點對點航線服務。雖然西南航空強調快樂的組織文化,但並不表示員工就可以不用努力工作。相反地,西南航空的員工比其他航空公司的員工更努力工作,以幫助公司提供更多低成本的航線服務給旅客。西南航空在聘僱員工的首要原則是,員工必須能符合這個快樂且以服務為導向的組織文化。

組織領導者的角色

由於領導者在組織中的特殊角色,因此必須對組織的結果負責,因為領導者對於產生這些結果的方式與價值觀有很大的影響力。員工會向領導者看齊,以瞭解什麼對組織是重要的,以及衡量績效並獲得獎勵的準則,所以領導者必須省思本身某些言行背後的意涵。換句話說,領導

者是組織的角色模範,因此必須謹慎地觀察自己的行為,以及某些行為可能產生的後果。一個強勢的組織文化能夠促使員工按照特定方式行事,因此領導者有責任確保組織文化可引導員工展現合適的行為。

領導者可利用文化來影響組織績效,例如以高標準來領導團隊或公開表揚突出的行為表現。此外,領導者必須確保組織的發展方向能夠因應外部環境的變化,如此才能扮演好組織文化中的典範角色。一份針對成功企業的調查指出,領導者對組織文化的重要影響面向包括:

- 鼓舞所有的管理者與員工盡力而為。
- 允許管理者與員工獨立制定決策,以及找尋能改善運作效率的方法。
- 根據績效給予實質的獎勵,以及持續地提高績效標準。
- 根據績效給予非金錢的獎勵,例如指派新任務和給予讚賞。
- 創造一個具有挑戰性的工作環境。
- 建立並維持一系列明確的價值觀。

團隊的角色

如前所述,組織文化通常是由創辦人或領導者所塑造,但組織文化也有可能是在組織成員執行工作的過程中所形成。如果是後者,則組織文化是一種突現的現象,是經由組織成員之間互動與相互影響所產生,亦即組織成員的互動是形成組織文化的共享信念與價值觀之重要因素。

團隊會直接影響組織文化,因為團隊在遭遇問題、解決問題,以及評估解決問題的方法之效用時都影響著組織文化。如同前面所提及,組織在成立初期都會面臨某些問題,需要集思廣益共同制定決策以解決問題。如果無法有效解決問題,下次再遇到同樣的問題時,組織就會再尋找另一種解決方案。若該方案能順利地解決問題,便會一直被沿用下去。因此,過一段時間後,在面臨某個特定的問題時,組織成員不會再思考要如何解決該問題,而是直接採用先前的解決方案。此時,該解決方案已毋庸置疑,甚至不需要發展該解決方案的制定過程與優先順序。這就是團隊文化的生成過程。因此,就算是創辦人提出的一組行為模式,也必須通過組織成員的測試與檢驗,才能正式成為組織文化的一部分。

組織文化的社會化

　　各種組織文化的元素如何鑲嵌在組織中？新進成員如何融入組織文化中？企業可透過多種途徑將各種組織文化元素鑲嵌於組織文化中，例如豐田汽車的新進成員都必須接受文化訓練；美國聯合包裹服務公司 (United Parcel Service, UPS) 的新進管理者皆必須在數個部門輪值，包括分類與運送包裝。這種幫助組織成員瞭解如何工作與互動的流程稱作**社會化 (socialization)**，可以下列數種方式來進行組織文化的社會化流程：

> **社會化**　幫助組織成員瞭解如何工作與互動的流程。

- **正式聲明組織的哲學、信念與價值觀**。例如，Google 以各種文件來聲明公司的價值觀，包括在信封封面貼上公司首次公開發行股票之說明與公司的經營哲學，即 Google 所稱的「十件事」(Ten Things)，寫道：「Google 不是一家遵循傳統的公司，未來也不會成為這樣的公司。」在經營哲學中列出公司的價值觀，例如「不穿制服也能熱忱地工作」，以及「不需要在辦公桌上找答案」。

Krisztian Bocsi/Bloomberg/Getty Images

- **實體空間的設計**。組織內外部的陳設與裝潢，還有組織成員和其他成員、顧客，以及外部人士之間的互動與交流皆傳遞著組織文化的重要訊息。Google 的創辦人賴利·佩吉 (Larry Page) 與謝爾蓋·布林 (Sergey Brin) 將新成立的公司搬遷至加州山景城，並將此新總部稱為 Googleplex。此外，Google 的創辦人還著手建立一系列他們稱為「googley」的價值觀與公司特色。在 Googleplex 中，Google 主義 (Google-ism) 塑造一個非正式的工作氛圍，員工可以在這裡飼養寵物，各式運動球具的數量是辦公桌椅的兩倍之多，走道兩旁排列著各種電玩與桌上型足球桌。這種非正式的工作氛圍是塑造 Google 文化的重要元素之一。新事業發展部門副總裁梅根·史密斯 (Megan Smith) 說道：「Google 的管理當局花很多心思於實體空間的設計上，例如，以相互交錯的方式來設計各區域，目的是希望能增加不同部門與團隊成員之間的互動機會。」人事副總裁拉斯洛·博克 (Laszlo Bock) 說道：Google 非常重視「餐廳用餐的排隊人數與員工旅遊人數，Google 會讓公司安排的活動不要太多，而排隊用餐的人數多一點，以增進成員之間交流與互動

的機會。」Google 管理當局之所以會花費如此多的心力於實體空間的設計上，因為實體空間的設計攸關於組織文化的運作。

- **角色模範、領導者示範、訓練及教導**。Google 的管理當局都希望員工能富有創意，因此他們本身就會展現創意十足的樣子，以鼓勵全體員工發揮創意。Google 內部有一個 80/20 政策，技術人員每天可以花 20% 時間於自己的專案中，且必須向公司報告自己如何應用這 20% 的時間，公司則會根據專案結果來考核員工。Gmail、AdSense 及 Google Maps 等都是在這 20% 的時間中所創造出的產品與服務。事實上，Google 約有一半的新產品與功能是源自於 80/20 政策。

- **獎勵系統與規範**。組織所獎勵與認可的行為顯示出什麼是組織所重視的。AdSense 是 Google 的一個事業部，每一季都會舉辦一次創意競賽。此外，管理當局會獎勵提出增進工作流程效率方法的員工，此獎勵突顯公司的一個價值觀：「快比慢好。」Google 利用這些獎勵讓員工很快地學習到「創新與速度」的價值觀。

- **故事、傳說、神話及寓言**。我們再以 Google 為例說明故事對於塑造組織文化的重要性。有一個關於 Google 創辦人的故事在公司中流傳，「曾經有一位資深經理犯下一個相當嚴重的錯誤，這個錯誤讓公司虧損數百萬美元。然而，Google 的創辦人佩吉告訴她，他很開心她犯下這個錯誤，因為如果員工沒有犯錯，表示他們沒有承擔任何風險。Google 寧願員工為求超前而犯錯，也不希望員工為求不犯錯而工作緩慢。」這個故事在公司內流傳，催生 Google 敢於承擔風險的組織文化。事實上，故事之所以會在組織內部廣為流傳，代表著以故事來教導組織成員相當有效。

- **領導者所關注、測量與控制的事項**。Ben & Jerry's 的創辦人班·寇恩 (Ben Cohen) 希望能創造一個員工都認為是「愛心企業」(caring capitalism) 之組織文化，而價值觀是藉由管理高層所關注的事情來傳遞給員工。例如，公司年度報告不僅記載獲利情況，也會記載公司對社會的貢獻。此舉可吸引那些與 Ben & Jerry's 同樣重視企業社會責任的員工加入公司。

- **領導者對重大事件與危機的反應**。在市場景氣蕭條而需要裁員以減少支出時，豐田汽車沒有裁撤任何一名員工。豐田汽車不管外界對此決策的批評，堅持不裁員。豐田汽車管理當局對於危機 (市

場景氣蕭條) 的反應告訴員工一件事情，公司深信這句格言：「員工是公司最好的投資。」其他曾公開宣稱「員工是公司最有價值的資產」的公司在面臨相同危機時，卻是以裁員收場。在公司面臨危機時，員工更能夠體會公司真正的組織文化。

- **組織設計**。思科的顧客權益部門就是一個如何將文化元素融入組織設計中的經典例子。思科特別重視將以顧客為尊的價值觀融入組織設計之中；此外，思科推動員工與顧客交流與互動的方案，也是另一個強調組織文化的組織設計元素。

- **招募、甄選、升遷及管理員工的標準**。組織成員在執行工作時所展現的能力，也是瞭解一個組織文化重視什麼的重要線索。例如，Google 非常重視員工的聘僱。人事副總裁博克說道：「有很多非常聰明的人並沒有被 Google 的聘用，那是因為他們不適合 Google 文化。」Google 以應徵者的認知能力來瞭解應徵者是否適合公司的文化，也就是候選人是否具備主動、彈性、合作精神、善於溝通等特性。在此僱用準則下，Google 的管理當局相信他們的員工都是「富有善意、好奇心、明智的，以及有自我管理的能力。」換句話說，Google 相信透過目前僱用機制所聘僱的員工都是適合 Google 文化，且對文化有所貢獻的人。

透過上述這些幫助組織成員融入組織文化的社會化途徑，可以發現組織文化是由下列幾個關鍵因素所構成，包括：組織成員 (技能與態度)、組織的組成形式 (正式組織)、工作的本質 (任務需求)，以及領導者的角色。這些因素運作於某個特定的情境中，進而搭建組織文化發展的平台，參見圖 8.1。此外，這些因素之間彼此也會相互影響且相互關聯。

隨著時間的經過，組織文化的社會化流程可提高成員對於組織的承諾。這個**組織承諾 (organizational commitment)** 形成的流程包含三個階段——服從 (compliance)、認同 (identification)、內化 (internalization)，參見圖 8.2。組織承諾是社會化流程所欲達成的目標，代表著組織成員對組織與其目標的承諾。如果員工能夠內化組織文化，不但可以提高公司的績效，且願意超越職位的限制積極認真地工作，以協助公司達成對顧客與其他員工的承諾，因為員工將自己視為公司的老闆，而非只是一般職員。

> **組織承諾** 是社會化流程所欲達成的目標，代表著組織成員對組織與其目標的承諾。

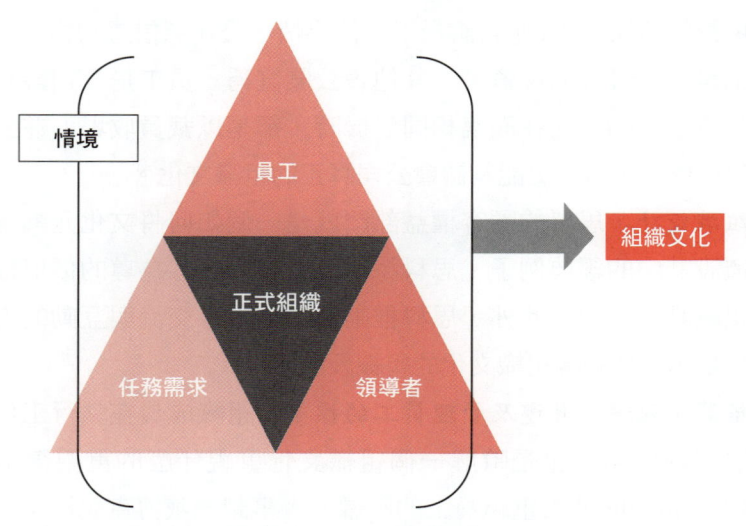

[組織文化決定因素圖：情境包含員工、正式組織、任務需求、領導者 → 組織文化]

資料來源：Adapted from Michael B. McCaskey, "A Framework for Analyzing Work Groups," *Managing People and Organizations*, ed. John J. Gabarro (Boston, MA: HBS Press, 1992), pp. 241–262.

圖 8.1　組織文化的決定因素

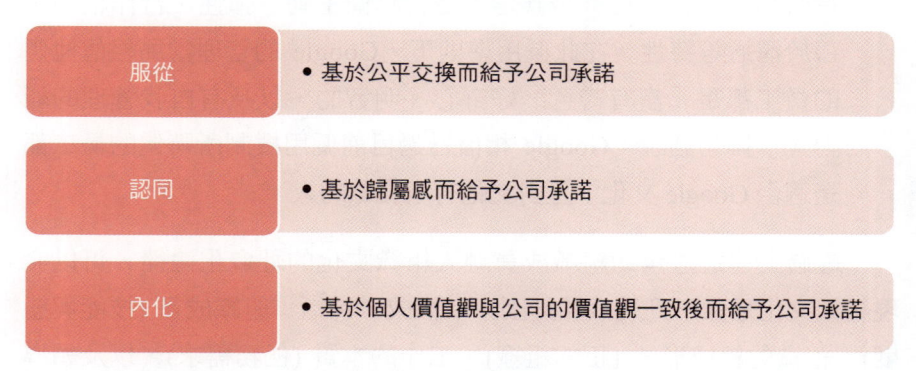

服從	● 基於公平交換而給予公司承諾
認同	● 基於歸屬感而給予公司承諾
內化	● 基於個人價值觀與公司的價值觀一致後而給予公司承諾

資料來源："Building Organizational Commitment," in Charles O'Reilly, "Corporations, Culture and Commitment: Motivation and Social Control in Organizations", *California Management Review*, Vol. 31, No. 4, Summer 1989, pp.9–25. © 1989 by the Regents of the University of California. Reprinted by permission of the University of California Press.

圖 8.2　建立組織承諾

文化對績效的影響

　　高品質的產品與服務 (如 Ben & Jerry's 的冰淇淋)、創新策略 (如 Google 的僱用原則)，以及無懈可擊的顧客服務 (如麗池卡登) 等，都是強勢文化 (strong culture) 所創造的成果。

　　一個強勢正向的組織文化有助於組織策略目標的達成，以及創造更佳的績效、更好的財務指標與更高的競爭力。隨著公司不斷地成長，管

理者難以親自監督每項決策，以及確保這些決策都能符合公司策略。然而，在強勢文化的組織中，員工都能清楚地知道組織目標，並將這些目標當作工作指導原則。如果一家公司擁有強勢文化，各部門所制定的決策都能符合公司的總體目標，就不需要太多的溝通與監督。就本質來說，強勢文化有助於企業順暢與快速地運作，因為員工不再需要為如何執行工作或任務而爭論。

此外，組織文化可幫助成員瞭解什麼是適當與不適當的行為。組織文化在引導員工的道德操守上扮演重要角色。事實上，組織文化被視為塑造組織之正當行為的重要影響因素，其影響力甚至超過道德強化方案。某項研究發現，如果員工「對公司具有高度承諾，並相信公司的規範是合乎道德時，即便沒有任何的監督，員工也會自主地遵守這些公司規範」，亦即服從規範已成為員工的自發性行為。

強勢文化可以幫助員工瞭解公司期望他們所扮演的角色，因此能增加角色的明確性，進而提高員工工作的自主性與一致性。此外，擁有強勢文化的公司通常員工離職率較低，因為強勢文化具有挑選適合且能適應公司的員工之功能。在這種情況下，公司的僱用實務與組織文化緊密地連結，如 Google，而員工也能以「公司所有人」的心態對工作與公司績效負責。

相反地，強勢文化可能會導致倉促且錯誤的決策，因為強勢文化會壓制反對的聲音。此外，在強勢文化下可能會因為錯誤的獎勵或強調單一目標而助長不道德行為。此外，強勢文化可能難以改變與調整。事實上，某項研究指出，在穩定的環境中強勢文化能夠提高公司績效，但在變動的環境中強勢文化則會降低公司績效，因為強勢文化無法有效隨著環境變動而調整。因此，領導者必須注意公司的環境、目標與行動，以決定何時要改變功能不佳的強勢文化。

在強勢文化中，組織成員對於什麼是重要的價值觀有高度共識，而這些價值觀也會深深地影響成員的行為，如圖 8.3 所示。如果公司內部對於什麼是重要的沒有共識，且缺乏強烈的價值觀，則該公司的組織文化屬於弱勢文化 (weak culture)。當公司內部對於價值觀有強烈的共識，但卻缺乏實踐這些價值觀的熱情與動力，則該公司的組織文化是屬於被動型文化 (passive culture)。在被動型的組織文化中，員工瞭解什麼是重要的，但卻不願意貢獻己力；相反地，當公司內部有許多強烈的價

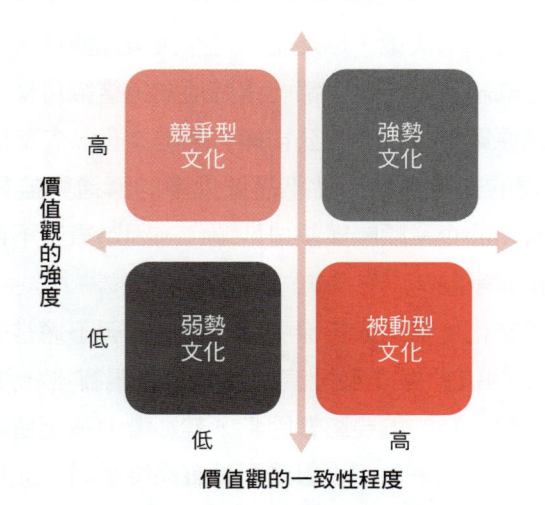

```
              ↑
         高 ┌─────────┬─────────┐
            │ 競爭型  │ 強勢    │
價值        │ 文化    │ 文化    │
觀的        ├─────────┼─────────┤→
強度        │ 弱勢    │ 被動型  │
         低 │ 文化    │ 文化    │
            └─────────┴─────────┘
              低         高
              價值觀的一致性程度
```

資料來源：Jennifer A. Chatman and Sandra Eunyoung Cha, "Leading by Leveraging Culture," *California Management Review*, Vol. 45, No. 4, Summer 2003, pp. 24–25; and Yoash Wiener, "Forms of Value Systems: A Focus on Organizational Effec-tiveness and Cultural Change and Maintenance," *Academy of Management Review*, Vol. 13, No. 4, 1988, pp. 534–545.

圖 8.3 價值觀對組織文化的影響

值觀，但對於哪些是重要的價值觀卻缺乏共識，團體之間相互競爭與對立，這種情況下的組織文化稱作競爭型文化 (competing force)。由上述可知，一家公司擁有多少價值觀並不重要，重要的是組織成員對於價值觀的認同程度，以及價值觀對於組織成員的影響力。

次文化 在公司內由不同地區或組織單位所發展出來的文化。

有時公司內部會形成許多的次文化 (subculture)，是由不同地區或組織單位所發展出來的。不同的團隊會藉由與其他團隊的比較與對立，而形成團隊認同感。雖然團隊認同感的形成能夠增進團隊成員的合作與提高工作效率，卻會造成團隊之間的隔閡與對不同意見的低接受度，使不同團隊的成員難以合作與溝通。因此，管理者必須瞭解，不同部門之間的衝突通常導源於思想、感受與行為的差異。如果管理者能夠意識到這些衝突是源自於次文化之間的差異，將能有效地採取措施，以消除次文化之間的藩籬。

組織文化與重要時刻

在個人職涯中的某些時刻瞭解組織文化變得格外重要，例如新加入一家新公司，或剛接管一個新團隊時。如同惠普的菲奧莉娜所言，如果管理者無法體會公司長久以來所重視的價值為何，將難以引領公司繼續

往前邁進。儘管改變是必要的，但瞭解公司成立的初衷也是很重要的。

在企業併購的過程中，瞭解被併購公司的組織文化非常重要。某項研究指出，有 90% 的併購案之所以未能達成預期的目標，主要的癥結點是組織文化的差異與衝突。

企業併購與組織文化

當公司收購另一家公司時，收購公司獲得被收購公司的「資源、流程及營運模式等」，其中資源容易看見與清算，但流程與營運模式卻是難以用正式文件呈現，其中隱含著被收購公司的組織文化。在收購之前，收購公司的管理者必須先瞭解自己公司的組織文化，包括組織文化的優缺點，之後管理者也需要瞭解被收購公司的組織文化，從而思考下述問題：兩家公司的組織文化有何相似之處，有何差異之處？哪些地方要改變？如何使兩個組織文化的價值發揮最大效益？

公司在收購另一家公司時，常常會發生文化衝突，其中較極端的案例是，被收購公司的組織文化消失殆盡，如此這家公司的價值將大幅降低。因此，明智的管理者會挑選適合自己公司文化的收購對象，並從中磨合兩個文化之間的差異，以及保留兩個組織文化有助於公司運作的元素。

思科之所以能成功併購其他公司，是因為這些被併購公司的組織文化能符合思科的組織文化。當被併購公司的組織文化不符合思科的組織文化時，思科會要求被併購的公司進行調整，以符合思科的組織文化。然而，唯有當被收購公司屬於小型企業且組織文化尚未發展成熟時，這種強制被收購公司改變其組織文化的政策才會有效果。當被收購公司屬於大型企業，或公司的價值觀已深植於組織文化中，這種強制整合政策可能就會無效。在這種情況下，如果收購公司強制整合，則被收購公司的關鍵價值可能會喪失殆盡。

組織文化與管理情境

在發展與塑造組織文化的過程中，公司不僅要密切注意內部的活動與流程，也要關注外部競爭環境的變化。組織文化是企業獨特的競爭優勢之一。某項針對全球 1,200 名高階主管的調查發現，有 91% 的受訪者認為對於公司的成功來說，文化與策略一樣重要。例如，麗池卡登飯

店就是藉由塑造提供顧客高品質服務的組織文化而獲得競爭優勢。

然而，組織文化也可能會阻礙公司變革，即使公司面臨極大的競爭壓力，固有組織文化特質會讓變革變得格外困難。因此，為維持公司的競爭力，管理者必須密切注意內部整合 (internal integration) (如何完成公司內部的工作) 與外部調適 (external adaptation) (環境改變對公司策略的影響) 之問題。組織必須有效地發展與維持關係、流程及信念的一致性，以促使成員能夠有效地執行組織為有效因應外部環境所制定的目標。

> **內部整合** 如何完成公司內部的工作。
>
> **外部調適** 環境改變對公司策略的影響。

由於組織文化源自於一組特定的任務或問題，所以只要公司一直處於同樣的任務與問題時，組織文化就不會改變。因此，當管理者預期公司未來可能會面臨新的任務，或組織文化開始阻礙公司的發展時，管理者就必須著手進行文化變革。如同克雷頓・克利斯汀森 (Clayton M. Christensen) 所言，組織文化是動態的，會隨著組織所面臨的新狀況而改變；組織文化的改變通常發生於下述兩種情況：當組織面臨到明確且立即的危機時，或具經驗且專業的管理者有規劃性地推動文化變革。如果管理者直接廢除組織文化可能會產生反效果，但管理者若能謹慎地推動，則能夠幫助組織順利地完成變革。下一章將會詳細地介紹組織變革流程。

管理者若想順利地推動並完成文化變革，則必須關注公司內部每日所進行的任務。管理者可以集結一些成員組成一個新團隊，並指派他們解決一個公司未來可能會遭遇到的新問題。當團隊成員成功地解決這個問題後，管理者繼續指派他們處理相同的問題，直到解決問題的方法成為共識為止。一旦新的文化在此團隊中形成，管理者不要急著解散此團隊，應該將其他公司的成員安排進入此團隊內，直到這個新的文化在整個公司蔓延為止。藉由上述方式，管理者就能逐漸塑造出公司未來發展所需的組織文化。

在面臨危機時，公司可以快速地改變組織文化，因為在危機時刻，員工通常比較願意接受新的價值觀，其前提是員工相信新的價值觀能夠幫助公司順利度過難關。在這種情況下，如果領導者能夠提出明確且具體的變革前景將是員工能否接受變革的關鍵，否則就會面臨來自現有文化的阻礙。

Ben & Jerry's 公司

寇恩與傑瑞‧格林菲爾德 (Jerry Greenfield) 是 Ben & Jerry's 冰淇淋公司的創辦人，兩位創辦人外型都胖胖的、有著邋遢的鬍鬚及雜亂的頭髮，平常都穿著 T 恤與法蘭絨衣服，而不是襯衫、領帶。這兩位好朋友在參加完冰淇淋製作課程後就合開一家冰淇淋店，隨後迅速地發展成一家市場占有率相當高的冰淇淋公司 Ben & Jerry's。

在公司成立初期，班與傑瑞就成功地塑造組織文化。這家公司除以新奇著稱之外 (可從 Ben & Jerry's 獨特風味的冰淇淋看出，它混合各種不同口味的冰淇淋)，員工覺得公司就像自己的家。Ben & Jerry's 公司起初位於佛蒙特州的一個小鎮，希望能吸引喜愛與人互動並熱愛這座小鎮的員工。一開始，公司的生產量不大，一旦有大訂單，員工就會聚集起來一同完成工作，就像是感情非常好的家庭成員共同面對與處理危機。員工會互相幫忙，即便所執行的工作不在工作規範內。當公司有不錯的業績時，員工就會聚在一起慶祝。此外，當公司有重大的決策時，員工也會聚在一起討論。

兩位創辦人在塑造其他部分的組織文化時也扮演相當關鍵的角色。他們當初在創立冰淇淋店時並不完全是為了賺錢，而是想要冒險創立自己的事業。因此，格林菲爾德很擔心隨著規模的成長，公司這種歡樂的氣氛會受到影響，於是他將自己視為公司快樂氣氛的管理者，負責在會議中散播歡樂。班則關注於公司的道德行為，在班的管理下，公司的行銷 (包括生產包裝) 變成教育大眾關注社會問題的途徑。例如，公司在選擇供應商時會將社會責任因素列入考量，如公司會向由無家可歸的人所經營的麵包店購買布朗尼。在 1985 年，班著手成立 Ben & Jerry's 基金會，用來資助與解決社區相關問題。隨後，公司又成立「1% 為和平」(1% for Peace) 團體，目的是要讓民眾支持並宣揚將國防預算的 1% 用來促進世界和平。此外，Ben & Jerry's 還從事許多社會公益活動，從保護家庭農場到抑制全球暖化。Ben & Jerry's 對社會的付出也獲得一些回報，在 1988 年，Ben & Jerry's 獲得企業貢獻獎 (Corporate Giving Award)。

在積極參與社會改革的同時，他們也非常重視公司內部的管理。在各項管理活動中值得一提的是，班提出 5：1 薪資法則，亦即管理高層的薪資不能超過基層員工的 5 倍。然而，隨著公司營收成長與員工人數增加，Ben & Jerry's 愈來愈像一家正規的公司，家庭氛圍逐漸消失，決策不再是人人可參與，計畫也愈來愈多。

為了促進公司的發展，寇恩與格林菲爾德聘請專業經理人，在他們監督下，公司營收蒸蒸日上。然而，這些新進的專業經理人與員工看重的是公司的營收成長，明顯與公司內部關注社會責任的信念與價值觀有衝突。因此，Ben & Jerry's 提出公司的使命與價值觀，強調公司所重視的三個使命：產品使命、社會使命、經濟使命。對班來說，將這三個使命視為同樣重要是一種讓步與妥協；此外，對於那些重視營收與成長的新任管理者來說也是一種讓步。

隨著公司的擴張，5：1 的薪資政策引起紛爭。一開始，公司的管理高層都認為此政策可以幫助他們找到重視社會責任的專業人士，也因為此法則，許多資深主管為能在公司工作而犧牲金錢利益。這些資深主管之所以願意這樣犧牲，完全是基於對公司組織文化的認同。然而隨著時代的改變，公司的管理高層開始覺得 5：1 的薪資政策會阻礙他們招募勝任的專業管理人才。

最後，Ben & Jerry's 於 1990 年將 5：1 薪資法則修改成 7：1。在 2000 年，Ben & Jerry's 被聯合利華 (Unilever) 收購後，公司廢除這種比例式的薪資政策，改採較為複雜的薪資系統。然而，5：1 薪資法則的廢除並不代表公司不再重視社會活動，它對社會活動的使命依舊存在。公司每年都會捐贈至少 110 萬美元給公益機構，這種慈善行為也深深地影響員工。

雖然 5：1 薪資政策背後所隱含的想法不被全體員工認同，但公司的社會使命卻為大家所認同且相當成功。例如，公司的社會活動次數確實會影響公司的營收數據。公司將與產品包裝和行銷活動有關的社會公益活動公布在網站與公共事件中，這在食品業中是一項創舉。公司所從事的社會活動順應世界潮流，因而為公司創造獨特的競爭優勢。事實上，有研究指出，購買冰淇淋的消費者很願意多付一些錢以鼓勵企業履行社會責任。雖然公司必須不斷地思考要如何與在何處履行社會責任，但該公司在維持社會使命與經濟使命之間的平衡上確實相當成功。

Ben & Jerry's 是一個為因應市場的競爭而改變與調整公司組織文化的實務案例。組織文化之調整是否成功將取決於：公司是否能強化有助於取得競爭優勢之組織文化因素，以及修正有礙於公司適應外部環境之組織文化因素。

問題與討論

1. 請以一家企業為例，運用組織文化的三個層級來描述這家企業組織文化的特性。
2. 請討論為何組織文化會影響企業績效。
3. 請討論企業在進行併購與適應新環境時，組織文化所扮演的角色。
4. 請討論企業可以透過哪些方式來塑造組織文化。
5. 請討論在發展組織文化時，創辦人、領導者與團隊所扮演的角色。

Chapter 9 管理人力資本

學習目標

1. 描述人力資源管理為何是組織的策略性資產。
2. 說明組織招募與甄選員工的過程。
3. 說明組織如何培育員工。
4. 說明各種環境的力量如何影響人力資本的管理。
5. 解釋個人在規劃生涯與發展時，自己可以怎麼做。

誠品 >> 台灣新世代最嚮往的企業

《Cheers 快樂工作人雜誌》發布 2017 年第 12 屆的「新世代最嚮往企業調查」，誠品躍居第一名，這是「新世代最嚮往企業調查」啟動以來，首次有媒體文化類企業登上第一名寶座。過去 11 年，誠品排名皆高居前五名。

近年來，誠品邁向多元經營與集團化的腳步越發加快，事業版圖涵蓋的項目包括書店、畫廊、展演、居所、生活文創平台、生活餐旅、行旅、開發物流、文化藝術基金會等，幾乎已面面俱全，並積極在兩岸三地持續拓展閱讀空間，多角化布局，讓「文青」新鮮人也看見新的可能──即使投身文創業，也有機會外派，或到各事業群歷練，揮別單純的「小清新」格局。

科技製造業在 2017 年也有驚喜。雖然台積電從 2016 年的第一名滑落到第三名，但鴻海集團卻呈現再度崛起之勢，從 2016 年的第 11 名回升到 2017 年的第五名。值得注意的是，雖然航空業 2016 年發生社會注目的「華航罷工事件」，但在 2017 年的調查中，長榮航空和中華航空仍然位居新鮮人嚮往企業的前 10 名。顯見新鮮人都看到了華航調高薪資福利、與工會協商的後續處理，航空業的品牌形象和待遇對人才招手的光環也依舊未退。

資料來源：
1. 2017 年新世代最嚮往企業 Top 100，《Cheers 快樂工作人雜誌》，http://topic.cheers.com.tw/issue/2017/jobs/article/15.aspx。
2. 林奇伯，【關鍵調查】2017 年新世代最嚮往企業 Top 100──文創軟實力抬頭，誠品職牌 11 年終封王，《Cheers 快樂工作人雜誌》，http://topic.cheers.com.tw/issue/2017/jobs/article/13.aspx。

2017排名	2016排名	企業名稱	行業別	2017排名	2016排名	企業名稱	行業別
1	4	誠品	媒體文化業	6	9	中華航空	運輸交通業
2	3	Google 台灣	資訊網路業	7	10	中國鋼鐵	傳統製造業
3	1	台灣積體電路製造	科技製造業	8	17	統一企業	生活製造業
4	2	長榮航空	運輸交通業	9	5	台灣無印良品	百貨批發零售業
5	11	鴻海精密工業	科技製造業	10	8	統一星巴克	觀光餐飲業

自我省思

策略性人員管理

尋找與留住重要的人才對企業策略的重要性愈來愈高,沒有人才與激勵的資源,企業將無法完成其策略性目標。有哪些方法可以確保新進與現有員工都能發揮潛能?如何能使人力資源策略成功?當你在思考這些問題時,請以「是」或「否」回答下列問題。

1. 大部分的人過度高估自己的工作績效。
2. 員工回饋與報酬必須分開討論。
3. 只要員工對某項任務很熟練,告訴他們「盡最大的努力去做」的成果,會比給他們明確與直接的績效目標來得好。
4. 顧問指導的方案對個人生涯成功沒有效果。
5. 以價值觀念篩選應徵者的公司,相對於用智商篩選的公司,會有較高的員工留任率與成功。
6. 新進員工在某公司能否成功的最佳預測指標是他或她過去的經驗。
7. 明星員工較非明星員工更不喜歡更換職務。
8. 團隊為基礎的報酬方案優於個人為基礎的報酬方案。
9. 大部分的公司會預先妥善規劃其人力資源的需要。
10. 員工自願離職會損害公司的盈餘。

根據你的回答,你的策略性人力資源管理概念是什麼?你對人性的概念是什麼?

資料來源:Adapted from Boris Groysberg and David Lane, "People Management," Harvard Business School Exercise No. 9-406-034, rev. August 3, 2006 (Boston, MA: HBS Publishing, 2005).

緒論

在 20 世紀,人力資源 (human resource, HR) 管理的重點是讓員工完成任務、獲得公平的報酬,以及提供安全的工作環境。現今,人力資源管理仍然強調這些功能,但範圍愈來愈大,涵蓋管理者的心智、發展解決方案,以及提供工作者彈性,盡可能讓工作更有效率。進步的組織認為人力資源不是應該極小化的成本項目,而是一種可以最適化的高價值資源,且能成為重要的差異化因子及競爭優勢。人力資本就像財務資本,透過投資與培育,可以得到極高的報酬。同樣地,沒有養分與照顧,人力資本將會枯萎。

對人力資本投資的企業經常出現在《財星》的「最值得任職公司」名單中，雜誌社與卓越職場研究所 (Great Places to Work Institute) 每年共同贊助，針對 400 家以上公司的員工進行調查，該項調查衡量員工僱用期、滿意度及整體的工作環境條件，問卷內容詢問員工有關他們對管理團隊的可信度、工作滿意度及工作場所友誼等方面的態度；公司也提供公司文化的相關資訊，包括其人口統計變數的結構、薪資與津貼計畫、哲學、內部溝通方法、機會、報酬工作及各項努力。三分之二的分數是根據員工回答的問卷，三分之一的分數則是根據公司對文化稽核的回答，得分前 100 名的公司會列在「100 家最值得任職的公司」(參見表 9.1)。

Google 及 Wegmans Food Markets 等公司每年都上榜，主要是因為它們認同人力資源的策略性價值。Google 提供員工高級的用餐場所、健身房、洗衣間、按摩室、理髮、洗車，以及乾洗服務。該公司經常被提到的不只是給予員工高額的薪資與各種津貼，也包括公司支持獨特的計畫。例如，員工自願為某個非營利組織工作，每工作 5 個小時，執行長佩吉即捐贈 50 美元。2012 年，公司甚至還贊助員工組成團隊為印度與迦納的社區計畫工作。

表 9.1 前十大最值得任職的公司，2011 年至 2015 年

	2015	2014	2013	2012	2011
1	Google	Google	Google	Google	SAS
2	Boston Consulting	SAS	SAS	Boston Consulting	Boston Consulting
3	ACUITY	Boston Consulting	CHG Healthcare	SAS	Wegmans Foods
4	SAS Institute	Edward Jones	Boston Consulting	Wegmans Foods	Google
5	Robert W. Baird	Quicken Loans	Wegmans	Edward Jones	NetApp
6	Edward Jones	Genentech	NetApp	NetApp	Zappos.com
7	Wegmans	Salesforce	Hilcorp Energy	Camden Property Trust	Camden Property Trust
8	Salesforce	Intuit	Edward Jones	REI	Nugget Market
9	Genentech	Robert W. Baird	Ultimate Software	CHG Health	REI
10	Camden Property Trust	DPR Construction	Camden Property Trust	Quicken Loans	Dream Works

資料來源：Data compiled from Top 100 lists from Great Places to Work Institute website, http://www.greatplacetowork.com/best-companies/100-best-companies-to-work-for, accessed March 24, 2015.

Wegmans 也以成長機會獎勵員工，公司每年提供近 491 萬元作為教學用途，讓員工能增進自己的技能與知識。在 2014 年，公司頒發 9,500 萬美元獎學金給超過 3 萬名員工。公司表示：「在 Wegmans，我們相信一群好的人，為了共同目標工作，一定能完成任何開始進行的事……我們也相信，唯有滿足員工的需要，才能達成我們的目標。」同樣地，Edward Jones 也出現在榜上好幾年，主要是因為該公司對員工發展與成長的承諾，甚至在遭逢財務危機時，Edward Jones 仍專注在留住員工，並投資其個人發展。事實上，在經濟不景氣的期間，Edward Jones 仍持續提供利潤共享，且沒有關閉任何營業處。

本章將簡要說明公司透過規劃、招募及甄選，以建立策略性人力資源能力的方法。在規劃階段，公司比較其財務資源與組織結構的策略，預測將會需要多少員工，以及這些員工將執行什麼角色。在獲得人力資本開始，公司必須將注意力轉向人力資本的管理，因此，本章討論公司管理人力資本的各種方法，包括設計與執行訓練計畫、利用績效管理系統及持續監督內部與外部環境，以確保用正確的方法部署正確的資源。

最後，個人的生涯由自己負責，員工待在某家公司的時間愈來愈短，你很可能從某家公司跳槽到另一家公司，瞭解如何管理自己的人力資本將是非常重要的事，你可以追尋對自己最佳的生涯。有一家公司已為員工發展有趣的生涯路徑，且完全信奉人力資源管理具策略價值的理念，即 Zappos.com。

Zappos.com

在 1999 年以 2 億 6,500 萬美元將第一家公司賣給微軟後，25 歲的謝家華創立了一家風險投資基金公司——Venture Frogs，他最有前景的投資之一是不具知名度，但快速成長的線上鞋類零售商 Zappos，該公司由 27 歲的尼克‧斯威姆 (Nick Swinmurn) 在 1999 年創立，公司原來叫做 shoesite.com，但斯威姆很快就將公司名稱變更為 Zappos，因為他認為 Zappos 比較好記，且和西班牙語的鞋子——zapatos 相似。在公司開始營運時，有超過 1,500 個零售網站在線上銷售鞋類，但是後續的 2 年內，在謝家華的投資及管理的建議下，已成為最大的線上鞋類零售商。Zappos 的成功可以歸納為兩大主因：其持續專注在顧客服務及以員工為核心的文化，事實上，這兩者是相互交錯的。

從設立開始，Zappos 試圖消除許多線上購鞋的潛在不利條件，適合、款式、功能性及價格是消費者買鞋時的四大考慮因素。為了消除消費者這些疑慮，Zappos 針對所有鞋款提供隔日配及免費退貨的條件，讓消費者可以舒適地

在家試穿買回來的鞋。Zappos 也提供比其他線上或離線零售商更多的鞋款，更重要的是，Zappos 透過其網站及客服中心提供恰當的、及時的且有效的顧客服務。Zappos 多樣的產品選擇、快速配送及專業的顧客服務，讓他們的產品不需要折扣就能銷售，這一點是能支持聚焦在高度接觸顧客服務成本與高額員工發展的重要優勢。

2001 年謝家華決定正式參與 Zappos 的營運，擔任共同執行長，並在 2003 年成為唯一的執行長。而斯威姆留在董事長位置僅幾年的時間，後來決定到其他創投公司任職。謝家華在擔任執行長時，支持公司專注在員工的快樂，Zappos 營運長林君叡表示：「我們只聘用快樂的人，且努力維持他們的快樂。如果公司沒有透過文化來激勵員工，就無法擁有快樂的員工，我們將快樂的員工當作策略性資產。我們擁有 1,200 至 1,500 個品牌關係及有利於競爭的開端，但是這些都能複製，我們的網站及政策等都能複製，但我們專屬的文化卻不能。」謝家華相信，公司的專屬文化，能使 Zappos 提供不同於其他線上與離線零售商的獨特顧客服務。

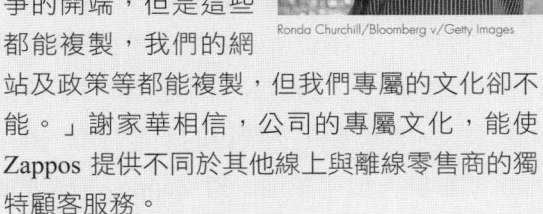

為了強化對員工的承諾，謝家華透過向公司內部所有人員徵求 Zappos 的十大核心價值。其第一個核心價值是「透過服務傳遞 WOW」，其他的核心價值包括「建立正向的團隊與家庭精神」、「要有熱情與果決」及「要謙卑」。謝家華認為員工快樂與生產力之間有直接的正向關係，因此，他鼓勵員工「花 10% 至 20% 的時間與團隊成員社交」。他相信若員工與同事有個人的情感連結，他們也會與顧客有同樣行為模式。透過建立這些連結，他希望員工會更願意與同事共同合作解決問題，並思考服務顧客的新方法，期望員工能「全心投入」工作，而不要區分工作生活與家庭生活。

Zappos 的第三個核心價值是「創造樂趣及一些神祕」，這項價值落實在公司的員工聘任工作，從應徵開始，就包括縱橫字謎遊戲、迷宮、卡通繪畫等。在面試的過程，會要求應徵者說出自己的主題歌曲名稱，並評估自己的神祕與幸運分數，Zappos 尋找的員工應該認為自己有些神祕 (也不能太過火) 及幸運。招募經理提到：「如果某個應徵者對自己幸運分數的評分高，他可能就是我們想找的類型，即有創造力、愛冒險及可以跳脫框架思考的人。」核心價值在聘用過程中會是重要的破壞者，因為公司的核心價值不只文件化，且深刻烙印在公司文化，有錄取希望的應徵者必須信奉核心價值。謝家華指出：「我們想要聘任與解聘某人的標準是能否實踐我們的核心價值，無論他們能否把某項工作做好。」

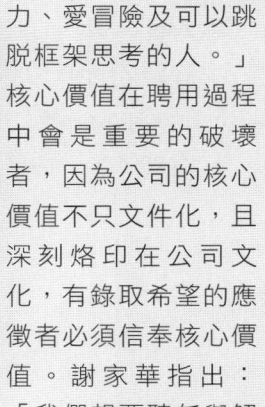

2014 年，Zappos 改變過去將工作機會公開在 Monster.com 及 CareerBuilder.com 的做法，要求應徵者必須加入 Zappos 的專屬社群網站 Zappos Insider，才會納入新工作機會的考量對象。Zappos 的員工透過這個社群網站與應徵者互動，深入瞭解應徵者是否符合公司的文化，如果符合則思考該應徵者適合在公司擔任什麼角色。Insider 網站也能讓應徵者對將來會一起工作的人，以及公司的期待有更深入的瞭解。

不管應徵公司的什麼職務，所有新進員工

都必須接受廣泛的定向計畫訓練，該計畫要求新進員工接聽客服電話。事實上，這是評估應徵者的謙卑，因為如果財務經理或其他更高階的管理者，無法回應客服電話的問題，表示他不適合公司的文化。Zappos 對確保聘用正確員工做出很大的承諾，接受 4 星期的定向計畫後，若想要離開，公司無條件支付 2,000 美元。僅有極少數人得到這筆金額，這是一個可以評估新進員工對公司及核心價值承諾的快速方法。通過 4 星期的定向計畫後，每年仍必須接受超過 200 小時的訓練課程，包括對某些主題的新技能發展，如溝通、衝突管理與指導，以及針對某些較軟性議題的訓練，如快樂和尋找工作與生活的意義。

Zappos 對員工產生良好成果有高度承諾，不到 10 年的時間，公司在零售的銷售額方面成長超過 10 億美元，且 75% 的銷售額來自滿意的再購顧客。亞馬遜對 Zappos 的成就及對顧客服務的表現非常讚賞，在 2009 年以接近 8 億 4,700 萬美元的價格收購該公司，謝家華在過渡期繼續留在公司，且能獨立營運。自收購以來，Zappos 持續受到《財星》「最值得任職公司」排行榜的認同。

個案討論

1. Zappos 成功的祕密是什麼？
2. 你對 Zappos 的聘任工作有何評論？
3. 在 Zappos 中哪一種類型的員工會成功？
4. Zappos 的方法會被別的公司複製嗎？

獲得人力資本

從 Zappos 的例子中，我們可以學習到，成功通常來自你的團隊中有誰，聘任適當的人擔任適當的職務，是讓企業建立持久競爭優勢的關鍵。在聘任一群符合職缺的應徵者之前，人力資源經理必須與公司的領導者共同定義並規劃目前與未來人才的需要，主要目的預測組織內部組織的需要及考量外部企業環境的影響。很明顯地，對 Zappos 這類強調顧客服務的組織而言，理想的員工可能不適合其他經營理念的公司。

管理者必須將人力資源實務與兩個策略元素相配合：公司的成長階段及策略性目標。某家公司可能處於五個成長階段之一，每個不同階段可能有差異非常大的人力資源/資本需要。階段 1 是創立階段，公司的特性是高度風險與非正式；當公司進入階段 2，即進入功能性成長，特性是技術專業化及提高正式化程度；階段 3，即公司專注在可控制的成長，會發展更多正式程序及愈來愈專注在專業的管理，在這個階段中，公司通常也會開始將產品線多樣化；階段 4 的特性是功能性整合，即公

表 9.2　組織成長階段適用的人力資源實務

階段 1 創立	階段 2 功能性成長	階段 3 控制的成長	階段 4 功能性整合	階段 5 策略性整合
鬆散、非正式的管理；基本的薪資與津貼；彈性的工作定義	報酬與津貼反映企業的需要；增加訓練與發展方案；聘用專業人員	正式化的控制衡量與目標；定期的績效評估；更正式的控制機制；更完善的工作角色與功能	長期規劃；開發跨領域的訓練計畫；成功的規劃；更正式化的規劃與聘用循環	人力資源與策略方向完全整合；長期規劃；訓練與發展聚焦於策略性議題

資料來源：Lloyd Baird and Ilan Meshoulam, "Two Fits of Strategic Human Resource Management," *Academy of Management*, Vol. 13, No. 1, 1988, pp. 116–128.

司發展多種產品群組或部門，並整合各種功能部門 (如會計與行銷)，給予功能部門更多的自主性；最後，階段 5 的特性是策略性整合，管理的焦點是彈性、適應性及整合不同企業功能。人力資源管理必須配合公司的發展階段才能提高效果 (參見表 9.2)，在階段 1，應聘任具有彈性與願意做好各種工作的員工，隨著公司成熟，具有各種不同技能的重要性逐漸提高。例如，在階段 4，公司可能需要能夠做跨功能部門規劃與分析工作，以及能看到不同產品與服務間關聯性的員工。

人力資源規劃

公司在招募人員之前，必須考慮內部資源需要與可能的變動，以及外部的企業環境。人力資源規劃在公司準備擴大進入新領域 (包括國內及國外) 時特別重要，當公司決定生產新產品與服務、部署新技術、收購公司或暫時性縮減規模時也非常重要。

就算公司沒有規劃未來有重大的組織變革，人力資源部門也必須持續規劃如何符合目前的人力資本需要。例如，塔吉特 (Target) 的規劃投資，以確保符合潛在成長的需要，公司可利用資料以決定特定的招募要求，如職務、每月、部門的人員流動率，以及未來事業預測等。對某些重要的職務，如事業分析師，應該在真正出缺前，即塔吉特招募與訓練，才能讓新進員工於適當的時間在某個職務創造附加價值。塔吉特也期望團隊領導者與管理者能發展他們的職務專長，在任何時候，管理者必須有一個或兩個做好準備的接班人，俾利於職位出缺時可以快速與順利遞補。

Lynn Watson/Shutterstock.com

> **工作分析** 針對分析特定工作任務相關資訊，以提供更精確工作說明，並定義適合該職位人員理想特性的過程。

成功的人力資源規劃都需要**工作分析 (job analysis)**，如採取塔吉特的方式，即針對分析特定工作任務相關資訊，以提供更精確工作說明，並定義適合該職位人員理想特性的過程。工作分析可透過幾種方式進行，包括管理者與目前工作者的訪談、工作現場的觀察，以及問卷調查。缺乏正確的工作分析可能會造成增加聘任成本、員工間的不公平、不適當的工作準備，以及浪費訓練資源等問題。

在評估企業資源需要時，人力資源經理可以將其注意力轉向競爭者，以設定其報酬與津貼的標竿。大多數職務的報酬是同時考量能妥善執行某特定工作的教育、經驗與能力。企業通常會根據市場上類似職位的薪資作為基礎，若某公司決定從競爭者或其他企業挖角，必須符合或超過此人目前的薪資水準，我們在後續章節將深入討論報酬與津貼。

在瞭解能否得到具備某特定技能水準工作者時，對企業環境的評估也非常重要。例如，在經濟不景氣時有許多勞工失業，因此可能較容易找到適當的勞工，但並不代表都能成功的招募。在上次不景氣 (2008 年至 2009 年) 時，許多勞工失業，但其中部分的人是低技能的勞工，教育程度不高或沒有大學學歷，雖然美國大學畢業的勞工失業率的高點是 5%，但高中畢業的失業率高點是 11.1%，而高中程度以下的失業率高點是 15.6%。企業要招募具備特定技術水準的員工仍有困難，即使在經濟不景氣的條件下。

招募人才

人力資源經理與公司的領導者討論未來內部的變動，考慮可能影響聘任的外部因素、進行仔細的工作分析、發展工作說明，以及決定想要的應徵者特性後，即可進行招募工作。招募可以透過內部或外部，內部招募是從公司現有工作者中選擇適合某個職務的申請者，而外部招募則從公司外部尋找適當的人選。內部聘任有許多好處，首先，內部的候選人瞭解的文化、背景與產品，通常能讓他們快速或更加瞭解新角色；此外，透過聘任內部候選人，公司可以展現出員工有機會獲得具有成長與發展的職涯路徑，這些職涯路徑有助於吸引希望能留在公司較長久的優秀候選人。最後，透過內部聘任，公司更多候選人對該職務所具備的技能與潛力，這些知識讓公司能更加預先準備讓某人順利轉換到新角色。諾斯壯是一家持續進入「100 大最值得任職公司」的公司，一直維持高品質顧客服務的名聲，其中某部分是因為從內部員工招募與開發管理

者，承諾銷售人員在 1 年內會升職，且最具潛力的銷售人員將能參與公司的 6 個月工作輪調訓練計畫。

奇異是另一家內部招募非常成功的企業，他們專注在提供職位以培養有才能的人，因此員工在公司工作幾年後，就會準備接任領導者的工作。奇異有許多實習與工作輪調計畫，讓新進員工體驗公司的各種功能部門，這些計畫提供新進員工展現自己的機會，且可讓奇異更清楚知道員工的能力與技能，這些知識有助於將員工安排在更固定的職位，讓他們的技能與公司的需要相符。

人力資源經理有時會從大學或其他公司尋找外部的應徵者，在這個過程中，他們通常會透過人力資源顧問公司、線上工作平台及就業博覽會，有些公司甚至利用手機 App 強化招募活動。例如，百事可樂，理解到許多求職者利用手機在排隊、等候餐廳或看運動比賽時尋找新工作。該公司不僅開發手機搜尋工作的功能，也讓應徵者利用手機應徵工作。

外部聘任有其利弊，若這位勞工已在其他公司任職，公司可能要提供高於計畫中的薪資，才能鼓勵勞工離開他或她現在的工作。但是提供較高的薪資時，若原來公司內部具有類似技能水準的員工薪資較低，可能會在公司內部引起公平性的議題。事實上，最近的研究證實，外部聘任勞工的薪資比內部聘任的高出 18%，但這些額外的支出並不一定能帶來較佳的績效。某項研究指出，外部聘任的勞工的工作績效較差，且比內部聘任者被解聘的機會高出 61%。

儘管外部聘任有許多問題，但許多公司別無選擇，特別是在公司需要增加重要的新角色時。Kayak 這家線上旅遊資訊公司的創辦人暨執行長保羅・英格里許 (Paul English) 相信，他可以在任何時間、任何地點聘任卓越的人才，就算公司當時沒有任何職缺。英格里許對他沉迷在招募人才的做法說到：「我對招募非常著迷，在 Kayak 有一個笑話，如果我們要出差到舊金山，在飛機起飛時，我的同事可能會說：『你在這趟飛行中會聘任多少人？』」對候選人提出承諾後，英格里許會在 7 天內完成這筆交易，無論公司目前有沒有職缺。對英格里許而言，發現重要有能力的人才

Bizu Tesfaye/Sipa USA/Newscom

是 Kayak 關鍵的策略性目標,該公司的成長可從其建立有能力之科技專家管道的能力加以預測。

許多公司會透過現有員工的推薦發掘新的人才,透過這種方法,公司可以減少外部聘任的未知數。例如,現有員工可作為公司的主要參考點,因為員工瞭解公司,他或她有較佳立場向有潛力的應徵者說明職位的本質及公司的文化。事實上,這種說明的類型稱為傳統的工作說明不會包括該職位的負面觀點,雖然招募人員向求職者說明職位不吸引人的面向似乎很奇怪,但**真實工作預覽** (realistic job preview, RJP) 已被證實可以降低流動率。事實上,求職者在做出正式承諾之前,會蒐集大量該職位的本質與期望等相關資訊,公司也必須考慮一些真實工作預覽的案例可能會使應徵者變少,因為該職位的負面觀點可能會使某些人在招募的過程打消念頭。當人力資源經理招募一群應徵者,並向他們告知工作的正面與負面觀點,接下來的任務就是選擇最佳候選人。

> **真實工作預覽** 一種提供資訊給求職者的過程,強調某項工作的最重要條件,包括正面與負面觀點。

甄選人才

現今的公司利用各種不同的資訊錄取最佳應徵者,這個過程與大學錄取學生非常類似。在大學的入學,學校蒐集各種量化資訊 (如測驗分數與等級),以及質化資訊 (如推薦信、各種表現與成果,以及與校友和學校代表訪談結果)。公司亦蒐集應徵者的各種量化與質化資訊,可能包括認知能力與人格測驗的結果、大學成績、標準化測驗分數、應徵者提供的背景資料,以及從面試及推薦人所獲得的資訊。許多公司也開始利用社群媒體更深入瞭解應徵者,有些公司甚至要求新進員工提供臉書 (Facebook) 的帳號密碼,雖然此舉有爭議,但瞭解應徵者在社交環境中如何展現自己,對公司非常有幫助,特別是對信奉一特定價值觀並期望員工能遵守的公司而言。

由於大部分的應徵者都會提供大量的資料,對公司來說,要將全部的資料整理後挑出最佳人選進行面試是一件非常困難的任務。這個問題在近年來更加困難,因為線上求職平台讓工作機會與應徵變得更容易,每家公司都有很多應徵者。許多公司透過履歷中的關鍵資訊將應徵者排序,再挑出少數傑出的應徵者。其他公司會在應徵過程加入額外的手續,並利用能力測驗將所有應徵者排序。許多研究者相信,能力測驗相對於履歷排序而言,更能預測未來的績效。能力測驗由一系列的量化與質化問題構成,應徵者必須在限時內完成作答,這些測驗提供公司每位

不同的觀點：尋找適當的員工

愈來愈多企業轉向以人格測驗辨識有潛力的新進員工，例如，全錄 (Xerox) 已放棄用過去的經驗作為聘任客服中心新進員工的標準，改採用人格測驗，評估應徵者的創造力與好奇心。全錄發現較有好奇心的員工，留在公司會較久，足以讓公司回收對新進員工投資的 5,000 美元訓練費。全錄的人格測驗不會詢問應徵者過去經驗，而是讓應徵者在某些敘述中做選擇，例如「我比別人更常問問題。」「別人會相信我所說的。」全錄與新設立的公司 Evolv 共同設計這套員工測驗，透過模式化後，Evolv 發現理想的全錄客服中心員工的條件是：「住在接近工作地點、有可靠的交通工具且使用一個以上的社群網站，但不能超過四個。」雖然這種測驗可以幫助公司降低員工離職率，但也會讓公司忙於應付更多可能的訴訟，特別是資料模式化可能系統性的歧視某種人。在這些訴訟中，公司必須「證明這些判斷標準可以準確預測工作能否成功」。

1. 利用人格測驗選擇新進員工的優點與缺點為何？
2. 如果請你為非營利組織開發人格測驗，你會評估應徵者的哪些特性？
3. 你認為公司應將人格測驗設定多少權重？你認為有哪些其他判斷標準更重要？原因為何？

應徵者的標準化績效衡量指標，在面對各種不同應徵者時特別有用。雖然能力測驗對基層及中階職位非常普遍，但很少用在甄選高階職務的應徵者上。

同樣地，員工也會評估公司，他們會利用 glassdoor.com 網站評估潛在的雇主，這個網站提供薪資及現有員工對管理者評價等資訊。

雖然檢視應徵者過去的經驗非常重要，但情境訪談更能提供未來行為的預測值，情境訪談是要求應徵者針對要應徵的職位可能發生的各種場景，解釋他或她將如何回應的訪談。情境訪談能讓公司對應徵者如何利用其分析能力分析各種情境，以及表達對一系列的可能行動步驟有深入瞭解。在許多個案中，應徵者必須能利用過去的經驗，但也有許多個案，他或她可能被要求處理全新的情境。情境訪談普遍應用在學生沒有足夠工作經驗的校園訪談。

甄選人才過程的最後階段通常是推薦人檢核，儘管大部分雇主會與應徵者提供的 3 至 4 個推薦人聯絡，但許多企業會與應徵者過去的主管聯絡以進一步檢核。愈高階的職位就需要檢核更多推薦人，在推薦人檢核過程的主要問題通常是：「你會再次聘用這個人嗎？」如果回答有些猶豫，雇主通常會再三考慮是否給予這個工作機會。

在面試結束後，面試官通常會開會討論，確定應徵者具備符合該職位的特性，如果所有的面試官都同意某位應徵者是最適合的，但通常直屬主管才是最後的聘任決策者，因為他或她將是與應徵者未來工作最密切的人。

管理人力資本

公司獲得人力資本後，必須用心管理，雖然本書大多在討論管理的其他面向，但本章聚焦在管理的特定面向，討論員工開發與員工轉變。管理人力資本最終目標是透過給予員工所需要的(不管是報酬或技能)，將適當的人放在適當職位，把工作做好，以協助公司。首先，我們討論公司如何開發與訓練人才，當員工進入公司後，公司付出大量的時間與金錢培養他們，並傳授技能以執行特定工作。例如，Zappos 要求所有新進員工必須受訓 4 星期，包括花很多時間接聽顧客電話，透過與顧客互動，Zappos 的新進員工更瞭解顧客看重什麼，以及什麼對公司績效很重要。員工開發並不僅止於新進的訓練過程，可用正式與非正式的回饋鼓勵和遏止某些特定的行為。在後續的小節中，我們將會討論公司如何提供回饋，包括使用績效評估，以支持或指引員工行為。

訓練與開發員工

長久以來，大部分的員工訓練是以在職訓練為主，讓員工學習如何執行特定工作，然後再評估員工是否做好工作。在現今的企業環境裡，不斷地開發是重要的關鍵，要讓員工擁有最新技能與科技創新，這些訓練計畫的投資是一種長期投資，有助於建立公司整體未來的技能與能力。

組織訓練員工的理由很多，包括需要讓員工適應商業實務、教導員工操作設備的能力，或指導員工有關新產品與服務。訓練要達到效果，必須與內部的組織結構和文化，以及外部的策略性競爭領域相互符合。然而，在組織投資訓練計畫前，必須先瞭解需要進行哪些訓練，以及哪些職務要接受訓練，可稱為**需要評估 (needs assessment)**。不幸的是，許多公司並未定期評估訓練的需要，他們通常回應環境或追隨其他公司領導。某項調查中發現，只有 27% 的組織會系統性地評估訓練需要。

需要評估 組織提出需要哪些訓練，以及哪些職位應接受訓練的過程。

管理者可使用一系列的步驟，決定如何有效執行訓練。首先，管理者應明確知道訓練的目標，並且這些目標要與組織策略相符。其次，管理者須辨識組織的訓練需要，以及決定哪些人需要接受訓練，這項訓練需要的辨識工作可以透過缺口評估進行，亦即由人力資源部門進行組織目前技術組合的審核，並與組織未來所需之技術組合相互比較。例如，若公司將推出新產品線，需要特殊的顧客支援時，訓練就必須針對這些顧客支援。當確定訓練需要與對象後，管理者和人力資源專家即可開始設計訓練課程、執行訓練課程，以及訓練效果評估。訓練效果的評估通常採取員工應用(或沒應用)新技術執行工作。就像其他的投資，評估計畫的整體結果，以決定訓練經驗的改進方向是非常有用的。

➥ 訓練的類型

組織中有多少職務就可能有多少的訓練類型，但大多數的訓練都是協助新進員工認識組織的流程與程序。此外，許多組織會進行專注在員工開發、遵守法律或安全的訓練計畫。表 9.3 列出員工人數超過 100 名的公司，採用的訓練類型與採用的百分比。雖然這個表格涵蓋廣泛，但不是所有員工都待在這些公司，也不是所有組織都會採用，卻仍可提供公司決定進行哪些訓練的重要參考。例如，公司的研發部門可能因創意與電腦程式訓練而獲益，但對採購部門就未必需要。從另一個角度來看，整家公司可能需要接受各種不同的訓練或性騷擾訓練，以減少未來任何可能的法律問題。

雖然訓練的主題非常廣泛，但員工接受訓練的方式卻有限，大致上可分為正式與非正式訓練。最常用的正式訓練是在職訓練，即在工作場所進行，且通常由員工的主管指導。對某些職位而言，特別是必須嚴守特定規則的職位，如重型設備操作或使用危險材料，通常會實施測驗並確認員工的知識與遵守規定。正式訓練也可以在工作時間外進行，如專門設計用以教授某特定技能的設備。例如，航空產業長期以來利用模擬器訓練飛行員，及美國太空總署 (NASA) 已開發虛擬塔台，能模擬全世界所有機場的白天與夜晚的狀況、任何天氣型態及超過 200 架飛機的移動狀態。正規教育計畫是工作時間外訓練的另一個實例，許多公司與社區大學及大學合作，提供支援某特定訓練議題的客製化教育課程；另外，有些公司甚至開辦自己的私立大學，如麥當勞的漢堡大學，員工可以學到有關麥當勞分店的特殊營運方式；波音 (Boeing) 及奇異也有自

表 9.3　員工人數超過 100 名公司的訓練計畫類型

訓練計畫	%	訓練計畫	%
新進員工定向	92	資訊科技	60
績效評估	79	激勵	60
個人電腦技能	78	電腦程式	58
團隊建立	75	財務	57
領導	75	壓力管理	54
性騷擾	74	規劃	54
聘任/甄選過程	71	寫作技巧	54
種子教師訓練	71	策略規劃	53
新設備操作	71	多樣化	52
安全	69	談判技巧	51
授權技能	66	創造力	48
產品知識	66	道德	46
主持會議	66	行銷	43
目標設定	65	採購	40
傾聽技巧	64	金融知識	40
決策制定	64	財物濫用	39
管理變革	63	新職介紹/退休	39
品質改善	63	戒菸	32
時間管理	62	工程再造	30
問題解決	61	外國語言	22
公開演說	61	其他主題	4

資料來源：Zandy B. Leibowitz, "Designing Career Development Systems: Principles and Practices," *Human Resource Planning*, Vol. 10, No. 4, 1987, pp. 195–207.

己的訓練學校，並整合內部與外部資源為其員工執行有目的性的訓練計畫。

雖然正式訓練對員工學習有高度價值，但非正式訓練通常更具效果。非正式訓練包括教練或師徒制，即員工在工作現場或部門中有資深的成員專門指導。在最好的狀況中，這些關係會成為員工開發對公司的瞭解與技能上最有價值的資源，我們在後續章節中會討論這些關係也是個人網絡重要的部分。

對公司來說，評估各種訓練計畫的價值與影響是主要的挑戰。針對員工必須嚴格遵守一組規則或指導原則之重複性或安全工作的特定技能訓練，評估工作通常較為簡單。在這種狀況下，公司可進行測驗以評估

新進員工的技術水準;而在其他狀況下,評估訓練的影響可能較為困難,尤其是聚焦在領導或管理之大範圍的訓練更難評估。

➡ 發展

訓練通常專注在獲得特定技能、任務或知識,而個人發展通常包括特定技能的訓練,但所涵蓋的範圍更廣。**發展 (development)** 是一種長期的過程,用以建立較強的自我意識、提升管理能力,以及能讓個人發揮潛能。針對高潛力員工的發展計畫可能包括達到公司內更高階層的地圖,這份地圖或發展計畫可能包括提高自我意識的領導力評估、歷練公司各種領域的工作輪調計畫,或建立特定領導能力的正式課程。專注在個人發展已成為雇主更有價值的做法,因為這些做法能吸引較優良的員工,並讓他們為公司付出更多。

若組織的需要與個人職涯發展的需要相符,員工發展會有很好的效果。為了確保兩者互相配合,負責規劃的主管必須深入瞭解公司的策略,以及瞭解個人的能力、技能與抱負。由於需要這種瞭解,人力資源部門必須與管理者共同發掘具有挑戰性、符合個人興趣,並能支持公司整體發展方向的機會。因此,員工發展的關鍵在於提供回饋。

> **發展** 一種長期的過程,用以建立較強的自我意識、提升管理能力,以及能讓個人發揮潛能。

回饋與績效檢核

有許多實施回饋的方法,在《財星》1000 大的公司中最普遍的是 **360 度回饋 (360-degree feedback)**,它是一套能讓員工進行自我評估,並與別人的反應相互比較的系統。在這種方法中,員工可以得到主管 (傳統系統是唯一的來源)、同儕及部屬的回饋,在許多案例裡,甚至可以得到顧客或客戶的回饋。360 度回饋的起源可以追溯到 1950 年代至 1960 年代的人群關係運動,但在 20 年前組織階層扁平化、工作逐漸需要跨功能部門及員工獲得授權後,開始受到重視與普遍採用。徵求他人回饋的過程一般包括網路調查或問卷,讓受訪者評價或評估某個人在對組織很重要的各種能力,這些能力可能包括管理與發展團隊、人際能力、溝通能力及策略管理。在大多數的情況下,360 度回饋受訪者是由接受回饋的人或其管理者選擇。

利用 360 度回饋系統有許多好處。首先,它包含自我評估的元素,有助於個人職涯規劃及決策,但單純自我評估可能會有不切實際的評價過高現象,這也是 360 度回饋系統的第二個好處:對員工的技能、能力

> **360 度回饋** 能讓員工進行自我評估,並與組織內他人的反應相互比較的系統,包括主管、同儕、部屬與客戶等。

及行為有更實際的觀點，它很容易用最強烈的字眼描述你的行為，因此，對於比較自己的觀點與和你一起工作同仁的匿名回饋是很重要的。第三，360度回饋在領導力發展過程是很有效的工具，因為它可辨識需要改善的地方。

在許多狀況下，公司也會用360度回饋作為績效評估，效果也相當好；亦即，公司利用這些回饋作為評估員工功勞，且用以作為升職或加薪的依據。這種做法也暴露出360度回饋的缺點，例如，某項研究證實，超過35%評估者在360度回饋是用來評估與支付薪資時，會改變他們的評價，有些評估者指出，他們會改變，是因為不想懲罰同事。甚至可能會有更壞的狀況，員工間互相協調好，都給予每個人較高的評分。相反地，評估者可能會對拙劣的領導者做出惡意的批評，或是以個人認知或懷疑攻擊同事。因為360度回饋有缺點，最好應用在發展的討論上，而不要用在決定升職或與薪資相關。如此一來，主管與員工才能有正向的對話，讚揚個人的優點並強調可能改善的機會。

由於執行360度回饋需要時間與精神，公司通常1年或2年辦理一次。在過渡期，有愈來愈多公司注重由直屬主管給予的即時回饋，特別是高潛力的員工，迫切需要關於他們在公司的績效與潛力的持續回饋。透過提供快速、可行的回饋，即時讓員工知道他們哪裡做得很好，並處理他們在發展上的缺點，使員工有更佳的機會表現得更突出。

↳ 績效評估

雖然360度回饋對發展與指導員工相當有用，但通常在實施一段時間(通常是1年)就會採用正式的績效評估以評量與衡量員工的績效。精確地說，**績效評估 (performance appraisal)** 是辨識、衡量與管理組織中的個人績效，通常採取正式的過程，由員工與其直屬主管開會，討論過去1年的績效，並設定明年的期望目標，會議討論的目的通常是由主管與員工填寫完成的績效評估格式。

目標管理 (management by objectives, MBO) 可作為績效評估的工具，其主要內容引用自科學管理，是組織控制最早期的理論之一。目標管理是透過向員工說明期望在某特定期間內完成之一系列明確目標或里程碑，以管理員工的過程。目標管理的主要構成要素來自目標設定和決策參與。

目標設定包括定義個人或組織績效的目標與指標，應盡可能採用可

績效評估 辨識、衡量與管理組織中的個人績效。

目標管理 透過向員工說明期望在某特定期間內完成之一系列明確目標或里程碑，以管理員工的過程。

以量化衡量指標，因為這些指標清楚定義員工的期待，並溝通組織最重要的目標。由於目標設定是激勵員工最直接與簡單的方法，管理者必須體認到其缺點：只設定某個領域的目標可能會讓員工忽略其他領域的績效。對於簡單的任務，管理者必須採用明確與可衡量的目標，因為可向員工展現計畫已完善與明確；但對複雜的任務，「全力以赴」之目標可能會更適合。

員工原則上必須接受這些目標，並有朝這些目標前進的動機。目標必須看起來公平、有挑戰性與正當性 (如圖 9.1 所示)。當目標稍微超出員工期待，員工就會更努力達成這些目標；但是若目標太過困難，他們會變得沒有鬥志；倘若目標太過簡單，員工能輕易達成指標，會很滿足，但是通常就不會試著改善績效。

許多公司的目標是由組織的高階領導者設定，也反映出 20 世紀的管理風格。這種管理風格是由高階管理者設定組織中較低階層的預算與績效指標，期望部屬能完全接受，並全力達成這些數字。雖然由上而下的管理在危急時刻很有效果，但在多數的情況下並不適用，也會造成員工對工作缺乏承諾。相對地，由下而上的管理因為利用員工對如何將事情做好、機會在何處，以及有哪些缺點要處理的知識，能讓員工產生高度承諾，當員工有機會分享他們的意見與經驗時，更可能積極努力達成特定目標。

獎酬系統

績效評估用來評估過去的績效，並決定可能的加薪與獎金的機會，薪資計畫和獎酬系統 (reward system) 是員工關係不可分割的一部分，因此，公司如何付薪水給員工？雖然有各種不同的支付薪資方式，但

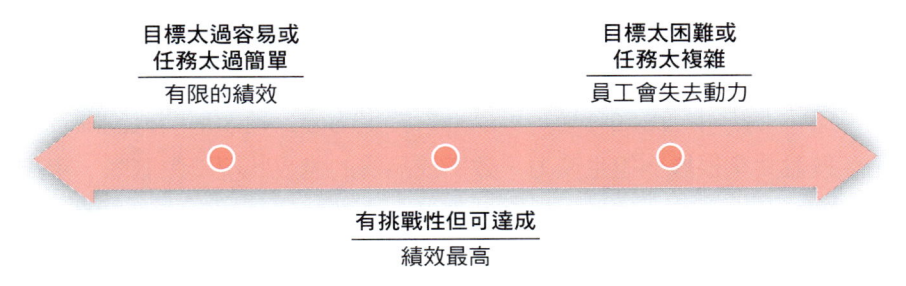

| 目標太過容易或
任務太過簡單
有限的績效 | 有挑戰性但可達成
績效最高 | 目標太困難或
任務太複雜
員工會失去動力 |

資料來源：Adapted from Robert N. Anthony, John Dearden, and Norton M. Bedford, *Management Control Systems*, 6th edition (Homewood, IL: R. D. Irwin, 1989), pp. 55–57.

圖 9.1 設定目標的指導原則

基本上可分成兩種主要結構，包括時薪 (通常用來計算組織中最低階職位的薪資)，以及月薪 (通常用來支付組織中較高階主管或管理階層的薪資)，除了這些基本薪資外，許多職務會包括可能的獎金，亦有一些職務完全是獎金結構 (如以佣金為基礎的銷售職務)，其他的薪資給付方式則包括以團隊為基礎的薪資結構與紅利。另一種薪資的形式為股票選擇權，因為有時員工想要領取較少的薪資，換取某個比例的股票選擇權。在大多數情況下，薪資是由在組織的階層決定，而獎金則由個人或團隊目標達成的狀況決定。

➔ 薪資

個人的薪資 (compensation) 普遍採用的形式是**以職務為基礎的薪資 (job-based pay)**，即薪資附屬於某個特定職位，加薪的唯一方法是換職務，這些薪資政策通常是機械式、已先決定的且標準化，常用於官僚式組織，因為這種組織的任務是明確定義，且管理者可以嚴密監督員工行為。例如，客服中心的員工行為可以全程以電話錄音監督，在這種情況下，獎酬可以根據員工成功處理多少通客服電話計算。以職務為基礎的薪資系統較適用在追求成本領導策略的公司。

第二種常用的個人薪資形式為**以技能為基礎的薪資 (skill-based pay)**，即個人的薪資由他或她個人的技能與知識而定，不是來自特定的職務。在這種做法下，薪資與個人帶給公司的技能、經驗、知識及觀點相互連結。以技能為基礎的薪資系統較適用在具有較少官僚階層、較為分權化及高度模糊性的公司，在這些環境類型中，通常需要個人利用自己的判斷做決策。

為了進一步鼓勵團隊工作及協同合作，企業通常會利用以群體為基礎的薪資系統，以補充員工的薪資，如**獲益共享 (gain-sharing)** 或**利潤共享 (profit-sharing)**。此兩者在透過將組織與員工群體的利益相互結合，以獎勵群體績效，並改善生產力方面相當類似。採用這些以團隊為基礎支薪方法的好處之一是，可以針對特定的分公司、部門或團隊客製化，獲益共享根據一組生產力、效率或品質的達成狀況獎勵團隊，用來計算獲益共享獎勵的指標可能非常複雜，且專屬於某個團隊或部門，因此，某個組織內可能有許多不同的指標。利潤共享計畫是指根據群體利潤提升作為共同獎勵的基礎，利潤共享計畫通常較容易衡量與監督。

以群體為基礎的薪資與個人為基礎的薪資計畫同樣有其優缺點。當

以職務為基礎的薪資
由特定職務的本質決定薪資。

以技能為基礎的薪資
由個人的技能與知識決定薪資。

獲益共享 根據一組生產力、效率或品質的達成狀況獎勵團隊之團隊為基礎的薪資結構。

利潤共享 根據群體利潤提升作為共同獎勵基礎之團隊為基礎的薪資結構。

產量成長時，獲益共享計畫可讓管理者調整其指標與公式。此外，以群體為基礎的系統讓員工有多一層的保護，不必承擔更多風險而勇於創新。群體的成員會有較強的績效誘因，特別是當所有成員都全力付出時。因此，除了讓員工更自由外，以群體為基礎的薪水可以分散責任，因為沒有任何個別員工要為結果負最終責任。但是，群體中的部分成員可能沒有付出相對的貢獻，仍可得到整個團隊的利益，如果沒有妥善處理這種狀況，可能會引起團隊中的緊張。在許多案例中，群體的整體績效會退步到群體的平均水準，而不是最高水準，若發生這種狀況，就不太可能因群體薪資結構而獲益。進一步而言，逃避責任會讓明星員工更疏遠，而想要找其他工作。

➤ 津貼

津貼 (benefit) 是薪資的另一種形式，包括醫療、牙醫與殘障，以及長期計畫，如壽險與退休帳戶等。最近一項針對 6,000 位美國工作者的調查證實津貼的重要性，超過 70% 受訪者表示，公司的津貼計畫會影響他們是否找新的工作機會；61% 表達願意用較低的薪資換取較好的津貼計畫。許多公司在說明個別員工的整體薪資組合時會把津貼包括在內，有些公司津貼占總薪資 30% 以上 (如表 9.4 所示)。根據美國勞工統計局統計，美國在 2014 年 9 月私人企業平均支付 30.32 美元作為員工薪資，其中 9.16 美元 (或 30.2%) 是津貼，裡面最主要的是健康照護保險。許多職位提供退休計畫或養老金，可以有效減緩離開工作的財務轉型。例如，公共服務專業，如消防員或警察，依據服務年資可以得到一筆養老金。而對公務員來說，退休計畫的成本相當高，且通常由州或地方政府支持。私部門的就業者也可以透過 401(k) 儲蓄計畫得到退休津

表 9.4 雇主支付薪資項目的比例

薪資組成	文職人員 (%)	私人企業 (%)	州與地方政府 (%)
工資	68.7	69.8	64.0
津貼	31.3	30.2	36.0
假期津貼 (休假與病假薪水)	7.0	6.9	7.3
健康津貼	8.5	7.8	11.7
退休津貼	5.2	4.1	10.0
其他津貼	10.6	11.4	7.0

資料來源：Adapted from "Employer Costs for Employee Compensation—September 2014," Bureau of Labor Statistics, U.S. Department of Labor, December 10, 2014, http://www.bls.gov/news.release/pdf/ecec.pdf, accessed March 10, 2015.

自由選擇計畫 讓員工可以從各種津貼選項中自由選擇的協議。

貼，大多數公司會負擔這些儲蓄計畫的某些比例，但通常大部分的金額由員工本身負擔。

提供員工津貼最受公司歡迎的方法是採取自由選擇計畫 (cafeteria plan)，即讓員工可以從各種津貼選項中自由選擇的協議，員工可在應課稅津貼 (如退休儲蓄) 與免課稅津貼 (如健康保險) 中做選擇。自由選擇計畫讓個別員工選擇自己認為重要的津貼，大幅降低提供津貼的成本，因為透過這種方法，雇主與員工不需要為沒有價值的津貼付出成本。透過自動的津貼選擇計畫讓員工自己決定，有助於降低人力資源部門的管理成本和負擔。職場中不同的世代對薪資與津貼的重視程度不同，對某些人來說，薪資是最重要的激勵因子，而其他人可能是興趣或工作任務的多樣化。

管理多重世代的員工

許多現今組織的員工中至少跨越三到四個世代：(1) 嬰兒潮，1946 年至 1964 年出生；(2) X 世代，1965 年至 1978 年出生；(3) Y 世代 [也稱為千禧世代 (Millennials)]，1979 年至 1994 年出生；以及 (4) 新生代 (Re-Gens)，1994 年以後出生。同一個世代的人有共同的過去或社會生活經驗，且這些經驗會形成對世界的期待。例如，嬰兒潮世代受到越戰、民權、水門事件及性別革命的影響；而千禧世代是第一個在全世界相互連結出生的世代，影響他們在家與職場互動的方式；新生代則受到 911 恐怖攻擊、卡崔娜颶風、伊拉克和阿富汗戰爭、社群媒體普及與 2008 年後的衰退所影響。

有效的組織能夠整合各個世代所具有的獨特品質與技能，領導者最大的挑戰是每個世代的激勵因子不相同，並且當個人累積更多經驗後，這些激勵因子可能會改變。例如，表揚是非常普遍的激勵因子，但每個世代重視的表揚方式不同，某項最近的研究指出，X 世代的員工較易受到財務獎酬與工作安全激勵；嬰兒潮和 Y 世代員工較重視工作彈性與回饋社會的機會，這些激勵因子的差異可歸因於職場的經驗，嬰兒潮已到了職涯的晚期，Y 世代則處於職場的早期階段；相對地，X 世代正值職涯的高峰期，較重視穩定性與財務安全，經歷快速的技術改變、大量裁員及 1990 年代末期的大量組織再造，X 世代比其他世代更具個人主義，也對自己所屬的組織較無忠誠度。

嬰兒潮	Y 世代
• 優良同事 • 彈性 • 接受新挑戰 • 公司或老闆的賞識 • 有智力激發的職場 • 自主性 • 回饋社會的機會	• 優良同事 • 彈性 • 接受新挑戰 • 公司或老闆的賞識 • 晉升的機會 • 穩定的晉升率

資料來源：Adapted from Sylvia Ann Hewlett, Laura Sherbin, and Karen Sumberg, "How Gen Y and Boomers Will Reshape Your Agenda," *Harvard Business Review*, July–August 2009.

圖 9.2 哪些事物能激勵嬰兒潮與 Y 世代

有趣的是，某項針對哪些事物能激勵嬰兒潮及 Y 世代的人之研究，結果顯示這兩個世代有許多共同點 (如圖 9.2 所示)，當被問及他們覺得什麼事物和薪資同樣重要或比薪資更重要，嬰兒潮與 Y 世代有四個激勵因子相同，包括優良同事、彈性、賞識及挑戰，主要的差異似乎在於生命週期階段相關的議題。嬰兒潮世代尋求更大的自主性與刺激，而 Y 世代尋求職場晉升。對管理者來說，這項資訊值得注意，即這兩個世代都重視薪資以外的其他激勵因子。

2008 年，UBS 為了回應 Y 世代的觀點，提供新聘員工在正式加入組織前享有「空檔年」(gap year) 的機會，即提供大學畢業生延緩為 UBS 奉獻的時間，從事有社會責任的創舉，如教英語作為第二語言、協助因天災受創的家庭重建，或在開發中國家提供創業家小額貸款。在這休假的一年中，公司提供健康保險與新聘員工之半薪作為獎學金。另一方面，CVS 也針對其資深員工推動一項計畫，在夏天從南方調任到北方，在冬天從北方調任到南方，員工可以從某家店調任到另一家店，不會損失年資與津貼。這兩個組織都採取有創意的方法，以回應主要員工團隊的偏好與動機。

➜ **彈性工作選項**

由於不同世代的員工在職業與個人目標的差異，組織必須尋求有創意的方法建構工作環境。對某些員工而言，每天工作 8 小時或鼓勵加班會讓他們失去動力，因此針對這些員工，提供參與具選擇性的工作安排，讓他們在如何與何時工作方面有較大的彈性，更能激勵他們努力工作。最常採用的具選擇性工作安排，包括可變動的工作排程 (variable work schedules)、彈性工作排程 (flexible work schedules)、工作分攤 (job sharing)，以及電子通勤 (telecommuting)。IBM 幾年前已開始利用科技支援員工選擇使用彈性工作選項，在發展全球工作／生活彈性專案辦公室後，IBM 逐漸增加提供壓縮工作週數、個人化工作排程，以及在家工作的機會。在 2011 年，超過 16 萬名員工採取某種形式的彈性工作安排，讓公司節省超過 1 億美元的不動產成本。

- **可變動的工作排程**。傳統早上 9 點到下午 5 點，每週 5 天的工作排程可能讓員工無法處理例行的個人事務 (如預約醫生及親師座談)，為了解決這些問題，可變動的工作排程可能較為適合，例如，每週工作 4 天，每天工作 10 小時；或者 4 天超過 8 小時，第五天小於 8 小時等。在惠普，專業技術人員必須每天 24 小時隨叫隨到地回應顧客的問題，為了滿足這種需要，許多員工自願在週五、週六及週日工作 12 小時，週一工作 4 小時，其他員工則規律地在週間每天工作 8 小時。

- **彈性工作排程**。類似可變的工作排程，彈性工作排程可以改變員工每天開始與結束工作的時間，比較不同的是彈性工作排程結構化程度較低，並且讓員工更能控制其工作排程。通常彈性工作排程包括彈性時間與核心時間，在核心時間，員工必須待在其工作崗位上；而在彈性時間，員工可以自由選擇排程。例如，員工可以早點開始工作，中午過後就下班；早上晚點上班，傍晚晚一點下班；或早上早點來，午休時間拉長，晚點下班。為留住其職業生涯中期與成熟的員工，家得寶讓員工參與彈性工作排程，此舉吸引具有知識和經驗的長期員工，執行優質的顧客服務。

- **工作分攤**。員工尋找兼職工作的理由很多，包括需要照顧小孩，或照顧年邁或生病的雙親，透過與他人分攤某項工作的責任，雙方都能滿足各自的需要。亞培 (Abbortt Laboratories) 是一家全球健康照護公司，致力於發現、開發與行銷藥品，利用類似工作分攤這種計畫產生極低的流動率 8%。工作分攤對新手父母非常重要，因為他們必須花很多的時間照顧小孩，透過提供彈性的工作環境，亞培改善該公司的生產力，以及留住高技能的員工。

- **電子通勤**。由於科技愈來愈精密，電子通勤已成為許多員工可行的選項，且《財星》「100 大值得任職公司」中，十分之八的企

業讓自己的員工可以遠距執行某些工作。透過電子通勤，員工部分時間可以不用在現場工作 (在家)，只要利用電子郵件或網際網路與組織保持聯繫。電子通勤對所有世代都具吸引力，某項研究發現，超過 50% 的大學畢業生對電子通勤有興趣，對許多人而言，這個興趣源自對減少碳足跡的渴望。無庸置疑地，全美最早的電信公司 AT&T，是電子通勤最大的支持者之一，在 2013 年，24% 的員工進行遠距工作。最近在中國進行一個電子通勤對客服中心生產力影響之研究發現，電子通勤的生產力高於辦工室工作 12%，生產力增加的原因是休假日與病假減少的結果。

員工離職

當員工從公司離職時，即進入僱用生命週期的最後階段，有時候離職是自願的，例如，員工找到其他公司的更好機會，或決定離開職場去進修或專心處理私人事務；自願離職的其他原因也包括退休，即員工結束其職涯。

在自願離職的情況，公司需再次投資於整個人力資源循環，從招募、甄選、訓練到發展。有時這種自願離職是執行這些重要人力資源活動成效不彰所導致的結果。例如，某項研究發現，80% 的自願離職可以透過改善招募、甄選、訓練或發展來避免。現今的環境競爭非常激烈，流失有價值員工的成本非常高，特別是在員工帶著他或她的知識、專業及觀點投靠競爭者。為了避免洩漏商業機密或其他專屬資訊，許多公司在聘任與離職時，會要求員工簽署保密和非競業切結書。

非自願性離職包括終止聘任 (termination) 或解僱 (layoff)，通常是管理者最困難的任務之一。當員工沒有達到職務的要求標準時，就是終止聘任的人選；相反地，解僱通常是公司競爭地位改變的結果 (如流失市場占有率，或競爭威脅更加劇烈)，在這些狀況下，終止聘任就不是因為個人績效，而是市場衰退的結果。在其他情況，開除也是令人痛苦的經驗，管理者必須檢視並遵守公司政策與法律規定。

非自願性離職對公司的成本也相當高，解僱可能要支付相當高額的遣散費，每一家公司遣散費的規定不一樣，但通常是一次付清給被開除或被裁員的員工。一般遣散費最低是 2 週的薪資，許多公司會以員工待在公司 1 年給予 1 或 2 週的薪資作為遣散費的計算基準。

儘管非自願性離職有缺點，但也有些好處，甚至從員工的角度來說亦是如此。在大多數情況下，員工如果做不好，公司會讓他或她離開。從員工的角度，他或她有機會尋找更適合自己的技能與期望的工作機會；從公司的角度，釋出員工可帶來增加多樣性、降低勞動成本，或引進更具才能之員工的機會，甚至在員工大量離職的情況，如解僱，組織通常會進行重整以尋找未來的策略，雖然很困擾，但這個過程可以讓組織有起死回生的機會。

➥ 裁員

> **裁員** 在組織發展過程中用以減少無效率與浪費的過程，期能更具競爭力。

裁員 (downsizing) 是為了使公司更具競爭力而減少員工人數的過程，裁員在組織發展的生命週期似乎是正常現象，並且通常用以強化收益、降低成本，或提升競爭力，在 1980 年代及 1990 年代全球化過程中，許多公司透過裁員以提高競爭力。事實上，在 1990 年代初期，《財星》500 大企業中有超過 85% 進行裁員。最近，2008 年全球金融危機時，裁員的議題再度引起關注。裁員的主要做法是解僱、關廠及合併，這些做法都很難管理。以公平與透明的方法進行裁員的組織，較容易達成低成本結構和更簡化營運的優勢。

管理被裁員的受害者是具有挑戰的過程，但有許多指導原則可以參考。首先，管理者必須事前通知員工將離開公司，根據法律，員工人數超過 100 人的公司至少應在 60 天以前通知。讓員工提早知道才能有更多的機會接受離職的條件，並有時間尋找新工作。其次，員工必須聽直屬主管所說的個別訊息，不要輕信其他公告，這些訊息應該簡要、有重點，且應包含感謝員工對公司付出的時間與努力。最好是公司能透過提供前置時間、財務津貼、諮詢服務、再培訓或轉業服務，以協助員工轉職，但是這些服務類型通常只適用非常資深的經理。

裁員對每個參與的人都是令人痛苦的經驗，但繼續留在組織內的人 (倖存者) 通常會被忽略，倖存者的態度對組織未來的文化有相當大的影響。員工如果表現得好，會對公司有忠誠，且信任無形的契約，會繼續留在公司，並發展職涯，但裁員將會破壞這種信任。進一步而言，裁員會引起對組織的怨恨及倖存者的內疚，在這種情況下，工作仍必須進行，且由較少的人來做，可能會影響生產力。此舉可能造成倖存者變得思想狹隘、自我吸收、不滿或趨避風險，這種現象愈來愈普遍，現在

以**倖存者症候群** (survivor syndrome) 來描述。雖然裁員對倖存者是高度的挑戰，但許多研究發現，只要倖存者相信解僱是必要的、他們得到公平對待，以及受害者在整個處理過程有尊嚴時，他們的反應就會比較正面。

> **倖存者症候群** 在裁員中倖存的員工變得思想狹隘、自我吸收、不滿或趨避風險的狀況。

影響人力資本的環境因素

管理人力資本是一個動態的過程，會受到許多環境因素的影響，包括法律、勞工動員及全球化，雖然許多因素是管理者無法控制，但是回應這些環境因素的方法卻能影響成敗。

法律環境

在第 3 章中，曾討論影響企業環境的法律架構；在本節中，我們鎖定在美國會影響管理人力資本的法律。在 20 世紀，頒定許多改善進入職場與職場條件的法律，其中改變工作環境最重要立法是 1938 年的公平勞工標準法 (Fair Labor Standard Act)，規範職場的健康、安全與一般福利。此外，該法案也建立聯邦最低工資、每週最高工時及正式禁止童工，違者將課處罰款並可能入獄。

雖然這些法案是員工的重要勝利，但在對待女性與少數民族方面仍有很大的差距。在 1964 年通過公民權利法案 (Civil Rights Act) 及該法案的第七號解釋令後，徹底改變人力資源做法的法律環境。該法案最重要的規定是：「禁止種族、性別、膚色、宗教與國籍的就業歧視……該法案禁止招募、聘任、薪資、任務、升職、津貼、懲誡、解職或解僱的歧視。」1964 年頒布的公民權利法案是許多知名公平就業機會法律中的第一部，該法案也催生了公平就業委員會 (Equal Employment Opportunity Commission, EEOC)，負責推動法律。自此之後，陸續又通過許多法律，提高第七號解釋令的涵蓋範圍，並納入許多就業的其他面向，例如，薪資、健康與安全 (如表 9.5 所示)，在許多州，已將法律擴大到防止性別歧視。

表 9.5　影響人力資本的重要美國法律

聯邦法律	年	規定
Equal Pay Act	1963	在同一組織做相同工作的男性與女性必須得到相同的工資。
Civil Rights Act, Title VII	1964	禁止性別、種族、宗教、國籍的歧視。
Age Discrimination in Employment Act (ADEA)	1967	保護年齡介於 40 歲至 65 歲的人免於就業歧視。
Occupational Safety and Health Act	1970	說明職場的最低安全標準。
Vocational Rehabilitation Act	1973	禁止對身心障礙人士的歧視，但只限定在聯邦政府。
Americans with Disabilities Act	1990	禁止對身心障礙人士的歧視，全世界第一部針對身心障礙人士公民權的法律。
Civil Rights Act	1991	修定最初公民權利法案，讓員工較容易贏得歧視的法律訴訟。
Family and Medical Leave Act	1996	讓員工基於家庭或醫療的理由申請無薪假而不會失去工作。

資料來源：U.S. Department of Labor, "Equal Employment Opportunity," http://www.dol.gov/dol/topic/discrimination/index.htm, accessed August 2012.

勞工關係

　　美國 20 世紀的勞工運動對早期的勞動法律有重要影響，特別是在失業率高達 25% 的經濟大蕭條之後，在當時最重要的勞動法案是 1935 年制定的瓦格納法案 (Wagner Act)，該法案給予員工組織與爭取較佳工資、工作條件及工作安全的權力。瓦格納法案的通過，帶動工會 (union) 的興起，在 1950 年代中期，約有 35% 勞工參加工會。後續法律，如 1947 年的塔夫─哈特利法案 (Taft-Hartley Act)，整合工會的許多權力，之後幾十年，會員人數仍持續增加。然而，到了 1980 年代，工會開始喪失部分的影響力，且工會的會員大量退出，到 2014 年只剩下 11.1% (參見圖 9.3)。儘管美國的工會成員近年來明顯減少，但在某些產業仍受到工會的影響，如航空、汽車及電影。

　　工會通常可以分成兩類：產業工會與同業工會，產業工會可能非常大型，且一個組織可能涵蓋非常多的員工，例如，聯合汽車工會 (United Auto Workers) 即是一個單一工會，涵蓋大部分的製造廠，如福特、通用汽車及其他汽車製造廠。從另一角度來看，同業工會的成員都是某種技能或專長的從業人員，且換工作也在同樣的領域。例如，在好萊塢，每個和電影製作相關的領域都有工會，包括編劇、編輯、導演、攝影師、動畫師等，每個工會都會代表他們的會員，主要是保障其從業

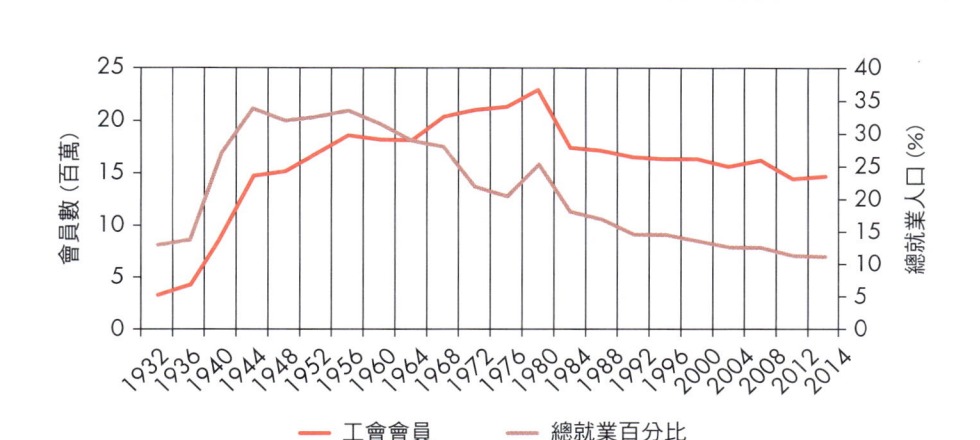

資料來源：Table 8-9-Series D 946-951: "Labor Union Membership as a Percent of Total Employment, 1930–2002," in George Kurian, ed., Datapedia of the United States, (Lanham, MD: Bernan Press, 2004), p. 123. Barry T. Hirsch and David A. Macpherson, "Union Membership and Coverage Database from the CPS," available at http://www.unionstats.com/, accessed April 8, 2015.

圖 9.3 美國工會的會員數，1932 年至 2014 年

人員的穩定就業與整體利益。

　　員工參與工會有許多理由，其中最主要的理由是保障特定工作的公平薪資和津貼，當員工對薪資不滿意、感受到較低的工作滿意度及不信任公司的管理時，更有可能看到工會成員的好處。工會對會員有價值，因為它可以提供許多必須透過**集體協議** (collective bargaining) 才能得到的利益，即工會代表與企業的管理者協議，使管理者在工資、津貼、工作安全或資歷方面做出讓步。平均而言，有組成工會的組織薪資與津貼較高。在某些案例中，工會的威脅也會讓薪資提高，工會也提供會員用正式方式表達申訴的機會。2011 年至 2012 年賽季前，美國國家籃球協會 (National Basketball Association, NBA) 的球員與雇主發生勞資爭議，最早的協議結果是雇主讓球員停賽，後來透過集體協議才達成新合約，結束停賽。

　　雖然工會可以提供工作保障與較佳利益，但是否要加入工會的決策不容易進行。加入工會有時必須付出比自己想像中更大的承諾，工會的會員必須付出某個比例的薪資金額，以支持工會的運作。此外，工會會員的職涯發展通常由少數人決定而改變，這些改變是部分工會從業人員傳達比非工會會員較低的工作滿意度與對工作條件不滿意的結果。而且有工會的企

集體協議 工會代表與企業的管理者協議，使管理者在工資、津貼、工作安全或資歷方面做出讓步的過程。

業平均流動率較低，提供員工與組織較大的穩定性。當愈來愈多的製造業移到海外，工會持續喪失影響力。例如，紡織業還以美國為基地時，工會非常健全，現在這個產業的大部分工作都外包，工會的代表性式微。事實上，美國服飾業國內生產的比例在 1990 年代仍有 41%，但是到了 2013 年僅剩 2.5%。

離岸外包的趨勢

如果你最近幾年收看全美的新聞節目，可能會聽到有關美國企業外包與離岸外包趨勢的討論 (參見圖 9.4) 許多新聞節目和政治人物都將外包當作主要議題，有些評論家批評企業將某些企業功能外包給海外公司，而且這些議題也引發政治性的討論，管理者必須瞭解這種做法的基礎，以及企業會選擇這種做法的原因。

由於全球競爭愈來愈激烈，許多企業尋找降低價值鏈成本的新方法，因此許多企業嘗試將部分工作移到國外，尋求具備符合資格的

「外包是另一個訴訟的來源」
- 《商業週刊》，1992 年 2 月 3 日

「需要降低成本？外部下訂；外包節省成本，但勞工挫敗」
- 《紐約時報》，1996 年 4 月 11 日

「美國加快工作外包；規則改變將影響超過 425,000 人」
- 《華盛頓郵報》，2002 年 11 月 15 日

「調查指出：利用『外包』發薪水提高生產力」
- *Business Wire*，2009 年 11 月 17 日

「小企業加入外包行列」
- 《紐約時報》，2014 年 2 月 15 日

資料來源：Sunita Wadekar Bhargava, "Outsourcing Is the Source of Another Lawsuit," *Business Week*, February 3, 1992; Keith Bradsher, "Need to Cut Costs? Order Out; Outsourcing Saves Money, but Labor Is Frustrated," *The New York Times*, April 11, 1996; Christopher Lee, "U.S. to Speed Up Job 'Outsourcing'; Rule Change Could Affect Up to 425,000," *The Washington Post*, November, 15, 2002; "Survey Says: Boost Productivity by Outsourcing Payroll: 2,000 + accounting pros share practices and attitudes on payroll processing," *Business Wire*, November 17, 2009, via LexisNexis, accessed January, 2010; and Phyllis Korkki. "Small Business, Joining a Parade of Outsourcing," *The New York Times*, February 15, 2014.

圖 9.4 有關外包的報紙頭條

人才，且能以較低成本或比母國做得更好的地區。例如，許多企業已將其顧客服務與資訊科技功能外包給國外企業，如印度的 Wipro 及 Infosys。此外，也有些企業開始外包非核心企業功能，如會計、人力資源及設備管理等。當公司將企業活動外包給外國的承包商時，即稱為離岸外包 (offshoring)。這種將企業功能外包的做法並不一定保證會有較高的利潤，在許多案例中，外包成功與否取決於企業能否有效地管理不同地區的人。

離岸外包 將企業活動外包給外國的承包商。

　　節省勞工成本通常是公司將企業功能外包的主要誘因，例如，在服務業，美國的金融分析師每小時可以賺得 35 美元，而在印度每小時可能只要 10 美元；在製造業，美國的勞工每小時要 15 美元，但是他們的工作可以被中國及墨西哥的勞工取代，每小時可能只要 1 美元。

　　許多企業在處理離岸外包活動時常會犯下相同的錯誤。首先，許多企業花費太多心力在尋找離岸外包的城市、國家及承包商，而在決定何種活動應該離岸外包投入的心力卻不夠。例如，管理者通常沒有指定哪些核心流程必須留在內部以維持競爭力。其次，管理者沒有說明離案外包可能帶來的風險，許多管理者並未體認到離案外包會讓承包商在雙方關係中占優勢地位，因為在後續的交易中承包商的議價能力會提高。最後，許多管理者沒有體認到除了離岸外包以外，還可以外包給當地公司或建立夥伴關係。

　　外包是一個複雜的議題，雖然這種做法可以降低企業的成本結構，但也會引起工作機會流失的不安，以及對外國工作條件與標準的疑慮。宜家家居是經歷過這種挑戰的代表企業，它是全世界最受認同與歡迎的企業之一，其創辦人英格瓦・坎普拉 (Ingvar Kamprad) 的管理哲學是想要「為人們創造更美好的一天」，但是卻不斷地重新設計活動以降低成本。基於這個重點，宜家家居在全世界尋找低成本的承包商，但此舉面臨一個問題，因為宜家家居發現在印度的地毯供應商聘用大約 20 萬名童工。在此事件之後，宜家家居在與供應商簽訂的契約中明確規定，若承包商在生產過程中僱用童工，宜家家居有權終止契約。在另一次有關童工的事件之後，宜家家居建立更嚴謹的內部控制與稽核，以確保避免再次涉及童工議題，但是這些事件卻已對宜家家居的全球商譽造成傷害。

管理自己

在過去，做同一份工作或留在出生地數十年並不稀奇，但這種日子已經結束了。事實上，根據美國勞工統計局統計報告指出，平均每位美國的工作者只待在同一份工作 4.6 年，這代表對多數人而言，換工作或換職場只是人生正常的一部分，員工不再依靠雇主指引職涯發展，隨著職場變得更加複雜，勞工必須管理自己的職涯，並不斷自我開發，才能創造更佳的機會。

在考慮各種職業前，應先做自我省思。首先，你必須確定自己的優點與價值，你喜歡做什麼？你的專長是什麼？你的興趣是什麼？在確定職涯發展前，必須深入瞭解自己的價值觀，公司通常會尋找具備能為公司創造成功技能的應徵者。你不只要考慮自己知道什麼，也要考慮自己天生的才能，才能真正成功。

你應該試著找到能發揮自己優點的工作，若你覺得並不確定自己的優點，也不用覺得孤單，因為事實上大部分的人並不知道為何可以勝過其他應徵者。回饋分析是發現自己優點的可行策略，它是一種追蹤你的行動與決策結果的過程，透過比較結果和期望，你可以對自己什麼做得好及什麼做不好有更清楚的瞭解。這個過程會比反映你「認為」自己可以做好什麼的標準過程更佳，因為情緒經常會誤導你。透過比較有形的結果與你的期望，你將能更有效評估自己的優缺點，你可能想要與朋友或父母共同使用 360 度回饋方法，以對自己的優點有更深入的瞭解。

除了瞭解自己的優點外，也必須懂得如何與別人共事。你比較喜歡跟主管密切的接觸，或喜歡離主管遠遠的？你比較喜歡團隊工作或個人？你擅長透過電子郵件、電話或面對面溝通？辦公室的人際關係可以培養或破壞某個職位的經驗，因此仔細思考自己的偏好是非常重要的事，如果你與老闆的關係不好，是因為你有不同的溝通模式嗎？召開會議討論你偏好的溝通模式，可以找到改善職場關係的方法。你偏好與他人工作的方式也會影響你的職涯決策。例如，如果你喜歡一個人工作，顧問公司可能就不是很好的選擇，因為大部分的顧問專案都是團隊共同執行的。大多數企業的工作都需要某種程度的團隊合作，但也有一些職位不太需要人際互動，例如，研發及財務管理與會計的某些職務。

瞭解自己如何跟別人一起工作能指引你職涯發展的方向，但是瞭解

領導發展之旅

轉換職場可能有非常大的利益與非常高的風險，換工作可能會讓你得到夢想中的工作，但是也有可能陷入職涯困境。每一次換工作時，你的目標可能是在職涯有固定的進展，雖然新工作可能有一些不確定性，但你可以做許多事讓轉換工作變得更好。第一個步驟是，在換工作前先做研究，你知道這個產業的基本狀況嗎？你想要應徵的這家公司與競爭者有什麼不一樣？這個產業在成長、萎縮或持平呢？回答這些問題，可以讓你用更理性方法做決策。此外，這些研究也能讓你確認對這家公司與該職位的興趣。思考你畢業後理想的工作：

1. 什麼類型的產業對你最有吸引力？
2. 你認為在企業生命週期的哪一個階段最能讓你發揮──新創公司、成熟企業或轉型企業？
3. 你的長期目標是什麼？你想要留在一家公司很多年，或是想要探索各種有潛力的機會？
4. 在你選擇任職公司時，地理位置的重要性如何？

自己如何學習更重要，不論從事什麼樣的工作都是如此，因為增加知識、理解、技能是職涯能持續發展的關鍵因素。瞭解自己如何學習在職涯的早期階段特別重要，有些人透過閱讀學習──視覺學習者；其他人透過聆聽──他們是聽覺學習者；也有其他人透過書寫、做筆記或其他行動──他們是動覺學習者。瞭解自己如何最有效的學習可以提高自己的生產力，特別是長期的角度。要確定自己如何最有效的學習，可以試著在某段期間只採用一種學習方法後，再採用別的學習方法，並評估更好或更不好。

在決定你的職涯時，瞭解自己的價值觀也非常重要。要確定自己的價值觀，可以考慮你生命中所有在乎的事情，再找出這些事情中有哪些對你最重要。要注意的是，確定自己的價值觀和決定什麼是有道德的不同，因為道德是每個人的一般性規則，你的價值觀則專屬於你，你可以決定自己的價值觀。例如，如果你的價值觀是想花更多的時間陪伴家人，就會把工作限定在不用長途出差或輪調到不同地區的工作；如果你的價值觀有強烈的政治動機，就可能會找能允許你在選舉期間請假參與選舉活動的工作。

在轉換工作時，你可能只看到「去」，而不是「留下來」；換句話說，因為想逃離現在的工作而換工作並不一定是最好的決定，可能會讓你接受一個並非理想的工作，有時試著改變你對目前工作的看法是較佳的選擇。當你面對離開的壓力時，可以先暫緩並考慮你的可行方案，若處在一個棘手的社交狀況，有沒有人可以幫助你解決這個狀況？如果你不喜歡現在的職務，可以申請轉調到其他部門嗎？回答這些問題有助於釐清你的不舒服與不高興是否真的和工作與公司有關？或者只是工作構成要素的表象。在某些狀況下，改變這些構成要素可以激發努力的感覺與對工作的滿意度。

　　轉換職涯會有壓力，但對前途很重要。失敗是生命的一部分，大部分的職涯都不是一直線，如果你夠瞭解自己，一次失敗 (或兩次、三次)並不會阻礙你追求長期目標。若你忍受某次失敗 (丟掉工作或不喜歡現在的工作)，就回到原點，思考你的優點、你如何與他人一起工作、你如何學習，以及你的價值觀是什麼，瞭解自己才是管理自己職涯的關鍵因素。

問題與討論

1. 公司人力資源部門與企業成長階段配合的重要性為何？當公司在成長時，人力資源的角色如何轉換？
2. 請解釋內部與外部聘任的優缺點。
3. 訓練與發展有何不同？
4. 請說明 360 度回饋系統的優缺點。
5. 離岸外包對管理活動有哪些機會與挑戰？

Chapter 10 績效管理

學習目標

1. 說明控制週期的四階段,以及如何將控制週期應用於公司的績效評估。
2. 說明何謂平衡計分卡與評估項目,以及如何將平衡計分卡應用於績效管理系統。
3. 舉例說明企業設定績效指標的方法。
4. 說明企業如何監督與評估績效。
5. 說明管理者應如何利用修正行動以改善公司績效。

聯強國際 ▶▶ 落實策略,成就不凡

管理大師羅伯·柯普朗 (Robert Kaplan) 經研究調查發現,超過 70% 以上的企業無法成功地落實策略,最主要的原因在於企業的執行力。聯強國際集團就是一家靠著優越的策略執行力,而領先群雄、年年獲利,並獲得多方肯定的企業。

聯強國際集團是目前亞洲第一大,全球第三大的高科技通路廠商,主要針對高科技產業供應鏈提供整合型服務,目前營運據點遍布全球 32 個國家,300 個城市。2014 年,聯強國際全球合併營收高達新台幣 3,315 億元。此外,聯強國際集團的管理與經營能力獲得許多肯定,包括入選美國《商業週刊》評選全球 IT 百強,以及《彭博商業周刊》評選世界科技百強;台灣《天下雜誌》2013 年「2000 大調查」評比為資訊/通訊/IC 通路第二名與服務業第六名,並連續 10 年獲得台灣《天下雜誌》評選為台灣最佳聲望標竿企業的殊榮。聯強國際之所以會有今日成績,完全是憑藉著企業的策略執行力。

「月報制度」是聯強國際落實策略與目標的一項重要法寶。聯強國際董事長杜書伍表示,在公司內部,每個部門與每位員工每個月都要做一份月報,並根據報表中的數據檢討缺失,以及提出改進方法。在員工方面,每位員工每個月必須對自己一個月以來所執行工作做彙整,並且透過對指標、數字的分析,來解讀出各種現象,並列為下個月的工作重點。在部門主管方面,每月必須花 50%～60% 的時間來擬定並推動部門的重要策略與計畫;花 5%～10% 的時間來精讀報表與發掘問題;以及花 30%～40% 的時間處理運作與解決員工個別的問題。

有好的策略或目標,若沒有確實地執行與追蹤進度,是無法成功地落實的。因此,企業應該找出能有效落實策略或目標的方式。

資料來源:
1. 陳盈如,聯強國際:自律就有紀律,月報制度貫徹執行力,《能力雜誌》,595 期,2005 年 9 月。
2. 聯強國際官方網站 (http://synnex-autodesk.com)。

自我省思

你如何管理績效？

有效管理應該要清楚知道你想要達成哪些目標，並發展適當的策略來達成這些目標。請以「是」或「否」回答下列問題，以評估你採用績效管理來完成目標的能力。

1. 當要執行一個專案時，我心中已有達成目標的想法。
2. 在設定目標時，我會設定一個現有能力所能達到又能發展新技能的目標。
3. 我會使用工具、儀表板或計分卡等來管理我的工作績效。
4. 在執行任務時，我會自我控制以確保任務持續地進行與監督進度。
5. 我相信品質是管理自我績效的一個重要面向。
6. 在設定目標時，我會將自己的遠景、策略與績效連結起來。
7. 在執行一項任務時，我會選擇採取最佳實務；如此一來，我才能學習到如何改善自我績效。
8. 在管理自我績效時，我會根據當時情境與狀況來做調整。
9. 我會使用多元的指標來評估績效。
10. 我會採用回饋機制來評估與改善自我績效。

如果你在上述的問題中，回答「是」超過一半以上，表示你能運用績效管理來達成目標。

緒論

一旦管理團隊制定好策略並開始執行，那麼他們如何得知執行的狀況？策略執行的成功與否可用多種方式來衡量，包括財務指標、市場占有率、品牌強度、消費者接受度，以及員工認同度。管理者必須瞭解在不同的企業生命週期中何種指標較重要。

例如，公司在成立初期通常都是處於虧損的狀態，此時期公司的主要目標是掠奪市場或提高產品與服務的接受度，因此與消費者相關的指標比財務指標更為重要。以 Facebook 為例，自 2004 年以來 Facebook 的註冊人數大幅攀升，至 2012 年每日都有超過 5.2 億人登入 Facebook。在 Facebook 成立的前 6 年內，公司將營運重心放在用戶數上，而非財務面的績效；直到 2009 年，Facebook 才轉虧為盈。然而，若企業處在成熟階段就會無法忍受財務方面的虧損。因此，在此時期，流程與財務層面的指標就顯得格外重要。

有時企業所制定與選擇的策略會帶給企業極大的影響。例如，可口可樂在推出新產品 New Coke 後才發現他們對消費者的偏好不夠瞭解，導致新產品的失敗。近一世紀以來，可口可樂不只是軟性飲料市場的龍頭，也是美國文化的象徵。自 19 世紀以來，可口可樂的配方從未改變，而這個配方也讓可口可樂品牌長久以來一直享譽國際。可口可樂高層宣稱，可口可樂不會因為各國家或各地區偏好或口味不同而調整可口可樂的配方。直到 1980 年代，百事可樂憑藉成功的行銷策略，而威脅到可口可樂市場龍頭的寶座，這就是著名的「百事可樂的挑戰」(The Pepsi Challenge)。百事可樂拍攝一則廣告，消費者在蒙眼試喝之後，大多認為百事可樂比可口可樂好喝。隨後，可口可樂也立即進行全美的蒙眼試喝活動，竟然也得出相同的結果。

根據市場調查的數據，可口可樂終於調整原有的配方，仿效百事可樂推出更順口、更甜的口味。然而，新口味卻引起消費者的反彈，可口可樂接到數以千計的抱怨電話與信件。美國民眾的反彈與憤怒延續 3 個月之久，並蔓延至國際之間。在強烈的反彈聲浪下，可口可樂決定重起舊有配方，並立即推出「經典可樂」(Classic Coke)。經過多年後，可口可樂重返市場的龍頭寶座。從可口可樂的事件中可知，公司在制定重大決策時，應該選擇適當的績效衡量指標，並謹慎地歸結所蒐集的資料。

從上述可口可樂的案例可知，公司若欲順利地執行策略，則必須謹慎地分析事業環境，且一旦發現新的機會或威脅時應立即對策略進行調整。此外，公司還必須不斷地增進營運績效，以確保組織設計與策略目標之間的配適，並集結擁有各自目標的員工一起完成公司的共同目標。

我們必須在實際的情境中才能真正瞭解要如何進行績效管理，就好比是要啟動汽車引擎，必須在所有驅動系統中的零組件都能順利運作與結合下才能順利啟動汽車引擎，汽車也才能前進。如果從另一個角度來看，汽車引擎只是一個金屬物體，將汽油 (投入) 轉換成動力 (產出)。企業的運作也是如此，它可分解成三個部分：投入、轉換、產出。從較宏觀的角度來看，企業是由許多複雜的系統所組成，並合力將投入轉換成產出。在這些複雜的系統中包含四階段的**控制週期 (control cycle)**，參見圖 10.1。控制週期提供許多監督機制與系統，以確保公司和其顧客可獲得質與量皆理想的產出。

> **控制週期** 包含四階段的流程，提供許多監督機制與系統，以確保公司和其顧客可以獲得質與量皆理想的產出。

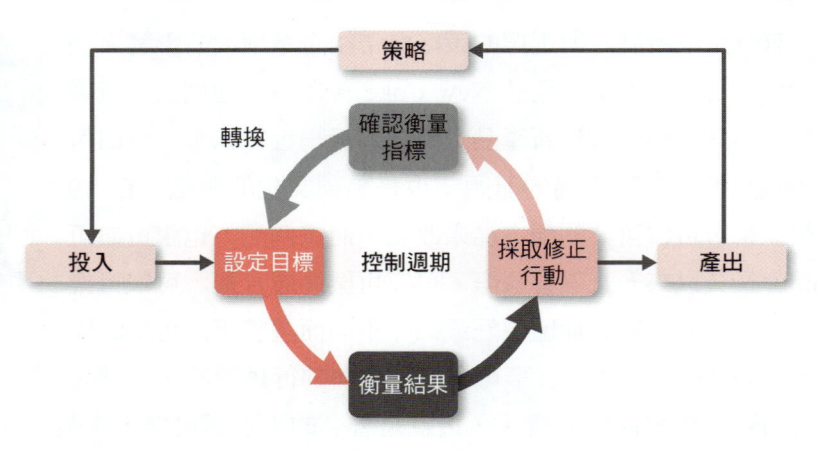

資料來源：Reprinted from Accounting, *Organizations and Society*, Vol. 8, 1983, pp. 153–169. Eric G. Flamholtz, "Accounting, Budgeting, and Control Systems in Their Organizational Context: Theoretical and Empirical Perspectives," with permission from Elsevier.

圖 10.1　控制週期

　　控制週期能將公司策略分解成具體且明確的操作目標，以及訂立出相對應的績效指標。當公司未達成既定的績效指標時，控制週期會進行校正行動以確保策略能持續地進行。本章接下來將詳細地介紹控制週期的各個階段。如同本書各章一樣，管理控制與績效管理並不是達成策略目標的保證，因為沒有一套所有組織皆適用的系統，系統的有效性會因時、因地、因組織文化的不同而有差異。因此，管理者應仔細地思考與觀察以瞭解公司的整體狀況，如此才能找出與設計適合公司的管理工具。當管理者在設計控制系統時，應該思考下列問題：此套控制系統適合公司嗎？能發揮作用嗎？效果如何？

　　底下將以殼牌公司為例，說明殼牌公司如何藉由重新發展策略與控制週期以改善公司績效。

創造新策略：殼牌公司的持續發展

　　長久以來，皇家荷蘭殼牌公司 (Royal Dutch Shell) 一直以優越的財務績效與核心經營理念感到自豪；也由於其獨特的核心經營理念，使得殼牌公司的服務能夠遍及各產業與機構。直到 1990 年代中期，殼牌公司陷入兩次嚴重的爭議，使其形象大受影響。第一次嚴重的爭議發生在 1995 年年初，殼牌公司決定將廢棄的布蘭特史帕爾 (Brent Spar) 儲油槽沉入北大西洋。這項計畫尚未執行前就遭到綠色和平 (Greenpeace) 組織的抗議，且引起國際媒體的關注，隨即演變成群眾抗議，在德國，殼牌公司的加油站就遭到當地民眾破壞。

在布蘭特史帕爾儲油槽事件後，殼牌公司發現自己又陷入另一次社會爭議中。殼牌公司與產油豐沛的奈及利亞政府進行石油開採的合作，當時一名部落酋長，同時也是人權活動與環保人士，因為反對殼牌公司的石油開採行動而被奈及利亞政府拘留，最後遭到處決。之後，殼牌公司仍然持續地擴大投資與開採，因此受到當地民眾與媒體的批評。在經歷這兩次嚴重的爭議事件後，殼牌公司不得不重新思考經營方式、利害關係人，以及策略三者之間的關係。

在決定制定新策略後，殼牌公司針對全世界廣大的利害關係人進行調查，包括 14 個國家的非政府組織 (NGO)、學者、當地的社群領袖，以及政府部門；隨後又針對 10 個國家的 7,500 位民眾、25 個國家的 1,300 位意見領袖、55 個國家的 600 位殼牌公司員工進行意見調查。調查結果顯示，大多數的利害關係人都希望殼牌公司能從「信任我」(trust me) 轉變成「展現我」(show me) 的經營態度，他們期望殼牌公司在達成財務指標的同時，也能達成高環境與社會標準。

1997 年，殼牌公司制定一系列新的策略。殼牌公司設置永續發展部 (Sustainability Development Group, SDG)，負責達成三項可使公司永續經營與發展的活動，包括：(1) 每年製作一份公司的經濟、社會與環境績效之報表；(2) 建構永續發展管理架構 (Sustainable Development Management Framework, SDMF)，包含將推行的永續性活動，以及說明各事業單位要如何執行 SDMF；(3) 訂定關鍵績效指標 (key performance indicator, KPI) 作為監督之用。

在 1998 年的公司年報中提供有關於永續發展的措施，並將相關措施送至股東、非政府組織、學者、政府、員工與社會公益團體等。在這份年報中，公司重新調整永續發展的三大策略構面之內容，包括財務、環境與社會績效；並說明公司在 5 年內要達成的策略目標，以及如何達成這些策略目標的內容。隨著時間的經過，殼牌公司持續地改善績效衡量標準與流程。在 2001 年，公司從世界各地的核心事業部蒐集可靠的績效數據，並請第三方組織進行檢核。公司年報在殼牌公司及其他利害關係人之間扮演訊息傳達與溝通之重要角色。

SDMF 是向各事業部說明與推動公司策略目標的重要工具。公司管理團隊編製一份執行 SDMF 的行動指導方針，並傳送給 SDG 員工作為諮商，以及管理者與策略制定者之間溝通之用。然而，管理團隊知道不可能完全透過高層來推動 SDMF，以及向世界各地 3,500 名管理者介紹 SDMF，因此授權各地的管理者自行調整與執行此架構，讓每一位管理者可根據內部資源來達成策略目標。為增進公司各地區事業部之間的融合，管理團隊鼓勵管理者分享最佳實務。

KPI 是設定任務指標、衡量員工績效，以及驅動持續改進的平台。KPI 著重於公司策略的達成，是由一系列質與量的測量指標所組成，可指引公司內部策略執行的優先順序與適應外部環境，以及平衡短期目標與長期需求。在反覆的檢視後，殼牌公司選定 16 項 KPI，其中有 11 項是全新的衡量指標，除了包含傳統的資本報酬率、股東總報酬率，以及溫室氣體排放量等，還加入公司聲望、社會與環境績效，以及新策略達成度等。

綜上所述，殼牌公司的管理團隊成功地推動一系列的政策，包括達成經濟、環境與社會績效之間的平衡；將達成經濟、環境及社會績

效之間的平衡融入公司策略中；公司全面性地執行策略；建置一個綜合性的績效管理系統以追蹤策略執行進度。

個案討論

1. 為何布蘭特史帕爾儲油槽事件會迫使殼牌公司調整策略？
2. 在調整策略時，殼牌公司考量哪些利害關係人？
3. 殼牌公司如何將調整策略之流程與績效管理相互連結？
4. 殼牌公司如何溝通與監督績效指標的達成？

確認衡量工具

雖然公司的策略都是由管理當局所制定，但基層管理者與員工卻負有將策略轉換成行動之責任。然而不論是實現這些策略或將策略轉換成行動，都不是一件簡單的任務。經營事業就像是一般生活，適當的衡量指標是確保目標達成的重要途徑，因此選擇適當的衡量指標是成功達成目標的關鍵因素。如果衡量指標選擇正確，則績效衡量將有助於策略目標的執行，進而實現這些目標。例如，殼牌公司因正確的選擇 16 項關鍵績效指標，而幫助公司將環境與社會觀點融入策略之中，進而使公司坐穩產業龍頭寶座。

大多數的管理者都相當清楚一句話：「如果不能衡量它，就無法管理它」，以及績效衡量指標所扮演的雙重角色。這些衡量指標不僅幫助管理者評估過去的績效表現，也為公司指引未來的方向。企業經營僅有兩件事情可以有效地觀察、衡量及監督，即 **行為 (behavior)** 與 **產出 (output)**。行為是指個別員工的行動與決策，而產出則是公司所提供的產品及/或服務。產出可從組織不同層級來衡量；以公司層級來說，如蘋果公司所生產的筆記型電腦數量；或以部門層級來說，如 iTunes 部門的軟體更新數量。由於產出是可以計數的，所以通常是由公司某個中央部門直接管控，而行為相當彈性且多變，因此都是由基層的單位或部門來管控。也因此，大多數公司都會分別制定公司層級的衡量指標，以及各部門、各功能或各團隊的衡量指標。有時候公司層級的衡量指標必須轉換成團隊層級的衡量指標；換句話說，團隊有其特定的衡量指標。

在 20 世紀中，大多數的企業都以財務數據來論成敗，包括投資報

行為 個別員工的行動與決策。

產出 公司所提供產品或服務。

酬率與營業收益。在今日，財務指標依舊相當重要，但其他面向的指標也很重要，如品質、創新率、顧客滿意度、員工認同度等。如同上述的殼牌公司案例，管理高層意識到傳統的衡量指標只重視短期績效與成果，對於未來事業的發展恐無幫助。因此，現今有愈來愈多的管理者開始重視非財務性的績效衡量指標 (如滿意度與社會影響力)，以彌補財務指標的不足，並可平衡公司業務之發展。儘管這些非財務性的績效衡量指標有其重要的價值，但要蒐集相關的資料與數據 (如員工態度或研發活動) 並不是一件簡單的事情，因此以往時常被忽視。然而，現今的企業已能根據所制定的策略目標來發展可衡量且有意義的非財務績效指標。當今最熱門的企業績效衡量工具是平衡計分卡，據瞭解，約有 60% 的《財星》1000 大公司使用平衡計分卡來衡量企業績效。

平衡計分卡

平衡計分卡 (balanced scorecard) 是一種能幫助企業將策略轉換成行動的績效衡量工具，主要藉由確認可幫助企業達成策略目標的關鍵性衡量指標，以及連結長期績效目標與短期操作性活動。平衡計分卡不僅可用來衡量公司整體的績效，且可用來衡量各事業單位或各部門的績效。例如，奇異公司旗下有許多事業部，從飛機引擎到健康照護等，不同的事業單位有不同的策略目標。如果奇異公司選擇採用平衡計分卡，就必須針對每一個事業單位發展特定的計分卡。相反地，規模較小的公司可能就只有一個策略目標，因此只需要一套平衡計分卡。

平衡計分卡主要是採用四個不同的觀點與取向來連結公司整體目標與個別員工每日的工作，包括財務、顧客、事業流程，以及學習與成長，參見圖 10.2。平衡計分卡的最大優點是，可幫助公司於內部溝通與傳播策略目標。在平衡計分卡中，公司的遠景扮演一個非常重要的角色，因為遠景引導出公司整體的策略方向，以及勾勒出公司競爭的範疇。

➥ 財務觀點

平衡計分卡的財務觀點 (financial perspective) 是找出對於達成策略目標的重要財務衡量指標。在 20 世紀財務衡量指標是重要的績效控制與衡量指標，其影響力也延續至 21 世紀。傳統的財務衡量指標包括銷貨成本、營業支出、存貨、應收帳款、股東權益報酬率、資產報酬率

平衡計分卡 一種能幫助企業將策略轉換成行動的績效衡量工具，主要是藉由確認可幫助企業達成策略目標的關鍵性衡量指標，以及連結長期績效目標與短期操作性活動。它採用四個觀點：財務、顧客、事業流程，以及學習與成長。

財務觀點 找出對於達成策略目標的重要財務衡量指標。

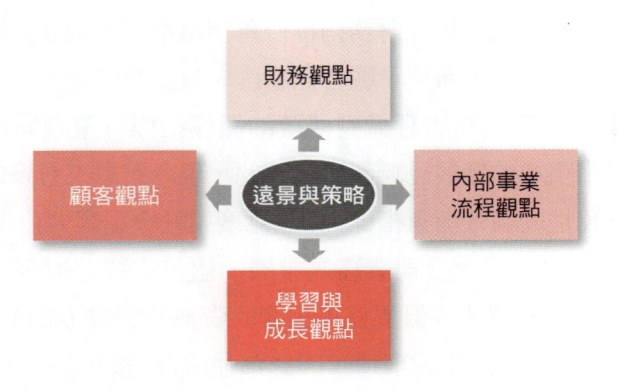

資料來源：Adapted from Robert S. Kaplan and David P. Norton, "Linking the Balanced Scorecard to Strategy," *California Management Review*, Vol. 39, No. 1, Fall 1996, p. 54.

圖 10.2　平衡計分卡的四大觀點

等。

另外，實務界也不斷地發展出新的財務衡量指標以彌補傳統財務衡量指標的不足，包括**作業基礎成本法 (activity-based costing, ABC)** 能幫助企業更精確地計算出發展一項新產品的成本。ABC 是一個會計系統，用以評估生產或推出一項產品或服務的成本，主要是藉由計算發展一項產品或服務的一系列相關活動之成本，並提出如何極小化每項活動的成本之計畫，以提高整體的生產績效。

財務衡量指標應該對應企業或事業單位的生命週期，包括**成長期 (growth stage)**、**維持期 (sustain stage)**，及**收成期 (harvest stage)**，參見圖 10.3。生命週期的概念除可應用於整體公司，也可用至個別產品上，因此公司內部可能會同時有幾項產品處於成長期、有幾項處於維持期，有幾項則處於收成期。

> **作業基礎成本法**　是一個會計系統用以評估生產或推出一項產品或服務的成本。
>
> **成長期**　此階段之目標是高投資活動的生命週期之開始。
>
> **維持期**　此階段在企業的生命週期中，公司正在投資和提取資金，試圖最大限度地發揮其投資報酬率。
>
> **收成期**　事業生命週期的最終階段，公司試圖在事業活動中盡可能地獲利。

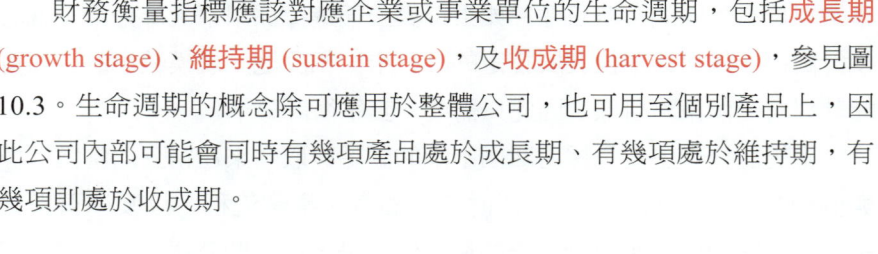

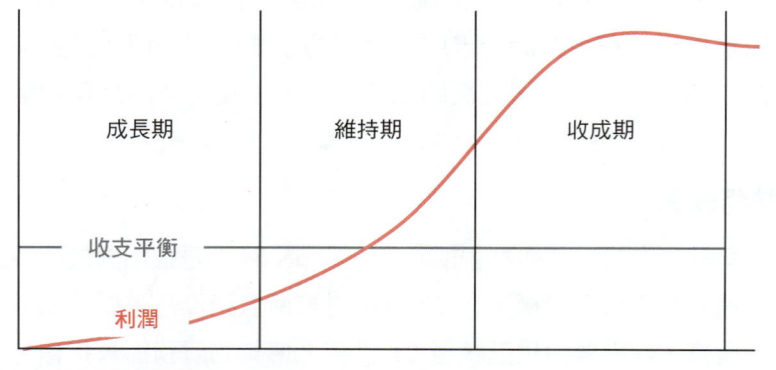

圖 10.3　事業單位的生命週期

當公司導入一項新產品或服務於現有的市場中，或將現有產品或服務導入一個新的目標市場時，或公司處於快速成長期時，此時公司的投資量相當大且目標是吸引新顧客。因此，此階段的關鍵衡量指標應以市場占有率為主。在維持期時，公司應致力於極大化資產投資報酬率。此外，傳統的財務衡量指標，例如，資本報酬率、營業收入、邊際收益等皆適合用於此時期。在收成期時，產品或服務已處於成熟階段，投資逐漸降低，成長日漸趨緩，此時獲利性的衡量指標格外重要。

顧客觀點

平衡計分卡的顧客觀點 (customer perspective) 是以與公司財務績效有關的顧客衡量指標為主，如市場占有率與顧客留住率等。平衡計分卡的顧客觀點可以幫助管理者確認重要的顧客，以及衡量公司在滿足與超越顧客需求上的表現。若要使平衡計分卡發揮其價值，就必須將顧客測量指標及財務表現與策略目標連結起來。表 10.1 列出一些常見且重要的顧客衡量指標。

> **顧客觀點** 是以與公司財務績效有關的顧客衡量指標為主，如市場占有率與顧客留住率等。

顧客價值主張 (value proposition) 超越在一般的顧客衡量指標之上，其為表 10.1 中每項顧客衡量指標的關鍵驅動因素。顧客價值主張

> **價值主張** 包含所有能提高顧客價值的質與量之面向。

表 10.1 顧客衡量指標

市場占有率	公司在目標市場的市場占有率。當目標顧客的市場占有率下降，而非目標顧客的市場占有率提高時，表示公司沒有達成策略目標。
顧客占有率	目標顧客購買公司產品的支出占其荷包的比率。顧客購買可以滿足其需求的所有產品。一些公司發現，顧客購買公司的產品之支出與購買其他公司產品之支出的比率是一個很重要的指標。
顧客留住率	留住現有顧客是維持或提高市場占有率的一個簡單途徑。有些公司會以現有顧客所創造的業績來衡量顧客忠誠度。
新顧客的取得	新顧客的取得可用兩種方式來衡量，包括新顧客的數量，以及新顧客所帶來的總銷貨收益。
顧客滿意度	顧客滿意度是一個非常重要的績效衡量指標，也是一個定性與主觀的指標，通常是利用回饋調查來獲取相關的資料。近期有研究指出，顧客只會持續購買他們認為極滿意的產品或服務。
顧客獲利率	雖然擁有滿意與快樂的顧客對公司而言很重要，但擁有能為公司帶來收益的顧客也很重要。在評估剛網羅的新顧客時，可能會因為高網羅成本而無法立即獲利，因此公司在決定是否要網羅一組新顧客時，需要從長期的獲利角度來評估。

包含所有能提高顧客價值的質或量之面向。不同產業與目標市場有其不同的價值構面，需要公司自行發掘這些重要的價值構面。

➥ 內部事業流程觀點

平衡計分卡的內部**事業流程觀點 (business process perspective)** 著重於如何操作或處理工作或任務的內部活動。內部流程之所以重要是因為它們涉及將公司的產品或服務傳遞給顧客的日常營運活動。先前曾提及財務指標與顧客價值的重要性，但如果缺乏有效的運作流程是不可能達成財務與顧客基礎的衡量指標。管理者可藉由平衡計分卡的內部流程觀點，找出對於達成策略目標的內部關鍵流程。

雖然改善與提升現有流程的效率非常重要，但平衡計分卡也能突顯出對公司而言最重要的流程，並提供創造新流程的機會，這對於公司需要改變策略或開發新顧客時特別重要。創新是發展新產品與服務以滿足現有顧客需求的重要活動。由於平衡計分卡能夠幫助公司辨識達成策略目標的重要與次要流程，因此可以讓公司在不犧牲現有顧客的需求下透過創新來開發新的顧客。

➥ 學習與成長觀點

學習與成長觀點 (learning and growth perspective) 的功用在於幫助公司確認執行事業流程、與顧客互動，以及達成長期績效成長的技術與基礎建設；同時也幫助辨識出公司在能力或資源上的缺口。員工的成長攸關公司的創新能量與長期生存，而促進員工成長的最佳方法是塑造一個能夠容忍失敗與承擔風險的環境。

學習與成長觀點導源於員工績效評估、資訊系統，以及員工動機。管理者通常會藉由衡量員工的滿意度、生產力與留職率來瞭解員工的工作狀況。資訊系統主要藉由提供員工的工作效率與創新性的相關訊息，以促進員工的學習與成長。學習與成長觀點非常強調有利於員工學習的環境之營造，因此管理者必須花時間不斷地反思與分析，以及應用腦力激盪、問題解決、實際執行任務等方式來訓練員工。

使用平衡計分卡的主要優勢之一，在於可幫助管理者建立一組**因果相關 (cause-effect relationship)** 的質與量績效指標，因此能夠幫助公司發掘並廢除阻礙策略達成的流程與活動，以及瞭解能幫助策略達成的重要流程與活動。換言之，平衡計分卡可以幫助公司專注於能創造競爭優勢的關鍵活動與流程上，以及廢除無法達成策略目標與遠景的多餘活動。

事業流程觀點 著重於改進公司的產品或服務傳遞給顧客的日常營運活動之衡量。

學習與成長觀點 幫助公司確認執行事業流程、與顧客互動，及達成長期績效成長的技術與基礎建設；同時也幫助辨識出公司在能力或資源上的缺口。

因果相關 一組質與量相輔相成的衡量指標。

此外，因果關係的確認可以幫助公司建立所謂的策略地圖，讓公司能夠有效地連結日常營運活動與績效指標之間的關係。

「如果－則」的句型 (if-then statement) 是說明因－果 (cause-effect) 關係最簡單且有效的方式，因此公司可以用此句型來說明從底層 (學習與成長觀點) 到高層 (財務觀點) 測量指標之間的連結關係。底下是採用「如果－則」的句型說明並分析銷售訓練與提升公司收益之間的關係：

如果我們提供員工有關產品的訓練，則員工就能對他們所銷售的產品有更深入的瞭解。

如果員工對於產品能有更深入的瞭解，則他們的銷售成果就可提升。

如果員工的銷售成果能夠提升，則他們所銷售產品的平均利潤就可提高。

> 如果－則的句型　說明因-果 (cause-effect) 關係最簡單且有效的方式。

Amanco 公司與平衡計分卡

水是世界上最豐沛的資源之一，儘管水資源相當豐沛，但仍不夠全世界使用。2005 年，全球有 11 億人口缺乏足夠的飲用水，有 26 億人口缺乏乾淨的飲用水。水不僅會影響人類的健康，也會影響長期的經濟發展與環境永續性。由於水資源的重要性，因此造就每年有數十億產值的水服務產業，而來自拉丁美洲的 Amanco 就是水服務產業的領導公司之一。

Amanco 是南美洲水管與相關配件的主要生產公司，公司的主要業務是幫助客戶管理與架設完整的水循環系統，從抽取與配送到蒐集與廢水處理。雖然 Amanco 在市場上已擁有相當高的市場占有率，且經營觸角延伸至全世界，但公司仍舊持續地改善營運流程以維持競爭力。Amanco 不斷地開發新的材料，但面臨持續增加的生產成本，以及當地公司所生產的替代性產品，仍然讓 Amanco 備感壓力。儘管如此，Amanco 依然堅持成為一家重視社會責任的公司，一家在創造經濟價值的同時也關注生態環境的公司。因此，Amanco 推行一個「三底線」(triple bottom line) 策略以實現下列目標：

1. 創造長期性的經濟成長。
2. 建構社會責任系統以創造社會價值。
3. 保護生態環境以創造環境價值。

為了達成上述的目標，Amanco 採用平衡計分卡，並根據公司整體遠景調整調整平衡計分卡。這套平衡計分卡除了傳統的四大觀點外包括財務、顧客、事業流程、學習觀點，還加入第五個觀點，即環境與社會觀點。

在財務觀點中，Amanco 的目標是創造經濟價值與穩定的收益，公司主要透過提升每年的銷售量與降低營運成本來達成財務目標。在顧客觀點中，Amanco 主要著重在顧客滿意度與產品創新上。在事業流程觀點中，Amanco 關注四個面向，包括品牌管理、顧客管理、產品創新，以及財務管理。Amanco 根據財務、顧客與流程觀點發展出多樣化的衡量指標，以檢測行銷部門與顧客之間的溝通品質、確保產品品質、改善研發部門的創造力，以及提升零組件購買的效率等。至於平衡計分卡的第四個觀點——學習與成長，Amanco 則將重心放在領導發展、管理者的規劃能力、不同專業背景員工之間的合作等。

Amanco 所提出的環境與社會觀點涵蓋範圍相當廣泛，包括員工、當地社區，以及公司所在產業等。Amanco 會針對公司員工進行滿意度調查、補貼員工因受傷而無法工作的薪資，以及設定僱用女性員工的最低比例。在環境保護方面，Amanco 會測量在生產每單位產品的投入與產出所產生的廢棄物。最後，在社區方面，Amanco 則針對有使用其產品的社區降低水的使用量，以及提高社區居民的所得。

在實施新策略後的前 3 年，Amanco 在各項表現上都非常優異且成功，包括年營收、淨資產收益，以及環境保護等。雖然 Amanco 為實現環境與社會目標而大量支出，但公司在這 3 年的財務表現卻增加 44%。

連結遠景、策略與衡量指標

連結財務與非財務衡量指標是平衡計分卡的特色之一，但平衡計分卡最主要的優勢則在於確認兩種類別的衡量指標，**產出 (outcome)** 與**驅動 (driver)**。產出指標是檢視現階段的成果，而驅動指標則是預測未來的成果。產出指標是現今企業廣為使用的衡量指標，包括營收、市場占有率、顧客滿意度、顧客留住率，以及員工技能等。驅動指標會隨著公司策略不同而有所差異，是預測公司未來成功與否的關鍵指標。例如，Amanco 在確認環境與社會指標後，使得公司邁向成功。產出與驅動指標皆相當重要，重視產出而忽略驅動，可能會導致困惑與浪費；重視驅動而忽略產出，則可能會導致策略與行動不一致。

雖然定性的衡量指標非常重要且有價值，但定性指標應該要與財務指標相互連結。管理者時常會過度重視定性的衡量指標，而忽略連結財務數據與定性指標的重要性。管理者可能會因為推動一些管理方案而模糊焦點，如全面品質管理、降低生產週期、流程再造、賦權等。雖然這些方案可以滿足顧客需要與改善經濟績效，但管理者必須關注有形的成果與數據，將這些管理方案的成果與財務數據連結在一起，以維持公司的營運。

產出 檢視過去的成功平衡計分卡的衡量指標。

驅動 預測未來的平衡計分卡的成果的衡量指標。

實施平衡計分卡

現今企業多已採用衡量指標來監督營運狀況，而這些衡量指標少則數十項，多則上百項。擁有 25 項至 30 項衡量指標的平衡計分卡並非用來取代這些衡量指標，而是要彌補這些衡量指標的不足。平衡計分卡可幫助管理者確認達成策略目標的新流程、設定策略的優先順序，以及將各種方案整合到管理流程與策略架構中。

公司在實行平衡計分卡時需要有一定程度的改變，因為每家公司都有其特定的歷史、文化、使命、遠景與策略，所以每家公司的員工都會以不同角度來看待平衡計分卡，也因此對某家公司來說，平衡計分卡的某項觀點可能比其他觀點更為重要。例如，對重視創新與新產品導入的公司來說，可能會格外重視平衡計分卡的學習與成長觀點；而對於處在競爭者眾多或高度競爭產業的公司來說，則會非常強調流程觀點以提高生產效率。

不同於制式化流程，實行平衡計分卡並沒有一套標準的方法，但有一個值得注意的前提，就是在實行平衡計分卡之前應該先確認公司的策略方向。此外，對於各事業單位都有一套平衡計分卡的公司來說，建構一套公司整體的平衡計分卡將有助於引導各事業單位的平衡計分卡之設定。

設定績效目標

公司藉由平衡計分卡或其他系統確定關鍵的衡量指標之後，下一個步驟就是要針對每項衡量指標設定績效目標 (performance target)。設定目標並衡量績效的過程本身就具有激勵效果，尤其是當目標非常有意義且符合公司策略時。公司應如何設定績效目標，其中一種途徑是比較公司績效與產業中績效最好的公司。

標竿管理

標竿管理 (benchmarking) 的概念可以擴大管理者檢視外部公司 (尤其是競爭者) 的視野，進而設定公司的目標。標竿管理是一個蒐集產業中績效最佳公司的資料與數據，並使用這些資訊作為公司目標或指導方針之流程。標竿管理的主要目的是比較公司某些指標與其他公司的差

> **標竿管理** 蒐集產業中績效最佳公司的資料與數據，並使用這些資訊作為公司目標或指導方針之流程。

距,但它也能增進產業發展。因為標竿管理可以發掘與呈現產業中的最佳實務,促使產業中的公司可以藉由分析、採用及執行這些最佳實務,而提高整體產業的競爭力。

　　標竿管理也可以提高個別公司的利益。標竿管理可以使管理者從一個較公正的角度來檢視公司內部的運作狀況,發掘其他公司已經發生過且已解決的問題,以及提供客觀數據作為管理者改善之用。正確的標竿管理之流程包括:

- 確認需要改善的流程。
- 選擇衡量指標與蒐集資料。
- 針對每項流程找尋產業中表現最佳的公司。
- 制定改進計畫。

　　如果一家公司能夠縝密地執行標竿管理方案,將能使成員致力於改善自身的工作績效,期望能超越競爭者。公司在執行標竿管理最大的困難點在於尋找適合的標竿公司,因為鮮少有公司會定期蒐集與分享資料,使得找尋適合的標竿公司變得相當困難。無論如何,對於公司營運來說,從外部尋找最佳實務是非常重要的管道。雖然執行縝密的標竿管理方案有其困難度,但公司可以在相關的管理系統中應用標竿管理的概念,也能有效地提高公司的營運成效。

預算管理

> **預算流程** 分配財務資源與衡量公司預期定量與定性結果之流程。

　　預算流程 (budgeting process) 能夠幫助公司將所有的活動整合成一份簡易的表單,因此其在 20 世紀中是一個非常重要的控制機制。預算管理可用於公司層級、事業單位或功能部門。一般的預算管理包含各單位的營收與成本規劃,以及公司整體的資源分配 (如人力資源、資本設備,以及研發經費等)。此外,預算管理還可用來衡量特定單位或部門的績效,例如,實際收益與成本支出之間的差距,如果單位的表現不如預期,必須提出無法達成預期績效的理由,以及概述改善計畫。

　　預算流程的另一項功用在於提供每年財務衡量指標,使管理者可以瞭解目標的達成狀況。雖然近期有研究指出,預算管理已經過時且可能會影響公司的運作,但它依舊是設定短期目標、分配資源,以及檢視績效的主要管理系統。由於預算管理早已成為公司的制度之一,因此管理者若要採用其他績效衡量系統或工具,如平衡計分卡,則必須將新系統

與既有的預算管理相互結合。例如，公司若有意結合平衡計分卡與預算管理，則須將策略轉換成平衡計分卡的各項衡量指標，並設定每項衡量指標的目標，隨後使用預算管理將資源分配至各單位或專案以推動策略的執行。

監督與衡量績效

一旦衡量指標與目標設定之後，接下來就是監督活動的執行與評估績效。**衡量** (measurement) 主要在評估行為與產出，以瞭解是否符合標準程序與目標是否達成之流程。

> **衡量** 評估行為與產出，以瞭解是否符合標準程序與目標是否達成之流程。

衡量可以多種形式進行，包括較複雜的電腦程式與資料庫，以及較簡單的 Excel 工作表。開卷式管理 (open-book management) 是一種新型態的績效衡量取向，管理者將公司的財務數據分享給所有員工，讓員工可以獲得準確的資訊來改善個人的績效，並隨時更新個人的績效數據，以確保公司能夠取得即時與正確的績效資料。

另一種常見的績效監督與衡量方式是，召開每月或每季的預算或規劃檢視會議，將實際的執行結果與預期的成果、預算與計畫進行比較，這種會議能夠幫助公司追蹤各專案是否朝著預期的目標進行。最後，管理者要能夠解釋績效變動的原因，並提出解決計畫。底下會依序介紹適用於規模較大的公司與流程的績效管理系統，如全面品質管理與六個標準差。

全面品質管理

以滿足顧客需求為最終目標的全面品質管理 (total quality management, TQM)，長久以來一直受到世界各地企業的關注與歡迎。在許多產業中，高品質是企業維持長期生存與成功的重要因素，因為高品質可以減少錯誤的發生，進而減少重新製作的時間與成本。高品質除了可以提升顧客滿意度 (進而創造更大的市場占有率、更高的顧客留住率、更忠誠的顧客，以及提高顧客願意支付價格等) 外，還可幫助公司進入新市場與獲取新顧客。例如，蘋果一開始是以生產桌上型電腦為主，而由於產品品質佳且顧客使用後滿意度高，進而幫助公司成功地跨足筆記型電腦、音樂播放器，以及手機市場等。

TQM 主要是藉由下述四大原則來滿足顧客需求，包括以顧客為尊、重視流程、強調團隊合作和參與，以及持續改善。TQM 使用的正式衡量工具包括抽樣、統計分析、標竿管理、趨勢圖等。回顧上述的平衡計分卡可以發現，平衡計分卡所強調的學習與成長觀點、事業流程觀點，以及顧客觀點等皆與 TQM 的觀念不謀而合。

> **總週期時間** 是指一項產品或服務從研發到傳遞給顧客的時間。

TQM 另一個重要的衡量指標是總週期時間 (total cycle time)，是指一項產品或服務從研發到傳遞給顧客的時間，可以下列三種途徑來降低總週期時間。首先，公司可採用流程圖、因果圖及統計工具來瞭解流程的不足之處並加以改善，從而降低週期時間與改善品質。第二，降低週期時間也就是減少從生產到傳遞產品或服務給顧客的步驟，如此將可減少延遲問題與犯錯的次數。第三，總週期時間縮短將使人力成本與存貨降低，以及減少重新製作的次數。

持續改善是 TQM 的重要觀點，意指持續地關注與檢視流程以找尋最佳實務，需仰賴員工積極投入於實驗與問題解決；在實驗過程中主要是以團隊為主來設計與執行一系列的小型實驗，以提高流程效率。此外，持續改善亦強調採用科學方法的「計畫 (plan)、執行 (do)、檢視 (check)、行動 (act)」來診斷問題，員工根據實際資料而非假想來制定改善的決策。隨著以團隊運作的方式來減少浪費、改善週期時間，以及提高資源運用效率，從而提升全面品質。

六個標準差

六個標準差 (Six Sigma) 是在 1980 年代由摩托羅拉所發展出來的品質管理系統，目的是要減少製造流程的不良品。現今有愈來愈多的公司採用六個標準差，以降低營運成本與提高競爭優勢。六個標準差是一種用來改善週期時間、降低成本，以及減少浪費的定量績效管理方法，主要目標是要達到每 100 萬件產品只能有 3.4 件不良品 (平均數正負六個標準差間)。

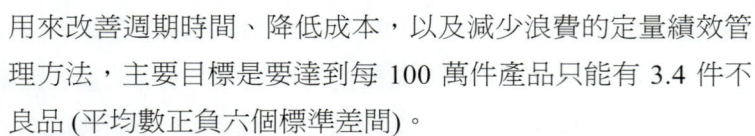

在實務上，六個標準差是採用 DMAIC 原則，分別是定義 (define)、衡量 (measure)、分析 (analyze)、改進 (improve)、控制 (control)，意指準確地定義問題、詳細地確認流程、分析流程以分析根本的問題、提出解決分案以改善流程，最後藉由持續地衡量以確保問題不再發生。公司要將員工訓練成「黑帶」(black belt) 負責指定期間內將 DMAIC

應用至特定的專案中。在確認與衡量流程的主要問題後，黑帶員工要不斷地詢問：「為什麼會這樣？」直到找出根本原因為止。

六個標準差自推行以來，已慢慢轉變成高品質與低成本的代名詞。雖然六個標準差起源自生產製造，但後來將其概念應用至對「瑕疵」認知較為主觀的領域或部門中，例如，人力資源、顧客服務、研發部門等。近年來，有三分之二的《財星》500 大企業曾採用六個標準差，然而並不是所有的公司都適合使用。六個標準差的基本假設是，現有的產品設計與流程基本上是完整的，只需要進行些微的調整與修改即可。換言之，六個標準差是在現有的流程或架構中解決問題，而不是挑戰架構與創造新的流程。因此，六個標準差最適合應用在產品與流程具有大量標準化特性的製造部門中。

ISO 9000

ISO 9000 是近年來相當受歡迎的品質檢驗制度，是一項強調以高品質流程來提高產品品質的國際性控制機制。ISO 9000 與 TQM 及六個標準差的最大不同在於，ISO 9000 強調的是生產流程之改善，而 TQM 與六個標準差則是著重在產品本身的改善。換言之，ISO 9000 不是針對最終產品提出改善計畫，而是要求公司記錄與衡量會影響最終產品品質的生產流程。公司必須符合 ISO 的品質標準後才能獲得 ISO 9000 的品質認證，也才能與其他獲得 ISO 認證的公司合作及業務往來。然而，許多人批評 ISO 的認證費用過高，且容易使公司從重視品質變成重視品質認證。ISO 9000 除認證過程複雜之外，還會讓公司花費相當多的時間與金錢於培訓、諮詢，以及認證等。

領導發展之旅

六個標準差是領導者用來持續改善品質與降低成本的方法之一。請你思考一下現有或過去需要改善的工作，並應用六個標準差來發展改善計畫：

1. 撰寫一份工作說明書。
2. 列出一張與工作有關之任務的流程圖。
3. 分析流程圖以確認工作的根本問題。
4. 根據你的分析，發展改善工作績效的解決方案。
5. 思考一下你要如何控制、監督與衡量自己的工作績效以求改進。

修正行動

公司在確認衡量指標、設定目標,以及監督結果後,下一個步驟就是修正行動,其為管理控制系統中最重要的環節。雖然有許多公司會花費時間與應用資源而取得相關的資料,但卻時常未能謹慎地分析資料以改善績效。其中一個原因是,一些資深管理者習慣用自身的評斷來分析問題,並認為正式的控制系統太過於簡要,而無法作為制定複雜決策之用。然而,管理者還是應該根據從正式或非正式控制系統所得到的資料來進行相關決策。

人們會從成功與失敗中學習並獲得經驗,企業也是如此。管理者應該不斷地從各個面向進行檢視,評估過去的成功與失敗,並邀請員工參與共同討論公司因失敗所獲得的教訓,如此管理者即可幫助員工參與學習流程並改善問題。當公司的訊息可以更透明與更流通,不但可找出更適當的衡量指標,也可以設立更多非正式化的標準,還可以作為改善監督方法之依據。

此外,在瞭解失敗原因之後,應該將錯誤視為可幫助公司成長的錯誤,因為失敗中所得到的教訓往往會比從成功所學習到的更多且更重要。在這樣的公司,員工能夠持續地提升自身的能力以創造更佳的工作績效,且員工也能學習到如何共同學習。如果公司能善於創造、取得及移轉從失敗中所獲得的知識與經驗,將可持續地改善並提升流程、產品與服務品質,以及效率。

領導者可用下列兩種途徑來進行修正行動。首先,領導者可以透過修正行動來證明策略的有效性。此外,控制週期能幫助領導者評估公司在回應外部環境改變的狀況。領導者可採用年度的策略檢視,以強化某些策略或執行變革計畫。再者,領導者也可使用衡量指標與修正行動以確保員工投入正確的行動,並且達成公司既定的目標。

檢驗策略

本書不斷地強調,公司必須持續調整以因應外部環境的改變,以及根據外部環境的新機會與威脅來調整內部的管理控制系統。在控制週期中包含一個可幫助公司回應外部環境的機制,稱作**策略控制** (strategic control)。策略控制是一個根據外部環境的改變來修正與再確認策略之

策略控制 根據外部環境的改變來修正與再確認策略之流程。

流程。策略控制可用來強化策略規劃，因為策略控制會持續地詢問現行的策略是最佳的嗎？是否能因應公司必要的變革？

由於環境改變可能是突現的或漸進的，因此公司應該針對可能的改變準備兩套因應措施。首先，公司每年必須針對策略進行檢視，將實際執行結果與預期目標進行比較，並評估市場的機會、威脅及趨勢。其次，公司應該持續地蒐集與分析相關的環境資料，並將蒐集資料視為例行性流程用以即時執行變革活動。第一種措施適用於緩慢改變或穩定的市場，管理者可在比較實際結果與預期目標之間的差距後回答下述問題：「我們有達成策略目標嗎？」第二種措施則適用於改變快速與突發狀況較多的市場，管理者可以藉由辨識新機會與威脅來回答下述問題：「我們所執行的策略是最佳的嗎？」

校準員工

在執行策略與控制週期過程中，定時提供員工必要的回饋可以幫助員工修正、維持或改善工作績效。回饋能改善與提高員工的工作績效，因為回饋可以讓員工知道公司對他們的期望。如同第 9 章所述，如果員工維持或超越預期的目標或績效時，管理者應該給員工加薪或安排更具挑戰性的任務，以提升或增加員工的技能；當員工表現不如預期時，一般管理者會給予懲罰，像是警告、試用、解僱等。然而，明智的管理者可以利用問題解決方法來激發員工的潛力，亦即管理者與員工共同討論工作內容，找出造成績效不佳的原因，並為員工重新安排工作任務，或將員工調至更適合的工作崗位。總而言之，要達成策略目標取決於管理者校準 (aligning) 員工投入工作與促進團隊合作之能力。

公司若想要達成某特定策略目標，則必須塑造一個以執行與支持為主的組織情境，如圖 10.4 所示。管理者若欲創造高績效的組織情境，則必須同時強調績效指標與社會互動；相反地，公司若僅重視績效而忽略社會支持與互動，則會產生耗竭的組織情境 (burnout context)。在耗竭的組織情境中，雖然較容易達成短期的成功，但也容易造成高流動率與低迷的工作士氣。此外，公司若太過於強調社會支持與互動而忽視績效成果，則容易產生所謂的鄉村俱樂部 (country club) 之組織情境。若公司不強調績效，則員工會變得較關心社會互動與人際關係，而較不關心工作績效；久而久之，員工容易自滿而不管外在環境的變化。如果公司不重視績效也不重視社會支持，則可能無法永續經營。

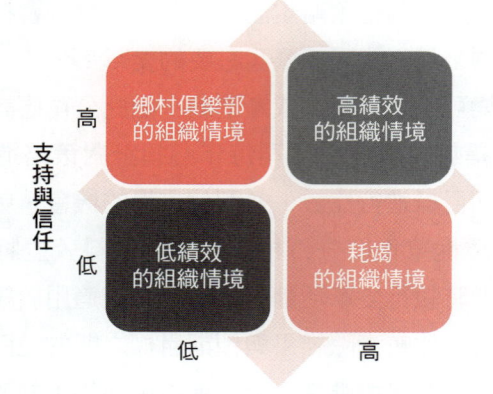

資料來源：Adapted from Julian Birkinshaw and Cristina Gibson, "Building Ambidexterity Into an Organization," *Sloan Manage-ment Review,* Vol. 45, No. 4, Summer 2004, p. 51.

圖 10.4　平衡績效與支持

問題與討論

1. 請說明控制週期四階段，以及如何將控制週期應用於公司的績效評估之中。
2. 請說明何謂平衡計分卡與評估項目，以及如何將平衡計分卡應用於績效管理系統中。
3. 請討論企業如何監督與評估績效。
4. 請討論管理者應如何利用修正行動以改善企業績效。

Chapter 11 組織變革

學習目標

1. 說明組織在進行變革時會經歷的流程與活動。
2. 說明驅動組織變革的內部與外部因素。
3. 列出不同組織變革的取向,包括前瞻式與回應式、計畫式與有機式,以及漸進式與劇烈式。
4. 說明組織變革流程與構成要素。
5. 說明組織與領導者如何處理變革中的抗拒和阻礙。

裕隆汽車 ➢➢ 台灣組織變革的典範

裕隆汽車於 2013 年 5 月 4 日歡度創立 60 週年。翻開裕隆的發展史可知,公司歷經數次的組織變革,才能成功地奔馳一甲子。在 1980 年代,裕隆面臨前所未有一連串的經營危機。首先,裕隆因祕密開發自有品牌「飛羚」,而與日本合資夥伴關係陷入緊張狀態。此外,政府對外調降汽車進口關稅,開放國內汽車市場,加上裕隆當時所推出的新車銷售狀況不佳,使得市場占有率節節下滑。於是,在嚴凱泰的領軍下,裕隆展開第一次的組織變革。

在 1993 年至 1995 年,裕隆進行第一階段的組織變革,此階段的策略重點主要是以品質、效率與成本為主,並採取突破式變革。裕隆為一改國產汽車品質不佳的市場觀感,決定放棄自有品牌,改掛日產 (Nissan) 品牌,並在 1995 年實施「廠辦合一」與「流程再造」,以提高生產效率和改善溝通不良的問題。

在 1996 年至 1998 年,裕隆進行第二階段的組織變革,此階段的策略重點為成本領導與差異化,並採取連續式變革。裕隆延續第一階段的變革成果,持續地改善生產流程以提升品質與降低生產成本。此外,裕隆推出一系列差異化服務策略,例如移動式服務,在各大遊樂景點周邊設立臨時保修廠。

在 1999 年至 2003 年,裕隆進行第三階段的組織變革。此階段的策略重點為建構完整的產品線、國際化,以及發展汽車相關事業。在國際化方面,裕隆與中國東風企業合資設立風神汽車公司以進攻大陸與東南亞市場。此外,裕隆另設立多個汽車周邊事業部,包括旅遊、租賃、保險、融資等。

2003 年至今,裕隆進行第四階段的組織變革,將裕隆汽車分割成裕隆與裕隆日產兩家公司,以發展自有品牌。裕隆延續第三階段的組織變革成果,藉由汽車相關事業的成立,企圖轉型為製造服務業。

裕隆企業在歷經多次的組織變革後,不斷地蛻變與轉型,才能造就今日不凡的成績。

資料來源:
1. 裕隆汽車官方網站 (http://www.yulon-motor.com.tw)。
2. 彭杏珠,裕隆汽車一雪九年之恥,《商業周刊》,525 期,2003 年 11 月 28 日。
3. 吳婉瑜,裕隆團隊三次跌跤後再站起,《天下雜誌》,432 期,2009 年 10 月。

自我省思

你是一個變革者嗎？

變革者視變革為轉機。你認為自己是一位變革者嗎？請以 1 至 5 的評分回答下列問題，以評估你是否具有推動變革的能力。

1＝從不　2＝很少　3＝有時　4＝通常　5＝總是

1. 我擅長將不同來源的知識整合起來以進行變革。　　＿＿＿＿
2. 我在新的環境中能夠彈性應對。　　＿＿＿＿
3. 在變革過程中，我能夠讓大家達成共識。　　＿＿＿＿
4. 為了學習與進步，我願意承擔風險。　　＿＿＿＿
5. 我知道如何處理變革中情感方面的問題。　　＿＿＿＿
6. 在變革過程中，我會善用自己的優點。　　＿＿＿＿
7. 在變革過程中，我會努力創造正面的能量。　　＿＿＿＿
8. 在變革過程中，我會專注於所欲達成的目標。　　＿＿＿＿
9. 變革能夠激勵我。　　＿＿＿＿
10. 在面臨變革時，我會先發展行動計畫。　　＿＿＿＿
11. 我能夠忍受模稜兩可，且能夠在不確定性的情境下工作。　　＿＿＿＿
12. 我能夠說服他人支持變革。　　＿＿＿＿
13. 在變革的過程中我會不斷地反省，並將之視為一種學習。　　＿＿＿＿
14. 我知道如何操控變革過程中的政治活動。　　＿＿＿＿
15. 我會以長遠的角度來思考問題的解決方法。　　＿＿＿＿

從所得到的分數來看，你是一位變革者嗎？哪些方面表現較好？哪些方面需要加強？

緒論

今日，全球網絡交錯、國際市場開放與現代化，以及科技創新快速等，使得世界不斷改變。這些現象已經存在許久，正如同我們常聽到的一句話：我們身處在一個改變與混亂的時代。然而，全球市場改變的速度並沒有減緩，反而持續加快，因此企業若想持續生存與競爭，就必須發展出適應、創新、轉換的能力。步調緩慢的階級管理制度必定會被具有效調適、演化、反應快速的管理制度所取代。企業領導者應謹慎地觀

察與瞭解改變中的環境因素和內部組織能力，如此才能追求更大的市場占有率、更高的收益，以及更低的成本。

在研習本書後將對組織有更深層的瞭解，包括組織是如何運作與如何被影響。因此，本書介紹並討論企業的經營環境、事業與公司層級的策略，以及在快速變動的全球市場中企業維持競爭優勢的途徑。此外，本書也介紹並探討組織結構、文化，以及績效管理系統對企業績效的影響。為維持生存與環境的連結，企業必須不斷地改變與演化。不幸的是，對個人來說改變很難，對企業也是如此。因此，管理者必須對變革管理流程有所瞭解。企業若缺乏變革能力，即使是知名的企業或品牌也可能走向衰敗；從 1990 年、2001 年及 2012 年全球最佳品牌的排名就可以知道變革的重要性，參見表 11.1。

歷經 20 年，可口可樂依舊保持全球最佳品牌的龍頭寶座。儘管消費者的口味有所改變 (特別是功能性飲料與各式各樣飲用水的流行和需求)，但可口可樂卻能獲得消費者的社會認同，而確保其產品在市場的高需求度。反觀其他企業的表現則恰好相反。例如，2012 年，Sony 從全球最佳品牌的前 10 名跌至第 40 名，雀巢則跌至第 57 名。此外，1990 年排名第四的柯達，在近 20 年來從未出現在前 100 名的名單中，因為柯達無法趕上數位攝影技術改變的速度，因而使公司快速失去競爭力。

無論是企業、非營利組織或球隊都必須適時執行變革，如此才能有

表 11.1　1990 年、2001 年、2012 年全球最佳品牌

排名	1990 年	2001 年	2012 年
1	可口可樂	可口可樂	可口可樂
2	Sony	微軟	蘋果
3	賓士	IBM	IBM
4	柯達	奇異	Google
5	迪士尼	諾基亞	微軟
6	雀巢	英特爾	奇異
7	豐田汽車	迪士尼	麥當勞
8	麥當勞	福特	英特爾
9	IBM	麥當勞	三星
10	百事可樂	AT&T	豐田汽車

資料來源：Interbrand, "Best Global Brands, 2012," available at Interbrand web site, www.interbrand.com/en/best_global_brands/Best-Global-Brands-2012.aspx, accessed March 19, 2013.

> **組織變革** 組織用來調整以適應外部環境與內部環境，以及準備迎接未來機會的流程與活動。

效地執行策略，以達成目標與實現組織宗旨。當策略無法因應環境的改變或組織能力無法趕上新的競爭需求，企業就必須推動組織變革。**組織變革 (organizational change)** 是組織用來調整以適應外部環境與內部環境，以及準備迎接未來機會的流程與活動。

本章將探討變革的必要性、進行變革的各種方法、阻礙變革的原因，以及領導者在變革過程中所扮演的角色。為了更深入瞭解變革的價值，底下將以 IBM 為例，說明曾經與柯達一樣陷入經營困境的 IBM 如何透過變革來重返榮耀。

IBM 的穩定、危機及重生

IBM 創始於 1896 年，當時的主要顧客是美國人口普查局。IBM 成立之初的名字為製表機器公司 (Tabulating Machine Company)，主要業務是降低人口調查的時間與複雜性。在 1900 年人口調查結束之後，公司靠著自動製表機的銷售而達穩定階段。IBM 第一次重大變革是在 1911 年，當時它與其他三家公司進行合併，並整合三種文化與產品線。合併後的公司同時生產許多產品，包括電子磅秤、製表機、自動切肉機等。

湯瑪斯‧沃森 (Thomas J. Watson) 自 1911 年起領導 IBM 近 40 年，他塑造 IBM 自豪與忠誠的組織文化，並帶領公司長期且持續地成長。在第二次世界大戰幫美軍製造武器之後，IBM 又進行另一次的重大變革。IBM 與美國空軍簽訂一份發展電腦的合約，並與麻省理工學院共同合作發展尖端科技。電腦事業雖然是 IBM 製表機事業的延伸，但卻是 IBM 重要的一步。

1955 年沃森的兒子小湯瑪斯‧沃森 (Thomas J. Watson Jr.) 接管公司，並進行大規模的變革。小沃森投資 50 億美元於「開發 System/360 電腦，是第一台採用整合式電路模組並導入相容性概念的大型電腦。」小沃森重新整頓 IBM，並帶領 IBM 邁向大型電腦。小沃森並沒有採取漸進式變革，而是孤注一擲地投入全新領域。經過這次的變革，IBM 引領資訊科技產業走向一個全新的紀元，包含電腦硬碟與磁碟。IBM 重組內部的銷售、研發及結構，以推展公司的資訊科技事業，並主導整個資訊科技產業，以致於在 1960 年代，美國司法部連續 13 年對 IBM 祭出反托拉斯行動，卻始終沒有成功。

大型電腦的成功將 IBM 帶入另一波長期且穩定成長的階段。在此階段，IBM 採取漸進式變革。IBM 持續主導整個資訊科技產業，並獲選為最佳就業公司之一。在 1980 年代，IBM 僵固的組織文化與固守大型電腦事業，使得 IBM 陷入幾乎可以摧毀公司的危機中。在 1981 年，IBM 進入個人電腦市場中。儘管 IBM 在個人

電腦事業發展得相當成功，但仍將事業重心放在傳統的大型電腦，而將個人電腦事業視為次要事業。

由於 IBM 固守大型電腦事業與組織惰性，使得公司在 1991 年嘗到苦果。當年 IBM 的營收暴跌 146%，虧損 28 億美元，爾後的 2 年，營收皆下跌 60%，曾經是華爾街模範企業的 IBM，一夕之間淪為他人眼中的笑柄。IBM 的營運問題與警訊很早就顯露了，但卻因為組織惰性讓 IBM 未能即時改革，包括驚人的營業成本、事業單位之間相互鬥爭、文化中充滿自豪的氛圍、管理階層忙於處理繁雜的人員與行政事務，無心思考並推動公司的發展。就在此時，路‧葛斯納 (Lou Gerstner) 臨危受命擔任 IBM 的執行長。

葛斯納談起自己剛到 IBM 時，「我發現一批禁錮在公司內部的員工全然不知道到底是哪裡出了問題。在 1990 年，IBM 還對外公布整體的獲利情況。然而，過去 20 年間，曾經是全球營運最佳且最受稱讚的企業，突然變成人們眼中失敗的企業，並笑稱 IBM 是反應遲鈍的恐龍……。」

葛斯納接任後，立即打破 IBM 的舊傳統，並重新架構公司的策略。他所做的第一件事情，就是將公司的焦點移轉至顧客上，每位管理者都有必須負責的顧客，幫助這些顧客解決營運上的問題以提高績效。葛斯納上任後的前幾個月都在拜訪顧客，希望能瞭解 IBM 可以為這些顧客解決什麼樣的問題。這種重視顧客的思維撼動 IBM 原本的文化，因為在此之前，IBM 都將顧客的購買視為理所當然。

在推動以顧客為中心的思維時，葛斯納試圖使公司從上到下都能信奉相同使命。「One IBM」是葛斯納的格言，也是催促 IBM 轉型的驅動力。葛斯納合併部門與減少公司階級，以達到轉型的目的。隨著部門的合併，以及產品與服務項目的縮減，使得管理者可以常常在同一個團隊中工作，因而讓 One IBM 這句格言變成決策的基礎。

在變革過程中，葛斯納的另一項計畫讓 IBM 重返榮耀。葛斯納宣布 IBM 將打造「網路運算環境」(network-centric computing) 以支援 e-Business 的策略。葛斯納認為龐大的資料需要精密電腦才能運算，而 IBM 先前的大型電腦技術正可派上用場。IBM 這種重視電腦運算的策略，後來也成為其重要收入之一。

由於葛斯納將策略重心放在資料蒐集與分析上，幫助公司平安渡過網路泡沫化的危機。在這一系列的修正與改變的過程中，IBM 重回科技產業的領導地位。葛斯納在 2000 年卸下執行長一職時，公司的營收達到 850 億美元，稅後淨利為 8 億美元。

個案討論

1. 建立 IBM 策略變革的時間表，根據你對時間表的分析，IBM 是屬於前瞻式變革還是回應式變革？
2. 刺激 IBM 推動變革的外部因素為何？
3. IBM 的公司文化對變革有何助益？
4. 在 IBM 的變革中，領導者扮演何種角色？
5. 將時間表回推 10 年，IBM 的下一個主要變革活動為何？

組織變革的原因

21 世紀，IBM 已從組織變革的個案研究對象轉變成其他公司之組織變革的推動者。IBM 的全球商業智慧事業部近年來對全世界 1,000 位以上的執行長進行調查，目的是要瞭解他們在營運上遭遇到的煩惱與所面臨的挑戰。調查顯示，有超過一半以上的執行長都在「擬定和推動公司的組織能力、知識與資產的變革計畫」，可見變革對企業經營的重要性。值得注意的是，調查發現，期望對公司進行大規模變革的執行長從 2006 年的 65% 上升到 2008 年的 83%，但卻只有 61% 相信他們可以成功地變革。

不幸地是，知道公司需要進行變革，並不代表就能順利推動變革。隨意翻閱一下《華爾街日報》(*Wall Street Journal*) 與《哈佛商業評論》(*Harvard Business Review*)，就能夠知道由上而下的組織變革計畫不易成功。某項研究發現，「100 家試圖進行大規模變革的企業，只有少數幾家能夠變革成功」；另外一份研究則指出，70% 的組織變革是以失敗收場。

雖然有許多變革失敗的案例，但企業仍需要藉由變革以提升市場競爭優勢、促進發展，並為企業的利害關係人創造更多的價值。在一項針對企業領導者的調查結果指出，企業推動變革的主要三個原因如下：

1. 提高競爭力：68% 的受訪者表示，企業正處在高度競爭的環境中，而且競爭會愈來愈激烈。
2. 提升績效：82% 的受訪者表示，如果企業不進行某方面的變革，績效將會下滑。
3. 生存：15% 的受訪者表示，如果企業不採取重大變革措施，可能無法持續地生存。

在外在環境不斷改變之下，許多企業會使用平衡計分卡與控制週期不斷地檢視並評估策略的優先順序。有些外在環境的改變需要企業投入研發活動，以確保產品或服務能滿足消費者的偏好與需求；而另外一些來自於政府政策的改變，則可能需要企業採取新的流程與程序，以符合政府法規。例如，政府可能會制定一些相關法令政策，而直接影響產業內企業的競爭，包括增加稅收、規範銀行、限制交易、提高關稅、提供

補貼，以及利用其他的經濟控制手段來影響產業的經營環境。因此，企業必須對環境變化保持警戒之心。

影響組織變革的外部因素

現今企業必須面對來自於不同國家的競爭者，以及到不同國家競爭，因此必須遵從不同國家的法令規章。此外，隨著各地區文化的差異，消費者的需求也不同。泰國紡織公司 Jean Fang of Fang Brothers Holdings 指出，中國消費者對於某些生活用品永遠無法滿足，卻又很容易失去新鮮感。企業如果想成功地在中國經營，就必須不斷地投資於創新，以滿足求新的欲望。

科技發展加速外部環境的變化。例如，電腦的訊息容量每年以兩倍數成長，預計未來將縮短為 72 小時。市場中的新進入者、替代品、日漸提高的競爭壓力，以及消費者與供應商議價能力的高漲等，皆會劇烈地影響企業的競爭環境。隨著這些影響力量的改變，迫使企業不得不跟著轉型與變革，其中對組織變革影響最甚的兩個外部環境因素是全球化與科技創新。

➥ 全球化

全球化誕生許多新的市場，但同時也為企業帶來許多新的競爭對手。企業不僅要對抗國內的競爭者，也要與來自其他國家的競爭者競爭。全球化帶給企業的一項管理課題是如何客製化其產品或服務，以滿足當地消費者的需求。例如，洗衣機在美國是家庭必需用品，但在印度卻不是。客製化對於追求生產效率與規模經濟的企業而言是一個需要克服的難題。BMW 的執行長喬治‧鮑爾 (Georg Bauer) 說道：「公司所生產的產品必須同時兼顧在地化與全球品牌，BMW 是一個具有在地特色的國際品牌。」企業要達成兼具在地化與全球化的其中一個途徑就是發展基本產品，如此一來，不但可以提高生產效率，且亦較容易組裝以符合當地需求。例如，聯發科為全球手機大廠所生產的手機晶片組，能幫助手機大廠大量生產容易裝配的手機。

全球化也會影響全球的勞動力。企業可以透過僱用當地的管理者或與當地企業形成夥伴關係，以獲取當地資源與相關資訊 (如文化與政治環境)，進而創造競爭優勢。某位在中國經商的企業家指出：「雖然多國籍企業擁有不錯的產品與服務，但缺點就是缺乏彈性，因為這些企業

的決策過程太過冗長……在中國某些產業的競爭環境變動快速,而中國企業主因為能快速地制定決策,而為公司創造競爭優勢。」

➥ 科技

科技的進步使得企業與人們可以用特定形式來傳送大量的資訊和溝通,也因此使得全球化的影響層面從國家與企業延伸至影響個人,同時影響的程度也遠高於預期。因此,企業可以從世界各地接觸到顧客、資源及人才,且可以透過網際網路與行動電話,以及報章雜誌、廣播、電視與電影走入人們的生活。的確,科技不只是幫助企業因應環境變化的工具,還可以幫助企業進行變革與轉型。

在今日新的競爭環境中,科技無疑是驅動企業變革的強大力量之一。科技「已成為現今企業的策略之一,對市場、產業,以及企業的策略與組織設計都有很大的影響」。暢銷書《世界是平的》(*The World Is Flat*) 的作者湯瑪斯・傅利德曼 (Thomas Friedman) 指出,影響全世界競爭環境的三個主要科技為:

1. 「海底光纖纜線的設置……加速國際之間的資料傳輸與大量資料的儲存。」
2. 「全球個人電腦的普及。」
3. 「一系列應用軟體的出現,包括 e-mail、Google、Microsoft Office 等,加上個人電腦與寬頻的普及,因而創造出全球化的工作流程平台。」

科技似乎影響企業經營的各個層面,不論是存貨系統、製造流程、人力資源系統或財務控制,都可以結合科技設備或技術來提高生產力、可預測性、速度及準確性。例如,沃爾瑪快速採用新技術與整合新科技系統的能力,不但帶動公司成長,也提高公司的競爭力。沃爾瑪比競爭對手凱瑪 (Kmart) 早兩年於銷售端設置統一產品編碼的電子掃描系統。此外,沃爾瑪是全球第一家採用衛星通訊系統的零售商,使得公司能夠即時蒐集與分析從各分店傳來的銷售資訊。衛星系統的導入對沃爾瑪而言非常重要且關鍵的,從信用卡授權、存貨管理到自動配銷系統等皆與衛星通訊系統連結,讓公司可以即時掌握每項商品的流動。

任天堂 (Nintendo) 曾經是科技創新的受害者,但現在卻是科技創新的受益者。在 1990 年代早期,任天堂在電視遊樂器產業的市場占有率

高達 60%。然而，在進入千禧年後，任天堂的市場占有率下滑三分之二。在新科技與高階遊戲主機的夾擊下，將任天堂擠下市場領導地位。

2005 年，任天堂決定轉型，不但投入 2.2 億美元的研發經費，且調整公司的經營策略。任天堂透過網際網路與網路科技創造一個名為「sages」的線上社群，任天堂可從此社群中取得對公司新產品與新功能設計的建議，而社群成員只要幫助其他使用者或提供社群相關的支援，任天堂就會給予獎勵，如搶先試玩新遊戲。任天堂透過線上社群與核心顧客交流，不但提高核心顧客的忠誠度，且從中獲得許多市場需求的資訊，進而提高公司的研發能量。近年來，任天堂的投入成功地研發出 Wii；2008 年任天堂在電視遊樂器產業的市場占有率也重回到 44%。

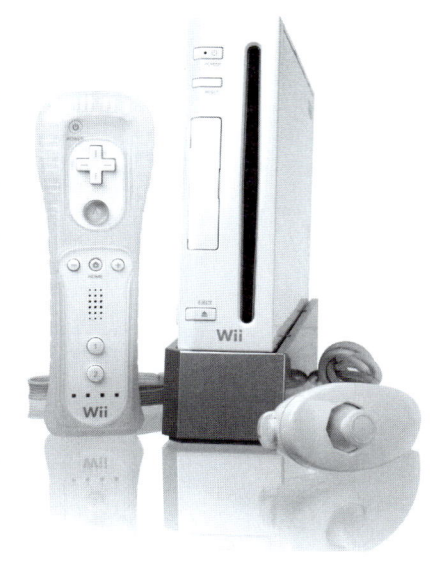

持續創新的需求對企業其他層面也造成很大的影響，例如產品生命週期縮短。事實上，企業常藉由導入新模式或在現有模式中加入其他功能快速地汰換舊的產品。產品生命週期的縮短使得研發與行銷費用難以回收，迫使企業必須調整並找尋改變的方法，以提高自己的營運效率。上述這些情況，也迫使企業不得不採取聯盟的方式，以分擔研發成本。

➜ **突破性的科技**

在極端的情況之下，科技可能會瓦解整個產業，尤其是曾經非常成功的公司可能會因為錯估未來情勢而毀於一旦，例如柯達。成功可能會使公司過於自滿，因而阻礙公司吸收新的觀點與思維。

持續性的科技 (sustainable technology) 是指「可提高現有產品性能的技術，而此性能是主要市場的顧客認為有價值的性能」。相反地，**突破性的科技 (disruptive technology)** 是指一組滿足市場中少部分顧客但具有差異性的屬性，且這些屬性的價值一開始並未受到注目。

領導者若長期僅注重持續性的技術將為自己帶來苦果。這些企業可能會因為過度滿意現狀與過去，將注意力放在主要顧客的需求上，而忽視對突破性科技的布署。此外，若企業只關注持續性的創新，將可能會根據現有的顧客來分配資源，而忽略未來潛在市場。

全錄 (Xerox) 因錯估小型印表機的市場而造成經營困境，就是一個非常好的實例。全錄是大型印表機產業的領導公司，擁有多個大型印

持續性的科技 可提高現有產品性能的技術，而此性能是主要市場顧客認為有價值的性能。

突破性的科技 一組滿足市場中少部分顧客但具有差異性的屬性。

表機的影印中心。全錄無論在管理或銷售實務都是產業中數一數二的。然而，當小型印表機的構想出現時，全錄並沒有採取任何行動。當小型印表機在市場上推出後，需求並不如預期，這更讓全錄堅信，固守大型印表機市場是正確的選擇，因為這才是公司主要顧客需要的產品。對全錄大多數的顧客來說，確實不需要這種小型印表機，全錄因此忽視更多潛在顧客的需求。由於未能即時進入小型印表機的市場，使得全錄無法創造更多的盈餘。後來，全錄與富士 (Fuji) 合資成立小型印表機製造公司，才慢慢地建立在小型印表機的市場地位。

當企業發現市場中出現突破性的技術，或可以創造一個全新市場的技術時，就必須立即做出反應與調適，甚至進行變革，以獲取或提高市場占有率與獲利率。有遠見的企業會適時進行前瞻式變革，以促使自己能在新的市場或技術領域中占據領先地位。例如，前面曾提及的柯達就是未能即時發現與做好準備，而無法維持競爭優勢。

柯達的衰退導源於數位科技的興起與進步，這個突破性的技術迅速地摧毀傳統的底片市場。從 1996 年至 2007 年之間，數位影像逐步吞食柯達的核心底片事業。柯達之所以還能持續生存，因為早在 1970 年就已投入數位相機的研發。然而，柯達卻延續著傳統持續性的科技思維，公司內部有許多人不願意投資數位技術，也不希望公司走向數位化，因為他們對新科技心生恐懼。在 1990 年代早期，柯達嘗到苦果，公司業績大幅下滑。雖然公司積極尋找重回市場領先地位的方法，包括改變組織結構、裁員、重新組織管理當局、員工再培訓等，但似乎已無法挽回局勢。

企業有時會忽視與扼殺內部所發展出來的突破性技術，主要的原因是這項技術與企業目前的流程或目標不符。當市場上出現突破性的技術時，領導者可以採取下列三種方式：(1) 建立一個獨立的事業部門或機構，以發展適合此新技術的流程；(2) 成立新的分公司來負責經營這項新技術；(3) 直接收購開發出這項新技術的公司以取得新技術。為使突破性的新技術不受原有經營模式、結構或流程的限制，企業可以在外部發展與營運新技術，如此新技術才有機會成長與發展。之後，在外部獨立運作的突破性新技術可能會幫助企業加速變革，或融入到現有的生產流程中。

許多企業之所以能成功並取得持續性的競爭優勢，多是因為這些企業能夠持續提升傳統核心業務的生產效率，以及降低其營運成本，且能同時投入於創新與研發。這些企業不但能夠預測外部環境的需求變化，並即時做出回應，且能維持與保有過去讓他們獲得競爭優勢的營運模式。為了同時兼顧上述這兩項任務，企業應適時地進行變革。

影響組織變革的內部因素

全球化、科技創新等外部環境因素之變動非常明顯且劇烈地影響競爭範疇，這也讓內部環境因素時常被忽視。然而，組織內部環境的因素在驅動組織變革上也扮演重要的角色。企業內部通常存在阻礙變革的力量，此阻礙力量一般皆與組織**惰性 (inertia)** 有關，或是「企業無法隨著外部環境變動而即時的改變」。這意味著，組織惰性愈高，組織實務與外部環境的差距就愈大。

> **惰性** 企業無法隨著外部環境變動而即時的改變。

如前所述，組織與策略之間無法相互配適，則可能會引發變革。此外，持續低迷的績效也是驅動變革的主要原因。在第 10 章所介紹的平衡計分卡是一個評估內部績效的有效工具。其他可能引起組織變革的內部因素尚有內部政治力量與隔閡。上述這些內部環境因素都可能降低企業的運作效率，因而影響組織績效。當企業面臨紛亂的內部流程或當內部運作狀況不再能因應競爭壓力時，組織變革便勢在必行。推動變革包括重整組織、發展訓練方案，或為強化某特定的技術基礎而需要額外的資源。

過去幾年來，Google 正逐漸取代微軟在電腦與網際網路產業的地位。Google 的興起顯示內部變革對一家企業發展的重要性。雖然企業對於外部環境的控制能力有限，但卻可以藉由改變或控制內部環境來回應與形塑外部環境。有些觀察家認為，Google 的成功主因是公司致力於對創新投入與內部調適能力的發展。

當多數企業關注於網際網路的基礎建設時，Google 耗資數十億美元於高階網際網路的基礎建設上 (包括專業的作業系統與資料庫)，員工可藉此來發表有關新產品、流程或其他方面的改善建議，而其他員工也可以針對這些建議發表自己的看法，藉此幫助 Google 縮短新產品發展的生命週期。

如第 8 章所述，Gmail 與 Google Maps 的成功皆歸功於公司內部的線上創新社群，而非對於研發部門的投資。這些創新皆是透過創造新的

事業群，而改變 Google 的營運方向。在某些情況下，新科技的發展甚至會對企業的組織方式產生影響。

當然，創新需要的不只是科技與結構，發展並管理 Google 家族的成員也很重要，因此甄選與聘僱員工是 Google 成功的關鍵因素之一。新進員工在進入 Google 之前都必須經歷一系列嚴格的面試，面試者包括他們未來的團隊成員、管理者及公司高層。在面試時，面試者會檢視應徵者是否具備技能、熱情與態度，以確保他們能適應並符合 Google 的創新環境。此一面試過程對 Google 而言非常重要，因為 Google 是藉由僱用能幫助組織變革的員工來維持組織文化。換句話說，Google 是以僱用時時在尋求改變且能適應變革的員工，來為組織變革做準備。經過不斷地努力，Google 成功地塑造出持續創新與加速變革的組織文化。Google 即是透過要求員工不斷地冒險、熱情，以及不要害怕失敗而成功的企業。

隨著組織成長、調適與轉變，不同的驅動力量會在不同時機點發揮影響力。有時候變革的目標是降低成本或改善流程，有時候則是塑造組織文化。一般而言，不同的變革目標有其不同的取向與進行方式。

組織變革的取向

瞭解變革的需求與變革的起源只是問題的一部分。在組織變革的過程中，如何產生並引導出變革通常是最困難的地方。企業必須平衡計畫式與有機式變革、回應式和前瞻式變革，以及漸進式與劇烈式之間的張力，如圖 11.1 所示，而領導者在平衡這三股變革的張力中扮演非常重要的角色。

計畫式與有機式變革

在談論組織變革時，通常最先想到的就是計畫式變革。**計畫式變革 (planned change)** 是指領導者藉由發展策略來影響組織結構、流程與文化，以及員工的行為、信念與情緒等。計畫式變革是經由公司策略層級或由上而下經過縝密策劃的指令所推動的變革流程。計畫式變革是在公司檢視策略環境、分析控制週期，或 SWOT 分析後而策劃的變革流程。第 4 章曾提及，許多企業會藉由策略規劃來確保企業能維持競爭優勢與市場占有率。

計畫式變革 經由公司策略層級或由上而下經過縝密策劃的指令，所推動的變革流程。

圖 11.1　平衡不同的變革取向

領導者會利用計畫式變革來幫助公司適應外部競爭環境。如果現有的策略相當完美，但卻因為組織惰性而執行不力時，計畫式變革正可派上用場。最後，計畫式變革可幫助企業調整組織結構，以支援新的或未來的競爭策略，或掌握外部環境因素與未來機會。換句話說，企業進行計畫式變革的目的是「要使組織能力能符合環境因素，或藉由變革幫助企業能更適應未來的環境」。

計畫式變革是企業領導者知覺組織能力與外部環境或未來機會之間產生落差，而策劃的由上而下之變革流程；相反地，**有機式變革 (organic change)** 則是由個別員工或團隊成員在創新、解決問題、為工作尋找有效的解決方法、適應環境的改變，或在與其他功能部門的成員互動過程中所產生的變革。有機式變革不僅是一種由上而下推動的變革，也是一種由下而上推動的變革。Google 就是一家採用有機式變革的企業。

由於有機式變革具有連續與突現的本質，因此又稱為突現式或連續式的變革。有機式變革的特色在於「連續性的調整……可以累積與創造實質的改變。」一般而言，有機式變革通常是始於授權於員工解決或改善工作相關的問題。在持續地執行改善方案時，一旦有最佳解決方法或實務產生後，管理者就會著手變革，並將最佳解決方法與實務分享到全

有機式變革　由個別員工或團隊成員在創新、解決問題、為工作尋找有效的解決方法、適應環境的改變，或在與其他功能部門的成員互動過程中所產生的變革。

公司。有機式變革過程可能相對較為漫長，但對企業卻能產生巨大的影響。

有機式變革主要是利用原則而非規則來引導成員的行動，且鼓勵個別員工與管理者在執行工作時能從策略的角度來思考。此外，有機式變革非常強調授權，讓員工與團隊可以盡情地發揮創造力。有機式變革重視個別成員與團隊意見之匯集，並採用這些意見來改造企業，使企業能有別於以往。然而，值得注意的是，強調職權的企業很難推動有機式變革。一般而言，企業必須先執行劇烈的計畫式變革來創造推動有機式變革的能力。此外，即使是在一個非常開放的企業中，隱含在有機式變革的不確定性常常會讓員工感到不安。

回應式與前瞻式變革

企業會不斷地接收到來自於內部與外部環境的訊息與回饋。當這些資訊皆顯示出企業目前的策略與能力無法因應內外部環境之轉變時，積極的企業就會立即針對環境對企業的影響程度進行分析，以瞭解這些環境因素的本質，隨後設計有效地回應式變革並切實地執行策略。然而，不論是何種變革，如由上而下的變革或有機式變革，都是導源於某種內部或外部因素的刺激。有些刺激是回應式的刺激，亦即企業受到內部或外部環境刺激後而做出回應；而有些刺激則屬於前瞻式的刺激，亦即企業在捕捉 (seize) 到機會並在環境發生改變之前做出行動。在某些情況中，企業會利用變革來塑造其所處的環境。

回應式變革 企業為回應某些外部的機會或威脅而推動的變革流程。

回應式變革 (reactive change) 是企業為回應某些外部的機會或威脅而推動的變革流程。與計畫式變革一樣，回應式變革通常是由上而下的推動。領導者會根據先前的績效表現來尋找可能的問題，一旦找出問題後，會再深入分析以瞭解問題的起因，有時表面性問題的背後都隱藏著一個最根本性的問題。一旦領導者瞭解問題的整體面貌後，接下來就是要提出解決辦法，包括解決問題的步驟、決定由誰來負責解決問題，以及討論完成日期與設計檢核表。

前瞻式變革 企業針對所預期的事件或機會而推動的變革流程。

雖然有效地回應環境的能力非常重要，但就創造更高的績效來說，執行前瞻式變革的能力更為重要。**前瞻式變革** (proactive change) 能夠幫助企業在市場上更上一層樓，進而創造更多競爭優勢的機會。前瞻式變革是企業針對所預期的事件或機會而推動的變革流程。推動前瞻式變革的企業會致力於預測環境的改變趨勢。回應式變革是企業對於目前的特

定策略或績效問題提出具體的改進方法，而前瞻式變革則是鼓勵企業能搜尋更多的新機會。

欲推動前瞻式變革的領導者需先找尋與確認企業未來可能發展的方向，亦即領導者需要思考企業未來要變成什麼樣子，而不是僅著重於現在是什麼樣子。隨後領導者應該制定一套行動方案，讓企業從現在這樣子變成未來預設的樣子。全體員工都應瞭解公司的遠景，以找出合宜的方法讓公司可以往未來期望的方向前進。

威爾許在卸下奇異執行長一職之前，就曾推動一次前瞻式變革。為使奇異能夠更加茁壯地邁向未來，威爾許進行一項名為「destroyyourbusiness.com」的計畫。詢問威爾許為何要推動這項計畫，他簡單地回答：「變革意味著機會，而這是我們目前最大的機會。」威爾許希望藉由這次的變革，能夠使管理者以超越公司目前狀況的視野來思考公司未來想要達成的狀態。他也希望管理者能夠確認在未來產業中可能會危及公司地位的競爭者與環境變化。

PETER MORGAN/Reuters/Landov

漸進式與劇烈式變革

變革的程度也是進行變革時所需考慮的議題。值得注意的是，任何的變革形式都是動態的，即使是計畫式變革也是動態而非靜態的。就企業的本質來說，企業是持續地在改變，而改變的程度會影響它們採取漸進式變革或劇烈式變革的程度。在穩定的環境中，大多數的企業會投入於**漸進式變革** (incremental change)，亦即持續地進行小幅度的改善或改變。每家企業皆曾發生漸進式變革，像是推動全面品質管理及六個標準差等品質改進與衡量系統，都屬於漸進式變革。

漸進式變革 持續地進行小幅度的改善或改變。

長期穩定的環境容易使企業脫離外部環境，而無法有效回應外部環境。即使企業的領導者試圖推動變革，企業內部的惰性壓力也會阻礙新策略的推動。這種無法因應外部環境的狀況若持續地擴大，將會危及企業的運作，此時需要進行劇烈式變革才能幫助企業持續地生存。在這種情況下，領導者必須著手於突破性變革才能使企業起死回生。

許多企業都曾經歷過重要的轉折點，有時稱作「打破框架的變革」，這些轉折通常與新的競爭威脅、政府新政策，或內部環境改變 (如失去重要的資源) 有關。美國航空業在 1978 年政府取消相關的管制

政策後，就經歷這種打破框架的變革；相關管制取消後，改變航空業所有的規則。在取消管制前，民航委員會 (Civil Aviation Board) 對票價、航班、新航空公司等進行管制；在取消管制後，隨著新航空公司的加入，航空業競爭愈來愈激烈，票價不斷地調降。當企業經營模式需要大規模的改變，就需要進行所謂的 劇烈式變革 (transformative change)。劇烈式變革是一個徹底或突破性的變革流程，目的是要回應內部或外部環境的重要競爭威脅及/或巨大的改變。

> **劇烈式變革** 是一個徹底或突破性的變革流程，目的是要回應內部或外部環境的重要競爭威脅或巨大的改變。

劇烈式變革對企業所產生戲劇性轉變，不只是在流程、系統或人員上，企業的策略或使命也會有重大的改變。這種巨大的變革是打破舊有的營運模式，並導入全新的運作模式。可想而知，漸進式變革通常會廣受員工的歡迎，而面對劇烈式變革時，員工通常抱持著反對的態度。本章稍後會說明企業應如何處理員工抗拒變革的相關議題。

變革流程

對許多企業來說，變革並不是一件容易的事，即使有些人認同變革勢在必行，但也有許多人會因為滿足現狀而抗拒變革，因為他們擔心變革會改變其在公司的地位或影響力。欲推動變革的領導者必須營造出對現狀不滿的氛圍，並呈現一個可實現、令人信服且具吸引力的新組織典範。此外，為使變革能夠順利成功，領導者必須傾聽員工擔心與抗拒變革的原因。組織變革流程可用圖 11.2 所呈現的公式來說明，其中 D 代表對於現狀不滿，M 代表新的組織典範，而 P 則代表變革的流程；這些變革變數合併起來必須大於變革的阻力 (Rc) 與變革成本 (Cc)，變革才能順利推動。

創造不滿

> **不滿** 營造對現況的不滿，將員工與組織從自滿或惰性中解放出來，是一股可幫助企業打破組織惰性並推動變革的力量。

在圖 11.2 的公式中，**不滿** (dissatisfaction, D) 是一股可幫助企業打破組織惰性，並推動變革的力量。營造對現況的不滿可將員工與組織從

$$D \times M \times P > R_c + C_c$$

圖 11.2 變革流程

自滿或惰性中解放出來。當企業面臨危急時，企業內部的不滿會增強，許多員工會體認到變革的需要。然而，真正的挑戰是，當領導者預期對公司目前績效沒有助益，但卻可以提升未來績效的潛在變革。此時，領導者要如何推動變革？領導者又要如何幫助企業跳脫目前自滿的狀態？一個可行的方法就是創造不滿。

有些研究人員將創造不滿比喻成為組織「解凍」(unfreezing)。然而，解凍是一個非常艱難的過程，因為大多數的員工都傾向於維持現有行為模式，尤其是這些行為模式在過去是非常成功時。領導者可採用多種方式來營造不滿的氛圍，例如，採取標竿管理，或針對內外部績效與機會之差距進行分析。標竿管理是企業將本身的績效與產業內績效最佳的企業相比，並向員工呈現此一績效差距，如此將能消除內部自滿的情緒，並促使員工接受變革。另一種方式則是偵查競爭環境，以瞭解環境可能發生的變化，並分析企業目前的能力是否能因應這些新的環境變化。此外，變革領導者也可藉由員工態度調查，瞭解員工的心態與關注的議題，並將調查的結果作為推動變革的基礎。

發展新典範

當組織成員對變革不滿的情緒逐漸提高時，變革領導者就必須為不滿情緒找尋出口。領導者要消滅員工對變革的不滿，其中一種方式就是發展並溝通一個令人信服的新**典範 (model, M)** 或變革的遠景。領導者在與員工介紹組織的新典範時，應該說明變革的內容，以及為什麼要進行變革，並描繪未來的狀況，尤其是企業未來的發展方向與達成的目標，以及要如何做才能達成目標。

典範 變革的遠景。

一個具有說服力的典範能夠給予員工希望，以及共同完成組織目標的意義。有效的典範具有令人嚮往、可實現，以及有意義的特性，如圖11.3 所示。變革需要企業採取有效的行動，但令人嚮往的變革不應太過於劇烈，否則員工可能會對變革大打折扣。倘若實現新典範的可能性很低，就可能會遭遇很大的阻礙。此外，新典範也必須適合企業所預期的情境，以確保企業能順利運作。

在向員工說明新典範時，領導者必須兼具理性與情感，領導者不僅要根據標竿管理或其他評估方法的結果提出具有說服性的變革理由 (說之以理)，還必須對員工動之以情。一般而言，針對後者，領導者可以

領導發展之旅

領導能力是一種必須經由持續學習才能養成的能力。請根據你過往在變革管理中的人生經歷，試著回答下列問題：

- 你是如何成功管理變革？
- 驅動這次變革的因素為何？
- 在你的人生經歷中，這次變革管理是否包含一個新的行為模式？
- 你曾經抗拒變革嗎？為什麼？

令人嚮往
- 滿足利害關係人
- 可激勵員工

可實現
- 短期可成功的機會
- 能實際推行

有意義
- 與所預期的情境相吻合

圖 11.3　有效典範的特徵

展現出自己對變革的熱情與興奮來傳遞情感。如果領導者能夠瞭解並回應員工的想法與憂慮，就可以將對變革的熱情散布於組織內部。如前所述，在變革過程中，如果缺乏員工對變革的情感支持與投入，則領導者將不易推動變革。

變革執行流程

如果員工不知道如何執行變革，即使不滿現狀，以及對未來新典範充分瞭解與支持也都是枉然。因此，接下來的步驟就是要發展執行變革的有效流程。有效的變革流程包含一個詳細的執行計畫、溝通流程，以及衡量變革成果的機制，通常包含一系列的推廣活動或與執行變革有關的教育訓練會議。此**流程 (process, P)** 就好像是建構組織變革的地圖，以及讓遠景、策略與日常業務能夠趨於一致。

許多領導者錯將組織變革視為一件事，而非一個流程，因而無法順

> **流程**　包含一系列的執行計畫、溝通流程，以及衡量變革成果的機制。

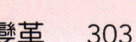

利推動變革。在比較真正推動變革與只是經歷短暫改變的企業之間的差異後，科特提出成功變革的八個步驟：

1. **建立危機意識**。變革領導者必須建構足夠的動力，以克服組織或個人的惰性。提高對現況的不滿是變革流程其中的一項步驟，同時也是激勵員工投入變革活動的動力。

2. **建構領導團隊**。一旦建立員工的危機意識與緊張感後，接下來就要成立變革的支援團隊。支援團隊必須包含能夠順利推動變革的有力人士。如果變革流程是由基層人員所推動，高階主管的支持尤其重要。

3. **構思組織遠景**。遠景是企業未來渴望的狀態，必須超越財務數據，指引企業未來的發展方向。

4. **溝通組織遠景**。遠景溝通是提高員工認同感的重要步驟。遠景是激勵員工投入變革的動力。如前所述，溝通遠景的目的是希望員工能真心認同變革。換言之，溝通遠景應能夠讓員工真正瞭解變革的急迫性與重要性，並且激發員工投入變革活動的熱情。

5. **鼓勵員工參與**。在創造與溝通遠景之後，變革領導團隊必須促使組織成員能夠切確地執行與行動。除了迫使組織成員能夠實際行動之外，變革領導團隊還必須移除可能會阻礙變革的結構、系統及流程障礙。

6. **創造過程成果**。變革的執行過程可能非常冗長。為了確保組織成員能夠持續保有對變革的熱情與動機，則慶祝短程目標的達成變得格外重要。

7. **重新評估變革**。雖然要跨出變革的第一步總是格外困難，但任何一個環節都可能導致變革失敗。例如，在推動變革沒多久，組織內部就出現「我們已經成功」的態勢。為了使變革流程能夠復甦(尤其是再次推進變革或變革持續推進時，組織成員卻想休息一下時)，因此變革領導者必須時時提高警覺，並且全力投入變革之中。

8. **形塑新文化**。為了確保變革的成功，變革領導者必須將這些新的流程、系統及價值觀制度化。在制度化期間需要管理當局展示如何操作新系統以達成目標，並解釋新系統如何改善績效，以及將價值觀與行為規範傳遞給下一任領導者。

變革的凍結 (freezing) 流程常常被忽視。當聽他人講述或自己曾經歷變革失敗，大多會提及將新行為模式融入實務的困難。許多人在企業危機解除後，會再倒退回去原有的行為模式。再凍結的目的是希望能夠維持變革成果。為了再凍結組織的變革成果，領導者必須關注環境的變化。領導者校準結構、系統及文化，使其與變革渴望的成果一致。

在推動變革時，時機與地點也非常重要。在對現況極度不滿的情境下，以及員工對於變革非常支持時，領導者就可採取由上而下的方式來推動變革，尤其是當企業面臨重大危機時。在這種情況下，「強行實施」是最好的時機。如果變革流程十分複雜，變革的效益與結果難以衡量，以及需要激勵組織成員共同完成時，則較適合採用速度較慢且重視合作的變革執行方式。領導者必須對引發變革的情境有所瞭解，進而採取適當的領導方式，如圖 11.4 所示。

變革流程的最終目標也會影響變革的執行。如果變革目標是聚焦於提高股東權益或改善現金流時，直接指示或下達指令是較適合的變革執行方式。當變革目標在於改變組織文化，則強調參與及合作的變革執行方式較適合。有效且持續的變革需要併用上述兩種方式。在許多情況中，領導者必須採取強硬態度來改善財務績效與提升整體競爭力。此外，持續且長期的成功需要員工全心投入，因此領導者應減少直接干預並從旁協助。成功的變革領導者要能夠有效地應用與平衡兩種變革執行方式。

由上而下，命令式的執行方式	協作式的執行方式
• 緊急狀況或危機 • 對現況高度不滿 • 變革阻力較小 • 高度支持 • 領導者掌握相關資訊 • 變革方向明確	• 缺乏危機意識 • 需要員工對變革的承諾和參與 • 變革方向不明確 • 變革過程複雜 • 領導者需要關鍵成員的支持

資料來源：Rosabeth Moss Kanter, Barry A. Stein, and Todd D. Jick, *The Challenge of Organizational Change: How Com-panies Experience It and Leaders Guide It* (New York, NY: Free Press, 1992), pp. 489–519; and Rosabeth Moss Kanter, "Leadership for Change: Enduring Skills for Change Masters," Harvard Business School Note No. 9-304-062, revised November 17, 2005 (Boston, MA: HBS Publishing, 2003), pp. 15–16.

圖 11.4　變革的執行方式

綜上所述，變革公式中的三個變數 (不滿、新典範、變革流程) 是變革的驅動因素，而變革成本與員工的抗拒則是變革的阻力。此變革公式呈現出在變革過程中可能會發生的狀況，變革領導者若沒有重視這些變數，變革就可能會失敗。因此，變革公式中的三個變數是影響變革能否成功的關鍵因素。

變革的阻礙與成本

企業欲進行變革必須知道，執行變革困難，維持變革成果也很困難。每年都會有許多與組織變革有關的學術論文、書籍、研討會，以及教育訓練等，建議並協助企業應如何執行變革，但每年變革失敗的案例依舊層出不窮。

企業的自滿 (complacency) 氛圍不僅會瓦解變革的成果，也會降低變革的動力。自滿源自人類對於改變的抗拒，且會試圖回歸原本所熟悉的狀態。如果將大家自滿的情緒集結起來，則改變的阻力將更大。故事講述、集體合理化，以及分享公司過往變革失敗的案例等，都會形成與強化自滿的情緒，進而影響並阻礙公司的轉變。

對於變革的興奮程度、典範及流程等動力要大於變革的成本與阻力，變革才能順利進行；其中變革成本包含社會、心理，以及財務成本。在推動變革時，領導者應該重新檢視每位員工的角色、業務的輕重緩急，以及流程。因此，在變革過程中，員工可能會失去原本的職位、身分或工作夥伴。此外，在進行變革時，員工必須學習新的能耐、建立新的關係，以及投入大量的時間與精力來「重新改造」自己。對大多數的人來說，這是一個很恐怖的過程，因為人們會害怕失去組織中的影響力或地位，擔心過去所有的努力將可能煙消雲散，從頭開始。

對於不確定性的畏懼，員工會藉由拒絕參與變革流程，或採取被動方式 (假裝對變革相當支持，但私下卻什麼也沒做) 來抵制變革。如同某位學者所言，所有的員工都擁有反對變革的「沉默否決權」，變革領導者會非常難以否決。

如果員工認為變革對公司是不好的、不對的或不瞭解推動變革的原因，就可能會抗拒變革。在這種情況下，變革領導者需要與員工進行更多的溝通，讓員工可以理解公司執行變革的緣由，以提高員工對公司的信任。

降低變革的阻礙

變革領導者可藉由檢視公司的資源、流程及價值觀，以找出可能阻礙變革的因素。公司的資源對於變革的推動有很大的影響力。公司資源包括人員、設備與資本，亦包括智慧財產權、品牌知名度、研發設計，以及和顧客、配銷商與供應商之間的關係。擁有「豐富且高品質資源」的企業較能有效地排除變革的阻力。如果企業的品牌知名度不高，缺乏資金，員工缺乏必要的技術，則在推動變革的過程中將會格外艱辛。

隨著時間的經過，企業內部會發展出一些正式的流程 (如勞動力規劃)，以及非正式流程 (如資源分配決策)。這些流程會促使成員不斷地以相同方式來執行相關的工作，進而提高工作的效率與速度。然而，當這些常規與系統深植於公司內部之後，將會對公司的轉變造成很大的阻力，而要打破這些常規與流程是非常困難的。

企業的價值觀也是阻礙變革的因素之一，因此必須有效管理。在變革過程中，價值觀是指員工對於共同工作的方式，以及事情輕重緩急的認知。實際上，價值觀是組織文化的一部分，影響著員工的思考與行為模式。因此，員工的信念是什麼、員工的價值觀是什麼、對於工作有什麼期望，以及基於這些信念、價值觀與期望、員工會有什麼行為等，皆會影響組織變革能否成功的重要因素。如第 8 章所述，組織文化可能是組織變革的最大阻力。

同心協力

價值觀、信念、期望及日常行為往往難以改變，因此也是變革的最大阻力因素之一。事實上，許多企業在推動變革時並不會想要改變信念與價值觀，因為要改變信念與價值觀有其困難度。然而，如果不改變信念與價值觀，變革則難以推行。

在推動變革時，領導者通常將注意力放在變革流程，以及讓員工瞭解變革的必要性，但卻忽略員工內心與情感上對變革的支持。領導者通常認為只要組織結構與流程設計得宜，且員工都知道變革的目標，則變革的成功將是指日可待。然而，如果員工沒有積極地投入變革或組織結構沒有重新設計，則人員或組織的惰性將摧毀變革的所有努力與投入。相同地，許多變革方案錯認為增加知識就能提高績效。雖然增加知識與

提升績效有關，但學習與教育本身並無法改善績效。

　　新的組織結構與流程只是為變革的執行鋪路，並不是造就變革成功的主因。同樣地，說明變革理由或傳遞變革計畫以增加組織成員對變革的知識，也只是推動變革的基礎，並無法促使變革成功。企業若欲成功地執行變革，應集結企業內部對變革有需求的追隨者，並詳細地回答員工所關心的問題，如下所述：

- 這次變革對我有什麼影響？
- 我必須為這次變革放棄什麼？
- 我會因為過去的績效而獲得肯定嗎？
- 我知道如何進行嗎？
- 這次的變革對於我的職涯有何影響？
- 我有能力參與這次變革嗎？
- 我真的能創造不一樣的未來嗎？

　　上述這些問題有些真的會被提出來，有些則會隱藏在員工的心裡，成功的變革領導者能夠幫助員工解答上述問題。消除員工對變革的疑慮與抗拒的關鍵步驟是：傾聽、溝通、參與、訓練，如圖 11.5 所示。領導者必須讓受到變革影響的員工能夠有發洩與解惑的管道。如果對於上述的問題沒有一個提供解答或宣洩的出口，則員工私底下的憤怒情緒可能會隨時爆炸，並強力阻撓變革。因此，領導者必須不斷地與員工溝通和說明變革的利益，以及不變革可能會引發的問題。領導者若能有效溝通，將可在組織內建立更高的信任與瞭解。讓重要的員工成為推動變革的成員之一，如此將可以提高員工對變革與企業的信任，而不只是服從

傾聽	溝通	參與	訓練
允許員工發洩	讓員工瞭解變革的緣由	為員工創造參與變革的機會	輔導員工
傾聽員工所顧慮的事情，並提出建議	建立員工對公司與變革的信任	藉由員工的參與提高員工對變革的承諾	發展新技術

圖 11.5　消除變革的抗拒

而已。讓員工參與變革其中一個方法是建立任務小組，負責執行特定的變革任務。最後，領導者還要讓員工知道公司會藉由一些訓練與發展，來幫助他們順利執行變革任務，而不是要他們自己摸索與孤軍奮鬥。

如果變革領導者對於造成個人或組織惰性與抗拒變革的原因不甚瞭解，變革就不可能成功。在某些情況下，領導者必須促使或強制員工投入變革流程。在企業面臨危機或混亂時，強制命令可能有效，但在長期變革下，強制命令不見得是有效的方法。

變革領導者的特性

變革的高失敗率點出個人或企業在因應內部或外部環境變動時所面臨的困難。先前曾提及，變革的阻力有時似乎無法克服。為了瞭解如何成功地推動變革，某個研究團隊檢視數十個變革案例，經過分析後歸納出成功的變革領導者所擁有的共同特質如下：

- 對企業有更佳的發展方向之認同。
- 具有挑戰現有權力與常規的勇氣。
- 超越疆界的思考與主動積極性。
- 具有激勵自己與他人的能力。
- 關心他人被對待的方式。
- 低調作風，與他人分享榮耀。
- 待人處世能幽默以對。

問題與討論

1. 請找出一家營運時間長達 10 年以上的企業，並觀察這家企業自成立以來，發生過哪些重要的變革，這些變革對這家企業的影響為何？又有何成果？
2. 請討論促使企業變革的內部與外部的力量或因素為何？
3. 請討論管理者應如何處理或降低變革障礙。
4. 請討論組織變革的類型與差異。
5. 請討論組織變革的流程與內涵。

PART 4 領導觀點

第 12 章　組織中的領導
第 13 章　準備當領導者：瞭解自己
第 14 章　權力與影響力
第 15 章　決策
第 16 章　衝突與談判
第 17 章　領隊團隊
第 18 章　激勵
第 19 章　溝通
第 20 章　人際網絡

Chapter 12 組織中的領導

學習目標

1. 解釋為何領導之相關研究非常複雜，並辨認其中各種不同的論點。
2. 描述透過分析領導者而得之各種領導的理論。
3. 描述領導者如何被追隨者影響，並說明透過分析領導者—追隨者動態過程所引申出的理論。
4. 解釋情境脈絡如何影響領導的實務。

宏達電 >> 領導衝突

宏達電的股價從 2012 年的新台幣 1,000 元，一路跌到 2015 年 6 月，僅剩不到新台幣 100 元，成為產業界與學者專家極力探討的重要議題，且各有不同的看法與立論。財經專家彭振宣表示，2012 年以前，宏達電的成功來自於主打歐美高階的智慧型手機，即歸功於其前執行長周永明，他觀察到消費者市場對智慧型手機的需求正在上升，且代工的經營利潤將持續被壓縮，因此進行一連串眼光精準與果決的轉型策略，利用代工所累積的技術優勢，成功建立 HTC 品牌。

在周永明的領軍之下，陸學森、王景弘等人所組成的核心團隊，開創了宏達電光輝的一頁。然而自 2012 年起，中國小米、華為等廠商崛起，王雪紅開始布局宏達電進軍「高規低價」的中低階手機市場。到了 2015 年年初，更將老將周永明調離執行長一職，由王雪紅自兼，並重用主攻中國市場的張嘉臨。周永明的全球化路線與王雪紅的中國路線，讓宏達電陷入多頭分歧的路線之爭。這樣的爭執使得宏達電從 2012 年以來，一直沒有清楚的策略定位，更造成陸學森出走後，HTC 的品牌價值一直懸而未決。

從過去的發展來看，「果斷的轉型」確實使宏達電異軍突起，但過度頻繁或模稜兩可的轉型，卻也使得宏達電陷入「定位不明」的危機。現今的國際品牌都走向提升「附加價值」的道路，而商品的附加價值，便是取決於商品背後所承載的「品味」、「美學」，乃至「生活方式」這些抽象價值能否吸引消費者。因此，當一項產品找不出核心價值的所在時，根本無法令消費者感受到這項產品的誘人之處。

領導者的領導風格將決定一個組織的價值與定位，必須能與目標市場的需求相互一致，才能為組織帶來成功。

資料來源：
彭振宣，觀點投書：宏達電股價爆跌的關鍵問題，風傳媒，2015 年 6 月 21 日。

自我省思

你的領導優勢在哪裡？

要能有效發揮長處才能成為優秀的領導者，你知道自己的領導優勢在哪裡嗎？請以 1 至 5 的評分回答下列問題，以評估你的領導優勢。

1＝從不　2＝很少　3＝有時　4＝通常　5＝總是

1. 我以建立高度凝聚力團隊的方式領導。　　　　　　　　　　　　　　　_____
2. 我以創新與產生新構想的方式領導。　　　　　　　　　　　　　　　　_____
3. 我以利用自己具專業的方式領導。　　　　　　　　　　　　　　　　　_____
4. 我以透過建立信任與有效溝通關係的方式領導。　　　　　　　　　　　_____
5. 我以授權他人的方式領導。　　　　　　　　　　　　　　　　　　　　_____
6. 我以指導並教導的方式領導。　　　　　　　　　　　　　　　　　　　_____
7. 我以專注於系統與流程的方式領導。　　　　　　　　　　　　　　　　_____
8. 我以創造遠景並激勵他人達成遠景的方式領導。　　　　　　　　　　　_____
9. 我以專注於最終目標或任務的方式領導。　　　　　　　　　　　　　　_____
10. 我以鼓勵他人嘗試與承擔風險的方式領導。　　　　　　　　　　　　　_____

根據你的回答，你是否瞭解自己的領導優勢？

緒論

到目前為止，本書已討論策略與組織的設計，以及領導者或管理者在其中所扮演的角色。為了達成策略目標，領導者必須設計組織、激勵其下屬及監督組織的各項活動，以確保組織成員共同努力達成目標；但領導者應如何領導？他應該知道哪些事及如何提高效能？

領導是指如何帶領自己與他人一起努力達成共同的目標。某些人精通此領導的概念，而且得心應手，但仍有許多人無法激勵部屬達成共同目標。由於領導就像是魔術一樣，讓我們很難精確地說明造成這種差異的原因，但近幾年來，學者嘗試破解魔術的密碼，並描繪領導者如何成功的過程。

領導的相關研究無法提供所有的答案，且多數研究得到的是相互衝突的理論，但這些衝突主要是對領導能力從何而來的爭論，其中一個具體的問題是：領導者是與生俱來或後天養成。雖然我們很容易可以瞭解

領導者是天生的,但許多人仍相信所有人都可以成為領導者,只要能瞭解要做些什麼及如何做,即能發展領導技巧與行為。

另一個兩極化的問題是,領導是一種普遍現象 (universal) 或權變現象 (contingent),主要的爭論在於一位優越的領導者是否能在任何情況下領導任何的組織?或有效的領導是因為具備適當能力的人在適當時間執行適當的專案?例如,《時代》(TIME)、《生活雜誌》(Life) 及《運動畫刊》(Sports Illustrated) 雜誌的創辦人亨利‧魯斯 (Henry Luce),在現今的媒體文化中能否成功?伊麗莎白‧克萊伯恩 (Elisabeth Claiborne) 對職業婦女的流行概念能否引發新世代職業婦女的共鳴?麥當勞的創辦人克羅克在現今注重健康養生的競爭市場中能否成功?或這些領導者只能在他們的年代中成功?

領導理論的最後一個爭議點是,滿意度與績效之間的爭論,亦即領導者的主要角色是獲取優越的績效,就算是犧牲員工的福利仍必須以績效為考量?或者一個領導者所做的每件事都為了讓他的部屬快樂?

雖然前述的各項理論好像是對立的,但其實它們是一體兩面的。在現實情況中,領導是所有面向的結合。領導者是與生俱來且亦可能是後天養成,儘管一些人擁有較多與生俱來的能力,但每個人都擁有領導的潛能,這些潛能可以透過練習與經驗而激發出來。成功的領導者也是多功能的,他們可在各種情況中運用不同的作風與方法,而且必須能同時為組織帶來績效,並讓員工滿意。

本章討論績效、滿意度、特徵、行為與情境理論。讀完本章後,你將可建立有關領導的知識架構。以下有關稻盛和夫的個案,突顯許多成功管理者的重要面向,你可以思考他成功的方法,這些方法具有普遍性,或只適用於日本的情境?透過研究過去及現代成功領導者的模式,你將可學到什麼?

日本創業家:稻盛和夫

稻盛和夫是日本 20 世紀末最成功的創業家,1932 年,他出生於日本南方,在家裡的 7 個小孩中排行老二。雖然他的父母經營一家小型企業,但是因第二次世界大戰嚴重影響生意與生計,稻盛和夫的父親希望他國中後就開始工作,但稻盛和夫卻堅持讀完高中,甚至說服父親讓他讀完大學,並答應不會加重家中財務負擔。雖然在求學過程中遭遇許多困難,但稻盛和夫仍然堅持這條路,順利取得高中與大學學位後,進入一家製陶公司工作,並於 1959

年創立自己的公司——京瓷，那年他只有 27 歲。

為了創辦京瓷，稻盛和夫嘗試說服投資者並推廣他的構想，以使資金更充裕，但這些投資者因為他還太年輕，而有些懷疑。由於他的執著，最後終於獲得投資者的信賴，其中一位投資者說：「我看到了你的潛力，你有自己的哲學，那就是我要投資你的原因。」京瓷在 1959 年率先生產的產品是一種使用於電視機的陶製真空管，在上市的第一年就獲利。之後，該公司成功經營。在 2012 年，該公司的銷售額超過 145 億美元，員工數超過 71,000 人。在設立公司 25 年後，稻盛和夫創立 DDI (後來改名為 KDDI)，進入電信業。許多進入該產業的公司都必須與壟斷日本電信業的公司 Nippon Telegraph and Telephone (NTT) 競爭，但 KDDI 超越所有競爭者，在 10 年內成為日本長途電信的首選。在 2012 年，KDDI 的員工超過 19,000 人，營業額達 434 億美元。

能夠如此成功，似乎是稻盛和夫註定偉大之與天俱來的領導者特質，與影響其事業的環境因素無關。他的吸引力愈來愈強，數以千計的人希望能得到他的建議與合作。究竟是什麼原因能讓他克服困難而成功？為何這麼多人希望有他的影響和參與？他成功的主要原因是他的管理哲學，也就是由一些理想所形成的公司運作實務，這些不僅在其所有事業的運作上實現，更反映在他對生命的核心信念。

在京瓷成立的早期，稻盛和夫體會到必須建立管理哲學，以作為公司生存發展的指引。他從 27 歲開始培養建立觀點，並且在一生中不斷地淬鍊。稻盛和夫相信三件事：(1) 要快樂，人會被某種哲學或態度引導其人生；(2) 人必須做正確的事；(3) 人必須掌握自己的命運。他希望公司能培養這些價值，並希望所有員工共享這些觀點。

為了推廣他的哲學，稻盛和夫發展能培養這些觀點的文化，包括符號、傳統及口號，其中最有影響力的哲學是其成功的公式：人生的結果＝能力×努力×態度，其中能力與努力的分數介於 0 至 100，態度則介於 －100 至 100。此公式特別強調態度的重要性，無論你有多努力或能力多強，都無法克服負面的態度。員工對這家公司都非常認同，因為要成功不一定需要非凡的能力。他們相信只要努力工作並有良好的態度，就能快樂與實現抱負，以及掌握自己的命運。稻盛和夫亦在其公司推廣個人的座右銘——「敬神與愛人」。經過時間的累積，稻盛和夫將他的觀點整合成一本冊子，發給公司的每位員工，並在每週員工的聚會上，稻盛和夫會公開宣讀與討論這個「京瓷哲學」。

這些做法反映出京瓷的目標：刺激員工身體與心智的成長，並促進人類和社會的進步。稻盛和夫相信提供這些機會並加以實踐，能使企業成功。公司的管理者都信奉這個哲學，因為這個哲學能不斷地帶來良好的績效。董事長甚至說：「若我們必須在良好績效與哲學間做選擇，我認為我們必須先有哲學，才能為公司帶來良好的績效。」

這個哲學在京瓷運作得非常順利，但稻盛和夫在創立新公司 DDI 時使用一個更精簡的版本。由於這個哲學持續地產生良好的結果，使稻盛和夫更相信其力量。在合併 DDI 與其他公司 (成立 KDDI) 時，

稻盛和夫在事業的許多面向做出妥協，但堅持不放棄京瓷哲學，就算是夥伴公司的管理者懷疑其影響與力量，稻盛和夫仍堅持必須將京瓷哲學融入新公司的文化。

很明顯地，稻盛和夫是一個非常獨特的事業領導者，由於他的哲學激勵每個員工，而對公司有極大的影響。當你閱讀本章有關領導的各種不同面向時，可同時思考稻盛和夫如何反映出領導者的素質。

個案討論

1. 稻盛和夫的幼年及青少年時期的經驗如何影響其領導風格？
2. 稻盛和夫管理哲學的重點為何？它是一種有效的管理哲學嗎？
3. 為何建立組織文化是稻盛和夫領導行為的重要面向？
4. 你認為稻盛和夫是有彈性的領導者嗎？原因為何？

領導者

在我們討論領導 (leadership) 時，直覺上似乎會先探討偉大的領導者並觀察其特徵。例如，我們討論歐普拉‧溫芙蕾 (Oprah Winfrey)、布蘭森、李嘉誠、蓋茲、賈伯斯及稻盛和夫等企業領導者，似乎他們天生就具有創造非凡與影響他人達成共同目標的能力。這些偉大的領導者讓我們想起幾個問題：這些領導者像什麼？他們做些什麼？什麼事物使他們擁有如此強大的影響力？若我們把焦點放在偉大領導者的特質、技能及行為，並且試著找出共同的模式，或許能歸納出適用於各種情境的特性與風格，此即為領導相關研究人員所採用的第一個領導理論。

本節將討論有效領導之領導者的三個面向：首先，辨認領導的特質，即領導者與生俱來的特性與態度；其次，檢視領導者的技能，即分析並回應各種情境及與他人互動的能力；第三，討論領導行為，即領導者在他人面前展現的特定行為。在描述這些研究的領域後，我們會提到魅力領導理論 (charismatic leadership theory)。

誰是領導者？特質與技能

近一個世紀以來，研究人員將焦點放在領導者，並檢視其特質 (與生俱來的個人特質) 與技能 (後天學來的能力)，試圖回答領導的相關問題。利用這種方法，研究人員試圖建立一套不只能解釋可觀察的領導模式，亦能辨認萬能領導者 (具有在各種情境下領導之能力的人) 特質的

理論。雖然這些研究是有爭議的，但卻能提供對於個別領導者特質的一些重要觀點。

前述這種方法稱為**「偉人」理論 ("Great Man" theory)**，是一種透過檢視被認為是歷史上偉大領導者的個人特徵與特質以解釋領導的理論。此理論認為人類歷史事件可以用部分的人之領導來解釋，如馬基維利 (Niccolò Machiavelli)、華盛頓 (George Washington)、林肯 (Abraham Lincoln) 及拿破崙 (Napoleon Bonaparte)；他們都掌握追隨者的想法，並對大眾有深刻的影響。剛開始，研究人員相信這些領導者擁有與生俱來的非凡特質，並且出身於不平凡的家族。雖然這些理論並沒有存續很長的時間，但卻引導出另一個較普遍的**特質基礎的領導理論 (traits-based leadership theory)**，它是一種試圖展現一組適用於所有領導情境之特質與技能的領導理論。

> **「偉人」理論**　一種透過檢視被認為是歷史上偉大領導者的個人特徵與特性以解釋領導的理論。

> **特質基礎的領導理論**　一種試圖展現一組適用於所有領導情境之特徵與技能的領導理論。

領導者最重要的共同特質是自信。由於對自己的能力與技能有強烈的信心，因此領導者更能承擔責任，並獲得他人的信任。危機事件帶來許多外部環境和組織未來的壓力與不確定性。例如，在 1982 年芝加哥地區發生數起服用泰諾 (Tylenol) 死亡的事件，嬌生 (Johnson & Johnson, J&J) 受到大眾極大的責難與政府的壓力，要求將所有商店貨架上的泰諾下架。在這個危機中，嬌生的執行長詹姆斯‧柏克 (James Burke) 堅守其公司的信條 (對病患、醫生、社會及股東之承諾的文件)，為了挽回大眾的信賴及堅持公司的核心價值，並協助嬌生度過可能的大災難，柏克做出重大的決策，即在大眾全程的監督下回收所有的泰諾產品，讓社會大眾認知到嬌生是全世界最值得信賴的品牌。像柏克這種有信心的領導者，能克服這類危機事件，並面對不確定性做出正確的決策。

有效領導者的另一個共同特質是創業精神，經由展現堅持及承擔風險的意願，領導者在面對阻礙時仍能堅持不懈。有趣的是，具有創業精神的領導者通常也具有高度的自信，因為創業精神需要領導者對其分析情境與解決問題的能力有高度的信心。偉大領導者的其他特徵，包括健康的身體及強烈完成任務的動機。雖然這些特徵是檢驗領導者的重要因素，但用來評估領導是否有效仍不夠，本章後續將再介紹許多影響領導的重要因素。

➥ 領導技能

除了領導特徵外，研究人員亦辨認出一組可經由學習而獲得的有效領導之核心技能或能力，包括**認知技能 (cognitive skills)**、**技術技能 (technical skills)** 及**人際技能 (interpersonal skills)**。認知技能代表領導者有效地瞭解內部與外部環境、利用推理制定決策及溝通的能力；技術技能代表領導者對有關組織與工作相關活動的知識；人際技能則代表領導者與他人互動的能力；其中技術和人際能力可透過經驗與實作而養成。

認知技能可讓領導者蒐集與處理大量的資訊、發展適當的策略、解決問題及制定正確的決策。例如，三星 (Samsung) 電子公司董事長 1990 年代早期參觀洛杉磯的電子商店時發現，美國人將韓國的電子產品視為廉價商品。回到韓國後，他開始在創新設計上做大量投資，同時展開密集的行銷活動，以塑造三星是一家進步的電子製造公司的形象與聲譽。因此，三星引發 17 個韓國品牌及 44 個台灣品牌在研發上大量投資的趨勢；他的小小體認，帶動整個產業在創新上的投資，甚至使三星在 2008 年獲得 32 個創新與設計獎。這個例子說明，只要領導者體認到環境的局勢，即能指引相關活動，讓組織邁向成功。

技術技能可分為兩類：某個領域或活動的專門技術及有關組織或產業的知識。對有效的組織基層領導者而言，他們必須精通部屬所使用的方法、流程及設備。此點對高科技的環境特別重要，因為在這類環境中，信任與信賴高度依賴科技的專門技術。雖然技術技能可以透過教育而獲得，但經驗通常比正規訓練更重要。領導者有關組織的知識，包括規則、結構及管理系統，可以提升領導者排列資訊之優先順序與制定決策的能力。

除了須擁有高度的認知與技術技能外，領導者亦須發展其人際能力。人際技能在許多優越領導者身上都可以觀察到，包括有效溝通與社交能力。領導者會利用符號、口語及非口語溝通，以進行具有影響力之表達的能力，可以提高其發展與部屬、同儕、上司及組織外部人員間合作的能力。擁有強大人際網絡的領導者，更容易獲得他人的合作與化解衝突。社交能力包括領導者察覺他人和行為與動機相關之態度、價值觀與信念的能力；經由瞭解這些複雜的人際動態過程，領導者更能有效地建立團隊認同、影響他人、分享共同利益、促進團隊合作及提升團隊意識。

認知技能 領導者有效地瞭解內部與外部環境、利用推理制定決策及溝通的能力。

技術技能 領導者對有關組織與工作相關活動的知識。

人際技能 領導者與他人互動的能力。

性格 在各種不同情境驅動行為的核心價值與基本信念。

領導者的能力通常是其認知、技術與人際技能的綜合體。除了這些能力外，追隨者也會考慮領導者的**性格 (character)**；性格代表核心價值與基本信念，是一種在各種不同的情境中驅動個人行為的因素。這個議題在本書的其他章節會有較深入的討論，本章強調正直與負責兩個重要的領導者性格特徵。具有高度正直的領導者會奉行一組原則，因而產生信心、贏得尊重，並獲得忠誠。從許多方面來看，京瓷哲學讓稻盛和夫展現其對員工的承諾，並獲得其員工尊重，同時也作為整個組織內其他領導者的標準。對稻盛和夫而言，領導的責任超乎利潤，它有一個更高的目標，此即改善生活。近年來，發生許多公司醜聞、有爭議的緊急援助及政治犯罪等事件，使得大眾會用放大鏡來檢視領導者的性格與正直，造成稻盛和夫的方法相對其他陷於這些醜聞的領導者顯得更加突出。

領導者做什麼？行為

特質代表誰是領導者，而行為代表領導者做什麼。從 1950 年代開始，行為理論在特質基礎理論後興起，並透過檢驗領導者的真實領導工作與活動，為領導理論增加新觀點。透過探討特定行為的效能，行為理論讓我們對領導有更完整的理解。領導的普遍概念是每個領導者都有一種外顯的**領導風格 (leadership style)**，即領導者在各種情境下所採用的行為模式。例如，士官長是形容帶部隊的領導風格，而慈善家通常描繪隨時奉獻的領導者。

領導風格 領導者在各種情境中的行為模式。

大多數的書籍與雜誌會討論無數種領導風格，但研究人員發現領導風格起源於兩大類的行為，即領導者會從事促進任務達成，或培養有效關係的行為。這兩類行為未必是相互獨立的，或亦即領導者不一定只會採取一組行為，此兩者之間會以複雜的方式互動。事實上，領導者必須在組織績效標準及部屬關係上取得均衡。

➥ 聚焦於任務

任務導向行為 專注於用有效與可靠的方法達成任務的行為。

專注於以有效與可靠的方法達成任務的人即展現出**任務導向行為 (task-oriented behavior)**；完全任務導向的領導者關注群體的目標，並思考如何達成這些目標。主要的任務導向行為包括：

- **進行短期規劃**。領導者負責決定需要做什麼、誰來做及何時應完

成。為了確保組織有效率運作,領導者必須排列目標與策略的優先順序、指派責任、安排活動與配置資源,所使用的工具包括書面計畫、預算及員工會議。

- **闡明角色與目標**。領導者必須確認其部屬完全瞭解組織對他們的期望及如何達成其任務。為了有效協調整合各項活動,領導者必須溝通計畫,並設定每項任務的期望。
- **監督運作與績效**。在企業中,領導者必須對其單位工作的數量與品質負責。為了確保部屬以正確的方法工作並產生良好績效,領導者必須觀察工作狀況、閱讀報表及檢查品質。這些活動包含許多前面章節所介紹的內容。

雖然研究顯示,任務導向行為與部屬的績效有高度相關,但這些行為對部屬的工作滿意度並沒有貢獻,甚至可能會降低工作滿意度。

➥ 聚焦於人

關係導向行為 (relations-oriented behavior) 與任務導向行為是互補的關係,其特性是關注人際關係、員工人性的價值,以及對單位的高度承諾與其使命。主要的行為有三類:

> **關係導向行為** 專注於人際關係、員工人性的價值,以及對單位的高度承諾與其使命的行為。

- **支持部屬**。透過對他人的需要與感情,領導者可以建立並維持有效的關係、增加滿意度,以及和部屬形成情感的連帶 (ties)。當領導者展現出體貼、接受、友善與關心他人時,其會影響部屬的自信心、對領導者的信任及對組織的承諾。
- **開發部屬**。為提升員工的能力及在公司的地位,領導者可以指導部屬,成為良師益友,或給部屬職涯的建議,亦可將部屬視為同輩,並鼓勵他們以創新的精神解決問題。當領導者展現這些行為時,即能促進相互合作的關係、更高的工作自主性及快速升遷。
- **認同工作**。員工需要感受到別人感激他的辛勤工作,因此領導者必須給予讚美,並對部屬展現感激其對組織或群體的貢獻。

關係導向行為的其他利益尚包括:較低的離職率、高度的工作動機、更具創意、更加自律、更可能長期成功、較強的承諾及較強的忠誠度。

管理方格

> **管理方格** 一種二維的方格，呈現領導者任務導向與關係導向的不同程度，可產生特定的領導風格。

管理方格 (managerial grid) 是在 1960 年代發展出來的 (如圖 12.1 所示)，目的是整合任務導向與關係導向行為。雖然許多研究人員相信，任務導向與關係導向行為分別位於同一條連續帶的兩端，但多數的理論顯示領導者都會展現出各種行為類型，只是程度不同，因而形成各種領導風格。根據這種說法，領導風格的特性視各種行為展現的程度而定。

許多因素會影響或限制領導者所能展現的風格。例如，組織可能有很多規則和要求，用來限制管理者的某些行為；其他如管理者的價值觀與信念，可能影響他如何對待他人與如何管理結果的想法。例如，若領導者認為達到高品質比符合時間規定更重要，就不可能展現催促交貨的行為，結果可能降低整體績效。最後，領導者的個人經歷與知識也會影響其風格。雖然大部分的領導者在不同情境與任務中會展現出不同的風格，但每個領導者都有一個主要的風格，可以讓他感到最自在，但可能在壓力下不會展現出來。

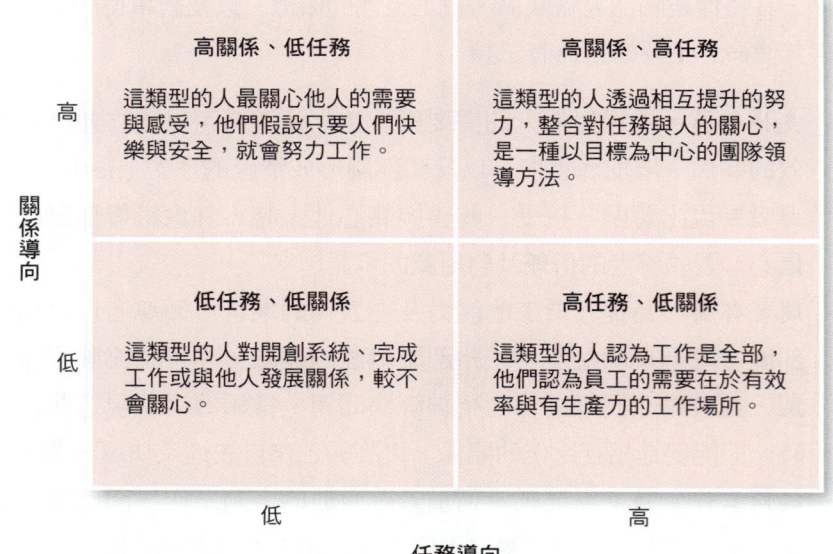

	低任務	高任務
高關係	**高關係、低任務** 這類型的人最關心他人的需要與感受，他們假設只要人們快樂與安全，就會努力工作。	**高關係、高任務** 這類型的人透過相互提升的努力，整合對任務與人的關心，是一種以目標為中心的團隊領導方法。
低關係	**低任務、低關係** 這類型的人對開創系統、完成工作或與他人發展關係，較不會關心。	**高任務、低關係** 這類型的人認為工作是全部，他們認為員工的需要在於有效率與有生產力的工作場所。

(縱軸：關係導向，橫軸：任務導向)

資料來源：Adapted from Mindtools, Ltd., "Blake Mouton Managerial Grid," 2008, www.mindtools.com/pages/article/newLDR_73.htm, accessed September 10, 2008.

圖 12.1 管理方格

魅力型領導者

特徵與行為觀點考慮領導者的許多特性,但這兩種理論都無法解釋為何有部分領導者會受到尊敬,甚至受崇拜的原因。接著,我們開始探討魅力理論。理論發展的初期,認為魅力型領導者 (charismatic leaders) 是一個具有特殊個人特質,能在危急關頭提供激勵人心之觀點的人。利用非凡的特性與能力,魅力型領導者可以激起追隨者強烈的情感依附。這類領導者不是提供物質上的誘因或威脅性的處罰,而是給予人類生存的意義與精神上的目的。然而,現代的觀點採取較務實的做法,根據修正後的理論,領導者不是一個給予追隨者難以形容之效果的超人,他們只是展現一組特定的特徵與行為,經由共同運作而產生讓人覺得他們與生俱來擁有難以形容能力的印象。非凡的領導力 (charisma) 不是與生俱來的特性,而是社會環境所創造的;易言之,非凡領導力是權力的一種來源,是由他人給予,亦是由社會所建構。

根據這一系列的研究,領導者若能激發超越追隨者期望的績效、改變追隨者的基本信念、引導奉獻與忠誠、喚起激動及說服追隨者放棄個人利益達成共同目標者,即可認為具有非凡領導力。若領導者展望完全不一樣的未來、採用非傳統技術、推動實際可行的變革及激發追隨者高度的溝通技能,亦可視為具有非凡領導力。賈伯斯是一個能以熱情說明未來的景況,而同時激起蘋果員工與顧客熱情的領導者。他聚焦在技術的精密性與藝術感,蘋果產品的創新設計能讓公司運作超越任何人的期望。《時代》雜誌的專欄作家列夫・格羅斯曼 (Lev Grossman) 對蘋果獨特的方案做出評論:「大多數的高科技公司通常聚焦在一個或兩個部門,但蘋果一次全部做到。蘋果製作自己的硬體,製作自己的作業系統,並設計專屬的程式,也製造能連接所有事物的消費性電子工具……。有任何人能像蘋果一樣嗎?若你是持傳統的觀點,則蘋果做錯了,一次做所有的事,可能沒有一件可以做好……但是這家公司給我們過去 30 年來的三項重大創新:Apple II、麥金塔 (Macintosh) 及 iPod。」iPhone 亦加入智慧型手機的行列。蘋果的成功,有很大的部分是來自賈伯斯的遠景與魅力,他激勵員工突破自己的能力,並激發顧客對蘋果有更高的期待。

魅力型領導者 透過激勵人心之觀點與/或令人讚嘆的個人屬性以喚起強烈追隨的領導者。

➥ 魅力型領導者的模式

　　魅力型領導者對自己的能力非常有自信，願意承擔個人風險，且通常會以高道德標準運用其權力，以達成社會利益。這些特徵會透過行為來展現，最重要的是創造令人信服的遠景。在創造遠景之後，魅力型領導者會透過強而有力的比喻、象徵及隱喻的方式與他人溝通，利用眼神的接觸、姿勢、活力與語調以激勵他人，以及透過演講與更親密的接觸，領導者會激發追隨者採取主動的精神。若領導者對追隨者的能力表現出具有信心，追隨者會感受到更有能力完成任務與達成遠景。馬丁‧路德‧金恩 (Martin Luther King, Jr.) 的「我有一個夢」演說，即是近代有關遠景演說的最佳實例。

　　成功的領導者會透過表達對他人高度的期望、言行一致及授權他人達成遠景，以建立動力與獲得支持。同理心可以提高信任，因為它能讓追隨者感受到領導者關心他們的利益，進而強化與領導者的情感連結。在追求遠景時，領導者展現出願意承擔個人風險並犧牲自我，亦能藉以建立信任。整體而言，魅力型領導者的三個目標是展望 (envision)、移情 (empathize) 與授權 (empower)，這三項工作若能協調整合，魅力型領導者即能引發信任、影響力、情感依附及信心。

　　然而，魅力型領導者亦有其黑暗面，並非所有領導者都是正面的榜樣，少數領導者並不信奉社會影響力，而是自戀、自我擴張及剝削；他們不會開發追隨者，而是讓追隨者退縮；不會訴求具社會價值的價值觀，而是推廣毀滅理想以獲取權力，並分化人群。雖然具有這些特性，但他們的權力仍不斷地提高。因此，存在一個明顯的問題是：這些人如何吸引追隨者？難道理性的人們不會發現這些領導者的基本動機，並在這種領導產生威脅或違背道德時拒絕？雖然答案應該是肯定的，但這種情境脈絡在讓這些領導者膨脹其權力上扮演重要角色。

　　魅力型領導者通常在危急時機提高權力。當追隨者承受心理的痛苦及對現狀產生覺悟時，領導者較容易獲得對與現狀有很大差異或比現況更好之遠景的支持。因此，追隨者會被美好未來的諾言所遮蔽。在這種情況下，許多領導者會利用情境的優勢，推廣所提出的議題。

領導者與追隨者

本章第一節所提的領導理論主要聚焦在領導者。雖然領導者的特徵、技能及行為能解釋領導的許多觀點，但卻忽略了領導的另一個重要架構：追隨者。事實上，領導是領導者與被領導者間動態的互動關係，領導者被追隨者影響的程度和追隨者被領導者影響的程度是一樣的。

轉換型領導理論

轉換型領導 (transformational leadership) 是該領域中最普遍與大量研究的概念之一，其定義是一組領導者用以使其組織與個人轉變或改變得更好的行為。轉換型領導者受到強烈的道德規範及義務的知覺，影響追隨者朝向共同遠景，並達到超乎預期的成果；此乃學者透過觀察非常成功的執行長及管理者而發展這套理論。雖然轉換型領導聽起來與魅力型領導很相似，但它們之間有很大的差異。例如，學者主張轉換型領導適用在組織所有階層，而不只適用於最高階。

> **轉換型領導** 一組領導者用以使其組織與個人轉換或改變得更好的行為。

➡ 轉換型領導的構成要素

轉換型領導者聚焦於變革過程，他們認為有效領導是在快速變動的科技、社會及文化變動的過程中產生。學者根據對成功的轉換型領導者的訪談，辨識出一種適用於組織所有階層領導者的共同模式：轉換型領導者透過激勵追隨者犧牲個人利益與個人目標，達成群體利益與目標，讓追隨者有高度被需要的感覺。轉換型領導者的特性如下：

- **魅力與遠景**。魅力是轉換型領導的必要條件，但對開啟轉變的過程而言並非充分條件。魅力如同前述的許多特徵與行為，但變革領導更強調提出遠景、激發自尊心，並獲得追隨者的尊敬與信任，以產生對領導者強烈的情感依附。激發共同遠景亦是領導最重要的面向之一，因為它可以增加行動的意義、喚起情感，並激勵追隨者。

- **鼓舞人心的行動方式**。為了激勵追隨者追求遠景，領導者必須獲得高度的信任，這需透過維持高道德標準及作為這個遠景的角色模範才能達成。人們信任的領導者是在面對壓力時，能與他們溝

通其價值並保持正直,基本上他們信任的領導者是可以預期的。人們對其領導者更信任,領導者更願意承擔個人風險、帶動變革及改善組織。

- **心智的刺激。**尊重對領導者非常重要,獲得別人尊重的方法是先尊重別人。在心智刺激的脈絡中,領導者激發追隨者自我省思,並以超乎現有能力的方式發展解決問題的途徑,因此追隨者有能力解釋問題,並產生解決問題的方法。最重要的是,鼓勵別人挑戰構想。由於自動地挑戰群體的信念,使得轉換型領導者能激發創意與創新,但這種好處只有在相互信任與尊重的環境才會發生。為了創造這種環境,領導者應公開地對其假設提出質疑、重新建構問題,並用新方法解決舊狀況。

- **個人化的考量。**如同特徵與行為基礎理論,轉換型領導的重點之一是個人化的考量,即領導者努力瞭解每一位追隨者之成就、成長及支援的需要,並持續不斷地開發追隨者的能力。領導者可透過主動傾聽、指派任務及監督結果,協助個人成長並達成目標。

轉換型領導者具有可帶來比其他類型領導者更佳結果的能力,其中最重要的結果是這類型的領導者可以影響其追隨者超越自利心,並奉獻自己,以完成不可能的任務。

領導發展之旅

羅伯特・奎因 (Robert Quinn) 提出「基礎的領導者」(fundamental leaders) 一詞,用以描述透過變革領導將組織績效最佳化的個人。在基礎的狀況中,領導者是:

- 透過追求具有野心的新結果達成以成果為中心的績效。
- 根據其價值觀行事作為內部的指引。
- 經由將集體利益列為優先,並以尊重他人為重點。
- 開放心胸藉以從環境中學習,並對改變做出調適。

領導之基礎狀況的省思:

1. 在領導的基礎狀況中,組織的推動力是什麼?
2. 在領導的基礎狀況中,績效如何最佳化?
3. 你認為怎樣才能更頻繁地進入領導的基礎狀況?

交易型領導理論

魅力型與轉換型領導理論說明在情感喚起脈絡及激勵追隨者超越期待的領導，交易領導則描述一般管理情境中簡單過程。**交易型領導 (transactional leadership)** 是領導者提供某些部屬想要的事物作為報酬的過程。例如，管理者允諾以升職作為努力工作與高品質產品的報酬；在政治上，官員可能會舉辦活動以作為選票的酬謝。回想第 10 章，這類型交易是績效管理的重要組成要素。

> **交易型領導** 一種領導者提供某些部屬想要的事物作為報酬的過程。

➥ 交易型領導的構成要素

交易型領導者通常較關心效率而非創新，因此他們偏好設定目標，並指派工作以達成這些目標。**有條件的報酬 (contingent reward)** 及**例外管理 (management-by-exception, MBE)** 是交易型領導兩個最重要的構成要素，其中例外管理尚可細分為主動的 (active) 例外管理及被動的 (passive) 例外管理。MBE 是一種領導方法，包括被動或主動，其描述領導者介入部屬工作，促使部屬更加努力以達成績效標準。與交易型領導相關的活動尚包括許多任務導向的行為，例如，設定組織目標、列舉詳細的步驟、分配資源、組織與分派工作，以及監督結果來解決問題。

> **有條件的報酬** 領導者與部屬間的交換過程，由領導者提供報酬以換取部屬的付出。
>
> **例外管理** 領導者以被動或主動方式介入部屬工作，以提高部屬努力達成績效標準。

- **有條件的報酬**。即是軟硬兼施 (carrot-and-stick) 的方法。有條件的報酬是領導者與部屬間的交換過程，由領導者提供報酬以換取部屬的付出。領導者提供的報酬包括有形事物與精神層次，前者如薪資、選票及升遷，後者則如信任、承諾及尊重等；其中後者在交易型領導較少見，通常較屬於轉換型領導的特徵。為有效使用有條件的報酬，領導者必須瞭解追隨者最想從工作中得到什麼，是薪資、升職或其他？且要知道能否給予部屬這些事物？例如，某些員工較在意薪資，而某些員工則可能較在意工作的文化。我們將在後續的章節深入討論激勵的驅動因素。

- **主動的例外管理**。採取主動例外管理的管理者會持續地監督員工，以確認他們符合標準與避免錯誤。若部屬背離預設的績效目標，管理者便會立即採取行動以達到正確的績效。主動例外管理的形式從正面增強 (提高自尊及長期成就) 到負面批評。在員工開始工作前，領導者必須說明對績效的期望，這有助於避免模糊與建立信心。

- **被動的例外管理。**主動的例外管理是持續地監督,而被動的例外管理是在部屬的表現低於期望時才會採取修正行動。被動例外管理會盡量避免太過細微的管理,讓部屬能更自主地工作。因此,部屬會從錯誤中學習,且更能獨立作業。雖然這種方式在短期可能是一種高風險的策略,但在長期會顯得更有效。管理者必須權衡情境的緊急程度及部屬的能力,以決定採取何種 MBE 的風格。例如,老闆給予高度壓力及部屬能力較低時,可能較適合採用主動的 MBE 方法。

➥ 結合交易型與轉換型領導

雖然交易型領導者的相關活動在上一個世紀已被廣泛採用,但它可能會限制組織績效及個人超越預期的能力。雖然透過報酬與努力的交換,員工會努力達成目標,但在達成目標後,其努力與承諾即可能下降。當員工對其工作產生情感性的投入,才可能持續不斷地超越預期。在這種情況下,員工不再是為了物質報酬而工作,也會追求自我滿足及自尊。簡單來說,交易型領導難以激勵追隨者完全發揮潛能,但也不代表我們可以忽略交易型的方法;事實上,它是組織領導中的必要條件。

好的領導者會同時展現交易型與轉換型領導行為,因為交易型領導者發展秩序、維持效率及產生一致性的結果,而轉換型領導者則透過導入情感性元素來提高績效。交易型領導者利用現有的架構來產生結果,而轉換型領導者會改變架構,並追求新機會與避免危機。轉換型領導者會灌輸對責任的認知、說明更高層次社會善因的願景及激發追隨者的心智,能與其部屬建立較佳的關係,而產生較高的滿意度與績效。例如,亨利‧福特即是兼具交易型與轉換型的領導者,他給予員工高工資 (每天 5 美元),同時採用嚴格的規則與程序積極地控制員工;亦透過採用生產線及僱用身心障礙員工,使汽車產業發生變化。

領導者—成員交換理論

轉換型與交易型理論主要探討領導者利用鼓舞或報酬的方式激勵員工追求組織目標,而**領導者—成員交換 (leader-member exchange, LMX)** 理論則深入探討領導者與追隨者間的真實關係。在 LMX 理論出現以前,所有的領導理論都隱含著領導者對其領導的所有成員展現相同的特徵、行為及風格,亦即對所有追隨者採用相同的領導風格。但 LMX 挑

> **領導者—成員交換** 一種領導者針對每位追隨者有不同對待方式的方法之理論,結果領導者會與每位成員發展獨特的關係。

戰這個假設，而認為領導者對待每個成員的方式不同，因而與每個追隨者會發展出獨特的關係。

當領導者與部屬一起工作時，會定義每一個人的角色，會相互發展出高度交換或低度交換的關係。由於時間限制與工作職責，領導者只能與少數主要成員發展高度交換的關係，其他成員則只透過正式職權、規則及政策管理，結果會形成兩種群體：圈內人 (in-group) 與圈外人 (out-group)。

圈內人與圈外人

領導者和圈內人與圈外人的不同關係反映出本章所提的雙重性 (duality)：某些領導者優先建立較緊密的人際關係，其他領導者則僅會維持能讓工作順利執行的結構化環境。然而，領導者不會只展現一種領導風格，通常會兩者兼具。如同轉換型領導者與關係導向行為，高度交換關係具有相互信任、尊重與承諾的特性。領導者可以透過給予較大的自主權、更多影響力及更多的支持，而獲得部屬的承諾。

當部屬成為圈內人時，會分配到較有趣的任務，承擔較多的責任與權力，獲得較多的有形報酬，如升遷或晉級。這些圈內人在工作上也可能獲得較多的資源，進而有助於提高其影響力與晉升。前述這些利益會與圈外人形成強烈的對比。圈外人的相互影響力通常很低，這類的部屬遵守正式規範，且只接受命令做事，結果只能獲得工作的基本報酬。

在高度交換關係中不僅是追隨者獲益，領導者亦能從互動中獲利，因為這些成員願意在工作上付出超過其職務的義務，使得領導者能更有效率地完成更多工作。在高度交換的關係中，部屬會以尋求創新的方法達成群體的目標，且花費更多時間溝通，使得他們之間的相互依賴會高於圈外人群體。由於這些部屬努力工作，並對任務付出更高的承諾，因此他們相互之間的關係會轉換成具有高度相互依賴、忠誠及信任的特性。也因為如此，整個組織的離職率會降低，且有較佳的工作態度及較高的參與感。

雖然高度交換關係的利益非常明確，但領導者通常只能與少數人建立這種關係，因此部屬間可能相互競爭以爭取進入領導者的圈內人。表 12.1 說明有助於追隨者進入圈內人的活動。表面上，這種領導方式好像不公平或歧視；基於這個理由，LMX 發展出一套關係生命週期理論，以描述對所有部屬公平對待及機會均等的概念。

表 12.1　圈內人的發展過程

發掘你的期待	支持領導者變革的努力
主動處理問題	在適當的時機展現感激
向上司報告你的決定	詳細說明以挑戰有缺點的計畫
向上司證實資訊的正確性	在適當的時機提供指導
鼓勵從上司獲得真誠的回饋	以協商的方式擴大責任

➜ 關係生命週期

> **關係生命週期**　領導者和追隨者經歷陌生階段、熟識階段，以及成熟夥伴階段的過程，領導者決定追隨者成為圈內人或圈外人。

關係生命週期 (relationship life cycle) 是由 LMX 研究人員所發展，主要目的是促進更公平的領導及改善組織整體績效。在觀察領導者所培養的各種不同關係後，研究人員發現 LMX 關係是角色扮演過程的結果。雖然領導者會提供部屬提高責任與技能的機會，但領導者也會評估他們所扮演的角色能否被接受。領導者除了評估成員的特性與行為之外，亦會推動 LMX 過程的關係型態。這種角色扮演的過程包含以下三個階段：

1. **陌生階段** (stranger phase)。在第一個階段，領導者與部屬開始認識對方，他們的互動是正式且基於組織政策，此時領導者依靠規則與契約責任來激勵績效。在這個階段中，主要是交易型領導，部屬聽從領導者以交換經濟報酬。若領導者在陌生階段看到部屬的潛力，會將關係提升至熟識階段。

2. **熟識階段** (acquaintance phase)。第二個階段是測試階段，從領導者提供部屬增加其在群體內的責任開始，而部屬必須接受關係中的新角色，才會進入這個階段。由於承擔更多的責任，部屬與領導者無論在工作或私人層面會分享資訊與資源，此時雙方都會互相評估對方的動機與利益。領導者會測試部屬承擔更多責任的能力，而部屬則會評估是否值得為領導者付出額外的努力與承諾。當領導者—部屬的關係品質進一步提升，成員會開始犧牲個人利益換取群體利益，且開始發展相互的信任、尊重與忠誠。在熟識階段可能發生下列兩種情況之一：追隨者不符合領導者的期待，或追隨者獲得足夠的信賴感與可靠性而進入成熟夥伴階段。

3. **成熟夥伴階段** (mature partnership phase)。此階段的特色是呈現出強烈的相互信任、尊重及責任。領導者與追隨者知道他們彼此互相依賴；部屬會執行許多額外的任務，領導者會給予額外的支持。

互動不再只是正式或契約規範，且成員參與具有相互影響和互惠特性的高層次交換關係；雙方放棄個人利益，共同對組織的使命與目標做出承諾。由於雙方都對對方有強烈的情感依附，因此領導者與追隨者可謂處於轉換型領導。

關係生命週期的發展會有不同速度與結局。隨著關係進展，追隨者會承擔更多責任，而領導者會提供一致、誠實且有建設性的回饋；追隨者會逐漸放棄個人利益而專注於相互的利益，且不再強調階層的關係。根據這些理由，學者強烈建議領導者應試著與所有部屬建立這種關係。領導者應給予所有部屬發展 LMX 關係的機會，不要因時間、偏好或便利性的限制而選擇圈內人，這種做法不只是為了提高工作績效、滿意度及創新，也可以獲得更公平的評價，提高部屬對領導者的信賴。

領導者、追隨者與情境

到目前為止，所討論的理論主要聚焦在領導者及領導者與追隨者間的關係。雖然領導者與追隨者的角色對瞭解領導理論非常重要，但他們互動的情境亦有相同的重要性。權變理論 (contingency theories) 的基礎是情境影響領導的互動與結果。易言之，不同的情境需要不同的領導風格。前面曾提及，領導是由兩個功能 (指導與支持) 所組成，但應採取哪一種則視情境而定。例如，大型公司執行長在新創的科技公司能否發揮效果？成功的創業家能否有效領導大型的官僚式組織？領導能力如何移轉？權變理論建立在過去的理論，主要探討這些問題，並展現情境領導的差異。

費德勒權變模型

由於以特徵為基礎及行為理論都無法解釋許多領導的互動，因此組織心理學家弗雷德・費德勒 (Fred Fiedler) 在 1960 年代提出領導的權變理論，通常稱為**費德勒權變模型 (Fiedler contingency model)**。根據此模型，各種情境都存在某些可能讓情境更有利或不利的一些變數。由於各種情境有利的因素不同，因此需要不同的領導風格。在深入探討之前，必須注意這個特殊的理論認為領導者無法改變其風格以適應特定的情境。費德勒建議情境必須改變以符合領導者，或領導者應替換以配合情

費德勒權變模型 一種權變理論，認為領導者因有利的領導情境而更具效果，其中情境可用領導者—成員關係、任務結構及領導者的職權來描述。

境,而非由領導者進行調整。

有利的領導情境是由三個變數所構成:領導者—成員的關係 (leader-member relations)、任務結構 (task structure),以及領導者的職權 (positional power of the leader)。領導者—成員的關係代表領導者與追隨者間的關係品質 (可能是好或壞),包括部屬對領導者的忠誠度。任務結構代表適用於完成任務之標準程序的程度 (可能是結構式或非結構式)。例如,製造工廠可能有許多標準程序,而設計公司則更具彈性,且需要創意以完成任務。最後一個變數是職權,代表領導者擁有評估績效,並給予獎賞或懲罰之權力的程度 (可能是強或弱)。

有利的領導條件,包括良好的領導者—成員關係、結構式的任務及較強的職權。當領導者與成員間的關係良好,群體對領導者的信心、信任及忠誠度較高,結果部屬較可能順從領導者的要求,且不會推翻領導者。在結構式的任務中,由於任務簡單且重複,領導者較容易給予指導與監督績效。他們可以清楚地展示,且正確答案的數量有限,可以提高領導者衡量與監督結果的能力。較強的職權意味著領導者擁有正式的權力可以聘任、解僱、提拔及懲罰部屬,因此擁有更多激勵部屬的工具。

赫賽與布蘭查的情境理論

由於費德勒的權變模型難以獲得領導學者的認同,因此保羅‧赫賽 (Paul Hersey) 與肯‧布蘭查 (Kenneth Blanchard) 發展出一套不同方法以解釋權變理論。赫賽與布蘭查相信領導者具有彈性,並有某種程度的能力調整其行為以更有效地領導部屬,而非認為領導者的領導風格固定不變。**情境領導** (situational leadership) 是基於以下因素的相互作用:(1) 領導者展現出與任務相關行為的總數;(2) 領導者展現出與關係相關行為的總數;(3) 追隨者能執行特定任務、功能或目標的成熟 (mature) 度。

前兩個類型已在本章探討過,但第三個類型則尚未提及。成熟度代表追隨者完成某項任務或活動的能力與承諾。高成熟度代表具有自信心及執行任務的能力,低成熟度則代表缺乏能力與自信心。領導者必須評估每位員工以確認其信心與承諾的程度,並調整對部屬的指導與支持,以符合其成熟度。隨著時間經過,領導者必須尋求建立部屬自信心與技能的機會,再根據部屬成熟度的提高而改變其領導風格。

赫賽與布蘭查檢視領導者的行為和追隨者的特徵,發展出一套行為

情境領導 基於以下因素的相互作用所發展出的領導理論:(1) 領導者展現出與任務相關行為的總數;(2) 領導者展現出與關係相關行為的總數;(3) 追隨者能執行特定任務、功能或目標的成熟度。

與成熟度量表。追隨者的成熟度可分成四個等級,領導者對這四種不同等級可採取適當的領導風格。圖 12.2 是一個二維的圖形,分別呈現追隨者的執行技能與達成優越績效之意願的程度;四個象限可分別採取最有效的領導風格。

最困難的領導位置是當員工有非常高的技能,但缺乏全力以赴的動機。在這種情境中,領導者必須提供支持以重新點燃部屬對工作或公司的熱情;若此舉仍無法帶來較佳的績效,則領導者可能須支持部屬尋找新的職位。一位缺乏熱情與承諾的人對組織的文化會有不利的影響,因此領導者應快速採取行動,讓員工移向較上層的象限,或者離開組織。

豪斯的路徑—目標理論

一般的權變理論試圖將領導行為與特定情境相比對,但**領導的路徑—目標理論 (path-goal theory of leadership)** 則採取不同的方法。根據組織學者羅伯特‧豪斯 (Robert House) 的論點,領導最重要的面向是追隨者相信自己有能力可以完成任務,且在順利完成後可以得到報酬與滿足。若追隨者相信他們可以完成某項任務,將會參與,因而能得到報酬與滿足。若他們不確定自己有能力可以完成某項任務,將不會參與。這個論點似乎與交易型領導類似,亦即領導者提供報酬以交換部屬的努

領導的路徑—目標理論
領導最重要的面向是追隨者相信自己有能力可以完成任務,且在順利完成後可以得到報酬與滿足的理論。

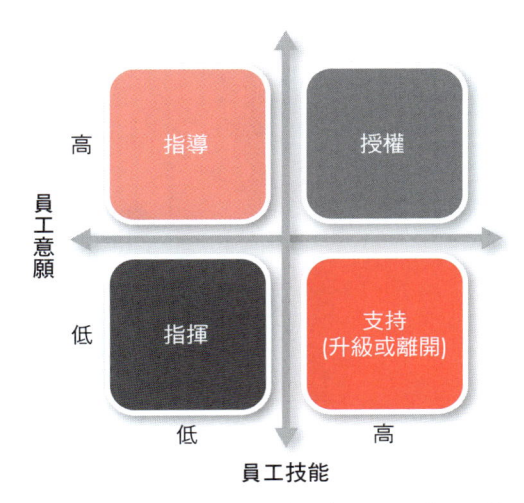

員工意願(高/低)、員工技能(低/高)四象限:
- 高意願/低技能:指導
- 高意願/高技能:授權
- 低意願/低技能:指揮
- 低意願/高技能:支持(升級或離開)

資料來源:Adapted from Paul Hersey, Kenneth H. Blanchard, and Dewey E. Johnson, *Management of Organizational Behavior: Leading Human Resources*, 8th edition (Upper Saddle River, NJ: Prentice Hall, 2001), pp. 174–187.

圖 12.2 領導風格與部屬特性的對應

力。但路徑—目標理論多了一項情境變數,即追隨者是否相信自己有能力完成某項任務,以解釋領導者如何喚起最佳的績效。

追隨者認為其完成任務的能力與獲得報酬的程度,視以下三個因素而定:(1) 任務的特性;(2) 追隨者的特性;(3) 領導者的行為。雖然任務的本質與追隨者的特性可提供某種確定性,但領導者必須給予情感上的支持及指導 (如圖 12.3 所示)。

任務可以區分為結構式或非結構式、重複性或多變性及簡單或複雜。追隨者可能追求其中任何一種,領導者必須指引部屬朝向領導者所想要的方向。部屬的特性是基於他們對結構性、控制的欲望及能力的信心所決定。許多追隨者偏好支援式的領導,而有些則較偏好結構式的任務。

領導者的行為可能是指導、參與、支持或成就導向風格,這構成工作環境的一部分,但領導者不可能同時採用前述所有的領導行為,有效的領導者會選擇最適合自己人格與能力的領導行為。例如,一個凡事「以完成工作」為重點的領導者,突然對部屬的家庭生活與個人話題有興趣,可能會讓人感覺很不自在,因此遇到需要領導者慰問的情況,可以委託組織內的其他人代表慰問。

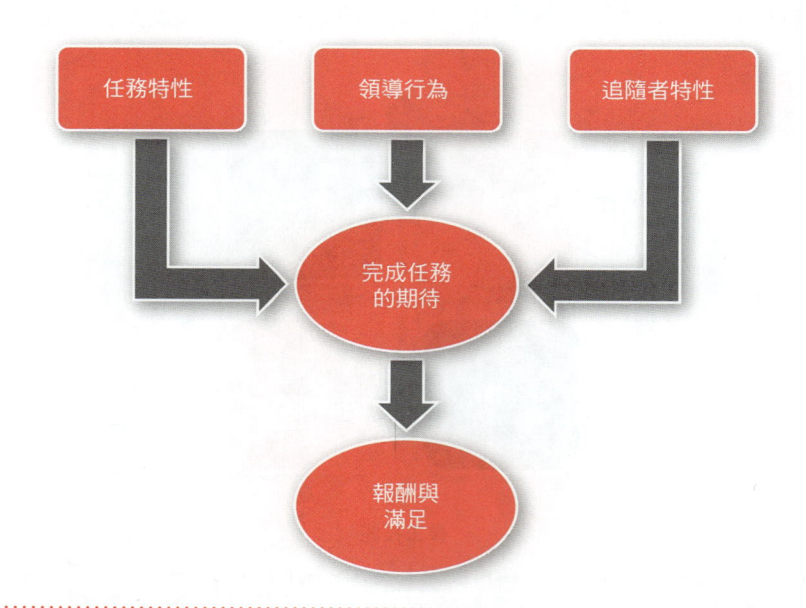

圖 12.3 路徑—目標理論的圖示

領導替代與中和

許多學者相信任務結構、追隨者特性及其他環境的面向可決定領導者的功能。更有學者進一步主張領導可以由工作設計、報酬系統及自我管理所取代；他們將這個概念區分為**領導替代 (leadership substitutes)** 與**領導中和 (leadership neutralizers)**，前者是指讓領導變得不需要之情境的觀點，後者則是指阻礙領導者以某特定方式作為之能力的觀點。此外，這些學者甚至主張領導並非一個真實現象，而只是追隨者所創造出來的一種歸屬物 (attribution)。他們假定特定的責任與特定的行為是由部屬給予具有領導者頭銜，但對群體的績效與滿足並沒有真實的貢獻。

領導替代與中和延伸自路徑—目標理論，提供有關領導者應如何作為以補足情境之特徵的更多論點。替代是一種讓部屬在沒有領導者以最適水準運作之情境的觀點。例如，若部屬對某特定任務有很豐富的知識及經驗時，沒有領導者的協助仍能完成任務。同樣地，如果組織有很嚴謹的行為規則，能提供達成結果的明確指引，則員工便能很容易地在某些限制下達成最適工作水準。

相反地，領導中和是限制因素，會阻礙或防止領導者擁有影響力。例如，組織的規則可能阻止領導者採取某些行為，如升遷或分配資源。實體的距離會限制領導者與部屬間的互動。例如，FedEx 是一家全國性的專業印刷服務公司，其地區經理可能無法提供新分店經理指導與個人的支援。可能的領導替代與中和列示於表 12.2。

> **領導替代** 讓領導變得不需要之情境的觀點。
>
> **領導中和** 阻礙領導者以某特定方式作為之能力的觀點。

表 12.2 領導替代與中和

類別	替代或中和	關係導向行為	任務導向行為
部屬特性	經驗、能力、訓練	N/A	替代
	專業導向	替代	替代
	報酬無差異	中和	中和
任務特性	結構化、例行任務	N/A	替代
	任務會提供回饋	N/A	替代
	對任務滿意	替代	N/A
組織特性	有凝聚力的工作團隊	替代	替代
	職位權力低	中和	中和
	正式化 (角色、流程)	N/A	替代
	無彈性 (規則、政策)	N/A	中和
	部屬工作地點分散	中和	中和

資料來源：Reprinted from Steven Kerr and John M. Jermier, "Substitutes for Leadership: The Meaning and Measurement," *Organizational Behavior and Human Performance*, Vol. 22, 1978, pp. 375-403 with permission from Elsevier.

問題與討論

1. 請找一位知名台灣企業的領導者,探討其領導風格。
2. 台灣的企業家當中,有哪一位屬於魅力型領導者,原因為何?
3. 請試著比較魅力型領導者、轉變型領導者,以及交易型領導者的異同。
4. 請試著分析你與班導師的關係生命週期。
5. 請比較情境理論與路徑—目標理論的異同。

Chapter 13 準備當領導者：瞭解自己

學習目標

1. 解釋自我意識對準備當領導者的重要性。
2. 列舉智能的各種形式，並說明其如何影響個人的個性與領導風格。
3. 解釋個性如何影響個人扮演某些角色成功的機會。
4. 描述自我監控在學習適應行為及成為更有才華的領導者能扮演什麼角色。

張忠謀董事長 ▶▶ 寧使天下人負我，不使我負天下人

台灣晶圓代工廠龍頭台積電在 2017 年成為資誠聯合會計師事務所公布「2017 年全球市值百大企業」中唯一入榜的台灣企業。台積電能夠有如此的表現，一般多歸功於前董事長張忠謀的領導，雖然他已在 2018 年 6 月退休，但他的領導風格向來備受業界與學界傳頌。

張忠謀曾表示，自己的經營之道就是把客戶當夥伴，講究誠信「寧使天下人負我，不使我負天下人」。他以「Integrity」(堅持高度職業道德)作為 10 個經營理念之首，堅持「誠信正直」，強調「說真話、不誇張、不作秀，對客戶不輕易承諾，一旦做出承諾，必定不計代價，全力以赴」。

「品格」一向是張忠謀用人的前提，他指出：「如果一個人光有能力，但不具備誠信正直，我們不會僱用他。」企業就是為了讓社會更好，其中包括：企業提供優質工作，讓股東得到回饋；要鼓勵員工創新，除了提供良好工作環境之外，對於道德與價值觀提升、經濟發展、法治、環保也要重視，他說：「do no evil」(不做壞事) 才能使公司、客戶及社會三贏。

資料來源：
葉佳華，張忠謀經營之道/寧使天下人負我，不使我負天下人，EToday 新聞雲，2017 年 8 月 11 日，https://www.ettoday.net/news/20170811/986998.htm#ixzz5UpQ1cFLj。

自我省思

你知道自己的領導風格嗎？

自我發現的關鍵因素是知道自己的領導風格及其對他人的影響，所以必須知道自己的優缺點。請以 1 至 5 的評分回答下列問題，以評估你的領導風格。

1＝從不　2＝很少　3＝有時　4＝通常　5＝總是

1. 我依靠自己的智能(經驗、知識及適應能力的總和)做決策。　　_____
2. 我很有創造力。　　_____
3. 我利用一般常識及實際狀況來分析各種情境。　　_____
4. 我是一個具有大格局的思想家。　　_____
5. 我可以體會到環境的機會與威脅。　　_____
6. 我能瞭解不同的文化情境，並做出適當的回應。　　_____
7. 我能感受到別人的情緒。　　_____
8. 我透過案例來領導。　　_____
9. 我能公開接受回饋與建言。　　_____
10. 我在做決策前會尋求許多人的建議。　　_____

根據你的回答，你知道自己的領導風格嗎？你知道如何運用自己領導風格的優點嗎？你的機會在哪裡？

緒論

在前面的章節，我們討論過領導者、部屬及情境的相互關係，有效的領導者能夠調整領導風格，以適應各種特殊的情境。例如，在危急時刻，領導者通常必須獨裁的風格；而當組織專注於創新與創意時，領導者採取參與式或民主式的風格通常更能成功。同樣地，當面對不同的部屬，領導風格與態度也應有相同的彈性與適應性，對某些員工，領導者必須支持與鼓勵；對另一些員工，領導者必須給予挑戰，而面對部分員工，領導者必須給予指導與控制。對不同的員工採取不同的領導風格，能讓領導者給予獨特激勵的力量，進而提高員工的工作滿意度與生產力。

調整領導風格以面對各種情境及不同員工的過程，其難易程度因人而異，某個人的領導風格與做法如同橡皮筋，可以用各種方法拉長和

變形，但是到了某些點可能會斷裂。某些領導者之領導風格的彈性非常大，而某些領導者卻非常小，如果領導者跳脫出所能容忍的空間太多，且試圖採用與他們的價值觀或經驗不一致的方式領導，可能會感到不舒服及覺得不真實。因此，雖然領導能改變其領導風格非常重要，但也必須知道自己的極限在哪裡 (如圖 13.1 所示)。

即使是能夠採用各種領導風格的個人，也會有習慣應用在多數情境的默許 (default) 立場與態度，特別是在承受極大壓力時，他或她通常會不管情境的需要，而回復到自己最舒適的領導風格。個人的默許風格受到本身個性、技術與能力、價值觀及經驗的影響。

本章秉持的原則是瞭解自己的默許領導風格，對於培養更有效的關係、完成任務與達成組織目標是非常重要的起始點。本章的焦點是自我意識 (self-awareness)，即對自己的想法、感受與行為之瞭解程度。具有較強自我意識的人，能夠瞭解自己的傾向與偏好，因此較能夠調整其領導風格與態度，這種對自我的瞭解通常是培養與發展和他人間有效關係的先決要件。

> **自我意識** 對自己的想法、感受與行為之瞭解程度。

理解與承擔在培養關係中所扮演角色的責任，以及有效和他人溝通的能力，稱為人際效能 (interpersonal effectiveness)。自我意識與人際效能間存在有趣的相互關係，即對他人有較強的意識，會帶動對自己較強的意識，而較強的自我意識，也會帶動對他人有較好的瞭解。

> **人際效能** 理解與承擔在培養關係中所扮演角色的責任，以及有效和他人溝通的能力。

以下為 Königsbräu-TAK 的沃爾夫岡‧凱勒 (Wolfgang Keller) 個案，是說明自我意識對發展有效與有生產力的工作關係扮演重要角色的實例。

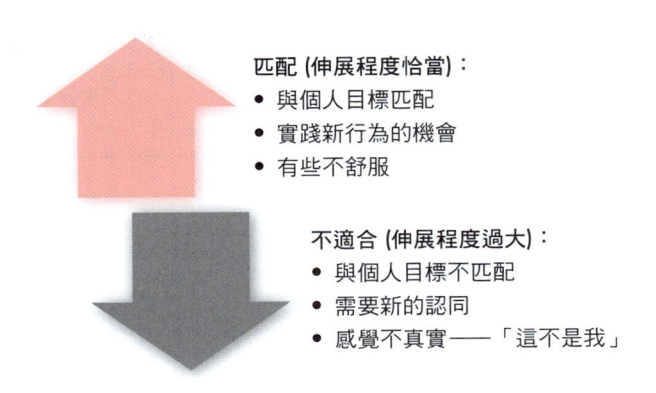

匹配 (伸展程度恰當)：
- 與個人目標匹配
- 實踐新行為的機會
- 有些不舒服

不適合 (伸展程度過大)：
- 與個人目標不匹配
- 需要新的認同
- 感覺不真實──「這不是我」

資料來源：Anthony J. Mayo.

圖 13.1　測定自己的領導風格

Königsbräu-TAK 的凱勒

34 歲的凱勒是德國人，畢業於哈佛大學，擔任德國大型釀酒廠 Königsbräu 子公司 Ukrainian 的總經理，他的主要成就是成功的改造 Königsbräu-TAK，許多人相信他適合擔任公司的高階主管，但他仍然面臨管理其下屬商務部經理德米特里‧布洛斯基 (Dmitri Brodsky) 行為方面的困難。

布洛斯基是烏克蘭人，比凱勒小 10 歲，自從聘用布洛斯基之後，凱勒就對他的能力與管理風格採取保留的態度。布洛斯基擔任商務部經理，進行重新設計銷售部門的組織結構，並開發一套完整的資訊與控制系統，雖然這些工作成功了，但布洛斯基重新設計組織時詳細與徹底分析的態度，花費比預期還要長的時間。雖然凱勒對新系統很滿意，但他認為布洛斯基疏於與顧客及銷售團隊建立有效且具生產力的關係。布洛斯基的管理風格可以用「正式且有距離」來形容，讓他很難跟同事發展緊密的關係，布洛斯基很少與同事談論他的家庭，也很少與其他主管有社交活動。雖然凱勒認為拜訪經銷商與配銷商對 Königsbräu 在烏克蘭的未來發展很重要，但布洛斯基卻不這麼做。這些方面都讓凱勒很頭痛，因為他相信忠誠度與熱情都是透過個人關係培養出來的。

相對於布洛斯基，凱勒喜歡參與銷售團隊，以及跟顧客一起工作，他可說是一位「事必躬親」的主管，在處理問題時是行動派，但也很急性子，在問題出現時會馬上跳下來解決，許多人認為凱勒不懂得如何授權。由於凱勒認為布洛斯基不會處理緊急的事務，因此經常干預布洛斯基的團隊。在某次績效評估後，凱勒的上司警告他，如果還想有發展，必須學習不要插手功能部門的工作，且成為團隊的一份子。

在檢討布洛斯基的績效時，凱勒指出布洛斯基是「領導能力低又沒有人性」，並且「不是銷售人員的領導者」。布洛斯基針對凱勒的說法提出嚴詞反駁，並表示凱勒的管理風格讓他無法成功，他認為自己的行為是對凱勒的干預做出回應。

凱勒與布洛斯基的領導風格有很大的差異，雙方都不欣賞對方為公司帶來的價值。亦即每個人對職場關係有不同的想法，凱勒是一個非常外向的人，認為人際關係與同事、部屬及顧客的接觸，可以培養忠誠度與熱情，因此他努力在 Königsbräu-TAK 創造團隊合作的環境。另一方面，布洛斯基不主動建立緊密的職場關係，事實上是有些逃避，雖然比凱勒內向，但布洛斯基在公司非常有貢獻，因為他重新設計銷售部門的組織結構，並開發有效的資訊與控制系統。

個案討論

1. 請說明凱勒與布洛斯基領導風格的差異。
2. 為何凱勒會關心布洛斯基的績效？
3. 布洛斯基如何提升其管理能力？
4. 凱勒應如何管理布洛斯基？

凱勒的個案說明個性的差異會產生人際間的緊張，當差異擴大，個人通常會挑戰、逃避或變得讓別人不舒服。雖然與具有不同個性的人一起工作非常的複雜與困難，但卻有非常高的價值。事實上，不同個性特徵可能更適合某些工作，例如，有些非常外向且誠懇的人，在行銷或銷售工作上可能會做得非常好，就像凱勒；而有些較為內向的人可能在管理資訊科技系統或做研究等工作上表現傑出。

最近的研究指出，當團隊中有許多內向的成員，個性外向的領導者會領導得較好，反之亦然，即內向的領導者領導外向的成員會表現較好。外向的團隊成員有助於啟發內向的成員，但如果團隊成員全部都是外向的，將會有許多的構想，但較少服從。當團隊所有成員都很內向，較少出現新穎或創新的構想。然而，我們通常喜歡跟自己很像的人一起工作，使得團隊的績效受到相似性的抑制。因此，我們如何開始和不同個性的人一起工作？必須先思考如何與別人互動更為有效？我們必須學習瞭解自己的傾向與態度。

智能的形式

技術與能力的差異會影響工作的方法及如何與他人互動，技術與能力是工作能力，透過教育、訓練及/或經驗而獲得或發展。技術與能力和**智能 (intelligence)** 有關，智能是指一個人從經驗、獲得知識、抽象思考及適應環境變動的能力。通常我們會用**智商 (intelligence quotient, IQ)** 來表示智能，它代表一個人的心智能力的整體品質，且可以畫成常態分配或鐘形曲線。68% 的人口平均智商介於 85 至 115 間 (如圖 13.2 所示)，我們在後面的內容中會討論，智商只是智能的一種形式，人類的智能尚有其他面向會影響在職場的績效與成就。

智商測驗最初由阿爾弗雷德・比奈 (Alfred Binet) 在 1900 年代早期設計，主要用來辨識什麼樣的兒童能從補救工作或其他修改的教學方式獲得利益，後來用在協助辨識哪些人具備武裝部隊專業的資格。這項測驗新版本是由大衛・韋克斯 (David Wechsler) 在 1939 年開發，且在 1960 年代晚期持續進行修正，從那時候開始，全世界將智商測驗用來分類學生。智商是一種遺傳特質的概念，當用在描述群體差異、決定能力分班及分配員工的工作時，引發極大的爭議與持續的爭辯。

智能 一個人從經驗、獲得知識、抽象思考及適應環境變動的能力。

智商 一個人的心智能力整體品質的衡量指標。

智商分配

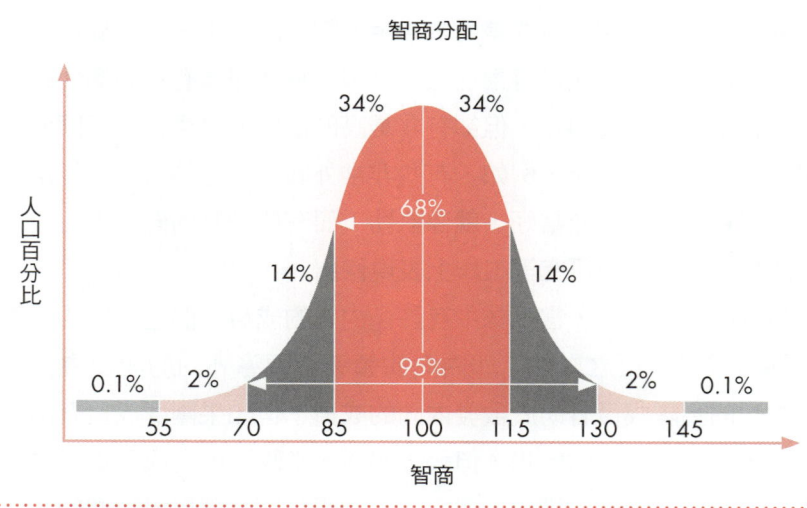

圖 13.2　智商鐘形曲線

　　反對將智商用在這些情境的人主張智商對社經地位較低的人有偏差，他們認為智商測驗對擁有較多社會與經濟優勢的人較有利，因為他們受到較好教育的機會。反對者也認為有時間限制的測驗無法精確反映生活的真實性，大多數人為了做出適當的決策，必須蒐集資訊、思考各種可能的選項，並評估替代方案，雖然某些情境或職業 (如飛行員) 需要在一瞬間做決策，但其中大多都是利用反射性思考做決策。智商測驗實質上忽略協助思考的資訊蒐集過程。

　　支持用智商決定教育與職業分配的人主張，智商測驗的分數可以透過好奇心、讀書及廣泛的經驗而提高，因此相當公平。其他的支持者也提到一個人的智商與各種知識性工作績效有高度的相關性。儘管智商有許多限制，但近幾十年來，智商測驗仍是公認最能準確反映智能的指標。

　　然而，過去 30 年來，霍華·嘉納 (Howard Gardner)、羅伯特·史騰伯格 (Robert Sternberg) 及丹尼爾·高曼 (Daniel Goleman) 等心理學家針對智商是智能最重要的衡量指標提出挑戰，讓世人逐漸接受智能的其他衡量模型，包括多元智能、創造力、情境智能及情緒智能。本節討論這些智能的其他模型，有助於理解為何瞭解和培養個人的技術與能力對建立自我意識非常重要。

多元智能

　　亞伯特·愛因斯坦 (Albert Einstein) 和約翰·塞巴斯蒂安·巴哈

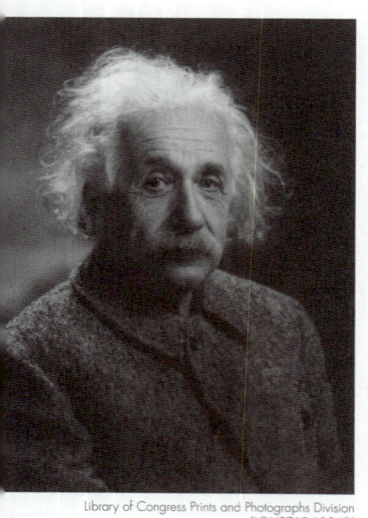

(Johann Sebastian Bach) 哪一個比較聰明？許多人會說愛因斯坦比較聰明，因為他是公認的數學與科學的天才；也有人會說巴哈更有智能，因為他是公認的音樂天才。你的決定可能反映出自己對哪一種技術與能力是聰明 (數學與科學或音樂) 的偏見，如果我們用嘉納的方法來思考智能，可能沒有人會被認為比別人有更高的智能。

嘉納在 1983 年出版的《心境》(Frames of Mind) 一書中，反對智能單一形式的概念，他認為智商、標準化測驗分數與等級，都是誰能成功和誰無法成功的不良預測指標，因為它們都無法完整呈現智能的各種面向。儘管智商在某些情況下是學術成就的良好預測指標，但卻無法預測在藝術、創造力或其他專業能力的成就。因此，嘉納提出八種可以有效預測職涯成就的智能類型：語言、數學邏輯、空間、運動覺、音樂、人際、內省及自然觀察 (如表 13.1 所示)。閱讀該表並確定你自己的智能在哪裡。

例如，某些人具有語言智能可能較喜歡利用報表製作電子表格，某些具有空間智能的人，喜歡用圖形與幻燈片對觀眾做報告。大多數人擁有數種智能，形成自己的個性，且影響它們應付各種情境的方法。無論一個人擁有那些智能，正確的將自己的智能與職業和職務搭配，對職涯能否成功非常的重要。

國際知名企業的領導者布蘭查 (Richard Branson，維京集團的創辦人) 是嘉納多元智能理論的最佳實例，雖然不曾受過良好的正規教育 (16 歲就輟學)，但他的生意頭腦讓他在 1966 年創辦 Student 這本青年文

表 13.1 多元智能

智能類型	描述	你在公司可能自願擔任	相關行業
語言	文字智慧	撰寫報告	律師、記者、政治家
數學邏輯	數字/推理智慧	製作電子表格或分析資料	科學家、數學家、經濟學家、技術專家、工程師
空間	圖像智慧	製作圖形或幻燈片簡報	藝術家、建築師、飛行員
運動覺	肢體智慧	組織或指導公司的運動團隊	舞蹈家、運動員、私人教練、營造商
音樂	音樂智慧	組織公司的才藝表演	音樂家、歌星
人際	人際智慧	對群眾做報告	教師、外交官
內省	自我智慧	參加員工滿意度的焦點群體	哲學家、心理學家、神學家
自然觀察	自然智慧	發展公司的回收計畫	園丁、農夫

資料來源：Adapted from Howard Gardner, *Frames of Mind: The Theory of Multiple Intelligences* (New York: Basic Books, 1983).

化雜誌，進而成為跨國企業集團，在全世界超過 30 個國家經營 200 多家公司。2009 年，因為他對創業的貢獻，被英國受封為爵士，且進入《富比世》(Forbes) 的世界億萬富翁排行，他的企業包括教育訓練、行動電話、音樂標籤、航空公司及太空旅遊等。布蘭查管理在六大洲營運的企業，這些成就跟傳統認為智能在學歷上的表現沒有關係。

對人類大腦功能的研究讓我們對一個人智力傾向有某種程度的瞭解，以及人類大腦處理資訊的方法。根據許多研究指出，大腦的左半邊是邏輯、推理與分析思考的處理中心，而右半邊負責直覺、空間與抽象思考。某些人的左腦較強大，會以系統性與結構性的方法處理資訊；而某些人的右腦較強大，會以抽象的方法處理資訊，這種人通常更有創造力與創新、較強的空間智能且能解決複雜問題。

左腦與右腦標籤仍只是標籤，有關大腦運作的實證研究對於大腦左邊與右邊用不同的方法處理資訊仍沒有定論，但許多人思考較為結構化、系統化及邏輯性是很明確的。無論大腦如何運作，這些傾向能影響帶來較高成功機會的活動與專業。

參考凱勒的個案，我們可以應用這些概念對凱勒及布洛斯基的智能與職場行為做出某些假設，凱勒的行為展現的是他較為「人際智慧」，而布洛斯基的行為展現的是他較為「推理智慧」。凱勒的行為與他在 Königsbräu-TAK 扮演總經理角色相匹配；相對地，布洛斯基的行為似乎與需要人際智能的職位相互矛盾，但是他的數學─邏輯智能對於需要組織重心設計與系統執行卻很有幫助。

➥ 創造力

我們通常認為具有空間、運動覺或音樂智能的人最有創造力 (creativity)，然而，創造力是由各種智能形式所組成，且是每個人都有。創造力也稱為擴散性或水平思考，定義是用新的方法結合或連結構想，以產生新穎且有用的可行方案。

創造力會影響人們如何做事及如何與他人互動，有別於一般的想法，有創造力不一定要從事藝術領域的工作，例如，數學家與科學家要不斷地設法解決真實世界的複雜問題；教師、律師、政治家及心理學家

> **創造力** 是用新的方法結合或連結構想，以產生新穎且有用的可行方案。

則投入時間綜合資料，以提出可行方案。

事實上，每個人都具有創造力，根據心理學家雪莉‧卡森 (Shelley Carson) 的說法，每個人每天會做數以百計需要即興思考、問題解決及創意的事情。創造力是一種演化的特徵，與我們的大腦相互連結，可以透過練習培養與增進。因此，有創意的人與沒創意的人是沒有差別的，唯一的差異是個人如何槓桿化與利用創造力。

積極利用創造力的人會展現出不僅利用現有的知識與技術來產生構想，也會在創意產生的過程中徵求其他人與資源的協助。這種人具有以下四種特徵：

- 遇到障礙時會有信心與堅持
- 有承擔風險的意願
- 想要增加與開放新的體驗
- 能容納不同意見

創造力也可以根據三個指標加以評估：流暢性、變通性及原創性。流暢性的定義是配合許多條件產生許多解決方案的能力；變通性是改變解決某一問題之方法的能力，例如，能同時解決各種工作都需要不同策略的一系列工作；原創性事產生新穎或獨特的主張、構想或解決方案的能力。

創造力對組織很重要，因為發展新構想與方向是企業生存的關鍵。許多人可能沒有表現出傳統創造力的特徵，但卻可能擅長認同與啟發他人創意的潛能。創意可以透過挑戰一般認為如何解決問題的假設來培養，例如，針對問題辨認策略與發展明確的解決方案。

皮克斯 (Pixar) 是一家極富創造力名聲的公司，具有指標性且獲獎的電影包括《玩具總動員》(Toy Story)、《海底總動員》(Finding Nemo) 及《怪獸電力公司》(Monsters, Inc.)。皮克斯的前技術長葛瑞格‧布蘭多 (Gerg Brandeau) 將皮克斯的成就歸功於公司發現與啟發所有員工創造力與才華的能力，他稱為發現員工的「一小片天才」，這些一小片天才不僅能在創造動畫與數位設計上被發現，也展現在公司的所有面向。該公司相信他們的產品是從接待人員到導演集體工作的成果，因此皮克斯的所有員工，無論其職務為何，都會出現在電影的謝幕名單中。

Lynn Watson/Dreamstime.com

智能三元論

智能的第二個理論由心理學家史騰伯格提出，他的智能理論類似嘉納，也建立在認知功能的多重構面，他相信個人具備三個智能的元素：(1) 計算 (分析)；(2) 經驗 (創造)；(3) 情境 (實作)，即所謂的**智能三元論 (triarchic theory of intelligence)**。他的第一個智能元素與傳統智商測驗衡量認知和分析思維過程相對應，不同於傳統分析過程評估的是將知識獲取當作計算智能的中心，史騰伯格主張，知道解決某個問題要回答什麼疑問與尋找什麼資訊是分析智能的關鍵面向。

智能三元論的第二個元素是創造力智能，即辨識與回應新情境，並與外部世界相連結的能力，從史騰伯格的角度，創造力智能並非其本身所創造，而是透過對新構想的開放與想要追求的經驗學習與發展。他相信有創造力智能的人擅長利用現有知識與經驗連結到新穎或獨特的情境。

三元論的最後一個元素是情境智能，即塑造外在環境與被外在環境塑造的能力。有些人能確定情況並看到「大圖像」(big picture)，他們知道完成任務需要什麼及最佳方法，他們也會將挫折視為機會，將成就視為未來改善的標竿。

在第 1 章中曾提到，具備情境智能的人，在開辦、拓展或轉型企業時，對總體層次的情境因素有深刻的敏感度，這些具有情境智能的人 (大圖像思想家) 能感知機會並避免威脅，讓他們具有許多獨特的個人特質並與眾不同。他們對歷史有高度興趣，並能善用歷史，且願意從過去學習。此外，具有情境智能的人能掌握法規、政治及技術的趨勢，且積極參與跨文化的體驗。具備情境智能的人有以下特性：

- 利用時間瞭解環境及環境對產業的影響。
- 具備掌握環境帶來的機會或塑造適合新遠景的環境之能力。
- 擁有依環境變動調整其領導風格的能力。

一般而言，具有情境智能的人較能夠適應環境，能用其他人不能的方式解讀與回應線索與外部的刺激。

➥ 文化智能

情境智能的關鍵成分是**文化智能 (cultural intelligence)**，即瞭解不同文化環境與情境，並做出適當反應的能力，由於企業全球化的趨勢提

智能三元論 主張個人具備三個智能元素：(1) 計算 (分析)；(2) 經驗 (創造)；(3) 情境 (實作) 的理論。

文化智能 瞭解不同文化環境與情境並做出適當反應的能力。

高，對文化智能的需要愈強。具有文化智能的人能適應不同的文化環境，不會受到自己的背景與個性過度的影響，當然，個性很重要，也不能過度壓抑，但也不能阻礙自己對不同文化開放的態度。

事實上，文化智能包括瞭解自己與本身文化價值觀、欣賞他人的文化與價值觀，並有能力調整自己的領導風格，以適應特定的文化環境。曾經到國外求學或工作的人，通常較能欣賞文化的差異，且知道這些差異對談判與各種管理情境有何影響。

情緒智能

另一個研究智能的學派聚焦在個人與他人互動的方式。大多數人在某些情況會對別人失去耐心，可能是在專案團隊工作時，也可能是感覺到自己的情緒反應太過火，例如，別人稍微影響到自己就發脾氣。在這些狀況，即是缺乏**情緒智能 (emotional intelligence)** 無法用有效的方法與他人互動。

情緒智能的核心是用有效之方法認識自己與他人感覺、激勵自己及管理自己的情緒與關係的能力。高曼的研究讓情緒智能廣為人知，主要是分析一般水準與表現傑出之管理者的差異。研究發現，良好與偉大的管理者間最大的差異是情緒智能。

情緒智能由四個元素構成，會隨著時間經過而學習與改善，包括自我意識 (self-awareness)、自我管理 (self-management)、社會意識 (social awareness) 及關係管理 (relationship management) (如圖 13.3 所示)，從圖

情緒智能 用有效之方法認識自己與他人感覺、激勵自己及管理自己的情緒與關係的能力。

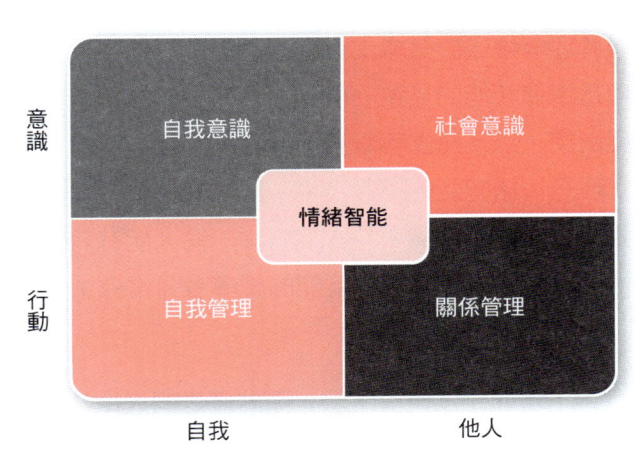

資料來源：Adapted from "The Emotional Intelligence Workbook," The Hay Group, 2008.

圖 13.3 情緒智能的元素

13.3 可知，情緒智能具有內向 (自我意識與自我管理) 與外向 (社會意識與關係管理) 兩個焦點，一邊是跟我們自己有關，另一邊則是我們跟他人的關係。

在內向焦點的這邊，自我意識指的是認識自己的情緒與瞭解這些情緒如何影響他人，具有自我意識的人較有自信心，且對自己的優缺點有較好的認知，因此對回饋與個人發展的態度較為開放，他們也有幽默及不會自己承擔事務的自嘲感知。此外，自我意識高的人選擇的職業會與自己個人的價值觀相匹配。自我意識高的人會持續的自我反省。

自我管理由兩個主要元素組成——調整 (regulation) 與動機 (motivation)，兩者具有相互調整到平衡的功能。調整包括自我控制，即在緊急的時刻能控制自己不佳情緒的能力，以及適應力，即對變動能展現出開放的態度。調整有助於適當的引導情緒，而動機的作用是鼓舞與樂觀的來源，動機包括對成就的渴望，以及敦促自己克服障礙與挫折的能力。每個人的情緒智能不同，高度情緒智能的人瞭解自己的情緒、優點、缺點、需要及驅動力，能控制自己的感覺與衝動，並且能夠激勵自己達到超乎一般預期的成就。

社會意識是外向焦點的一部分，會表現在個人與群體的層次。在個人層次，社會意識是有關同理心與對他人的感覺與觀點的感知，以及關心他人所關心。當組織更常利用國內與國際的團隊時，同理心更加重要，尤其在跨文化團隊的情境，有助於瞭解某一特定情境的細微差異。同理心不一定要同意不同的觀點，而是必須能瞭解為何別人的觀點不同。在群體的層次，社會意識是瞭解群體動態性與關係的能力，社會意識較強的人善於理解鑲嵌於組織文化中的政治動態性和權力結構。

關係管理是情緒智能的最後一個元素，意指影響與鼓舞他人、用建設性方式管理衝突，以及建立與培養高生產力團隊的能力。根據高曼的說法，關係管理是情緒智能的總體表現，因為它需要精通其他領域：自我意識、自我管理及社會意識。易言之，當一個人能有效管理自己時，將更能有效地管理關係。具有情緒智能的領導者通常會：

- 多聽少說。
- 強調任務與工作如何做與為何做，而非僅是叫人做什麼。
- 鼓勵團隊成員與認同他們的貢獻，取代批評與糾正錯誤。
- 瞭解什麼能激發團隊成員，並創造能培養創造力的環境。

領導發展之旅

領導者在工作時會應用各種智能,根據嘉納的多元智能分類,你在領導別人時利用何種智能?舉出一個你利用這個智能的實例,它需要左腦思考或右腦思考?找出你應該提升哪一種智能形式,並做一個提升這種智能的行動計畫。

在短期,技術、知識與經驗有助於個人保有在組織中的地位,而情緒智能有助於維持與晉升。在與跨文化團隊共同工作時,情緒智能顯得特別重要。

你給凱勒與布洛斯基情緒智能的評價如何?凱勒在關係管理的情緒智能比布洛斯基更高,可從他積極與銷售團隊及外部顧客建立關係看出;布洛斯基在調整(自我管理的元素)的情緒智能優於凱勒,布洛斯基在工作上似乎脾氣很大或行為衝動。兩個人的自我意識與同理心都欠缺,不知道自己的行為如何影響別人,布洛斯基不知道他的行為產生社會距離,凱勒不知道他的行為讓人覺得他很獨裁。

本節討論智能的各種形式,成功的管理者必須在許多領域都建立某種程度的能力或智能,具有學術上的智慧非常重要,但只是基本要求。

智能的其他形式也非常重要,特別是與他人好好工作的能力,智能本質的重要性視個人的價值觀與驅動力及情境的背景因素而定,我們討論的智能因素可以透過訓練、新經驗、實作及決心而開發與提升。雖然並非每個人都是音樂天才、藝術家或邏輯思考家,但我們可以且必須發現利用自己優點的機會,以及提供發展的機會,也應該尋找能與自己優點互補的團隊成員,達到「1 加 1 大於 2」的效果。蓋茲在微軟的生涯,特別擅長引進能與他的領導風格和作風相互補的共同領導者。早在 1982 年,他就聘用了第一位微軟的營運長,雖然他是微軟科技投資的最終決定者,但他經常依靠共同領導者監督自己沒興趣與經驗的其他事業領域,如財務管理與營運,這種協同合作的精神讓微軟能在軟體產業稱霸數十年。

iStockphoto.com/Justin Sullivan/EdStock

瞭解自己的個性

> **個性** 是持久的內在特性、傾向及性格的系統，是與生俱來的，且可透過社會、文化、環境等因素形塑。

瞭解並培養自己的智能是提升自我意識的方法，亦可透過瞭解自己的個性來強化自我意識。**個性 (personality)** 是持久的內在特性、傾向及性格的系統，是與生俱來的，且可透過社會、文化、環境等因素形塑。我們通常根據個人表現的特徵來描述某人的個性。實際上，個性是由兩個元素所組成：第一個元素是朋友、家人、同事及長官的看法，例如，描述某個人是「內向」或「外向」，就是這個概念的展現；個性的第二個元素代表某個人內在的本質，或是他或她基本的思考過程。

某些人的工作需要長時間單獨工作，如研究人員、分析人員及電腦工程師，而其他人的工作需要大量人際接觸，如顧客服務與行銷人員，通常這些職務都由個性適合的人執行。內向的人通常喜歡單獨工作，而且當能用自己的方式做事時，績效表現較佳；外向的人通常在有關與他人建立與發展關係的績效表現較佳。個性的類型沒有「對」與「錯」，差別只有比較適合什麼工作類型。

羅伯特‧麥克拉 (Robert McCrae) 與保羅‧哥斯達 (Paul Costa) 嘗試辨認某些一般人共同的特徵，以解釋有效與無效的領導方式，根據他們的研究，每個人的個性都可以分解成五種獨特的因素，而且每一個因素都有程度的差異，例如，外向性程度較高的人可能喜歡從事社交活動，而外向性程度較低的就屬於內向的人 (如表 13.2 所示)。

表 13.2 領導個性特徵

特徵	描述	高度與低度
外向性	社交性、自我肯定與主動，以及正向思考的傾向，包括活力、活潑、精力、積極、自信與支配性。	低度：含蓄，喜歡單獨工作 高度：社交性，喜歡社會互動
開放性	對體驗抱持開放態度，且想要具有原創、想像力、不順應、突破傳統、創造力及自主性。	低度：務實、逃避風險 高度：創造力、願意承擔風險
自律性	包括成就與可靠、工作能力、主動、堅持與韌性。	低度：彈性與自發 高度：固執、結構化與有組織
親和力	信任、包容、愛心與溫和的傾向，整體而言，代表領導者的友善度與好感度。	低度：競爭與挑戰 高度：和善與合作
情緒穩定度(神經質)	在危急時刻保有冷靜與自信的能力。	低度：反應式與過敏的 高度：冷靜與有條不紊

資料來源：Timothy A. Judge, Joyce E. Bono, Remus Ilies, and Megan W. Gerhardt, "Personality and Leadership: A Qualitative and Quantitative Review," *Journal of Applied Psychology*, Vol. 87, No. 4, 2002, pp. 765–780; and Ginka Toegel and Jean-Louis Barsoux, "How to Become a Better Leader," *Sloan Management Review*, Vol. 53, No. 3, Spring 2012.

每個人在這些特徵的強度不一樣，而這些差異通常造成工作方式及如何與別人互動的不同，這些特徵會影響個人的默許領導風格與方式，但如同我們所探討的，一個人的風格會(也必須)視情境與背景調整。

在組織中處事風格的差異容易引起衝突，凱勒的個案中，布洛斯基不重視期限，但凱勒卻很堅持；布洛斯基擅長資訊與控制系統，而凱勒的優點是解決問題；布洛斯基不願與同事及部屬發展人際關係，而凱勒非常積極培養人際關係。

評估個性

在試圖改變自己的領導風格以適應某個特定情境前，對自己的傾向有進一步的瞭解非常有幫助。你的活力來源？你如何與他人互動？你如何處理資訊？你如何將各種構想互相連結？卡爾・榮格 (Carl Jung)、凱薩琳・邁爾斯 (Katherine Myers) 及伊莎貝爾・布格里斯・邁爾斯 (Isabel Briggs Myers) 在回答這些問題上非常知名。榮格是心理學家，他的研究生涯都投入在淬鍊心理類型的理論，認為人類的行為是規律且可預測。根據榮格的說法，有六種基本的心理過程會影響個人的認知過程，進而影響他或他的領導風格，包括感知 (Sensing, S)、直覺 (intuition, N)、思考 (Thinking, T)、感覺 (Feeling, F)、外相 (Extraverted, E) 及內向 (introverted, I)。

邁爾斯與布格里斯延伸榮格的研究，並加入另外兩個心理過程：判斷 (Judgment, J) 與知覺 (Perception, P)，研究中提到某些人會對不斷出現的新資訊抱持開放的態度，而有些人較為封閉，根據這八個流程，發展出四種個性構面：E-I、S-N、T-F 及 J-P。

在後續的研究，邁爾斯與布格里斯發展出 Myers-Briggs Type Indicator (MBTI) 評估指標，協助個人更加瞭解自己的個性構面，已成為北美洲廣泛使用的個性評估指標。完成 MBTI 評估指標後可以得到四個英文單字的類型，MBTI 四個構面是互相對立的，例如，某個人在思考與感覺不會完全一樣，兩個構面的其中一個會比另一個強，且通常會影響那些構想相互連結及個人連結問題的方法 (如表 13.3 所示)。

MBTI 評估指標會產生 16 種可能的個性類型，其中每種類型通常有一個主要的構面，主要的過程在於 S-N 等級或 T-F 等級，端視個人評估中的第一個與最後一個構面而定 (E-I 及 J-P)。對外向 (E) 且知覺 (P) 的人，主要的功能是 S-N 等級，外向且判斷 (J) 的人，主要的功能是

表 13.3　個性的心理構面

描述	心理構面	描述
外向 (E) 專注在外在世界	個人活力從何而來	內向 (I) 注重自己的思維與感覺
感知 (S) 透過五種身體感知；專注與當下；專注在真實與有形資訊	如何蒐集資料	直覺 (N) 藉由模範；對新的可能與實驗抱持開放；專注在事實的連結與關係
思考 (T) 看到邏輯、分析、非個人及客觀的連結	構想與概念如何連結	感覺 (F) 根據價值的強度與重要性的感知
判斷 (J) 用結構化與分析化的方法組織與完成活動	資訊如何處理	知覺 (P) 藉由獲取新資訊；對新構想與可能性抱持開放；偏好不慌不忙

資料來源：Adapted from Isabel Briggs Myers and Peter B, Myers, *Gifts Differing* (Palo Alto, CA: Consulting Psychologists Press, 1980), pp. 7–11.

表 13.4　對應主要功能的心理剖面

主要功能	內向		外向	
感知 (S)	SITJ	ISFJ	ESTP	ESFP
直覺 (N)	INTJ	INFJ	ENTP	ENFP
思考 (T)	ISTP	INTP	ESTJ	ENTJ
感覺 (F)	ISFP	INFP	ESFJ	ENFJ

資料來源：Adapted from Isabel Briggs Myers and Peter B, Myers, *Gifts Differing* (Palo Alto, CA: Consulting Psychologists Press, 1980), p. 16.

T-F 等級。對內向 (I) 的人則相反，內向且知覺的人，主要的功能是 T-F 等級，而內向且判斷的人，主要的功能是 S-N 等級 (如表 13.4 所示)。例如，某個人的分數是 INTP，思考是他或她的主要功能，且通常會對個人行為有最強的影響，但並不代表其他構面不會影響個人風格，只是影響程度比主要構面還弱。有趣的是與主要構面相對立的構面被認為是次級功能，對 INTP 而言就是感覺，對思考者來說，次級功能是低度發展的，在面對需要感覺勝於思考的情境或事件時可能會有問題。

　　瞭解自己與他人的偏好可以讓你成為更好的溝通者，在直覺處理資訊分數較高的人與感知分數較高的人不同，直覺者偏好處理開放性問題與腦力激盪，而感知者偏好事實與簡單；思考者偏好有組織且小心地分析資訊，感覺者較容易受到資訊對他人衝擊的影響。ENTP 的人是外向、直覺、感覺和知覺，與內向、感知、思考與判斷的 ISTJ 相對立，ENTP 可以形容為有想像力、有才華且說話有說服力的人，能快速解決

問題,但是一個 ISTJ 可能認為 ENFP 不切實際且沒重點;ISTJ 的人通常可以形容為沉默的、周密、有邏輯、有組織且傳統的思考者或管理者,但是 ENFP 可能認為 ISTJ 沒有想像力與單調。

不同的人適合不同的情境,例如,某項針對城市首長的研究發現,最成功與任期最長的候選人傾向是外向且知覺,雖然研究人員期望這些政治職位較適合外向且能快速決策的人。成功的城市首長傾向注意他們的工作,而不是自己。

雖然強調個人處理資訊及與他人互動方式之 MBTI 的各種類型有明顯的不同,但這種個性評估指標仍無法考量人類行為的所有面向,過去的經驗、個人價值觀及其他情境因素都會影響個人的領導風格,MBTI 或任何其他個性評估工具在瞭解個人行為模式都可以提供有用的觀點,但人類的個性是多重面向,不能簡化成單一範疇。

內外控性格

個人對特定情境或外部刺激反應的方法,亦是瞭解個性的另一種方法。許多人認為他們可以透過行動、個人決心、堅持或承諾影響或控制事件的結果。另外,有些人相信事件的結果超出他們所能控制的,因此認為無法影響不可避免的結果。這種兩極化立場是個人認為她或他可以控制或影響事件結果的程度,稱為**內外控性格** (locus of control)。

內外控性格 個人認為她或他可以控制或影響事件結果的程度。

事實上,不同的人會將事件的結果歸因於四種原因之一:個人能力、努力、任務困難度及幸運或機會 (如圖 13.4 所示),這種歸因受到兩個構面的影響,包括穩定性與內外控性格。穩定性代表隨著時間改變的可預測性,個人能力與任務困難度是穩定的原因,可能因情境不同而改變,但是可預測的。努力的結果與幸運是較不可預測,因此是不穩定的。第二個構面是內外控性格,或是個人認為她或他可以控制事件結果的程度,個人能力與努力是內在驅動的,而任務的困難度與幸運則是外部產生的。

相信自己有能力控制事件的人稱為內控者,而歸因於外部事件控制的人稱為外控者。內控者傾向認為他們的個人努力與能力可以對結果有非常高的影響力,內控者相信自我決定,通常尋求會讓自己有較高可能性控制結果的情境或事件。有趣的是當內控者失敗時,他們會歸因於受到外部事件或刺激太多的控制,而維持對自己能力的強烈信念。相反地,當外控者成功,他們不會歸因於內在 (自我) 的因素,仍堅持相信

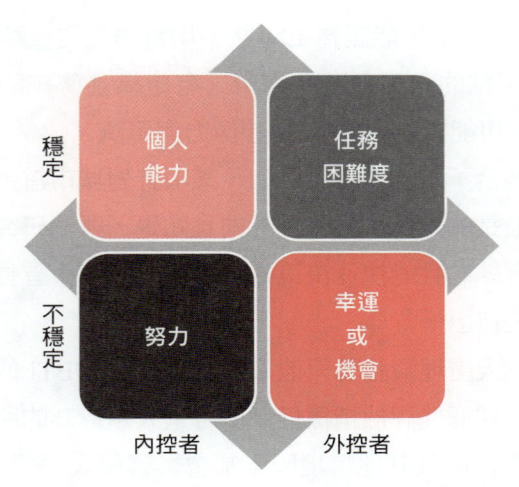

	內控者	外控者
穩定	個人能力	任務困難度
不穩定	努力	幸運或機會

資料來源：Modified from Mark J. Martinko and William L. Gardner, "Learned Helplessness: An Alternative Explanation for Performance Deficits," *Academy of Management Review*, Vol. 7, No. 2, April 1982, pp. 195-204.

圖 13.4　穩定性的歸因及結果控制

成功或失敗不是他們能控制的，而會怪罪他人或外部因素導致失敗，且有時候會將成功歸因於幸運或環境。由於外控者對控制的感知或認為無法控制，通常對結果會比內控者更感到焦慮。

　　從組織的角度，個人的內外控性格有些趣味的涵義，認為自己可高度控制的人通常能自我激勵，且對工作上承擔具挑戰性任務感到興奮，這些人通常擁有成長的心態，讓他們「享受新挑戰及努力學習」，也會表現出較高的滿意度與績效，然而這些正面的結果與高度激勵，必須在組織的報酬系統能強化這種行為才能持續。此外，內控者與外控者對監督會有不同的反應，根據對個人控制的感知，內控者偏好參與式的監督者，而外控者則偏好指導式的監督，這些對不同監督類型的偏好，也會表現在個人的領導作風，內控者傾向參與式，而外控者則傾向指導式。

逆境管理

　　個人處理逆境的方法與他或她的內外控性格有關，在面對困難與障礙時，有些人會把它當作發展的機會，有些人則會認為受到損害。雖然逆境可以刺激學習與發展，但也會傷害自信及妨礙個人用有效方法前進的能力。個人處理逆境的方法是瞭解他或她的個性與領導風格的另一個途徑，具有高度內部控制軌跡的人相信他們能妥善處理，或至少能夠某種程度的控制逆境。

能夠正面處理逆境的人通常是堅強或韌性，他們相信自己可以控制或適應某些事件或結果，且能從困難中恢復元氣。有韌性的人具有許多共同特徵，包括有能力面對與接受情境的事實、對自己的能力有強烈的信心以指引其行動，以及願意改善或嘗試新事物。此外，有韌性的人通常非常堅持，無論遇到挫折或障礙都會持續向前進。

尼爾森‧曼德拉 (Nelson Mandela) 是有韌性 (resilience) 的象徵，他因為對南非種族隔離政策的激進行動而被監禁 27 年。直到 1990 年南非種族隔離政策結束後，曼德拉才被釋放，且在後來幾年成為南非總統，他出獄後發表的演講與行動主軸都是呼籲和諧與寬恕，而不是報仇與憤怒。大多數和曼德拉有相同遭遇的人可能都會尋求報復，但是他卻能超越個人對殘酷遭遇的情感，轉化為讓國家未來更好的承諾，將逆境轉為向前的力量，而不是向後退。

> **韌性** 相信自己能控制或適應某些事件與結果，且有能力從困境中迅速恢復。

許多研究人員將面對困境會退縮的人稱為「學到無助」，他們會根據過去的經驗或情境，認為自己沒辦法改變惡劣情境，因此什麼也不做。有些人會怪罪情境，且相信沒有任何人能夠對情境做出適當的反應，認為情境是非常獨特且困難，沒有人可以用有效的方法處理，這種狀況稱為完全無助。另外，有些人會責怪自己，相信可能有適當的人可以做出反應，但是超出他們自己的技術與能力可及的範圍，這種狀況稱為個人無助，且這種人通常具有較低的自尊，尤其在與他人比較技術與能力時。

考量自己反應困難情境的方法是瞭解傾向的途徑 (如表 13.5 所示)，你選擇逃避逆境的次數占多少比例？你經常試著駕馭艱困的情境，以提升自己的學習與發展嗎？你的傾向如何？

表 13.5　逆境反應架構

反應策略	描述	使用次數 %
逃避 (avoid)	否認或閃躲逆境，延後處理	
生存 (survive)	簡單地試圖讓它過去且活著過來	
克服 (cope)	發現解決基本問題的做法及處理負面聲音	
管理 (manage)	積極利用一些工具或策略與逆境共存	
駕御 (harness)	將逆境轉換為學習、成長與成就的動力	
		100%

資料來源：Adapted from Joshua Margolis, "Leadership and Resilience," PowerPoint presentation (Boston, MA: Harvard Business School, October 2007); and Paul G. Stoltz, *Adversity Quotient @ Work* (New York: HarperCollins, 2000).

個人如何瞭解與解釋情境的方式,會形成他或她體驗與處理情境的方法,無論情境的真實性如何,我們的世界觀會影響反應的模式,通常是自動或潛意識的。思考以下幾句格言:「世界任你遨遊」、「每個人都刁難我」、「半滿的玻璃瓶」或「半空的玻璃瓶」。其中看到玻璃瓶是半滿的人,傾向將挑戰視為學習的機會;而認為每個人都對自己有陰謀的人,則傾向將逆境視為陰謀的一部分。

雖然許多人對逆境的反應是根深蒂固的,但最近的研究發現,個人可以透過思考四個主要構面,提高他或她有效處理逆境的能力,包括控制 (control)、所有權 (ownership)、範圍 (reach) 及持續性 (endurance)。

- **控制**。你認為可以影響接下來會發生什麼事的程度,你能否控制情境的元素?
- **所有權**。你承擔多少改善情境的責任,你能夠或必須在這種情境中工作?
- **範圍**。這種情境會影響你的其他專業或個人生活的程度?你必須拋棄多少其他活動?
- **持續性**。逆境可能持續多久?你要怎麼做才能縮短時間長度?

控制與所有權相輔相成,通常如果你感覺控制的程度愈高,就愈難以推卸責任;同樣地,你感覺所有權愈高,你將更能控制情境。雖然某些情境或事件乍看之下好像很繁重,但可以透過分解情境中可以控制的元素,提高對控制與所有權的感知 (對逆境的反應)。一次處理問題的小部分通常會比處理整個大問題更容易有進展。

範圍與持續性通常也是相互依賴,若你認為逆境的範圍很大,它通常也會持續很久;同樣地,若你認為逆境會持續很久,就有很大的可能會影響生活的其他部分。重點在於限縮逆境的影響範圍及縮短持續時間。

瞭解個人的調適能力或韌性非常重要,它和個人想要承擔的風險程度與環境的類型有關係。發展個人有效面對逆境的能力愈來愈重要,特別是在經濟衰退及全球化競爭程度愈高的環境。此外,領導的本質日漸趨向隆納·海弗茨 (Ronald Heifetz) 所謂的「適應性挑戰」,即有效地對可預期或不可預期事件做出回應的能力。最近針對成功領導者的研究發現,這種對艱困事件有效反應的能力是主要關鍵,這些成功的人會將逆境視為學習與發展的機會。

不同的觀點：真誠領導

真誠的領導者對自己與他人都是實在的，他們用可信任度、激情、價值及自律來領導。溫蒂·科普 (Wendy Kopp) 是一位真誠的領導者，雖然遭遇許多挑戰，但仍持之以恆。她體認到公共教育的許多不公平之處，並且建立為美國而教 (Teach for America)，讓大學畢業生承諾在公立學校教書 2 年。經過 5 年的艱辛工作，為美國而教瀕臨關門的邊緣。為了避免關門，科普重新設定努力的目標，並重新定義核心價值。透過她的改造與專注，讓為美國而教能轉型並明顯成長。營利或非營利組織真誠的領導者具備的特徵。

1. 這些領導者為其組織帶來哪些價值？他或她的領導風格如何影響組織的員工？
2. 他或她的領導風格與競爭組織的領導者有何不同？
3. 你可以從真誠的領導者學習到什麼？

自我監控

如同個性、技術與能力的差異，自我監控 (self-monitoring) 的差異也會影響如何做事，以及如何與他人互動。自我監控是解讀與使用外部環境的線索以評估自己行為的能力，如果你自我監控的能力與別人不同，在職場的行為及與他人的關係都會受到影響。

在電影院，廣播提醒電影放映中請關閉行動電話且勿交談，可是電影剛放映不久，你聽到前座的情侶在講話，你很懷疑：「他們是否沒有聽到廣播？」當你在思考他們的無禮行為時，環顧四周且看其他人對這對情侶的反應，他們愈來愈大聲，卻似乎不覺得干擾到別人且繼續大聲說話。有一位觀眾離開座位，然後帶一位服務人員進來，小聲地請這對情侶不要說話，這對情侶看了看四周，才發覺影響其他一同看電影的人，羞愧地躲入座位中。為什麼這對情侶需要別人告知影響到別人，難道他們無法自己判斷嗎？

我們通常形容一個人是高度自我監控或低度自我監控，高度自我監控的人會解讀環境與社會中有關規範或能被接受之行為的線索，並利用這些線索調整自己的行為，他們可能會借鏡他人的行為，因此比較容易相處，且比低度自我監控的人更能適應改變。高度自我監控的人也可形容為變色龍，他們能根據情境的重點調整風格；相反地，低度自我監控的人不會解讀環境與社會的線索，也不會利用這些線索改變行為，他們較以內部為焦點，在不同情境表現的行為都一樣，因此低度自我監控的

自我監控 個人從環境解讀線索以評估自身行為的能力，人們可區分為高度自我監控與低度自我監控。

人可以形容為僵化與沒有彈性。

就像我們所學的，工作環境包含不同個性、技術與能力及風格的人，這些人必須整合以創造效能與有生產力的工作關係，因此創造協同合作與有生產力的工作環境，必須具有某種程度的適應能力。

改變某個人的行為並不代表某種方法一定最好，亦即沒有正確的方法或風格，在各種職務中都有各式各樣的成功案例。最後，我們常會認為某人做事的方式跟我們不同是沒有效能的，但可能只是他做事的方式與我們所偏好的不同而已。在這些情境下，重點在於不要直接對某個人的意圖立刻下結論，而應該瞭解差異，且試著達成某種程度的互相瞭解。

管理自己

就像建立自我意識一樣，要提高自己的人際效能是一種循環的過程，人際效能需要回饋與持續發展。雖然你知道瞭解自己與管理自己是人際能力的重點，也應該知道瞭解自己及管理自己與發展滿意的職涯有高度關聯。

杜拉克認為人一輩子大約有 50 年是具有生產力的職涯，必須對自己有深入的瞭解，因此主張個人必須經常反問自己以下問題：

- **我如何做事？** 人們應該專注在自己能達到最佳結果的做事方式，例如，個人應知道自己喜歡透過閱讀或傾聽以學習新資訊？也應瞭解自己喜歡單獨工作或團隊合作？是否喜歡擔任決策者或提供建議？在壓力下或需要結構性與預測能力的情況下能否順利工作？喜歡在小型組織或大型組織工作？

- **我的價值觀是什麼？** 個人在組織內要有效能，他或她的價值觀必須能與組織的價值觀相匹配，雖然價值觀不一定要完全一樣，但必須足夠接近，不會讓個人感到挫折、被剝奪，最後變成沒有生產力。

- **我歸屬於何處？** 就像個人在瞭解自己優點與瞭解自己如何做事會遇到挑戰，個人在瞭解自己歸屬於何處也會遇到挑戰。要回答這個問題，必須知道前面三個問題的答案，透過瞭解自己的優點、績效驅力及價值觀，可以確定自己歸屬於何處，以及不屬於何處。

- **我有什麼貢獻？** 要回答這個問題，應該自問：(1) 情境需要什麼？(2) 在當前我的優點、績效與價值觀，我要怎麼做才能有最大的貢獻？以及 (3) 必須達到什麼樣的結果才能有所不同？

杜拉克認為透過回答這些問題，每個人可以清楚自己應該採取的一系列行動，將能夠確定要做什麼、從何處與如何開始，以及設定目標與時程，使未來整個職涯更具生產力。

問題與討論

1. 自我意識對成為有效領導者非常重要的原因為何？
2. 創新對企業在市場上創造差異化的重要性愈來愈高，如果企業要聘用具有創新能力的人員，應該找什麼樣的應徵者？
3. 情緒智能各種元素間的關係如何？具有高度情緒智能的領導者應如何描述？
4. 內外控性格與韌性有何關聯？
5. 請解釋情境智能與自我監控間的關聯性。

Chapter 14 權力與影響力

學習目標

1. 解釋領導者如何運用權力與影響力實現組織遠景及策略目標。
2. 描述人際權力各種形式及其發展與運用。
3. 列舉個人如何反應權力的施行。
4. 描述相互依賴性、資源稀少性及對優先順序的異議如何影響組織性衝突並突顯對權力施行的需求。
5. 列舉不同影響力類型,並解說各種影響力類型運用時機。

全世界誰最有權力

美國的商業雜誌《富比世》每年都會公布全世界最有權力的人物,2018 年 5 月 8 日公布最新的排名,從全世界約 75 億人中,選出 75 位擁有能力左右世界未來的人,通常前幾名都是大國的領導人,但也有些是全球大型公司的創辦人,因為大國及大公司才有足夠的資源與能力影響世界的發展。

2018 年全世界最有權力者的第一名是中國國家主席習近平,主要原因是 2018 年 3 月,中國全國人民代表大會修憲取消國家主席任期限制,使得習近平的權力擴大到無法形容的程度。第二名是俄羅斯總統普丁,因為他自 2000 年以來長期掌控俄羅斯政權,由於俄羅斯是強權國家,自然對全世界的發展有高度影響力。美國總統川普因身陷個人、商業醜聞,正在接受國內執法機構調查,因此只能屈居第 3 名。

全世界最有權力的女性是德國總理梅克爾,她不僅領導德國,也是歐盟的核心人物,因為德國是歐盟最核心的國家,未來必須面對英國脫歐、歐洲反移民情緒日益高漲等問題,使得梅克爾的想法與決策能影響整個歐洲大陸的未來。

排名內亦有許多全球知名的富豪及大型公司的創辦人,例如,第五名是亞馬遜創辦人貝佐斯,第七名是微軟創辦人比爾‧蓋茲,谷歌的共同創辦人佩吉排名第十,臉書創辦人祖克柏排名第 13 名,股神巴菲特亦排在第 16 名。

從這個排名可以看出,一個人所占的職務能動用的資源愈多,愈能夠影響他人,權力自然愈大。

資料來源:
黃玉婷,誰能比他更有權力!習近平被富比世封「2018 最有權勢人物」,今周刊,2018 年 5 月 10 日,https://www.businesstoday.com.tw/article/category/80398/post/201805100009/。

自我省思

你的權力源自何處？

你如何運用權力影響他人或群體？你的權力來源為何？請以 1 至 5 的評分回答下列問題，以探索你如何運用權力。

1＝從不　2＝很少　3＝有時　4＝通常　5＝總是

1. 我的權力源自正式職位或頭銜。　　　　　　　　　　　　　　＿＿＿＿
2. 我使用權力獎勵他們的行為。　　　　　　　　　　　　　　　＿＿＿＿
3. 我使用權力懲罰他們的行為。　　　　　　　　　　　　　　　＿＿＿＿
4. 我的權力源自我的專業。　　　　　　　　　　　　　　　　　＿＿＿＿
5. 我的權力植基於我的人際關係。　　　　　　　　　　　　　　＿＿＿＿
6. 我的權力源自自己能接觸特定資訊。　　　　　　　　　　　　＿＿＿＿
7. 我以平等待人與協力工作賦權他人。　　　　　　　　　　　　＿＿＿＿
8. 我以確保資訊可信及運用資料影響他人。　　　　　　　　　　＿＿＿＿
9. 我的權力來自互惠原則。　　　　　　　　　　　　　　　　　＿＿＿＿
10. 我與有共同關切或觀點的個人結盟來構建權力。　　　　　　　＿＿＿＿

根據你對以上各題的反應，你認為自己的權力來自何處？你會如何運用權力？又如何擴張權力來源？

緒論

身為領導者，你必須配合與藉由他人達成目標。我們之前討論過，有效的領導不會憑空而生，它需要領導者營造情境，並激勵追隨者的期望、需求，甚至願望抱負等。激勵追隨者的需求，意指說服他們加入組織或領導者追求設定目標的旅程，若無法說服時，可能就要用到領導者正式權位賦予的權力，來強化或確保部屬的行動或行為。

領導常被定義成**權力 (power)** 的施行與**影響力 (influence)** 的有效運用。事實上，許多研究人員都深信一人若無權力，則無法領導。權力是一個人或群體影響其他個人或群體行為、思考與態度的潛力 (potential)。相對來說，影響力則是施行權力的方法或工具。權力與影響力之間的分別甚為細微。事實上，權力通常是一個人具備或借助於其職位、專業或關係等，而影響力則是一個人行動後所產生的效果。有

權力　個人或群體影響其他個人或群體行為、思考與態度的潛力。

影響力　施行權力的方法或工具。

人說:「所有有影響力的管理者都有權力,但不是所有有權力的管理者都有影響力。」終究說來,權力的施行在建構組織遠景與策略的支持聯盟。換句話說,權力 (的施行) 可將個人利益轉化成完成組織共同目標的協調性活動。

兩名組織研究學者科特與傑佛瑞・菲佛 (Jeffery Pfeffer) 各自對組織內的權力運用有深入的研究。他們都發現當決策程序僅包含少數幾人,決策者之間的差異性 (意見或認知) 也不大時,共同合作與協作相當簡單。會議隨時可召開,直接在議題上對抗、討論,然後尋找能滿足所有人需求的方案。在這種情境下,有無權力就不是那麼重要。

但在大多數組織中,許多人都想參與決策或影響決策。他們的工作彼此依賴、但相互之間的差異性卻甚大。在這種相依性與衝突性都高的狀況下,權力的運用就顯得比較重要。

個人對權力的渴求或運用,與領導統御有強烈且重要的關聯性。但兩者通常被人誤解或甚至畏懼。對人類可說是不幸的,在歷史中,俯仰可拾許多領導者濫用權力的例證,如德國的阿道夫・希特勒 (Adolf Hitler) 及蘇聯的約瑟夫・史達林 (Josef Stalin) 等,他們都運用權力操控他人,以施行其意志。企業界中,也到處充斥濫用權力的例子。

從過去到現在,有那麼多人濫用權力,也無怪乎多數人對權力偏向蔑視的態度。許多人認為權力只是用來控制他人的工具。同樣地,許多人也認為影響力只是單向地操弄他人,而非雙向互惠互利地改變他人行為、態度與價值觀。雖然權力有其黑暗的一面,但人不可能不用到權力來領導。要能有效的運用權力、發揮正向、健全的影響力,就必須對權力的來源及其顯現方式有清楚的瞭解。

在本章中,我們將介紹權力在人際關係及組織中所扮演的角色,以及有效或無效運用權力的後果。本章也將探討在人際與組織中,如何有效運用權力創造更協同合作及高效能工作環境的策略。增加你對權力與影響力的瞭解,將有助於職涯發展。為說明這些概念,我們先介紹一些主角,就從凱斯・費拉齊 (Keith Ferrazzi) 開始。

人際權力

現代組織分權及與多人一起工作以完成目標的現象增加,提高管理者對人際權力的需求。人際權力可能源自於個人的正式職權、施行獎勵

特立獨行的費拉齊

費拉齊的同事以特立獨行 (one-of-a-kind) 來形容他。他的外貌出眾、穿著無可挑剔的訂製西裝與名牌皮鞋。費拉齊相信人們尊重他的敬業與職業道德，經過多年的努力，他獲得一些高名聲公司的高階職位，如德勤會計師事務所 (Deloitte & Touche) 的高階顧問，以及喜達屋飯店集團 (Starwood Hotels & Resorts) 的行銷長等。

即便在他職涯的一開始，費拉齊就想到與能幫他的人建立關係。哈佛商學院畢業後，費拉齊得到德勤提供的工作機會，但他堅持在接受此工作前，必須先見到「頭頭」(the head guys)。當時德勤的頭頭派特·洛康投 (Pat Loconto) 同意在紐約的一家義大利高級餐廳會見費拉齊。幾杯黃湯下肚後，費拉齊跟洛康投說只要以後每年一次在同一家餐廳一起用餐，就同意接受這份工作！許多人會認為這種要求既大膽又危險，但洛康投對費拉齊的特立獨行印象深刻，因而同意。費拉齊利用每年一次的晚宴機會，獲得洛康投關鍵的職涯指導與教練。隨著歲月的演進，兩人逐漸變成朋友。

並非所有德勤人都喜歡費拉齊，他跟所有人都不一樣，喜歡分享他成就，也常跟人說到他下一步要做什麼。費拉齊喜歡同一時間做很多事情，但不見得全部完成。他不做自己不想做的事，包括所有顧問都應該做的分析工作。洛康投曾說：「他是有野心但沒耐性的人，他不想按部就班地到他想到的地方……他絕對是一個難以管理的人，但是他想出來的好意見足以彌補一切！」對德勤創業合夥人湯姆·費德曼 (Tom Friedman) 而言，人們只是因為他的成就而嫉妒費拉齊。受到其特性所吸引，費德曼也決定成為費拉齊的導師。

就在他要成為德勤的合夥人之一前，費拉齊為了喜達屋飯店集團行銷長的職務而離開德勤。洛康投透露道：「當我與費拉齊談到喜達屋時，我告訴他要慢下來，先在大公司內歷練一些經驗後，再去做自己想做的事。我告訴他在跑之前要先會走，不要有太多的想法。」在喜達屋任職不到 2 年的時間，他要向四位不同的總裁與執行長報告，費拉齊辭去喜達屋的工作。有些人歸咎於費拉齊缺乏耐心，也有人認為喜達屋那 2 年的高階職位變動是主因。但費拉齊只是認為他需要時間來思考下一步。在他的思考選項中，費拉齊仍疑惑著自己還應該做些什麼來建構他的影響力，以便未來可以自己經營一家公司。

為何費拉齊的同事認為他是一個強而有力的管理者？因為他穿著體面，或因為他工作努力，能在職涯初期就晉升到幾家公司的高階職位？是他直率的個性與清楚顯現出努力方向的獨特性，或甚至他雖有成功的職涯，但令人稱羨得令人討厭？當我們無法以簡單準據判斷費拉齊的成功時，至少可得到因為他所有的人格特質，讓費拉齊能得到相當大人際權力的結論。

或懲罰的能力、知識的程度或專業性及個人魅力等。這種人際權力被領導者用來設定目標、排定活動優先順序、決定指派何種任務給誰、工作如何分配、爭端如何解決，以及任務應於何時完成等。

人際權力形式

1959 年，兩位美國社會心理學家約翰·法藍曲 (John R. P. French) 及貝特拉姆·雷文 (Bertram Raven) 以〈權力的社會基礎〉(The Social Bases of Power) 一文，發展了人際權力的類型學，此文描述五種權力基礎，如**法制權** (legitimate power)、**獎賞權** (reward power)、**強制權** (coercive power)、**專家權** (expert power)，以及**參考權** (referent power)。每個人都可能用一種或多種權力來影響他人。

在費拉齊的個案中，我們知道費拉齊對於應該做些什麼來建構影響力，以便未來可以自己經營一家公司感到困惑。為解決這個問題，我們先從法藍曲與雷文的權力類型定義開始，辨識每一種權力基礎如何應用在費拉齊的經驗解釋上：

- **法制權是組織正式職位賦予個人的權力**。這是對某人在組織中職位擁有影響他人法制權力的認知。這種權力要能獲得其下屬尊重這個職位才有效；若下屬質疑此職位的職權，則其法制權較弱。當德勤的同事質疑：「這個傢伙是誰？他為何在這裡？我跟他為何要有任何關係？」時，他們表現出對費拉齊法制權的懷疑，但是隨著費拉齊的職位逐次高升，並獲得高層支持時，費拉齊在德勤獲得更多的法制權。

- **當一人能獎勵他人行為時，獎賞權即存在**。這是某人對特定行為能提供正向結果或移除負面影響的認知。一個能為他人加薪、晉升或給人稱讚的人，即擁有高的獎賞權。而有效運用獎賞權的關鍵，是要能掌握被獎勵者想要什麼。有了這種瞭解，獎賞權可個別或集體實施。費拉齊知道洛康投有很高的獎賞權，在他要求每年跟洛康投在高級餐廳聚會一次而得到允諾即可驗證，事實上，費拉齊也在這種關係上獲得洛康投指導與教練的獎賞。

- **當某人有能力對他人 (不良) 行為做出懲戒時，強制權即存在**。強制權與獎賞權相反，是某人有權力對他人不一致、不遵守行為時的懲處。強制有快速的短期效果，在危機情境時相對有效；但如過度運用，則會造成組織內成員的被剝奪感及士氣低落。雖然在費拉齊的個案中似乎並未顯現強制權，但可以假設洛康投可能在其他管理者抱怨費拉齊難以管理時運用了強制權 (讓其他管理者不再抱怨！)。另外，也明顯看出對費拉齊並未使用過強制權，這可

> **法制權** 組織正式職位賦予個人的權力。
>
> **獎賞權** 讓某人能以有形或無形誘因獎勵他人行為的權力。
>
> **強制權** 讓某人能以有形或無形制約懲罰他人行為的權力。
>
> **專家權** 因擁有特殊知識或技能所衍生的權力。
>
> **參考權** 因擁有他人喜好特質所衍生的權力。

能是因為他常以不錯的想法、彌補他缺乏跟進執行專案的缺點。

- **專家權是因擁有特殊知識或技能所衍生的權力**。從專家權衍生出來，雷文事後再加上資訊接觸能力，作為另一種人際權力。所謂的資訊權 (information power)，是能接觸到能影響重要決策資訊的能力。在職涯初期，費拉齊累積在顧問與行銷領域的專家權，這從擔任德勤合夥人及喜達屋行銷長的實務上即可驗證。
- **參考權是因擁有他人喜好特質所衍生的權力**。個人擁有他人好感與想模仿的特質，即擁有高度的參考權。而此參考權無須出於個人訴求，他人即願意幫參考對象做事。雖然一開始時，費拉齊的特立獨行會惹惱一些人，但有些人卻受到他吸引，尤其是高階主管。

職位與個人權力

與法藍曲和雷文一樣，另外兩位美國組織行為研究學者大衛・惠騰 (David Whetten) 與金・卡麥隆 (Kim Cameron) 也發展一種區分和解釋人際權力的方法。雖然他們辨識出許多與法藍曲和雷文相同的權力基礎，但惠騰與卡麥隆將法藍曲和雷文的五種權力基礎擴充至九種，並區分成職位屬性與個人屬性兩大類。

惠騰與卡麥隆主張，**職位權 (positional power)** 來自於個人在組織中的正式職位，並可以該職位的中心性、彈性、可見度與關聯性等來描述。相對地，**個人權力 (personal power)** 則來自於他人想要的個人屬性，如專業性、努力、吸引力及合法性等 (如圖 14.1 所示)。我們也可以費拉齊的個案分別說明這些職位與個人權力的屬性如後。

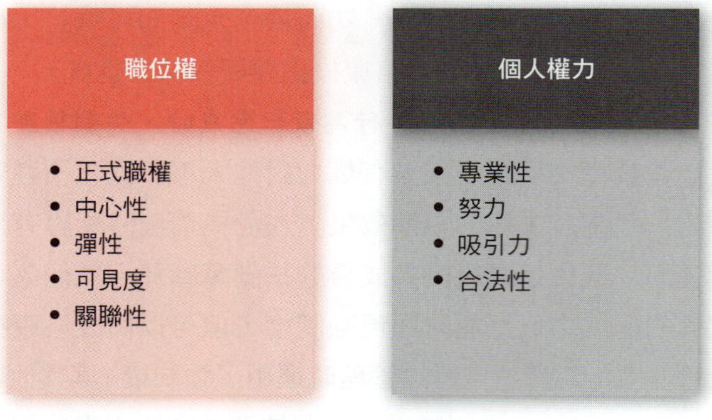

> **職位權** 來自個人在組織中正式職位所賦予的職權。
>
> **個人權力** 從他人想要成為或擁有個人屬性衍生的權力。

職位權	個人權力
• 正式職權 • 中心性 • 彈性 • 可見度 • 關聯性	• 專業性 • 努力 • 吸引力 • 合法性

圖 14.1 職位與個人權力來源示意圖

➥ 職位權

當想到權力時，第一印象通常就是職位權。個人在組織指揮鏈中占什麼位置？多少人要向他報告？掌控多少預算？控制哪些資源與資訊？這些問題的答案，通常就定義個人在組織內的正式職位及其職權，也成為個人在組織中權力的代名詞。

由於正式職位的特性，組織中高階管理職位通常有相當大的權力，也因為高的職位與職權，使部屬在尊重之外也服從這種職位權。職位權擁有一些特權，如決定資源如何分配、人事如何安排等，但高階管理職位最主要的任務，是設定組織的任務、策略等。

除了尊重與順從外，許多員工也傾向與擁有高職位權的人一起工作，這種現象被稱為政治影響力 (political clout)。政治影響力通常可使個人擁有更多的可見機會 (被高階認識) 與晉升的潛能。除此之外，強而有力老闆的光環也能照耀著部屬，除了讓組織內其他人敬重外，也能增加部屬的工作滿意度及工作動機。

職位權的重要程度，除部屬對其職權的敬重外，也要看其他幾個面向，如中心性、彈性、可見度及關聯性等。中心性 (centrality) 是個人在組織中角色的關鍵程度，由任務重要性與人際網絡中心位置所定義，這些人通常因掌控他人達成任務所需資源與資訊的依賴性而顯得重要。費拉齊在德勤一開始的職位，可能根本不具中心性，但是因為他與德勤高層的關係，因高層的中心性而得利；也因為高層對他的指導與意見，幫忙做出對他職涯成功的重要決定，並在同事看不慣時保護他。

職位權另一個重要面向是彈性 (flexibility)，為遂行判斷的自由度之謂。一個具有彈性的職位，有較少規則或例行程序 (官僚) 的限制。在碰到非例行決策時，通常也可當機立斷，無須尋求上級的核准。因此，擁有彈性的職位權，意味著他們可決定如何行動。

可見度 (visibility) 則指個人常與組織內與之互動有影響力人們的數量。因此，人際導向職位通常較任務導向職位的可見度要高、權力較大，尤其是需要常與決策者接觸時更是如此。當中心性讓個人能接觸到所需資訊時，可見度則讓他們與有影響力的人互動，也讓個人的工作成就被有影響力的人看到。在個案中，費拉齊就堅持與高階主管見面與尋求指導，將可見度視為最優先。

最後，職位權的關聯性 (relevance)，是指一個人在規劃活動時，應與組織的整體優先順序校準。個人在尋求 (提升) 其職位影響力時，必須對組織及其部門的活動有充分掌握，並能讓部門活動與組織優先順序一致化。在個案中，我們認為費拉齊在哈佛時，即已累積顧問與行銷的經驗，這與他在德勤擔任高階顧問及喜達屋擔任行銷長等高階職位，有顯著的關聯性。

➥ 個人權力

雖然職位權是相當重要的權力基礎，但很多時候職位權的影響，還不如個人權力來得有效。有時候，即便個人在組織中的職位相對低階，但是他或她卻可能擁有相當大的權力與影響力。個人權力的主要來源是專業性 (expertise)，從執行任務或組織相關技能而來。此專業性可能是技術 (擁有任務相關必要技能)、人際 (關係管理)，或概念性 (從大局看)。回想第 13 章討論的多元智能，不同的情境需要不同類型情報的支持。當個人的技能正符合該情境時，他或她在當時就擁有較大的個人權力。

個人的專業性來自於其正式教育與在職經驗中所獲得，而建立績效紀錄也是個人專業性的一種表現。個人的績效紀錄應記錄其執行過任務與組織相關經驗，不論成敗、好壞皆應記錄。擁有專業及記錄完整的績效紀錄，顯示這個人是可被信賴的。重要的決策通常與個人的專業和經驗有關，因此個人的專業性就成為其可運用的權力。費拉齊在職場上屢屢建功，讓他擁有強而有力的績效紀錄 (哈佛的學歷也有貢獻！)，而更進一步強化其專業性。

早期的專業經驗，也因能接觸到關鍵資訊或其經驗而擁有決策權。如在所有高層都不知道發生何事的狀況下，知道將發生何事的人，即便其職位甚低，可能在當時就有決策權。因此，即便職位低階的專業人員，即便缺乏職位權力，仍可藉發展其專業技能及與高階的人際關係，發揮其個人權力與影響力。

第二個個人權力的來源是個人的努力 (effort)，這與個人對成功的承諾和努力工作有關。在工作上超出預期的工作，帶給人更投入與更可靠的印象，而這種可靠性可能導向更高職位指派或接觸獨特資訊等機會，因而可被視為權力的來源。在費拉齊的個案中，我們知道費拉齊是有野心且動力十足 (夠努力) 的，但這些特質在公司其他人的眼裡，可

領導發展之旅

最近一項研究結果顯示，在工作面談或簡報前，維持高權力姿態，會有較高的自信與較佳的結果。在這項研究中，受試者被要求在面談或簡報前維持高權力或低權力姿態 5 分鐘。高權力姿態包括向後躺並將腳擺放在桌上、豪邁地伸展四肢等；低權力姿態則包括交疊手腳以縮小身體輪廓、雙手交叉在胸前等。高權力姿態組的受試者，在面談、簡報、談判等人際關係互動上，表現得都優於低權力姿態組。這個高權力或低權力姿態的簡單動作，就會改變受試者的生理（賀爾蒙水準），進而改變其行為。在未來數週內，自行實驗一些高權力或低權力姿態，並評估它們對你管理或領導能力的影響。

能也不見得正面。許多費拉齊的管理者因為他的積極進取，而認為他很難駕馭管理。

一個人的吸引力 (attractiveness)，從他人能辨識出並喜歡模仿之個人屬性所衍生，包括外觀、魅力及好感度等，是另一項個人權力的基礎或來源。一個具吸引力的人，常被認為具有開放、誠實、忠實及有同理心等。費拉齊的衣著、外觀及社交網絡能力，讓他容易成為相當具有吸引力的人，但他的野心與進取，對不瞭解他動機的人而言，就不是那麼吸引人了。

最後，個人權力可被其合法性 (legitimate) 所強化。法藍曲與雷文將合法性歸類於法制權，有點像是惠騰與卡麥隆所區分的職位權。但惠騰與卡麥隆定義個人權力中的合法性，指的並非一個人的職位，而是其可信度 (credibility)。一個人是否具有合法性，是要從他人角度來看，一個人是否言行一致、是否與現行價值觀系統一致等。合法性可增加被他人的接受度，而這是發揮個人影響力的關鍵之一。

關係權力

為了進一步定義與區分人際權力的類型，研究學者也區分出一種**關係權力 (relational power)**，這種權力來自於個人所屬的網絡類型、網絡中成員的類型，以及網絡中成員之間的關係強度等。實際上，關係權力是植基於個人在組織中各種關係的本質。為瞭解關係權力，我們應把它想成如何能讓個人完成其工作、獲得成功、個人與專業發展等一系列關

關係權力 個人所屬網絡、建構這些網絡人的類型及網絡內關係強度所衍生的權力。

係。我們將在第 20 章中詳細討論網絡；但現在，瞭解網絡在個人如何發揮其影響力上是相當重要的。

一旦畫出個人的關係網絡圖後，我們就能從網絡圖上辨識出誰是最具影響力的人。無論你所畫的網絡圖是溝通型 (跟誰說話)、諮詢型 (向誰請示意見)，或信任型 (信任誰)，都可從中心性上瞭解網絡圖裡每個人所處的位置，這是上一節有關職位權的一種指標。網絡的廣泛度，則是個人職位權的另一個指標。

個人網絡的廣度，指的是個人歸屬的網絡類型及網絡內接觸的多元程度。組織學者赫密尼亞・伊巴拉 (Herminia Ibarra) 認為，個人網絡可區分成三種類型，如任務網絡、職涯網絡及社會網絡。任務網絡通常涉及與特定職務相關資源的交換，如資訊、專業、諮詢、政治接觸及物質資源等；職涯網絡則包括對個人的職涯方向指導、在高層前的曝光度、協助獲得具挑戰性與可見度的職務指派及鼓勵晉升等；社會網絡則包括誰與你聯絡？誰是你的諮詢對象？誰是你較信任的人？等。社會網絡不見得與工作相關，但仍有動用資源、傳遞訊息與提供同儕指導等角色。

伊巴拉也認為所有的關係連接並不相同，而個人的人際網絡深度或強度，則與個人認識網絡中成員的時間長度及互動頻率而決定。網絡關係的強度也會影響到交換何種類型的資源，而這與某人是否處於另一人的核心網絡或延伸網絡有關。一核心網絡可由成員之間的緊密連接與互惠而定義，核心網絡的關係一般也延續得較長。相反地，延伸網絡則包含一些距離較遠的認識對象，雖然也能提供與其他群組或個人的連接機會，但其關係強度通常比核心網絡來得低。

另一個個人網絡關係強弱的面向是其可攜性，亦即當個人離開其工作後，此網絡關係是否能隨著他們而移轉。在對一些成功股票分析師的研究，波瑞斯・格羅斯貝格 (Boris Groysberg) 發現男性與女性分析師對其網絡關係的發展，有明顯不同的策略。絕大多數女性分析師的成功與聲望，來自於她們與客戶之間建立的關係，亦即組織外部關係；另一方面，男性分析師則較專注於發展其組織內的關係。因此，當女性分析師轉換公司時，她們的績效仍然很強；但若男性分析師轉換跑道，其績效則會顯著下降。是哪些原因造就這種現象？格羅斯貝格首先認為女性分析師建立的外部支持網絡，造就她們「明星」的架勢，使她們的技能仍能在其他公司發揮效用。其次，格羅斯貝格推測女性分析師以這種職涯

發展策略來克服她們在組織內發展的障礙，而這些障礙通常會讓女性無法獲得組織的重要資源與職位指派 (玻璃天花板效應)。在多數狀況下，男性則無須面對這種障礙。因此，女性以其外部網絡關係而較具可攜性，而男性則較偏向鞏固組織內部特定關係 (而不具可攜性)。

人際權力的挑戰

雖然個人可能初期會花很多時間在建構其人際關係與培育人際網絡，但是當他們在組織中職位提高、擁有權力時，通常又會開始自滿。研究發現，當個人開始無法看到權力的動態變化時，很有可能就會失去它。對組織變化缺乏察覺性的人，很容易成為自滿於權力的犧牲者，如以下要討論羅伯特‧摩斯 (Robert Moses) 的個案。

摩斯的下台

從 1924 年至 1968 年超過 40 年的政治生涯中，摩斯被許多他幫助過的民選州、市長指定為政府官員，其主要任務是對紐約大都會區的道路、公園與橋樑進行建設或重建。許多人形容摩斯有「強勢、有時欺壓」及「傲慢、操控人及對權力的持續渴望」等負面評價；但是也有「重建城市而貢獻一生」的正面褒揚。他的功績很多，主要仍是對紐約聯外橋樑與公園大道的建設，包括布魯克林與皇后區高速公路 (Brooklyn-Queens Expressway)、亨利哈德森大道 (Henry Hudson Parkway)、寇斯布朗克斯高速公路 (Cross Bronx Expressway)、范維克高速公路 (Van Wyck Expressway)、窄頸大橋 (Throgs Neck Bridge)、三區大橋 (Triborough Bridge)。除了橋樑、道路等建設外，摩斯也開發許多紐約市及長島區的綠地空間，包括瑪莎皮瓜州立公園 (Massapequa State Park)、瓊斯海灘州立公園 (Jones Beach State Park)。

在政治生涯的最後一年，大量讓他自傲與傲慢監督的專案也擊倒了他。摩斯愈來愈忙，但拒絕接受他人的想法與意見。封閉的心態讓他無法接觸到能有效執行工作的關鍵知識與訊息。最後，即便他對紐約市有大量且重要的貢獻，他還是失去了工作。

以各種標準衡量，摩斯都算是擁有權力的人。在他政治生涯初期，他知道與知名的政治人物與官員建立關係，使他獲得公職並做出貢獻。但擔任重要公職後，他卻失去對環境變動的眼光。然而，他愈發忙碌而變得更專業時，不相信他人，也不願接受意見，這項嚴重錯誤是他下台的主要決定因素。

Library of Congress Prints and Photographs Division [LC-USZ62-136079]

表 14.1　持續權力與失去權力

持續權力	失去權力
活力、耐力與體力	待人無情
專注細節的能力	探索並運用他人
彈性	僵化
能知道他人需求的敏感性	缺乏同理心
願意在建設性衝突中接觸	認為理所當然
在必要時放下自我	膨脹的自我觀

資料來源：Nina W. Brown, *Coping with Infuriating, Mean, Critical People: The Destructive Narcissistic Pattern* (Westport, CT: Praeger Publishers, 2006); A. Delbecq, "'Evil'Manifested in Destructive Individual Behavior: A Senior Leadership Challenge," *Journal of Management Inquiry*, Vol. 10, 2001, pp. 221–226; Jeffery Pfeffer, *Managing with Power: Politics and Influence in Organizations* (Boston, MA: HBS Press, 1992); and Manfred. F. R. Kets de Vries, *Leaders, Fools, and Imposters: Essays on the Psychology of Leadership* (San Francisco, CA: Jossey-Bass, 1993).

　　當個人獲得權力後，他或她應認知到權力可能大過自己對現實認知的潛在危險。尤其當個人移向高階職位時，這種危險更突顯，特別是當其部屬不敢對他或她提出建設性批評與回饋時。在前一章中曾討論自我察覺對長期職涯成功的重要性。隨著個人職涯的發展，持續監控其各自的優劣勢是相當重要的。

　　當個人開始抗拒改變或不再接受新資訊時，他的權力通常也會跟著喪失。權力的維持，需要個人對情境關聯性的持續專注。研究人員也發展一些能維持權力或有失去權力風險的行為模式，參見表 14.1。

　　背景情境也可能影響個人權力的施展程度，有些研究人員還相信權力只在特定地點與特定時間有效。如同我們曾討論的，權力可能來自於一個人的職位、關係及其經驗等，而每一項權力來源都會受到組織或情境背景的影響。舉例來說，當兩家公司合併且結合類似部門時，權力結構就會跟著改變。對組織合併的情境而言，只有一名管理者會存續。因此，在考量增加或限制某人的權力時，應考量情境背景因素的影響，如一人的權力有多少是與情境有關的？某人在某些特定情境狀況下會更有權力？

對權力的反應

　　每個人對權力施行的反應都不同。如圖 14.2 所示，對管理決定的反應，一般可區分成抗拒、遵守與承諾三種。抗拒 (resistance) 可能是主動 (拒絕做被要求做的事) 或被動 (假裝同意但不作為)，在這些狀況下，管理者可能傾向於運用強制權，強迫人員執行被交代做的事，但這

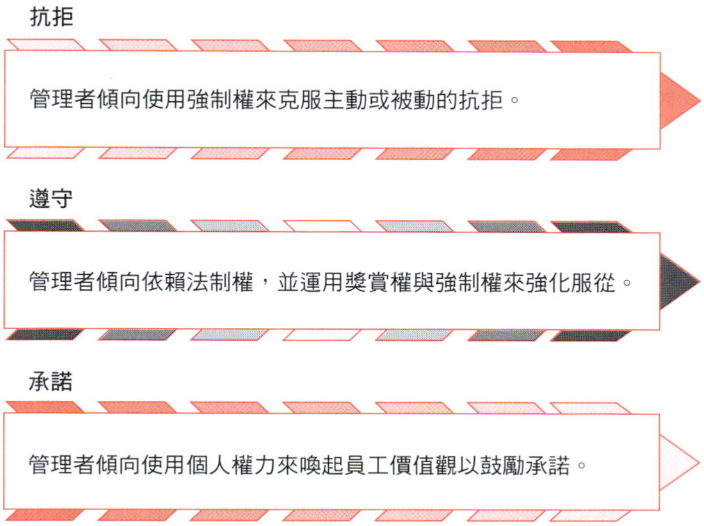

抗拒

管理者傾向使用強制權來克服主動或被動的抗拒。

遵守

管理者傾向依賴法制權，並運用獎賞權與強制權來強化服從。

承諾

管理者傾向使用個人權力來喚起員工價值觀以鼓勵承諾。

資料來源：Adapted from Gary A. Yukl, *Leadership in Organizations* (Englewood Cliffs, NJ: Prentice-Hall, 1981).

圖 14.2　對權力運用的三種反應

卻會招致更大的抗拒。因此，強制權不能濫用，它通常象徵著管理者與員工之間的分離，並為單位運作障礙的象徵性指標。

遵守 (compliance) 是完成被指派的任務，但員工缺乏興奮感或個人並不買帳。在這種狀況，員工做必須做的，而非他們想做的。傾向運用職位權與獎賞權的管理者，通常會使員工產生此遵守的反應。以職位權或獎賞權等權力的運用，對例行任務尚稱適用；但是對於需要創意、更困難的任務時就不太有效。

承諾 (commitment) 是員工對管理者權力運用最好的結果，並只有在員工基本同意管理者的決定時才會發生。員工會努力工作，並確保任務被恰當的執行。在這種狀況下，員工的價值觀和觀點與管理者一致，他們也會付出額外努力來確保任務的成功達成。員工的承諾，通常來自於對管理者個人權力的尊重，包括專業性及好感度等。

現代組織愈來愈常以**賦權** (empowerment) 來增加員工對賦予任務的承諾。賦權是權力對部屬的分享，並將決策與行動權下授到組織可能的最基層 (亦即執行層)。賦權也是在組織中發展員工領導力的一種方法，當員工承擔更多責任並完成新的任務後，他或她的自信與自我價值感會增加，其擁有技能也會增加。表 14.2 列舉一些會影響賦權效果的領導技巧及組織因子。

賦權也是重要的管理概念，因決策權的分享會激勵員工承擔組織績

賦權　分享權力與決策權到最低可能階層的程序，能提升所有員工的影響力與自主性。

表 14.2　影響賦權的因子

領導技巧	組織因子
創造正向情緒的氛圍	分權架構
設定高績效標準	適當的選擇、訓練領導者與員工
鼓勵主動性與責任感	移除官僚限制
公開與親自獎勵員工	獎勵授權行為
實踐公平與協同合作	謹慎監控與衡量
信任部屬	公平與公開的組織性政策

資料來源：Adapted from A. Nahavandi, *The Art and Science of Leadership* (Upper Saddle River, NJ: Prentice Hall, 2006).

效，進而促使員工之間的合作、協同合作、提升產量與促進組織的策略性改變。賦權也會改變領導者的角色，迫使他或她賦權更多。當更多工作被下授時，管理者就能從一般任務中抽身，追尋其他機會，進而促進單位與組織的發展。

當員工被賦權時，自然相信他們對決策的意見或觀點會被聽見與採納。若他們的決策不被尊重，賦權也會產生與預期相反的結果、造成員工的被剝奪感與士氣低落。沒有人想被徵詢意見後，其意見卻被忽略。

美國電動工具製造商百得 (Black & Decker) 對其銷售團隊有相當新穎的賦權方式。百得銷售訓練部主管羅得‧夏普 (Rod Shape) 給銷售團隊的成員每人一台輕便攝影機與編輯軟體，讓他們可將競爭者產品的優缺點都錄下來。除了顯示有意義的競爭情報外，錄影帶也能作為未來銷售成員的訓練教材。我們將在第 18 章中進一步討論動機的驅力與賦權。

Victor J. Blue/Bloomberg/Getty Images

權力與衝突

權力在組織中扮演著解決衝突的重要角色。組織中關係的相互依賴性、資源的稀少性及對 (方案) 優先順序的不同意見，都是造成組織內衝突的成因，而每項因素也將影響組織內的決策方式。為探究競爭與衝突之內涵，我們將以艾瑟曼博士的個案，以各個情境來說明組織內的競爭與衝突會如何影響組織策略的變化。這些情境包括相互依賴性、資源的稀少性，以及對優先順序的異議。

相互依賴性

組織權力植基於依賴關係的概念。一人對他人的相對權力，由誰較依賴誰而定。此依賴的不對稱性愈大，兩人之間能運用的權力也就愈大。相似的概念，若彼此間相互依賴的程度愈大，則彼此的關係也就愈緊密。兩位組織學者蘭傑‧古拉提 (Ranjay Gulati) 與麥辛‧辛吉 (Maxim Sytch) 研究製造商和供應商之間權力與相互依賴關係之動態反應。其研究結果發現一個被他們稱為 依賴不對稱 (dependence asymmetry) 的現象，亦即當一家公司依賴其經營夥伴的程度超過經營夥伴對它的依賴時，經營夥伴對這家公司可施行的權力也就較大；相對地，若一家公司愈不依賴其經營夥伴，則它對經營夥伴可運用的權力也愈大。

> **依賴不對稱** 指兩家公司對彼此依賴程度不同的現象。亦即一家較依賴其業務夥伴；但其業務夥伴依賴公司的程度較低。

除了彼此依賴程度反映權力之差異外，另一種與依賴有關而會影響權力的面向為彼此之間的相互依賴性。當兩家公司對彼此都相當依賴時，共同依賴 (joint dependence) 的現象即存在。共同依賴能有較高品質的資訊流通、更高程度的參與，以及經營夥伴間建立信任關係等好處

> **共同依賴** 兩家公司同等依賴對方的現象。

卡羅法蘭克巴克乳癌中心的艾瑟曼博士

羅拉‧艾瑟曼 (Laura Esserman) 博士是美國加州大學舊金山分校 (University of California, San Francisco; UCSF) 卡羅法蘭克巴克乳癌中心 (Carol Franc Buck Breast Cancer) 的外科醫師，也是手術及放射學副教授。她很早就預見一種不但能幫助乳癌病患，對一般性醫療也同樣有用的資訊系統。艾瑟曼希望能藉此資訊系統專案的發展，對女性乳癌患者建立全方位、一站式的治療程序，使所有相關診斷測試與治療程序能以更協調、更有效的方式執行。藉由此系統的建置，艾瑟曼希望能降低病患的焦慮與關切。

事實上，艾瑟曼早在十數年前即已有此想法，但專案進展的速度卻不如她的預期。雖然已募得相當款項，艾瑟曼仍須從醫院內部與其他外部大學單位獲得足夠的資源。她也必須克服一些來自醫院行政主管的內部阻力，這些醫院行政主管對專案的成敗具有關鍵影響力！不幸地，艾瑟曼與這些醫院行政內部主管曾有衝突，而這些主管認為艾瑟曼是麻煩製造者，專門與現況作對。而她現在想投資一個鉅額專案，卻不考量未來監督專案運作者 (這些行政主管) 的職能能耐。艾瑟曼要如何獲得所需額外的資金，讓乳癌中心成功運作呢？

淨正向力：
他人依賴你

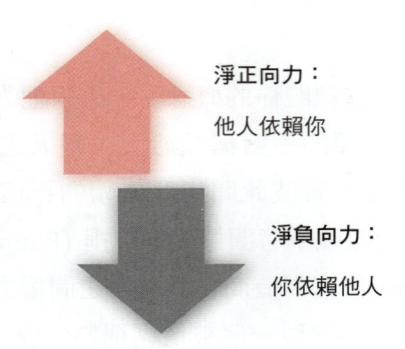

淨負向力：
你依賴他人

資料來源：R. Gulati and M. Sytch, Administrative Science Quarterly, (Vol. 52, Issue 1), "*Dependence Asymmetry and Joint Dependence in Organizational Relationships,*" pp. 32–69. © 2007 by SAGE Publications. Reprinted by Permission of SAGE Publications.

圖 14.3　依賴的本質

(如圖 14.3 所示)。

與古拉提和辛吉共同依賴概念相似的，菲佛主張**相互依賴性** (interdependence) 為當一人需要他人協助達成目標時，存在於彼此間的品質表徵。在艾瑟曼博士的個案中，她需要獲得醫院外部與醫院內部行政主管的支持，才能達成建立一套整合照護系統的遠景。若缺乏這些支持，此資訊系統專案就無法執行。在這種狀況下，艾瑟曼博士顯然較依賴他人。

相互依賴性　當一人需要他人協助達成目標時，存在於彼此間的品質表徵。

資源稀少性

資源稀少性 (resource scarcity) 是缺乏執行任務所需足夠的錢或人力，迫使管理者必須要做如何在組織中配置有限資源的決定。當資源稀少時，組織中不同部門可能需要分享資源，如辦公室空間與辦公室裝備。另外一些狀況，組織可能將較多資源投到某一部門，這將導致組織部門間對資源的競奪。當人員與部門競奪稀少資源時，其 (分配) 結果通常由權力決定。

資源稀少性　缺乏足夠的資源，如金錢與人力等，迫使個人在如何配置組織可用資源上須做出關鍵性決定。

身為一學術醫療機構，UCSF 醫院的花費比一般私立醫院高出許多，因為要訓練實習生、維持住院及外科醫生、試驗新藥、設備與程序、接納未投保或未足額投保政府補償計畫援助的病患醫療任務等，使其必須依賴外部的捐助以支持運作。雖然政府撥款及民間捐款甚多，但 UCSF 醫院仍面臨資源稀少的窘境。雖然艾瑟曼博士為其專案成功向外募集到 700 萬美元的資金；但她仍需要在 UCSF 醫院內獲得其他實體空

不同的觀點：辦公室政治

辦公室政治是一種選擇。通常由流言蜚語、操弄、相互推卸責任等所代表，它也可以是關係建構、彼此尊重及創造雙贏方案等。金寶湯 (Campbell's Soup) 前執行長道格・康納 (Doug Conant)，選擇採用正向的辦公室政治，在他許多的領導技術中，特別專注在協助的藝術。康納會每天寫感謝、恭賀及同情的便條給同事，顯現友好的行為。

1. 你從像康納這類領導者身上學到什麼？
2. 在你過去的經驗中，領導者何時會展現正面影響力？何時又會展現負面影響力？你又能從這些領導者身上學到什麼？

間與人力資源等資源的挹注，這迫使她必須與醫院其他部門競奪資源，可能導致其專案無法順利執行。

對優先順序的異議

在工作場所異質性日益增加的狀況下，不同意見與公開反對的情形愈來愈常發生。異議可能是嚴重問題。因為它會形成決策與任務執行的障礙。在有潛在異議的狀況下，個人可運用權力、影響他人，而獲得彼此之間的協議。

許多 UCSF 醫院高階行政主管認為艾瑟曼博士的資訊系統是既冒進且不必要的。為讓專案得以進行，艾瑟曼博士必須獲得這些高階行政主管的支持。為做到這一點，艾瑟曼博士必須盡可能消弭他們的異議、並以一連串的優先順序協調與權衡，與這些行政主管達成一些共識與協議。我們將於第 16 章中詳細說明這些談判程序。

異議通常也來自於人們對優先順序的不同看法。某項議題對某人可能很重要；但對其他人而言則不見得。舉例來說，個案中資訊系統專案對艾瑟曼博士而言相當重要；但對其他行政主管則覺得既不必要且太昂貴。為了對乳癌中心儲備更多資源，艾瑟曼博士需要說服並改變其他醫院行政主管對其計畫價值與重要性的看法，才能讓專案在醫院的資源分配中獲得較高的優先權。

運用影響力

貫穿本章內文，始終描述著權力可能源自於不同基礎，如職位、個人屬性與關係網絡等。有權力當然很重要，但權力是否能有效運用卻更為重要，而影響力就是權力施行的機制。當處於不同情境時，一個人要考量最有效發揮影響力的方式。下列四個步驟有助於運用影響力的考量：(1) 選擇一種影響類型與戰術；(2) 運用特定的影響原則；(3) 建構權力來源；以及 (4) 評估績效，分別解說如下。

➙ 步驟 1：選擇一種影響類型與戰術

個人選擇影響類型須配合當時的情境，與議題對雙方的重要性。美國一家管理訓練與專業發展機構情境管理系統公司 (Situation Management System Inc., SMS) 創造一情境影響模型，將個人影響類型分類，並建議各類型中的可用戰術。此模型區分的三種影響類型分別是推式、拉式及脫離，每一種類型都定義能量 (影響力) 的流向，如圖 14.4 所示。

推式影響類型是由己方導向他方，試圖讓他方接受己方的主張或意見，可用的戰術包括說服與主張；拉式類型是己方希望能從對方獲得一些額外資訊，並尋找雙方是否有共同點，可用的戰術包括搭接與吸引；脫離類型如其名所稱，就是暫時脫離狀況不明或不利的情境，以待後續可發揮影響時機。一般管理者在對上與對平行位階慣用拉式影響，對下管理則通常運用推式影響。

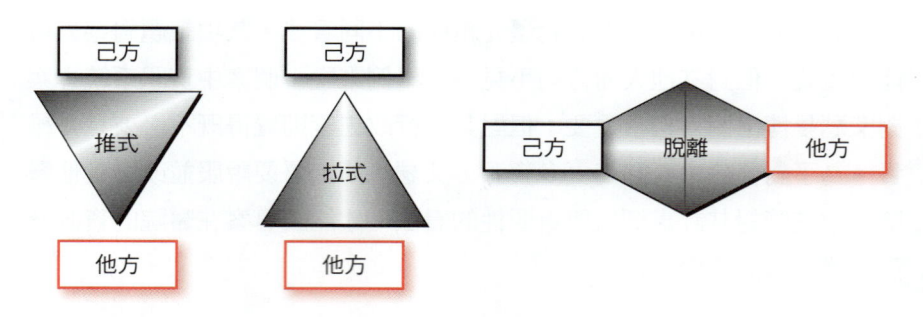

資料來源：Adapted from SMS, Managing Influence (Nashua, NH: Situational Management Systems, 1998).

圖 14.4　影響類型

推式類型

- **說服** (persuading)。在請求者 (己方) 具備信用，擁有獨特資訊或可運用資料支持其主張時適用。相關的戰術包括發展解決方案、強力主張等。以艾瑟曼博士的例子來說，她可以執行成本效益分析，並用來說服所有醫院主管，乳癌中心技術專案能使醫院各部門都獲利。
- **主張** (asserting)。當雙方都有其個別利益考量 (不見得相同) 時適用，相關的影響戰術包括設定預期、提供回饋及相互協助等。運用此戰術成功的關鍵在能辨識出對方的動機與需求。以艾瑟曼博士的例子來說，她可以提出健保醫生的證詞，若無乳癌中心技術專案則無法對病人提供最好的照顧。

拉式類型

- **搭接** (bridging)。此戰術適用於他人有請求者 (己方) 想要的資訊或能力，請求者採開放態度，而他方也不會因與己方合作而有任何損失。相關可用的戰術包括接觸、傾聽及分享資訊等。以艾瑟曼博士的例子來說，她可於社交場合中向其他醫院部門主管說明他們也面臨同樣的挑戰，藉此尋求一些共同點或連接性。
- **吸引** (attracting)：相關的戰術包括創造共同點、對目標的溝通等。運用此戰術在雙方有共享的價值和目標、他方信任與仰慕己方，或他方不確定該怎麼做時可能有用。

脫離類型

- **脫離** (disengaging)。用於當己方想降低或淡化衝突，對方還沒準備好，浮現須花時間評估新的資訊或對方行為會阻礙己方成功時適用。相關的戰術包括延期、改變主題、休息，或甚至避免接觸等。

➤ 步驟 2：運用特定的影響原則

美國心理學與組織研究學者羅伯特·喬迪尼 (Robert Cialdini) 提出一些他稱為「影響力武器」的原則，用以描述如何影響他人的模型。第一項原則為互惠原則，是假設某人若對他人施予恩惠後，他人於未來償還此恩惠的義務即產生。換句話說，「以德報德」或稱**互惠法則** (law of reciprocity)。這項原則要求若人在接受他人的恩惠後，在未來某時必

> **互惠法則** 要求若人在接受他人的恩惠後，在未來某時必須償還此恩惠。

須償還此恩惠，而償還的形式包括恩惠、禮物、邀請與資訊等。舉例來說，艾瑟曼博士可與目前不認同其提案的行政主管商談，她將在未來支持他們的提案，以換取他們對這項提案的支持。

另外兩個原則——喜好與權威，分別與人際權力和職位權有關。好感度是人際權力中的一部分，讓某人更為願意對所喜好的人說「好」。好感度可被他人的外觀、兩個人之間相似度、交換禮物及兩人之間存在的合作與接觸程度等所影響。權威則是植基於職位權。權威是假設即便某人不見得贊同，但仍會尊重其職權，而遵守指令的影響力原則。舉例來說，艾瑟曼博士可尋求不認同她專案行政主管的上司，運用各種影響力讓最高上級支持，而迫使所有行政主管的同意。這種策略即便一時有效，但終究會導致未來的報復，所以最好不用。

最後一個原則源自於潛在衝突的來源——(資源) 稀少性。稀少性原則指的是當可用性愈受到限制時，其機會價值就愈大。如有一個「一生僅此一次」的機會，即便一開始不相信的人，也會有興趣探索與追尋。個人應評估他或她權力的基礎，以決定在狀況需要時採取何種最具影響力的戰術。

➥ 步驟 3：建構權力來源

第三步是盤點個人的人際、職位及關係權力。個人可藉由下列方式強化其人際權力，如接受具挑戰性任務的指派，並在每一個職位表現優異等之建構專業性；穿著得體並被他人喜好，增加自己對他人的吸引力；超越標準的增加他人的努力，以及經由時日發展自己的合法性等。為了增加一個人的職位權，個人應尋求能改善其中心性 (網絡中的位置)、彈性 (突發決策的能力)、可見度 (以影響他人)，以及相關性 (組織優先順序) 的職位。最後，為了強化關係權力，個人應專注於其網絡中心性、網絡寬度 (網絡類型與其成員)，以及網絡深度 (關係強度) 等。

➥ 步驟 4：評估績效

我們曾在第 9 章中討論，管理者對個人績效的正式回饋，通常在每年度的績效評估會上實施。在績效評估會議上，管理者根據個人前一年度 (對不滿 1 年新人從聘用開始起算) 所設定的目標，與被審查者討論個人達標的程度與品質。

每年一度正式的績效評估，固然對瞭解個人過去一年表現相當重要，但個人也應更頻繁地尋求各方面對他個人績效的意見。除此之外，個人也應監控各自的行為。如前一章所討論的，自我監控也是瞭解個人績效表現的好方法，但這需要個人有瞭解環境與社會訊息線索的明顯自我意識能力。

如何運用適當的影響戰術，須視情境及參與單位對議題重視或優先程度而定。因此，在啟動上述四步驟程序前，對人際互動關係、組織層級的背景評估是相當重要的。

執行組織權力稽核

除了人際權力的動態管理外，個人也應對組織的權力動態執行分析與管理。最重要的第一步是，決定個人要做到什麼。關鍵問題包括需要完成什麼？達成目標要影響誰？一旦這兩個關鍵問題有確切答案後，用下列五步驟程序來執行組織權力動態的稽核：

1. **辨識相互依賴性**。誰因何而依賴誰？需要誰的合作？誰的順從 (配合) 是關鍵的？
2. **判斷每個人的權力來源**。誰因何在權力位置上？他們權力的來源為何？這些權力來源是如何維護的？
3. **分析目標、價值觀、利害及工作類型等之差異**。這些差異如何塑造每個人的主張與認知？
4. **廣域背景分析**。衝突發生的機率高嗎？主要的盟友與對手在哪裡？關鍵參與者對衝突可能會有哪些反應？
5. **定期更新上述稽核程序**。

上述稽核分析程序有助於個人瞭解其職位的優勢或劣勢，以及為達成特定目標所需影響力的程度。權力較弱的單位可藉發展或建立**聯盟 (coalition)** 來強化其優勢與在組織中的權力。聯盟是將有共同利益與觀點的個人或群體聚集在一起的形式。匯集起來的力量，當然要比個別施展的力量大得多。聯盟可能是在許多議題上都長期採取合作的方式，或因交易目的而形成的短期合作方式。舉例來說，一家公司內通常彼此對立的研發與行銷單位，可能會因鞏固組織資源而短期結盟。

聯盟 是將有共同利益與觀點的個人或群體聚集在一起的形式。

問題與討論

1. 請描述權力與個別領導者、追隨者的反應及情境要素等相依的方式。
2. 回想第 12 章討論過的魅力型領導者，說明魅力型領導者如何得到其人際權力？另外說明他們可能濫用此權力的方式有哪些？
3. 請說明為何法制權既是權位，也是個人權力的來源？
4. 一名新進員工如何在組織中建構其權力 (來源)？
5. 請說明各種推式與拉式影響策略的優缺點。

Chapter 15 決策

學習目標

1. 解釋理性決策的步驟。
2. 敘述時間壓力、資訊不足及複雜性如何影響決策過程。
3. 敘述影響個人觀點的各種偏差,以及這些偏差如何影響決策。
4. 說明情緒、直覺及社會情境如何影響決策。
5. 比較組織決策的各種不同方式。
6. 敘述管理者改善其決策能力的方法。

王品 ▶▶ 面對食安風暴

2014 年 10 月,台灣餐飲業的模範生王品集團因使用強冠、正義的油品而捲入食安風暴。事發後,社會大眾質疑王品集團的態度迴避。雖然王品在 10 月 21 日提出退費的方案,但網民的撻伐聲浪仍如洪水般不斷湧現。

一向都是王品集團最佳代言人的董事長戴勝益在 2014 年 10 月 21 日現身,親自公布退費方案時指出,只要消費者憑著 2014 年 2 月 1 日至 9 月 11 日受到波及的 4 品牌 23 間分店發票,將退還涉入混充油事件的餐點品項費用,限定必須要到有使用問題油的分店才能退費,結果引發民眾不滿。在這個事件中,王品因未在第一時間通報,被台中市衛生局開罰新台幣 300 萬元,又因退費不易造成民怨,更有傳言指出,戴董將號召員工在 10 月 27 日上街,但因未申請到路權而作罷。這波食安風暴,讓曾為餐飲業模範生及媒體寵兒的王品集團董事長,銷聲匿跡好長一段時間。

自 2014 年第四季發生食安風波導致股價重挫以來,王品集團除全面調整營運策略,連過去經常以「王品代言人」形象出現在各大媒體版面的王品董事長戴勝益,行事亦愈來愈低調,不僅不再出席公開場合,亦謝絕接受媒體採訪,其目的是讓「未來接班團隊」逐漸練習扛起責任,同時亦希望建立公司治理模式,淡化個人主導王品一切的形象,進而讓專業經理團隊組織運作更上手。然而,遇關鍵時刻,身為王品集團最大股東的戴勝益自己仍披掛上陣,扮演集團大家長的角色,發揮關鍵影響力。

組織的高階管理者面對公共關係危機時,應快速果決地制定因應策略,才能有效化解危機,甚而變為轉機。

資料來源:
1. 周岐原,王品股價新低,戴勝益的考驗不只食安,《今周刊》,931 期,2014 年 10 月 24 日。
2. 羊正鈺,「王品不是加害者!」戴勝益號召上萬員工上街討公道,NOWnews,2014 年 10 月 27 日。

自我省思

你的決策效果如何？

組織能否成功與管理者能否在適當的時間做出正確的決策有高度相關，你的決策效果如何？請以「是」或「否」回答下列問題，以評估你的決策技能。

1. 我根據研究做決策。
2. 在沒有證據支持之前我不會做決策。
3. 在決策前我會搜尋各種不同的觀點。
4. 做決策時我有一套系統性的流程。
5. 我以啟發式的方法協助加快決策制定流程。
6. 我知道自己在做決策時的偏差。
7. 我利用直覺做決策。
8. 我瞭解在某些決策上會受到同事或群體成員意見的影響。
9. 我承認自己的許多決策受到情緒影響。
10. 決策時我會分析每個選項的風險。

根據你的回答，你學到有關決策技能的哪些部分？你如何改善決策技能？

緒論

你如何做決策？你是否依靠過去的經驗？你是否會評估情境，並試著根據所擁有的資訊決定最佳的行動方針？你是否會尋求其他人的建議，或憑直覺？回想你決定就讀哪所大學，你用哪些標準來做決策；例如，成本、地點、規模、運動課程、社群組織、大學指引手冊或學術聲望。這些標準在決策過程中可能因為你的財務狀況、社會偏好、家人與朋友意見，以及你過去的學術、運動與藝術的喜好，而分別有其重要的權數。除了這些考量之外，你可能會評估這所大學是否「適合」自己。你是否有歸屬感？你可能會想像在校園中是否感覺良好？在許多情況下，這些無形考量的重要性超越理性與客觀的元素。雖然我們很容易列出每個標準的正反意見，但通常很難直接做決策。你是否會做合理且理性的選擇，或是只利用直覺？

通常我們會認為自己是理性的決策者，但若仔細檢視我們的決策行為，可能會發現事實與理想相反。情境的模糊、個人的判斷與偏見及過

去的決策經驗都會影響我們未來的決策。因此，問題在於我們如何深入瞭解決策制定過程，使我們成為更佳的決策者。

決策 (decision making) 是辨認議題及從許多可行的行動方案中選擇最適者的過程，通常被認為是每個企業活動的核心。管理者每天面對無數的決策，其中許多決策是相對簡單的例行性操作程序，另有許多是較為複雜的決策，例如，有關組織的策略與發展方向。本書前三篇所討論的大多數概念涉及許多決策的形式，管理者必須決定採取何種策略、在哪個產業競爭、如何建構組織與分配資源、如何反應或預測競爭的威脅、哪些績效是重要的，以及何時應採取組織的變革。事實上，管理就是在做決策；面對前述這些決策，管理者必須依據組織的價值與目標，以及環境的變化，仔細評估每個可行方案。組織能否成功，端賴管理者能否在正確的時間，利用正確的資訊做出正確的決策。

> **決策** 辨認議題及從許多可行的行動方案中選擇最適者的過程。

為了瞭解影響決策的各種因素，我們以最成功的大學籃球教練之一的羅伊‧威廉斯 (Roy Williams) 為例。

威廉斯與堪薩斯大學

「小時候，我夢想在北卡羅萊納州打球，而當我是高中教練時，我夢想能在北卡羅萊納州教球。」威廉斯從年輕時代即對北卡羅萊納州大學 (University of North Carolina, UNC) 有強烈的情感，並在 2003 年獲得成為籃球隊總教練的機會。由於他嚮往母校許多年，成為 UNC 的總教練似乎是相當容易的決策，但基於各種因素，讓這個決策成為他生命中最難的決策之一。

威廉斯生長在北卡羅萊納州的 Spruce Pine，距離 UNC 所在地的 Chapel Hill 大約 200 英里。他在 Asheville 讀書，曾兩度成為郡與州的籃球代表隊。他進入 UNC 就讀，並在第一年加入籃球隊，但後來並未繼續打球，因為他沒有獲選為大學代表隊，而成為球隊經理的角色，處理統計工作與負責練習工作，因此培養他擁有許多與籃球相關的知識。1972 年他獲得教育學士學位，並在 1973 年取得碩士學位，隨後在北卡羅萊納州 Swannanoa 的高中展開教練生涯。

威廉斯在 1978 年擔任傳奇人物迪恩‧史密斯 (Dean Smith) 的助理教練時，獲得教練生涯第一次大好機會。史密斯在 UNC 執教 35 年，並獲得令人欽佩的 879 勝 224 敗紀錄 (勝率 0.797)。史密斯執教期間，UNC 連續 10 個球季參加 NCAA 錦標賽，榮獲 6 次 ACC 冠軍，並在 1982 年與 NBA 未來球星詹姆斯‧沃西 (James Worthy) 及麥可‧喬丹 (Michael Jordan) 共同獲得全國冠軍。對威廉斯來說，沒有比和自己的良師益友在母校一同擔任教練更好的事了。在 1988 年，他有機會到堪薩斯大學 (Kansas University) 擔任總教練，那是當年總冠軍呼聲非常高的大學。事實上，許多其他擁有極佳經驗的教練因高姿態而被忽略，因此

對威廉斯有利。

雖然面對巨大的挑戰，但威廉斯最後還是接受這個職位，因為堪薩斯大學前一年已獲得全國冠軍，且在前一任教練的任期內，已獲得 NCAA 的觀察資格。在威廉斯擔任總教練的第一季，堪薩斯大學獲得 19 勝 12 敗的紀錄，雖然看起來較晚開始，但成績卻超出球迷與學校的期待。他在正式任期內，成為 NCAA 史上最成功的總教練之一，即擔任堪薩斯大學 15 年總教練，連續在 NCAA 出賽 14 次，4 次進入前四強，並有 2 次獲得第二名。威廉斯在 1990 年、1991 年、1992 年及 1997 年入選國家教練，並在 2003 年榮獲 John R. Wooden 傳奇教練獎。

2003 年球季結束時，UNC 提供威廉斯擔任總教練的機會，這是他面對最困難的決策。在堪薩斯大學，威廉斯已累積 418 勝 101 敗的紀錄，是堪薩斯大學歷史上最高的勝率，且該校在 2003 年曾參與全國總冠軍爭奪賽。由於他努力地擘劃訓練方案，使得堪薩斯大學在未來幾年都有機會爭奪冠軍。相對地，2003 年的 UNC 還無法進入聯賽。此外，威廉斯評估他留給後人的是教練；若是他離開堪薩斯大學，他在籃球的歷史地位將受到波及：「若一輩子都在同一所學校擔任教練，將受到人們不同的看待，可能受到更高的尊敬，……一輩子都在堪薩斯大學擔任教練可能是正面的。」雖然這個想法對他的決策具有強烈的影響，但更重要的是他的教練哲學。

在威廉斯桌上有一句從他女兒閱讀的書籍中所摘錄的座右銘：「統計是重要的，但關係是一輩子。」這句話代表他的教練哲學，且可從他做的所有事看得到；從招募到訓練，甚至到與過去的球員保持聯絡。在招募高中球員時，他會到球員家中拜訪，認識他們的家人，並與球員及家人建立關係。在球場上，他強調關係，協助團隊成員不只要成為偉大的球員，也要成為多才多藝且受人尊敬的年輕人。他相信，打籃球有正確的方法，球場外也有正確的方法，溝通有正確的方法，而且處理問題也有正確的方法。在 2000 年，UNC 第一次提供他擔任教練的機會時，他對其秉持的哲學感受非常強烈，但卻拒絕了，因為他當時感受到對球員強烈的承諾。

然而，到了 2003 年，情況改變且更不容易拒絕 UNC 的職務。有趣的是，2000 年讓他留在堪薩斯大學的理由，卻成為促使他離開的理由。在 2001 年年初，堪薩斯大學的體育處長鮑伯‧弗雷德里克 (Bob Frederic) 辭職，這件事的破壞力極大，因為威廉斯與弗雷德里克對體育擁有共同的哲學，且都對球員的最佳利益有承諾，但新任的體育處長艾爾‧伯爾 (Al Bohl) 則較專注於募款及堪薩斯大學體育處的財務，他不瞭解威廉斯所注重的關係，因而經常利用球員滿足贊助者，因此讓威廉斯對他的工作覺得不滿意、不高興，也不快樂。

為了協助做決策，威廉斯編輯了一份表格，其中一欄是 UNC，另一欄是堪薩斯大學；同時列出超過 100 個因素，但是顯然牽涉太廣，因此威廉斯捨棄這些優缺點的表格，而決定找出最重要的一或兩件事，並用內心的感覺評估。雖然他愛堪薩斯大學就像愛 UNC 一樣，但他最後仍選擇轉換學校，擔任 UNC 總教練，繼續他的傳奇教練生涯。

個案討論

1. 威廉斯決定到 UNC 的重要資訊或資料為何？
2. 你如何描述威廉斯評估兩個選擇的方式？他較偏向依靠事實或情感？
3. 堪薩斯大學可做哪些事情來說服威廉斯留任？

在本章，你將學到影響決策制定過程的各種因素，以及如何才能讓決策更具生產力。本章先檢視個人如何做決策，以及實際上決策如何制定。在瞭解個人如何及為何做某些決策後，本章將介紹在組織的情境中如何做決策，最後則說明改善個人決策能力的方法。

理性決策

早期有關決策的研究，聚焦於個人尋求極大化結果或滿足個人利益的方法。研究人員相信個人的決策是基於最適化自利 (self-interest) 的理性思考過程，稱為**理性選擇理論 (theory of rational choice)**，該理論由數學家、統計學家及經濟學家所發展，包括約翰‧馮‧諾伊曼 (John von Neumann) 與奧斯卡‧摩根斯坦 (Oskar Morgenstern)；在他們的研討會及第一本賽局理論的書 *Theory of Games and Economic Behavior* 中，馮‧諾伊曼及摩根斯坦探究效用 (utility) 或報酬 (payoff) 在決策中所扮演的角色，主張當個人面對選擇時會試圖做出最佳的可能決策，且能達成極大化他們的期望效用。

在期望效用模型中，個人會給每個選項一個數字化的價值，再從中選擇一個能達到最高報酬或利潤者。這個模型也假定決策者會謹慎評估每個可行方案，並計算每個可行方案的報酬，然後選擇具有最大或最適價值的方案。理性決策通常會依循一組流程 (如圖 15.1 所示)。

為了深入瞭解理性決策的過程，我們利用一個虛構公司的實例來說明。ABC 公司正在尋求能超越競爭者的競爭優勢，雖然有許多方法可以達成這個目的，但該公司決定專注在三個目標 (依其重要性順序排列)：

1. 降低成本。
2. 增加收入。
3. 改善現有的營運能力。

> **理性選擇理論** 個人的決策是基於最適化自利的理性思考過程之理論。

- 步驟 1：定義問題或機會。
- 步驟 2：確認目的與目標。
- 步驟 3：根據目標的重要性給予權重。
- 步驟 4：考慮每個行動或可行方案的可能方向。
- 步驟 5：根據每個行動方向如何達到所期望的目標加以評分。
- 步驟 6：選擇最適決策。

資料來源：Adapted from Max Bazerman, *Judgment in Managerial Decision Making*, 6th edition (Hoboken, NJ: John Wiley & Sons, 2006), p. 4.

圖 15.1　理性決策過程

　　本案例所採用的重要性順序是許多能協助評估可行方案的方式之一。假定有三個行動方向，現在的工作是要決定這三個行動方向中，哪一個對達成前述三個目標最有利。

- 行動 1：增加新的創業資金。
- 行動 2：實施改善營運效率的計畫。
- 行動 3：聘用具有創意的人員。

　　你將選擇哪一個行動方向？若你根據理性模式來做決策，過程如表 15.1 所示。

　　根據這個案例的評分系統，最適與理性的決策是實施改善營運效率計畫。雖然這個過程是系統性且結構化，但並不一定適用在所有決策，因為理性過程雖可切合理性決策過程的目的，但無法反映出所有人的決策方法，雖然許多人試著盡可能理性，但大多數的人依賴其他機制做決策。管理者可能沒有足夠的時間完成所有過程，或缺乏正確評估的相關資訊，因此在大多數的情況下，管理者根據許多其他影響因素做決策。愈忙碌的人愈可能利用較不理性的方法做決策。

表 15.1　理性決策模式

步驟	範例
1. 定義問題或機會。	組織想獲得競爭優勢。
2. 確認目的與目標。	目標 1：降低成本。 目標 2：增加收入。 目標 3：改善現有營運能力。
3. 根據目標的重要性給予權重 (1 表最不重要)。	降低成本 = 3 增加收入 = 2 改善現有營運能力 = 1
4. 考慮行動或可行方案的可能方向 (1 代表最差)。	行動 1：增加新的創業資金 行動 2：實施改善營運效率的計畫 行動 3：聘用具有創意的人員
5. 根據每個行動方向如何達到所期望的目標加以評分 (1 代表最差)。	目標 1：降低成本。 行動 1：增加新的創業資金 = 1 行動 2：實施改善營運效率的計畫 = 3 行動 3：聘用具有創意的人員 = 2 目標 2：增加收入。 行動 1：增加新的創業資金 = 2 行動 2：實施改善營運效率的計畫 = 1 行動 3：聘用具有創意的人員 = 3 目標 3：改善現有營運能力。 行動 1：增加新的創業資金 = 2 行動 2：實施改善營運效率的計畫 = 3 行動 3：聘用具有創意的人員 = 1
6. 計算最適決策 • 將步驟 5 的分數乘上步驟 3 的權重。 • 將每個行動方向加權後的分數加總。 • 選擇加權後分數最高的解決方案。	將步驟 5 的分數乘上步驟 3 的權重。 目標 1：降低成本。 行動 1：增加新的創業資金 →1×3 = 3 行動 2：實施改善營運效率的計畫 →3×3 = 9 行動 3：聘用具有創意的人員 →2×3 = 6 目標 2：增加收入。 行動 1：增加新的創業資金 →2×2 = 4 行動 2：實施改善營運效率的計畫 →1×2 = 2 行動 3：聘用具有創意的人員 →3×2 = 6 目標 3：改善現有營運能力。 行動 1：增加新的創業資金 →2×1 = 2 行動 2：實施改善營運效率的計畫 →3×1 = 3 行動 3：聘用具有創意的人員 →1×1 = 1 將每個行動方向加權後的分數加總。 行動 1：增加新的創業資金 →3 + 4 + 2 = 9 行動 2：實施改善營運效率的計畫 →9 + 2 + 3 = 14 行動 3：聘用具有創意的人員 →6 + 6 + 1 = 13

資料來源：Data compiled from Top 100 lists from Great Places to Work Institute website, http://www.greatplacetowork.com/best-companies/100-best-companies-to-work-for, accessed March 24, 2015 .

管理者如何做決策？

管理者面對各種複雜程度不同的決策。例如，小型創投公司的管理者必須做各種不同的決策，從確保其團隊能執行工作，到投資新創公司。許多決策是簡單易做的，如要向哪一家供應商採購辦公用品；這些決策的可行方案少，且選擇廠商對公司的影響程度很小。但若要選擇投資新創公司則非常複雜，不僅是投資錯誤的結果非常嚴重，且很難衡量能否成功。此外，不同的新創公司可能開發完全不同的產品，以及經營不同的產業，要從中進行比較，就像是拿橘子和蘋果做比較一樣困難。這些複雜的決策受限於許多條件，包括：

- 不完整、不完全或甚至是錯誤的資訊。
- 處理資訊的能力或背景有限 (如缺乏經驗)。
- 決策的時間有限。
- 組織成員間的偏好、誘因或目標相衝突。

這些條件會讓理性決策過程變得更複雜，因此決策傾向在一組限制條件下完成，稱為**有限理性 (bounded rationality)**。由於資訊或時間的不足，決策者通常不會完整評估所有選項，而僅搜尋可接受的解決方案。由於需要考慮的條件受到「限制」，決策者會試著加快並簡化整個過程。雖然最佳的選項是經過探究所有情況與結果而得，但決策者的時間有限，因此會縮小可行方案的範圍，而提出「夠好」(good enough) 的解決方案。80% 的精確度是業界的經驗法則，這種選擇解決方案稱為「夠好」或**但求滿意 (satisficing)** 策略。

理性的模型假定個人是在**確定性的情況 (conditions of certainty)** 下做決策，亦即個人擁有制定最佳決策所需的所有資訊；但有限理性模型認為個人是在中度**模糊 (ambiguity)** 的情況下做決策，決策的情境具有不確定性與風險的特性，使最適決策不明顯，因此決策者的選擇可能不是最佳，但是可行的。風險的情況與不確定性的情況是兩種模糊的情況，會影響理性決策的過程，且讓決策行為背離理性。在**風險的情況 (conditions of risk)** 下，個人擁有目標、優先順序及可能行動方案的資訊，但無法擁有每個行動方案之可能結果的資訊。至於在**不確定性的情**

有限理性 決策傾向在一組限制條件下完成，這些條件讓理性決策過程變得更複雜。

但求滿意 選擇解決方案是基於夠好的原則。

確定性的情況 個人擁有制定可能最佳決策所需之所有資訊的情況。

模糊 具有不確定或風險的情境，使最適決策不清楚或不明確。

風險的情況 個人擁有目標、優先順序及可能行動方案的資訊，但無法擁有每個行動方案之可能結果的資訊。

不確定性的情況 個人擁有關於目標與優先順序的資訊，但不具有關於行動方案的完整資訊，或各個行動方案的可能結果的資訊。

況 (conditions of uncertainty) 下，個人擁有關於目標與優先順序的資訊，但不具有關行動方案的完整資訊，或各個行動方案的可能結果的資訊。

直覺

當決策的速度非常重要或面對相當模糊的情況，決策者通常會利用直覺 (intuition)。直覺可以「自動的專業技術」(automated expertise) 之形式呈現，它會透過與過去經驗連結而產生出來。人類的大腦會創造模式，並尋找與過去決策的連結。某項研究發現，45% 的經理人會利用直覺或預感做決策，而非依據理性分析。

直覺式決策 (intuitive decision making) 通常來自下意識 (subconscious) 的活動。在下意識運作的層次，決策者並無法完全理解透過下意識所推敲出的觀點，其所做的決策或選擇只是因為感覺對了，有時亦稱為預感 (hunches)。

麥爾坎‧葛拉威爾 (Malcolm Gladwell) 在 2005 年的暢銷書《瞬間》(Blink) 中，把直覺式決策稱為「未經思考之思考的力量」(The Power of Thinking Without Thinking)，葛拉威爾以「細切」(thin-slicing) 代表下意識根據過去非常細微的經驗發現情境與行為之模式的能力；他認為，當人類的下意識進行「細切」時，即能快速且自動地對複雜的情境產生結論，也能做出快速判斷，並可以發現其中許多快速判斷是正確的。

快速判斷的方法已應用在閃電約會的活動。在這類社交活動中，許多男性與女性會聚集在酒吧，以測定他或她們之間是否能擦出火花或有進一步的聯繫。在閃電約會的過程中，每位男性與女性會做 6 分鐘的交談；女性在晚餐時都留在原位，而男性則依照主持人的鈴聲，輪流坐在每位女性旁邊。與會的每個人會有一個徽章及一個號碼，並須填妥一份簡單的表格。根據活動規則，若參與者在 6 分鐘的交談後，認為喜歡某個對象，即可檢查這個對象號碼的盒子。若該對象也檢查對方的盒子，就必須在 24 小時內給對方 e-mail 帳號。閃電約會在世界各地非常普遍，主要因為它濃縮了交往的日期，只利用很簡單的一個問題做快速判斷：「我想再見到這個人嗎？」這個問題的答案通常不是根據個人的深度知識，而是憑藉第一印象或「感覺」。

直覺在個人進行道德判斷時亦扮演重要的角色。研究顯示，個人的價值判斷最主要是來自快速的道德直覺，其次是緩慢的道德推理。道德

> **直覺式決策** 透過直覺所推敲出的觀點，通常決策者也不完全瞭解。

表 15.2　道德判斷的直覺與推理系統

直覺	推理
快速與省力	緩慢與費力
過程是非計畫性且無意識的	過程是有計畫性且理性的
與背景脈絡有關	與背景脈絡無關
依靠個人	流程可以由任何個人或機制來完成

資料來源：J. Haidt, "The Emotional Dog and Its Rational Tail: A Social Intuitionist Approach to Moral Judgment," *Psychological Review*, Vol. 108, No. 4, 2001, p. 820.

推理是經過深思熟慮、努力及理性的，而道德直覺則是在下意識中無意識地突然出現。當道德直覺衝突或社會情境需要檢視所有局勢時，才會展開道德推理 (如表 15.2 所示)。

雖然許多研究顯示，直覺決策可適用在許多情境，但也有許多例子說明這類「直覺」可能有問題，特別是在當時的脈絡與過去有很大的差別時，管理者仍用過去的情境所產生的直覺做決策。圖形辨識 (pattern recognition) (大腦如何綜合過去的資訊，並利用這些資訊瞭解現在與預測未來) 在簡單的條件或相似的脈絡中非常有效，但在因果模糊的複雜環境中，將圖形應用在這些情境中卻可能發生錯誤。許多研究人員相信直覺無法評估複雜性，甚至可能選擇忽略。

例如，若一根燃燒中的蠟燭倒了，且快要燒到紙張，直覺告訴你應該要將火滅掉。根據過去的經驗 (圖形辨識)，你相當肯定水可以熄滅小火，於是會倒一杯水在火上 (因)，結果火就熄滅了 (果)，因此你可能會推斷未來遇到小火可以用同樣的方式處理 (圖形辨識)。這是一種在問題、行動與解決方法都很簡單的情境，但人們在商場上所面對的情境更為複雜。例如，當你面對模式、因果關係都不明確的快速變動市場，要投資數百萬美元開發新產品的決策壓力時，可能會想要比較過去類似的投資，以幫助形成判斷，但其中存在許多其他影響因素，包括公司老闆對風險的容忍度、資源與市場條件等；更進一步來說，各種投資策略 (因) 可能會有許多不同的結果，包括正面與負面 (果)，因此過去投資經驗所累積的思考模式可能不適用在新的情境。

綜合言之，瞭解直覺在決策中的重要性，有助於你考慮可行方案並形成決策，但只依靠直覺卻可能使你的決策有所偏差與受到限制。因此，平衡直覺與理性分析過程，對考慮所有可行方案與協助做出最適當的決策是更有效的方法。

偏差如何影響決策？

在許多例子中，決策者相信他們能預知成功，並選擇比其他更正確的方法。偏差 (bias) 讓決策過程更為複雜；個人受限於無數種判斷的偏差，其中許多是有意識的，另外一些則較不明顯。這些偏差可能產生次佳化的決策。雖然偏差本身有其缺點，但是卻能讓決策者快速且有效的決策。在現今複雜程度愈來愈高的商業環境中經常要求決策的速度。

認知捷思法

如同前述，決策會受到資訊、時間及複雜度等因素的限制。為了降低決策之資訊處理需求量，個人通常會利用經驗法或**捷思法 (heuristics)**，以增加其選擇機會。經驗法有時是基於過去經驗；若我們相信自己對類似的情境有經驗，通常會利用資訊加速決策過程。大多數人們使用的經驗法其主要特性是可獲性、代表性及調整捷思 (adjustment heuristics)。

> **捷思法** 在面對複雜決策時個人利用經驗法則或走捷徑的方式以節省時間。

➜ **可獲性**

當你回想兒時記憶，可能記得與家人共度的特別生日或假期、與家人或朋友的爭執，或曾參加的社會事件，但是可能不會記得你上週二穿什麼衣服，或三個星期前吃了什麼，除非這些事件特別值得記住。你較容易回想童年時期，而不是幾週前生活發生的瑣事，主要原因是你的兒時記憶通常更具情感性及鮮明。研究顯示，有情感且鮮明的事件，相對於沒有情感或模糊的事件更容易記憶，因此「可以」用在決策上。

對情感與鮮明事件細節的記憶，在從過去事件重組新情境時將影響決策。例如，在年度檢討員工績效時，管理者會清楚記得某位員工兩年前曾與他發生爭吵，即使已經過了兩年，且這一年來沒有任何意外發生；管理者仍會覺得有其他不良的互動，因此會要求人力資源部門代表出席即將召開的檢討會議，以協助調解可能的衝突。在這個例子中，管理者利用**可獲性捷思 (availability heuristic)**，即個人會依記憶中的事件或實例容易「獲得」的程度，以評估某個事件 (前述例子中的不良接觸) 發生的頻率、機率及可能性。情感性愈高或愈鮮明的事件，愈可能從記憶中獲得，個人會利用這種可獲性作為決策的重要投入。

> **可獲性捷思** 個人會依記憶中的事件或實例容易「獲得」的程度，以評估某個事件發生的頻率、機率及可能性的經驗法則。

可獲性捷思在管理者評估決策資訊時非常有價值，它就像是過去的經驗會喚起強烈的情感性回應，對管理者或事業的成功有重大的影響(可能是正面或負面)，因為管理者在決策時，會利用這些鮮明的記憶作為重要的參考。事實上，這些經驗的累積讓經驗豐富的管理者之決策效能比無經驗的管理者還要高，因為他們能利用更多正面與負面的經驗形成更正確的判斷，以做出較佳的決策。eBay 前執行長梅格・惠特曼(Meg Whitman) 的成功，某種程度可歸功於她過去的管理經驗。惠特曼在哈佛商學院演講時說：「在 eBay，經驗與直覺非常的重要，擁有 20 年商業的經驗，及擁有 15 年至 20 年商業經驗的高階管理團隊對我們有非常大的助益。我們之中的許多人都曾在面對事業的挑戰時說以前就曾遇過，即使不用做什麼特別不同的事，也能知道結果會是什麼，因為我們大多面對這些阻礙已經兩次至三次以上了。」

然而，管理者必須謹慎，不能只依靠記憶做正式決策，因為大多數的情況下，個人記得的經驗會與實際發生的情況不同。因此在形成判斷時，多利用一些具體的資訊會有高度價值。同樣地，管理者的情感反應與記憶不可能完全理性，雖然他們都相信自己可以。為了避免這類情況，尋求他人對某些情況的意見與回饋有助於提供額外的背景資訊，因為其他人可能用不同的方法回想事件或情境。

➥ 代表性

代表性捷思 個人會尋找他人或情境與過去所形成的刻板印象相符合之特徵的經驗法則。

代表性捷思 (representativeness heuristic) 主張個人會尋找他人或情境與過去所形成的刻板印象相符合的特徵。在許多案例中，個人會尋找證據以證實他們的第一印象或刻板印象。例如，許多管理者可能會根據過去成功或失敗產品的相似性來預測新產品能否成功。同樣地，許多管理者會依某個人屬於哪一類型的人，再根據這個類型過去的績效或行為來預測這個人的績效或行為。

代表性捷思在資訊或時間不足的情況下，能夠適當地應用，但它可能產生強烈偏差的判斷。例如，2000 年代早期，某項由瑪麗安・貝特朗 (Marianne Bertrand) 及森迪爾・穆雷納森 (Sendhil Mullainathan) 兩位研究人員執行關於美國勞動市場的研究；他們想要確定人們是否僅因種族就會受到不同的對待。他們寄發虛構的簡歷給波士頓及芝加哥的求才廠商，其中部分的人名像是非裔美國人，另一部分的人名則像白種人，

結果像白種人名字的接到超過 50% 面談通知。種族的差異在不同的職業、產業及員工規模都可能發生，這種偏差的判斷不僅不利於平等對待，對企業亦是不利的現象，因為可能會錯過有價值的應徵者。

➤ 調整

第三種可能讓決策者偏離理性決策的經驗法則稱為**調整捷思 (adjustment heuristic)**，意指個人會根據某個特定的起始點進行估計或選擇。個人通常會給予自己接受到第一個有關問題或潛在解決方案的資訊較高的權重，因此很多人在決策過程中未真正考慮所有的可行方案。調整捷思是一種創造良好第一印象最重要的主因之一；大多數人都傾向根據第一印象來判斷他人。例如，身上有刺青或穿耳洞的人，就算他或她可能有保守的觀念或觀點，我們仍可能會認為他或她是叛逆或違反善良風俗的人。若我們獲得進一步的資訊，但卻與我們的第一印象不同，就可能對這些資訊存疑，並繼續堅持第一印象。

> **調整捷思** 個人會根據某個特定的起始點進行估計或選擇的經驗法則。

此一概念在最近一項研究針對新機場安全人員進行測試中加以驗證；安全篩檢人員的工作是在過濾大量的行李箱。當篩檢人員說行李箱中有危險物品 (如刀子等) 時，他們的錯誤率大約 7%。當篩檢人員說行李箱內只有 1% 的機會有危險物品，他們的失敗率提高為 30%；因為他們不希望看到太多的危險物品，因此就算有危險物品也可能沒看到。

雖然調整捷思有許多潛在缺點，但它有助於加速決策過程，亦可能產生正確的判斷。例如，去年的銷售與預算是今年度最佳的起始點，因為每年的銷售結果都是來自過去的計畫。易言之，這些數字都是來自歷史的可靠資料，是相當精確可信的。

驗證性偏差

在個人利用捷思法加快決策速度時，應謹慎注意**驗證性偏差 (confirmation bias)** 的影響。驗證性偏差不僅在決策時具有強大的影響力，亦會影響決策後我們如何理解決策。根據研究發現，驗證性偏差意味著人們在尋找證實決策錯誤的資訊前，會先尋找證實決策是對的資訊，就算是錯的資訊很明確或很重要。易言之，受到驗證性偏差支配的

> **驗證性偏差** 人們在尋找證實決策錯誤的資訊前，會先尋找證實決策是對的資訊，就算決策是錯的資訊很明確或很重要的一種偏差。

個人，會專注在讓他或她感覺做了正確決策的資訊，較忽略讓他或她感覺做了錯誤決策的資訊。

現狀偏差

在極端的情況下，驗證性偏差會讓人抗拒變革，且偏好現況。大多數的人對自己知道且熟悉的狀況會感到較自在，這也是組織變革非常困難的原因之一。在不鼓勵承擔風險及犯錯會受到公開懲罰的公司中，抗拒變革是一種根深蒂固的現象。在這種情況下，個人較喜歡不要做任何事，因為不需承擔出糗或犯錯而被開除的風險；這種偏好「此刻」(here and now) 的傾向稱為現狀偏差 (status quo bias)。

共同基金公司通常會努力說服人們為退休後的生活做儲蓄，特別是離退休還有幾十年的人。然而，即使有許多證據支持退休儲蓄的好處，但人們總是不願參與。許多人會抗拒的原因是接觸太多相關投資的資訊與選項，太多的選擇而使他們無法做決定；另一種抗拒的原因則是時間。許多人無法想像退休後的狀況，因此選擇不在意。為了解決這個現象，一群研究人員向人們展示用電腦模擬出其 70 歲樣貌的圖片，當人們看到自己 70 歲的樣子後，考慮退休投資的機會會提高。

現狀偏差 偏好「此刻」且拒絕改變的傾向。

框架

到目前為止，我們已討論記憶、先驗機率、起始點及驗證性如何產生決策偏差，另一個會影響選擇的是框架 (framing)。框架代表對於會改變決策的相同資訊有不同的描述。瞭解框架偏差是非常重要的，因為其能讓我們理解決策會受到個人對這些資訊是否為風險或利益的認知所影響。

框架 會改變決策的相同資訊有不同的描述。

例如，銷售經理會就某個購買決策所能得到的利益做考量，而風險經理則會就其可能帶來的損失做考量，因為這兩位經理利用不同的框架，各自對採購有不同的看法。雖然理論上框架的差異不會影響理性決策，但研究卻顯示它確實有影響。讓我們考慮以下可能爆發疾病的情況：

方案 A：若採用方案 A，將有 200 人存活。
方案 B：若採用方案 B，三分之一的機會有 600 人可存活，另外三分之二的機會是沒有人存活。

你會贊成哪一個方案？

考慮整個決策後，你可能會選擇能提供最佳整體結果的選項。但是，根據前述的狀況，這兩個方案的期望值相同，方案 A 能讓 200 人存活；而方案 B 有三分之一的機率能讓 600 人存活，或平均是 200 人存活。但研究顯示，大部分的人會選擇方案 A，即採取風險趨避的決策。

讓我們再考慮問題的第二種情況。

想像美國正準備對付可能會造成 600 人死亡的罕見疾病大爆發，提出兩個可行方案。假設科學家估計這兩個方案的結果如下：

方案 C：若採用方案 C，將會有 400 人死亡。
方案 D：若採用方案 D，三分之一的機會沒有人死亡，三分之二的機會將有 600 人死亡。

你會贊成哪一個方案？

大多數人在第一種情況會選擇趨避風險的方案 A，但在第二種情況下卻可能選擇追求風險的方案 D。過去研究發現，人們在處理有關獲益(存活)與損失(死亡)風險的方式不同。當制定有關損失的決策時會追求風險，但在制定有關獲益的決策時則會趨避風險。研究亦證實，決策者喜歡避免風險的程度是喜歡獲益的兩倍。決策者選擇方案若基於理性的期望效用最大化模型，則選擇的框架將不會影響決策。

有關偏差與框架的知識非常重要，主要原因是它能讓我們瞭解人們的決策比假設中較少理性。這些討論亦開啟瞭解影響決策及降低理性之其他因素的大門，包括情感與社會壓力。

情感與社會情境對決策的影響

在過去，有關行為決策的研究主要聚焦在決策者利用認知捷思與偏差的方式，忽略情感在決策過程中所扮演的角色。近年來有關決策的研究顯示，決策會被無意識的情感評估所牽引，甚至會發生在任何認知推理出現之前。

情感

雖然研究人員剛開始探討情感在決策中所扮演的角色，但大多數結論性的研究已確認正面與負面的情感會影響判斷。有些研究發現，人們

在心情好的時候較樂觀，而在心情不好的時候較悲觀。例如，賭場會利用情感的操控，讓顧客心情變好，使顧客較樂觀而願意花更多錢下注。因此，賭場非常注重室內裝飾、音樂與氣氛；賭場內沒有時鐘，並模擬自然的日光，營造能 24 小時都產生心情愉快的感覺。

其他研究亦發現，恐懼與焦慮會產生風險趨避的行為，而且行動與不行動之後悔的感覺不同。某項研究發現，一位投資者賣出其股票後，發現不要賣反而賺更多時，其後悔程度會高於原來想要賣股票卻沒有賣，但後來發現賣掉會賺更多的投資者。雖然兩位投資者都損失相同的潛在獲利，但選擇採取行動的人會比選擇不採取行動的人更後悔。

到目前為止的討論，顯現情感如何影響單一決策，但在工作場合中的決策通常是一連串的選擇，且發生判斷錯誤時，這些決策很容易變成情感偏差的某種類型，稱為 承諾升高 (escalation of commitment)。讓我們來看以下的場景：

你獲得一個知名顧問公司的工作機會，且相信在職位上有升遷的機會。兩年後，雖然你認為自己應該升遷，但卻沒有獲得升遷。為了要證實你對公司的價值，於是決定更努力工作，甚至無薪加班。幾年後，你仍無法得到自己認為應得的肯定；此時若離開公司，你將失去許多利益，包括公司優渥的退休計畫。你是否會離開？

你已經投資相當多的時間、精力與資源，但事情卻不像你所想要的。當決策者對某種行為路徑的承諾程度，超過依過去承諾所獲得回饋之理性評估的結果時，承諾升高即是重要因素。在前面的例子中，雖然這個工作並無法達成你最初發展職涯的目標，若你決定繼續留在公司以維護自己的利益，就存在承諾升高。

就像經歷過投資或不投資股票而後悔的投資者一樣，你可能會發現對投資或不投資在顧問公司的決策感到後悔。對過去投資決策承諾的感覺會困擾你未來的決策，結果你可能會制定一連串需要讓你投資更多的「不良」決策，亦即利用持續投資在某個有損失的行動以避免錯誤，反而會帶來更大的錯誤。

承諾升高 發生在決策者對某種行為路徑的承諾程度，超過依過去承諾所獲得回饋之理性評估的結果。

社會情境

雖然理性決策架構強調個人決策的過程，但卻低估決策時社會因素對選擇的影響。人類學家、心理學家及社會學家皆主張，由於決策發生在社會環境中，因此考慮社會情境如何影響個人與其決策是相當重要的事。利用這個觀念進行對決策的研究，發現社會情境確實會影響個人，且某些情境會促使個人利用理性架構或非理性架構。

社會心理學家所羅門‧阿希 (Solomon Asch) 進行一項非常有名的實驗，強調個人會有服從多數的傾向。在這個研究中，施測者告訴數個由 8 位男性大學生 (1 位是受測者，其他 7 位是偽裝受測者) 所組成的群體，參與一項心理實驗。這項實驗要求他們比較線段的長度，並給他們兩大張白色卡片，其中一張只有一條垂直的黑線，另一張則有三條長不同的黑線。受測群體的工作是將第二張卡片的三條直線與第一張的直線做配對，三條線中只有一條與第一張卡片的線長度一樣，另外兩條線則長度不同。

在前兩回合中，群體中的每個人都選擇相同的線配對，但第三回合開始有所不同。在第三回合與第四回合，其中一位因選擇和其他人都不一樣的線段而開始焦慮。事實上，這位受測者並不知道其他人都被施測者要求回答錯誤的答案。由於多數人偶爾會提出正確的答案，使得這位受測者並未感覺懷疑。最後的結果顯示，許多受測者會堅持自己的反應，而有些則會服從錯誤的大眾。

在每位受測者完成任務報告後，阿希發現對自己的信念有信心的受測者，具有從自我懷疑狀態中恢復的能力；其他持續不同意多數的人，會開始相信多數是正確的，但他們仍不同意，因為他們認為對呈現所看到的事實有責任；而對多數做出讓步的個人則相信他們錯了，多數人才是對的；部分人則不想「破壞」實驗的結果，他們相信這些多數人是錯覺的受害者，但儘管有這種想法，他們不想發出與眾不同的聲音。

阿希的實驗呈現對輿論及順從的有趣觀點。當一個人對自己的經驗與觀點依賴程度較低，而較依賴「多數法則」時，將會順從支配。這種順從的支配力量會讓有智慧的人做出與其價值觀不同的決策。後續的相關研究亦證實，人們經常採取與他們真正想要達成的目標相互矛盾的行動。個人通常難以精確地與他人溝通自己的偏好或/與信念，而使得對決策過程的滿意度偏低。

> **適當性架構** 根據社會規範或期待的決策過程。

雖然阿希的實驗顯示非理性決策如何隱藏個人真正的偏好，但涉及社會規範的情境則展現出非理性決策可以產生更理想的結果。研究人員認為，涉及規範的社會決策通常由一種 適當性架構 (appropriateness framework) 所構成。在這種情況中，人們會問自己一些問題，如「在這種情況下人們會喜歡我怎麼做？」或「其他人對這種情境瞭解多少？」這些問題隱含著決策具有規範性的本質，個人會注意到社會如何看待可能結果。

研究也顯示，個人面對涉及社會規範的情境時，傾向透過「分離差異」或透過逃脫來妥協。例如，個人通常會將餐廳的帳單金額均分，就算是某個人點較多時亦同。在現實生活上，個人只有在確信其夥伴會合作時才會合作，因此信任即成為一個重要的議題。若某個人決定不付他應付出的金額，另一方可能同樣也不會付出，因此帳單金額是短少的，且沒有人可以在帳單未付清前合法離開餐廳，所以決策者可能不會將最佳選項視為妥協，但會將此選項視為最不麻煩的方法。

採用社會因素會影響決策的觀點有兩個重要理由。首先，它支持研究人員認為有許多因素 (包括資訊模糊、利用捷思或偏差、情感與直覺判斷)，以及會使決策者背離理性決策的理論。其次，它破除早期經濟學家認為在所有的情境下，經由理性決策過程可產生最適決策的假設。

這些決策相關的研究結果，不僅在個人決策層次中獲得證實，亦能適用在組織脈絡的決策。

組織中的決策

我們已瞭解個人決策因受限於許多影響因素，可能會偏離理性，這個論點亦適用在組織的情境。然而，在組織的脈絡中，由於有許多決策者必須處理他們不同的價值觀，因此組織的決策過程會有很大的差異，且可能呈現較少的理性。

組織各種決策有所差異的理由，包括獎勵、類似議題的重複決策及衝突對決策過程的影響。獎勵在組織的決策過程扮演很重要的角色，主要原因是獎勵與附帶的處罰及其結果會有長期的影響。因此，有關自利、風險偏好及適當資訊的知識變得非常重要。

程式化與非程式化決策

組織中的決策會因決策過程的程式化程度不同而有很大的差異。程式化決策 (programmed decision) 處理具有重複性的一組預定可行方案、定義明確的問題。若問題重複發生的機會夠高，通常會建立一套慣用的程序來處理。程式化決策的例子包括規律性顧客訂單的定價，以及辦公用品的再訂購，這類程式化決策通常不需要管理者或高階員工來執行，也不需要社會輿論。

相對地，非程式化決策 (nonprogrammed decisions) 主要是反應新穎、不容易定義或非結構化的情境。非程式化決策通常在僅擁有有限資訊之風險與不確定性的情況下制定，因此管理者可能需要依靠其最佳判斷來制定決策。非程式化決策的例子包括是否要將公司總部設在新市場及如何整合新購併的公司。本書前三篇所討論的許多策略性選擇都屬於非程式化決策的範圍。

由於各種決策類型所使用的技術不同，使得區分程式化決策與非程式化決策相當重要。程式化決策需要管理者依靠習慣、標準作業程序、一般期待及定義明確的資訊管道，以制定最適當的決策。此外，這些決策通常可以透過理性分析來制定。相對地，非程式化決策需要管理者依靠理性思考過程及捷思與直覺判斷，同時非常容易受到社會與政治的影響。

對脈絡的瞭解在制定最適決策上特別重要。在相對明確與簡單的情境中，通常最適合理性決策。在這類情境中，管理者會評估事實、根據過去經驗或優先順序分類，然後做出反應或採取行動。在較為複雜或新穎的情境中，管理者無法依賴過去的經驗或優先順序，必須探究與研究情境，以對如何處理有較佳的瞭解，通常需要借重他人並公開徵求創新的方法，更複雜的決策更容易受到直覺與判斷的影響。雖然我們已學習到利用捷思與直覺判斷在時間緊迫的複雜決策過程上相當有用，但這些技術可能會有負面的結果，且這些負面結果在組織環境中會擴大。

組織決策的模式

組織決策取決於決策是程式化或非程式化，以及資訊的模糊程度，包括目標的明確程度、資訊可用程度及風險程度。在組織中，管理者利用四種模型來制定決策：古典模型 (classical model)、管理模

程式化決策 回應重複發生之組織問題的決策，通常需要遵照已建立的規則和程序。

非程式化決策 回應新穎、不容易定義或非結構化情境的決策，需要管理者利用其最佳判斷。

古典模型 利用理性決策過程尋求最大經濟價值或其他產出的決策模型。

管理模型 認為由於缺乏與決策有關的充分資訊，雖然管理者想要制定經濟理性的決策，但可能無法做到的決策模型。

> **政治模型** 認為大多數組織的決策涉及許多具有不同目標，且透過分享資訊以達成協議的管理者的決策模型。
>
> **垃圾桶模型** 藉由讓問題、解決方案、參與者及選擇遍及整個組織的決策模型，決策過程並非起始於問題且終止於解決問題的一連串過程。

型 (administrative model)、政治模型 (political model)，或垃圾桶模型 (garbage can model)，前兩種模型通常用在個人決策，而後兩種通常用於群體決策之情境。

➥ 古典模型

決策的古典模型利用理性決策過程尋求最大經濟價值或其他產出，其過程通常包括圖 15.1 所列舉的步驟：

- 決策者的目的是達成組織目標。
- 決策者透過蒐集完整資訊、尋找所有可行方案，並計算每個方案的可能結果，以推測確定條件。
- 決策者用以設定價值、優先順序、評估可行方案與制定決策的邏輯，可最大化組織目標的達成度。

此模型適用於管理者擁有足夠的時間與相關資訊，所制定的決策以情報為基礎，並符合邏輯。

➥ 管理模型

相對於古典模型，管理模型描述管理者如何制定非程式化決策。此模型認為，由於缺乏與決策有關的充分資訊，雖然管理者想要制定經濟理性的決策，但可能無法做到。有限理性與滿意是管理模型的核心。由於時間的限制，管理者會選擇第一個出現可以解決問題的方案，即使可能存在更佳的方案。管理模型亦說明，管理者經常依賴其知識與經驗或直覺以制定決策的事實。他們傾向尋求重組熟悉事物所建構的模式，以加快決策過程。

➥ 政治模型

決策的政治模型類似管理模型，對制定非程式化決策亦相當有價值；其與管理模型的差異在於認為大多數組織的決策涉及許多具有不同目標，且透過分享資訊以達成協議的管理者。由於利益、目標與價值不同，因此管理者可能不同意問題的優先順序，或無法瞭解並分享其他管理者的目標與利益，結果使得管理者利用必要的政治模型與其他管理者協商及結盟，以制定決策或實施。因此，缺乏協商或結盟能力的管理者通常會制定較差的決策。

➡ 垃圾桶模型

古典、管理與政治模型聚焦於制定單一決策，而垃圾桶模型則聚焦於整個組織的決策頻率。在垃圾桶模型中，決策過程並非起始於問題與終止於解決問題的一連串過程，而是在問題尚未明確或問題可能不存在貌似有理性的解決方案時，即提出解決方案。在此模型中，組織決策採取隨機品質，而變得雜亂無章，因此很少決策能達成組織目標。

從前面的敘述看似利用垃圾桶模型多數會產生負面結果，但許多研究人員並不同意這個論點。某位研究人員認為，雖然管理者傾向考慮根據情報與報酬所形成的目標，但他們忽略做表面上沒有理由之事的價值；隨性做事、沒有目標會被認為「愚蠢」，但卻可協助組織探索其他方面的可能性。詹姆斯‧馬馳 (James March) 稱此論點為鼓勵**玩笑 (playfulness)**。根據馬馳的說法，玩笑是一種經過深思熟慮，對盡可能探討所有可行方案之規則的暫時性放鬆，玩笑在組織企圖激勵創新或創意時特別重要。然而，對規則的放鬆必須是暫時的，最後仍必須做出決策。玩笑的目標是鼓勵決策者考慮其他沒有被辨識或評估的可行方案或方法。

> **玩笑** 一種經過深思熟慮，對盡可能探討所有可行方案之規則的暫時性放鬆。

💡 提升決策技能

在本章開頭，我們指出個人能制定產生最適結果的決策，但大多數的選擇是由各種因素所構成，管理者如何針對問題做準備？他們如何確定在有限資訊下做出最佳的可能決策？管理者可利用不同的工具以開發其決策技能。他們可以透過瞭解偏差，並在決策前做好準備，以提高決策效能。

不管在任何情境下，要做出較佳決策的方法是謹慎考慮各種可行方案與觀點。對管理者而言，重要的第一步是要意識到他們可能受到偏差的影響。因此，徵求他人的意見及試著客觀地檢視可行方案是非常重要的。在許多案例中，可將決策移轉給不同群體，以確認各種不同觀點都已仔細評估。

管理你的偏差

個人可以透過直接面對自己的偏差來改善決策技能。避免偏差影響

決策的唯一方法是對這些因素有深入的瞭解。以下行動有助於避免偏差影響你的判斷：

- **獲取經驗與專門知識**。發展理性決策構成要素的意識，並學習承認有限理性的偏差 (如承諾升高與調整)。
- **判斷時減少偏差**。首先，透過破除根深蒂固的想法與行為來減少或排除你的偏差，此步驟將可協助你考慮各種資訊。接著，透過解釋為何你 有偏差，以及它是由哪些因素所構成，應接受每個人都會受限於判斷的偏差。最後，持續地檢驗你決策的偏差，藉以「再凍結」你的新想法。
- **採取類似的推理**。利用個案、模擬及真實經驗來解決問題與決策進行訓練，這種訓練能讓你提升將情境概念化的能力。思考抽象訊息可以提高你一般化這些訓練的可能性，並能將其應用在不同的決策背景。
- **採取局外人的觀點**。在進行決策時，可邀請局外人分享其對於情境的觀點或想法。這個步驟能讓你挑戰既有的觀點，並從不同的角度來考慮問題。
- **執行統計分析模型**。利用統計或其他電腦軟體，以建立分析與判斷未來決策的模型。
- **瞭解他人的偏差**。瞭解他人在各種決策會出現的偏差，並調整你的行動，你將不會步入他人的後塵。

為很難做的選擇預做準備

很難做的選擇或高賭注的決策，通常包括資訊模糊、價值衝突或專家不同意的情境。在這些案例中，通常沒有正確或簡單的答案。管理者可以為這些不可避免的決策預做準備的方法是遵照以下過程，一般稱為 SCRIPTS：

1. **搜尋威脅與機會的訊號** (**S**earch for signals of threats and opportunities)：在威脅與機會還很小且可管理時即辨識出。
2. **找出原因** (**F**ind the **c**auses)：進行因果分析；確定引發事變的各種事件之先後順序；尋找「為什麼」的答案；認清一個原因會產生許多表徵，且可能與其他原因有共同的表徵；瞭解可能會有超過

一個根本原因。

3. **評估風險** (Evaluate the **r**isks)：考慮錯誤的結果與可能性，以及錯過的機會。理解過去發生的損失是「沉沒」成本 (sunk cost)，不應影響現在的決策。

4. **應用直覺與情感** (Apply **i**ntuition and emotion)：當你在重複檢視 (double check) 理性決策時、在緊急的情境時、理性決策過程無法協助你在兩個方案中做選擇時，可利用直覺與情感。

5. **考慮不同觀點** (Consider different **p**erspectives)：挑戰你的偏差，徵詢他人意見。

6. **考慮時間框架** (Consider the **t**ime frame)：透過預先規劃與排練，將時間壓力對緊急決策的負面效果減到最低。

7. **解決問題** (**S**olve the problem)。

利用 SCRIPTS 能讓你提高決策的彈性與速度，以及傳遞你能有效管理危機與制定風險性決策的信號，因此能提升你的信心，以及他人對你的決策能力之信心。

領導發展之旅

高可靠度的組織 (high-reliability organization, HRO) 是一種具有聚焦於避免潛在毀滅性錯誤或災難之目標系統的組織，例如，航空公司、發電廠及醫院等組織，均高度仰賴 HRO。HRO 總是能對付非預期狀況，且在一致性與效能上表現優異。HRO 的領導者利用下列幾點做決策：

- 不要成為專注在過去的成功，而應聚焦於分析失敗。
- 仰賴在第一線工作的專家。
- 從非預期狀況中學習。
- 接受複雜且不要簡化事實。
- 預測認知與運作能力的限制，但對失敗後的迅速回復給予承諾。

仔細思考你實施或曾實施 HRO 決策實務的時間，何種情境需要利用 HRO 決策實務？根據這個經驗，你是否學習到制定決策之可靠度的重要性？

問題與討論

1. 何謂理性決策？並說明你曾經採用理性決策的例子。
2. 請列舉你曾經透過直覺做決策而成功的例子。
3. 請搜尋近年有哪位企業領導者因偏差而影響公司的決策品質。
4. 請以一家公司為例，說明其非程式化決策的制定過程。
5. 請比較管理模型與政治模型的異同及適用情境。

Chapter 16 衝突與談判

學習目標

1. 解釋人際衝突與群體間衝突。
2. 描述衝突的來源。
3. 說明管理者可用以反應或管理衝突的做法。
4. 區辨分配與整合談判,並描述這兩種方法適用的情境。
5. 說明準備談判的步驟,解釋創造與要求價值的差異,並描述偏差影響談判過程的途徑。
6. 描述跨文化差異如何影響談判進行方式。

北市府 vs. 遠雄 ▶ 大巨蛋的爭論

台北市長柯文哲上任以來,「大巨蛋」的問題成為市政府團隊與遠雄集團持續地相互爭論與批評的焦點,新聞媒體也持續報導雙方的主張,讓這場爭論不斷在社會延燒。

遠雄集團副總經理蔡宗易在 2015 年 6 月 20 日表示,已準備好所有資料及證據,最快下週就會正式對台北市長柯文哲及市府團隊提告。而台北市政府發言人林鶴明表示,遠雄未能具體回應社會對大巨蛋的公安疑慮,企圖以濫訴模糊焦點,企業形象將受重創。

大巨蛋爭議不斷,北市府在 2015 年 6 月 13 日舉行「大巨蛋園區防災避難安全研討會」,會中柯文哲再次痛批遠雄是貪婪財團,「這一代的貪婪,會成為下一代的負債」。隔天遠雄隨即發表抗議聲明,痛斥柯市府團隊自上任以來,一連串的發言包括無法無天、太貪心、沒良心、一身酒氣、態度傲慢到貪婪財團等,這些指控與怒罵,已令其「忍無可忍、退無可退」,決定對柯文哲及相關人員提出訴訟。

然而,林鶴明接受媒體訪問時表示,柯市府上任後,對大巨蛋問題全力善後,公共安全、松菸古蹟、板南捷運線及周邊居民所承擔的風險,是北市府最關切的問題,社會自有公評。他強調,遠雄若不具體回應公安的疑慮,企圖以濫訴模糊焦點,企業形象將受重創。

談判是一門高深的學問,不斷地透過媒體或第三者傳話,無法解決問題;長期而言,對營利事業組織有不利的影響。

資料來源:
民報編輯部,忍無可忍!遠雄下週告柯 P,北市:濫訴模糊焦點,《民報》,2015 年 6 月 20 日。

自我省思

你的衝突管理取向為何？

衝突是某個人或群體在利益、觀點與行為和其他人或群體不同時，所產生的情緒或認知的反應。雖然大多數人不喜歡衝突，但它卻可以有效管理。衝突管理風格基於各種因素而發展，如經驗、價值及訓練。經由回答以下敘述對或錯，可以反映出你的衝突管理取向。

1. 我透過家族的互動學習到如何管理衝突。
2. 我是一個喜愛競爭的人，且我的衝突管理風格是強調獲勝。
3. 我喜歡進行激烈的爭辯。
4. 我的衝突管理風格受到嚴謹或崇高信仰所指引。
5. 我依靠協同合作解決問題以化解衝突。
6. 我的文化價值觀會影響自己的衝突管理風格。
7. 我在童年及青少年時期學習到避免衝突。
8. 當我面對艱難的衝突時傾向拖延。
9. 根據過去的經驗，我學習到妥協是解決衝突的最佳方法。
10. 在衝突的情況中，我會試著對所有人讓步。

根據你的回答，你認為自己的衝突管理取向有什麼特性？哪些生活經驗影響你的衝突管理風格？透過你的衝突管理取向，別人能學到什麼？

緒論

當你不同意別人時，是否會正面處理這個議題？你是否會試著找出共同的觀點？或者你會避免這個議題，不想引發問題或逃避？許多人很享受這種刺激，且會從主張其觀點並說服其他人支持自己的觀點而感到興奮，他們可能因爭辯而精力充沛；許多政治家、有權威的人和有效能的銷售經理都屬於這個類型。另一個極端是，消除問題或假裝它們不存在，以避免直接對抗的人，但大多數人都屬於中間地帶。許多人在特定的議題上會表現出熱情、有戰鬥力，且想要為自己的主張爭辯；在其他時候，則傾向抑制自己，不想傷害別人的感覺，或不想傷害自己。無論你的傾向為何，都將面對一些不舒服的情況。事實上，由於組織中個人、功能與利益的多樣化，爭論是無可避免的。因此，學習如何有效管

理衝突及如何管理談判是非常重要的事。

衝突 (conflict) 是某個人或群體在利益、觀點與行為和其他人或群體不同時所產生的情緒或認知的反應。在許多情況下，衝突對關係有負面的影響，特別是當它不斷升高而未能解決時。衝突亦可能導致次佳化 (suboptimal) 的決策，特別是在抑制當新構想與觀點的出現時。

雖然大多數人因為衝突可能有負面結果而不喜歡它，但避免與壓抑衝突通常不是很恰當，尤其在決策時壓抑衝突常會引起非常嚴重的後果，並且可能帶來危險。挑戰者號太空梭在 1986 年 1 月 8 日爆炸，就是因為意見一致而引起災難的情況；由於美國太空總署的團隊不顧潛在災難的警告標示，壓抑衝突的意見，因此在發射太空梭後不到 1 分鐘就發生爆炸。

大多數的人因為不想讓自己陷入不舒服的情境而傾向避免衝突，但必須特別注意此狀況，因為衝突並不一定是壞的，有時衝突能讓不同的意見得以表達，而形成較佳決策。只要適當的管理，衝突是有建設性的，且能促進相互瞭解、提升績效、增加創造力及提高決策品質。然而，衝突不能無限期地持續，必須在某個時間點解決，而解決衝突的方法通常是透過**談判 (negotiation)**。談判是雙方試圖透過提供與檢視各種立場與行動方針，對某個議題達成共識的過程。

組織中的個人每天透過談判，以獲得資源、解決問題及獲取他人對某項新構想或概念的支持，管理者與財務部門談判預算、員工與團隊成員談判任務分配、個人也會透過談判以爭取資源與報酬。努力工作並將工作做好可以獲得認同與報酬，但在許多情況下，人們必須透過談判才能加薪、改變工作排程或升遷。在這些情況中，利益可能是相互衝突的，必須尋求能化解衝突的方法。

本章將討論發生在個人及群體層級之衝突的本質與來源，以及有效管理衝突的策略。由於衝突可能同時具有破壞性與建設性，因此瞭解支持與限制這些不同衝突形式的因素是非常重要的事。瞭解衝突的本質能讓你成為較佳的談判者。由於談判的結果會對個人動機與整體事業績效有相當大的影響，因此管理者必須具備這些能力。以下個案說明經常發生在兩家或兩家以上公司合併時的衝突。

衝突 某個人或群體在利益、觀點與行為和其他人或群體不同時所產生的情緒或認知的反應。

談判 雙方試圖透過提供與檢視各種立場與行動方針，對某個議題達成共識的過程。

Nicholas Piramal 的費南德斯

麥克‧費南德斯 (Michael Fernandes) 是 Nicholas Piramal India Limited (NPIL) 製藥公司的製造營運經理，正為如何解決其直接管轄的三位部屬間的人際衝突而困擾。這三位部屬是全球事業開發部經理阿南特 (R. Ananthanarayanan)、歐洲事業開發主任伊恩‧格瑞達 (Ian Grundy)，以及 NPIL 主要事業部的經理之一維若妮卡‧謝樂－潘卡 (Vernoica Scherrer-Pangka)。這三位高階經理之間的衝突，讓 Avecia 事業部間的合併幾乎被破壞，Avecia 的加拿大子公司 Torcan 是該公司第一個國際併購的事業部，它與 NPIL 具有不同的運作模式與文化。由於 NPIL 想要掌握整個藥品開發過程的顧客需要，因此整合所有獨立運作的事業之開發功能是關鍵因素。

這三位監督不同事業部門的主管有不同的背景、經驗與做法，但公司期望由阿南特帶領其他兩位共同努力。阿南特負責 NPIL 顧客製造營運的全球事業開發，而他已成功獲得大型且多年的合約；他也參與顧客製造策略的制定。雖然阿南特是全球事業開發部的經理，但他也關心在英國與加拿大的工作團隊。這些團隊雖由阿南特直接管轄，但在協定策略下卻是獨立運作的事業。

格瑞達是一位受過訓練的藥品工程師，在 NPIL 併購前已是歐洲事業開發的主管，負責所有的營運，且與大型藥品顧客合作。在他的領導下形成許多新的策略，且在多國策略性的決策上有非常重要的份量。當 NPIL 購併 Avecia 時，格瑞達負責 NPIL 歐洲的顧客，這個職務階級比併購前還低，格瑞達感覺自己被排除在重要決策之外，並且對只管理歐洲市場感到不舒服。

謝樂－潘卡受過藥劑師的訓練，曾是 Torcan 的總裁，而 Torcan 是一家被 Avecia 收購的藥品公司。謝樂－潘卡在原公司被併購後成為 NPIL 的產品開發經理，她負責開發加拿大的事業，習慣和小型具創業性的客戶工作。她在忠誠度及與客戶共同奮鬥方面具有名聲。由於曾和 Avecia 及 Torcan 過去的所有人共同奮鬥，謝樂－潘卡在 NPIL 的管理團隊顯得非常小心謹慎，不確定所有的議題都會告知她。

這三位高階主管幾次的衝突引起費南德斯的注意；格瑞達因為被公司退回經過深思熟慮的案子而生氣，謝樂－潘卡在未獲得阿南特批准一項即將完成的小額生意後感到失望，而阿南特則抱怨格瑞達與謝樂－潘卡沒有聽他的話。

費南德斯忽略了解決衝突的最佳決策是思考衝突的本質。這三位主管曾經擁有高階領導職務，然而在 NPIL 併購 Avecia (連同 Torcan) 後，格瑞達與謝樂－潘卡在組織層級中卻被降級了。由於過去的角色必須考慮策略性層面，且在公司決策過程中處於核心地位，因此格瑞達與謝樂－潘卡對新的情境難以調適。阿南特習慣於擔任全球事業開發部的領導者，因兩位高階經理不遵從他的領導或預先規劃的策略而感到挫敗，結果阿南特擔心會喪失控制權，這也是格瑞達、謝樂－潘卡及費南德斯所擔心的。

為了有效均衡他們共同的經驗，費南德斯、阿南特、謝樂－潘卡及格瑞達必須在尊重他人的專業與利益的前提下，共同定義其角色與責任，並分配任務。透過聚焦於解決任務衝突的方法 (如發展任務的時程)，而非聚焦於情感衝突 (如擔心、焦慮及憤怒)，才可能讓結果具有生產力。

> **個案討論**
> 1. 為何衝突管理對費南德斯是重要的事？
> 2. 不同的背景、經驗與做法如何構成費南德斯的三位高階主管之管理風格？為何這些不同的管理風格會產生衝突？
> 3. 你會建議費南德斯採取哪些衝突管理的做法？

衝突的層次

無論你在哪一個組織工作，都會與群體共同工作以完成任務，且會採跨群體的合作來達成組織目標。例如，你可能加入銷售組織，且需要與其他的銷售專家合作，以完成行銷或公共關係等任務；你可能也需要與製造或服務團隊等無關銷售的群體一起工作，以確保你的銷售可以順利完成。當你與這些群體一起工作時可能會發生衝突，有時會發生在同一群體的個人 [人際衝突 (interpersonal conflict)]，有時會發生在群體之間 [群體間衝突 (intergroup conflict)]。

人際衝突 發生在同一群體中兩個或以上成員間的衝突。

群體間衝突 發生在兩個或以上之群體間的衝突。

人際衝突

當每個成員都對群體的活動及提高個人學習與發展付出貢獻時，你作為群體的一份子是可獲得回報且令人躍躍欲試的。類似運動團隊與活動為基礎的俱樂部等群體，通常在一些議題、信念及價值上有一致的共識，能建立群體的驕傲。這種群體的驕傲可以帶來預期的結果，但這種榮耀並非個別成員自己所能達到的。

在群體的情境中，成員間彼此相互依賴以達成共同的目標，因此非常需要協調團隊的各項活動，且團隊成員通常需要學習如何有效影響他人。當個人體認到群體為共同的目標與利益而努力時，將可以促進彼此的合作；但當個人體認到某個個人目標會損害其他人達成目標的可能性時，成員之間就會產生競爭與衝突。

兩個或更多人必須一起工作以達成共同目標時，將會產生相互依賴。當組織從中央集權的正式結構轉變成分權化的網絡結構時，更會提高相互依賴的需要。在上述情境中，沒有任何一個個人或群體可以獨立達成組織目標，而是都必須仰賴通常沒有正式報告關係的其他人或群體。

當存在相互依賴時，不相容的目標與利益通常是人際衝突的基礎。由於相互依賴與執行工作的壓力，不具效能的群體通常會挑選群體當中少數成員，責備他們讓群體無法達成目標，而非責怪群體的行動。儘管此一過程會使我們意識到衝突的存在，但它亦可能會造成分裂，尤其是在負面情感引起報復時，如挫折與生氣。

人際衝突通常會在群體成員間溝通時展現出來。例如，當群體在討論時很快地反對他人，或花費很多時間攻擊別人或為自己辯論時，衝突的緊張情勢就會升高。在這種情況下，溝通通常是較困難的。避免衝突也可能會導致衝突升高，特別是在缺乏溝通導致對他人的動機與傾向誤解時。

群體間衝突

若群體在一組議題、信念或價值上是一致的，則可以提供成員驕傲的感覺，並能鼓勵他們發展對特定群體或團隊的忠誠感覺。當忠誠度提高，成員在群體中會團結一致，此狀況雖然有利於群體的凝聚力，但有時卻對於和其他群體的關係有負面的影響，尤其是某一個群體與其他群體間的差異被誇大時，即可能導致群體間的衝突升高。

在許多例子中，群體間衝突會在相互競爭稀有資源時提高，特別是在不同群體爭取資本密集的專案或其他活動的資金時，因為在資源有限時，將會有某個群體喪失機會。就像公司資訊科技團隊經常會發現他們處於這類衝突的核心。由於時間與資源的限制，這類資訊科技的公司團隊通常需要將其資訊科技專案排列優先順序。例如，希望推出新網頁的行銷團隊，可能必須等到製造部門獲得新的存貨控制系統後才有機會。

當某群體把其他群體視為「敵人」時，就會出現群體間衝突。例如，製造部門的員工若認為產品在他們還沒投入時就已售出或允諾客戶時，可能視銷售團隊為「敵人」。當公司對客戶的允諾必須對製造流程有大幅變動時，衝突會特別明顯。

儘管歸屬於具有共同利益的群體可以提高個人的驕傲與對群體的忠誠度，但在許多案例中，群體成員可能誇大群體間的差異，而造成刻板印象。競爭、誇大差異及刻板印象都會引起群體間衝突。社會認同理論 (social identity theory) 與現實衝突理論 (realistic conflict theory) 有助於解釋群體間衝突的本質。

社會認同理論 主張某一個內團體的群體成員會尋求對外群體的負面觀點，以提高其自我形象。

現實衝突理論 主張有限的資源將引起群體之間的衝突。

➥ 社會認同理論

　　社會認同理論主張某一個內群體 (in-group) 的成員會尋求對外群體 (out-group) 的負面觀點，以提高其自我形象 (self-image)。易言之，群體成員透過發現外部的共同敵人以發展較強的凝聚力，但內部凝聚力的提高可能升高與外部群體的衝突。研究人員利用三階段的過程來定義內群體成員的行為：社會分類 (social categorization)、社會認同 (social identification) 及社會對照 (social comparison)。社會分類是指試圖採用損害外群體而擁護內群體的方法，以定義內群體的規範，如「黑」、「白」、「學生」、「教授」都是社會分類用以瞭解與辨識人們的例子。社會認同是指試圖接受我們自己認為所歸屬群體的認同，會透過遵守群體的規範、採取能獲得群體讚賞的行為、提高對群體的忠誠度，以及將個人的自尊與群體成員綁在一起。社會對照則是對群體間的對立與競爭所引發的反應，當兩個群體認為他們是對立的，就會競爭資源。透過此三階段的過程，內群體會培養較強的群體凝聚力，並升高群體間的衝突。

➥ 現實衝突理論

　　現實衝突理論由社會心理學家米拉佛‧謝里夫 (Muzafer Sherif) 及卡洛琳‧謝里夫 (Carolyn Sherif) 首先提出，他們主張有限的資源將引起群體之間的衝突，且亦是社會中存在歧視與刻板印象的主要原因。該項研究在奧克拉荷馬州某個夏令營中進行，他們將 22 個 11 歲大且擁有類似背景的男孩分成兩個群體。由於他們過去的友誼已經破裂，因此這些男孩很快就認同新群體，但各群體間都沒有意識到另一個群體的存在。為使研究順利進行，兩個群體被分配到距離很遠的不同生活區域，米拉佛及卡洛琳觀察到群體間衝突的進展過程是，從內群體形成到摩擦，再到整合。

　　在內群體形成階段，要求每個群體選擇一個名稱，其中一個群體選擇「響尾蛇」，另一個則選擇「老鷹」，這些名稱作為團隊聯繫的重要基礎。此外，群體自發地形成內部的社會階層，產生一位領導者、發展群體規範 (包括對脫軌行為的懲罰)，以及建立內群體友誼的優先權。本書第 17 章會更深入探討團隊過程與發展。

　　在摩擦階段，兩個群體被帶進相互競爭的情境，這些競爭的情境可強化團隊內的認同。更明確地說，互動會產生較強之內群體的團結，支

領導發展之旅

議題推銷 (issue selling) 是個人影響他人對某個情境、事件或趨勢瞭解的過程。個人是議題推銷的一部分，與他人發展其構想，然後有效地表達、包裝及銷售構想。議題推銷技術有助於領導者管理衝突與談判，新手領導者可遵循以下指導原則進行議題推銷：

1. 尊重階層體制。
2. 體認時間是重要的。
3. 為其構想發展出案例。
4. 邏輯性地表達構想。
5. 持續地提出構想。
6. 漸進式地包裝構想。
7. 將構想與其他相關人士的目標、價值及關心相互結合。
8. 參與對過程或結果有影響的利害相關人團體之各種群體。

仔細考慮在你進行議題推銷或觀察別的領導者在進行此一過程。當你在管理衝突或談判的情境時，會使用或曾使用何種議題推銷策略？

持更多的相互尊重之內群體互動，並提升內群體的友誼。此外，競爭的情境會產生與其他群體較強的敵意、謾罵及攻擊。當群體對其他群體的敵意愈高，也會變得更有凝聚力。

在最後的整合階段，研究人員導入「上級的目標」；例如，要達成的目標是要求兩個團隊共同尋找飲用水短缺的原因。研究人員發現，一個較高層的目標可以超越群體認同，並創造群體間協同合作的機會。當兩個群體被迫一起工作時，群體間的衝突會明顯降低。

衝突的來源

情感衝突

群體工作的本質是需要許多擁有不同經驗、背景及人格的個人一起工作，以達成共同的目標。**情感衝突 (affective conflict)** 也稱為個人衝突 (personal conflict)，它是群體間或人際間之憤怒、不信任或挫敗的展現。此時，個人不會注意現有的任務，而傾向透過批評、威脅及侮辱來攻擊他人的人格。

> **情感衝突** 個人傾向透過批評、威脅與侮辱以攻擊他人人格引發的衝突。

具有高度目標與成功導向的個人，相對於低度目標與成功導向者，更常面對情感衝突。同樣地，具有高度抱負的人，由於過去的成就、知覺的權力或競爭，比其他人更可能遭遇情感衝突。

在許多案例中，當兩人的關係存在不對等時將會升高衝突。例如，當某個人擁有比另一個人較高的權力，或在階層體制中占據較高的位階，則較弱的一方將會抗拒較強一方的影響，或他們可能認為衝突是提高權力的方法。這些行為都會引起較高程度的情感衝突。

同事間若存在情感衝突，會傾向對他們所工作的群體感到較低的滿意度，且當他們不喜歡別人或別人不喜歡他們時，更容易有負面的感覺。這些衝突容易引起對工作的不在乎，而產生無效的工作關係、較差的個人績效及群體的生產力下降。

認知衝突

情感衝突來自人際間的摩擦，而 認知衝突 (cognitive conflict) 亦稱為任務相關衝突 (task-related conflict)，則來自對工作相關議題的爭論。例如，會議流程、工作分配、過程或任務本身。這種衝突的焦點不是感覺，而是與目前的任務有關；當任務愈複雜，愈可能引起認知衝突。

情感衝突通常具有破壞性，但認知衝突卻可能會對團隊有正面的影響。當衝突的焦點是在任務相關的差異時，團隊較可能尋求協調他們的不同觀點，努力達成較佳的解決方案。因此，領導者應可培養認知衝突，且要減少情感衝突。

有時認知衝突會被解讀成人身攻擊，特別是當人們沒有時間去區別認知爭論與個人衝突時。換句話說，許多人可能會認為別人因為不喜歡他，而不同意他的意見，而非因為對完成任務的方法有不同意見。在這種情況下，認知衝突可能很快變成情感衝突，而造成群體成員間的緊張與不愉快。另外，認知衝突並不是針對個人，而是針對任務。

如同前述，某種程度的認知衝突是有建設性的，特別是在群體可能面臨 群體迷思 (groupthink) 或在決策過程存在最高程度的共識。群體迷思是在群體決策過程中，符合共識的傾向。在這些情境中，不同的觀點與方法可能是非常重要的，但未被適當考慮。群體迷思會在團隊成員完全同意他人的批評時，甚至是這些共識反映出拙劣的判斷與缺乏創意時。研究人員發現，群體迷思具有以下三個主要的症狀：

- **高估群體意見**：相信群體不會因外在影響而受傷害。

> **認知衝突** 來自對工作相關議題的爭論，例如會議流程、工作分配、過程或任務本身。

> **群體迷思** 決策過程存在最高程度的共識。

- **封閉心態**：未徵求不同觀點。
- **一致的壓力**：抑制不同觀點以維持和諧。

　　在群體決策過程中為了避免群體迷思，領導者必須刺激團隊成員間的辯論，讓成員不要在意當自己不同意別人意見或反對現狀時，團隊與團隊成員將如何看待自己。在這些例子中，可以適度地支持挑戰群體的假設。儘管太少的衝突可能會引起群體迷思，但太多的衝突也會產生群體成員之壓力與分離。有效的團隊能培養認知衝突的適當水準，並將情感衝突減到最低(如圖 16.1 所示)。

　　無論是來自個人特徵、人際因素或任務的衝突，都可能會升高或減低。當個人負面的行為鼓勵或促進他人負面行為時，將引起衝突升高；而當某一方將對方視為敵人時，亦會使衝突升高。研究亦證實，在多樣化的團隊或個人有敵對的歷史時，衝突會有升高的傾向。衝突減低會在衝突降低或去除時發生；衝突通常會在個人體認到有共同敵人、陷入僵局或時間經過而減低，這些狀況能讓個人仔細思考衝突第一次發生的原因。

管理衝突

　　每個人對衝突的反應不一樣，有些人會避免衝突，有些人則會積極擁抱。許多人會透過犧牲自己，成就他人，以化解衝突；有人則會想辦

情感衝突可能引起：	認知衝突可能引起：
• 憤怒 • 不信任 • 挫敗 • 壓力 • 低士氣 • 退縮 • 滿意度降低	• 創造力 • 對現狀的挑戰 • 個人發展 • 學習 • 增加刺激 • 更注意問題

資料來源：Adapted from K. Jehn, "Affective and Cognitive Conflict in Work Groups," *Using Conflict in Organizations*, Carsten K. W. De Dreu and Evert Van de Vliert, eds. (London: Sage Publications, 1997).

圖 16.1　情感與認知衝突的結果

法讓所有涉及的人都獲得利益,也有人在面對衝突時會強迫別人接受自己的利益(如表 16.1 所示)。

個人必須評估情境,以決定處理衝突的最佳方式。雖然在某些情況下逃避可以得到短期利益,但是不能沒有反應。逃避通常不是很好的領導方式,無論其動機為何。

為了有效管理衝突,可以採取兩階段的步驟:第一步是瞭解爭論的本質;其次則是採取解決爭論的各個步驟。

診斷爭論

欲解決衝突必須處理三個重要議題:(1) 涉及的當事人之間差異的本質;(2) 構成這些差異的因素;(3) 差異已發展到何種程度。剛開始,應先確定爭論是否與事實、目標、方法及價值有關。與事實有關的爭論通常發生在個人對問題的定義不同、擁有不同資訊,或對其各自的權力或職權有不同的印象。

診斷爭論的第二個步驟是辨認可能造成爭論的因素,此時應先確定涉及的當事人是否得到相同的資訊、他們接受到的資訊是否不同,以及是否每個涉及的當事人都受到他或她在組織的角色不同所影響。當不同

表 16.1　衝突的反應

反應	描述	適用時機
逃避 (avoidance)	由於體認到爭論會造成緊張,因此選擇逃避衝突;人際間的問題沒有獲得解決,引發長期的挫敗。	當議題不重要,或是拖延可以讓個人蒐集更多資訊或能讓雙方冷靜時。
通融 (accommodating)	由於維持友好關係是最高的指導原則,因此不想反對別人。在許多情況下,通融別人可能會讓對方獲得好處。	當議題對另一方很重要時,當個人想要建立未來的社會資本時,或當維持友善關係是非常重要時。
妥協 (compromising)	由於拖延衝突會讓人無心工作,並造成痛苦的感覺,因此快速達成協議;利用這種方法通常會導致無效解決的結果。	當雙方的目標同樣重要,或需要暫時、權宜的解決方案時。
強迫 (forcing)	由於維持對某個議題的一致看法比擾亂別人更重要,因此以滿足自己需要而非他人需要的方式來達成協議。	當面對緊急事件或需要制定一項不受歡迎的決策時。
協同 (collaborating)	由於涉及的雙方立場都同樣重要,因此會共同解決問題。通常這種方法因為雙方都遵守解決方案,且因公平對待而感到滿意,因此是解決問題的唯一方法。	當雙方的觀點都很重要而不能放棄,以及需要雙方的承諾時。

資料來源:T. Ruble and K. Thomas, "Support for a Two-Dimensional Model of Conflict Behavior," *Organizational Behavior and Human Performance*, Vol. 16, 1976; and D. Whetten and K. Cameron, *Developing Management Skills* (Upper Saddle River, NJ: Prentice Hall, 2002).

的事實發展出的不同觀點時，資訊因素會是衝突的來源；當涉及的當事人解讀資訊的方法不同時，則認知會是衝突的來源；而當個人利用其地位與階級影響涉及的他人時，角色會是衝突的來源。

第三個診斷爭論的步驟是，辨認爭論已發展到何種程度；衝突能否簡單的化解，或已升高到非常緊張的程度？在爭論剛出現時，衝突較容易化解；而當緊張已升高且爭論已擴大，個人傾向將自己鎖定在某個立場，而讓解決方法更複雜。

解決爭論

在充分診斷爭論之後，即可採取特定行動以化解爭論。有效的解決方案必須由所有涉及的人之間有效溝通，也必須將焦點放在利益上，而非個人對議題所採取的立場。

議題 討論的主題。

立場 個人對某個議題的觀點。

利益 各方對每項議題的基本理由與需要。

議題 (issue) 是討論的主題，而立場 (position) 則是個人對議題的看法。立場的不同可能與利益 (interest) 有關，或涉及議題的人之主要利益或需要不同。十幾歲的青少年可能認為父母親設定的門禁時間太嚴格，因為會失去與朋友社交的時間；而這些青少年的父母親則可能認為門禁時間早一點，會讓他們的小孩更安全。在這個例子中，門禁是議題，立場是早或晚，而社交與安全則是利益。為了有效溝通，個人剛開始時必須維持對問題的所有權，而非完全責怪對方。接著，個人必須鼓勵雙向的討論，並在必要時尋找額外的資訊。最後，能否成功就靠雙方不要試著說服對方自己對議題的立場，而是瞭解對方的基本目標與利益；但利益通常是對方看不到的，倘若雙方真的看不到對方的利益；衝突就會非常難以解決。

談判的類型

最後，解決衝突的目標是採用相互同意的決策執行工作，要達到雙方都可接受的決策通常需要某些形式的談判。許多談判涉及單一議題，如價格或薪水，此時某人可能會因他人的犧牲而獲益。這種情況稱為「固定的大餅」(fixed pie)，因為某個人的獲益即為他人的損失。這種談判的類型通常是要帶走「大餅的某一部分」，而被帶走的大餅代表對方就無法得到。為了雙方的相對利益，在單一議題談判的個人傾向會在能兼顧各方利益的範圍內謹慎地討價還價。

要創造每個談判者之更大的價值,可能需要在談判時增加一些議題。透過一方放棄某些議題,以交換能在另一議題上獲得更多,才能創造交換的機會。在這種談判過程中,兩方都要設法評估對方在各種議題上的利益,因為各方在各種議題的利益與優先順序可能不同。在過程中,每一方可能需要用某個議題的利害關係,來「交換」較高優先順序的利害關係,這種談判類型可以讓每個談判者獲得比不進行談判還要多的好處。在許多談判中,如薪資談判,似乎是「固定的大餅」,但基本的利益通常是創造價值。例如,員工可能對較長假期、彈性工時,或更高收入有興趣,而雇主可能對較高幹勁或更高品質,甚至是想要執行支薪的訓練有興趣,這些都對員工與雇主都有幫助。透過將更多的餅放在桌上,每一方都能有更大的彈性與創造力來達成協議。

分配式談判

分配式談判 (distributive negotiation) (或單一議題談判),涉及為達成某方利益所必須進行之各種活動的複雜系統。分配式談判的基本假設是,在「固定的大餅」情境中,談判的各方追求「更大塊的餅」。事實上,某一方贏,另一方即損失。結果將可能出現討價還價或隱藏資訊等競爭或對立的行為。這種談判通常發生在某一方不認為未來會與對方有互動,也感受不到建立或維持長期關係的利益時。

針對價格 (如買賣一輛車) 之類的單一議題之談判,屬於單純的分配式談判之實例。顧客可能認為這輛車僅有某程度的價值,但汽車銷售人員則堅持它有更高的價值。由於雙方相對的利益不同,使得各自有不同的立場。顧客希望用「好的價格」買車,即低價並在預算之內;而銷售人員希望賣出高價,讓公司收入及個人佣金收入更高。顧客用「較低的價錢」買車,可能就代表公司的收入減少,且汽車銷售人員也會損失可能的佣金。由於買賣雙方的相對利益不同,在談判過程中可能都在討價還價,更可能讓買賣破局。

分配式談判具有四個特色:(1) 資源分配;(2) 贏才是重點;(3) 界限的概念;以及 (4) 談判空間的架構。

分配式談判 「固定大餅」的單一議題談判,某方得利即另一方損失。

➥ 資源分配

所有的談判都牽涉到資源的分配，無論這些資源是實體、人力或財務。在建築業的談判中，承包商與地主關心土地的分配；在家事方面，室友則關心誰做哪些日常工作；在薪資談判中，員工與其管理者都會關心金錢的分配，員工想要較高的報酬，但管理者卻想要限制部門開銷。在各種情況下，各方都想要透過談判以獲得他或她想要或認為應得的資源。

➥ 贏才是重點

分配式談判的主要目標是贏。在建築業談判中，承包商與地主對完成一項工程需要土地的價格有不同的觀點，但雙方都體認到土地是有限的資源，因此雙方試圖「贏」得談判條件。地主可能認為擁有有限的可用土地讓他或她能用高價格賣出，而承包商則可能認為他或她能以便宜的價格購買剩餘的土地。

在家事的情況，因為涉及許多家庭內的瑣事，每個室友因其他室友承擔更多家事而贏，或者將自己不想做的家事讓其他室友做而贏。這個「固定的大餅」可以分成兩個部分：做家事的人數及家事的種類。

為了要「贏」，談判的各方可能會在談判的過程中隱藏其利益，特別是在展現這種利益可能引起損失時。每一方都認為若對方發現他或她的主要利益，這種資訊可能不利於他或她。為了要「贏」，在談判過程中任一方可能都會討價還價，特別是在某些可行方案高於或低於對方所想要時。例如，室友可能想要把某些家事讓對方做，但兩個人可能都討厭同樣的工作，如每個室友可能都討厭清洗浴室，因此每個人都希望談判的結果是自己不用清洗浴室。

➥ 界限的概念

在分配式談判中，雙方體認到需要談判的條件是其界限，沒有任何一方想要高過這些條件的上限及低於下限，因為在這個界限範圍內，雙方可能都有利，但若高過這個條件範圍，可能有一方會獲得更多。

在房屋銷售的談判中，買賣雙方都有界限。買方願意支付的最高價格可能是賣方想要接受的最低價格，或可能是賣方無法接受的。買方願意支付的最高價格也可能落在賣方可接受的價格範圍內，因此雙方會在這個範圍內進行談判。例如，某間房屋可能標價 30 萬美元，但賣方最

低可降到 27.5 萬美元，買方可能比較想以 26 萬美元購買，但也可以彈性地提高到 28.5 萬美元。在此案例中，所有的金額都是雙方的界限，沒有任何一方想在這個界限之外進行談判，亦即賣方不願意以低於 27.5 萬美元的價格賣出房子，而買方也不想以高於 28.5 萬美元的價格買房子，在這個範圍內對雙方都有利益。若賣方得到超過 27.5 萬美元，或買方支付低於 28.5 萬美元，都算是獲益。

➥ 談判空間的架構

談判空間的架構假定談判的各方都有某些偏好的點或數字 (如高於 27.5 萬美元或低於 28.5 萬美元)，這個點稱為保留點。各方的保留點是**談判空間 (bargaining zone)** 的投入，在這個空間內雙方同意會比不同意更好。若雙方的談判空間有重疊時，即各方都能接受的價格，最終的價格將會落在雙方的價格範圍內。

在許多個案中，談判空間可能是正的；在**正的談判空間 (positive bargaining zone)** 時，談判者可接受的空間有重疊。例如，你的加薪談判空間是 3%～6%，而公司的談判空間是加薪 1%～5%，則正的重疊是介於 3%～5%。在**負的談判空間 (negative bargaining zone)** 是沒有重疊的，因此沒有雙方都能接受的重疊空間 (如圖 16.2 所示)。例如，若你的加薪談判空間是 3%～6%，而公司的談判空間是 0%～2%，就沒有正的重疊，談判者可能追求其他可行方案。

談判空間 談判雙方同意會比不同意更好的條件範圍。雙方滿意的解決方案。

正的談判空間 當談判者間存在重疊的可接受空間。

負的談判空間 當談判者的可接受空間不重疊，且雙方不存在可接受的條件。

整合性談判

分配式談判聚焦在單一議題，如汽車價格，而**整合性談判 (integrative negotiation)** 則聚焦在多重議題，如汽車的價格、售後服務及

整合性談判 聚焦於多重議題的談判，以「把餅做大」，並積極尋求雙方滿意的解決方案。

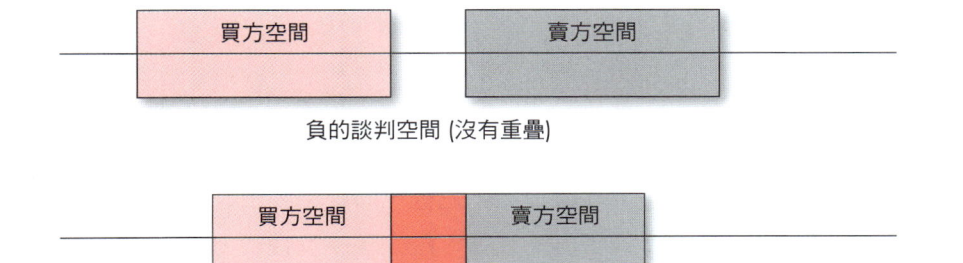

負的談判空間 (沒有重疊)

正的談判空間 (部分重疊)

資料來源：Adapted from K. Jehn, "Affective and Cognitive Conflict in Work Groups," *Using Conflict in Organizations*, Carsten K. W. De Dreu and Evert Van de Vliert, eds. (London: Sage Publications, 1997).

圖 16.2　談判空間

融資等。即使在談判當時有多重議題，但談判可能不會在有整合性結果出現即結束。在整合性談判中，談判者會瞭解談判各方對已攤在桌上之各種議題的相對偏好與利益，並相信各方對各個議題的利益和優先順序不同。在談判過程中，各方以相互抵換的方式，努力為每個談判者增加或創造更多價值，最後的協議將比未達成協議對各方更好。整合性談判包括達成某方的目標，且不會與其他對手的目標相互衝突之一系列過程。

整合性談判也關注資源分配、贏、界限及談判空間，但也強調積極「把餅做大」的方法。為了達成此目標，成功的整合性談判傾向依靠談判對手間的人際信任，以及想要合作的意願。

雖然顧客與銷售人員可能對汽車價格有歧見，若在談判中加入其他議題（如分期付款、售後服務及融資條件），則可能會達成協議，也較不會造成僵局。例如，顧客的預算較吃緊，可能會同意價格較高但頭期款較低、貸款利率較低，以及延長保固期間等交易。汽車銷售人員可能想要獲得更多佣金，因此在顧客想要購買延長保固或向製造商貸款時，同意以較低價格賣出車輛。透過將分期付款、保固或融資條件納入談判，談判的大餅會擴大，且有更多的機會達成協議。

為了增加談判的議題，談判者必須分享資訊，並誠實地溝通其利益，而不只是議題及有關議題的立場。員工必須有告知薪水與生活費已不成比例，管理者也必須承認部門的預算是有限的，透露這些資訊有助於各方激盪出為自己創造價值的方法。

在整合性談判中，每一方也會做相互抵換，但不代表任何人應對自己的利益讓步，而是每一方都要將其對數個議題的利益做優先順序的排列，以營造共同解決問題的環境。例如，員工可能接受更彈性的工時，以及小幅加薪。

有效的談判

有效的談判者不會直接跳進談判過程，而會預先做好準備。他們會在談判前先評估所有參與各方的利益、優先順序及替代方案。例如，在參與加薪談判前，談判者可能會先詢問自己以下的問題：「我是一個有價值的員工嗎？管理者的利益是什麼？以及如果我不接受加薪幅度時該如何做？」

準備談判

談判者應先進行一項自我評估，考慮若這個談判陷入僵局時應採取哪些行動，以及能接受對方的最低限度。談判者也應評估若談判陷入僵局，對方可能會採取什麼行動，以及對方有意願付出的最高上限。

在整合性談判中，必須涵蓋所有的議題，談判者也必須辨認自己與對方的各種利益。在你職涯的某些時間中，可能會接受績效評估，也可能參與加薪的討論。雖然大多數這類的討論會正常運作，但你在討論時可能會認為自己應該得到的比公司願意給的還多，因此做好準備就相當重要，以下九個步驟可能是幫助你成功的關鍵。

➥ 步驟 1：評估你的 BATNA

準備談判的第一個步驟是評估你的**最佳談判協議 (best alternative to a negotiated agreement, BATNA)**；自問若此次談判沒有任何結果時，你將如何做？這就是你的 BATNA；也就是說，當這次談判破局時，你將採取的一系列行動。瞭解你的 BATNA 將有助於決定是否接受最後條件，或是另外追求其他選項。你可採取以下三個步驟評估 BATNA：

> **最佳談判協議** 當談判破局時某方可能採取的一系列行動。

- 辨認當你無法與另一方達成協議時，所能採取的所有選項。你是否還有其他選擇？若失去這個工作，你仍可存活很久嗎？
- 估計每個選項的價值。
- 選擇最佳選項。

➥ 步驟 2：計算你的保留價值

準備談判的第二個步驟是計算你的**保留價值 (reservation value)**。自問你能接受的最低條件。你的保留價值是根據你的選項做真實的評價。此保留點是在追求你的 BATNA 時，存在接受或拒絕提案並無差異的點。例如，在薪資談判中，若你真的相信自己可以得到 3%～6% 的加薪，你的保留點就會落在這個範圍；若你是風險趨避者，你的保留價值可能是 3%；若你是冒險者，你的保留價值可能是 5%。

> **保留價值** 談判者能接受的最低條件，此點是接受對方的提案與追求自己的BATNA沒有差異。

➥ 步驟 3：評估他方的 BATNA

第三個步驟是評估他方的 BATNA。自問若談判破局，他方將會怎麼做？亦即若沒有任何加薪，而你決定離職，公司會將你執行的專案與職位保留到尋找具有資格的人取代你。但公司也可能難以找到適當的人

來完成專案,進而陷入危急,因此雇主可能會有興趣與你談加薪。

➡ 步驟 4：計算他方的保留價值

準備談判的第四個步驟是計算他方的保留價值。要評估公司的保留價值,你可以調查通常給予員工的加薪範圍,並計算中心點。例如,通常的加薪範圍是 1%～5%,你可以用這個範圍的中心點 3% 作為最有可能的保留價值。

➡ 步驟 5：評估 ZOPA

準備談判的第五個步驟是評估**可能的協議空間 (zone of possible agreement, ZOPA)**。ZOPA 是介於雙方保留價值的空間。由於在 ZOPA 空間內包含雙方都同意的最終結果,因此包含所有可能的協議條件,而在這個範圍外的點至少會有一方否決。因此,我們要盡可能交涉一個最高且最接近對方保留價值的條件,而這是對方盡可能愈低的點。圖 16.3 說明薪資談判場景的 ZOPA。

接下來的四個步驟涉及評估此次談判是否為整合性談判的基準。

➡ 步驟 6：確認你的各種利益

自問哪些事是對方能提供且對你有價值的。例如,在薪資談判中,你也可以加入補償性的休假或升遷。雖然這些並不是你的主要目標,但可以給對方許多不同的方式來補償你。若公司無法為你加薪,但能給你更多假期或升遷,亦可以帶給你同樣的快樂,因此兩者都讓你得利。公司可以在不破壞規則下留住受激勵與優秀的員工,而你可能因獲得補償計畫而高興。為了達到雙贏,各方應跳脫出原有的談判立場思考,並試著瞭解指引這些立場的利益,進而提供對方有意願交換的窗口。

> **可能的協議空間** 能讓雙方都接受的所有可能結果的集合,是介於雙方保留價值的空間。

```
                    ZOPA

        ◄─────────┼──────────┼─────────►
                  3%          5%
              公司的保留價值    你的保留價值
```

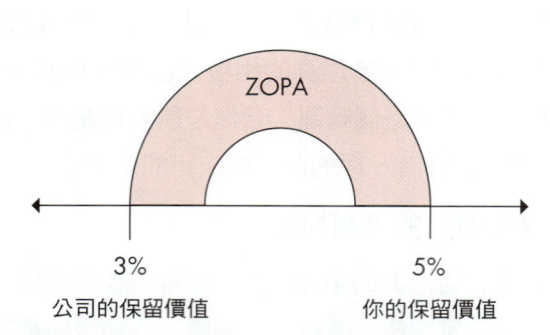

資料來源：Adapted from K. Jehn, "Affective and Cognitive Conflict in Work Groups," *Using Conflict in Organizations*, Carsten K. W. De Dreu and Evert Van de Vliert, eds. (London: Sage Publications, 1997).

圖 16.3　可能的協議空間

➡ 步驟 7：創造計分系統

你可以設計一個列出所有議題及其重要性權數的計分系統，可將 100 點根據相對重要性分配給薪資、假期天數及升遷，其重要性因素有助於你評估對方針對各項議題能提供的條件，以及有助於你建構更謹慎與策略性的談判。

➡ 步驟 8：計算保留價值組合

自問你可以接受對方對各項議題所提之條件的最低值。若你有每項議題最低可接受的門檻，則將這些門檻結合起來就是你的保留價值組合 (package reservation value)。你應該計算保留價值組合，作為評估計分系統的總價值，而非計算所有議題的保留價值。

保留價值組合 談判者對一組議題所能接受的最低價值。

➡ 步驟 9：確認他方的多重利益

準備談判的最後一個步驟是確認他方的多重利益。在每一次的談判中，可能有些議題是你不在意，但對他方而言非常重要。你可能對公司發展的新專案沒意見，但公司可能希望你來領導。這是一個非常有價值的資訊，因為你可以帶給公司一些價值，並能獲得一些回報。

達成協議

完成準備階段後即可進行談判。如前所述，談判可以是純粹分配式或整合性，端賴你與他方的選擇。正如我們前面所討論的，每個談判都有分配的本質 (如資源分配、界限、贏與談判空間)，但並非每個談判都必須訴諸於自利。為了達成協議，談判者不只為自己要求價值 (claim value)，更可為所有談判者創造價值 (create value)。

要求價值 談判者試圖得利或對其立場讓步的過程。

創造價值 擴大在談判中的機會或討論議題的過程，經由擴大議題，有較高的機會讓各方都能達到滿意水準。

➡ 要求價值

要求價值是一個分配的過程，因此每位談判者都會不斷地尋找「切大餅」的方法。要在談判中要求價值，談判者必須不斷地自問如何能得到最多。要回答這個問題，談判者必須注意自己的界限與談判空間。

為了要求價值，各方試圖影響他方對可能協議的認知，也會試著傳遞「自己所提出的方案比未達成任何協議更佳」的印象。在要求價值時，各方皆可能設定高 (或低) 的條件，希望最後的協議能最大化他自己的利益。各方也可能引用達成過高需求所帶來的挑戰，試圖降低他方的渴望。

在薪資談判中，員工可能提出加薪 10% 作為要求價值的「渴望水準」。由於預算的限制使得管理者無法滿足這個需求，因此可能提出加薪 2% 作為要求價值的渴望水準。於是，雙方將會在 2% ~ 10% 這個範圍內討價還價，最後的協議即視某方贏多少而定。

掌握何時提出第一次出價 (first offer) 或如何對他方要求做出回應，是要求價值的另一個重要課題。在談判中提出第一次出價的主要利益，是在建立讓對方注意與期待的數字，並可以影響談判的最終結果。第一次出價可作為基準點，藉以強迫他方基於這個基準點開始談判，此時應注意以下幾個原則：

- 根據你在談判前期望達到的結果設定較高且實際的期望。擁有較積極目標的人，比擁有中等渴望的人更容易得到有利的結果。
- 讓第一次出價落在 ZOPA 之外，亦即已知他方不可能接受條件，目的在於讓對方用他的方法談到 ZOPA。若加薪的標準是 4%，而你期望 6%，則可以先要求 10%，讓對方談到接近 6%。
- 證實你的要求是合理的。例如，在薪資談判中，你可以說：「因為我的工作品質已超過工作需要及職務的要求，我認為自己應該可以加薪 10%。」
- 透過強化你與他方的關係而獲得最佳條件。在薪資談判中，你可以說：「雖然我知道自己的要求可能影響部門預算，但我相信自己能為部門帶來額外的價值，且公司絕對划得來。」

有時第一次出價是貿然決定且代價相當高。因此，只有在你相信已擁有他方保留價值的充分資訊時，才能提出第一次出價。若你懷疑是否已擁有 ZOPA 的充分資訊，則應等到蒐集足夠資訊後再出價。

在其他狀況中，他方先提出第一次出價時，你可採取以下策略之一：

- 忽略他方的出價，因為它可能成為談判的基準。此時可以改變成你能掌握的話題，而不要討論這個基準。
- 尋找有助於你瞭解他方出價的任何資訊，是否有預算限制？他方是否不認同你的表現？
- 提出較高的相對出價，然後建議雙方必須共同討論以弭平各自出價的差距。

- 拒絕出價，並給對方時間重新考慮他或她的出價。
- 如果符合你的要求及保留價值，則接受出價。

➥ 創造價值

要求價值是在利益方面討價還價，而創造價值則是仔細評估各方的偏好或利益後，探索所有可能對雙方皆更有利的機會。創造價值是同時對各種議題進行談判的過程，它潛藏在各種談判的情境中。

創造價值可以產生強化談判者間關係的協議。例如，公司可能無法在當下幫你加薪，但你可能因為得到額外的假期天數而高興。同樣地，你也可以接受在不破壞公司規則的不同報酬方案，讓公司也樂於接受。個人可以應用下列策略來創造價值：

- **建立信任並分享資訊**。要做到這一點，各方應向他方解釋其對利益的需要，然後共同討論滿足這些需要的方法。在多數的談判中，由於缺乏透明性，談判者可能會強調公開討論的價值，以強化未來的關係。
- **詢問問題**。簡單的問題可能是「你會損失多少？」或「你的成本是多少？」在某些狀況中，各方可能不會完全分享其利益；此時，你必須在談判前評估自己要從他方獲得什麼，然後詢問必要的問題以蒐集資訊。
- **策略性地揭露資訊**。若他方沒有用切中要的之方式回答你的問題時，你可以透露一些資訊，但不是你的 BATNA。透過策略性地揭露資訊，你可以將討論的焦點拉回自己想要談的方向。
- **同時提出包裹出價 (package offers) 與多種出價 (multiple offers)**。當談判者只提出唯一的出價，然後遭到拒絕，這相對於讓別人先出價，此時對他方的優先順序之瞭解會比較少。因此，談判者應將焦點放在每個議題的討論，並比較它們之間的相對偏好。

避免常犯的錯誤

雖然有許多談判者會預先做準備，但仍可能犯下嚴重的錯誤，而使談判無效。你可能會透露許多有關利益的資訊，但他方並不一定會透露，這種行為可能會破壞信任。因此，我們必須記住，有效的談判要將要求價值與創造價值同時並重。

表 16.2　談判中常犯的錯誤

談判中常犯的錯誤	說明
不合理的擴大承諾	在許多談判中，某方無效地堅持最初提出的行動方案。這種行為使認知與判斷產生偏差，讓談判者因為不想失敗或想表現出一致性，而做出不合理的決定。
錨定與調整	在每個談判中，某方必須先提出第一次出價。在大部分的個案中，擁有較佳選擇方案與較強力量的一方通常會先提第一次出價；第一次出價可作為談判的基準與決定結果。
框架	提出的選項可能會改變談判者對選擇方案價值的知覺過程
資訊可獲性	資訊可獲性會淹蓋某人有效分析談判的能力，致使談判者有時會利用可獲得但不可靠的資訊，來評估選擇方案、利益與優先順序，並以較低度滿意的條件結束談判。
談判者過於自負	談判者對其判斷與選擇的自信過於誇大。

資料來源：T. Ruble and K. Thomas, "Support for a Two-Dimensional Model of Conflict Behavior," *Organizational Behavior and Human Performance*, Vol. 16, 1976; and D. Whetten and K. Cameron, *Developing Management Skills* (Upper Saddle River, NJ: Prentice Hall, 2002).

如同在前一章所談論的偏差和假設之概念，同樣可以應用在談判過程 (如表 16.2 所示)。在談判之前瞭解自己的參考架構，對避免犯下常見錯誤是非常有用的。

在許多情況中，談判者會假定某方的利益與他方相互衝突。事實上，他們認為雙方都想爭取最大塊的「餅」，就算是談判的議題超過一個且各方對各個議題的價值不同。許多談判者讓談判無法成為整合性談判，主要是因為過於強調贏，並忽略為各方尋求利益的抵換方法。在這種情況下，各方無法體認他們之間的利益可能是相容而非競爭的。

另外，在某些談判中，談判者提出較低的出價，很快地被他方所接受，稱為「贏家的詛咒」(winner's curse)。雖然第一次出價的一方因其出價很快被接受而高興，但另一方卻因擁有較多資訊，而獲得比預期還多的利益。

知道何時運用你的 BATNA

有些時候談判者無法達成協議。此時，談判者就必須決定 BATNA 是否比他方能出價的還要好，以及運用 BATNA 是否為最佳策略。為了決定不達成協議是否為最佳結果，可參考以下信號：

1. 你已告訴對方其他的出價，且他或她無法達到或對這些選項的價值很吃驚。
2. 他方努力地說服你的利益並不像你所想像一樣，而非試圖滿足你的需要。

3. 他方似乎想拖延談判,而不是要分享資訊、建立關係或達成協議。
4. 儘管你已提出最佳的出價,但他方仍未回答你的問題,也不過問有關你的需要或利益。

有效的談判必須考慮各種支援與阻礙的因素,因此你不能只考慮到自己的利益,也必須考慮到他方的利益。若能如此,他方也會考慮你的利益。如果無法相互交換可靠的資訊,則難以達成協議。如前面所提的條件,若沒有 ZOPA,則你應該運用你的 BATNA。

斡旋與仲裁

在某些狀況下,前述的方法失敗且談判的情緒高漲,需要各方尋求中立第三者擔任顧問,即**調停人 (mediator)** 或**仲裁人 (arbitrator)**。調停人並不會做出最後的決定,但會與各方共同尋找有共識的協議。有效的調停人能與各方建立密切關係與信任,進行具創造力的腦力激盪,並抑制不要太快下結論。

仲裁人通常在各方僵持不下時,會做最後的決定。就像法官一樣,仲裁人會傾聽各方的爭論,然後根據這些主張做出最後的決定。在大多數的情況下,仲裁人就像是黏合劑,即雙方同意他們會支持且接受仲裁人的決定。

> **調停人** 不會做最後的決定,但與各方共同尋找有共識之協議的人。
>
> **仲裁人** 傾聽各方爭論,並根據這些主張做最後決定的人。

💡 跨文化談判

當雙方進行談判時,會將其利益、優先順序及選擇方案帶上談判桌,但他們也會帶著自己的文化。談判中的跨文化差異非常重要,並會影響談判者的立場,為何對某個議題的優先順序最高及採用什麼策略。特別是談判策略,會因三種主要的文化價值而有差異:個人主義與集體主義 (individualism versus collectivism)、平等主義與階級主義 (egalitarianism versus hierarchy),以及對溝通的低與高脈絡規範 (low- versus high-context norms for communication)。

➤ 個人主義與集體主義

個人主義與集體主義文化的差異在於個人主義將個人需要置於團體

需要之上,而集體主義則將團體需要置於個人需要之上。個人主義文化 (如美國、英國、加拿大、義大利及丹麥等) 提倡個人的自主權,因此會獎賞個人成就及保護個人權益;集體主義文化 (如巴西、希臘、墨西哥、香港及巴基斯坦等) 則提倡群體成員相互依賴,因此獎酬群體並支持集體利益高於個人權益。

➥ 平等主義與階級主義

平等主義與階級主義的差異是,階級主義的文化強調社會階層的差異,而平等主義則不強調。因此,階級主義文化 (如中國、土耳其、日本及巴西等) 的人較不想與較高社會階層正面對抗,因為這種行為隱含著不尊重;而平等主義文化 (如義大利、西班牙、法國、丹麥及希臘等) 的人對於對抗與 BATNA 的概念感到自在,因為這些隱含著可以改善他們的地位。

➥ 對溝通的低與高脈絡規範

對溝通的低與高脈絡規範的主要差異是,低脈絡文化偏好直接溝通,高脈絡文化則偏好間接溝通。在低脈絡文化 (如德國、北歐、瑞士及美國),資訊是外顯且意義明確,通常人們說的話就是他本身的意思;而在高脈絡文化 (如阿拉伯聯合大公國、法國、日本、印度及俄羅斯等),資訊鑲嵌在訊息的脈絡中,且其意義必須做推論才能瞭解,某方必須詢問問題才能確保他或她是否完全瞭解訊息的涵義。

由於這些差異,談判策略必須修正與擴大才能應付這些文化差異。因此,在跨文化談判中,談判者必須放慢速度,驗證其對有效談判的假設,並應有調整策略以達成目標的意願。以下的關鍵問題有助於確認如何與不同文化的對象進行有效的談判:

- 目標是建立關係或簽訂契約?
- 溝通的本質是什麼 —— 直接或間接?
- 最有效的談判風格是什麼 —— 正式或非正式?
- 決策的時間性如何?
- 期望協議是一般性指導原則或詳細的規範?
- 決策是由上而下或由下而上?

問題與討論

1. 為何衝突可能有利益？請舉出兩個實際的案例。
2. 請以你親身的經歷，說明群體衝突的後果。
3. 請與同學互相討論，2015 年國民黨總統候選人的提名過程是否犯了群體迷思？
4. 何謂分配式談判？請以某個購併案為例說明之。
5. 假如你因為忙著系學會的活動，使得系主任授課科目的期中考不及格，你會如何與系主任談判，讓你期末至少能過關？

Chapter 17 領導團隊

學習目標

1. 區分團隊與工作群組的差別,並列出建構團隊的關鍵要素。
2. 描述團隊的特性,並說明多元性對團隊績效的正反影響。
3. 列出團隊發展的階段及團隊規範建立的途徑。
4. 描述團隊如何運作及團隊成員為達成目標的互動方式。
5. 定義團隊有效性的主要向度,並解釋領導者影響團隊績效應扮演的角色。

雪中送炭

你可能經常聽人說:「帶人要帶心。」可是究竟應該怎麼做呢?

艾德華‧湯森德 (Edward Townsend) 是世界知名的拳擊教練,曾經培育出 6 名世界拳擊冠軍選手,他反對日本當時的教練採用竹刀敲打選手的嚴格訓練方式,強調並貫徹用「心」培育選手的風格。

湯森德在每一場比賽結束後,不會參加獲勝選手的慶功宴,而是陪在落敗選手旁,他說:「選手贏了之後會有很多朋友在身邊,所以我不在也無所謂。但是誰來鼓勵打輸的選手?我會站在落敗選手的這一邊。」比起稱讚獲勝選手,他更以關懷落敗選手為優先。他也說:「贏的時候會長會在拳擊擂台擁抱選手;輸的時候則由我擁抱選手。」他經常與落敗選手共同體會失敗的痛苦、不甘及悲傷,並且會鼓勵選手。值得我們特別注意的是,沒有什麼事情比落敗時受到的關懷更讓人感動,這也是古人要我們「雪中送炭」不要「錦上添花」的具體表現。

另外,據說他在判斷場上選手不可能獲勝後,丟毛巾的時機比其他教練都早。因為他認為:「不打拳的人生還很長。受傷的選手由誰照顧?讓選手平安回家也是我的工作。」

湯德森用「心」對待選手,藉此獲得選手的深厚信賴,他的言語就擁有打動選手的強大力量,也因此能夠培育出 6 名世界拳擊賽的冠軍選手。

資料來源:
藤田耕司,「講什麼」和「誰來講」差很多?領導團隊起手式:找出那個下屬都信賴的人,商周.com,2018 年 8 月 13 日,https://www.businessweekly.com.tw/article.aspx?id=23481&type=Blog。

自我省思

你對團隊的貢獻如何？

團隊追求的特定任務，要求人們一起工作以達成一共同目標。團隊成功與否，有賴於成員為達成共同目標採取集成行動的動機，成員之間互相學習的能力，以及他們發展建設性工作關係的意願等。雖然一團隊可能會有一正式指派的領導者，但所有成員都應對團隊的有效性負責，並貢獻出才能。請以 1 至 5 的評分回答下列問題，以測試你對團隊有效性 (effectiveness) 的貢獻為何。

1＝從不　2＝很少　3＝有時　4＝通常　5＝總是

1. 在團隊中，我在意團隊的目的。　　　　　　　　　　　　　　_____
2. 在團隊中，我運用自己獨特的技能促使團隊達成目標。　　　　_____
3. 在虛擬團隊中，我有效運用技術與成員溝通。　　　　　　　　_____
4. 身為團隊成員，我遵守團隊的工作規範。　　　　　　　　　　_____
5. 在團隊中，我分享自己的知識給成員。　　　　　　　　　　　_____
6. 在團隊中，我嘗試學習其他成員。　　　　　　　　　　　　　_____
7. 在團隊中，我與其他成員的衝突是建設性的。　　　　　　　　_____
8. 在團隊中，我管理團隊的外部關係。　　　　　　　　　　　　_____
9. 在團隊中，我檢視競爭環境。　　　　　　　　　　　　　　　_____
10. 在團隊中，我以樂觀、讚美、祝賀等創造正向能量。　　　　　_____

根據你的回答，你認為若在團隊工作時，你對團隊的貢獻為何？你的貢獻能使團隊運作更有效嗎？

緒論

「團隊中沒有『我』。」(There is no I in team.) 管理顧問與團隊領導者常用這短句強調團隊合作，以達成共同目標及成員間建立同袍情誼的重要性。事實上，他們也都認為若無團隊成員專業與努力的集成貢獻，團隊不可能成功。許多研究結果也證明，無論直接或複雜的任務，合作的團隊比個別努力要運作得更好。或許這種情緒可反應許多團隊；但也有人反駁說：「團隊中肯定有『我』。」(There is definitely a me in team.) 不論英文字義的論證；團隊若要有效，除須達成集成目標外，也要能滿足個別成員的需求。許多研究也顯示，雖然團隊具有巨大潛能，

但許多功能障礙卻也同時會銷蝕團隊的績效。當此現象發生時，會讓許多人質疑團隊工作的價值。

不管你是否贊同團隊運作，事實上，團隊已是許多組織達成作業性、策略性及創新任務的主導方式。為此，**團隊 (team)** 是技能互補、願意為達成特定目標而承諾一起工作的兩人以上組合。最有效的團隊能發展使成員願意一起追求的共同目標。團隊藉由集結許多成員的經驗與觀點，使組織在快速變化的環境中更能有效調適與競爭。這種經驗與觀點的集合產出效果，通常會比個別成員努力的加總效果還大。團隊也提供讓許多人第一次施行領導技能，如說服、談判、共識建構與程序管理等的機會。除領導技能外，在團隊中是否能扮演好成員角色，也在同事間關係建構及未來職涯發展有重要影響。

> **團隊** 技能互補、承諾為達成一特定目標而共同工作的兩人以上組合。

雖然團隊歷練對組織與個人的發展都很重要，但許多人發現，團隊工作也有許多令人沮喪的體驗，如人際間衝突、個別隱藏性需求、缺乏互信、溝通不良與無效領導等。成為有效團隊成員所需的技能並非與生俱來，但當需要時卻是團隊運作成敗和成員滿意與否的差異所在。

兩家公司在組織績效及成員滿意度上都能達到成功與平衡，它們是全食超市與京瓷，如以下個案介紹。

本章將提出描述團隊有效性的模型及團隊結構、特性、發展階

全食超市的團隊運作與京瓷的變形蟲管理

全食超市超過 400 家以上的店面及每年銷售額超過 142 億美元 (2015 年資料)，若以店面每平方英尺獲利來衡量，它是美國獲利最佳的食品零售店。全食超市滿足有健康意識消費者所獲得的成功是可預期的，但真正使全食超市成功的關鍵，是它能在各個店面吸引並培育出有效的團隊。

在每個全食超市店面，大約有 8 個團隊監控著從海鮮、烘焙到現做食品等部門的運作。每個團隊負責制定各自部門的訂價、訂貨、用人及店內促銷等決策。每個團隊的績效是以其勞動生產力來衡量，公司對店內每個團隊每小時的勞動生產力來計算團隊績效。超過預設產量目標的團隊，在下次發薪時就會獲得獎金。每個團隊除與店內其他團隊競爭外，也和公司其他店面的類似團隊競爭，更與團隊過去創下的歷史標竿紀錄競爭。在全食超市中，團隊的成功是未來職涯機會發展的關鍵決定因素。

同樣地，日本的京瓷是一家手機、電視及其他高科技產品所需精密電子零組件供應商，在其生產程序中也採取一稱為「變形蟲管理」(amoeba management) 專注團隊運作的程序。京瓷創辦人稻盛和夫相信，生產程序應由許多自我支持、自負盈虧、人數在 5 至 50 之間的

團隊所構成。無論業務成長與否，團隊的構成方式都是以能達成最佳獲利績效為參考基準，就像變形蟲變形與分裂一樣。變形蟲管理使京瓷能在刺激產能的同時，還能維持著創業精神，即便當京瓷成長到超過 69,000 名員工的規模也一樣。與全食超市一樣，團隊成員也是以其改善績效、與他人合作等能力來獎勵。

像全食超市及京瓷這樣著重團隊運作的公司，它們展現出團隊有效性的三種主要成分，如：(1) 能產出有形、有意義的結果；(2) 建構團隊成員未來學習、調適及一起工作的能力；(3) 創造成員個人成長與發展的機會 (如圖 17.6 所示)。這些公司相信團隊運用多名成員集成的知識與技能，除了能獲得較佳的利潤外，工作任務也較能以創新方式達成。雖然有以上如全食超市與京瓷等成功運用團隊的案例，但是團隊也不見得始終有效或適合。

Rebecca Cook/Reuters/Landov

個案討論

1. 全食超市如何賦權給團隊？
2. 你認為全食超市的管理當局為何衡量團隊的績效？
3. 何謂京瓷的「變形蟲管理」？
4. 你認為變形蟲管理如何影響京瓷團隊的績效？

段、規範及程序等之概述。首先，我們將說明團隊之特性，並解釋它們如何存在於組織中。接著，描述團隊發展階段與團隊程序，這是會持續變化團隊運作的動態要素，也是團隊領導者必須瞭解並調適的。最後，我們會描述管理者及團隊成員能從團隊運作中所獲得的。

團隊適用時機

管理一群各有其特性的個人與在這些人中試圖發展共同目標，是一件複雜的工作，而讓團隊不見得是組織慣用的最佳方式。相對地，有較清晰架構，但也能有效達成集成目標的工作群組 (work group) 可能較適合組織運用。工作群組具有許多階層式組織的特性，如清楚且明確的領導者、設置完備的群組關係，以及個人負擔貢獻群組的責任 (如圖 17.1 中之個人問責)。但如同前幾章有關組織架構與領導的討論，清楚定義

團隊	工作群組
• 分享式領導角色 • 個人與相互問責 • 具體的團隊目標 • 複雜且相互依存的任務特性 • 集成式工作產品 • 鼓勵公開討論與解決問題	• 聚焦明確的領導者 • 個人問責 • 群組目標與組織任務相同 • 直接、獨立的任務特性 • 個人式工作產品 • 預定的工作結構

資料來源：Adapted from Jon R. Katzenbach and Douglas K. Smith, "The Discipline of Teams," *Harvard Business Review*, July–August 2005.

圖 17.1　團隊 vs. 工作群組

的角色及個人問責，可能會限制群組完成較複雜任務的能力。

當工作群組通常比個人獨自工作績效來得好時，團隊運作的績效可能更好，尤其是在任務較較複雜且需要多人專業的集成努力之狀況。當任務趨向複雜時，個人不太可能具備完成此任務所需的所有技能、知識與經驗。因此，**任務複雜度 (task complexity)** 被定義成為瞭解一任務所需處理的資訊量、可能結果的不確定性、需要各種技能的任務，或缺乏執行任務的標準程序等。複雜的任務通常需要有許多不同背景與專業個人的參與，在這種狀況下團隊的運作方式比較有效。

團隊也能被個別成員之間關係的依賴性所定義。**任務依賴性 (task interdependence)** 為產出集合成果，群組或團隊中成員為一起工作而彼此依賴的程度。任務依賴性通常被任務本身所內含，尤其是如新產品的開發計畫最明顯。新產品開發團隊的成員，通常由瞭解顧客 (行銷與銷售)、瞭解生產程序 (製造)，以及對新技術與應用的瞭解 (研發) 等成員所構成。這種須依賴成員彼此智能與經驗的任務，也較適合團隊的運作。

任務複雜度　瞭解任務必須處理的資訊量、可能結果的不確定性、需要各種技能的任務，或缺乏執行任務的標準程序等。

任務依賴性　為產出集合成果，群組或團隊中成員為一起工作而依賴彼此的程度。

團隊特性

到目前為止你學到的是，團隊是由一群個人在一起工作，而要使團隊有集成式產能及滿足成員個別需要。團隊成員之間就必須發展出好的工作關係，而這意味著團隊須建構出能促進溝通之環境。在《人類群組》(*The Human Group*) 一書中，喬治‧賀曼斯 (George C. Homans) 對

如何建構一能影響群組運作有效性的組織設計有充分討論。賀曼斯認為，尤其是在群組組成、任務設計及正式組織設計等支持協同合作的部分若設計不良，團隊的表現也會很差。

良好設計的團隊也是由一群人組成的社群，但該社群卻能為達成共同目標而一起工作，每位團隊成員也都瞭解被指派的任務、每名成員為達成此任務的角色與責任等。**任務目標 (task objective)** 則引導團隊成員朝向終極目標與任務目標之優先順序，則能協助成員瞭解他們的工作與大局如何配合。任務目標也能讓成員預測團隊活動的期程，最終協調應產出的可交付成果。有時候，任務目標可由團隊自行設定並決定其衡量準據；其他時候，也可能由組織高階或外部關係人所制定。無論是哪一種取向，團隊成員通常擁有如何達成任務策略 (亦即途徑與方法) 的選擇權。

> **任務目標** 引導團隊成員朝向目標及協助他們瞭解如何將其工作融入大局的議題。

有長遠任務目標須達成的團隊，通常也會設置一系列的短程目標 (或里程碑)，以衡量團隊的進度，並維持團隊的動力。舉例來說，禮來 (Eli Lilly) 周邊系統部門在發展能協助醫師定位深層動靜脈的超音波探針時，就設定許多階段性的短程目標，讓研發人員得以瞭解目前專案發展到什麼程度。即便身為全球數一數二的大型製藥公司，在發展像超音波探針此類昂貴且需要長期研發時間的產品時，就會利用這種短期里程碑的設定方式，以維持研發團隊的動能與熱情。

為達成任務目標，良好設計的團隊就必須由適當的成員組成。所謂「適當的」成員，指的是有團隊所需技能及團隊合作的動機等。在本節中，我們將討論一些會影響團隊合作與團隊有效性的設計因素考量。

團隊組成與規模

運作良好團隊的成員，需有積極參與和解決特定問題的動機。即便成員之間對如何解決問題可能有不同意見，但他們終究必須發展出共同的目的和議程。若成員之間的目的與議程不同，要他們一起完成被指定的任務是有難度的。除了共同的目的與目標外，團隊成員之間對達成任務也應有一致的承諾和投入。

如前所述，為解決複雜問題與議題的團隊，通常傾向由有多元技術技能與能力的成員所組成。而團隊的任務特性，通常就決定團隊所需成員之技能種類與水準。舉例來說，一新產品發展團隊應包括來自製造、

工程、行銷、產品/品牌管理,以及研發等部門的代表。在某些特定狀況,甚至還應邀請顧客加入團隊。當然,在一開始時,團隊可能由適當水準與技能的成員組成,但隨著任務進展 (碰到新的問題或成員建議等),在任務執行中期加入新成員也是常見的狀況。當團隊有新成員加入時,必須確保他們能被適當地同化與共同支持團隊的目標。

當團隊成員的選擇須考量其技術技能的同時,他們的人際技能也是選擇團隊成員的重要考量。所謂的人際技能是能與他人合作、提供支援、維持正向態度等,都是設計一有效團隊在成員選擇上的重要考量。我們將於本章後段提到,團隊程序通常是對抗與協同合作之間平衡的過程。團隊成員必須能有效處於建設性衝突與共識間。除了能與他人良好合作外,團隊成員也應對新的概念採取開放與行動導向態度 (亦即,當發現有新概念時,即積極探索其潛在機會)。最後,有效團隊中的成員也必須有共同承擔的共識,每名成員對團隊目標的達成都應有其責任分擔與貢獻。

團隊沒有所謂規模的最佳化,團隊的規模也應根據其任務而定 (亦即,為達成預期目標而由所需技能人員的適當組合)。如昇陽電腦 [Sun Microsystems,現已被甲骨文 (Oracle) 所收購] 公司的團隊為例,昇陽電腦的各個團隊都是考量成員技能、位置及目前工作負荷等來決定團隊規模,一般介於 5 至 20 人之間。雖然有些人認為團隊規模大一些,有助於團隊較快速地完成任務,但實際現象卻通常相反,規模小的團隊運作效率通常會比大團隊來得好。這可能是因為大團隊中的溝通和協調管道較多且複雜、成員之間的衝突也較多等原因所形成。一般而言,當團隊規模變大時,因為溝通活動的增加,通常會有協同合作下降的傾向。

管理者領導 vs. 自我指導團隊

良好設計團隊除須考量團隊規模大小外,對成員角色與職掌的指派也很重要。有些團隊成員會被賦予團隊領導者的角色,他們的責任包括定義團隊目標、建立達成目標的程序、激勵成員,以及向組織高層報告團隊的進度等。有些團隊領導者的角色會由成員輪流分擔。無論哪一種團隊設計,每位團隊成員職責的賦予,對降低混淆與協調問題而言是相當重要的。

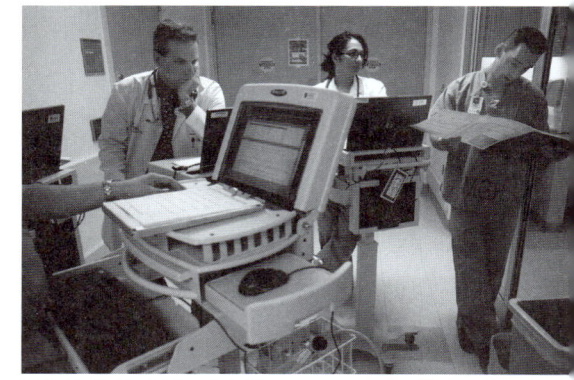

Todd Heisler/The New York Times/Redux Pictures

團隊成員角色的決定，通常要看團隊是管理者領導或自我指導而定。對一些團隊而言，成員的角色是由管理者所決定的。如大衛・托契亞那 (David Torchiana) 是麻省總醫院 (Massachusetts General Hospital, MGH) 的心臟外科醫師，他領導由心臟科醫師、外科醫師、麻醉師、住院醫師、護理人員及醫院其他部門人員組成的團隊。該團隊的任務是定義醫師、護理人員或其他行政人員的介入程序與時機，盡可能降低延誤，更有效地運用資源，以及最重要的是提供心臟冠狀動脈繞道手術後病患的最高照護品質。在團隊運作程序中，團隊管理者托契亞那醫生會鼓勵團隊成員定期見面、成員之間清楚的溝通，並討論病患照護程序中每名成員應扮演的角色。除此之外，他還為團隊設定清楚的里程碑、鼓勵成員將程序標準化、分享最佳實務經驗，以及強化一共識導向的決策程序等。最後，此由托契亞那領導的團隊成功為 MGH 發展出心臟冠狀動脈繞道手術後病患的最佳照護程序計畫，這種團隊稱為**管理者領導團隊 (manager-led team)**。在管理者領導團隊中，領導者對成員及其執行的工作，都有較大的控制權。管理者的職掌則包括對團隊運作績效的監控與管理，並向組織高層報告團隊的進度等。

管理者領導團隊又可區分為**垂直團隊 (vertical team)** 或**水平團隊 (horizontal team)**。垂直團隊由管理者及其在組織指揮鏈中的部屬所構成 (亦即相同部門)。水平團隊或稱跨功能團隊，如托契亞那在 MGH 的團隊一樣，成員是從組織位階相同或接近、不同部門的人員所組成。當一管理者領導團隊又是跨功能團隊時，就能從不同觀點來解決特定的問題。

無論管理者領導或自我指導團隊都各有其優缺點，有些人相信管理者領導團隊因有領導者明確的指令而比較有效率，但**自我指導團隊 (self-directed team)** 也可因授權成員而同樣有效率。在自我指導團隊中，團隊建構、決策等重要角色，通常會指派給不同成員，每位成員也共同承擔著團隊進度的責任。因此，無論哪種形式的團隊，鼓勵成員承擔責任、角色的明確、成員之間的團隊合作精神等，都是團隊是否能有效運作的關鍵。若自我指導團隊未能建立上述標準，可能產生團隊解構與產能下降等現象。因無明確的領導，成員之間的異議又不能獲得有效解決時，團隊之外的高階經理人就可能需要涉入。

管理者領導團隊 管理者承擔領導者角色的團隊。

垂直團隊 團隊管理者與其部屬以正式指揮鏈構成之團隊。

水平團隊 團隊成員來自組織中相同位階之部門，並不強調上下級之團隊。

自我指導團隊 自訂目標及其達成方法的團隊。

集中作業團隊與地理分散團隊

不論是管理者領導或自我指導團隊，要使團隊運作有效，團隊成員必須在能支持溝通與互動的環境下一起工作。像全食超市裡的**集中作業團隊 (collocated team)**，就以許多面對面的溝通來做營運決策。他們都在同一鄰近地點工作、有很多社會性互動，以及對彼此在團隊進度上能提供快速的回饋等。

> **集中作業團隊**　作業地點鄰近，有許多面對面溝通的社會性互動、討論與決策，成員之間也能對進度提供快速回饋。

研究發現，面對面的溝通能促進協同合作與團隊運作。當團隊成員每天能面對面的互動與閒聊時，他們會覺得彼此之間是連接的。面對面溝通能讓溝通雙方看到對方的臉部表情、肢體動作，能讓他們判定對方說話是否真誠。面對面溝通也象徵在同一空間中的共享經驗。建立互信、連結感及對團隊分享經驗的承諾等，對發展團隊成員關係而言都很重要。

當技術演進與全球化時代來臨時，團隊成員在距離與時間上相隔愈來愈遠，讓很多公司不得不創造所謂的**地理分散團隊 (geographically distributed team)**。若地理分散團隊的成員分處幾個不同的國家與時區，會讓管理變得相當困難。因此，這些團隊必須相當依賴電子工具如電子郵件、語音郵件、電話、視訊會議等，來進行彼此互動。這些電子工具能讓地理分散團隊的成員，跨越物理障礙的快速溝通與提供回饋。有些團隊的成員可能來自文化背景不同或工作類型的區域或國家，這也會影響團隊成員之間的有效溝通。為因應處理這些狀況，如之前昇陽電腦即曾創造一個專門用來支持地理分散團隊的計畫。

> **地理分散團隊**　由地理或組織性因素而位置分散成員組成之團隊，成員之間必須依賴電子郵件、語音郵件、電話及視訊會議等溝通與網路技術而互動。

為解決地理分散團隊面對的許多問題與挑戰，1995 年昇陽的高層發起一個稱為「開放工作」(Open Work) 計畫，除能讓員工在不同時區狀況下一起工作，使每個員工在其工作地點更有效的工作，並讓員工有更好的工作與生活平衡 (work-life balance)。「開放工作」計畫有三個元素組成：能讓員工在工作地點移動中仍維持網路連接的一套 (網路與電腦) 技術 (suite of technologies)；「當天工作地點」(workplaces for the day) 讓員工不必在固定辦公室工作 (亦即，員工可在家或自選一工作地點，如咖啡廳、圖書館內工作)，以及讓員工能移動工作的網際網路連接、電話及硬體成本等每月津貼等。因實踐此開放工作計畫，當時昇陽電腦的地理分散團隊並未遭遇過協調與互動上的問題。

利用多元性

地理分散團隊較傾向多元性，而此多元性對團隊同時帶來機會與挑戰。今日的多元性有許多形式，如不同的性別、人種、種族、教育背景、語言、職責等。每一種多元性差異，都衍生出不同的世界觀，對資訊與決策的態度等也會有很大差異。如我們之中有些人在制定決策前，需要翔實檢視每一項主觀或客觀資訊；另外，有些人則較直覺導向，而不那麼重視細節。這些差異可能源自於文化背景，或有些就是簡單的個人差異，但是都會影響我們如何探索世界與決策。因為成員個人與專業經驗的寬度與深度，長遠來說，多元團隊 (diverse team) 比均質團隊 (homogenous team) 較能產出更具創造力與創新性的方案。但若任務簡單、直接，且時間、效率是考量重點時，均質團隊因為有共同語言與習慣，能加速運作程序，而較多元團隊適宜。

多元團隊固然有其優點，但若管理不善也可能導致災難性的後果。我們一般可觀察到多元團隊比均質團隊運作績效的變異性來得大。雖說長遠而言，多元團隊因其成員的多元性，會為團隊帶來較具創意與創新的想法和方案；但他們必須先經過短期磨合的考驗，若多元團隊中的成員無法站在對方的角度思考，則因誤解所衍生的衝突狀況必然也多。此外，無論是管理領導團隊或自我指導團隊，多元團隊的成員若覺得自己的意見不被重視，就會傾向撤出 (不貢獻意見)，而失去多元團隊的意義。因此管理者或領導者對多元團隊的主動指導，對多元團隊的運作成功是相當重要的。

要使多元團隊成功運作，有一些基本原則必須遵循。成員之間除了要高度尊重各自的多元背景外，他們不但要能自然、舒適地看待這些不同外，也要能在這種差異下一起共事工作。雖然在多元團隊生命週期的早期會面臨許多衝突，但也因多元角度的觀點與建議，在整個生命週期中反而能使多元團隊獲得較大利益。當成員之間對彼此的優點與限制有共同瞭解後，多元團隊的運作也比較容易成功。成員若能尊重彼此差異，並採取共同行為規範時，多元團隊也較易成功。最後，成員對其他成員的觀點和其他成員對他的觀點的一致性，對團隊運作成功與否也相當重要。確保這種一致性的唯一方法是讓團隊成員能自由表達與分享意見。盡量降低因缺乏共同性所產生的誤解、同時釋放出成員的創意，這是領導多元團隊的成功祕訣。

團隊發展

即便設計良好的團隊，在實際運作時也不見得能順利完成任務。舉例來說，團隊成員可能不見得同意達成任務的最佳方法，有些成員可能認為其他成員並未付出足夠努力，其結果通常會是團隊運作得較緊張、完成任務所花的時間也比預期來得長、有些成員對團隊遞交的最終產品不見得滿意等。

當團隊必須經過適當設計考量時，有效團隊通常也應展現在正向氛圍下進行溝通、決策與執行任務。為此，每名團隊成員都應對團隊任務做出相同承諾，也必須發展與其他成員間有效的工作關係。

發展階段

在對團隊的研究中，布魯斯‧塔克曼 (Bruce Tuckman) 觀察到一般團隊會經過五個程序階段的發展：形成階段、震盪階段、規範階段、執行階段及修整階段 (如圖 17.2 所示)。

在形成階段 (forming stage)，團隊成員定義哪些任務必須完成、如何完成這些任務，以及設定團隊運作的基本規則。組織高層則是著重於提供團隊所需的必要資源、協調團隊之間的任務與活動等。在團隊形成階段，組織高層或團隊領導者必須確保所有成員認同賦予團隊的任務，

> **形成階段** 該階段發生在團隊成員定義哪些任務必須完成、如何完成這些任務，以及設定團隊運作的基本規則。

領導發展之旅

領導者應意識到一些會使團隊功能失調的常見陷阱，如：

- 團隊成員之間缺乏信任。
- 團隊成員之間畏懼衝突。
- 未承諾的團隊成員。
- 規避問責的團隊成員。
- 不聚焦結果的團隊成員。

若你曾在功能失調的團隊中工作，根據你自己的反思，造成該團隊功能失調的原因為何？即便後見之明，若能重來，你能如何改善該團隊之有效性？

形成 (Forming)

震盪 (Storming)

規範 (Norming)

執行 (Performing)

修整 (Adjourning)

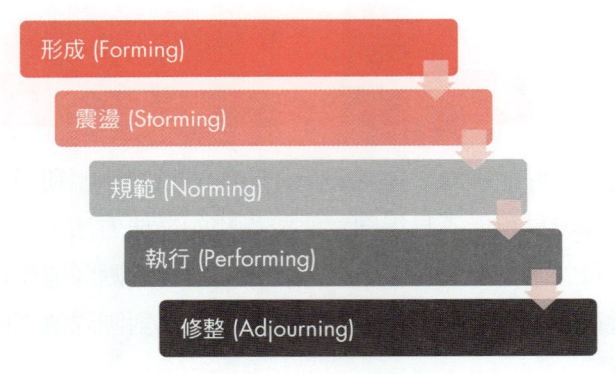

資料來源：B. Tuckman, "Developmental Sequence in Small Groups," *Psychological Bulletin*, Vol. 63, No. 6, 1965, pp. 384–399; and B. Tuckman and J. Jensen, "Stages of Small-Group Development Revisited," *Group & Organization Studies*, Vol. 2, No. 4, December 1977, pp. 419–427.

圖 17.2　群組發展的五階段模型

成員之間也須瞭解其他成員具備哪些技能，此資訊分享對多元性團隊尤為重要。

震盪階段　成員因人際議題及對觀點差異，而感受到衝突的階段。

在**震盪階段 (storming stage)**，團隊成員因人際議題與不同觀點而開始有衝突。人際議題相當容易激化衝突，尤其是當有高層之間的個人衝突時。不同觀點除了會妨礙團隊任務的執行外，對團隊工作關係的發展也不利。如在第 16 章中曾討論，團隊領導者應鼓勵任務相關的衝突，

不同的觀點

麻省理工學院史隆管理學院的黛博拉‧安科納 (Deborah Ancona) 與歐洲工商學院 (INSEAD) 的亨利克‧布里斯曼 (Henrik Breman) 兩位教授提出 X 團隊 (X-team) 的概念。X 團隊是為驅動創新而生，其成功關鍵為聚焦外部想法與外部關係。X 團隊之成員能與他人、系統一起工作，但重點是成員與組織外部的關係和培育新想法的能力。摩托羅拉的 Razr 手機，就是 X 團隊的產物。

X 團隊之運作，從曾被工程師捨棄的概念開始，並納入其他想法的元素，拼湊一新的概念草圖。如 Razr 手機的概念，是從責成五位工程師各自想出兩個不同的設計開始，從 10 種設計中選出三個最具潛力的設計，然後經過兩個星期的密集討論、最終決定單一設計。其結果就是在 6 個月內熱銷超過 100 萬支的 Razr 手機。

1. X 團隊的哪個特性促成 Razr 手機的成功？
2. 在你過去的經驗中辨識出一個 X 團隊可能成功運用的情境。
3. 辨識一個能運用 X 團隊產生創新概念的組織。他們將在組織內如何運用 X 團隊？另外，X 團隊的目標可能為何？

而非個人之間的情感衝突。重新聚焦於團隊的目標上，有助於引導衝突朝向正向發展。

在**規範階段 (norming stage)**，經由建設性衝突，團隊成員發掘並創造出能鼓勵協同合作行為的新標準與規則。在此階段，個人意見可經常性的分享與討論，成員對其他人的意見也更開放。如此一來，成員能接納其他成員的差異性，也建立團隊凝聚力與和諧性。

> **規範階段** 團隊成員發掘出可鼓勵協作行為新標準的階段。

在**執行階段 (performing stage)**，團隊成員連接彼此的差異性，並開始為達成任務而一起工作。團隊成員各自扮演好自己的角色，解決問題並完成團隊的各項活動。

> **執行階段** 團隊成員接受並開始扮演好自己在團隊中的角色，並強化團隊活動的階段。

最後，在**修整階段 (adjourning stage)**，團隊完成任務，並準備解散。在人員解散前最重要的是，團隊運作經驗教訓的檢討與紀錄。團隊正式解散後，有些人會因對團隊已有依賴感而自我感傷；有些人則會在迎接下一項挑戰前，享受這短暫的解脫。

> **修整階段** 團隊已完成任務，並準備解散的階段。

許多研究人員重新檢視塔克曼對團隊發展階段描述的適宜性，有些也改變其次序與衝擊影響，但絕大多數都認同團隊會隨著時間移轉而有不同變化。美國人力資源與組織行為學者康尼‧葛西克 (Connie Gersick) 的研究發現，團隊會傾向以在第一次會議時建立的架構運作，在初期階段，因成員之間不清楚如何能有效地一起工作，導致團隊可見的進展有限。但在團隊生命週期的中點，成員會在如期完成任務的壓力下，開始尋求新的觀點與意見。葛西克認為，這時候讓團隊重新審視其工作優先順序，以及與外部關係人討論產出評估準據，對團隊的發展與成功運作是相當重要的。這種轉移不是因為團隊完成某特定發展階段，而是來自於成員對期限壓力的警覺。事實上，許多經過這種中點轉移的團隊都相當成功。不管這些團隊歷經過塔克曼定義的哪些特定階段，大多數的團隊都能表現出形成、中點及執行這三個明顯階段。團隊領導者在引導成員經歷這些團隊發展階段相當關鍵，當團隊建立行為規範，在領導者有效的引導下，會有更多的產出。

團隊規範

前幾次的團隊會議，對建立可接受行為與程序的**團隊規範 (team norm)** 相當重要。在團隊發起時，團隊領導者就必須明確表達團隊運作的基本規則 (如參加會議、參與工作及保密等)、團隊成員的角色，以及

> **團隊規範** 被預期的團隊行為。

表 17.1　團隊規範

規範類型	說明
會議規範	會議的時間、地點及頻率，包括對參與者的預期、時間及相關準備事項。
工作規範	標準、期限、工作分配、工作審查程序及問責(針對那些未遵守其承諾的人)。
溝通規範	當必須溝通時，誰應負責？應如何執行？尤其是有關衝突議題時，如何討論彼此的感覺。
領導規範	應採取何種領導架構及如何施行。
思慮規範	待人互相尊重，並考慮他人的需求。

資料來源：Adapted from A. Nahavandi, *The Art and Science of Leadership* (Upper Saddle River, NJ: Prentice Hall, 2006).

對團隊最終產出績效的預期。團隊規範通常可區分為五種類型：會議規範、工作規範、溝通規範、領導規範及思慮規範，其定義說明如表 17.1 所示。

團隊程序

在個別團隊經由不同階段發展時，建立能使成員為達成目標而一起有產能的工作程序是重要的。自發或偶發等未經規劃的程序對團隊運作是會帶來災難性後果的。因此團隊能否有效運作的關鍵之一是，從一開始就建立清晰的團隊運作程序。團隊程序由三個主要成分構成：(1) 有目的與嚴謹之決策；(2) 有效參與和有意義的影響；(3) 建設性衝突。

有目的與嚴謹之決策

強而有力的團隊運作程序，應鼓勵成員的關鍵性思考及成員之間的辯論。當團隊在提供意見或解決問題的過程中，他們通常會從發散的觀點轉向收斂的觀點；也就是說，從一開始有許多可能、開放性的方案，會逐漸縮小範圍到幾個或一個特定解決方案。這種決策凝聚程序通常包括五步驟，如圖 17.3 所示。

團隊決策程序的步驟 1 是，確保所有成員瞭解團隊所要處理問題或議題的性質。清晰且大家都認同的問題定義，能整合所有成員對解決方案的意見。程序的步驟 2 是，團隊應以評估準據對所有可能方案進行評估與審查。然後在步驟 3，以腦力激盪等創意激發工具，產生所有可行方案。運作良好的團隊，成員的想法與意見是能建構在彼此概念上的。團隊也可依據自己的偏好，將步驟 2、3 對調 (亦即，產生可行方

第 17 章　領導團隊　445

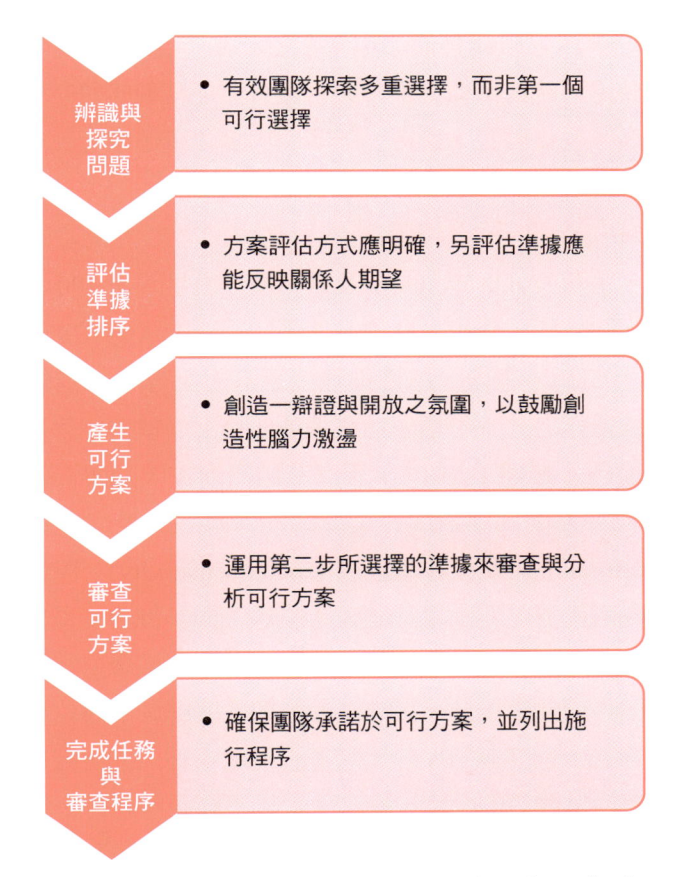

```
[辨識與探究問題] → 有效團隊探索多重選擇，而非第一個可行選擇

[評估準據排序] → 方案評估方式應明確，另評估準據應能反映關係人期望

[產生可行方案] → 創造一辯證與開放之氛圍，以鼓勵創造性腦力激盪

[審查可行方案] → 運用第二步所選擇的準據來審查與分析可行方案

[完成任務與審查程序] → 確保團隊承諾於可行方案，並列出施行程序
```

資料來源：These five steps are a modified version of the process discussed in Linda A. Hill and Maria T. Farkas, "A Note on Team Process," Harvard Business School Note No. 9-402-032 (Boston, MA: HBS Publishing, 2001).

圖 17.3　團隊決策程序

案後，再以準據進行每個方案的評估與排序)。有些團隊發現，若無評估準據的限制，可行方案的產生會更容易，數量也更多。

　　決策程序的步驟 4，是由步驟 2 產生定義且產生的評估準據，對所有可行方案進行評估與分析。最後，團隊希望能在最佳可行方案上獲得一致性的同意與成員的承諾。而成員對最終施行方案的承諾，關係到團隊是否能順利且成功地完成任務。只要成員認為上述團隊決策程序是公平、公開時，團隊成員預期的結果也會付出更多的承諾。

有效參與和有意義的影響

　　嚴格的決策程序需要所有團隊成員主動且全程地參與，因此應留意有誰參加？他們參加的時機與頻率為何？他們的參與對團隊程序與產出的影響為何？在組織內，職位較高的團隊成員通常會有較高的參與

度，但他們的參與會阻礙其他 (組織職位較低) 成員表達並分享意見的意願，極端時還可能迫使他們不參與。擁有與任務和議題有關知識的成員，參與度高、也更健談。最後，那些關切團隊議題或產出的成員也比其他人有較高的參與率。

最近一項研究顯示，有兩個元素對團隊的有效性及產能可能有貢獻。安妮塔‧伍莉 (Anita Woolley) 及其同事，衡量超過 700 人的不同屬性 (如智商、個性等)，然後隨機指派他們個別或團隊方式執行一些具挑戰性的任務，如腦力激盪、道德推理、運籌規劃等。他們的研究結果顯示，以團隊運作方式，不意外地在每項任務上的績效，都超越個別運作。他們也發現，雖然 (成員的) 智商在預測團隊成功與否確實扮演一定的角色，但另外兩個因素卻對集成式團隊績效有最大貢獻，分別是話輪轉換 (turn-taking) 及社會敏感度 (social sensitivity)。所謂的話輪轉換，是指團隊的溝通並非由單一個人所主導。即便每名成員參與決策的程度不一，但只要他們相信決策程序的參與和發言權是公平的，則決策品質與團隊運作績效會提升。另外，社會敏感度則是指每位成員對他人意見、觀點等之敏感度與同理心。同理心不意味著一定要接受他人的不同意見，而是能以開放的心態，接納他人以不同觀點對待相同資訊。

擔任領導或團隊建構角色的成員，應鼓勵所有成員盡可能地參與所有團隊決策與討論會議，以確定少數意見也被考慮。若成員對某議題有特殊看法，領導者更應主動鼓勵他分享此特殊意見。但經常可看到的狀況是，團隊傾向討論成員都有一致想法的資訊，並認為大家認同的通用資訊比獨特資訊更重要且更具影響力的現象，是所謂的**共同資訊效應 (common information effect)**。也因此團隊經常無法發揮多元性的效用，揮霍可能更佳解決方案，或甚至創新的機會。參與的不平衡或僅分享共同資訊，會導致成員對團隊運作承諾的下降。

當**參與 (participation)** 反映個人在團隊中從事意見、概念交換及方案生成的程度時，影響力 (influence) 則是個人意見或概念對團隊生成方案的衝擊大小 (如第 14 章的定義)。對一特定議題說得最多、表現得最熱情的人，可能會施展不成比例的影響力。詢問尖銳問題的人，同樣也能施展出無比的影響力。但若參與和影響力無法達成平衡，則會衍生出摧毀團隊合作與士氣的行為。因為這些行為會阻礙團隊達成目標，故被稱為**阻礙行為 (blocking behavior)**。有效的團隊領導者須藉由適當且不

共同資訊效應 指團隊認為通用資訊比獨特資訊更重要且更具影響力的認知現象。

參與 一個人參加一解決方案生成程序，並提出其觀點與意見的程度。

阻礙行為 阻礙團隊及其成員達成目標的行為。

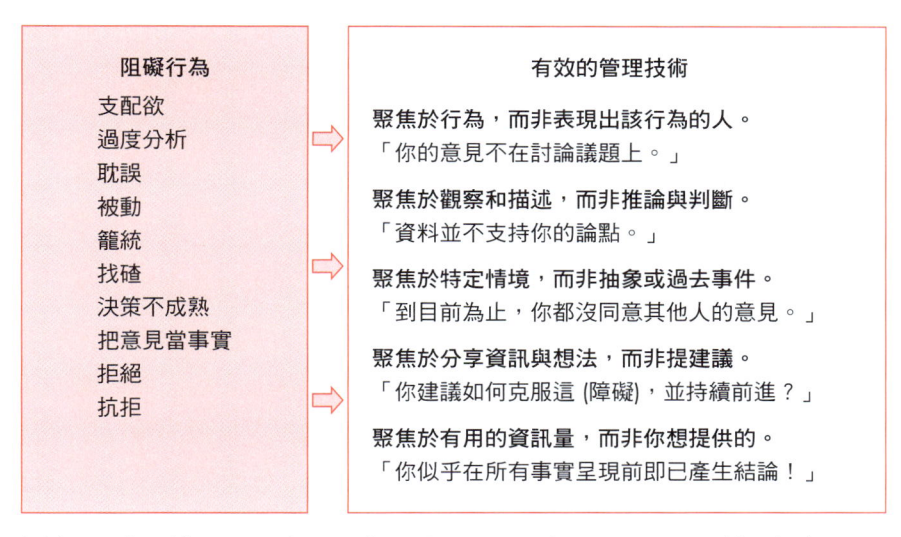

阻礙行為	有效的管理技術
支配欲 過度分析 耽誤 被動 籠統 找碴 決策不成熟 把意見當事實 拒絕 抗拒	聚焦於行為，而非表現出該行為的人。 「你的意見不在討論議題上。」 聚焦於觀察和描述，而非推論與判斷。 「資料並不支持你的論點。」 聚焦於特定情境，而非抽象或過去事件。 「到目前為止，你都沒同意其他人的意見。」 聚焦於分享資訊與想法，而非提建議。 「你建議如何克服這 (障礙)，並持續前進？」 聚焦於有用的資訊量，而非你想提供的。 「你似乎在所有事實呈現前即已產生結論！」

資料來源：Adapted from D. A. Whetten and K. S. Cameron, *Developing Management Skills*, 5th edition (Hoboken, NJ: Prentice-Hall, 2002), pp. 467–489.

圖 17.4　常見的阻礙行為及有效的管理技術

帶威脅性 (亦即私下) 的意見回饋，以消弭這些行為。圖 17.4 列出 10 種最常見的阻礙行為管理方法。

建設性衝突

　　高效率團隊必須發展出處理建設性衝突，以及運用 (成員) 多元性的能力。我們大多數都屬於衝突規避者，並認為衝突是不好，且應不計代價的避免。但之前已討論過專注於任務的衝突對團隊是有益的，但與人際有關的關係或情感衝突，通常是有破壞性的。因此，若要使團隊運作有成效，必須讓成員接觸任務衝突，而不會擴散成人際衝突就很關鍵。這雖不容易，但團隊也能以一些一致性的努力來達成。下列五種策略有助於團隊成員如何有效地運用建設性衝突：

- 確保所有團隊成員一開始即瞭解討論的目的。
- 聚焦於徵詢成員意見與觀點而非挑戰。舉例來說，「你能解釋為何那個方法有幫助？」就比「很好，但我想我們應該這麼做！」要好得多。
- 避免使用會導致成員混淆的不精確詞句。與其說「我們在這要多做一些。」不如說「我想我們需要更多量化資料來驗證我們的觀點。」要好得多。

- 當你感覺困惑、生氣或沮喪時，在團隊中不責怪他人地提出像是說「我開始關切會議已經快要結束，而我們還沒決定。」而非「你別拖延，這會使我們超出期限！」
- 當團隊陷入僵局時，以「我們同意哪些事，又不同意哪些事？」找出無法達成協議的爭議來源。

團隊常常走向兩個極端——要不避免衝突，要不過分擁抱衝突，以致於外溢成不具生產力的情感衝突。當團隊規避衝突時，常會落入所謂的 從眾性 (conformity) 的陷阱。當一人為規避衝突而表現出與群體期望和信仰一致的行為時，即發生從眾性。從眾性雖然可加速決策程序，但決策的結果通常是差強人意，或甚至是負面的。有效的團隊必須管理好在團隊凝聚力與公開表達多元意見 (建設性衝突) 的兩難 (如圖 17.5 所示)。雖然團隊在最終決策上需獲得共識，但須留意不要太早結束意見探索與討論程序。

在另一個極端上，如果衝突過於嚴重，影響正常、有效的溝通時，此時最好的做法通常是擱置任務，並對團隊程序或行為規範再進行審視。當衝突涉及個人時，結束討論是必要的。如曾在前一章討論的，團隊應鼓勵能促進對任務多元意見交換之任務相關的衝突，並盡量降低針對個人的情感衝突。

> **從眾性** 人們行動符合群體預期及信仰的一致性。

促進團隊學習

記得我們曾談過團隊的活動是隨著時間而發生的。團隊成員學習彼此執行活動的經驗，也是研究人員關切的議題。研究人員認為，有效的團隊不但能更快速、有效地執行完成各項任務程序外，成員之間也較能快速地學習他人的經驗。不過多數團隊的領導者與成員較偏向專注於任務的執行，而非促進協作與學習；促進團隊的學習，也需要成員重視學習他人經驗的價值。此外，營造一能讓所有人對提供意見、詢問問題、討論關切等覺得安全，不必畏懼他人批判、錯誤或報復的環境也相當重

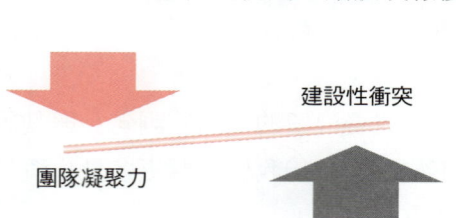

圖 17.5 團隊凝聚力與建設性衝突的平衡

要。這種能鼓勵公開表達想法與感覺，不擔心遭到懲處的環境，被稱為**心理安全 (psychologically safe)** (環境)。

> **心理安全** 鼓勵公開表達想法與感覺，不擔心遭到懲處的環境。

為創造心理安全的學習環境，團隊成員應表現出公開與好奇的行為模式，如明確承認目前沒有答案，詢問問題表達出對他人意見的讚賞與獎勵學習等。若團隊運作環境缺乏心理安全，團隊成員會傾向達成其個人目標，而非團隊的合作目標。團隊領導者可藉由下列方法促進心理安全的環境：

- 將團隊工作架構成一學習過程。
- 顯現熱情，如仔細傾聽、展示好奇心，以及對他人表達興趣等。
- 謙虛地承認你並沒有所有的答案。
- 強化成員彼此之間的尊重。
- 對他人自承缺點時表示讚賞。

團隊有效性

你如何判定自己的團隊是否有效？一般認為團隊要能有效，必須符合三個條件：(1) 必須為組織產出有意義的成果；(2) 必須滿足團隊成員的需求；(3) 強化團隊成員未來一起工作的能力 (如圖 17.6 所示)。有意義的成果可能是一項完成的任務、產品，或對許多可行方案的分析建

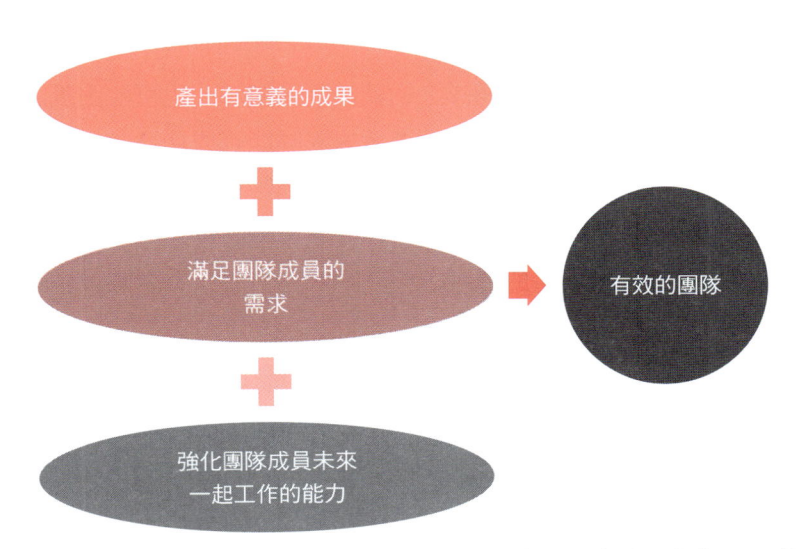

產出有意義的成果
＋
滿足團隊成員的需求
＋
強化團隊成員未來一起工作的能力
→ 有效的團隊

資料來源：Adapted from J. Richard Hackman, *Leading Teams: Setting the Stage for Great Performances* (Boston, MA: HBS Press, 2002).

圖 17.6 團隊有效性條件

議。團隊的產出 (如產品、服務或決策) 應能達成，或甚至超過團隊客戶 (如接收、使用或審查團隊產出的人) 對數量、品質與時程等標準的預期。

有效的團隊對團隊成員的滿意與福祉也應有貢獻。有些團隊成員參與團隊是支持其個人的需求，只要個人需求與團隊整體目標一致，團隊領導者在追求團隊任務與目標達成的同時，也應確保成員個人需求的達成，或至少團隊目標與個人目標之間的平衡。

最後，經由團隊運作在成員間建立一對共同目標追求的分擔與強烈的相互信任感，有效的團隊也能強化成員在未來再合作的能力。各個團隊運作的時間可能很短，但團隊成員在未來再度合作或與其他成員組成團隊的機會很多。事實上，團隊運作協助個人擴展其在組織的人際關係網絡。因此無論正式或非正式，這些人際關係網絡在團隊追求達成任務的期間，可能都是重要的幫助。

談到人際關係網絡，這對團隊運作成功與否必須有技巧地管理。當團隊發展階段中，問題、疑惑與彼此間因不瞭解而須協調的機會愈來愈少時，團隊成員的工作動機仍必須持續發展與維持，這是所謂團隊內部動力管理。與團隊內部動力管理一樣重要的是，團隊成員也必須能有效地與依賴團隊產出的外部單位 (關係人) 溝通。而團隊領導者在影響團隊成員如何對內與對外溝通方式上扮演重要的角色，如下一節所述。

團隊領導者的角色

團隊領導者可能在成立團隊之初就被高層指派，也可能由團隊成員輪流擔任。無論何種方式，團隊領導者對團隊能否成功達成任務之重要性是毋庸置疑的。有效的團隊領導者會調和團隊目標與成員個人需求，並激勵成員分擔任務責任與彼此信任。因為你極有可能在未來職涯中某個時點會擔任團隊領導者的角色，因此瞭解如何成為有效團隊領導者所需技能是重要的。

從 1996 年至 2004 年，美國男籃在參加奧運時，都是從美國國家籃球協會 (National Basketball Association, NBA) (即美國職籃) 中，原在正規賽中互為對手的球隊中挑選明星球員組成夢幻隊，這種組隊策略在 1996 年及 2000 年兩次奧運都有預期的結果 (冠軍)；但在 2004 年，卻因明星球員之間個人衝突的問題，在半準決賽中輸給阿根廷隊 (美國只拿到銅牌)。為了挽回顏面，美國男籃在準備 2008 年北京奧運時改變

組隊策略。首先，美國男籃要求參與 2008 年夢幻隊的球員，必須承諾配合從 2006 年世界冠軍盃到 2008 年奧運的 3 年集訓。然後美國男籃聘請被稱為「K 教練」(Coach K) 的杜克大學籃球總教練麥克‧沙舍夫斯基 (Mike Krzyzewski) 擔任夢幻隊總教練。在 K 教練團隊精神要求及 3 年集訓的狀況下，美國隊終於在 2008 年北京奧運打出夢幻隊應有的水準，獲得金牌勝利。

要有效領導團隊，你必須獲得團隊成員的敬重與承諾。獲得尊重與承諾，就會讓領導者有影響力，而此影響力會創造高效團隊，有效完成組織賦予團隊的目標。得到尊重、確保承諾及維持可信度，都是促使研究人員認為領導者展現出的七種行為，如表 17.2 所示。

團隊的有效性不單是內部動力的管理，團隊之外的整個組織，甚至組織外界，都會對團隊運作的有效性產生影響。團隊領導者也必須管理好這些所謂的團隊邊界，確保團隊成員能掌握團隊與外界互動的架構，並瞭解關鍵關係人的需求。所謂關鍵關係人，通常被視為組織的高層管理者，但組織以外的關係人，如顧客、供應商，同樣對團隊最終產出的績效有重要影響。

一般而言，有效的團隊會與組織內部高層和外部顧客等關鍵關係人保持密切的接觸，知會他們團隊的運作進度，並在主要決策前徵詢他們的意見。組織內部高層掌握著資源分配及人員調用的權力，而組織外部顧客決定團隊最終產品是否允收，使邊界管理 (managing boundaries)

表 17.2　有效團隊領導者展現的行為

展現行為	說明
正直	做他曾說要做的，行為能反映其個人價值。正直的領導者能被人信任、沒有不能公開的個人需求，且公平待人處事。
明確、一致	明確地表達他要什麼及如何達成；行為可預測。
創造正向能量	樂觀、進取及讚美他人能讓領導者更具影響力。
尋找共同基礎	在討論群組議題時，會在辨識需要妥協的議題前，先行辨識出大家都同意的共同基礎。
管理同意與異議	以證據支持觀點，或提出並顯示更相關的方式管理不同觀點。
激勵與教練	協助他人發展克服不確定性的勇氣。以交付任務提供成員資訊與協助，並在團隊面臨挑戰時提供強化意見。
分享資訊	分享從外部獲得資訊給內部成員，能讓領導者更具影響力，這也包括發問檢核團隊所處的狀況與需求等。

資料來源：Adapted from D. A. Whetten and K. S. Cameron, *Developing Management Skills*, 5th edition (Hoboken, NJ: Prentice-Hall, 2002), pp. 460–462.

或稱關係人管理 (stakeholder management) 對團隊運作成敗有顯著關聯性。

邊界管理

為做好邊界管理，有效的團隊通常會正式或非正式的指定一**邊界管理者 (boundary manager)**，一般團隊會由領導者擔任邊界管理者的角色，但若有成員在人際關係處理上更優於團隊領導者，則可由此人擔任。邊界管理者決定與不同關係人的互動方式，擔任團隊與組織內訌的緩衝、說服內部高層支持團隊工作，以及其他單位協調及談判，尤為重要者，邊界管理者要讓團隊成員瞭解內、外部關係人對團隊的期待與影響程度，使團隊的最終產出能符合或超越組織的預期。

在一份針對團隊的研究中，黛博拉・安科納 (Deborah Ancona) 發現邊界管理者的活動光譜，從幾乎無互動到與外界頻繁地主動互動都有。她將這些團隊區分成知會型團隊 (informing team)、遊行團隊 (parading team)，以及探測型團隊 (probing team) (如圖 17.7 所示)。最適合的團隊邊界管理模式須根據團隊任務性質、團隊成員的知能水準、團隊接觸重要資訊的程度，以及團隊關於決策與施行之自主性而決定。

領導地理分散團隊或虛擬團隊

管理成員不在同一地點的團隊，在建構團隊有效性上有很大的挑

> **邊界管理者** 決定對團隊產出有興趣顧客、高階管理階層及其他關係人與團隊互動方式的管理者。其主要任務包括擔任團隊與組織內訌的緩衝、說服高層支持團隊，以及與其他群組協商工作。

知會型團隊	遊行團隊	探測型團隊
成員對任務相關能力與知識有高度信心。因此團員依賴團隊知識快速的完成任務。	與非正式團隊一樣依賴團隊知識完成任務，但以推銷活動方式與外界互動。	與外界保持互動關係，持續性的修改，以最佳適應關係人的需求。

管理者與外部機構互動

| 無互動或甚少互動 | 被動互動 | 主動互動 |

資料來源：Adapted from Deborah Ancona, "Outward Bound: Strategies for Team Survival in an Organization," *Academy of Management Journal*, Vol. 33, No. 2, 1990, pp. 334-365.

圖 17.7 邊界管理方式

戰，對虛擬團隊而言，管理者的程序技巧更形重要。因此除了運用你學到的領導團隊所需策略技能外，更應掌握下列有效領導虛擬團隊的技巧與原則：

- **走順後再跑**。管理者首先要能管理好集中作業團隊。
- **不預設立場；嘗試所有可能**。設立虛擬團隊的溝通方式、時間表的準則。有效的溝通對地理分散團隊更重要，因為並非面對面溝通，地理分散團隊的溝通少了很多澄清的機會 (或須花很多時間於澄清問題上)。
- **更常溝通**。盡可能頻繁地與成員保持聯繫，如發送電子郵件、在專案網站上發布訊息、發送傳真或直接打電話。
- **分享背景資訊**。若團隊成員能彼此認識，則能減少誤解其行動或對他人動機錯誤假設的機會。
- **尋找聯盟**。與組織中的高層結盟以支持團隊，此高層人士可代表團隊尋求組織的協助。
- **留意衝突──學習管理它**。藉由重新閱讀電子郵件 (及其他溝通文件) 或詢問「你對那感覺還好嗎？」，探測潛在的問題。由於缺乏面對面的溝通，誤解與衝突可能在虛擬團隊中迅速升級。
- **下回更好**。當專案結束時，向專案成員總結團隊的運作經驗，在參加或管理另一地理分散團隊時，利用這些資訊。

成員中母語不同的狀況，在虛擬團隊很常見也帶來額外的管理挑戰。在這種狀況下，團隊成員溝通時應避免使用行話術語或俚語，以免造成聽者的誤解或錯誤詮釋。此外，在 (視訊) 會議時，應安排多次休息時間，以確定對每個程序的相互瞭解。團隊運作規範在虛擬運作時更形重要，每個團隊成員都應同意他們溝通的方式，在決策程序中如何與其他成員互動，以及如何處理衝突。

問題與討論

1. 在哪些狀況下，團隊運作比工作群組或個別獨立工作來得有效？
2. 團隊成員應具備適當的技術技能與人際技能，若每名成員能在這兩種技能中取得平衡當然很好，但若你要選擇的成員只強於某項技能、另

一項則弱時，你能接受嗎？請討論兩種技能對團隊運作的優缺點各自為何？
3. 自我導向的挑戰與好處為何？你偏好管理者領導或自我導向團隊？你偏好的理由為何？
4. 試想你是一個多元團隊的管理者，你認為成員多元化有助或有害於團隊績效的時機各自為何？你如何確保最有效的運用此多元性？
5. 一個新團隊應執行哪些活動，以確保團隊能成功的發起？
6. 地理分散團隊的優缺點各為何？團隊領導者可以怎麼做，將缺點減至最低程度？

Chapter 18 激勵

學習目標

1. 區分內在與外在報酬,並描述兩者如何影響激勵。
2. 列舉五個主要的激勵內容理論,並說明其異同。
3. 描述主要的激勵程序理論,以及這些理論分別衡量什麼。
4. 解釋組織中增強渴望行為的各種方法,以及工作設計在傳遞激勵上扮演的角色。

永慶房屋 ▶▶ 成就企業班對

不同於多數企業視辦公室戀情為職場禁忌,永慶房產集團鼓勵員工在公司內尋找人生伴侶,利用各項福利制度與資源,激勵夫妻共事拚出 1.5 倍業績,提高 2 倍以上的留任率。截至 2014 年為止,已有 200 對「企業班對」、上千位永慶寶寶誕生,完成五子登科的圓滿人生。永慶房產集團人力資源處協理李明宗解釋,永慶之所以有別於大部分企業「不許談辦公室戀情」的潛規則,是因為孫慶餘董事長有不同的見地;他認為,「房仲業打的是團隊戰,永慶不強調個人表現。事實也證明,經紀人 95% 的業績來自團隊合作,而夫妻檔又更能積極投入工作,同甘共苦。」

為了實踐「幸福企業」,永慶採取三大策略:一是主張聰明工作,為幫助房仲新鮮人快速上手,永慶房屋提供完整的培育及獎勵計畫,平均在每位新人身上投入 360 小時。此外,永慶更推動 i 智慧經紀人,利用房產資料庫與數位科技開發「i 智慧整合行動平台」,隨時隨地提供住居資訊,幫助員工回應顧客需求,還能降低工時,提高競爭力;二是推動健康生活,例如業務單位改為 10 點上班,鼓勵員工早上儘量陪伴家人共進早餐、送小孩上學、運動,或陪太太買菜。永慶希望員工年度休假一律用完的同時,並舉辦國內外旅遊,不僅成立 10 幾個社團,還幫社團舉辦多項運動競賽活動;三是推動成家、鼓勵「班對」,希望員工能在公司找到人生伴侶,完成圓滿人生。

深入瞭解員工的需要,並有效地滿足這些需要,才能激勵員工努力往前衝,為組織與員工個人帶來最大利益。

資料來源:
楊雅筑,永慶房屋集團,2 百對企業班對見證幸福力=生產力,《能力雜誌》,702 期,2014 年 8 月號。

自我省思

哪些事物能激勵你？

激勵是讓人採取某種行動方案的渴望、動機與刺激。個人可能會受到各種因素的激勵，瞭解哪些因素可以激勵自己，有助於目標設定、選擇職業及執行管理工作。經由回答以下敘述對或錯，可反映出哪些事物能激勵你。

1. 我會因財務報酬而受到激勵。
2. 我會因害怕懲罰而受到激勵。
3. 我會因獲得賞識而受到激勵。
4. 我會因挑戰而受到激勵。
5. 我會因目標而受到激勵。
6. 我會因成就而受到激勵。
7. 我會因發展機會而受到激勵。
8. 我會因幫助別人而受到激勵。
9. 我會因隸屬或歸屬感而受到激勵。
10. 我會因需要學習或熟悉任務而受到激勵。

根據你的回答，什麼事物會激勵你？你認為這些激勵因素會如何影響自己選擇職業？

緒論

組織必須尋找比競爭者更好、更快或更便宜的做事方法，才能獲致成功，但要達成這個目標的先決條件是要激勵員工去執行任務。雖然偉大的領導者對於如何鼓勵員工相信組織的遠景或方向都很熟練，但領導真正的挑戰則是刺激員工追求這些遠景的能力。要讓員工努力追求遠景必須**激勵 (motivation)**，亦即讓人採取某種行動方案的渴望、動機與刺激。雖然努力的動機並非完全一樣，但某些員工會因為工作所帶來的成就感而受到激勵；他們可能是受到工作的責任感、挑戰、多樣性及自主性而被驅動。有些員工則可能受到實質報酬的激勵，如高額薪資或獎金計畫；有些員工則較喜歡公開表揚或讚賞。另外，激勵也可以受到避免懲罰所驅動。

事實上，這些激勵因子並不是互斥的。例如，員工通常會因享受工作、工作報酬及表揚的機會而受到激勵。來自外在報酬(如津貼、獎

激勵　採取某種行動方案的渴望、動機與刺激。

金、表揚等) 所驅動的激勵，稱為外在報酬 (extrinsic reward)，通常具有明確、有形與容易比較的特性。受到外在報酬所激勵的個人，渴望用能讓他們獲得物質或社會報酬的方法做事。

相對於外在激勵，內在激勵則是受到「做事情」的觀點所驅動，包括工作的興趣與挑戰、自我指導與責任感、多樣性、利用個人技術與能力的機會，以及對個人努力的回饋。內在報酬 (intrinsic reward) 通常會讓個人感到滿足，並能提供學習、自治、意義、挑戰及多樣性的機會。內在報酬的價值來自於個人對產生其價值的概念，如某些人的價值觀是要比別人更努力。

各種激勵因子 (內在或外在) 的重要性順序因人而異。成功的公司與領導者能理解，並利用各種方法激勵員工。某項研究發現，建立高度承諾與激勵的工作團隊，其股價成長率高於競爭者二分之一。另一項研究發現，高投入的員工之生產力高出平均 18%，且流動率低 49%。從這些資料可知，建立與培養員工的投入 (engagement) 是非常重要的工作。事實上，某個針對大型全球公司的分析發現，大約只有 20% 的人力是高投入。

一個人會考慮某項工作能帶給他什麼，而決定要多努力工作，他或她的努力是否能得到更好的成果，以及這些成果能否得到公平與公正之報酬的程度。如果這些條件能符合，個人更可能受到激勵而投入必要的努力。

要深入瞭解激勵，必須確認哪些因素會驅動某種行為。本章將探討各種激勵理論，以及領導者如何透過報酬激勵員工，並介紹 HCL Technologies 利用各種方法提高員工投入的案例。

> **外在報酬** 來自外在報酬 (如津貼、獎金、表揚等) 所驅動的激勵。

> **內在報酬** 受到「做事情」的觀點所驅動，包括工作的興趣與挑戰、自我指導與責任感、多樣性、利用個人技術與能力的機會，以及個人努力充分的回饋。

納亞爾與 HCL Technologies

HCL Technologies 在 1976 年成立於印度，由一群想要領導電腦硬體產業的工程師所創辦。由於對研發大量投資及引入印度的頂尖人才，HCL Technologies 成為全世界硬體產業的佼佼者。它的電腦系統早於蘋果公司前推出，且其程式語言亦率先在甲骨文前開發出來。在創辦人希夫・納達爾 (Shiv Nadar) 的領導下，HCL Technologies 在 1980 年代雄霸一方，利用其硬體事業主導電腦產業。在 1990 年代，軟體與服務興起，改變了電腦產業的生態，但 HCL 仍決定固守其核心的硬體技術，這個策略的代價非常高。在 1997 年，HCL 被迫重組其

事業部門，並轉向電腦服務以維持競爭優勢，但卻為時已晚。在 2000 年，HCL 不再是印度最令人嚮往的公司，且離職率高達 30%。HCL 的財務績效仍由其硬體事業所支撐。

HCL 在 2005 年改由維尼特·納亞爾 (Vineet Nayar) 主導，期望能重新定義其策略。納亞爾的主要策略是針對中型顧客提供多重服務的計畫，這類顧客群過去被產業巨人，如 IBM 及埃森哲 (Accenture) 忽略，但更重要的策略是推動公司的團結。因為在納亞爾開始任職時，他發現 HCL 的問題是來自員工的文化與價值觀。當時所有的員工都是天才，但彼此之間卻缺乏團結，都是獨立運作。納亞爾知道無論採取什麼策略，員工都必須協同合作以共同辨認與執行解決方案。為了處理這些問題，納亞爾改變組織結構，以專注在少數事業部；導入事業財務群的概念，以多重服務傳遞單位為基礎，並展開跨事業部的自動化流程。但最重要的改變是，推出驅動公司文化的口號：「員工優先，顧客其次。」

員工優先活動主要目的是提升員工的協同合作，具有四個策略性目標：提供獨特的工作環境、推動翻轉的組織文化、創造組織內的透明度與責任，以及鼓勵價值導向的文化。由於這項倡議好像缺少實質的措施，讓許多員工心存懷疑，但納亞爾堅決執行，並強調員工優先的意義是持續對員工發展投資，並發揮員工的潛能。為了達成這些目標，HCL Technologies 推出三項主要行動。

第一項行動是改善現有的企業內部網路。透過網際網路系統讓員工相互連結，其中一項新技術是 Smart Service Desk (SSD)，開發一個以標籤為基礎的系統，讓每個部門的員工可以登記任何議題，而管理者都必須處理。議題處理後，員工可以對其管理者的解決方法評量滿意度。納亞爾也實施「U&I」，這是一套可以讓所有員工向他提出問題的系統。為了促進透明度與信任，納亞爾每週會回答 100 個問題，並公布在內部網路讓所有人觀看；這兩套系統都改善了透明度。

第二項行動是要求所有管理者參與 360 度回饋。這是一種讓管理者針對其部屬、同僚及上級之績效尋求正面增強與建設性批評的工具。雖然這些活動普遍使用在商業環境，但成功的程度各有不同。納亞爾希望能改變公司內部人員的思考與行動模式，因此鼓勵所有管理者在公開的論壇張貼評論。為了展現他對這套系統的信念，納亞爾身先士卒。雖然許多人猶豫，但後來都能適應，因為他們並不想被認為是會隱瞞的人。

最後一項活動則稱為「信任報酬」(trust pay)，即 HCL 可能直接給予員工 2 萬盧比的全薪，而不是每個月 14,000 盧比的底薪，加上可能的 6,000 盧比的獎金。雖然此舉會增加成本，但也提高信任。透過預先支付全薪，管理者可以有效傳達對員工達成績效的信任。即使要導入更多信任，這項政策只對公司的 85% 員工施行，前 15% 的高層主管仍必須達成目標績效，才能得到獎金。

在實施員工優先的活動前，納亞爾承認他面對一項困難的決策；他應該建立在過去的構想或完全改變呢？由於競爭者每年勝過他們約 10%～20%，讓他覺得必須徹底改造公司，

結果證實他成功了。在結構與文化變革的幾個月，HCL 打敗大型競爭者，如 IBM、埃森哲及惠普，獲得加州 Autodesk 的 5,000 萬美元合約；這是該公司接過最大的合約。不久後，2006 年 1 月，HCL 獲得 DSG International 的 3.3 億美元合約，是印度歷史上金額最大的外包合約。由於納亞爾的透明度及強調員工發展，扭轉 HCL Technologies 的文化與營運，進而改變公司在市場的競爭地位。這種轉型能否成功，端賴能否建立一個激發員工投入與受激勵的工作環境。許多由納亞爾提倡的活動，都是用以提高對員工的激勵。

個案討論

1. 為何納亞爾會想要改變 HCL Technologies 的文化？
2. 你對員工優先活動的目標是改變 HCL Technologies 的文化有何看法？
3. 納亞爾如何激勵員工協同合作？
4. 為何投資在員工發展是重要的激勵因子？
5. 為何激勵員工能改善 HCL Technologies 的績效？

激勵的內容理論

　　將員工的激勵與需要結合組織目標是帶來優越績效的重要驅動力。研究證實，員工通常會對與雇主合作關係的條件和情況而發展內化的「心理契約」(psychological contracts)。這種契約不是書面文件，而是一種員工心理的內隱性判斷，會影響其動機與行為。這些合約上的條款是建立在員工與雇主的期望。對於自己的表現，員工會期望得到等值的報酬、認同或其他形式的答謝。心理契約的條款包括文化的面向(如公開交換構想與分享做法)，以及對公平報酬、工作安全和其他福利的期望。組織維護這些協議的程度會影響員工對雇主的信任、服務顧客的動機，以及全力以赴的意願。

　　許多公司已明確瞭解與員工的心理契約，並努力維持。西南航空相信維持心理契約對激勵員工非常重要。該公司透過給予員工提出對組織建言的機會，履行部分的心理契約。例如，員工到公司服務 9 個月後，公司會隨機抽選其中數名，並邀請這些被選上的員工與公司總裁及其他主管共進午餐。在這些午餐會中，對話的重點是公司是否滿足新進員工的期望，以及公司如何改善招募新人、選才、訓練與適性發展等過程。西南航空相信這個過程能促進員工與公司的正面情感連結，可激勵員工努力銷售，並更有效地提供顧客服務。

亞特蘭大兒童保健組織 (Children's Healthcare of Atlanta, CHOA) 是一家幼兒照護醫院，也認同員工會因滿足其需要與渴望而受到激勵，因此發展一套 Strong4Life，即整個組織致力於協助員工達成個人的健康目標，以發展健康的人力，照護亞特蘭大快速成長的幼兒人口。CHOA 的人力資源高階副總裁解釋：「我們相信協助員工照顧好自己，就能提供我們所服務的幼兒更好的照護。」

許多理論可以解釋為何滿足員工的需要 (如心理契約的需要，或健康的渴望)，能激勵員工做得更好。激勵人們以某特定方式行動之動機與需要的研究稱為**內容理論 (content theory)**。本節將探討五種不同的內容理論：需要層級理論、ERG 理論、雙因子理論、獲取需要理論，以及四驅力理論。

內容理論 激勵人們以某種特定方式行動之動機與需要的研究。

需要層級理論

需要層級理論 個人有許多需要，必須以特定的階層順序滿足，以達到最大的滿意水準的理論。

需要層級理論 (hierarchy of needs theory) 是由亞伯拉罕·馬斯洛 (Abraham Maslow) 所提出，其認為個人有許多需要，必須以特定的階層順序滿足，以達到最大的滿意水準。精確地說，馬斯洛相信個人追求五種需要的滿足 (如圖 18.1 所示)，這些需要形成一種階層的狀態；員工在追求更高階層的需要前，必須先滿足較低階層的需要。馬斯洛需要層

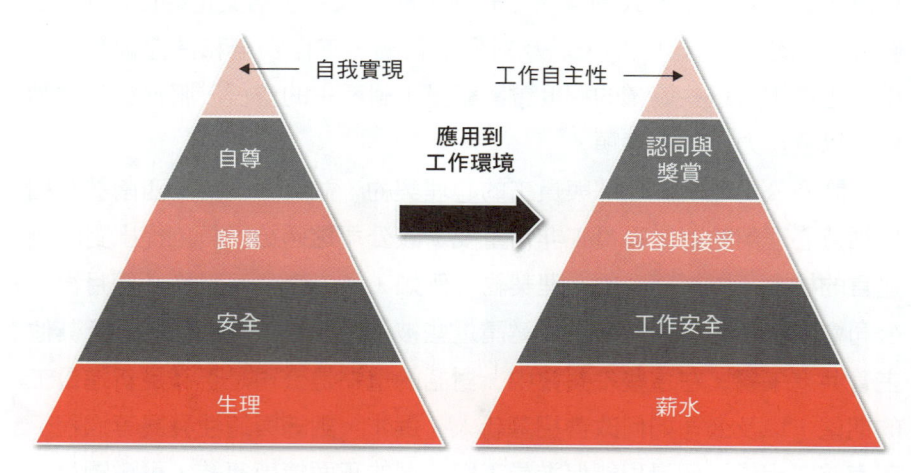

自我實現 ← → 工作自主性

應用到工作環境

自尊 — 認同與獎賞
歸屬 — 包容與接受
安全 — 工作安全
生理 — 薪水

資料來源：Adapted from Abraham Maslow, "A Theory of Human Motivation," *Psychological Review*, Vol. 50, 1943, pp. 370–396.

圖 18.1　馬斯洛的需要層級理論

級的第一階層是生存所必須的生理需要,如食物、水、遮蔽物及氧氣。根據馬斯洛的看法,這些都是人們追求更高階層需要前必須先滿足的基本需要。應用在企業的情境,這些基本需要可以透過個人薪資而滿足。第二個階層是安全的需要。安全意指有保障的和受保護的實體與情感環境;工作安全與附屬利益都是組織中的安全需要。

第三個階層包括歸屬需要,如家庭、友誼及親密關係,這些需要有助於滿足個人對隸屬的渴望。在組織中,支持公開性,包括團隊工作與資訊分享有助於滿足個人歸屬的需要。公司文化的許多方面都可能提高或降低個人的歸屬感。

需要層級的上兩層是自尊與自我實現。自尊需要包括自信、成就及尊重。許多報酬制度都可以滿足自尊需要,如認同與升遷機會。最高層的需要是自我實現,即代表個人成長與發展成他或她可以達成之人類最佳的能力。事實上,自我實現是生命最高層意義,讓個人可發現並實現其目的與方向的感覺。

根據馬斯洛的說法,較低層次的需要是最迫切的,必須在追求較高層次需要前先獲得滿足。例如,人們會在開始注意安全需要之前,先滿足其生理需要;同樣地,在關心歸屬需要前會先滿足安全需要。根據馬斯洛的論點,大多數人會透過工作滿足歸屬與自尊需要,但不會真正達到自我實現的層次。

ERG 理論

克雷頓‧阿爾德佛 (Clayton Alderfer) 提出一套馬斯洛需要層級理論的變型;他將馬斯洛的五個層級折疊成三個,包括生存 (existence)、關係 (relatedness) 及成長 (growth) ——即 ERG 理論 (ERG theory) (如圖 18.2 所示)。

- **生存**。讓一個人生存與具備生產力基礎需要。馬斯洛的生理與安全需要包含在阿爾德佛的生存需要。
- **關係**。類似馬斯洛的歸屬需要,包括對與他人互動及成為某個整體的一部分之渴望。個人會尋求與他人建立關係、分享感受,以及表達與爭論想法的機會。
- **成長**。這類需要代表個人渴望發揮所有的潛能,會產生較高的自尊及提高自我實現的感覺。

ERG 理論 個人的三個主要需求動機:生存(基本生理需求)、關係(與他人互動)及成長(個人發展)的理論。

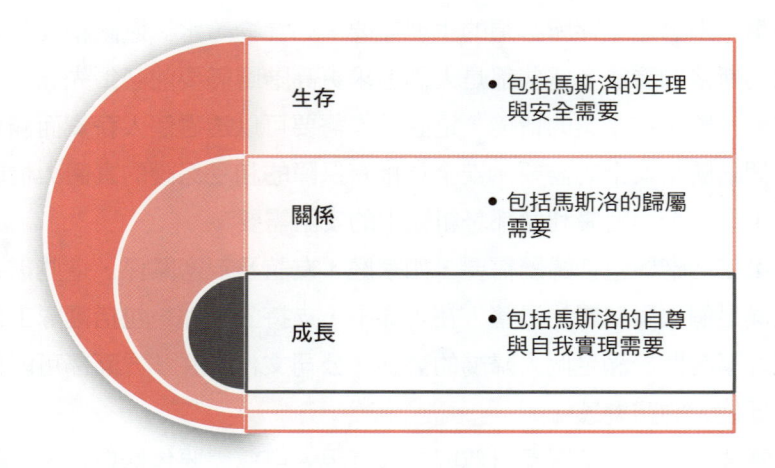

生存	• 包括馬斯洛的生理與安全需要
關係	• 包括馬斯洛的歸屬需要
成長	• 包括馬斯洛的自尊與自我實現需要

資料來源：Adapted from Abraham Maslow, "A Theory of Human Motivation," *Psychological Review*, Vol. 50, 1943, pp. 370–396.

圖 18.2　ERG 理論與馬斯洛的需要層級理論之對應

雖然阿爾德佛與馬斯洛都認為需要具有階層性質，但他不同意馬斯洛主張達成滿足的過程；亦即馬斯洛主張個人會以直線的、先後順序的方式追求需要的滿足，但阿爾德佛則認為個人會同時追求多重需要，即若某人在達成較高層次需要受到挫折，將會反過來試著滿足較低層次的需要。例如，個人若感覺到他或她在追求成長的能力上受到挫折時，將會更努力滿足關係的需要。

雙因子理論

菲德烈・赫茲伯格 (Frederick Herzberg) 為了驗證馬斯洛與阿爾德佛的理論，調查員工的工作態度和工作滿意度，結果支持高層次與低層次的需要，但不同意每種需要都是激勵因子。根據赫茲伯格的**雙因子理論 (two-factor theory)**，低層次的需要是潛在的不滿意因子，而高層次的需要是真正的**激勵因子 (motivator)**；滿足潛在的不滿意因子不會讓人變得滿意，只會減少不滿意；相反地，滿足激勵因子會讓人更滿意，且更願意把工作執行到某種特定的程度。赫茲伯格將這兩個維度分別稱為**保健因子 (hygiene factor)** 與激勵因子。

保健因子 (或潛在不滿意因子) 與心理、安全及歸屬需要有關，這些因子的構成要素包含工作環境。例如，員工期望其雇主支付可接受的工資、安全的工作和團隊工作，以及協同合作的機會或具挑戰性工作的機會。組織如果在這些方面不符合員工期望，將產生不滿意。赫茲伯格

雙因子理論　該理論包括保健因子與激勵因子，同時充當滿意和不滿意的驅動程序。低層次的需要是潛在的不滿意因子，而高層次的需要是真正的激勵因子。

激勵因子　工作的直接結果，亦是滿意的主要原因。

保健因子　潛在不滿意的因子與心理、安全及歸屬需要有關，這些因子的構成要素包含工作環境。

發現造成潛在不滿意的主要原因是,嚴苛的公司政策、專制的監督、不良的工作環境及不滿足的薪水。根據赫茲伯格的看法,改善這些工作環境的條件不會讓員工滿意,也無法激勵員工表現得更好;事實上,這些因子只是員工期望的基本條件。

激勵因子是工作的直接結果,亦是滿意的主要原因,其對應到馬斯洛需要層級的自尊與自我實現需要。馬斯洛與赫茲伯格都相信滿足這些較高層次的需要,可以激勵人們表現得更好。赫茲伯格發現,工作的滿意是來自具挑戰性的工作、成就與個人的認同、自主及對個人責任的感覺。

赫茲伯格也發現,員工可能同時滿意與不滿意。員工可能會感激這個工作提供升遷的機會,但對薪水感到不滿意。激勵因子從 0 開始 (沒有滿意),且在成就感與升遷增加時快速提高。同樣地,保健因子也可以從 0 開始 (沒有不滿意),亦會因薪水、公司政策或安全沒有達到期望,而變得高度不滿意 (如圖 18.3 所示)。納亞爾在 HCL Technologies 推出信任報酬時,即試圖透過傳遞他對員工的信任,同時排除潛在的不滿意與獎賞員工。

赫茲伯格進一步將馬斯洛的需要層級的各種需要區分成外在與內在激勵動力。心理、安全及歸屬需要在本質上是外在動力,薪水與安全是兩項主要的外在激勵因子;自尊和自我實現則是內在驅動的激勵因子,個人依靠其內在的思想、感覺及精神狀況,以達到高層次的需要。

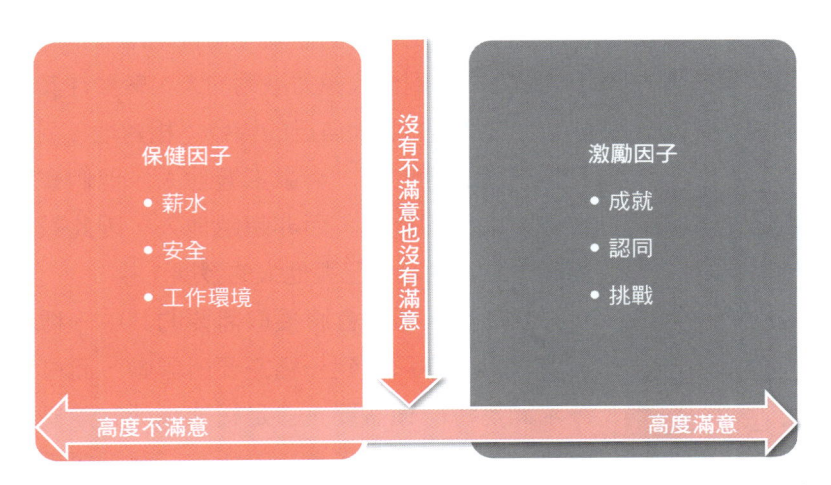

保健因子	沒有不滿意也沒有滿意	激勵因子
• 薪水 • 安全 • 工作環境		• 成就 • 認同 • 挑戰
← 高度不滿意		高度滿意 →

資料來源:Adapted from A. B. Shani and J. B. Lau, *Behavior in Organizations: An Experiential Approach*, 7th edition (New York, NY: Mc-Graw Hill, 2000), pp. 242–244.

圖 18.3 赫茲伯格的雙因子理論

獲取需要理論

馬斯洛和赫茲伯格主張個人的需要是與生俱來的，但大衛·麥克里蘭 (David McClelland) 則相信某些需要類型是隨著時間而獲得，且會透過生命的經驗而形成；這些需要包括獲得成功的需要、掌握工作及超越他人，也包括建立關係與避免衝突，以及影響和控制他人的需要。麥克里蘭相信過去的生命經驗會決定人們是否獲得這些需要，及這些需要的優先順序。

在發展**獲取需要理論 (acquired needs theory)** 時，麥克里蘭與他的同僚檢驗職場中的個人差異，以測定人們喜歡的工作類型、人們認為有挑戰與感到滿意的工作種類及不同工作環境的效能。透過他們的研究發現，個人會受到三種需要的驅動與激勵：**成就的需要 (need for achievement)**、**親和的需要 (need for affiliation)**，以及**權力的需要 (need for power)**。成就的需要包括設定、滿足與超越目標的需要；受到成就所激勵的人是任務驅動的，他們會因競爭而有動力，且需要成功地完成挑戰。易言之，高成就需要的人喜歡贏。在大多數的情況下，高成就需要的人喜歡自主的工作，且仰賴自己完成其目標。

相對地，受到親和需要所激勵的人是關係驅動的，他們受到互動、社交與結交朋友的機會所激勵。高度親和需要的個人喜歡成為團隊的一份子，且喜歡受到歡迎。這種對建立關係的渴望，通常意味著高度親和需要的個人不喜歡衝突及社交分裂。

麥克里蘭發現的最後一種需要是權力的需要，它會以兩種不同的形式出現：個人權力與社交權力。受到個人權力激勵的人，較關注其個人地位與對關係的支配力，他們會尋找壯大自己的機會；相對地，受到社交權力所激勵的人，喜歡影響他人，他們會追求與他人合作的機會，而非超越他人，因此較注重團隊建立，以及自己與他人的發展。

雖然個人通常會將獲取需要的其中一種視為首要，但不會只受到一種需要所驅動，而會同時尋求滿足每一種需要，只是程度高低有差異。也就是說，個人追求滿意必須所有三種需要都達到某種程度的滿足。例如，SC Johnson 的員工用不同的方法滿足這些獲取需要；關於在這家公司工

獲取需要理論 說明個人受到三種需要：親和的需要、權力的需要及成就的需要之驅動或刺激的理論。

成就的需要 設定、滿足與超越目標的需要。

親和的需要 互動、社交與發展友誼的需要。

權力的需要 尋求壯大自己 (個人權力) 之機會的需要或影響他人 (社交權力) 的需要。

作如何滿足成就的需要，有位員工說：「我們的文化之一是歡迎所有權的感覺及立即的貢獻⋯⋯。」而有關權力的需要，另一個員工則說：「我有責任感，讓我能知道自己的工作內容⋯⋯。」另有員工對親和的需要表示：「SC Johnson 是一個有趣的工作場所！」及「它是一家照顧員工的公司。」

雖然個人對各種需要都有某種程度的追求，但麥克里蘭認為每個人通常會將滿足某種需要視為最重要，這種傾向通常會反映在個人的領導風格 (如表 18.1 所示)。高度成就導向的領導者通常是傾向微觀管理者 (micromanager)。由於這種人受到成功與贏所驅動，因此傾向努力爭取被授權，特別是在他們相信自己可以做得比任何人還要好的時候。由於不想碰運氣，高度成就導向的管理者會採取命令與控制的領導風格，而讓團隊成員感到沮喪。矛盾的是，高度成就導向的個人會不斷地尋求回饋與鼓勵，卻不甘願提供相同程度的回饋給其團隊成員。最極端的是，這類型的人無論什麼都要贏，就算是傷害別人或走到道德邊緣。當然，大多數的人會受到正面力量的激勵；許多高度成就導向的個人擁有旺盛的創業精神，對個人而言相當有用。

麥克里蘭發現親和導向的管理者傾向基於同理心與慈悲制定決策，並專注在緩和問題，而非解決它們。若他們認為任務將使其團隊成員負

表 18.1　成就、親和及社會權力導向管理者的涵義

	主要的渴望	涵義	適用情況
成就導向管理者	• 滿足或超越自己設定的目標 • 完成某些新事物 • 規劃長期的職涯發展 • 超越他人	• 微觀管理 • 嘗試自己做事 • 提供的回饋較少 • 傾向採用命令與控制的領導風格 • 對別人沒耐心	• 新創事業
親和導向管理者	• 建立、修復或維持熱情的關係 • 想要被喜歡與接受 • 參加群體活動、社交	• 避免對抗與負面回饋 • 不會一直利用規則 • 緩和而不是解決問題 • 較關心人，而非績效	• 服務管理 • 人力資源
社會權力導向管理者	• 說服人們 • 提供建議、指導與支持 • 對他人產生強烈正向情感 • 維持在組織內外的聲望	• 指導與教學 • 聚焦於團隊 • 透過他人完成工作 • 瞭解並運用政治	• 複雜組織 • 官僚政治

資料來源：Adapted from Scott W. Spreier, Mary H. Fontaine, and Ruth L. Malloy, "Leadership Run Amok: The Destructive Potential of Overachievers," *Harvard Business Review*, June 2006.

擔過重,也會努力爭取被授權,而自己承擔任務。由於高度關心他人且不喜歡衝突,因此高度親和導向的管理者傾向容許例外,且不會經常利用組織規則。缺乏一致性與逃避衝突造成較低的團隊凝聚力及滿意度,但這兩項卻是高度親和導向管理者所追求的。儘管高度親和導向的管理者傾向努力追求規則與分界線,但他們在某些壓力的情境及服務管理角色下的效能非常高。

受到社會權力激勵的人通常是很好的教練與教師,他們會感動組織內部與外部的人,喜歡運用對他人的影響力,是有效的授權者。權力導向的管理者通常在大型且複雜的組織能成功,主要因為他們的政治理解力與意識在這類組織非常有用。當然,權力是雙面刃;當管理者的權力是由個人利得所激勵,他或她傾向更關心自己的個人聲望與利益,且傾向更專注於操弄,而非影響。

如同前述,大部分的個人皆會受到三種需要(成就、親和及權力)的激勵。前述的論點對具有特定需要的個人並非必然如此,它們可能只是一些表現出來的傾向。好的管理者必須瞭解其動機與傾向,並能以有效的方法管理。事實上,每一種方法都可能在某種特定情境有很好的效果。

這些動機的展現與強度也會因文化而有差異。例如,美國是個人主義的文化,成就動機通常聚焦在個人的成就與任務;而類似日本等較偏向集體主義文化,成就動機會受到團隊或群體共同工作所驅動,並不必然受到個人行動的影響。討論本章所提的激勵驅動因子時,應將它放在某個文化的情境中考量。某個社會的文化、規範及價值觀將會影響哪些是重要與有價值的考量因素,進而影響主要的激勵因子。

四驅力理論

保羅・勞倫斯 (Paul Lawrence) 與尼廷・諾里亞 (Nitin Nohria) 透過整合近年在神經科學、生物學及演化心理學等方面對激勵的研究,在三個層面上認同其他激勵學者提出的理論:(1) 基本的需要是與生俱來的;(2) 滿足這些需要能帶來滿意;(3) 無法滿足這些需要將會不滿意。但他們也認為這些需要的滿足沒有必然的階層順序,且某種需要的滿足與其他需要的滿足沒有關聯性。

在他們的研究中,勞倫斯與諾里亞發現,人們受到滿足四種基本情感需要所驅動,且這些需要的驅動力是共同演化的傳統產物。四驅

四驅力理論 四種驅力——獲取的驅力、連結的驅力、理解的驅力,以及防禦的驅力——構成激勵的基礎,且對這些驅力的滿足程度會直接影響員工的情緒與行為的理論。

力理論 (four-drive theory) 包括獲取的驅力 (drive to acquire)、連結的驅力 (drive to bond)、理解的驅力 (drive to comprehend)，以及防禦的驅力 (drive to defend)。勞倫斯與諾里亞認為，滿足這四種驅力構成人類的激勵，且其滿意程度會直接影響員工的情緒與行為。因此，必須在這四種驅力上都達到某種程度，才能有效激勵員工 (如表 18.2 所示)。

首先，員工受到獲得稀有物品及社會地位所驅動，使得員工傾向與他人比較擁有多少，而且通常想要擁有更多。在工作場所中，獲取的驅力會因三種狀況而獲得滿足：(1) 可以區分出表現良好與表現平平的員工獎酬制度；(2) 員工的獎酬明確地與績效相連結；(3) 薪資與公司的競爭對手差不多。事實上，因為獲取的驅力容易與他人比較財務報酬和地位，因而成為一種衡量的標準。

類似馬斯洛的歸屬需要與阿爾德佛的關係需要，連結的驅力展現個人對與工作場所內外的他人連結之渴望，發展這些連結的形式可以讓員工在組織內有自尊心。在工作場所中，連結的驅力會因促進工作同仁間的相互信任與友誼的文化、重視協同合作與團隊合作，以及鼓勵分享工作方法而獲得滿足。

除了尋求親和與連結的感覺外，員工也會受到滿足好奇心及控制周遭世界所驅動。在工作場所中，會因在組織中扮演獨特且重要的角色

表 18.2　滿足四種驅力

驅力	職場中滿足驅力的方法
獲取的驅力	獎酬制度 • 區分績效良好者與表現平平及績效不佳者 • 獎酬與績效明確地相連結 • 提供具競爭力的薪水與利益
連結的驅力	文化 • 培養同仁間相互信賴與友誼 • 重視協同合作與團隊合作 • 鼓勵分享最佳做法
理解的驅力	工作設計 • 讓員工能感覺在在組織中扮演獨特且重要角色的工作設計 • 讓員工覺得有意義且對組織有貢獻的工作設計
防禦的驅力	績效管理及資源配置流程 • 增加所有流程的透明度 • 強調公平 • 建立信任

資料來源：Adapted from N. Nohria, B. Groysberg, and L. Lee, "Employee Motivation: A Powerful New Model," *Harvard Business Review*, July–August 2008.

而能提供工作設計基礎，以及培養對組織有貢獻的感覺而滿足理解的驅力。這種理解的驅力是個人的內在動機，他或她會尋找接受挑戰、學習與發展的機會。

最後，員工會受到防禦自己以免受到外部威脅與促進正義所驅動。在工作場所中，防禦的驅力會透過績效管理與資源分配過程增加透明度、強調公平及建立信任而滿足。由於此種驅力的存在，員工會尋找與雇主間公平和公正的感覺；員工是否會繼續留任，視他們相信對自己的貢獻能得到恰當之報酬、認同及獎賞的程度而定。

前述五種內容理論，解釋激勵人們執行的基本需要，以及這些需要可以被滿足的方法。雖然這些理論各有不同，但都集中在個人對滿足生理、社會與心理的渴望。下一節將討論可以解釋人們用以決定其如何行動，以及將付出多少努力的過程。

激勵的過程理論

前面討論的激勵內容理論，主要在解釋建構行為的人性需要，以及在職場上能激勵某些行為的因子，但這些理論並未解釋員工決定採取行動的過程。相對地，激勵的**過程理論 (process theory)** 則解釋為何人們會採取某些行為以滿足其需要，以及在人們試圖滿足需要之後，如何評估整體的滿意水準。

> **過程理論** 解釋為何人們會採取某些行為以滿足其需要，以及在人們試圖滿足需要之後，如何評估整體滿意水準的理論。

激勵的過程理論與內容理論不同，主要認為個人是一個積極的決策者 (如某些人會進行心智思考過程)，而非根據一組預先決定的變數來滿足需要。一些過程理論強調，員工對付出努力而得到報酬 (reward) 的期待；其他的過程理論則強調報酬的公平性，即員工會比較和自己擁有相似努力、能力及經驗之其他同事的報酬；過程理論亦可描述與分析這些行為如何產生、指引、維持及終止。最後，過程理論說明影響職場行為的脈絡與個別因素。例如，在高失業率與經濟不景氣時，員工可能更看重薪資和工作穩定性；而在經濟繁榮時期，員工可能較重視升遷或強化技術的機會。本節將探討三個主要的激勵過程理論：目標設定理論、期望理論，以及公平理論。

目標設定理論

埃德溫·洛克 (Edwin Locke) 與加里·萊瑟姆 (Gary Latham) 研究發

現，設定較高目標並指導員工達成，是主要的激勵動力。他們發現，對某些員工而言，達成某個特定目標的興奮與努力，和完成目標後的實質報酬同樣重要。**目標設定理論** (goal-setting theory) 主張，設定困難且可達成的目標是績效的重要動力。洛克與萊瑟姆認為，設定目標可以透過以下四種方式影響員工的激勵和績效：

> **目標設定理論** 主張設定困難但可達成的目標是績效之重要激勵因子的理論。

1. 目標會將注意和努力引導至與目標相關的活動，且去除與目標無關的活動。換句話說，目標有助於激勵員工從事支持組織整體目標的活動。
2. 困難 (不容易) 的目標會讓員工想要更努力工作，與該目標是由管理者或員工設定無關；困難的目標通常會激發較大的努力、堅持及專注。
3. 達成目標的時程較緊湊，會帶動較快速的工作腳步。
4. 人們會自動地使用從其他活動所獲得的知識與技能，並加以應用有助達成新目標。

這些研究人員認為，組織設定員工能接受之明確且具有挑戰性的目標，並透過提供定時的回饋，協助員工追蹤其達成目標的進度，能實現高度激勵所帶來的利益。當目標明確且可衡量，且具有具體的完成時間，能有效提高績效。我們可用 SMART 這五個字的縮寫來作為設定目標的判斷標準 (如圖 18.4 所示)，SMART 目標是具體 (specific) 且定義完整，還可以有效地衡量 (measurable) 與可達成 (attainable)。此外，還必

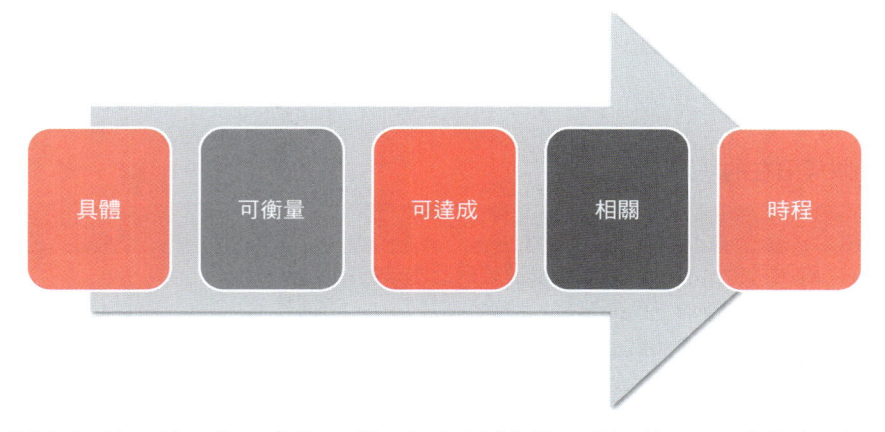

| 具體 | 可衡量 | 可達成 | 相關 | 時程 |

資料來源：Adapted from George T. Doran, "There's a S.M.A.R.T. Way to Write Management's Goals and Objectives," *Management Review*, November 1981, pp. 35-36

圖 18.4　SMART 目標

須與事業相關 (relevant)，且必須訂出達成的時程 (timebound)。

達成具挑戰性目標通常能提高自己與組織的滿意度。事實上，員工滿意通常是高績效的結果，而非原因，特別是在個人與組織目標緊密契合時。只有在報酬和工作環境條件與職務有關時，才能激發出有效的行為。因此，組織必須創造能滿足員工基本需要的條件，且考慮員工對報酬的計算及選擇行動的方法。

當個人目標與組織目標無法連結，或個人目標與其他人的目標有很大的差異時，衝突將會不斷發生。當兩個部門的目標不同，且用自己的能力來衡量是否達成時，特別容易發生衝突。例如，產品開發團隊通常會以產品創新或改良來衡量其是否成功，為了測試其新構想，通常必須將構想納入生產階段，但若需要新的流程或新的原料，則此舉將是相當昂貴的。相對地，製造部門的目標是盡可能地以最低成本達到某個生產量；若偏離標準流程則可能會影響團隊達成目標的能力，且他們可能不情願採取新的活動。在這種情況下，組織通常會設計整合各部門或單位的因素，因而制定全公司的績效目標，可能包括成本管理與新產品導入；獎金制度也可能包括個別部門績效與組織整體績效。

目標設定亦有其缺點，特別是當獎勵制度可能存在著不當行為時。達成特定財務目標的壓力，會使許多人制定短視的決策，少數人甚至可能做出不道德的行為。2000 年代早期即發生許多執行長的例子；當時他們的報酬與其股價有直接關聯，讓這些執行長制定許多能產生短期股價上漲，但損害組織長期穩定性的決策。在許多狀況中，執行長高估收益或低估成本以達到特定的財務目標。要能有效利用目標設定達成激勵的正面效果，目標必須與適當的誘因相結合，且必須避免潛在的陷阱 (如表 18.3 所示)。

表 18.3　目標設定的陷阱與潛在的解決方案

陷阱	潛在的解決方案
承擔過多風險	說明可接受的風險水準，以及超過此水準的結果
壓力過大	提供訓練讓員工具備足夠的能力
目標訂為上限而非下限	將目標重新設定為連續過程的一部分，超越目標給予適當的獎賞
忽略目標以外的領域	確定目標涵蓋各個重要層面
狹隘的思考	將目標連結到組織的使命
不誠實與欺騙	設定誠實的案例，並懲罰不誠實

資料來源：Adapted from N. Nohria, B. Groysberg, and L. Lee, "Employee Motivation: A Powerful New Model," *Harvard Business Review*, July–August 2008.

期望理論

個人在決定努力達成特定目標前,通常會對努力與報酬間的關係進行評估。維克托‧弗魯姆 (Victor Vroom) 發展**期望理論** (expectancy theory),主張員工對其工作有兩種具體的期望:首先,高度努力會有較佳的績效;其次,較佳的績效能得到適當的報酬。同樣地,不努力將會產生較差的績效,進而帶來有限的報酬。事實上,努力、績效與報酬間的關係是每個人所期望的。期望理論的研究是建立在領導的路徑—目標理論之基礎上 (參見第 12 章)。

> **期望理論** 主張員工期望高度努力會帶來較佳績效;其次且較佳績效能帶來報酬的理論。

在工作上,人們期望他們的成就能獲得報酬,特別是需要投入大量的精力或努力時。例如,人們在週間與週末長時間工作,可能相信他們會得到較高的報酬;同樣地,人們承擔具挑戰性的任務,為公司帶來某些成就,可能相信能獲得升職。

期望理論認為,在人們決定付出多少努力時,會有三個變數進入其思考過程:努力 (effort) 與績效 (performance) 的連結、績效與結果 (outcome) 的期望,以及對價關係 (valance),如圖 18.5 所示。這三個變數是一種相乘的關係,意即缺少任何一項,就沒有激勵作用。

努力與績效 (E to P) 的期望包括評估付出努力能否獲得相稱的績效。要做這個決定,員工會評估是否具備所需的能力、經驗及執行工具。例如,要執行一項困難的任務,員工必須有適當的教育、技術能力及人際能力;若他們不具備被分配任務所需的技能,則其努力將無法轉換為良好的績效。此外,管理者是否明確地定義對員工績效的期望亦是另一個重要因素。因為在許多狀況中,管理者可能沒有清楚地說明期

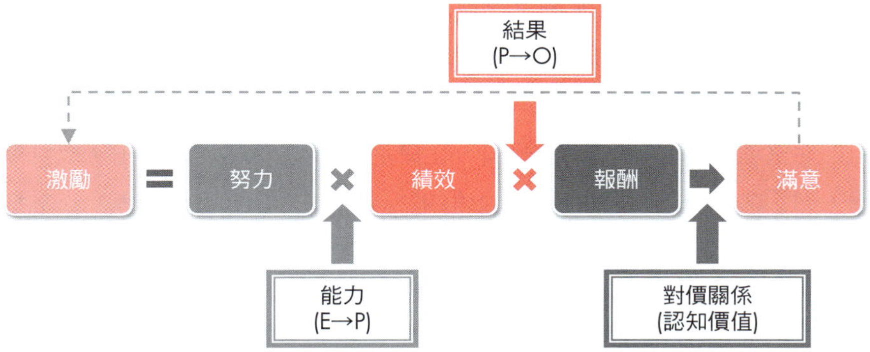

資料來源:Adapted from Michael Beer and Bert A. Spector, "Note on Rewards Systems," Harvard Business School Note, No. 9-482-017 (Boston, MA: HBS Publishing, 1981), p. 4.

圖 18.5 期望理論模型

望,而讓員工猜測他對他們的期望,使員工難以想像努力如何轉換為相稱的績效。若員工相信只要努力工作就能獲得好績效,則 E to P 的期望較高,員工就會受到高度激勵而努力執行。

績效與結果 (P to O) 的期望包括評估是否成功的績效會獲得想要的報酬。例如,員工必須相信成功地執行某項困難的任務,將能獲得升遷或加薪。若 P to O 的期望高,則員工就會受到高度激勵而努力執行。

對價關係則包括評估可得到的結果是否對員工有吸引力。為了引發高度激勵,可獲得的報酬必須對員工有價值。如同前述,這些報酬可能是外在的,如獎金;或內在的,如提升知識或技能的機會。報酬的時程非常重要;若報酬是即時的,將能產生較大的價值。

為了提高期望理論的效果,管理者必須做以下幾件事:

- 確認每個員工認為有價值的報酬是什麼。
- 必須清楚組織期望員工有什麼行為。
- 確認期望的績效水準。
- 連結想要的結果與想要的績效。
- 分析潛在衝突的情境。

公平理論

到目前為止,我們已討論員工對預期工作的報酬如何反應。另一個激勵與報酬的主要元素是員工所處社會脈絡的狀況,因為員工之間會相互比較。公平與公正的感覺是瞭解激勵的核心;在工作上,員工通常會比較特定職位的辦公室空間與辦公設備。例如,許多員工相信基層員工無法擁有豪華的辦公室,因為這些是給予高階管理者的報酬,若員工升職,將會認為能獲得和其他高階管理者同樣的辦公室;若他們的辦公設備與其他相同階級的管理者不一樣,則會認為組織及其管理者不公平。

期望理論有助於我們瞭解個人在決定是否從事某項特定任務或目標時,對努力一報酬的抵換關係,但這只是公平理論的一部分。公平理論主張,個人不只期望他們的努力獲得報酬,也希望報酬是公平與公正的,此即以公平理論 (equity theory) 解釋激勵的期望。

公平理論是由心理學家斯泰西‧亞當斯 (J. Stacy Adams) 所發展,主張人們會比較和自己類似的人之情況,這種行為會激勵人們尋求績效

公平理論 主張人們會比較和自己類似的人的情況,而這種行為會激勵人們尋求績效與報酬公平性的理論。

與報酬的公平性。公平理論假設人們知道要從雇主獲得某種報酬，需要何種努力與技能；也假設人們會受到公平所激勵。當缺乏公平時，某些人可能會企圖將這種情況合理化，也有某些人則會決定脫離與組織的關係。

如同前述辦公室的例子，員工會以結果 (如升遷、辦公室、薪水與認同等)，和投入 (如職位、教育程度、年資、努力與技能等) 的比率來評估公平性。當某個人的結果/投入比率和其他人相同，則存在公平 (如圖 18.6 所示)。

若某個員工認為他或她的薪資與教育程度之比率低於教育程度較低的同事，則將認為他或她的報酬太低，因此喪失激勵動力；相對地，若員工認為他或她的比率高於較沒有經驗的同事，則將受到激勵而工作。若兩位同事都認為他們的報酬是公平的 (特別是結果/投入比率)，都會受到激勵。

所有的比較都是一種認知，並非絕對客觀的。例如，就算兩個人都擁有最高職務，某個人可能會因為自己畢業的學校較好，而認為自己的等級優於他人。研究證實，通常大多數的人對自己都會有較有利的評價。組織通常需要量身訂做個人所獲得的報酬，以確保達到認知的公平性與真實，因此必須瞭解每個人認為什麼有價值。

在全食超市，領導者設定薪水上限，規定任何人的薪水都不能超過公司平均的 19 倍，即《財星》500 大公司平均數的 400 倍。此外，該公司 93% 的股票選擇權分配給非經理人，而大部分的公司會將 75% 的股票選擇權分配給 5 位以下的高階經理人。全食超市的這些行動，創造讓員工認為公平與公正的環境。

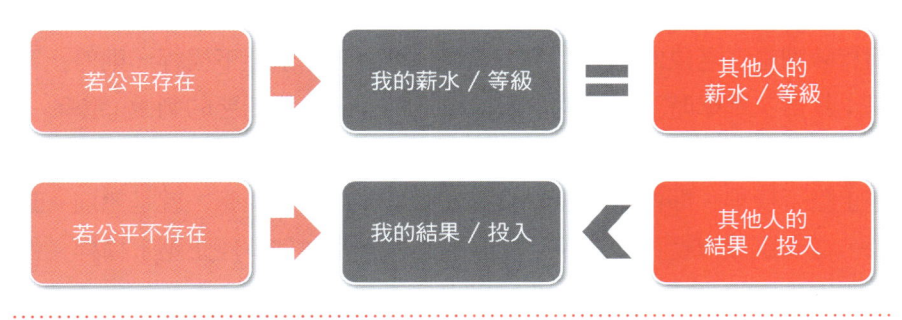

| 若公平存在 | → | 我的薪水／等級 | ＝ | 其他人的薪水／等級 |
| 若公平不存在 | → | 我的結果／投入 | ＜ | 其他人的結果／投入 |

圖 18.6　公平理論的實例

增強激勵

從本章前面所提的內容可知，報酬在激勵員工方面扮演整合的角色。我們必須知道報酬對員工有實質意義，且與組織亦有直接關連，但要使激勵能夠持續增強，亦應重視創造組織的條件。組織環境對行為刺激的研究從 20 世紀初開始，俄國的心理學家與醫生伊凡‧巴夫洛夫 (Ivan Pavlov) 發現，狗看到每天餵食牠們的研究人員就會流口水，而不是對肉類的反應。隨後，用鈴聲叫狗來吃食物一段時間後，巴夫洛夫發現狗會因為鈴聲而流口水。從巴夫洛夫的研究發現，在非制約的刺激 (如肉類) 重複與制約刺激 (conditioned stimulus) (如鈴聲) 同時出現時，這兩種刺激會連結在一起，並產生對制約刺激的行為反應 (如流口水)。

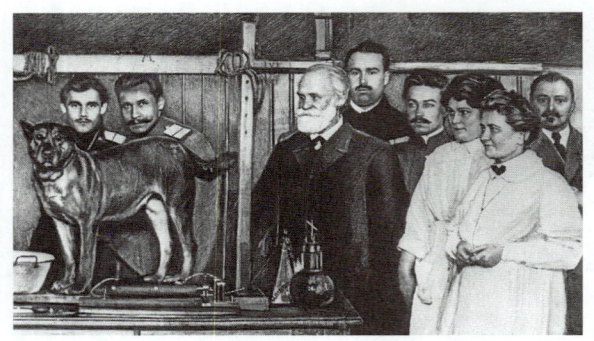

增強理論 主張正面與負面強化會引起某種行為的理論。

正面強化 獎勵期望行為的做法。

負面強化 因某種期望之行為而移除某些厭惡的條件。

懲罰 針對某種不期望的行為所呈現的厭惡刺激。

消滅 停止過去會得到報酬或懲罰的行為。

增強理論 (reinforcement theory) 之核心觀念是利用報酬或懲罰以誘導行為的過程。史金納 (B. F. Skinner) 是增強理論的著名學者，他主張正面與負面增強可以增加某種行為，而消滅與懲罰則會減少某種行為。正面強化 (positive reinforcement) 是對某種期望之行為的報酬；負面強化 (negative reinforcement) 則是因某種期望之行為而移除某些厭惡的條件；懲罰 (punishment) 是針對某種不期望的行為所呈現的厭惡刺激；消滅 (extinction) 則是停止過去會得到報酬或懲罰的行為。

史金納在某次實驗中，每次都讓饑餓的老鼠壓下籠子內的橫桿 (行為)，直至得到食物。給予老鼠的報酬是食物，即一種正面強化。另一個實驗則是在老鼠的腳裝上中度電擊設施，若老鼠壓下橫桿，則停止電擊；當再次電擊時，老鼠就會繼續壓下橫桿。移除厭惡的刺激 (電擊)，即是負面強化。而當老鼠壓下橫桿數次，且每次都會受到電擊時，就會停止壓下橫桿，即傳遞厭惡的刺激以對某種行為做反應，就是懲罰。最後，當老鼠重複壓下橫桿，且什麼事也沒發生，就會停止壓下橫桿。停止對過去會得到報酬的行為進行報酬，就會引起消滅。史金納從這項實驗得到結論，正面與負面強化會增加行為，而懲罰與消滅會減少行為，因此史金納相信行為是透過學習而來，且報酬對鼓勵員工重複期望的行為及終止不期望的行為來說是一項重要的因素，這個論點稱為**操作制約**

操作制約理論 主張正面與負面強化會增加行為，而懲罰與消滅會減少行為的理論。

理論 (theory of operant conditioning)。

操作制約理論也可用於解釋職場行為如何制約。假定某個員工沒有向其管理者報告顧客的問題，管理者發現這位員工是因為擔心問題浮現後，管理者可能會情緒失控，而不敢和管理者討論。因此，為了不想成為生氣的對象，該名員工隱瞞狀況。在這個案例中，向管理者報告問題是操作行為，將會因管理者生氣而受到懲罰，結果員工不讓管理者知道問題；若管理者能停止其生氣的情緒，員工可能會與管理者討論顧客的問題，即是一種負面強化的例子；若管理者感謝員工提出顧客的問題，員工的行為即是一種正面強化。

成功的組織通常會透過提供正面強化來建立員工的承諾與刺激，而非負面強化。這類組織會明確地說明期望何種行為，以及相對應的報酬，並真正落實報酬。例如，四季飯店 (Four Seasons Hotels) 的每家分店在每個月都會頒獎給員工，獲獎者可以得到 1,000 美元及 2 週的免費渡假；而諾斯壯百貨則利用內部升遷，激發渴望在公司有更高職位的員工努力工作。

若報酬制度設計不當，可能會產生預料之外的不良結果。例如，想要創造團隊合作的公司，但卻對個人努力提供獎勵，結果可能使得團隊成員用對自己最有利的方式做事，而非達成團隊目標。為了避免這類行為，應先確認要獎勵哪些行為，並改變報酬制度，以確保組織想要強化的行為 (如表 18.4 所示)。

許多公司常犯的通病是認為財務誘因是最佳的激勵因子，但出現此一現象並不令人意外，因為許多人會用金錢來看待自己與他人。大部分的人會高估外在報酬的效果，而低估內在報酬的力量，如工作的意義與挑戰性，甚至認為自己較傾向受到內在報酬激勵的人，不相信別人也有

表 18.4　期望行為與獎勵的不對稱

管理者期望……	但獎酬卻是……
長期成長	每季的盈餘
團隊合作	個人努力
設定延續性的目標	偏重數字
對全面品質的承諾	強調運送時程，甚至是不良品亦要準時
創新思考與風險承擔	已被證實的方法與安全性
公平與公開	好消息、老闆高興的事

資料來源：Adapted from S. Kerr, "On the Folly of Rewarding A, While Hoping for B," *Academy of Management Journal*, December 1975.

同樣的觀點。例如，一項針對法律學院學生所做的調查，64% 的人表示會就讀法律學院是因為智商的展現與專業；當詢問其他同學的動機時，只有 12% 的人認為同學與自己對法律學院有同樣的看法，他們相信就讀法律學院最主要的動機是財務收入的機會。

工作設計

雖然報酬相當重要，但工作設計亦是強化員工動機的重要驅力。組織要提供讓員工認為有意義的工作，並能與組織整體目標相連結，才能成功地激勵員工。當員工認為他們所做的事有價值，並會受到組織的感謝時，將會對工作更滿意，且較不會尋找其他工作機會。某項由 Corporate Executive Board 針對 2 萬名高潛力員工的調查發現，與公司策略的連結是一項重要的激勵因子，除了讓員工感受到工作是有價值的以外，員工也會對其工作結果更負責，也能夠持續地監督他們的進度（如圖 18.7 所示）。若工作必須利用多樣的技能，並從頭到尾對其工作負責，則員工更能感受到工作是有意義的。零碎的工作較不具吸引力，尤其當員工認為他的工作與最終產品沒有關聯性時。因此，當員工相信他們所做的事對組織的整體目標很重要且有貢獻時，會認為工作更有意義。

當員工感受到對其工作的自主權與責任時會產生承諾，通常高度自由與自主性的工作能產生較高的責任感。管理者授予部屬責任的程度，

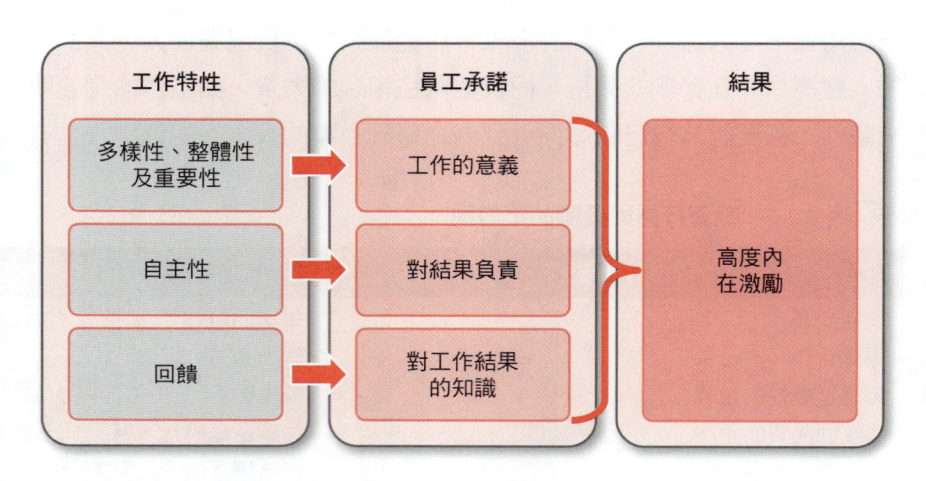

工作特性	員工承諾	結果
多樣性、整體性及重要性	工作的意義	高度內在激勵
自主性	對結果負責	
回饋	對工作結果的知識	

資料來源：J. Richard Hackman and Greg R. Oldham, *Work Redesign*, 1st Edition, © 1980. Reprinted by permission of Pearson Education, Inc., Upper Saddle River, NJ.

圖 18.7　工作設計是一種激勵

通常是他或她對人性本質之信念的結果。組織試圖創造較高程度的激勵與員工承諾的方法之一，是透過授權，即分派責任給組織中的個人，以完成某些流程、行動或任務。當然，利用授權是假定管理者相信員工將會付出最大的努力，以達成組織的整體目標。

道格拉斯・麥格雷戈 (Douglas McGregor) 在其管理者與部屬關係的研究，辨認出兩個不同的基本管理方法，稱為 X 理論 (Theory X) 與 Y 理論 (Theory Y)。符合 X 理論的管理者，相信員工內心不喜歡工作，且需要持續地監督與評估，以確保他們能按照期望的方向做事。X 理論假設如果沒有透過各種手段，員工只會做讓自己能存活的最少事。為了使員工能達成期望的績效水準，X 理論的管理者會利用員工對懲罰的擔心、脅迫及威脅，作為激勵的驅力。此外，X 理論的管理者相信員工主要受到外在報酬的激勵，特別是薪資。事實上，這些管理者會採用胡蘿蔔與棍子的方式管理；棍子就是對懲罰的擔心，而胡蘿蔔就是可能的財務報酬。

相反地，Y 理論的管理者相信員工不會偷懶，而會激勵自己盡全力，並將工作做到最好。基於這種想法，Y 理論的管理者較傾向參與，而不是命令與控制的領導風格。他們會給予員工更大的自由，且相信自主性與責任愈高，員工將會更加努力。Y 理論的管理者尋求一致性的想法，並會嘗試創造公開的氣氛，讓員工自在的體驗與創新，並會結合內在與外在報酬激勵員工。

後續的研究發現，X 理論與 Y 理論管理者的態度和信念發展出對自我實現的預言。例如，若你認為員工是不負責任且偷懶，你將會看到這些現象；然而，若你相信員工會自我激勵與善意，則你將會看到這些特性，且更傾向專注於授權和參與式的管理。

高度員工投入的利益已有非常多的探討，即透過增加員工參與決策或其他形式的授權。某項研究發現，員工參與程度較高的組織會有較佳的財務績效、低流動率及較高的員工士氣。較高的員工參與程度之特徵包括：(1) 參與決策；(2) 資訊分享；(3) 訓練與發展；(4) 以績效為基礎的結果或報酬。易言之，若員工知道公司對他們的期待、具有良好的訓練，且因努力而獲得報酬，將會對組織更加投入，且會受到激勵朝向成功。

這種投入的感覺會創造自我勝任感 (self-efficacy)，即相信自己有能力完成組織目標。當員工受到鼓勵發展其技能，有機會在組織內成長與

> **X 理論** 認為員工天生不喜歡工作，且需要持續地監督與評估，才能確保他們做出期望的行為。
>
> **Y 理論** 認為員工會激勵自己盡全力並將工作做到最好。
>
> **自我勝任感** 相信自己有能力完成組織目標。

發展時，通常會提高其自我勝任感。當個人完成複雜的任務時，將能提高其自我勝任感。他們會建立自信心，並尋求挑戰的機會，進而強化其被授權的自我形象。

總而言之，若個人的經驗與能力和工作的需要有較高配適度，則組織成功的可能性較高，結果將使員工滿意度更高且受到激勵。當員工投入程度低，或績效不如預期，即應進行激勵的診斷，以確定問題之所在(如表 18.5 所示)。瞭解績效不佳的根本原因，是採取矯正行動的第一步。

近年來，有關「利社會激勵」(prosocial motivation) 的研究指出，當員工有機會讓別人的生活明顯變好時，將會提高激勵。即工作設計的方式，能讓員工透過顧客或工作的其他受益者之目光看到他們貢獻的價值，將能提高員工對公司的承諾與工作滿意度。讓員工以有意義與重要的方式，看到自己行動之立即結果的機會，其激勵效果會比員工有機會與其工作的受益者直接互動更佳。醫療科技公司美敦力 (Medtronic)，每年舉辦集會，讓員工與曾經接受過美敦力心臟節律器或其他救生裝置的病患見面。前執行長比爾‧喬治 (Bill George) 稱這個集會是「見證時刻」(defining moments)，因為可以讓員工看到他們每天做的事所帶來的影響。

強化優點

瞭解什麼事物能激勵某人與他人是成為有效領導者的關鍵。如前所述，激勵可以透過將報酬與工作設計與個人需要相互校準而發揮效果。有一個新的研究方向是透過鼓勵管理者專注員工的優點，而將這種相互校準向前推進一大步。這些研究是由正向組織心理學派所進行，主張透過強調員工的優點，比試圖針對其缺點更具激勵效果，且生產力更高。

表 18.5　激勵的問題診斷

潛在議題	後續行動
無法瞭解新工作或所需技能	個人是否扮演適當角色？
無法看到努力與績效的關係	個人是否具備必要的技能？
無法看到績效與結果的關係	報酬與獎勵是否與期望行為有關？
組織的報酬無法滿足個人需要	個人的貢獻是否得到適當的表揚？ 個人是否知道可能的報酬？

針對回饋過程的研究人員指出，雖然大部分的人會記得批評，但更會受到讚美所鼓舞。儘管有建設性的批評相當重要，但若沒有機會給出適當的回應，將會使人氣餒。正向心理學的研究人員主張，個人專注在他最擅長的事更能發揮其潛能。事實上，將個人能力從 80% 提高到 90%，相較於從 10% 提升到 20% 更為容易。同樣地，被要求建立某些基本能力所付出的努力，會比被要求擴大現有的優點還要多。能夠激發並強化員工優點的組織，其整體績效較佳，且能提高工作滿意度。當然，組織也不能忽略必須處理的負面狀態，但真正有影響力的是強調優點。

　　要能成功地使機會與報酬相互校準，管理者應自問三個問題：(1) 個人的優點是什麼？(2) 激發這些優點的因素是什麼？(3) 個人的學習風格是什麼？回答這些問題有助於帶動報酬與職涯機會，建立一個受到高度激勵的團隊成員之基礎。

領導發展之旅

領導者用以激勵其員工的一項做法是創造員工投入的文化。員工投入是員工與組織的正向情感連結，這種情感連結會激勵員工對其工作更加投入、熱忱及承諾。投入的員工會利用其才能對組織的目標做出貢獻；領導者可參考以下幾點，以鼓勵員工投入：

- 創造信任的氣氛。
- 誠實。
- 能激發智慧的工作設計。
- 提供職涯發展的機會。
- 對員工發展投資。
- 強調高品質關係的重要性。
- 逐步灌輸組織的驕傲。
- 創造個人績效與組織績效間的連結。

試想領導者激勵你的狀況，該領導者的激勵策略是什麼？該領導者激勵你達成績效的能力如何？

問題與討論

1. 請比較需要層級理論與獲取需要理論的異同。
2. 請舉出一個台灣企業領導者,說明親和導向管理者。
3. 請比較期望理論與公平理論。
4. 請舉一個企業實際做法,說明增強理論的應用。
5. 請比較 X 理論與 Y 理論,並說明分別適用於哪些企業經營情境。

Chapter 19 溝通

學習目標

1. 描述有效與無效溝通如何影響組織。
2. 列舉人際溝通的構成要素,並描述各種溝通風格。
3. 解釋管理者如何建立組織的信心,以及如何利用溝通說服團隊。
4. 說明不同溝通媒介與管道的優缺點。
5. 說明溝通過程修正與調整,以適應不同組織文化的方式。

IBM ➤➤ 怎麼開會?

IBM 是一家全球企業,連續數年進入全球前十大企業,全球大約有 40 多萬名員工。IBM 在台灣約有 2,000 多名員工,其中直接面對客戶的部門分為 Client Team、Brand Team 及 Global Technology Services 三大部門。這些部門每天都要共同解決客戶的各種問題,以提供客戶最適服務及爭取新的訂單。在這個龐大且複雜的組織中,如何進行內部的溝通,是一項高難度的挑戰。

會議是內部溝通最常用的方式,IBM 業務相關部門的內部會議包括:Inter-Lock 及 Signature Sales Leadership (SSL) 兩大類;其中 Inter-Lock 是同一個部門的內部會議,每週由 Client Team 主管召開,召集支援某群客戶的 Brand Team 相關成員開會,追蹤各個案件的進度與待解決困難。為克服所有人員位於不同地區與時間的限制,這類會議透過 Conference Call 進行,即向 AT&T 租用電話會議服務,與會人員在其工作崗位上用電話進行集體會議,以提高會議的時效。此外,IBM 另有一個 Business Partner Operation 部門,專門服務經銷商,當遭遇問題或困難時,亦會召集相關的 Brand Team 進行會議。

另外,在大中華區的 Brand Manager 會要求在每月中開始,所屬業務人員每天進行 Daily Closing Call,並逐層回報每天的銷售案件。SSL 亦是每週召開的會議,但以面對面會議的方式進行,追蹤每週的業務進度與下個月的工作計畫。此外,每季的季初還會進行 Planning Session,檢討前一季業務狀況及討論當季重要的業務目標與計畫。

科技可以改善溝通的時效性,尤其在大型且複雜的組織中更為重要,但要達到溝通的效果,仍必須妥善運用溝通的各種技巧。

資料來源:張文賢記錄整理。

自我省思

評估你的溝通技巧

溝通是一項重要的管理工作，成功的管理者利用溝通作為規劃、鼓勵及指導行為的工具。管理工作包含與組織內各階層成員和外部利害相關團體的溝通，你的溝通技巧效果如何？請以 1 至 5 的評分回答下列問題，以評估你的溝通效果。

1＝從不　2＝很少　3＝有時　4＝通常　5＝總是

1. 我是一個積極的傾聽者。　　　　　　　　　　　　　　　　　　　　＿＿＿
2. 我知道在溝通過程如何利用非口語線索。　　　　　　　　　　　　　　＿＿＿
3. 我在人際溝通上很突出。　　　　　　　　　　　　　　　　　　　　　＿＿＿
4. 我可以透過文字溝通與使用資料建立令人信服的個案。　　　　　　　　＿＿＿
5. 我知道文化的差異，並在跨文化的互動中調整自己的溝通風格。　　　　＿＿＿
6. 我會根據溝通情境調整自己的音調。　　　　　　　　　　　　　　　　＿＿＿
7. 當我利用 e-mail 及社群媒體時，會以專業的方法溝通。　　　　　　　＿＿＿
8. 我擅長演講。　　　　　　　　　　　　　　　　　　　　　　　　　　＿＿＿
9. 我知道與他人溝通時管理情緒是重要的事。　　　　　　　　　　　　　＿＿＿
10. 我知道在與他人溝通時如何請求把問題說清楚。　　　　　　　　　　　＿＿＿

根據你的回答，你的溝通優點是什麼？你想發展哪些溝通技巧？

緒論

在一項針對偉大企業領導者的研究發現，偉大的最重要判斷標準是領導者說明能使追隨者信服之策略與遠景的能力。長期的成功端賴能否建立與強化共同目標或共同遠景，而其先決條件是清楚、持續及有意義的訊息。在第 11 章曾提及，溝通是變革成功與否的重要條件。為了讓變革可以被接受與行動，溝通必須以理性邏輯和情感的方式進行。在鼓勵個人承擔風險、嘗試新事物或改變行為時，觸動情感是非常重要的關鍵。

溝通是個人領導的核心要素。回想本書前面章節所介紹的權力、決策、談判、領導團隊及激勵等，這些管理工作都需要有效的溝通技巧。

管理者的日常工作必須與組織內各個階層，以及各種利害關係人溝通。這些溝通對象各有不同的觀點與目標，他們可能討論將公司帶往正

確方向的決策，也可能詢問預算及公司的財務狀況，期望能獲得更多資源；管理者亦可能利用焦點群體與調查，詢問顧客的需要及公司如何能滿足他們。此外，管理者也會透過溝通來激勵並鼓舞團隊成員。

管理者傳遞的訊息與溝通的方法有很大的差異。為了能有效溝通，管理者必須調整其訊息，以適應每位聽眾與情境脈絡。在音樂產業的高階管理者必須以某種方式與其財務團隊溝通，並以另一種方式與行銷人員溝通，更須以完全不同的方式和所管轄的藝術家溝通。在與財務團隊溝通時，會以獲利及支出為中心，行銷團隊的對話則是以唱片的定位及公共關係的影響力為核心，而與藝術家的溝通則專注在音樂及其靈魂。這位管理者表示：「面對各個群體，我必須有不同的方法……，如果我用和律師講話的方式與藝術家對話，他可能會打我。」儘管這位管理者不用「藝術家的語言」說話不太可能真的被打，但卻很可能無法有效溝通。

溝通 (communication) 的核心是使用聲音、文字、圖像、符號、手勢及肢體語言交換資訊。雖然我們傾向認為溝通是「產出」(說、寫與動作)，但它也是由「投入」(傾聽、觀察及閱讀) 所構成。溝通也代表解讀想要建立關係與被建立關係之對象的資訊，因此溝通是傳遞、交換、處理及評估資訊的雙向過程。

由於溝通非常重要，因此若個人缺乏有效溝通能力，則將大幅降低個人能力。事實上，部屬對上司最不滿意的原因是無法有效地溝通。從企業的觀點來看，管理者認為工作場合的溝通不良，一直都是提高公司績效的最大障礙之一。缺乏有效溝通技巧亦是個人職涯發展的阻礙。某項針對《財星》500 大公司中高潛力員工的研究指出，有效溝通技巧是未來成就的主要決定因素。

當公司面臨在快速變動與高度挑戰的企業環境中的競爭壓力時，有效地與員工、同事、顧客及其他利害關係人溝通的能力就變得愈來愈重要。精密資訊科技工具 (如視訊會議、即時通訊軟體、e-mail 及其他社群媒體) 的發明，有助於促進溝通，但也讓各種溝通變得更複雜。此外，因為商業全球化的成長趨勢，溝通更加強調跨文化的意識與敏感度。

為了創造更靈敏、有彈性及有競爭力的組織，必須提升有效溝通的能力。組織必須體認到與人們互動和傳遞訊息的各種方法，並實施能支援有效對話的溝通。本章將從個人及組織的觀點，探討溝通風格與方法

溝通 使用聲音、文字、圖像、符號、手勢及肢體語言交換資訊的過程。

的各種面向。成功的管理者必須能在一對一及面對群眾的情境中有效地溝通，歐普拉即是一位擅長個人與組織溝通的典範，請參見底下的個案。

歐普拉

據估計，演藝界最富有的女性是歐普拉，其電視節目《歐普拉秀》(The Oprah Winfrey Show) 全世界知名。歐普拉在 1971 年選擇參加 White House Conference on Youth，展開媒體職涯，並受邀參加才藝與選美競賽。在某個由當地廣播電台贊助舉辦的競賽中，歐普拉說她的職涯目標是成為廣播主播，她表示：「我想要成為廣播主播，因為我相信事實，對於將事實告訴全世界有高度的興趣。」

歐普拉贏得比賽，且因電台的管理者聽到她輕鬆且清楚地閱讀文字稿，而獲得新聞主播的工作。1984 年，歐普拉開設自己當地的晨間電視脫口秀，她的節目在第一年即獲得艾美獎 (Emmy Award)，第二年獲選為芝加哥評價最高的電視脫口秀。1988 年，在美國大約每天有 1,100 萬人收看《歐普拉秀》。她的觀眾大多受到她與特別來賓相處融洽的能力、對主題的熱情，以及願意展露弱點所吸引。

透過電視節目，歐普拉鼓勵觀眾掌握自己的生活、欣賞自己、並發展面對生活挑戰的策略。為了達成這個目的，她邀請自費出版書籍的知名作家及與各種身心靈健康實踐者演講並回答觀眾問題。歐普拉也會積極參與這些對話，並且坦率說出自己的缺點及奮鬥過程。另一個脫口秀競爭對手主持人莫瑞・波維奇 (Maury Povich) 表示，歐普拉是第一位採取親密方法的主持人，他說：「沒有人會像歐普拉一樣談論自己的問題……脫口秀的主持人不會說自己……歐普拉為觀眾開啟許多新的窗口，因為他們會對她產生移情作用。」歐普拉會與觀眾分享生活點滴，因為她「體驗過任何人所經歷的」。

Lisa Maree Williams/Getty Images Entertainment/Getty Images

由於歐普拉承擔風險，將電視節目轉型成與觀眾互動，將觀眾與新構想及他人相互連結。歐普拉亦熟練地創造觀眾有社群的感覺，並鼓勵觀眾採取行動，反映出她的成功與努力尋找她的聲音。歐普拉說：「在我第一次這麼做時……我假裝自己是某個人，所以進入一個新的對話。我對如何談論這個問題，以及如何用聲音表現這個問題非常有興趣，我不願意只是傾聽。當你重視給人們深刻印象時，就會發生這種狀況。」歐普拉的開放、直接及移情的風格，讓她能有效地與廣大的觀眾溝通。

你是否認為自己的溝通風格與行為對你成為一個有效的溝通者有貢獻或阻礙？你認為自己的溝通風格可以被他人所認知？

> **個案討論**
> 1. 什麼樣的生活經驗與志向影響歐普拉的溝通風格？
> 2. 為何歐普拉的溝通風格能引起觀眾的共鳴？
> 3. 為何建立社群是歐普拉溝通風格的核心？
> 4. 歐普拉的溝通風格如何成為改變觀賞電視節目的創新來源？

人際溝通

溝通的核心元素是當事人 (參與資訊交換的傳訊者與接收者)、訊息 (所傳遞之口語與非口語的內容)、媒介 (用以溝通的形式)、解釋 (接收者如何解讀訊息)，以及反應或回饋 (對訊息所做的反應)。有人認為溝通是將訊息從某人傳送至另一人的一系列線性交換；但事實上，溝通是一種反覆與互動的過程。本質上，溝通不只包括說與聽的內容，也包括參與者的認知，如其信念、態度及假設。

溝通也會受到情境與風格或個人因素的影響。在有效的情況下，當參與溝通的個人發生曲解時，會要求對方說清楚，亦會清楚地提出詢問；而在無效的情況下，由於權力的動態性或其他因素，個人認定意義與意圖沒有說清楚，因此可能會引起混亂或甚至退回構想。這些溝通的個人面向，包括風格、語調及個人參與的方法，也會影響解讀與訊息強度。

此外，訊息與其解讀會受到溝通的時間安排、接收者聽到訊息時的情緒與意願，以及其他個人與組織因素所影響，因為這些因素會扭曲傳訊者的意義和接收者的解讀，這通常稱為溝通過程中的雜音 (如圖 19.1 所示)。這些雜音可以透過不斷來回尋求說清楚的過程而降到最低，有助於促使訊息的意義達到想要的影響。

為了處理溝通中的雜音，並確保將清楚的訊息傳播給適當的人，個人必須考慮以下的元素：

- **聽眾**。溝通的對象是誰？他們的觀點是什麼？他們有什麼行程安排？是否必須考慮或會受到溝通所影響的附屬聽眾 (sub audiences)？

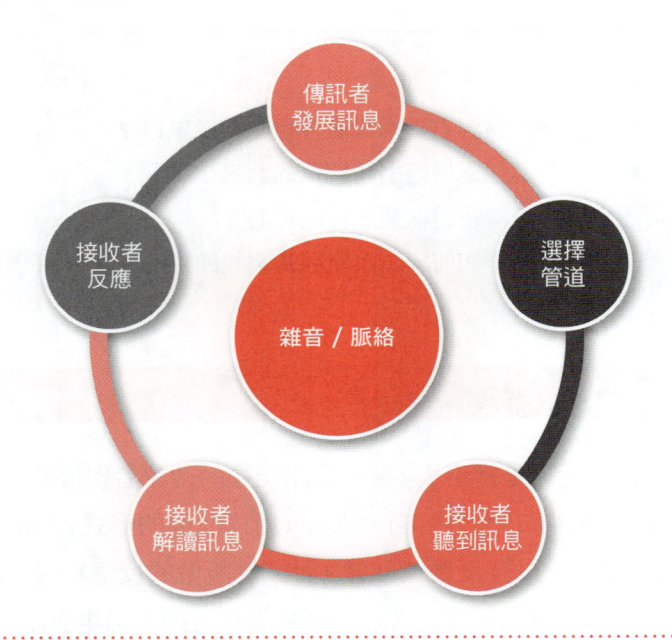

圖 19.1 溝通過程

- **目標**。溝通的目標是什麼？引發行動、改變想法、告知？如何衡量是否成功？
- **脈絡**。哪些情境變數會影響訊息或溝通過程？過程中是否有權力動態性？報告關係是什麼？參與當事人的歷史背景為何？事實上，就是系統中的雜音。
- **訊息**。要傳遞的內容是什麼？
- **媒介**。訊息如何傳遞？以及利用何種工具溝通——面對面、e-mail、正式提案、演講等？
- **反應或回饋**。某人將如何對溝通做出反應？良好的溝通者是好的傾聽者，他們會開放接收回饋，並積極吸引他方。

人際溝通 發生在一對一或小群體情境的溝通。

發生在一對一或小群體情境的溝通稱為**人際溝通** (interpersonal communication)。成功的人際溝通依賴許多個人特質，包括自覺、與他人融洽相處、說服、傾聽及反省的能力。要成為有效的溝通者，需要選擇清楚明確的文字、視覺印象及肢體語言，也需要每個溝通的當事人用他或她想要的方式接收對方的訊息，這些通常需要溝通者瞭解其他當事人的觀點與意見。在第 13 章中，曾討論情緒智能包括對自己的強烈意識及能瞭解他人，高情緒智能的人通常在人際溝通展現較高的效能。

口語及非口語溝通

雖然商業全球化愈來愈普遍，以及分散式團隊愈來愈多，出現大量依賴口語的溝通形式，但大部分的面對面溝通都會結合口語及非口語溝通。**口語溝通 (verbal communication)** 是由聲音、文字、言辭、圖像及符號所構成。雖然我們傾向認為口語溝通是「說話」，但應包括傾聽、閱讀及撰寫。說話與撰寫 (如 e-mail、文字訊息及貼文) 是溝通所傳遞的形式，都會受到生理與認知行為的驅動。例如，要傳遞一個訊息，溝通者必須在記憶中尋找以組合聲音、文字、辭彙及符號，然後產生透過言詞或文字形式能傳遞的訊息。相反地，傾聽與閱讀是理解溝通的形式，皆受到感受資訊 (如聽與看)，以及思考所接收之資訊 (如理解與處理) 的驅動。

為了瞭解訊息，接收者必須聽或看聲音、文字、辭彙、圖像及符號的結合，並加以處理賦予訊息意義，這個過程的某些部分是由訊息的表達與傳遞方式所決定，因此文字的選擇非常重要。請看以下兩種說法的差異：

1. 假日派對與暑期旅遊已取消。
2. 目前嚴峻的經濟景氣迫使我們緊縮所有的支出，以確保能維持我們的工作。由於成本管理包括對社交活動的犧牲，因此我們必須取消本年度的假日派對與暑期旅遊。我們感激大家在艱困時期對工作所付出的努力，希望未來能恢復舉辦這些活動。

第一個說法簡潔有力，但沒有人情味，且可能使人沮喪。第二個說法傳遞相同內容，但也包括理由及公司政策改變的解釋。由於公司說明情況的背景，員工閱讀第二個說法時更可能支持，並瞭解犧牲的必要性。這個小小的案例，突顯訊息建構的重要性，它有助於演講者用特殊且有意義的方式與聽眾連結之訊息的重要性；建構也能確保演講者的意思能與想要對聽眾的影響相符合。

溝通也是非口語的。**非口語溝通 (nonverbal communication)** 由對溝通當事人給予身體上的注意，並利用肢體語言、聲音品質，以及空間與物體傳遞意義所構成。這些特徵也會影響訊息接收的方式 (如表 19.1 所示)。**肢體語言 (body language)** 包括使用姿勢、肢體動作、手掌與手臂動作、表情及眼神接觸。當某人想要說服別人考慮他的構想，卻在說話

> **口語溝通** 由聲音、文字、言辭、圖像及符號傳遞的訊息。

> **非口語溝通** 利用肢體語言、聲音品質及空間與物體傳遞訊息的意義。

> **肢體語言** 使用姿勢、肢體動作、手掌與手臂動作、表情及眼睛接觸傳遞訊息的意義。

表 19.1　非口語溝通行為

肢體語言	聲音品質	空間與物體
姿勢： 站直或坐直、面對觀眾、重量平均落在雙腳、懶散、傾斜與搖擺	**轉調：** 說話音量的變動：單調、太高	**座位：** 桌子或椅子的排列：直線、曲線或圓形
肢體移動： 向前傾或向後仰、走來走去、站著不動	**速度：** 講話速度：太慢、太快	**高度與距離：** 一人坐著而其他人站著、全部坐著
手掌與手臂的姿勢： 雙手緊扣、雙臂放在背後、一隻手抓住另一隻手臂、拉耳朵及抓手臂	**贅詞：** 口語的停頓：喔、呃、嗯、你知道	**物體：** 傳訊者與接收者間有物體、傳訊者與接收者間沒有物體
表情： 微笑、扮鬼臉、皺眉、面無表情	**發音：** 發音的清晰度：含糊、字黏在一起、漏掉子音、說話清楚、乾脆	**穿著：** 上衣、領帶、衣服、裙子、暗色衣服、首飾
眼神接觸： 瞬間、凝視		

資料來源：Adapted from M. Munter, *Guide to Managerial Communication: Effective Business Writing and Speaking* (Upper Saddle River, NJ: Prentice Hall, 1997).

時將雙臂交叉且往下看，這種狀況會傳達對構想缺乏信心的感覺；但若說話的人用輕鬆的姿勢，且經常直視溝通當事人的眼睛，則可以反映出對訊息有信心。表情也可以透露出某些訊息，可以傳遞無聊、興奮、熱情與痛苦。有效的溝通者會反映適當的表情，並讀出對方的表情。

聲音品質　音調、講話速度、贅詞及清晰的發音。

聲音品質 (vocal quality) 包括音調、講話速度、贅詞及清晰的發音。許多人在說話時會有一些如「嗯」等贅詞，會展現出不確定或不熟悉。相對地，許多人在整理其思維時會故意中斷，展現出更加謹慎的態度。注意聲音品質在跨文化團隊更加重要，因為這些團隊通常需要更注意溝通的清楚、明確及語調，以確定相互瞭解。

空間與物體　透過會議空間安排、使用的物體或個人穿著傳遞意義之非口語形式的溝通。

空間與物體 (space and object) 會影響溝通的傳遞和解讀，包括會議座位的安排，以及個人的穿著與外表。例如，在兩個人中間擺放桌子等大型物體，會傳遞權力或距離的訊息。此外，若某個人坐在桌子的前端，他或她會讓人感受到最有權力，因此他或她的評論將有最大的影響力。例如，在日本，座位的順序非常重要，且反映出如何展現自己在商場上的文化價值。在有三位出席者的簡報會場中，三位出席者的座位會呈一直線排列，並與發表人垂直，位階最高的位置在中間；第二高的位置緊臨發表者，因此可作為發表者與位階最高的居間人；第三個人的位置則距離發表者最遠，並且最靠近門，以便處理位階最高者需要房間外的任何事物。

演講者穿得過度樸素會表現出很隨便，可能不太適當。例如，某人在面試時穿短褲與運動鞋，好像告訴面試官，自己不夠專業。

溝通風格

要成為有效的溝通者需要清楚的口語及非口語溝通，但也需要每個參與溝通的當事人以能夠促進有效溝通的方式傳遞訊息，我們稱這種與他人互動及傳遞資訊的方式為**溝通風格 (communication style)**。溝通風格通常有三個構面：(1) 溝通時開放或沉默的程度；(2) 溝通時直接或間接的程度；(3) 如何傾聽對方 (如表 19.2 所示)。

開放性 (openness) 代表個人在溝通時能自在地表現出情緒，且情緒能被其他人所接受。開放行為包括活躍的、說話時有臉部表情、展現與討論感覺、分享個人資訊，以及通常會有健談的表現。開放的溝通者在說話時較喜歡有眼神的接觸，讓對方知道自己很注意。基於這個觀點，開放的溝通者也可能喜歡打斷別人的談話，在談話過程中分享自己的想法與構想；相對地，沉默者可能在員工會議時不會表達意見，或扮演總結的角色，即蒐集並結合別人的觀點而形成共識。

直接性 (directness) 代表個人試圖在溝通情境中掌控的程度。直接行為包括：在表達意見時肯定和坦率、是堅決且快速的決策者、具抗壓

> **溝通風格** 在溝通時與他人互動及傳遞資訊的方式。
>
> **開放性** 代表個人在溝通時能自在的表現出情緒，且情緒能被其他人所接受。
>
> **直接性** 代表個人試圖在溝通情境中掌控的程度。

表 19.2 溝通風格

開放性	直接性	傾聽
開放行為： • 活躍 • 在談話時使用表情 • 展現與討論感覺 • 分享個人資訊 • 健談的	直接行為： • 在表達意見時肯定與坦率 • 是堅決與快速的決策者 • 具對抗性 • 經常提供構想與意見	互動： • 回應別人說的 • 積極參與對話 • 當別人說話時會有「嗯」、「哼」等反應
		同理： • 會有相互作用 • 給予說話者建議
沉默行為： • 隱藏感覺 • 較不會流露感情 • 對議題的討論較少	間接行為： • 親切與圓滑 • 使用低調的語言 • 不喜歡衝突 • 對提供構想與意見有所保留	注意： • 有意識地專注在對方說話的內容 • 傾聽時不會做其他事
		被動： • 當別人在說話時不會有口語或非口語的反應 • 看心情參與或退出對話

資料來源：Adapted from M. Shapiro, "Communication Styles on Team Dynamics," Simmons School of Management Course Note: Communication Strategies, 2006.

性，以及經常提供意見與構想。直接的溝通者可能較喜歡問重點以釐清問題，並對他方傳遞的訊息做出快速的推論，但這種人可能也會用讓別人不舒服的方式表達他或她不成熟的看法。相對地，間接行為包括親切與圓滑、使用低調的語言、不喜歡衝突，以及對提供構想與意見有所保留。間接的溝通者可能較喜歡等別人把話講完後，才插嘴或提出問題。這種人可能從來不曾真正展現他或她對某個議題的真正感覺，而讓雙方都感到洩氣。缺乏直接行為在多樣性的團隊可能是一個問題，因為沒有公開分享資訊，團隊就無法發揮多樣性的好處，因而可能產生次佳的結果。

傾聽 (listening) 風格亦是溝通的重要特徵。傾聽是訊息的接收者聽到說話者/傳訊者之意圖的程度；傾聽的風格可用被動、注意、互動或同理來描述。被動的傾聽者在別人說話時不會有任何口語或非口語的反應，會依其心情的變化而參與或退出對話。許多這類型的人在做事情時會用音樂作為背景。注意的傾聽者會有意識地專注在對方說話的內容，在交談時不會做其他的事，而會注意對方的說明、指示或其他重要資訊。互動的傾聽者在聽的過程中會有口語及非口語的反應，若同意對方所說的內容，會發出嗯或哼等聲音。同理的傾聽者會有回應和參與，會試圖與說話者分享感覺及關懷，通常會說：「你為何會有這種感想？」來回應說話者的意見。

除了用字遣詞及肢體語言會造成無效溝通外，若溝通的當事人採用不同的溝通風格亦可能使溝通無效。以下兩則對話有助於瞭解不同的溝通風格會如何影響溝通的效果。

> **傾聽** 訊息的接收者聽到說話者/傳訊者之意圖的程度。

對話 A：

珍妮佛：我認為我們應該直接找傑克，才能知道問題是如何開始的。

珍　　：我同意，我們也應該發 e-mail 給所有相關的人，並瞭解他們的想法。

珍妮佛：可以由妳來發 e-mail，我負責找傑克嗎？

珍　　：聽起來是很好的計畫。請妳在找到傑克後，立刻告訴我傑克怎麼說。

珍妮佛：好的。

對話 B：

珍妮佛：我認為我們應該直接找傑克，才能知道問題是如何開始的。

莎拉：(沉默)

珍妮佛：妳有什麼想法？

莎拉：(沉默)

珍妮佛：妳沒有意見嗎？

莎拉：是有的，但我不確定直接去找傑克是最好的方法。

珍妮佛：那妳認為應該怎麼做比較好？

莎拉：可以給我時間再想想嗎？

珍妮佛與珍的對話展現出有效的溝通情境，因為雙方都有相似的溝通風格。相對地，珍妮佛與莎拉的對話則呈現雙方基本的溝通風格不同。珍妮佛與珍利用開放和直接的溝通風格，而莎拉則是利用自我沉默及間接的溝通風格。珍妮佛與珍公開討論她們的感覺和意見，並且展現出直接面對問題，她們也是快速的決策者。基於這些因素，她們認同解決方案，因而能很快地完成對話。相對地，莎拉不敢面對衝突，即不敢否定珍妮佛公開與直接的風格。莎拉隱藏自己的感覺，且保留自己的想法與意見。珍妮佛發現與莎拉溝通是令人洩氣的事，並認為莎拉沒有任何意見。事實上，她可能認為莎拉不想參與；換個角度想，莎拉可能認為珍妮佛過度積極與太急躁。

在商場上的溝通目標應盡可能有彈性且可調整，因此在溝通時要盡可能瞭解溝通的情境因素，並試著修正溝通風格，以符合情境的需要。此外，亦應瞭解對方的溝通風格與方法。儘管個人可能不願接受或不喜歡某種風格，但認同不同人之間的差異，有助於建立相互瞭解和尊重的感覺。

溝通中的性別差異

許多針對男性與女性溝通風格和方法的研究顯示，男女之間存在許多明顯的差異，雖然這些差異不能應用到所有男性與女性，但男性通常會比女性更看重身分與階級，且傾向偏好能顯現其權力地位的說話機會。男性會傾向避免讓自己處於不利或較低身分地位的情境，這可能可以解釋為何男性通常不願提問或向別人尋求資訊的原因，因為他們擔心

提問後會暴露自己缺點或弱點。諷刺的是，展現弱點有助於建立與團隊成員的連結，並增加領導者的效能。

相反地，女性在溝通時較不注重權力的動態性，較注重與人建立密切關係及協同合作。女性會透過詢問問題、分享資訊及表達興趣來達成關係建立。她們的領導方式傾向較為民主，因此比較不會搶功勞。相對於男性，女性在組織中也傾向花費更多時間向上溝通。大部分的向上溝通聚焦在與工作相關的議題或關注，而非個人事務上。事實上，女性常會避免分享個人資訊，因為她們擔心會被視為不正經。

男性也會花許多時間向上溝通，但他們害怕尋求上級管理者的建議，因為他們認為這樣做會讓自己看起來很弱或沒用。男性通常比女性更喜歡自我推銷，通常會導致較具侵略性的溝通風格，以及展現強壯與鎮定形象的傾向。雖然女性花比較少的時間在自我推銷，但在支持團隊成員或夥伴的需要方面卻比男性成功，可是她們在為自己談判時比男性更不容易成功，因為男性在談判過程中較擅長表達自己與對方的利益。

在耶魯大學的社會心理學家維多利亞‧布里斯克 (Victoria Brescoll) 最近的研究中，試圖更深入瞭解男性與女性在溝通方面的差異，特別是她嘗試瞭解權力與溝通的關聯性。根據她的研究，提出具有權力地位的人傾向說得較多，且希望被認為是更有權力的理論。她的研究也證實，具有權力地位的男性傾向話說得比別人多，但女性則沒有這種狀況。女性無論其權力地位如何，話都說得比男性少。

在後續的研究中，布里斯克發現，女性在會議中會抑制溝通，主要因為不想被聯想成表現出「太有權力」。她發現無論權力地位如何，男性與女性皆對多話的女性抱持負面看法，而多話的男性並不會讓男性及女性有負面反應。事實上，若男性的話少反而會被認為是無效能的領導者。

再次提醒，這些男性與女性的一般行為模式並非適用在所有人身上。瞭解溝通風格的差異，對傳遞適當訊息是非常重要的。瞭解訊息接收者的差異，也能知道訊息為何或如何建構。

改善人際溝通

在人際溝通中，創造能正確解釋訊息的條件是非常重要的面向。社會學家歐文‧戈夫曼 (Erving Goffman) 強調，在溝通中有效地被傳遞與

解釋的訊息數量，與溝通者是否執行「向前階段」(front stage) 和「向後階段」(back stage) 有關。向前階段是給予的「演出」；我們在溝通時會用某種禮貌與禮節的標準說話。例如，我們會等到對方說完後再說話或提出問題；我們會在對方說話時，利用眼神接觸，讓對方知道自己全神貫注，我們會專注在對方所說的內容，不會心不在焉。事實上，我們遵守這些規則。然而，這些規則也會讓我們變得僵化；為了努力做一個有禮節的人，我們可能沒有詢問重要問題；亦即，我們可能會對隱藏在某人背後的訊息做出不正確的結論或假設。

在向後階段，我們通常透過用口語或非口語的方式表達我們不成熟的感覺，以否定我們在向前階段的行為。我們會打斷別人的談話；我們在員工會議中不提出任何意見並將雙臂交叉，以展現缺乏熱情；我們會看心情參與或退出談話。雖然我們可能認為這些行為可以引發更多坦率且豐富的討論，但通常會讓別人不舒服，且不想說話，最後可能造成惡性衝突。

為了更有效地與他人溝通，戈夫曼認為，所有的溝通者要讓自己理解訊息，若訊息不明確應提出問題來加以釐清。我們必須提問正確的問題、提供建議，並對別人的意見與觀點持開放的態度。

對新觀點抱持開放的態度可以促進溝通，但為何會如此困難？理由之一是，個人的內在偏差與期望，通常會讓我們對溝通內容直接做出結論。每個人對人們的做事方法與原因都有一套心智模式，這些模式是根據過去經驗與互動而建立。由於個人每天都會接受過多的資料與刺激，因此需要有一套世界如何運轉的心智模式，這個模式能讓某人快速地分析情境與人們。如果沒有這套模式，人們可能會因資訊過多而感到困擾。

不幸的是，我們的心智模式有時是根據不完美的邏輯。組織心理學家克里斯・阿吉里斯 (Chris Argyris) 主張，人們通常會不自主地經歷一種七階段的過程，稱為**推論的階梯 (ladder of inference)**，並提出以下結論 (如圖 19.2 所示)：

推論的階梯 個人根據過去的經驗所形成的假設或偏差，對他人之意圖做出判斷的過程。

1. 人們會看可觀察到的資料 (如個人在某種情況下的行為方式)。
2. 他們選擇與專注在這些資料的某些面向。
3. 他們根據自己對這個世界的心智模式，包括文化與個人印象，對這些資料賦予意義。

信念
假設
價值

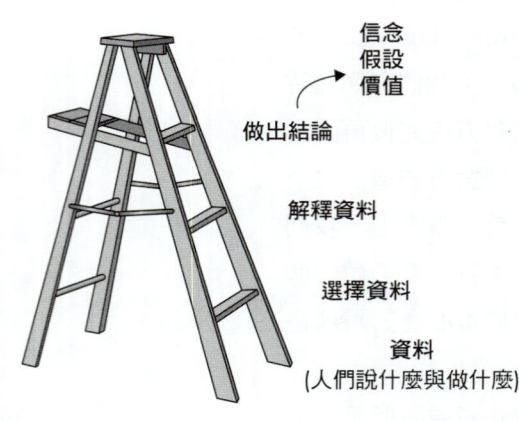

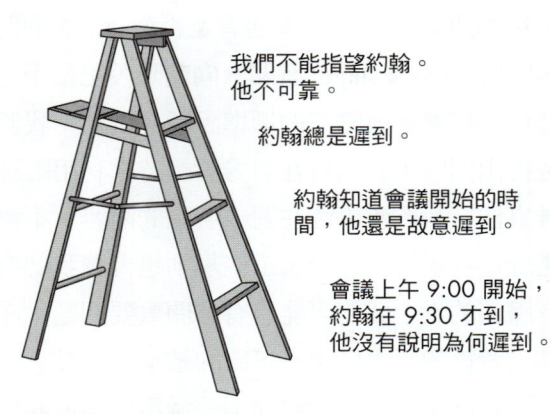

做出結論

解釋資料

選擇資料

資料
(人們說什麼與做什麼)

我們不能指望約翰。
他不可靠。

約翰總是遲到。

約翰知道會議開始的時間，他還是故意遲到。

會議上午 9:00 開始，約翰在 9:30 才到，他沒有說明為何遲到。

資料來源：The ladder of inference is described in Chris Argyris, *Overcoming Organizational Defenses* (Upper Saddle River, NJ: Prentice Hall, 1994), p. 88–89; and P. M. Senge, A. Kleiner, C. Roberts, R. B. Ross, and B. J. Smith, *The Fifth Discipline Fieldbook: Strategies and Tools for Building a Learning Organization* (New York, NY: Doubleday, 1994).

圖 19.2　推論的階梯

4. 根據賦予的意義對這些資料做某些假設。
5. 根據這些假設做出結論。
6. 他們接受信念，並從這些結論歸納出總結。
7. 根據信念與總結採取行動。

人們在面對壓力或工作上有重大時間壓力時，通常會依靠推論的階梯。這個階梯讓人們快速處理資訊，並根據過去的經驗與知識做連結，而連結的速度會讓一個人看起來很果決。當然，缺點是整個過程可能有偏差。我們會假設自己知道人們這麼做的原因，且不會懷疑自己的邏輯，這種假設會讓我們直接做出這個人有問題的不正確或偏差結論。

避免推論階梯的風險及改善溝通效果的方法之一是主動傾聽 (active listening) 與支持性溝通 (supportive communication)。主動傾聽包括兩個主要活動：試著瞭解說話者的觀點，以及向說話者回應自己已瞭解。要瞭解說話者的觀點，個人必須先拋開自己的判斷與信念。事實上，我們必須以開放的胸懷進行談話。支持性溝通包括提供忠告與建議 (轉向)、相關經驗 (詢問)、要求進一步說明以釐清問題 (探索)，以及重複重點 (反射) (參見表 19.3)。

支持式的方法可以應用在口語及非口語溝通，支持溝通強調傾聽或閱讀對方想溝通的內容，並用能讓我們獲得更多資訊的方式回應，不能依靠第一眼「所看到的」資料。支持溝通也有助於傾聽者或閱讀者避免對溝通內容附加意義，因為傾聽者與閱讀者會積極向說話者或作者尋求

支持性溝通　提供忠告與建議 (轉向)、相關經驗 (詢問)、詢問後續問題 (探索) 及重複重點 (反射) 的過程。

表 19.3　支持溝通的形式

建議	範例	基本理由
轉向	「我會建議……」	• 提供說話者方向、評價、個人意見或指導原則。 • 有助於為說話者的問題找出解決方案。 • 有助於瞭解說話者如何解讀問題。
詢問	「讓我告訴你，自己曾發生的類似事件。」	• 透過主體的轉換，將說話者的問題轉向為傾聽者的問題。 • 傳遞說話者的訊息不夠清楚，並利用範例改善可能的不良溝通。
探索	「你的意思是？」	• 詢問有關說話者剛才所說的，或傾聽者選擇的話題。 • 徵求額外的資訊。 • 當傾聽者的訊息不清楚時，協助說話者對話題說出更多的話。
反射	「如果我瞭解得沒錯，你的意思是……」	• 回應說話者剛才所說的內容。 • 用不同的方式重述傾聽者所聽到的內容。 • 溝通瞭解與接受說話者的訊息。

資料來源：Adapted from D. A. Whetten and K. S. Cameron, *Developing Management Skills*, 5th edition (Upper Saddle River, NJ: Prentice Hall, 2002) p. 220.

意義，利用支持性溝通的傾聽者與閱讀者能對說話者或作者真正想要溝通的內容做結論，而不是由傾聽者或閱讀者認為說話者或作者說或寫什麼。

利用溝通來說服

最後，有效的溝通是取得主張 (advocacy) 與詢問 (inquiry) 間的平衡，即個人必須提出其立場與目標 (主張)，但也必須透過提問及尋求說明 (詢問)，以瞭解對方的觀點與意見。許多人通常只專注在主張，尋找贏得自己的論點。主張容易造成原本希望獲得別人的支持，最後可能使溝通陷入僵局 (如圖 19.3 所示)。當個人努力平衡主張與詢問時，即能

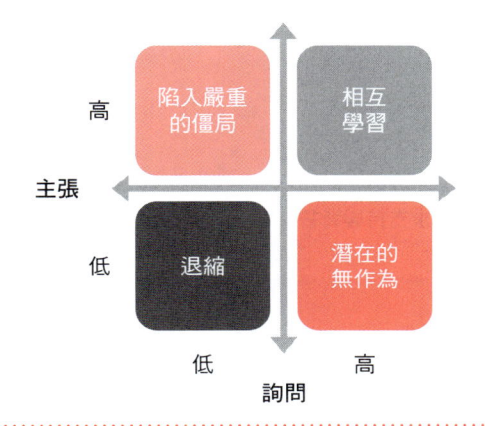

圖 19.3　主張與詢問的平衡

說服 個人或群體吸引聽眾，並影響、改變或強化其觀點、意見或行為的過程。

達到相互學習，透過平衡主張與詢問的相互學習是說服式溝通的重要面向。**說服 (persuasion)** 是個人或群體吸引聽眾，並影響、改變或強化其觀點、意見或行為的過程。

說服藝術的發展源於民主制度的早期。亞里斯多德 (Aristotle) 指出溝通的三個重要元素是理法 (logo)、情感訴求 (patho) 及風格 (etho)。理法代表訊息所使用的邏輯，或必須傳遞的事實，實際上，它就是行動的基本原理。除了事實外，良好的溝通者必須對他的論點展現熱情或情感訴求。情感訴求的目的是與聽眾創造情感的連結。換句話說，要能觸動其心靈，而非只是想法。如同第 11 章所述，成功的變革需要從邏輯與情感進行訴求，邏輯提供變革的基本原理，而情感訴求則是行動的推動力。第三個重要元素是風格，代表說話者或溝通者的可信度。風格是聽眾信任與尊敬說話者的程度，它來自個人的聲望——是否說到做到？這個人是否用可被信任的方式做事？他或她是否知道要做什麼？他或她是否有相關的經驗？亞里斯多德相信風格或可信度是說服的最重要元素，而可信度是結合信任與專門知識 (如圖 19.4 所示)。

有效的溝通者會結合這些元素，他們透過表達與解釋適當的事實來建構其論點，會與聽眾有情感連結，並建立其可信度。某個研究團隊提出，管理者與員工可利用以下六個原則來提升其說服力：

1. 簡化訊息。
2. 傳遞真實訊息，並給予他人決策所需的資訊。
3. 說話前先傾聽。
4. 利用鼓勵他人提供投入，將憂慮轉換為興奮。

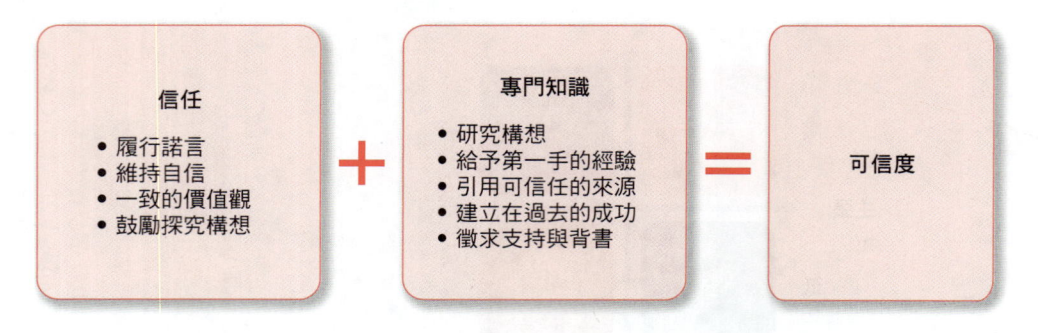

信任
- 履行諾言
- 維持自信
- 一致的價值觀
- 鼓勵探究構想

＋

專門知識
- 研究構想
- 給予第一手的經驗
- 引用可信任的來源
- 建立在過去的成功
- 徵求支持與背書

＝

可信度

資料來源：Adapted from "Persuasion I: The Basics," *Power, Influence, and Persuasion: Sell Your Ideas and Make Things Happen* (Boston, MA: HBS Press, 2006).

圖 19.4 建立可信度

5. 個人化且一致性地重複訊息。
6. 精確地選擇用字。

說服是愈來愈重要的管理技能，特別是在權力較分散及較少命令與控制的結構和風格的公司。由於愈來愈多網絡化組織的權力界限變得模糊，以及多樣化、分散式團隊的普遍化，有效的領導者必須仰賴其有效主張構想與改變個人和團隊成員意見的能力，特別是在沒有正式的報告系統時更為重要。

說故事

說服的重點是與聽眾連結的能力。建立個人連結的有力方法是透過說故事，利用故事、象徵或比擬來傳遞訊息或主題，其為建立說話者與聽眾之間情感連結的方式。故事能展現說話者的重點，並提供其價值觀的窗口。事實上，故事有助於建立說話者與聽眾間的信任。如果某個人與說話者有關係，就會更喜歡信任溝通內容。令人信服的故事也會建立與聽眾的連結，能回想其重點及為何採取某種行動。而這種情感的連結是改變或激勵行為的強大驅動力；歐普拉對於利用故事建立與來賓和觀眾的連結特別在行。

故事被用來強調公司文化的重要面向。第 8 章曾討論 Google 利用故事強化特定行為與態度。許多其他公司也有相同的做法。愛德・富勒 (Ed Fuller) 是國際旅館集團萬豪飯店 (Marriott) 的總裁，就是利用故事指導新任管理者有關公司服務顧客的重點。他通常喜歡敘述自己與公司執行長比爾・馬瑞歐 (Bill Marriott) 見面的經驗；當時他還是總經理。他以為馬瑞歐會因為宴會的銷售量不如預算而責備，但馬瑞歐關心的卻是員工對於顧客抱怨提供冷的海鮮湯之處理方式。這位顧客是執行長的親戚，且服務人員並沒有以專業的方法進行互動。馬瑞歐不關心預算赤字，擔心的是顧客服務標準的達成狀況，因為他特別強調妥善地處理顧客將能帶來較佳的銷售與績效。富勒喜歡透過這個故事提醒新管理者，就是這樣的小事讓萬豪與眾不同。

andipantz/iStockphoto.com

領導發展之旅

說故事是有效的領導技術，它是一種能讓資訊更容易記住的溝通工具，因此故事比傳統形式的溝通能存活得更久。故事具有可為情境畫出清晰與生動圖像的能力，且能讓傾聽者學習與連結自己的經驗。仔細考慮你利用說故事作為溝通工具的情況，並回答下列問題：

- 故事的背景是什麼？
- 誰是故事的主要人物？
- 故事的情節是什麼？
- 你如何整合背景、角色及情節以傳遞訊息？
- 你的聽眾對這個故事有何看法？

根據這些回答，若你是領導者，要如何利用說故事來溝通？

組織的溝通

溝通的重要性擴大到組織層級時，可從美國空中交通的管理看出來。美國空中交通控制系統指揮中心 (Air Traffic Control System Command Center, ATCSCC) 是美國聯邦航空管理局 (Transportation Federal Aviation Administration, FAA) 的一個部門，管理美國本土的空中交通流量。根據 ATCSCC 的報告，在尖峰時刻，美國領空系統 (National Airspace System, NAS) 大約有 4,000 架至 6,000 架飛機，每天大約有 5 萬架次的飛機在空中飛行。ATCSCC 也會根據天氣、設備、跑道關閉或其他影響因素來控制 NAS (如圖 19.5 所示)。

這套系統的精確度需要飛行員與航空交通控制員之間準確的傳送和接收聲音訊息。為了能精準地瞭解傳遞的訊息，飛行員必須對控制員所傳遞的每個訊息做出回應 (例如，說「Roger」)，且控制員必須指出飛行員是否已執行必要的動作。

航空交通控制溝通系統的挑戰是，控制員與飛航在某個空域的飛行員通常會在同一個頻道對話，因此可能發生某個飛行員打斷另一個飛行員的溝通，或是有太多飛行員進入一位控制員的責任空域。如果這些干擾過於頻繁且訊息傳遞延誤、誤判或遺漏，就可能危害安全或發生意外。

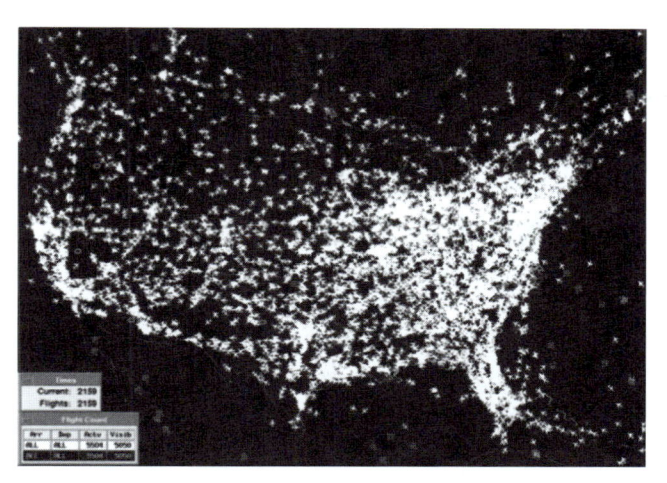

資料來源：Air Traffic Control System Command Center, 2008, www.fly.faa.gov/Products/Information/information.html, accessed October 23, 2008.

圖 19.5　美國領空系統的空中交通

　　基於這些理由，先進飛航系統發展中心 (Center for Advanced Aviation System Development, CAASD) 開發控制員飛行員資料鏈路通訊 (Controller Pilot Data Link Communications, CPDLC)，把非即時但重要的訊息從音頻卸載到資料頻道，這種改變可以減少音頻 75% 的承載量。透過較少溝通的錯誤、重複及誤解，進而提升飛航安全性與效率。

　　CAASD 瞭解有效的**溝通系統 (communication system)** (促進溝通傳遞的正式與非正式結構) 可讓組織內的溝通更有效率。正式的溝通系統包括經由設計規則、報告順序、命令體系及實體安排等所創造的關係，這些關係通常決定溝通是否應該是對上、對下或跨組織。相對地，非正式溝通系統是由同事和同僚間在組織內所發展的非正式與社交關係所構成。由於非正式的傳遞少有固定的形式，組織內不同部門的人可以很容易獲得重要資訊，與他們的地位或階層無關。

　　為了促使溝通系統有效運作，必須支持溝通的流動。在組織溝通中，稱這些為溝通媒介、溝通管道及溝通網絡，以下將分別詳細探討。

溝通媒介

　　溝通所使用的媒介範圍非常廣泛，端視訊息的本質、敏感度與重要性，以及聽眾的預期或想要的行動而定。大部分的組織都會利用各種形式的**溝通媒介 (communication media)**，包括口頭、書面及電子。口頭媒介通常包括透過電話、面對面會談、會議及演講等；書面媒介包括書

溝通系統　促進溝通傳遞的正式與非正式組織結構。

溝通媒介　傳遞訊息的形式，包括口頭、書面及電子。

信、備忘錄與報告、業務通訊、手冊與簡介、公告及布告等；電子媒介則包括傳真、電子郵件及視訊會議。不同的方法適用在不同的情境 (如圖 19.6 所示)。

　　溝通所使用的媒介可顯示訊息的重要性程度。例如，面對面會談及語音信箱都是口頭溝通的形式，但面對面會談所討論的內容通常會比語音信箱更為重要。人員的參與會談通常有助於傳遞重要或敏感資訊，而溝通的敏感性本質需要透過對話加以說明的過程，所以較適合親自說明。人員的會談也有利於閱讀與解釋肢體語言及語調，可以強化訊息的權威性。語音信箱和錄音的訊息通常用於傳遞具時效性的非敏感資訊，包括新的公司政策或程序等相關資訊。雖然語音訊息可提供語調的線索，但它們是間接的，且無法進行雙向交流。

　　書面的溝通形式最難解讀，因為這些形式缺乏聲音的語調及即時對話的機會。書面溝通用以傳遞正式的公司政策或對話後的追蹤，以呈現瞭解與協議。

　　電子郵件是一種書面溝通的形式，它可以是正式或非正式的溝通。電子郵件可取代書面文件，以傳遞正式的公司政策。電子郵件亦是非正式交換訊息的一種，有助於說明誤解，但因其缺乏積極傾聽的元素 (如閱讀非口語線索及詢問)，可能會加深誤解與衝突。雖然它看起來像是一種短暫的溝通形式，但電子郵件的交換可以成為永久的紀錄。正確地說，在電子郵件的溝通中，考慮「網路禮節」是非常重要的事。因此，在任何電子郵件的交換中，必須考慮以下要點：

- **在撰寫前先道謝**。對於花 24 小時等待情緒性訊息的回應來說，意義非常重大。
- **訊息中避免使用大寫字母**。因為這會傳遞對接收者大聲吼叫的意思。
- **在傳送前仔細閱讀訊息**。檢查文法、拼字及語氣。

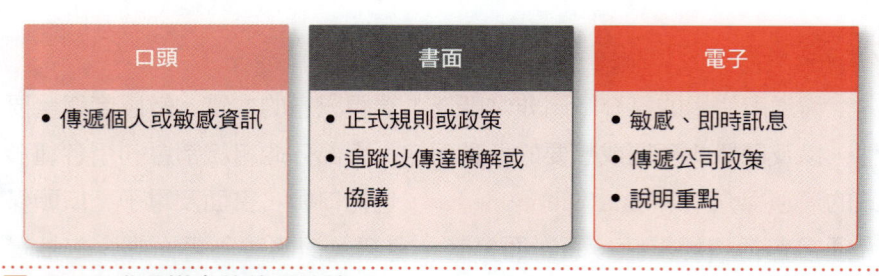

口頭	書面	電子
• 傳遞個人或敏感資訊	• 正式規則或政策 • 追蹤以傳達瞭解或協議	• 敏感、即時訊息 • 傳遞公司政策 • 說明重點

圖 19.6　溝通媒介的使用時機

- **乾脆與重點**。避免偏離主題，電子郵件愈精簡會愈有效果。

雖然電子郵件不像面對面會談具有豐富的本質，但通常可以用來傳遞敏感性資訊。由於電子郵件可以同時傳給許多人，這是它愈來愈普遍的原因之一；特別是對網絡式或分散式的組織而言，無法舉辦跨全球的團隊會議以分享新發展方向時，特別適用電子郵件溝通。

儘管電子郵件普遍使用，但並不適用於所有的員工溝通類型。最近的研究顯示，在討論某人的工作或事業單位時，面對面會談仍是最令人滿意的溝通形式。面對面會談亦被認為較電子郵件更能表達高品質資訊的方式。事實上，在與某人的地位或績效有直接關係的溝通時，較偏好利用互動式的媒介，因為它能讓員工評估談話者的語調與意向，以及訊息的內容。如同前述，這些非口語線索可以傳遞重要訊號。在同一份研究中顯示，電子郵件的溝通最常用在傳播公司的政策，或傳遞緊急新聞。

任務的本質不同，也會導致最適合的溝通媒介有所不同。對於標準化或例行性任務，電子郵件與書面形式的溝通即可適用。這些形式的溝通可以提供必須遵循的指導方向與特定程序，它們通常不需要溝通的互動層次。對於較新穎或非例行性任務，面對面的會談或交換較為適合。例如，在導入新的專案時，通常會舉辦所有參與者的面對面會談，以確定大家有共識及瞭解想要達成的目標。這類會談的主要結果可能是進一步說明流程或程序，以及對成功之衡量方式的認同。

美國世紀投資 (American Century Investments) 利用各種媒介促進整個組織及與顧客的公開溝通，包括網際網路、公司發行的雙月刊、電子化的問答集資料庫，以及定期的團隊會議。該公司相信這些工具對其績效是重要的，並且表達：「在現今競爭的商業世界裡，溝通是一種重要的工具。我們相信告訴你更多關於我們的公司及產業，你就可以制定更佳的事業決策。此外，當我們傾聽員工，並歡迎他們提出不同構想時，公司就會變得更強壯、更有凝聚力，且更能超越競爭者。」

AP Photo/Charlie Riedel

溝通管道

如同前述，溝通正式化的程度會因脈絡而有所差異，因此溝通必須適應情境的動態性。在某些情境中，如員工會議及外部股東說明會，適用較正式的溝通過程；而在非結構式的環境，則適用開放式溝通與意見交換。溝通過程的正式化程度也受到組織的文化與領導風格所影響。在嚴格的命令與控制所領導的官僚組織，通常會利用由上而下的溝通方法。

溝通媒介是組織內傳遞溝通的方法，而**溝通管道 (communication channel)** 則是用以傳遞口頭、書面及電子媒介的管道。組織內的兩種溝通管道包括垂直管道與水平管道 (如圖 19.7 所示)，每一種溝通類型適用不同的目的。在垂直管道中，媒介會依循指揮鏈 (chain of command) 向上及向下傳送；具有許多管理階層的官僚組織，利用向下的溝通以指導員工的行為及影響員工的態度。向下溝通通常是作為指導與訓練、傳播公司資訊、提供指導原則與政策的理由，以及評估工作績效之用。經常使用的工具包括手冊、簡介、公布欄、績效評估、部門會議及電子郵件等。

垂直管道也會利用向上溝通以傳遞訊息。許多組織會提供員工向其上級管理者表達關心與抱怨的管道，以鼓勵員工向上溝通；經常使用的工具包括意見與滿意度調查、熱線電話、意見箱及電子郵件等。進行向上溝通過程的員工，當他們信任管理者且相信管理者對他們的意見與觀點有興趣時，會對組織有較高的滿意度。事實上，這個過程有助於促進員工的承諾。當然，向上溝通的程度必須妥善管理，不能壓倒管理者。

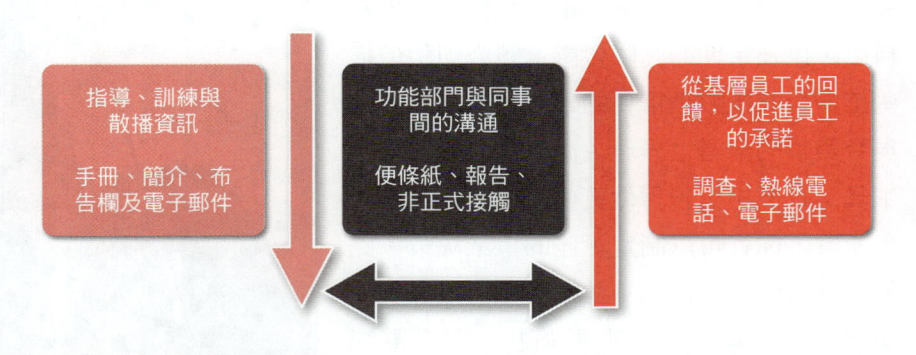

> **溝通管道** 傳遞口頭、書面及電子媒介的管道，包括垂直與水平管道。

指導、訓練與散播資訊 手冊、簡介、布告欄及電子郵件	功能部門與同事間的溝通 便條紙、報告、非正式接觸	從基層員工的回饋，以促進員工的承諾 調查、熱線電話、電子郵件

圖 19.7　垂直與水平溝通

垂直溝通管道的研究已證實，員工較能閱讀並瞭解向下溝通 (從上級管理者到部屬) 的內容，而管理者則較不能理解向上溝通 (從部屬到上級管理者) 的訊息，主要是因為組織內的向下溝通通常沒有過濾器能傳遍組織；而向上溝通時，可能在到達高階管理者之前，就會被各個管理階層調整與分析。

　　在水平溝通管道，媒介通常會在組織內的功能部門間流動。追求節省時間的組織會利用水平溝通管道，讓某人可以直接傳遞訊息給另一個部門的人，不需要先經過各自所屬的部門主管。本質上，水平溝通管道可以讓同事間尋求所需的資訊。可使用的工具包括便條紙與報告、午餐對話、非正式與即興的接觸或面談、委員會、任務團隊及電子郵件等。

　　CHOA 指出，病人、父母及照護人員間有效的溝通是發展協同合作與信任的關鍵，對於提供一流的小兒醫療照護是重要的因素，因此該醫院已發展三項創舉來協助公司達成這個目標，並改善其垂直與水平溝通：Situation Background Assessment Recommendation (SBAR) 護理報告、資源護理及快速反應團隊。

- **SBAR 護理報告**。SBAR 科技提供促進醫生之間重要病患資訊有效率、有效能溝通的架構。SBAR 指導原則有助於照護者快速辨認與傳送重要的病患資料，確保給予病患及時的處理。
- **資源護理**。在這個方案中，高階與有經驗的護理人員協助經驗較不足的護理人員評估病患的狀況，並傳遞相關資訊給在場的醫師。CHOA 相信這種做法可以確保病患獲得最有效的處理，並能讓有經驗的護理人員有效地傳遞其知識給經驗較不足的護理人員 (垂直溝通)。
- **快速反應團隊**。這個團隊的主要目的是，確保病患能獲得整個醫院內各部門最適當的處理。若某位護理人員關心病患的狀況，則他或她可以要求快速反應團隊進行評估。這個團隊會直接與醫師溝通，會協助主要的醫護行動，以確保病患獲得適當的照護。

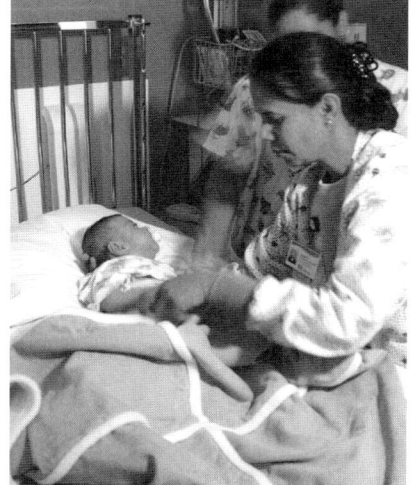

　　CHOA 的這些創舉，讓他們獲得 Joint Commission 的 Golden Seal of Approval 認同的健康照護品質與安全的國家標準。

溝通網絡

在戈爾 (W. L. Gore) (其創新的 Gore-Tex 布料最知名)，沒有傳統的組織圖、沒有指揮鏈，也沒有預先設定好的溝通管道；公司的員工要如何溝通？員工之間的溝通不是透過溝通管道，而是透過網絡。溝通網絡 (communication network) 是透過個人利用與他人關係之正式與非正式的連結，以傳遞及接收訊息。以下介紹的重點包括瞭解溝通網絡與規模、功能，以及中心性與支配性 (centrality and dominance)。

- **網絡規模**。大型網絡跨越整個組織，可對組織的所有成員傳送訊息，稱為「整體系統」(whole-system) 網絡；小型網絡則連結組織內特定群體，稱為「派系」(clique) 網絡；基於個人關係與接觸所形成的網絡稱為「人際」(personal) 網絡。網絡的規模也可用個人從他人獲取訊息的數量加以定義。

- **網絡功能**。不同的溝通網絡的目的也不相同。在組織中，這些功能通常包括生產 (執行任務)、維持 (維持結構的公開性)、社會連結 (提高士氣與提供支持)，以及創新 (檢視與修正運作模式，並創造新的機會)。

- **網絡中心性與支配性**。在支配的網絡中，個人或群體控制訊息的流向。正式的官僚組織支配網絡，所有的訊息必須以由上而下的方式透過指揮鏈流通。在這類的網絡中，通常會有某個人扮演資訊的「守門員」角色，因此這個人即占據網絡中心地位。

官僚階層可視為正式的溝通網絡，而人際網絡則可視為非正式溝通網絡。一個強大的非正式人際溝通網絡就像是小道消息，其為謠言 (rumors) 與閒話 (gossip) 在組織內流通的管道。某項研究發現，70% 的組織溝通會透過這種小道消息傳送，且其傳送的資訊大部分是正確的。當組織面臨轉型或遭遇困難時期會盛行小道消息。另外，在成員對管理者的信任程度降低時，小道消息也會非常盛行。在這種情況下，員工會透過各種管道尋找資訊。

雖然小道消息會散播沒有事實根據或草率的閒話，但對傳遞適當的組織政策亦有幫助。例如，閒話可以用來分享個人在組織內的共同信念。當某人在某種情境的行為方式不恰當時 (如冒用別人的構想或說話時機不對)，閒話亦有修正個人行為的功能。此外，閒話亦可提高對組織的歸屬感。

溝通失敗

在組織溝通系統的任何一個環節都可能出現溝通失敗，大部分都與溝通夥伴間傳遞和解讀人際溝通的效果有關。大多數組織溝通失敗的原因，都與溝通系統如何設計以處理壓力相關。當溝通系統受限於技術問題，或某個位於溝通管道或網絡中心地位的人忽然不見時，又會發生什麼事？這個系統能否調整？美國聯邦政府對卡崔娜颶風的反應即是有效與無效溝通過程的範例。

2005年8月29日，卡崔娜颶風侵襲紐奧良，路易斯安那州地區受害嚴重，數千人罹難，電話與通訊設備被破壞，圍繞城市的堤岸系統損壞，數十萬人被迫撤離，許多未撤離的人陷於險境。在颶風過後，聯邦緊急事務管理總署 (Federal Emergency Management Agency, FEMA) 遭受嚴厲的批評，指責他們沒有提供受災地區居民即時且適當的資源。

經過進一步的調查，研究人員發現，在緊急事件反應系統中發生許多溝通失敗，這些溝通失敗從凱瑟琳·布蘭柯 (Kathleen Blanco) 開始。他當時是路易斯安那州州長，在颶風侵襲前幾天發布一項緊急事件的說明，並寄一封信給喬治·布希 (George W. Bush) 總統，要求為該州發布災害宣告，以尋求聯邦政府的協助。這封信在好幾個 FEMA 的辦公室旅行後才送達聯邦政府，聯邦政府做出反應時為時已晚。許多人待在屋頂上沒有食物或水的印象已深深刻劃在民眾的腦海中，民眾的怨氣接踵而來；不到2週的時間，FEMA 的主管麥可·布朗 (Michael Brown) 就下台了。

組織可採取策略以避免或有效地處理溝通系統的失敗，包括溝通規則的稽核。**溝通稽核 (communication audit)** 能讓組織改善對例行性、非例行性及緊急狀況的反應方式。有效的溝通稽核包括：

- **員工焦點群體或訪談**。員工可以討論接收到有關其工作或公司的資訊，他們會評估所接收到的資訊是否有幫助，以及他們是否有任何改善建議。
- **問卷與調查**。員工對接收到組織政策、工作責任、技術變革及組織績效相關資訊的數量或品質加以評分。
- **網絡分析**。管理者評估組織的正式網絡，以釐清向上、向下及水

溝通稽核 檢視組織中溝通系統是否到位的過程。

平溝通是否適當。員工亦會判斷他們從組織的何處得到最適當的資訊。
- **溝通日誌**。服務部門評估公司內部所做之服務要求及負責的層級之紀錄。
- **刊物、手冊及簡介的內容分析**。部門要檢視印刷品，以找出錯誤或任何改善的機會。
- **技術或媒介分析**。資訊技術部門測試設備，並檢視過去技術失敗的紀錄。

溝通稽核對於瞭解在特定期間組織溝通的狀態有幫助。透過溝通稽核，組織可以獲得突顯溝通過程潛在失敗或缺點的客觀圖像。要讓溝通稽核有效，必須評估溝通系統，而非參與的特定個人。

跨文化溝通

由於全球化的趨勢愈來愈普遍，管理者通常必須與不同文化與地理區域的個人溝通，因此個人必須瞭解與重視跨文化溝通中的文化差異。為了能有效溝通，採用的文字、圖形及符號必須讓所有參與者都能理解。當工作者利用許多簡寫或縮寫進行溝通時，會造成溝通的障礙。許多人不熟悉這些「語言」，可能遺忘追蹤對方說什麼。肢體語言也會影響溝通效果；有時人們在說某件事時，其肢體動作卻在溝通另一件事。例如，許多人說「我正在聽」，但卻沒有眼神接觸或面對說話的人，表現出自相矛盾的狀況。

第 16 章和第 17 章曾分別討論跨文化談判與領導地理分散式團隊的有效方法，本節則將相關的內容與概念應用在跨文化的溝通上。任何跨地理區域及文化的溝通形式，重點在於花時間學習有關特殊的習俗、規範與態度。例如，在科威特，商務會議通常會進行非常緩慢，且期間會談論許多有關家庭與健康的話題。不像許多美國人不喜歡長時間的寂靜，科威特人傾向能忍受與期待會議有長時間的暫停。相反地，在荷蘭，會直接切入主題談生意，而沒有簡短的開場白；在荷蘭做生意也必須抑制炫耀表現或誇大的說詞；荷蘭人喜歡謙虛且精確，而較不喜歡誇大的推銷。

雖然學習各種語言與文化的「規則」可能有用，但以下提供數個和溝通對象的語言與文化無關的規則。為了跨越語言與溝通的差異，個人可以：

- 發音清楚且說慢一點。
- 避免使用俚語、方言及不敬的言語。
- 說笑話要小心，因為可能有些會涉及文化的敏感性。
- 利用空餘的時間以電子郵件進行溝通。
- 使用正確的抬頭及以名字 (如史密斯先生) 取代姓氏 (如巴布)，除非獲得同意。
- 數字方面要小心，例如，1 和 7 在不同國家有不同的寫法。
- 日期方面要小心，有些國家先寫月再寫日，而有些國家則是先寫日再寫月 (如 1 March 2016 與 March 1, 2016，或 01/03/16 與 03/01/16)。
- 當你不清楚語言或文化標準時，必須與信任的對象誠懇且公開的溝通。

問題與討論

1. 請以一家大型製造業為例，說明其公司開會的方式。
2. 請觀察台灣的知名演講者，列舉出其優點。
3. 請觀察台灣女性企業家，並說明其溝通風格。
4. 請說明台灣企業利用說故事有效地與員工進行溝通的例子。
5. 在台灣近年來的食安風暴中，你認為哪一家公司的危機溝通做得最好？原因為何？

Chapter 20 人際網絡

學習目標

1. 解釋社會資本如何創造。
2. 描述人際網絡的類型及其相關好處。
3. 解釋中心性與中介對網絡強度的衝擊。
4. 區分網絡的強連結與弱連結,並解釋各類型的優缺點。
5. 描述個人如何發展強力的內部與外部網絡。

人際網絡的反效果

人際網絡是由許多的人與人跟人之間的關係所形成的複雜系統,普遍存在我們的日常生活、職場、商場與政治活動,甚至國際間的關係,它可以用來交換資訊、資源與情感,是我們瞭解人類活動運行的重要觀點。可是要妥善利用人際網絡,應瞭解人與人之間的關係可能是不好的關係。

王先生是某家傳統製造業的負責人,上個月採購一批新生產設備,公司同仁原本認為王先生會選擇他高中同學林先生經營的 A 廠商採購,結果在最後定案時,王先生跟公司的採購主管說:「林先生高中的時候做事很不實在,我不想跟他做生意。」

同學或同事的關係是商場上最常利用的關係形式,但是在眾多同學或同事中,你可能很討厭某些人,也可能不喜歡某些同學做人處事的方法,而在心裡有負面的感覺。這些同學或同事將來如果在職場上相遇,若你有選擇的權利,你不會與這些人交換重要資源,也不願形成合作關係,更不可能向別人推薦,甚至可能散播負面的觀點,這種人際關係不僅沒有任何助益,反而會帶來反效果。

因此,在學習與利用人際網絡之前,請務必隨時提醒自己,要做一個讓別人可以「信任」的人,而不是認識很多人或很多人認識你,因為我們都必須建立有效的人際關係。

資料來源:張文賢記錄整理。

自我省思

你的網絡涵蓋性如何？

網絡是個人用以完成任務及發展人際與專業的關係網絡。網絡的關鍵活動可能包括交換資訊、分享資源及創造新的關係。網絡能對個人的產能、學習及職涯成功有正向的貢獻。請以「是」或「否」回答下列問題，以分析你網絡的涵蓋性。我的網絡……

1. 能提供資訊來源？ _____
2. 有能提供好意見的人，如導師與教練？ _____
3. 包含多元背景與經驗的成員？ _____
4. 能代表不同世代？ _____
5. 能提供機會？ _____
6. 能協助解決問題？ _____
7. 有能協助我達成目標的人？ _____
8. 成員之間相互認識？ _____
9. 包含與我有共同興趣的人？ _____
10. 代表組織、會所或群組之會員資格？ _____

根據你的回答，你的網絡中缺少了誰？你如何與他人培養關係，以擴充自己的網絡涵蓋性？

緒論

社會資本 個人由其社會關係所衍生出的價值。

當我們想到**資本**時，首先在腦海中出現的，應該是個人或組織持有的財務資本。企業中的例行活動，都與籌募支持內部活動或特定專案的財務資本有關。同樣地，個人也可藉儲蓄及與銀行借貸來管理其個人財務資本。另一種是在第 9 章所討論的人力資本，描述了個人擁有可運用於其職涯發展所需的才能、技巧與專業性。當財務資本與人力資本都重要時，另一個對個人及組織發展同樣重要的則是社會資本 (social capital)。社會資本是個人由其社會關係所衍生出來的價值。事實上，一項針對高階經理人的研究結果顯示，持續有優異表現的個人較能建構與培養一強而有力的人際網絡。本質上，這些優秀經理人的工作都是在創造其社會資本。

社會網絡是組織內資訊來源與發揮影響力的珍貴資產。你的社會關

係能讓你接觸到渴望的資訊，與能讓你以該資訊採取行動的人，因此是個人能運用其社會資本影響經營或專案是否獲得財務資本的決策。社會資本同樣地也能讓個人在組織中運用其人力資本。組織每天都會產生新的專案、職位與機會，只有那些早期獲得資訊並有影響力的人才能運用此優勢。一個人是否能以其能力掌握上述優勢有兩個影響因子：(1) 個人擁有的資訊；(2) 他或她與對那些機會有決策權的人之間的關係。而個人的社會網絡同時兼具上述兩個影響因子。所以一個有良好關係的人除了能利用其社會資本協助組織獲得重要的機會外，也有助於他或她的個人發展。

在全球性組織的運作中，社會資本的建構與運用更形重要。過去數十年中，無邊界組織的概念已站穩其地位，如同在第 7 章中所學習的，這些類型組織倡議著扁平、彈性與跨功能的決策傾向。在這些組織中，資訊的流通和決策程序已與傳統組織不同。非結構性的工作愈來愈多，組織中報告關係與權責定義也日趨模糊，規則和程序與實際運作愈來愈不相關。在這種工作情境下，人們需要利用其社會資本，才能蒐集有用資訊任並完成任務。

隨著組織更有彈性，許多公司將策略執行與績效目標授權給低階員工與管理者負責。結果造成資訊流的障礙被移除或解構，使組織各階層的資訊網絡都會對組織運作有影響。因此，無論你是執行長或是新進員工，都必須建構適當的社會資本，才能在組織內發揮影響力。

社會資本不但對組織內的個人有利，對組織而言也一樣。雖然組織內的非正式網絡無法顯示在正式的組織圖上，但是卻會和策略發展與執行的方式，以及組織運作的績效交織在一起。因此，在這種新工作方式持續增加時，組織中個人對上、對下及橫跨組織關係的管理就顯得愈重要。這種組織的領導者愈來愈察覺到此發展趨勢，並尋求建構員工網絡的方法。

網絡 (networking) 是發展與管理人際關係 (亦即社會資本) 的活動，而此活動對個人完成任務能力及個人與專業的發展都很重要。網絡能促進一群人間的資訊交換。網絡活動可能包括與另一部門的同事討論專案，而他或她可能不參與專案；也可能是徵詢行政主管，如何才能獲得對執行專案的最好支持？對多數人來說，網絡與個人和職涯的成功與否極有關聯。我們通常也必須依賴網絡關係來完成困難任務，或在原先看起來不可能達成的截止日期前完成。

網絡 發展與管理關係相關的活動，而此活動與個人完成任務能力與發展個人及專業都有關鍵性的影響。

許多人相信認識的人愈多，網絡關係就愈好。雖然愈多接觸意味著資訊暴露量愈大；但若網絡中一大堆人有相似的背景、彼此互相熟識，則很可能從不同來源獲得相同的訊息。這種形容不斷重複聽到相同資訊的現象，有些人稱為回音室 (echo chamber)。

研究人員發現，與其建構包含相同資訊的封閉網絡，還不如建構能多元接觸到新奇資訊的開放網絡。另一種運用網絡的方式是，改變你在所能接觸到大型人際網絡中的位置，這關係到你能否接觸到重要訊息與發揮影響力。網絡中的位置是你與他人連結及他人和其他人連接的因子，如果因為你而能讓他人接觸到原先無法接觸到的他人，你就扮演著「中介人」(broker) 的角色。許多研究也已證實，組織中的中介人晉升的較快、工作可見度較佳，以及對組織較具影響力。中介人通常也能及時獲得新的訊息，讓他們可以許多方式運用此優勢。

身為中介人的第二個優勢，就能與其他中介人連接，而獲得更寬廣的資訊。當你加入一新的組織時，最好能快速辨識出誰是組織內的中介人並盡快結識。總結來說，認識誰會比認識多少人來得重要，來看看海蒂‧羅伊森 (Heidi Roizen) 的個案。

在本章中，我們將討論社會資本的價值，並解釋如何運用策略性網絡來創造及運用個人的社會資本。因為人際網絡對扁平、彈性與無邊界組織中資訊的傳播相當重要，因此瞭解資訊間的連結特別重要。像能建

羅伊森

羅伊森以她在 (矽谷科技業) 個人與專業領域發展的網絡關係而聞名。在她創立並擔任 T/Maker 公司執行長與蘋果電腦 (Apple Computer) 副總裁期間，她發展了許多與科技界強人及其領域的網絡關係，自稱為「導師型資本家」(mentor capitalist)。

在擔任蘋果副總裁期間，羅伊森承擔著國際 (軟體) 發展商關係建構的任務，必須能與蘋果超過 12,000 家軟體發展商保持好關係，以確保公司的長期發展。而這任務需要羅伊森運用在蘋果之前與科技業者保持的良好關係，說服對方繼續與蘋果合作。由於科技業通常都是互惠互利的，這也讓羅伊森請求幫忙時，通常就會獲得協助。羅伊森更能以舉辦晚宴的方式，將專業與社會網絡結合在一起，被羅伊森在自宅宴請過的科技業名人包括微軟的蓋茲及昇陽的麥克里尼。

後來，扮演著「導師型資本家」的羅伊森主動擔任許多新創公司的董事會成員，協助她喜歡且尊重的人在其職涯上獲得新的發展機會。這也讓她擁有一長串能在未來給予協助的名單。一位羅伊森的同事曾評論：「當大多數

人身處在網絡，並熱情擁抱網絡時，羅伊森是能處於網絡核心的少數人之一。身處她自己網絡關係中的核心，還能在她強大的衛星網絡中發展更強而有力的網絡關係，你無法想像羅伊森能接觸到多少網絡。」

羅伊森強而有力的網絡關係，是她藉由與他人建構互信關係而達成的。另一位同事也說，羅伊森扮演她人際網絡裡中央連接器的角色，並與其他網絡的中央連接器建構深入的關係，而這些中央連接器通常是有力的人或決策者。藉由與這些有力人士發展的關係，羅伊森能獲得重要的資訊、掌握未來的機會、要求回報以及協助他人尋求新的職涯機會。

個案討論

1. 羅伊森如何投資其人際網絡？
2. 羅伊森的人際網絡帶給她在蘋果公司哪些優勢？
3. 你認為羅伊森的人際網絡對她所謂導師型資本家角色有何重要性？
4. 為何信任是羅伊森人際網絡強度的關鍵因素？

構有效網絡的羅伊森等人，不但瞭解連接類似群組的重要，也著重在原本不相關的群組中建立連結。因為有效的網絡對個人與專業發展的成功相當重要，愈能準備好建構有用網絡的個人，愈能將其想法付諸實踐。

人際網絡

人際網絡 (interpersonal network) 通常不會顯示在組織正式的組織圖中，但是卻與組織績效、策略發展與執行方式，以及組織強化創新能力息息相關。像個案中所述之羅伊森的人際網絡，是她在與一起工作、一起做生意及一起執行某些聯合活動的人群中所發展與強化的關係。這些個人能從其人際關係中獲取的價值，也就是他們擁有社會資本的基礎。

人際網絡在個人的產能、學習及職涯成功上也扮演重要的角色，因為他或她認識的人也將對他或她知道什麼有很大的影響。藉由建構有影響力的人或有良好接觸的人，一個人能創造支持其個人與專業成長的人際網絡。人際網絡包括組織內部與外部的個人(如發展或職業教練、專業同儕、高階經理人、教過你的教授、友人以及任何能提供有用意見、重要時刻的推薦或個人職涯協助的人)。當個人經歷到職涯轉換或新的發展機會時，他們傾向運用其人際網絡。雖然我們專注於事業連接，而非個人連接，但兩者互不排斥。在許多情況下，事業與個人的關係會重

人際網絡 一起工作或從事聯合活動的人際關係。

疊。試想大多數人找工作時，決定性的諮詢意見通常來自於工作之外，因此同時運用事業與個人連接的經驗教訓是重要的。

在第 14 章中曾討論任務、職涯及社會網絡，與其對權力、影響力的關係。另一種看待網絡的方式是從其目的著手，由此觀點來看，網絡可區分成三種獨特類型，分別是諮詢、溝通與信任網絡。雖然三種網絡的目標各自不同，但其中的個人有時會重疊。那些在網絡中不重疊的人可能因為某事尋求他人的協助 (諮詢網絡)，而在工作上與另一群人溝通，再與另外一些友人建立信任網絡。這時候若能在任何一種網絡中扮演中介人的角色，可能會對其個人有利。

描述這些網絡特性時，雖以組織的角度來說明，但是這些特性也能運用到個人事務上。在本書討論的內容中，工作相關或個人網絡一般都會運用到個人與專業生涯。

諮商網絡

在組織中，一般人尋找資訊時會傾向找同事，而非資料庫、網際網路或組織中的政策或程序手冊。當電腦有問題時，員工會找技術部門的技師；當需要瞭解專案目前進度時，會找負責進度的人，或安排與關鍵人員的會議時間。當工作在組織中流動時，對解決問題與完成任務所需的關鍵資訊也一樣流通著。

諮商網絡 由組織內某些人構成的網絡，這些人會被他人徵詢意見、解決問題或技術資訊。

諮商網絡 (advice network) 是個人在組織內會向其徵詢意見、解決問題或技術資訊的人們。個人可能在許多議題上徵詢一些人的意見，他或她同時也可能是被許多人徵詢意見的對象。藉由這種意見提供與收受的過程，能將組織內的大部分人加以連接，形成組織內資訊流與呈現影響力中心的諮商網絡。舉例來說，若許多人都會向同樣一群人徵詢意見時，這群人就會變成對組織例行運作有影響力的人。事實上，接近組織重要資訊來源，與高階經理人保持溝通的人，與對組織群體傳播資訊的人等，都是諮商網絡的重要節點。若這些人離開組織，組織內特定群體之間的連接也可能隨之潰散。

溝通網絡

溝通網絡 用以交換工作相關資訊及反映例行工作時員工之間連接模式的網絡。

溝通網絡 (communication network) 是用來交換工作相關資訊，並能反映出員工之間對工作相關事務例行交談的連接模式。在組織中，溝通網絡能跨越組織中任何部門。檢視組織的溝通網絡，除了能協助辨識誰

與誰溝通外,也能辨識組織資訊流中的間隙、資源未充分運用之處,以及能產生新概念的連接。

藉由溝通而連接的員工,可以是獨立工作,也可能是為達成共同目標而在工作上相互依賴。一般而言,在組織中以溝通而與他人連接的人,能從許多來源獲得其所需資訊,因此也可能較具權力。同樣地,若能與接觸到資訊和機會的人維持溝通管道的員工往往也有較多權力。

任何一家好餐廳,都應該具備有效的溝通網絡。在餐廳正門,前檯 (host) 迎接並引導顧客入座、外場服務生 (busser) 整理桌椅及餐具、服務生 (server) 收取顧客的訂單、遞送餐點、送帳單及收費。在廚房內,許多人清洗杯盤、準備餐點,並裝飾餐盤。為使餐廳的溝通網絡能有效運作,每位員工都必須依賴其工作上下游的其他員工及時且重要的資訊。舉例來說,若顧客告知前檯有關食物過敏的事,前檯就必須確保此資訊能正確傳遞給服務生,並確實交代給食物烹調人員。

信任網絡

信任是人際網絡的另一個重要向度。多數人在組織內都有其信任的核心群組,彼此信任的人能分享敏感的資訊,並在危機發生時支持對方。這些關係也有助於人們形成聯盟,讓他們得以接觸更多的資訊、機會,並對彼此的未來發展有所助益。這些關係的總和可稱為**信任網絡 (trust network)**。個人的信任網絡不一定會與他們的溝通或諮商網絡完全重疊,人們也不會相信所有曾溝通或諮商的人。與溝通和諮商網絡一樣,讓許多人信任的人通常也處於信任網絡內的中心位置,其影響力也較大。而且組織內信任網絡的缺口或間隙通常也透露出問題。試想以下情境。

瑪麗在工作之外,會花很多時間與同事互動,參加社交活動與由公司員工組成的球隊。經由這些接觸和互動,瑪麗認識同事的家人,知道他們的職涯動機與工作經驗。當瑪麗被選為 A 團隊的領導者時,雖然可能不熟悉團隊成員,但是這些團隊成員經由各自的信任網絡,瞭解瑪麗是可被信任的領導者。因此,瑪麗能順利地領導這些成員。

雖然約翰在公司內有一群由不同部門成員構成的緊密關係,但在工作之外,約翰與同事之間的互動並不多。當約翰被選為 B 團隊的領導

信任網絡 組織內彼此互信、分享敏感資訊,以及在危機時相互支援的人際連接形式。

者時,因為缺乏與團隊成員一起工作的經驗,讓他發現很難激勵成員,並讓他們專注於任務上。即便約翰在組織內有良好的人際接觸,但此接觸卻不足以形成其團隊的信任網絡。因此,當團隊成員不確定約翰是否是團隊領導者的最佳人選時,對團隊的貢獻自然也會減少。

上述情境中的瑪麗與約翰都能在組織內成功建立和同事間的關係,但只有瑪麗主動在組織內追尋其信任網絡的發展,而此信任網絡對她的未來職涯發展必然有幫助,尤其是那些不認識瑪麗,但經由他人而能信任瑪麗的人。為建立個人的信任網絡,表 20.1 列出一些能促進彼此信任的行動。

諮商與信任網絡通常基於一個人對其他人能力和好感度的評估。研究發現,當人們需要徵詢他人意見或建立信任網絡時,好感度往往超越能力的評估。這項研究發現,當對某人強烈不喜好時,即便其專業能力甚強,也不太會採納他的意見;相反地,喜好某人時,即便其專業能力不足,人們仍會相信其意見 (如圖 20.1 所示)。人們當然會傾向徵詢有能力、自己也有好感對象的意見;而不討人喜歡、能力又不足的人,待在組織內的時間通常也不會太久。但因「可愛的明星」(lovable star) 在組織內很少見,人們有時必須向有能力、但對其不具好感「能幹的混蛋」(competent jerk) 徵詢意見。奇怪的是,絕大多數人也不喜歡與「能幹的混蛋」有任何互動;相對地,人們寧願與有好感、不論是否有能力的人互動。這種現象對組織的運作績效有很大傷害,尤其當有重要資訊和知識的人被孤立時更是如此。當人們傾向「可愛的傻瓜」甚於「能幹的混蛋」時,管理者可能會做出不良的決策。

表 20.1 促進信任的行動

促進信任行動	範例
謹慎行事。	對敏感資訊保密。
言行一致。	「行其所言」,亦即做你說要做的。
善於溝通。	盡可能面對面的互動。
建立可分享的遠景及語言。	發展共同目標與詞彙。
以有用資訊促進互惠。	對他人處理困難的人際關係提出忠告。
協助人們澄清概念。	鼓勵解決問題的查詢;協助人們定義能導引他們找出答案的問題。
公平與透明的決策。	決策程序透明化。
協助人們對其行為負責。	認可與獎勵值得信賴的行為。

資料來源:Data adapted from R. Cross and A. Parker, *The Hidden Power of Social Networks* (Boston, MA: HBS Press, 2004).

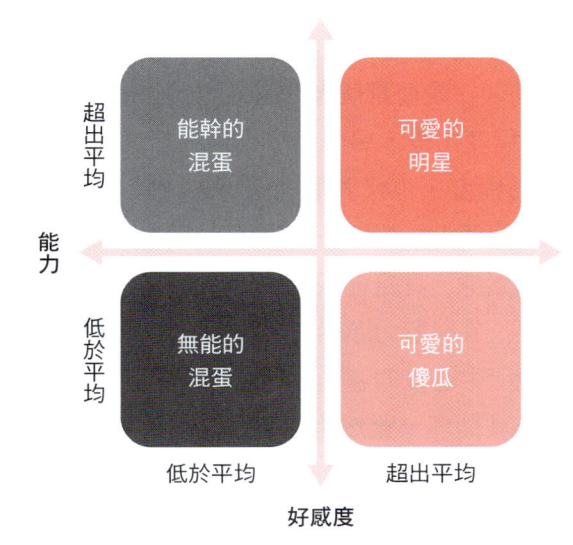

資料來源：Tiziana Casciaro and Miguel Sousa Lobo, "Competent Jerks, Lovable Fools, and the Formation of Social Networks," *Harvard Business Review*, June 2005. Copyright © 2005 by the President and Fellows of Harvard College; All rights reserved. Reprinted by permission of HBS Publishing.

圖 20.1 社會網絡中的能力與好感度

人們藉由歸屬於某些網絡關係中獲得其社會資本，但多數人也誤以為認識很多人就能獲取足夠的社會資本。社會資本的實際來源是人際網絡關係或所謂的「管道」(conduit)，而非認識人的多寡。你必須努力建構這些網路關係的連接、維護這些關係，並知道如何運用這些關係。舉例來說，與組織內同事建構的網絡關係是你的一種社會資本。獲得新專案的資訊也是一種歸屬於社會網絡所創造的社會資本。當關係網絡形成後，資訊流通與機會也就跟著產生。經由諮商、溝通及信任網絡的關係建立，就能創造出自己的社會資本。

網絡特性

當我們考慮到如何在人際網絡中累積自己的社會資本時，也必須對人際網絡的面向及個人在網絡中位置的影響有更深入的認識。為瞭解個人的人際網絡強度，通常會由三個面向來解釋：(1) 個人在網絡中的中心程度 (或簡稱中心度)；(2) 個人在重要訊息上扮演中介人角色的能力；(3) 個人在網絡中的接觸類型，分別討論如下。

中心度

中心度 個人在其人際網絡內靠近中心的程度，也是是否利於擷取資訊及發揮影響力的位置。

中心度 (centrality) 是衡量個人在其人際網絡 (諮商、溝通或信任網絡) 內接近中心的程度指標，另一個解釋角度則是個人在網絡中接觸所有其他成員的容易程度，也代表個人在網絡中能擷取或接觸資訊的廣度。中心度不只是一個人能接觸多少資訊的指標，同時也反映個人在網絡中的影響力。顯然地，身處組織或人際網絡中心的人能接觸到的資訊量也較多、較重要，其影響力顯然高於其他人。

讓我們舉例說明中心度的意涵。在組織中，能接觸到及時資訊的人通常是行政主管及其助理，雖然他們不見得在組織信任網絡的中心 (根據其各自人際行為而定)，但因其職位及其承擔的任務，讓他們很可能處於諮商與溝通網絡的中心位置。行政主管與助理通常不在組織重大經營策略等面向的中心，但常被高層交付專案或部門每日例行性活動的協調，甚至監督任務，也扮演如組織會議、管理資訊流等關鍵協調角色，這就是行政主管及行政助理是大部分組織中有價值資源的原因。

到目前為止，我們應該清楚中心性指的是某人在其人際網絡內接觸 (擷取) 資訊及發揮影響力的位置。

中心程度 指個人在其人際網絡中與他人連接的程度，以接觸數量代表。

中心性還有三個結構內涵衡量指標，即程度、鄰近性及中間性。中心程度 (degree of centrality) 是個人在其人際網絡中能直接接觸他人數量的衡量。當個人需要資訊時，他或她能接觸到他人的數量愈多，得到資訊的機會也愈大。在人際網絡假設中，能獲得資訊愈多的人在組織內的權力與影響力也就愈大。

中心鄰近性 指個人在其人際網絡中直接或間接接觸他人的容易程度。

中心鄰近性 (closeness of centrality) 是指個人能從其人際網絡直接與間接的聯繫中，接觸到他人的難易程度。間接聯繫為須經由某人才能接觸到他人 (如自己友人的友人)；而難易程度則是直接或間接聯繫人的數量衡量，人數愈多則愈難 (愈不鄰近)，反之亦然。如須經過長鏈的間接聯繫 (如友人親戚的友人)，則獲取資訊、知識及建議的難度增加，網絡中心鄰近性就愈差。網絡中心鄰近性與連接強度 (strength of ties) 也有關，將於下一節中說明。

中間性 指人際網絡中個人介於兩個想互相接觸對方須經過他人之間的數量或程度。

最後，中間性 (betweenness) 是指人際網絡中個人介於兩個想互相接觸對方須經過他人之間的數量或程度，它可藉由計算連接網絡中其他兩個人最短路徑而得。在人際網絡理論裡的中間性，代表對彼此連接與資訊流通的控制性。中間性愈強，代表著網絡中須經由你才能接觸到他

人的數量也愈多。

在上述人際網絡中心性三個衡量指標中，最核心的人不見得是組織正式的領導者，但通常是在組織或群體中有最多人際連接的人，他們知道當需要哪些資訊或專業時要找誰。在圖 20.2 中，AM 是網絡的中心連接點，他或她有最多的直接聯繫，間接聯繫則更多。如 AM 經由 JL 而接觸到 LY；AM 與 MN 並無直接聯繫管道，但可經由 DJ、OC、DS、WR 及 TP 接觸到 MN；AM 也可將認識他，但不認識彼此的其他人連接起來，如將 JL 介紹給網絡中的 NN、MW 及 TC 認識。

21 世紀的第一個 10 年，大量新經營模式的興起，讓我們可製作線上內容，並輕鬆地分享給其他使用者，如 Flickr 分享照片、維基百科 (Wikipedia) 分享資訊，以及 YouTube 分享影片。在此線上分享風潮下，社群網站如 Facebook、LinkedIn 也讓我們可容易且快速地在個人及專業領域上與他人聯絡和溝通。Facebook 服務的對象針對一般社群網絡，而 LinkedIn 則較偏向專業社群網絡。在 LinkedIn 網路中，每個登入的專業人員可發展、視覺化管理自己創立或想加入的網絡，藉由視覺化呈現其第一、第二與第三層的連接，LinkedIn 使用者可瞭解他或她 (與其他社群成員) 在網絡內的中心性位置。

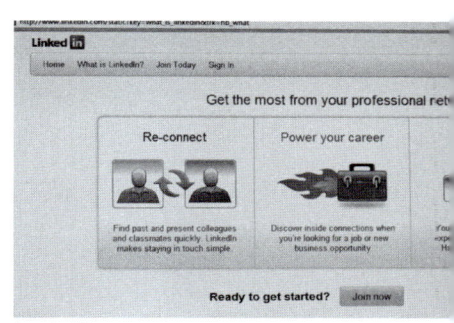

Screenshot/Alamy

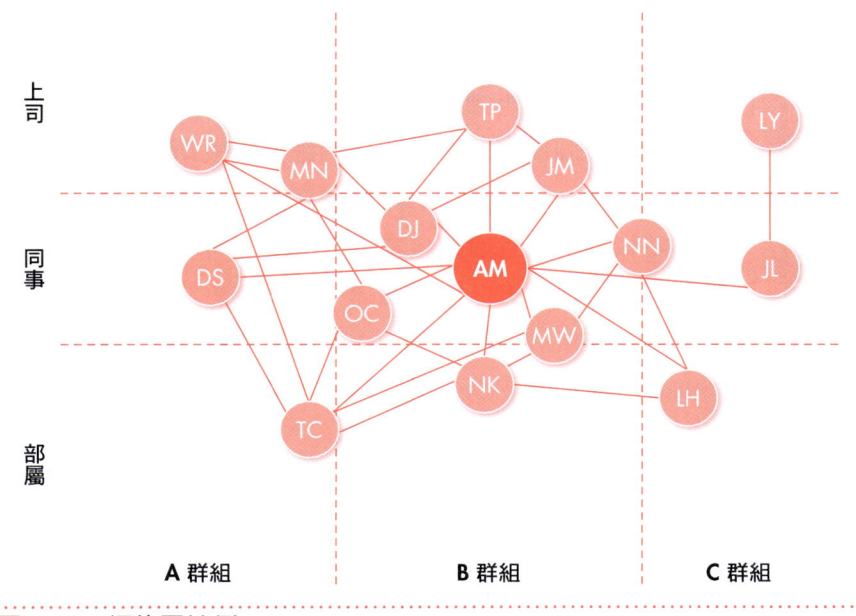

圖 20.2 網絡圖範例

中介

如上述討論，我們知道社會資本及其相關益處須靠那些不但認識很多人 (高中心程度)，且能經由最少聯繫管道 (中間性)，即可接觸到他人 (中心鄰近性) 的人來促成。扮演此連接者角色的人不但可接觸較多資訊，也有機會控制資訊的流向。我們稱這些人為中介人或簡稱為中人，中介人的行動或作為則稱為 **中介 (brokerage)**。因為中介人在人際網絡中的高連接性，除能控制資訊流向何人以外，也能利用與這些聯繫人的關係。事實上，資訊與控制是中介人的兩個標誌性特徵。能及時接觸有用的資訊或情報並影響結果，是中介人的關鍵功能之一。而控制資訊的流向，有時比獲得有用資訊更有力與重要，如中介人最早獲得重要資訊或情報，並在資訊正式發布前就先傳達給需要知道此情報的人，就創造出未來可要求回報的恩惠。對資訊的接觸與控制，同樣也能影響結果。中介人能藉此對資訊操控的能力與機會，能塑造結果，並增加他或她在組織中的可見度。

> **中介** 運用人際網絡上的位置連接原本不連接個體、產生與控制資訊的作為。

保羅‧列維爾 (Paul Revere) 算是資訊中介人能改變結果的最好例子。1775 年 4 月 18 日清晨，列維爾與威廉‧杜維斯 (William Dawes) 騎著快馬，從波士頓分別往北和往西，將英軍登陸的消息傳達給鄰近城鎮。這是一項關鍵任務，因為美國沒有常備軍，必須盡快動員民兵，對抗英軍的入侵。由列維爾往北的一路甚至遠在 40 英里外的城鎮，迅速得到列維爾的示警，成功擊退英軍入侵。而由杜維斯示警的西路，卻未能及時組織民兵，雖然最終仍擊退英軍，但過程卻掙扎許多。同樣的示警，為何列維爾能成功，而杜維斯卻顯得不太有效？美國歷史學家考證認為，列維爾平常經營的人際網絡較為廣闊且有效，當他向北路示警時，其人脈自動將警訊同時傳播出去，因而傳達得更遠、更快；西路示警一路，則因杜維斯的人脈較少，因而傳達得較慢。這種差別造成列維爾名留美國青史，而杜維斯卻鮮為人知。

聯繫類型

所以人們要創造何種關係才能成為中介人？能接觸多人意味著接觸有用資訊的機會也會變多。但與一大堆相似的人接觸，所得者可能也是同樣的資訊而已。這種在彼此間循環

著相似觀點、知識與資訊的人，被稱為冗餘聯繫人 (redundant contact)。圖 20.3 中的網絡 I、II 就充斥著冗餘聯繫人，在網絡 I、II 中，A 與 E 彼此相識，且同樣資訊會從不同來源「回音」到他們，唯一的差別是網絡 II 聯繫人 E 與 H 的連接。因為網絡中的成員彼此相識，流通著相似資訊且幾乎對網絡外不接觸，像 I、II 這種網絡被稱為封閉網絡 (closed network)。封閉網絡在例行、標準化作業時有其效用；但在需要新奇或創意的努力時，就顯得較無效用。

> **冗餘聯繫人** 在人際網絡上對任一個體提供相似資訊的冗餘節點。

然而，真正重要的是人際網絡中非冗餘聯繫人的數量，所謂非冗餘聯繫人 (nonredundant contact) 並不會對同一人提供類似訊息的網絡聯繫人。換句話說，非冗餘聯繫人在人際網絡內，都可被視為中介人。美國社會網絡學者隆納德・伯特 (Ronald Burt) 認為，個人在其人際網絡中的重要性，可由搭接其稱結構洞 (structural hole) 的非冗餘聯繫人數量所決定。伯特所謂的結構洞，是兩個聯繫人 (能接觸到非冗餘聯繫人) 之間的間隙。根據伯特的說法，若一人的人際網絡中有很多結構洞，意味著網絡中有很多彼此並未連接的成員，這也是中介人有較大暴露及獲得更多獎勵的機會。中介人可決定何種資訊流向何人，因而獲得其人際關係優勢。圖 20.4 網絡 III 中的 M 身處網絡中心，並有許多經由 F 所連接的非冗餘聯繫人，如 X 與 G 的網絡。

> **非冗餘聯繫人** 在人際網絡上不會對同一個體提供相同資訊的節點。

> **結構洞** 人際網絡上兩個能接觸其非冗餘聯繫人聯繫人之間存在的間隙。

個人若能連接組織中其他群體，甚至與組織外社會網絡也有聯繫的人，也是中介人的一種，被稱為跨接邊界者 (boundary spanner)。圖 20.4 中的 F、Y 與 G 各自扮演其網絡的跨接邊界者角色。跨接邊界者經常與外界的聯繫人保持溝通、諮詢及培養關係。因為跨接邊界者的這些活動，對建立組織內外的聯繫相當重要。但是要成為一名跨接邊界者也不簡單，絕大多數人缺乏廣泛的專業知識，社會關係不見得豐厚，以及人格特質未必能讓不同特性群組所接受。

> **跨接邊界者** 在一工作群組與人際網絡外緣，能直接接觸到其他群組或網絡的個體。

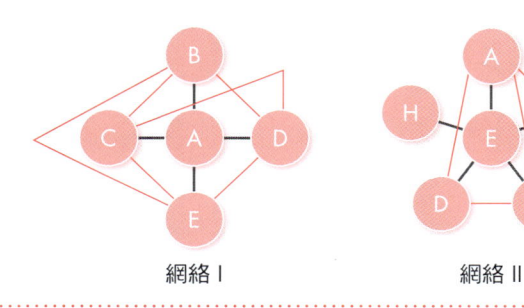

網絡 I　　網絡 II

圖 20.3 冗餘聯繫人的人際網絡範例

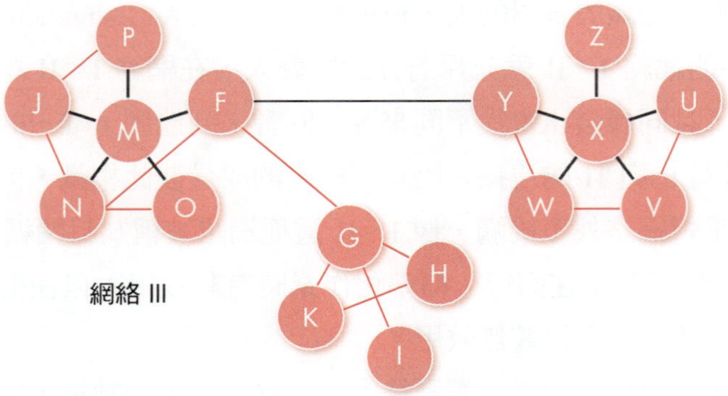

網絡 III

圖 20.4 非冗餘聯繫人與結構洞的人際網絡範例

關係強度

到目前為止，我們假設社會網絡中人際間的關係強度不會改變。雖然在不同類型網絡 (諮詢、溝通或信任) 中的人際關係的確會有不同，此處所謂人際關係為連結 (tie)，而連結的變化程度則稱為 **連結強度 (strength of tie)**。

> **連結強度** 能表示兩個單位關係的情緒強度、親密性及互動頻率。

連結強度可由情緒強度、親密程度及互動之頻率來表現。兩個個性類似而經常互動的人，連結關係很強；相對陌生兩人的連結則明顯較弱。有些連結能改善組織中知識的傳遞；有些連結則可能會阻礙資訊的流動。

圖 20.4 中的網絡 III 還與其他兩個網絡連結，我們可由圖中連接兩個節點的線條類型表示連接關係的強弱，通常以實線表示強連結；虛線則代表弱連結。如圖 20.5 中 M 與 F 直接連結 (強連結)，而 M 與 Y、W 的關係，則須透過 F 而建立，在此狀況下，Y 與 W、M 為弱連結。

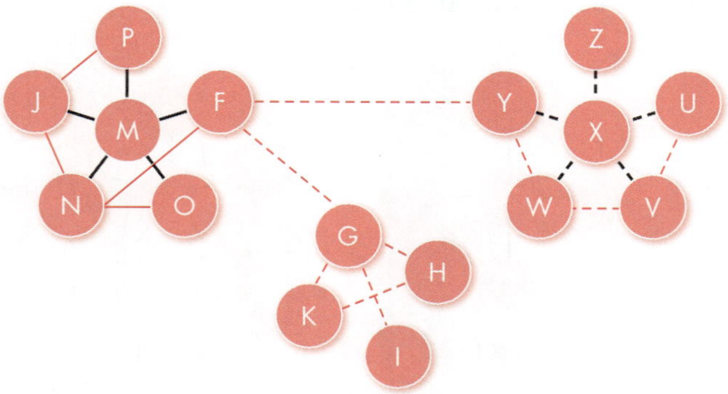

圖 20.5 非冗餘聯繫人與結構洞的人際網絡範例

強連結

　　先前我們提到過 A 團隊的瑪麗，她花很多時間在工作之外與同事互動，也與他們各自的網絡建立關係，因而能與團隊成員建立互信關係。事實上，瑪麗平常所花的時間就在建立其人際關係的強連結。強連結具有親密且頻繁的接觸、對 (別人) 概念的抗拒程度較輕、感覺舒適，以及能改善資訊分享的特性。信任、長期的承諾、興趣相同也是強連結的特徵。美國學者大衛・克拉克哈特 (David Krackhardt) 提出所謂「**手足關係**」(philos relationships) (亦即強連結) 能為網絡帶來價值的三個特性，分別為互動、感情及時間。克拉克哈特認為若缺乏這三個特性中的任何一個，都會使強連結的信任崩垮。互動 (interaction) 藉由資訊的交換 (有些可能還是機密資訊) 而創造機會；感情 (affection) 創造正向對待他人的動機與情緒；而時間 (time) 則創造出彼此見證他人運用分享資訊的經驗。

弱連結

　　當強連結能有效分享資訊時，也可能會因暴露在同樣資料、成員興趣相同等因素而形成冗餘的資訊。美國學者馬克・格蘭諾維特 (Mark Granovetter) 就曾論證，許多情形人們是經由弱連結而獲得最有價值的資訊 (如找工作線索)。其基本邏輯不僅簡單地影射弱連結的本質較佳，也說明弱連結通常存在於分處不同網絡個人的連接，因此可搭接一般冗餘強連結無法獲得的新資訊。

　　格蘭諾維特的論證依據是，他對找工作者人際網絡關係的研究所產生。格蘭諾維特訪談受訪者如何找到目前的工作，發現大部分的人們很少從強連結的關係中找到工作；相反地，獲得工作資訊與機會的來源，通常是關係較遠的弱連結，如高中時認識的人，或甚至在最近一次社交活動認識的人。事實上，雖然弱連結的關係並不見得能發現信任、經常性的互動或相似興趣，但卻能搭接起強連結通常未能連接不同群體中成員的連接關係。

　　伯特的結構洞理論與格蘭諾維特之弱連結理論在某些方面類似，卻又在某些方面不同。兩種理論都認為新的資訊與機會來自於鄰接網絡的外界，但伯特認為真正導致新資訊與機會傳播的，並非關係的強弱，而是結構洞的存在，他進一步聲稱弱連結是新奇資訊有效來源的原因，不是弱連結本身較弱的關聯性，而是弱連結實際上將結構洞連接起來。

不同的觀點：非營利網絡

有些大型、成功的非營利組織相當依賴網絡。這些提供非營利組織間保持接觸與交換概念網絡、能促進創意想法、問題解決方案與創新。新興的非營利專業網絡，也支援組織領導者的專業發展、網絡連接及在非營利社群間的社交機會。這些非營利網絡中的組織，能提供任一組織無法在其他地方獲得的資源。

1. 非營利（組織）領導者如何在網絡中聯繫？這些網絡的哪些面向對非營利而言是重要的？
2. 非營利組織依賴網絡什麼？網絡如何協助這些組織的成功？
3. 相對於營利組織，網絡對非營利組織提供的優勢有哪些？

有效的網絡也應包含對接觸廣度與深度的平衡。較廣的網絡通常會有許多非冗餘接觸，而能提供廣域資訊與機會的接觸。有時強調廣度也意味著會犧牲深度，只有少數幾個但深入接觸的網絡，其資訊通常也較傾向可靠與高品質。管理者必須在網絡關係廣度與深度上做好平衡管理，讓在適當時機接觸到適當的人獲得適當的資訊。

建構有用的網絡

本章至此已討論社會網絡的重要性及其價值，也探討社會網絡的哪些特性能讓我們有效分享資訊與提供新的機會。在本節中，將專注於建構能對個人與專業發展都重要網絡的策略和提示。首先，要來談六種有關如何建構有效網絡的迷思。

- **迷思 1：為建構更好的網絡，我們必須更常溝通。** 有些人相信，為使網絡有效，必須安排例行性會議，經常以電子郵件更新狀態。但這些人錯把網絡建構等同於溝通與社交。雖然溝通與社交對網絡建構都很重要，但並非所有的溝通、社交都能導向強化個人與專業發展的結果；相反地，你應該以它曾做過什麼或正在做什麼來定義社會網絡是否有效，而非其成員面對面溝通的次數。
- **迷思 2：我們應該建構大型網絡。** 有些人相信個人與他人連接的數量愈多，他或她就是愈偉大的網絡工作者 (networker)。但你目前應學到，當我們要評估網絡的品質時，其連結強度與多元性是最重要的兩個指標。與其努力維繫著和很多人的關係，個人應發展

並維護有策略性價值及跨邊界協同合作等關係的投資。

- **迷思 3：我們對社會網絡能做的不多**。有些人相信社會網絡是自然形成，不能由某人特意策劃而得。實際狀況是，鼓勵成員建構協同合作關係的網絡對事業有策略性的價值。因此，管理者與領導者應在工作場所中推廣較不正式的社會網絡，像是員工親和群組(如同鄉會)。

- **迷思 4：人們如何融入網絡是其個性使然 (而無法改變)**。有些人認為好的網絡人是外向、社交且主動的——與個人的個性相關，但極度內向的人也可能有強健且多元的社會網絡。與其設想社會網絡能力是天生、固有的，還不如瞭解個人可藉由學習來有效建構其社會網絡。事實上，個性內向的人可能因彼此的深入互信而建立更有效的信任網絡。

- **迷思 5：網絡中心的人應該要讓他們更容易接近**。有些人認為既然身處組織的中心，他們就應該盡可能地在他人需要時被接觸到。不幸的是，若這些中心地位的人凡事都參與，就會深陷在各種任務中且拖累整個群組；相反地，這些中心地位的人要專注於授權，並學習將要求協助的人導向網絡中能以專業知識提供答案的人。

- **迷思 6：我已經知道自己的網絡在做些什麼**。有些人認為無須在其社會網絡中與他人保持經常性的接觸，他們深信當新資訊與機會來臨時，會自然而然地知道。這個觀點的問題是，社會網絡的運作是一持續的程序，若不想錯失任何資訊與機會，須經常性維護其社會網絡。

建構內部網絡

建構有用網絡的策略主要有三項：畫出你的網絡圖、強化更好的聯繫，以及培養中介人。

➥ 畫出你的網絡

建構有用網絡的第一步，是畫出如表 20.2 屬於你的網絡圖。如何畫出你網絡圖的說明如下：

1. 在第一欄中填入你的網絡中最重要的聯繫人姓名，他們是你用來交換私人資訊、特殊專業、意見徵詢，以及創造性激勵所依賴的

表 20.2　如何畫出你的網絡？

聯繫人姓名	誰介紹你給聯繫人？	你介紹誰給聯繫人？	組織內部或外部	上司、同事、部屬或友人

資料來源：Adapted from B. Uzzi and S. Dunlap, "How to Build Your Network," *Harvard Business Review*, December 2005.

人。在你寫下每個人的姓名時，也想想你曾跟對方交換過何種資源，以及彼此的連結強度。

2. 在你辨識出關鍵聯繫人後，回想你們的初次見面。在第二欄中寫下介紹你認識此關鍵聯繫人的姓名；如果是你自己認識的，寫下「我」即可。此欄將顯示你網絡內的中介人，並協助你瞭解自己網絡中的實際連結狀況。

3. 在第三欄中，寫下你曾將誰介紹給關鍵聯繫人，此欄將顯示你在網絡中為他人扮演中介人角色的能力。

4. 在接下來的兩欄中，分別寫下關鍵聯繫人是組織內部或外部的人，以及目前跟你的關係（如你的主管、同事、部屬或友人），這些資訊將提供你的網絡廣度之印象。

5. 填寫完所有資料後，計算在第二欄中出現「我」的次數，如果頻率超過 65% 以上，即顯示你的網絡中有太多同類型的人，或是你與這些聯繫人的關係太密切了。

這種對個人網絡的初步分析，能快速看出網絡的優勢與劣勢。網絡過於寬廣或狹隘？網絡中的成員屬性多元或相近？若以圖示法顯示網絡關係的本質（如圖 20.6 所示組織內部和外部的關係），也有助於在辨識可能的機會時，也檢視是否有斷脫的關係。

➤ 建立更好的聯繫

建立有用網絡的第二步是，專注於與多元群組成員建立更好的關係。多數人以空間近接性和自相似性這兩個關鍵原則與他人建立關係。

組織外部　　　組織內部

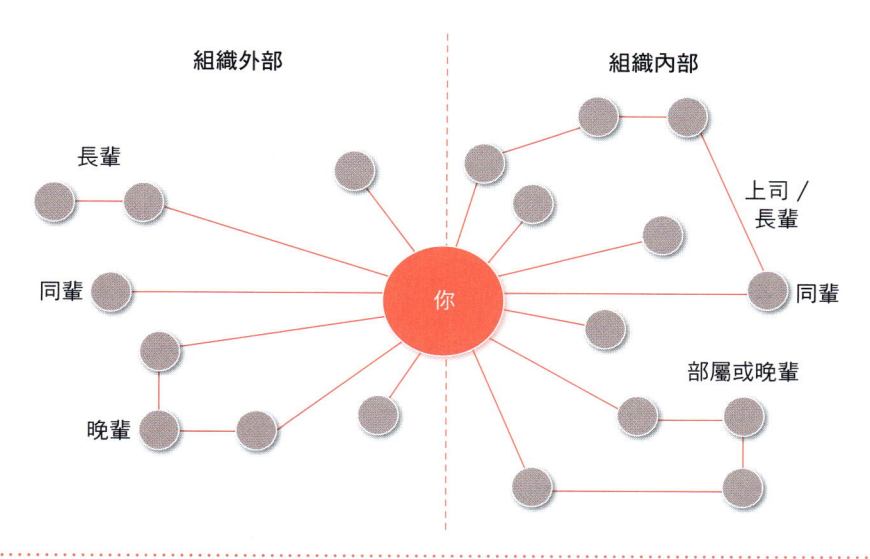

長輩　　　　　　　　　上司／長輩

同輩　　　　你　　　　同輩

晚輩　　　　　　　　　部屬或晚輩

圖 20.6　畫出你的網絡圖

空間近接性 (spatial proximity) 是人際關係的接近程度，如辦公室鄰近、分享辦公室或私人空間。自相似性 (self-similarity) 是指人們會聯繫在人口統計變項、個人屬性或興趣與自己相近的其他人之現象。兩個原則都會使我們建立有許多冗餘連接的封閉網絡。雖然封閉網絡能給我們較溫暖與彼此連接的感覺 (這也是應建構此連結關係的原因)，但它卻也會阻礙我們成為組織內的中介人與搭橋者。

打破上述封閉網絡陷阱的關鍵是保持開放心態，以搭橋方式接觸平常不太會認識的人。擁抱所謂的共同活動 (shared activities)，如參加公司由不同部門、群組成員組成的壘球隊，藉由這種無關每日例行任務的共同活動，強化組織內多元化的關係連結。

為強化更廣泛且更強的關係連結，許多公司也主辦或支持某些員工網絡群組，讓員工可公開地與其他群組的成員互動，即便其活動與組織任務和工作無關亦然。這些群組可以種族、國別、性別、性傾向或能力組成，也可由有共同興趣、背景或專業相關人士組成。舉例來說，全國黑人會計師協會 (National Association of Black Accountants, NABA) 就是專業性的網絡群體，提供非裔美國人及其他少數族群有關會計專業的服務；Net Impact 則是另一個社會網絡群體，提供所有對公司社會責任有興趣人們的服務。

空間近接性　人際關係的接近程度，如辦公室鄰近，分享辦公室或私人空間等。

自相似性　指人們會聯繫在人口統計變項、個人屬性或興趣與自己相近其他人的現象。

➥ 培育中介人

建構有用網絡的最後一步是，辨識資訊中介人及能發展更多頻繁接觸的活動。檢視你網絡圖第一欄所列的人名，並想想你是如何與他們認識的？而介紹你認識這些人的人，就是你網路圖內的中介人。為建構有用的網絡，你應該也認識這些中介人，不管他或她有無正式的權限。此外，下列也是重要的考量：

- 辨識哪些能協助你把事情做好的人，並專注你的精力與這些人建立關係。想想現在你需要認識誰，接著思考未來你該與這些人培養何種關係？
- 發展上述潛在接觸人關切關鍵目標與資源的察覺性，並試著尋找有相互利益的區域。
- 以個人偏好及互動形式，對不同人運用不同 (關係) 培養策略。你會傾向於受到同一類型的人所吸引？這會限制你對關鍵資訊或新機會的接觸嗎？
- 以提供資訊與服務互相他人的資訊與服務。記得第 14 章曾討論的互惠原則嗎？
- 避免過度依賴某一特定人，確保從多重網絡成員中獲得你所需要的資訊，因為即便最強的關係也可能變質。

建構外部網絡

網絡會所 (或俱樂部) (networking club) 是一些社區基礎的組織，讓人們在工作之外的場所見面與發展專業關係。網絡會所由對網絡有承諾成員之間的接觸與推薦而組成，對個人網絡的發展相當重要。

網絡會所以其四個特性而不同於一般網絡：關注焦點、會員人數、會員組成，以及規則與程序。

> **網絡會所** 外部網絡類型之一，為一能提供成員在工作以外彼此學習與發展專業的場所。

- **關注焦點**。有些會所的任務很平常，如美國全國女性企業家協會 (National Association of Women Business Owners) 就提供女性企業家職涯與網絡關係發展之協助；有些會所的任務很特殊，如波士頓地區 128 投資群 (Boston-area 128 Venture Group) 的任務，是將天使投資人與需要資金的高科技創業家相互結合。
- **會員人數**。有些會所限制會員人數，使會員之間得以發展較強的

關係，如芝加哥西北郊區工商協會 [Northwest Suburban (Chicago) Association of Commerce and Industry, NSACI] 就限制會員人數不超過 45 人，但芝加哥工商協會 (Chicagoland Association of Commerce) 舉辦的活動，參加的會員都超過 500 人以上。

- **會員組成**。有些會所由女性創業家組成，有些是財務經理人的組成，又有些可能是對社會責任有興趣的商管碩士班研究生所組成。
- **規則與程序**。有些會所以一大堆結構性的規則與程序運作，如嚴格的開始與結束時間、每一個事件組成都有其目的性，以及事件之後成員能達成實體的目標；有些會所則較社交性，沒有太多的規則與程序。

當個人想尋找並建構工作之外與會所或協會關係，他或她應該先問自己一些重要的問題 (如表 20.3 所示)。網絡會所可能對個人職涯的成功會有顯著貢獻。有研究紀錄顯示，一名銀行經理在工作地點附近加入一個網絡會所，而在他工作第一年經由網絡會所的接觸建立 7 名新客戶，占其銀行銷售計畫的三分之一。

建構社會資本需要技巧、時間與練習，同時對個人環境察覺性的要求也很高。擁有社會資本意味著擁有相當有用的社會網絡，在繁忙的現代社會中，這些社會網絡會自然而然地整合，而非一不自然的強迫作為。

表 20.3　加入一個網絡會所前應詢問的關鍵問題

1. 會所有何特定目的？
2. 是否在你感興趣的市場或地區有提供服務？
3. 會員的組成是否符合你的需求？成員是否會協助我的專業學習與成長？
4. 會所聚會的頻率為何？何時聚會？
5. 會所有正式的規則與限制嗎？(建立政策與程序的會所表現最好。)
6. 是否限制會員數量，使會員能彼此充分熟悉？
7. 會員是否有定期向其他會員簡報的機會？
8. 需要推薦、紀錄與報告嗎？目前成員對允許誰加入是否有不同說法？
9. 會所追蹤哪些紀錄？(若會所保存有關推薦數量及金錢等績效紀錄是好的現象。)
10. 競爭企業允許加入會所嗎？

資料來源：Adapted from W. Baker, *Networking Smart: How to Build Relationships for Personal and Organizational Success* (Lincoln, NE: Iuniverse.com, 2000).

領導發展之旅

許多領導者運用其社會資本把事情做好。社會資本是你所參加網絡集合價值與網絡成員協助你的傾向。領導者通常以值得信賴及互惠等能力建構其社會資本。以下列舉一些你能用來強化社會資本的活動。

- 花些時間與朋友、同學、教授及家人建立高品質的關聯性。
- 培養與導師或教練的關係。
- 自願擔任非營利組織的義工。
- 對曾協助你達成目標的人寫致謝卡。
- 用你的技能協助他人。
- 藉由引介兩個可能有共同興趣的人認識建立關係。
- 加入會所或俱樂部，以接觸新的與不同的人群。

根據你的實驗，你認為自己的社會資本強化多少？你對同學有其他任何強化社會資本的建議或提示？

問題與討論

1. 社會資本為何如此重要？一個人如何建構其社會資本？又要如何運用社會資本來影響他人或支持鞏固某項特定專案或目標？
2. 考量圖 20.1 的區分，為何人們較受到「可愛的傻瓜」的吸引，而非「能幹的混蛋」？若須與能幹的混蛋互動，你應考慮採取何種策略？在你的經驗中，你較重視什麼──好感度還是能力？為什麼？你重視的偏向對自己有何影響？
3. 深處網絡核心的優點為何？其可能的負面影響又是什麼？
4. 中介人的權力來源來自何處？
5. 社群媒體如何改變網絡的範圍？
6. 何種狀況或情境會使弱連結比強連結更具價值？

索引

「如果－則」的句型　if-then statement　275
「偉人」理論　"Great Man" theory　316
360 度回饋　360-degree feedback　247
ERG 理論　ERG theory　461
SWOT 分析　SWOT analysis　137
X 理論　Theory X　477
Y 理論　Theory Y　477

二　畫

人群關係運動　human relations movement　13
人際技能　interpersonal skills　317
人際效能　interpersonal effectiveness　337
人際溝通　interpersonal communication　486
人際網絡　interpersonal network　513
人際衝突　interpersonal conflict　409

三　畫

口語溝通　verbal communication　487
工作分析　job analysis　240

四　畫

不滿　dissatisfaction, D　300
不確定性的情況　conditions of uncertainty　388
中介　brokerage　520
中心度　centrality　518
中心程度　degree of centrality　518
中心鄰近性　closeness of centrality　518
中間性　betweenness　518
互惠法則　law of reciprocity　377
內外控性格　locus of control　351
內在報酬　intrinsic reward　457
內容理論　content theory　460
內部整合　internal integration　230
內部環境　internal environment　46
公司層級策略　corporate-level strategy　104
公司優勢　corporate advantage　155
公平理論　equity theory　472
冗餘聯繫人　redundant contact　521
分工　division of labor　192
分配正義　distributive justice　66
分配式談判　distributive negotiation　417
分權式組織　decentralized organization　204
心理安全　psychologically safe　449
支持性溝通　supportive communication　494
支援活動　support activity　149
文化　culture　215
文化智能　cultural intelligence　344
比較優勢　comparative advantage　54
水平多角化　horizontal diversification　161
水平團隊　horizontal team　438

五　畫

主要活動　primary activity　149

代表性捷思　representativeness heuristic　392
以技能為基礎的薪資　skill-based pay　250
以職務為基礎的薪資　job-based pay　250
出口　exporting　110
功利主義　utilitarianism　62
功能型結構　functional structure　196
加盟　franchising　110
古典模型　classical model　399
可能的協議空間　zone of possible agreement, ZOPA　422
可獲性捷思　availability heuristic　391
四驅力理論　four-drive theory　466
外包　outsourcing　181
外在報酬　extrinsic reward　457
外部調適　external adaptation　230
外部環境　external environment　33
市場支配力　market power　163
平衡計分卡　balanced scorecard　271
正的談判空間　positive bargaining zone　419
正面強化　positive reinforcement　474
正義　justice　66
目標　objective　96
目標設定理論　goal-setting theory　469
目標管理　management by objectives, MBO　248
立場　position　416

六　畫

交易成本　transaction costs　179
交易型領導　transactional leadership　325
仲裁人　arbitrator　427
任務目標　task objective　436

任務依賴性　task interdependence　435
任務複雜度　task complexity　435
任務導向行為　task-oriented behavior　318
任務環境　task environment　33
企業社會回應　corporate social responsiveness　76
企業社會責任　corporate social responsibility, CSR　74
企業環境　business environment　13
先占者優勢　first-mover advantage　128
全球化　globalization　50
全球策略　global strategy　107
共同依賴　joint dependence　373
共同資訊效應　common information effect　446
合資　joint venture　111
向前整合　forward integration　178
向後整合　backward integration　178
回應式變革　reactive change　298
因果相關　cause-effect relationship　274
地理分散團隊　geographically distributed team　439
多角化　diversification　158
多國策略　multinational strategy　107
成本領導　cost leadership　140
成長期　growth stage　272
成就的需要　need for achievement　464
收成期　harvest stage　272
有限理性　bounded rationality　388
有條件的報酬　contingent reward　325
有機式變革　organic change　297
次文化　subculture　228
自由選擇計畫　cafeteria plan　252

自我指導團隊　self-directed team　438
自我勝任感　self-efficacy　477
自我意識　self-awareness　337
自我監控　self-monitoring　355
自相似性　self-similarity　527
行為　behavior　270
行為主義者　behaviorist　194

七　畫

但求滿意　satisficing　388
作業基礎成本法　activity-based costing, ABC
利害關係人觀點　stakeholder view　17
利益　interest　416
利益衝突　conflict of interest　71
利潤共享　profit-sharing　250
形成階段　forming stage　441
技術技能　technical skills　317
決策　decision making　383
決策權　decision rights　203

八　畫

事業型結構　divisional structure　196
事業流程觀點　business process perspective　274
事業層級策略　business-level strategy　104
使命　mission　95
使命聲明　mission statement　95
例外管理　management-by-exception, MBE　325
供應商　supplier　45
依賴不對稱　dependence asymmetry　373
典範　model, M　300
受託人　fiduciary　64

垃圾桶模型　garbage can model　400
性格　character　318
所有人　owner　46
承諾升高　escalation of commitment　396
法制權　legitimate power　363
法律責任　legal responsibility　75
法律構面　legal dimension　38
玩笑　playfulness　401
直接性　directness　489
直覺式決策　intuitive decision making　389
社會化　socialization　223
社會文化構面　sociocultural dimension　39
社會資本　social capital　510
社會認同理論　social identity theory　410
社會價值觀　social value　42
空間近接性　spatial proximity　527
空間與物體　space and object　488
股東權益報酬率　return on equity, ROE　102
股東觀點　shareholder view　15
肢體語言　body language　487
表徵　artifact　218
阻礙行為　blocking behavior　446
非口語溝通　nonverbal communication　487
非冗餘聯繫人　nonredundant contact　521
非相關多角化　unrelated diversification　160
非程式化決策　nonprogrammed decisions　399

九　畫

保留價值　reservation value　421
保留價值組合　package reservation value　423
保健因子　hygiene factor　462

信任網絡　trust network　515
信念與價值觀　beliefs and values　218
前瞻式變革　proactive change　298
品德倫理　virtue ethics　65
垂直團隊　vertical team　438
垂直整合　vertical integration　178
持續性的科技　sustainable technology　293
政治構面　political dimension　37
政治模型　political model　400
派閥式　clan approach　194

倖存者症候群　survivor syndrome　257
倫理　ethics　58
倫理責任　ethical responsibility　76
員工　employee　48
差異化　differentiation　142
核心能耐　core competencies　94
框架　framing　394
消滅　extinction　474
特質基礎的領導理論　traits-based leadership theory　316
真實工作預覽　realistic job preview, RJP　242
矩陣型結構　matrix structure　196
財務觀點　financial perspective　271

十　畫

流程　process, P　302
相互依賴性　interdependence　374
相互調適　mutual adaptation　205
相關多角化　related diversification　160
科技構面　technological dimension　34
科層式　bureaucratic approach　193
科層組織結構　bureaucratic organization structure　12
科學管理　scientific management　12
突破性的科技　disruptive technology　293
要求價值　claim value　423
要素成本差異化　factor cost differences　175
計畫式變革　planned change　296
負的談判空間　negative bargaining zone　419
負面強化　negative reinforcement　474
風險的情況　conditions of risk　388
修整階段　adjourning stage　443
個人權力　personal power　364
個性　personality　348

十一　畫

參考權　referent power　363
參與　participation　446
商業機密　trade secret　71
國際化策略　international strategy　107
執行階段　performing stage　443
基本假設　assumption　218
專家權　expert power　363
康德哲學　Kantianism　63
強制權　coercive power　363
從眾性　conformity　448
情感衝突　affective conflict　412
情境因應智力　contextual intelligence　20
情境建構　scenario building　20
情境規劃　contingency planning　20
情境領導　situational leadership　330
情緒智能　emotional intelligence　345

捷思法　heuristics　391
授權　delegation　204
授權　licensing　110
控制週期　control cycle　267
推論的階梯　ladder of inference　493
現狀偏差　status quo bias　394
現貨契約　spot contracts　181
現實衝突理論　realistic conflict theory　410
理性選擇理論　theory of rational choice　385
產出　outcome　276
產出　output　270
組織承諾　organizational commitment　225
組織設計　organizational design　192
組織結構　organizational structure　195
組織變革　organizational change　288
規模經濟　economies of scale　140
規範階段　norming stage　443
連結強度　strength of tie　522

十二　畫

創造力　creativity　342
創造價值　create value　423
單一產品策略　single-product strategy　160
惰性　inertia　295
揭弊　whistle-blowing　73
智能　intelligence　339
智能三元論　triarchic theory of intelligence　344
智商　intelligence quotient, IQ　339
最佳談判協議　best alternative to a negotiated agreement, BATNA　421
期望理論　expectancy theory　471

發展　development　247
程式化決策　programmed decision　399
程序正義　procedural justice　67
策略　strategy　86
策略形成　strategy formulation　96
策略定位　strategic position　102
策略性企業社會責任　strategic CSR　79
策略控制　strategic control　282
策略彈性　strategic flexibility　138
策略檢視流程　strategic review process　19
結構洞　structural hole　521
裁員　downsizing　256
費德勒權變模型　Fiedler contingency model　329
進入障礙　barriers to entry　123
開放性　openness　489
集中　focus　144
集中作業團隊　collocated team　439
集團化　conglomeration　91
集權式組織　centralized organization　204
集體協議　collective bargaining　259
韌性　resilience　353

十三　畫

傾聽　listening　490
溝通　communication　483
溝通系統　communication system　499
溝通風格　communication style　489
溝通媒介　communication media　499
溝通管道　communication channel　502
溝通網絡　communication network　514
溝通稽核　communication audit　505

經濟責任　economic responsibility　75
經濟構面　economic dimension　35
群體迷思　groupthink　413
群體間衝突　intergroup conflict　409
董事會　board of directors　47
資源稀少性　resource scarcity　374
跨國策略　transnational strategy　107
跨接邊界者　boundary spanner　521
運作效率　operational effectiveness　99
過程理論　process theory　468
道德　morality　58
預算流程　budgeting process　278
團隊　team　433
團隊規範　team norm　443
漸進式變革　incremental change　299

十四 畫

管理　management　8
管理方格　managerial grid　320
管理成本　administrative costs　179
管理者領導團隊　manager-led team　438
管理模型　administrative model　400
管理觀點　managerial view　14
綜效　synergy　162
維持期　sustain stage　272
網絡　networking　511
網絡結構　network structure　201
網絡會所/俱樂部　networking club　528
認知技能　cognitive skills　317
認知衝突　cognitive conflict　413

說服　persuasion　496
遠景　vision　95
需要評估　needs assessment　244
需要層級理論　hierarchy of needs theory　460
領導　leadership　8
領導中和　leadership neutralizers　333
領導的路徑—目標理論　path-goal theory of leadership　331
領導者—成員交換　leader-member exchange, LMX　326
領導風格　leadership style　318
領導替代　leadership substitutes　333

十五 畫

價值　value　139
價值主張　value proposition　273
價值鏈分析　value chain analysis　148
劇烈式變革　transformative change　300
增強理論　reinforcement theory　474
影響力　influence　360
標的　goal　93
標竿管理　benchmarking　277
模糊　ambiguity　388
獎賞權　reward power　363
確定性的情況　conditions of certainty　388
範疇經濟　economies of scope　161
衝突　conflict　407
調停人　mediator　427
調整捷思　adjustment heuristic　393
談判　negotiation　407
談判空間　bargaining zone　419

賦權　empowerment　371
適當性架構　appropriateness framework　398
震盪階段　storming stage　442
魅力型領導者　charismatic leaders　321
學者　organizers　193
學習與成長觀點　learning and growth perspective　274

十六　畫

操作制約理論　theory of operant conditioning　474
整合性談判　integrative negotiation　419
激勵　motivation　456
激勵因子　motivator　462
獨資子公司　wholly owned subsidiary　112
衡量　measurement　279
親和的需要　need for affiliation　464
諮商網絡　advice network　514

十七　畫

獲取需要理論　acquired needs theory　464
獲益共享　gain-sharing　250
環境偵測　environmental scanning　20
總週期時間　total cycle time　280
總體環境　general environment　33
績效評估　performance appraisal　248
聯盟　alliance　111

聯盟　coalition　379
聲音品質　vocal quality　488
趨勢分析　trend analysis　20
隱私　privacy　70
職位權　positional power　364

十八　畫以上

轉換型領導　transformational leadership　323
雙因子理論　two-factor theory　462
離岸外包　offshoring　261
懲罰　punishment　474
邊界管理者　boundary manager　452
關係生命週期　relationship life cycle　328
關係導向行為　relations-oriented behavior　319
關係權力　relational power　367
競爭者　competitor　44
競爭優勢　competitive advantage　86
議價能力　bargaining power　130
議題　issue　416
顧客　customer　45
顧客觀點　customer perspective　273
驅動　driver　276
權力　power　360
權力的需要　need for power　464
權變觀點　contingent view　13
驗證性偏差　confirmation bias　393

Notes

Notes